环境治理标准汇编

水污染控制卷

中国标准出版社　编

中国标准出版社

北　京

图书在版编目(CIP)数据

环境治理标准汇编. 水污染控制卷/中国标准出版社编. —北京 :中国标准出版社,2016.7
ISBN 978-7-5066-8296-1

Ⅰ. ①环… Ⅱ. ①中… Ⅲ. ①环境管理—标准—中国②水污染—污染控制—标准—中国 Ⅳ. ①X321.2-65 ②X520.6-65

中国版本图书馆 CIP 数据核字(2016)第 145983 号

中国标准出版社出版发行
北京市朝阳区和平里西街甲 2 号(100029)
北京市西城区三里河北街 16 号(100045)
网址 www.spc.net.cn
总编室:(010)68533533 发行中心:(010)51780238
读者服务部:(010)68523946
中国标准出版社秦皇岛印刷厂印刷
各地新华书店经销
*
开本 880×1230 1/16 印张 44.5 字数 1 347 千字
2016 年 7 月第一版 2016 年 7 月第一次印刷
*
定价 220.00 元

出版说明

DESCRIPTION

目前，环境问题是中国21世纪面临的最严峻挑战之一，保护环境是保证经济长期稳定增长和实现可持续发展的基本国策。我国先后出台了一系列环境保护法律法规与技术标准规范来应对由环境污染问题所带来的挑战。十八届五中全会会议提出：加大环境治理力度，以提高环境质量为核心，实行最严格的环境保护制度，深入实施大气、水、土壤污染防治行动计划。

为普及和宣传环境保护方面的管理类标准、技术标准及产品标准，增强人们在生产活动中的环境保护意识，中国标准出版社编辑出版《环境治理标准汇编》。本套汇编共分4卷：《环境治理标准汇编　综合卷》《环境治理标准汇编　水污染控制卷》《环境治理标准汇编　空气污染控制卷》《环境治理标准汇编　土壤治理与固废处置卷》。在我国实施大气、水、土壤污染防治行动计划的大背景下，本汇编旨在宣传环境保护方面的技术标准和规范，督促从事生产经营活动的人们时刻做好环境保护工作，启迪相关人员利用标准化思维在环境治理行动中发挥更大的作用。本汇编适用于重点行业的环境污染治理工程技术人员、环保装备的标准化工程师，环境工程专业的大中院校的研究生以及与环境保护工作相关的执法人员和宣传人员。

本汇编包括的标准，由于出版年代的不同，其格式、计量单位乃至技术术语不尽相同。这次汇编只对原标准中技术内容上的错误以及其他明显不妥之处做了更正。为方便使用，按先国家标准、后行业标准，顺序号由小及大进行排序。

本卷是《环境治理标准汇编　水污染控制卷》，收集整理截至2016年5月底现行有效的与水污染治理相关的基础类标准和设备、产品标准。本卷收录标准文本共计59项，内容涉及城镇生活污水、农业养殖污水、工业污水、海洋船舶等领域。

鉴于水平有限，对本卷存在的错误、疏漏和不当之处，敬请读者指正。

编　者

2016年6月

CONTENTS

目录

第一部分 基础规范

第二部分 水处理设备与产品

第一部分

基础规范

ICS 27.060.30;13.060.25
F 01

中华人民共和国国家标准

GB/T 16811—2005
代替 GB/T 16811—1997

工业锅炉水处理设施运行效果与监测

Running result and the monitoring and testing for industrial boilers water-treatment equipment

2005-05-25 发布　　2005-11-01 实施

中华人民共和国国家质量监督检验检疫总局
中国国家标准化管理委员会　发布

前　言

本标准代替 GB/T 16811—1997《低压锅炉水处理设施运行效果与监测》。

本标准与 GB/T 16811—1997 相比主要技术内容变化如下：

——名称修订为《工业锅炉水处理设施运行效果与监测》；

——范围中扩大到汽水两用锅炉所配备的水处理设施，对热水锅炉的额定热功率不作限定，扩大到常压热水锅炉所配备的水处理设施（1997 年版的第 1 章；本版的第 1 章）；

——取消第 3 章　总则（1997 年版的第 3 章）；

——表 1 项目栏离子交换树脂中的利用率、工作交换容量、清洗水耗量的合格指标均以顺流再生、逆流再生分别进行规定，并对合格指标进行修订（1997 年版的 5.2；本版的 4.2）；

——去掉原版 5.3 条（1997 年版的第 5 章）；

——对表 2 项目、合格指标进行修订（1997 年版的 5.4；本版的 4.3）；

——原表 3 水质监测表Ⅰ注解 2 改为附录 C（规范性附录）锅炉水“固氯比”测算方法。去掉原版 6.2.2.2.2e 条（1997 年版的 6.2.2.2.2；本版的附录 C）；

——调整水质监测表（1997 年版的 6.2.2.2.2；本版的 5.2.1）；

——运行效果评价（1997 年版的第 7 章；本版的第 6 章）。

本标准是 GB 1576—2001《工业锅炉水质》的相关标准。

本标准附录 A、附录 B、附录 C 为规范性附录。

本标准由全国能源基础与管理标准化技术委员会（TC20）提出并归口。

本标准由中国标准化研究院、西安能源研究会、陕西省锅炉压力容器协会、陕西省锅炉压力容器检验所负责起草。西安兰环水处理技术有限责任公司、上海昱真水处理工程有限公司、陕西省秦牛（集团）股份有限公司、陕西光兆实业有限公司参加起草。

本标准主要起草人：柴隆谟、贾铁鹰、葛升群、赵国凌、曾梅、王雅珍、刘宽云、张英毅。

本标准首次发布于 1997 年 6 月。

工业锅炉水处理设施运行效果与监测

1 范围

本标准规定了工业锅炉水处理设施运行效果及对其监测与评价的方法。

本标准适用于额定出口蒸汽压力小于等于 2.5 MPa、以水为介质的固定式蒸汽锅炉和汽水两用锅炉所配备的水处理设施，也适用于以水为介质的固定式承压热水锅炉、常压热水锅炉所配备的水处理设施。

2 规范性引用文件

下列文件中的条款通过本标准的引用而成为本标准的条款。凡是注日期的引用文件，其随后所有的修改单(不包括勘误的内容)或修订版均不适用于本标准，然而，鼓励根据本标准达成协议的各方研究是否可使用这些文件的最新版本。凡是不注日期的引用文件，其最新版本适用于本标准。

GB 1576 工业锅炉水质

3 分类

3.1 工业锅炉水处理方式分为锅外物理、化学水处理和锅内加药水处理。

3.1.1 锅外物理、化学水处理设施包括：

a) 预处理设施；

b) 离子交换设施；

c) 除氧设施。

3.1.2 锅内加药水处理及设施包括：

a) 水处理药剂(缓蚀剂、防垢剂、防腐阻垢剂)；

b) 药剂投放设施。

4 运行效果

4.1 运行效果应先检查锅炉使用单位的锅炉水质监测记录，锅炉水质必须符合 GB 1576 的规定。

4.2 离子交换设施经济运行效果应符合表 1 的规定。

表 1 离子交换设施经济运行合格指标

项目			合格指标[a]
离子交换树脂	利用率 η/%	顺流再生	≥55
		逆流再生	≥80
	工作交换容量 E/(mol/m³)	顺流再生	≥1 000
		逆流再生	≥1 000
	清洗水耗量 q_S/(m³/m³)[b]	顺流再生	≤4.5
		逆流再生	≤4.0
	年耗率 R_S/%	固定床	≤5
		流动床	≤15

表 1（续）

项　　目				合格指标[a]
再生剂[c]	盐耗量 K_Y/(g/mol)[d]		顺流再生	≤145
			逆流再生	≤100
	酸耗量 K_S/(g/mol)	HCl	顺流再生	≤80
			逆流再生	≤60
		H_2SO_4	顺流再生	≤130
			逆流再生	≤85

a 仅适用于强酸性阳离子交换树脂。

b 本单位表示每立方米树脂消耗多少立方米水。

c 浮动床、流动床的再生剂耗量应按逆流再生合格指标。

d 物质的量(n)均以一价离子为基本单元。

4.3　锅内加药水处理的药剂投放设施运行效果应能保证药剂合理、有效地投放，其经济运行效果应符合表 2 的规定。

表 2　锅内加药水处理经济运行合格指标

项　　目	合　格　指　标
缓蚀剂的缓蚀率 R_H/%	≥98
防垢剂的阻垢率 R_Z/%	≥85
年结垢厚度/mm	≤0.5

5　运行效果监测

5.1　监测单位及监测单位的监测期

5.1.1　锅炉水质监测应由相关职能管理部门授权并经相关认证认可机构对其检测能力资质认证认可的锅炉水质检测单位进行。

5.1.2　季节性运行的水处理设施，每个运行期应监测 1～2 次。

5.1.3　长年运行的水处理设施，每季度应监测一次。

5.2　锅炉水质的监测项目及锅炉使用单位的日常监测间隔期和工业锅炉水处理设施经济运行的监测项目

5.2.1　锅炉水质监测项目及锅炉使用单位的日常监测间隔期

锅炉水质的监测项目及锅炉使用单位的日常监测间隔期按表 3、表 4、表 5 的规定执行。

5.2.2　工业锅炉水处理设施经济运行的监测项目

5.2.2.1　离子交换设施经济运行监测项目：

a)　树脂利用率；

b)　树脂工作交换容量；

c)　树脂清洗水耗量；

d)　树脂年耗率；

e)　再生剂耗量。

5.2.2.2　锅内加药水处理设施经济运行监测项目：

a)　缓蚀剂的缓蚀率；

b） 防垢剂的阻垢率；

c） 年结垢厚度。

5.3 监测方法

5.3.1 监测时间与监测仪器

5.3.1.1 监测工作应在正常运行达到稳定工况时进行。

5.3.1.2 监测所用仪器应能满足监测项目的要求。仪器必须完好，并在法定部门的检定校核周期内。

5.3.2 锅炉水质监测方法

5.3.2.1 锅炉使用单位应按表3、表4、表5的要求进行日常监测并做记录，记录应完整。

5.3.2.2 锅炉水质的检测方法按GB 1576的规定进行。

5.3.2.3 锅炉水质监测要求

依据本标准第3章分类中所表述的锅炉水处理方式分为：

a） 蒸汽锅炉和汽水两用锅炉采用锅外物理、化学水处理时，水质监测应符合表3的规定；

表3 采用锅外物理、化学水处理的水质监测表

监测项目		监测期次	给水监测						锅水监测					
			额定蒸汽压力 p/MPa											
			$p≤1.0$		$1.0<p≤1.6$		$1.6<p≤2.5$		$p≤1.0$		$1.0<p≤1.6$		$1.6<p≤2.5$	
			指标[d]	次数[e]	指标	次数	指标	次数	指标	次数	指标	次数	指标	次数
悬浮物量/(mg/L)		每季	≤5	1	≤5	1～2	≤5	≥2	—	—	—	—	—	—
总硬度[a]/(mmol/L)		每班	≤0.03	1	≤0.03	1～2	≤0.03	≥2	—	—	—	—	—	—
总碱度[b]/(mmol/L)	无过热器	每班	—	1	—	1	—	1	6～26	1～2	6～24	2	6～16	≥2
	有过热器	每班	—	1	—	1	—	1	—		≤14	2	≤12	≥2
pH值(25℃)		每班	≥7	1	≥7	1～2	≥7	≥2	10～12	1～2	10～12	2	10～12	≥2
溶解氧量/(mg/L)		每班	≤0.1	2	≤0.1	2	≤0.05	≥2	—	—	—	—	—	—
溶解固形物量/(mg/L)	无过热器	每季	—	—	—	—	—	—	<4 000	1	<3 500	1～2	<3 000	≥2
	有过热器	每季	—	—	—	—	—	—	—	—	<3 000	1～2	<2 500	≥2
SO_3^{2-} 含量/(mg/L)		每周	—	—	—	—	—	—	—	—	10～30	1	10～30	1
PO_4^{3-} 含量/(mg/L)		每周	—	—	—	—	—	—	—	—	10～30	1～2	10～30	≥2
相对碱度 $\left(\frac{\text{游离 NaOH 量}}{\text{溶解固形物量}}\right)$		每季	—	—	—	—	—	—	—	—	<0.2	1～2	<0.2	≥2
含油量/(mg/L)		每周	≤2	1	≤2	1	≤2	—	—	—	—	—	—	—
含铁量/(mg/L)		每周	≤0.3	1	≤0.3	1	≤0.3	1	—	—	—	—	—	—
氯离子含量[c]/(mg/L)		每班	—	1～2	—	2	—	2	—	1～2	—	1～2	—	1～2

[a] 硬度mmol/L的基本单元为 $C(1/2Ca^{2+}、1/2Mg^{2+})$，下同。

[b] 碱度mmol/L的基本单元为 $C(OH^-、HCO_3^-、1/2CO_3^{2-})$，下同。

[c] 根据“固氯比”测算，具体方法按附录C。

[d] 指标为合格指标，按GB 1576的规定。

[e] 为每季、周、班的监测次数，下同。

b） 额定蒸发量不大于2 t/h且额定蒸汽压力不大于1.0 MPa的蒸汽锅炉和汽水两用锅炉采用锅内加药水处理时，水质监测应符合表4的规定。

表 4　采用锅内加药水处理的水质监测表

监　测　项　目	监测期	给　水		锅　水	
		合格指标	监测次数	合格指标	监测次数
悬浮物量/(mg/L)	每季	≤20	1	—	—
总硬度/(mmol/L)	每班	≤4	1	—	—
总碱度/(mmol/L)	每班	—	—	8～26	1～2
pH 值(25℃)	每班	≥7	1	10～12	1～2
溶解固形物量/(mg/L)	每季	—	—	<5 000	1
氯离子含量[a]/(mg/L)	每班	—	1	—	1

[a] 根据“固氯比”测算，具体方法按附录 C。

c) 热水锅炉采用锅外物理、化学水处理和锅内加药水处理时，水质监测应符合表 5 的规定。

表 5　热水锅炉采用锅外物理、化学水处理和锅内加药水处理的水质监测表

监　测　项　目	监测期	锅内加药水处理				锅外物理、化学处理			
		给　水		锅　水		给　水		锅　水	
		合格指标	监测次数	合格指标	监测次数	合格指标	监测次数	合格指标	监测次数
悬浮物量/(mg/L)	每季	≤20	1	—	—	≤5	1	—	—
总硬度/(mmol/L)	每班	≤6	1	—	—	≤0.6	1	—	—
pH 值(25℃)	每班	≥7	1	10～12	1～2	≥7	1	10～12	1～2
溶解氧量/(mg/L)	每周	—	—	—	—	≤0.1[a]	1	—	—
含油量/(mg/L)	每周	≤2	1	—	—	≤2	1	—	—

[a] 给水溶解氧>0.1 mg/L 时，添加防腐阻垢剂可抑制氧对金属的腐蚀。

d) 余热锅炉及电热锅炉的水质监测应符合同参数锅炉的水质监测要求。

e) 直流(贯流)锅炉采用锅外物理、化学水处理时，其水质监测按表 3 执行。

f) 溶解固形物的分析采用氯离子控制法时，该项指标的测算可通过“固氯比”的测算间接得到。“固氯比”的测算按附录 C 进行。

5.3.2.4 锅炉水质监测报告

锅炉水质监测报告按附录 A。

5.3.3 离子交换设施经济运行效果监测方法

5.3.3.1 树脂利用率

树脂利用率按式(1)计算：

$$\eta = \frac{Q \cdot A}{W_R \cdot E_Q} \times 100 \quad \cdots\cdots (1)$$

式中：

η——树脂利用率，用(%)表示；

Q——周期制水量，单位为立方米(m^3)；

A——原水中被处理离子的加权平均浓度，如软化时，$A=YD$，单位为毫摩尔每升(mmol/L)；

W_R——设备中树脂的填装体积，单位为立方米(m^3)；

E_Q——树脂中的全交换容量，单位为摩尔每立方米(mol/m^3)；

YD——硬度。

5.3.3.2 **树脂工作交换容量**

树脂的工作交换容量按式(2)计算：

$$E=\frac{(H-H_C)Q}{V_R} \qquad \cdots\cdots(2)$$

式中：

E——树脂工作交换容量，单位为摩尔每立方米(mol/m^3)；

H——原水硬度，单位为毫摩尔每升(mmol/L)；

H_C——软化水残留硬度，单位为毫摩尔每升(mmol/L)；

V_R——参与交换的树脂体积，单位为立方米(m^3)。

5.3.3.3 **树脂清洗水耗量**

树脂清洗水耗量按式(3)计算：

$$q_S=\frac{Q_Z+Q_C}{W_R} \qquad \cdots\cdots(3)$$

式中：

q_S——树脂清洗水耗量，单位为立方米每立方米(m^3/m^3)；

Q_Z——置换过程耗水量，单位为立方米(m^3)；

Q_C——清洗过程耗水量，单位为立方米(m^3)。

5.3.3.4 **树脂年耗率**

树脂年耗率按式(4)计算：

$$R_S=\frac{W_B}{W_R}\times 100 \qquad \cdots\cdots(4)$$

式中：

R_S——树脂年耗率，用(%)表示；

W_B——设备中树脂年补充体积，单位为立方米(m^3)。

5.3.3.5 **再生剂耗量**

再生剂耗量按式(5)计算：

$$K=\frac{G}{Q\cdot A}\times 1\,000 \qquad \cdots\cdots(5)$$

式中：

K——再生剂耗量(盐耗量 K_Y 或酸耗量 K_S)，单位为克每摩尔(g/mol)；

G——再生一次所用再生剂的量，单位为千克(kg)。

5.3.4 **锅内加药水处理经济运行效果监测方法**

5.3.4.1 **缓蚀率的测定方法(失重法)**

5.3.4.1.1 **试剂及试片**

a) 稀盐酸(5%HCl 加适量缓蚀剂)。

b) 试片：选取与锅炉本体相同材质，将其加工成精确的几何形状试样，计算出它的表面积。

5.3.4.1.2 **测定方法**

用空白试验水和加药试验水分别做以下试验，并进行计算：

a) 用金相打磨专用砂布将试片打磨光滑，去掉表面氧化膜；

b) 用分析天平称出试片质量，精确至 0.1 mg，并记录；

c) 将试片放置在锅炉汽包或联箱中，并记录放置时间；

d) 经过 10 d 以上运行后将试样取出，通过阴极保护电流使试片表面的电位低于 1.5 V，同时用稀盐酸清除试片表面的腐蚀产物，应特别注意不能酸洗过度，在分析天平上精确称量；

e) 根据试片的失量、试验时间和试样面积，可按式(6)计算出平均腐蚀速度来确定其缓蚀率：

$$K_G = \frac{G_1 - G_2}{S \cdot t} \qquad \cdots\cdots (6)$$

式中：

K_G——按试片金属质量损失计算的平均腐蚀速度，单位为克每小时平方米（$g/(h \cdot m^2)$）；

G_1——试片腐蚀前的质量，单位为克(g)；

G_2——试片腐蚀后的质量，单位为克(g)；

S——试片的表面积，单位为平方米(m^2)；

t——试片金属腐蚀的时间，单位为小时(h)。

f) 按式(7)计算缓蚀率：

$$R_H = \frac{K_{GK} - K_{GY}}{K_{GK}} \times 100 \qquad \cdots\cdots (7)$$

式中：

R_H——缓蚀剂的缓蚀率，用(%)表示；

K_{GK}——空白试验水腐蚀速度，单位为克每小时平方米（$g/(h \cdot m^2)$）；

K_{GY}——加药试验水腐蚀速度，单位为克每小时平方米（$g/(h \cdot m^2)$）。

5.3.4.2 阻垢率的测定方法(常压挂片法)

5.3.4.2.1 测定仪器：

a) 高脚烧杯：400 mL；

b) 试剂瓶：3 000 mL；

c) 试验电炉：1 000 W；

d) 变压器；

e) 分析天平(精确度 1/10 000)。

5.3.4.2.2 测定材料：

试片：采用与锅炉本体相同材质(35 mm×22 mm×4 mm)钻一直径为 ϕ 4 mm 的挂孔，先在金相专用砂布上按前后方向磨好，然后用丙酮浸泡去掉油垢，浸泡时间不少于 20 min，然后取出用纱布擦干，自然风中吹干，放入干燥器中备用。

5.3.4.2.3 测定方法

用空白试验水和加药试验水分别做试验，并进行计算：

a) 取按药剂用量配好的加药试验水和不加任何药剂的空白试验水各 2 500 mL，分别投入 3 000 mL的试剂瓶中，然后分别取出 250 mL 投入 400 mL 高脚烧杯中；

b) 将干燥器中的试片取出二件，在天平上准确称量，精确到 0.1 mg；

c) 将称量好的试片用塑料线穿过小孔，调节好塑料线的长短，将试片分别悬挂于已投入 250 mL 试验水的试杯液面以下，距杯底 5 mm；

d) 试杯底部用电炉加热，并用调压器调节，水温控制在 95℃±2℃，使试验水缓慢蒸发浓缩，不要飞溅溢出，并不断从试剂瓶中滴加试验用水保持试杯液面平衡，并注意观察水样的浑浊程度、泡沫的多少，每隔 1 h，测量一下试杯水的 pH 值，做好记录；

e) 当 2 500 mL 试验用水从试剂瓶中滴完后，试杯中仅存有 250 mL 左右的水时，停止加热，取出试片，冷却吹干后立即称量与原片质量比较，可得所结的垢质量(以 mg 计)，并观察试片表面的腐蚀情况，做好记录。

f) 阻垢率按式(8)计算：

$$R_Z = \frac{G_K - G_J}{G_K} \times 100 \qquad \cdots\cdots (8)$$

式中：

R_Z——阻垢剂的阻垢率，用(%)表示；

G_K——空白试验水试片垢质量，单位为(mg)；

G_J——加药试验水试片垢质量，单位为(mg)。

g) 浓缩试验水冷却后过滤，分析硬度、碱度、氯离子含量并做好记录。

5.3.4.3 年结垢厚度的测定(直接测量法)

5.3.4.3.1 仪器：水垢测厚仪。

5.3.4.3.2 测量方法：

a) 打开锅炉人孔、头孔、手孔、检查孔，检查锅筒、集箱、水冷壁管等部位水垢结生情况；

b) 用水垢测厚仪测出水垢最厚处的厚度，精确到 0.1 mm；

c) 根据锅炉运行时间计算出年结垢厚度。

6 运行效果评价

6.1 运行效果的评价应先考查使用锅炉单位的锅炉水质日常监测记录(按表 3、表 4、表 5 的要求)，监测记录是否完整。

6.2 进行锅炉水质的检测并填写工业锅炉水质监测报告(工业锅炉水质监测报告见附录 A)，并给出锅炉水质是否合格的结论。

6.3 在给出锅炉水质监测合格结论的基础上进行锅炉水处理设施经济运行效果的监测并填写工业锅炉水处理设施经济运行效果监测报告(工业锅炉水处理设施经济运行效果监测报告见附录 B)。

6.4 本标准表 1、表 2 中的合格指标是经济运行效果监测合格的最低标准。监测单位应依此作出合格与不合格的结论评价。

6.5 对监测不合格者，监测单位应作出分析结论和提出处理意见。

附　录　A
（规范性附录）
工业锅炉水质监测报告

编号：　　　　　　　　　　　　　　　　　　　　　　　　　第　　页　　共　　页

被监测单位				监测通知号	
水处理方式				锅炉型号	
监测依据				监测日期	
监测用仪器名称、型号、编号					
监测结果	监　测　项　目	监测数据		合格指标	
		给水	锅水	给水	锅水
	悬浮物量/(mg/L)				
	总硬度/(mmol/L)				
	总碱度/(mmol/L)				
	pH 值(25℃)				
	溶解氧量/(mg/L)				
	溶解固形物量/(mg/L)				
	SO_3^{2-} 含量/(mg/L)				
	PO_4^{3-} 含量/(mg/L)				
	相对碱度$\left(\frac{游离\ NaOH\ 量}{溶解固形物量}\right)$				
	含油量/(mg/L)				
	含铁量/(mg/L)				
	氯离子含量/(mg/L)				

监测结论：

监测单位：(盖章)

年　　月　　日

备　注	

批准　　　　　　　　审核　　　　　　　　　　　　监测

附 录 B
（规范性附录）
工业锅炉水处理设施经济运行效果监测报告

编号：　　　　　　　　　　　　　　　　　　　　　　　　　第　　页　　共　　页

<table>
<tr><td colspan="2">被监测单位</td><td colspan="2"></td><td>监测通知号</td><td></td></tr>
<tr><td colspan="2">水处理方式</td><td colspan="2"></td><td>锅炉型号</td><td></td></tr>
<tr><td colspan="2">监测依据</td><td colspan="2"></td><td>监测日期</td><td></td></tr>
<tr><td colspan="2" rowspan="2">离子交换设备</td><td>型号</td><td></td><td>单位时间制水量/(m^3/h)</td><td></td></tr>
<tr><td>再生周期/h</td><td></td><td>交换剂体积/m^3</td><td></td></tr>
<tr><td colspan="2">药剂名称</td><td colspan="2"></td><td>药剂投放设备</td><td></td></tr>
<tr><td rowspan="9">监测结果</td><td colspan="3">监 测 项 目</td><td>监测数据</td><td>合格指标</td></tr>
<tr><td colspan="3">树脂利用率/%</td><td></td><td></td></tr>
<tr><td colspan="3">树脂工作交换容量/(mol/m^3)</td><td></td><td></td></tr>
<tr><td colspan="3">树脂清洗水耗量/(m^3/m^3)</td><td></td><td></td></tr>
<tr><td colspan="3">树脂年耗率/%</td><td></td><td></td></tr>
<tr><td colspan="3">再生剂耗量/(g/mol)</td><td></td><td></td></tr>
<tr><td colspan="3">缓蚀率/%</td><td></td><td></td></tr>
<tr><td colspan="3">阻垢率/%</td><td></td><td></td></tr>
<tr><td colspan="3">年结垢厚度/mm</td><td></td><td></td></tr>
<tr><td colspan="6">评价结论及处理意见

监测单位：(盖章)
年　　月　　日</td></tr>
<tr><td colspan="2">备　注</td><td colspan="4"></td></tr>
</table>

批准　　　　　　　　　　　　审核　　　　　　　　　　　　　　　　　　监测

附 录 C
（规范性附录）
锅炉水“固氯比”测算方法

C.1 水中溶解固形物量与氯离子含量的比值称为“固氯比”，按式(C.1)计算：

$$K_{GL} = \frac{\rho_{RG}}{\rho_{Cl^-}} \qquad \cdots\cdots (C.1)$$

式中：

K_{GL}——水的“固氯比”；

ρ_{RG}——水中溶解固形物的含量，单位为毫克每升(mg/L)；

ρ_{Cl^-}——水中氯离子的含量，单位为毫克每升(mg/L)。

C.2 锅水“固氯比”测算

C.2.1 按 GB 1576—2001 附录 A 取锅水水样 3 个，分别测出各个水样中的溶解固形物量和氯离子含量，然后按式(C.1)计算得到各个水样的“固氯比”K_{GLi}。

C.2.2 3 个锅水水样“固氯比”的算术平均值按式(C.2)计算：

$$K_{\overline{GL}} = \frac{K_{GL1} + K_{GL2} + K_{GL3}}{3} \qquad \cdots\cdots (C.2)$$

式中：

$K_{\overline{GL}}$——3 个锅水水样的“固氯比”算术平均值；

K_{GL1}、K_{GL2}、K_{GL3}——3 个锅水水样的“固氯比”测算值。

C.3 锅水氯离子含量控制值计算

C.3.1 从 GB 1576—2001 表 1、表 2 中查出锅水溶解固形物量控制指标$[\rho_{RG}]$。

C.3.2 锅水氯离子含量控制值按式(C.3)计算：

$$[\rho_{Cl^-}] = \frac{[\rho_{RG}]}{K_{\overline{GL}}} \qquad \cdots\cdots (C.3)$$

式中：

$[\rho_{Cl^-}]$——锅水中氯离子含量控制值，单位为毫克每升(mg/L)；

$[\rho_{RG}]$——锅水中溶解固形物量控制值，单位为毫克每升(mg/L)。

C.4 锅炉锅水的“固氯比”将随给水水质或锅炉运行工况的变化而变化，因此需定期进行复测和修正。

ICS 13.030.01
Z 64

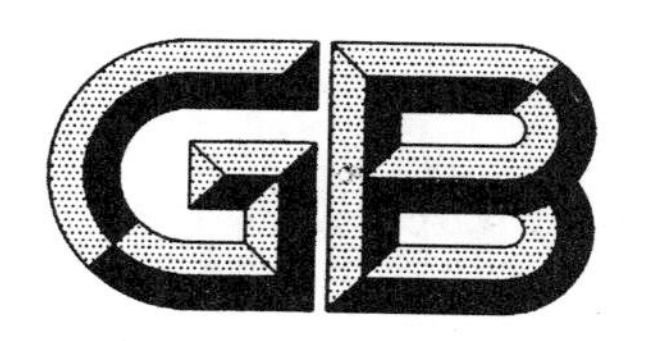

中华人民共和国国家标准

GB 18486—2001
代替 GWKB 4—2000

污水海洋处置工程污染控制标准

Standard for pollution control of sewage marine disposal engineering

2001-11-12 发布　　2002-01-01 实施

国家环境保护总局
国家质量监督检验检疫总局　发布

前　言

为贯彻执行《中华人民共和国环境保护法》和《中华人民共和国海洋环境保护法》，规范污水海洋处置工程的规划设计、建设和运行管理，保证在合理利用海洋自然净化能力的同时，防止和控制海洋污染，保护海洋资源，保持海洋的可持续利用，维护海洋生态平衡，保障人体健康，制订本标准。

本标准规定了污水海洋处置工程主要水污染物的排放浓度限值、初始稀释度、混合区范围及其他一般规定。

本标准内容(包括实施时间)等同于2000年2月29日国家环境保护总局发布的《污水海洋处置工程污染控制标准》(GWKB 4—2000)，自本标准实施之日起，代替GWKB 4—2000。

《地面水环境质量标准》(GB 3838—1988)正在进行修订，在GB 3838—1988修订稿出台之前，本标准引用标准暂执行《地表水环境质量标准》(GHZB 1—1999)。

本标准由国家环境保护总局负责解释。

污水海洋处置工程污染控制标准

1 主题内容与适用范围

1.1 主题内容

本标准规定了污水海洋处置工程主要水污染物排放浓度限值、初始稀释度、混合区范围及其他一般规定。

1.2 适用范围

本标准适用于利用放流管和水下扩散器向海域或向排放点含盐度大于5‰的年概率大于10%的河口水域排放污水(不包括温排水)的一切污水海洋处置工程。

2 引用标准

下列标准所含条文,在本标准中引用即构成本标准的条文。

GB 3097—1997 海水水质标准

GB 8978—1996 污水综合排放标准

GHZB 1—1999 地表水环境质量标准

当上述标准被修订时,应使用其最新版本。

3 定义

3.1 污水扩散器

沿着管道轴线设置多个出水口,使污水从水下分散排出的设施称为污水扩散器,其形状有直线型,L型和Y型等。

3.2 放流管

由陆上污水处理设施将污水送至扩散器的管道或隧道称为放流管。大型放流管一般在岸边设有竖井。

3.3 污水海洋处置

放流管加污水扩散器合称为污水放流系统;将污水由陆上处理设施经放流系统从水下排入海洋称为污水海洋处置。

3.4 初始稀释度

污水由扩散器排出后,在出口动量和浮力作用下与环境水体混合并被稀释,在出口动量和浮力作用基本完结时污水被稀释的倍数称为初始稀释度。

3.5 混合区

污水自扩散器连续排出,各个瞬时造成附近水域污染物浓度超过该水域水质目标限值的平面范围的叠加(亦即包络)称为混合区。

3.6 污染物日允许排放量

指本标准涉及的每种污染物通过污水海洋处置工程的日允许排放总量。

4 技术内容

4.1 标准值

4.1.1 进入放流管的水污染物浓度日均值必须满足表1的规定。

4.1.2 表1中未列出的项目可参照GB 8978—1996执行。

表1 污水海洋处置工程主要水污染物排放浓度限值 单位:mg/L

序号	污染物项目		标准值
1	pH(单位)		6.0～9.0
2	悬浮物(SS)	≤	200
3	总α放射性(Bq/L)	≤	1
4	总β放射性(Bq/L)	≤	10
5	大肠菌群(个/mL)	≤	100
6	粪大肠菌群(个/mL)	≤	20
7	生化需氧量(BOD_5)	≤	150
8	化学需氧量(COD_{Cr})	≤	300
9	石油类	≤	12
10	动植物油类	≤	70
11	挥发性酚	≤	1.0
12	总氰化物	≤	0.5
13	硫化物	≤	1.0
14	氟化物	≤	15
15	总氮	≤	40
16	无机氮	≤	30
17	氨氮	≤	25
18	总磷	≤	8.0
19	总铜	≤	1.0
20	总锌	≤	5.0
21	总汞	≤	0.05
22	总镉	≤	0.1
23	总铬	≤	1.5
24	六价铬	≤	0.5
25	总砷	≤	0.5
26	总铅	≤	1.0
27	总镍	≤	1.0
28	总铍	≤	0.005
29	总银	≤	0.5
30	总硒	≤	1.0
31	苯并(a)芘(μg/L)	≤	0.03
32	有机磷农药(以P计)	≤	0.5
33	苯系物	≤	2.5

表 1(完)

序 号	污染物项目		标准值
34	氯苯类	≤	2.0
35	甲醛	≤	2.0
36	苯胺类	≤	3.0
37	硝基苯类	≤	4.0
38	丙烯腈	≤	4.0
39	阴离子表面活性剂(LAS)	≤	10
40	总有机碳(TOC)	≤	120

4.2 初始稀释度的规定

污水海洋处置排放点的选取和放流系统的设计应使其初始稀释度在一年90%的时间保证率下满足表2规定的初始稀释度要求。

表 2 90%时间保证率下初始稀释度要求

排放水域	海 域		按地面水分类的河口水域		
水质类别	第三类	第四类	Ⅲ类	Ⅳ类	Ⅴ类
初始稀释度≥	45	35	50	40	30

注：对经特批在第二类海域划出一定范围设污水海洋处置排放点的情形，按90%保证率下初始稀释度应≥55。

4.3 混合区规定

污水海洋处置工程污染物的混合区规定如下：

若污水排往开敞海域或面积≥600km²(以理论深度基准面为准)的海湾及广阔河口，允许混合区范围：$A_a \leqslant 3.0\text{km}^2$。

若污水排往<600km² 的海湾，混合区面积必须小于按以下两种方法计算所得允许值(A_a)中的小者：

(一) $A_a = 2\,400(L+200)$ (m^2)

式中：L——扩散器长度，m。

(二) $A_a = \dfrac{A_0}{200} \times 10^6$ (m^2)

式中：A_0——计算至湾口位置的海湾面积，m²。

对于重点海域和敏感海域，划定污水海洋处置工程污染物的混合区时还需要考虑排放点所在海域的水流交换条件、海洋水生生态等。

4.4 一般规定

4.4.1 污水海洋处置的排放点必须选在有利于污染物向外海输移扩散的海域，并避开由岬角等特定地形引起的涡流及波浪破碎带。

4.4.2 污水海洋处置排放点的选址不得影响鱼类回游通道，不得影响混合区外邻近功能区的使用功能。在河口区，混合区范围横向宽度不得超过河口宽度的1/4。

4.4.3 扩散器必须铺设在全年任何时候水深至少达7m 的水底，其起点离低潮线至少200m。

4.4.4 必须综合考虑排放点所在海域的水质状况、功能区的要求和周边的其他排放源，计算表1中所列各类污染物的允许排放量。对实施污染物排放总量控制的重点海域，确定污水海洋处置工程污染物的允许排放量时，应考虑该海域的污染物排放总量控制指标。

4.4.5 污水通过放流系统排放前须至少经过一级处理。

4.4.6 污水海洋处置不得导致纳污水域混合区以外生物群落结构退化和改变。

4.4.7 污水海洋处置不得导致有毒物质在纳污水域沉积物或生物体中富集到有害的程度。

5 监测

5.1 污水监测

5.1.1 采样点：进入放流管的污水水质监测在陆上处理设施出水口或竖井中采样。

5.1.2 采样频率：实测的水污染物排放浓度按日均值计算，每次监测要24h连续采样，每4h采一个样。

5.1.3 污水水样监测按《污水综合排放标准》规定的方法进行。

5.2 初始稀释度与混合区监测

5.2.1 初始稀释度：根据每个采样时刻的水流条件在出水口周围沿扩散器轴线适当布点采样监测，并取各点同一时刻监测值的平均计算该时刻的初始稀释度。每次监测时间必须覆盖至少一个潮周期，等时间间隔采样不少于8次。

5.2.2 混合区：根据排放点处的具体水文条件合理布点采样监测。每个点须采上、中、下混合样。每次监测采样时间必须覆盖至少一个潮周期，采样时刻应抓住高潮、低潮、涨急、落急等特定水流条件。

5.2.3 海水水样监测按GB 3097规定的方法进行。

6 标准实施监督

6.1 本标准由县级以上人民政府环境保护行政主管部门负责监督实施。

6.2 沿海各省、自治区、直辖市人民政府可根据当地的实际情况需要，制定地方污水海洋处置工程污染控制标准，并报国家环境保护行政主管部门备案。

ICS 13.060.30
Z 66

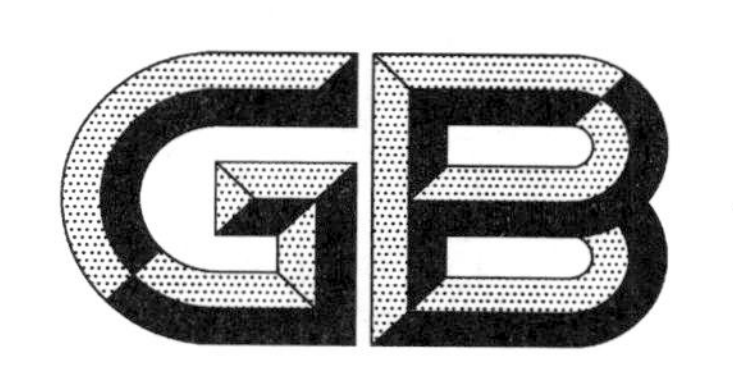

中华人民共和国国家标准

GB/T 19570—2004

污水排海管道工程技术规范

Engineering technical specification for sewage pipeline discharging into the sea

2004-07-26 发布　　　　2005-01-01 实施

中华人民共和国国家质量监督检验检疫总局
中国国家标准化管理委员会　发布

前　言

本标准的附录A是资料性附录。

本标准由国家海洋局提出。

本标准由国家海洋标准计量中心归口。

本标准起草单位:国家海洋局第一海洋研究所。

本标准主要起草人:徐家声、刘昌荣、孟毅、宋旺德、潘增弟、张效龙。

引　言

污水排海管道是沿海城市污水处理工程重要组成部分，为提高沿海城市的污水处置能力，为保护海洋资源和环境，促进海洋经济可持续发展，减轻污水对海洋的污染，根据国内外污水排海管道工程技术发展的现状，特制定本标准。

本标准力求在全面体现污水排海管道工程技术的内涵及本质的同时，对污水排海管道工程技术的重要环节，如路由勘察、污水排海混合区调查及污水对海洋环境污染的控制和管道设计、施工等，进行有效地指导，从而促使我国污水排海管道工程技术不断完善，海洋环境保护水平不断提高。

污水排海管道工程技术规范

1 范围

本标准规定了污水排海管道工程的路由勘察及选择、污水排海混合区、管道设计及施工等有关内容的技术要求。

本标准适用于中华人民共和国管辖海域的污水(不包括温排水)排海管道工程。

2 规范性引用文件

下列文件中的条款通过本标准的引用而成为本标准的条款。凡是注日期的引用文件,其随后所有的修改单(不包括勘误的内容)或修订版均不适用于本标准,然而,鼓励根据本标准达成协议的各方研究是否可使用这些文件的最新版本。凡是不注日期的引用文件,其最新版本适用于本标准。

GB 3097 海水水质标准

GB/T 12763.2 海洋调查规范 海洋水文观测

GB/T 12763.3 海洋调查规范 海洋气象观测

GB/T 12763.6 海洋调查规范 海洋生物调查

GB/T 12763.8 海洋调查规范 海洋地质与地球物理调查

GB/T 14914 海滨观测规范

GB 17378.4 海洋监测规范 海水分析

GB 17378.5 海洋监测规范 沉积物分析

GB 17378.6 海洋监测规范 生物体分析

GB 17501 海洋工程地形测量规范

GB 17502 海底电缆管道路由勘察规范

GB 18421 海洋生物质量

GB 18486 污水海洋处置工程污染控制标准

3 术语和定义

下列术语和定义适用于本标准。

3.1

路由勘察 route survey

对海底管道从起点至终点的路由(管道走向)进行海洋环境及海洋开发活动状况的调查。

3.2

污水排海管道 sewage pipeline discharging into the sea

敷设于海中用于排放污水的管道,它由放流管和扩散器组成。

3.3

放流管 pipe to outfall

由陆上污水处理设施将污水经调压井输送至扩散器的管道。

注:改写 GB 18486—2001,定义 3.2。

3.4

扩散器 pipe for diffusers

在海域分散排放污水的管道。

注:改写 GB 18486—2001,定义 3.1。

3.5

污水排海混合区　initial dilution area for sewage discharging into the sea

由扩散器排出的污水与海水直接混合后形成的水域。它离排污点最近，其范围包括从海底到海面的海域空间，其水质在任一瞬时，尚未达到规定水质目标的水域。

注：改写 GB 18486—2001，定义 3.5。

3.6

管道敷设　pipe installation

将污水排海管道沿路由铺设在海底表面或埋设在海底。

4　总则

4.1　污水排海管道工程应通过全面、科学地论证，达到保护海洋环境，技术先进，经济合理，安全可靠的要求。

4.2　污水排海管道工程设计应坚持“以海定陆”的原则，即实行污水排放的总量控制。根据排污海域的水动力状况和海水自净能力确定污水排海混合区，污水排放总量应在污水排海混合区环境容量允许范围之内。

4.3　不允许在海洋特别保护区、海洋自然保护区、重要渔业水域、海洋风景名胜区及其他需要特殊保护的珍稀物种，珊瑚礁、红树林、海草床等重要生态环境区域建设污水排海管道工程。

4.4　污水排海管道不允许排放有害有毒污水。进入放流管的水污染物浓度限值按 GB 18486 中的相关规定执行。工业废水和生活污水至少经污水处理厂一级处理后排海。

5　路由勘察及选择

5.1　路由勘察

5.1.1　建设污水排海管道工程前应进行路由区的海洋环境和海洋开发活动状况调查。

5.1.2　污水排海管道路由勘察范围应包括放流管和扩散器所经过的地区。路由的起点为放流管起始端所设的调压井，终点为扩散器的末端。波浪、海流、地质构造及地震的勘察范围应扩大至路由区附近海域。

5.1.3　通过资料分析及现场踏勘首先拟定出二条以上的(含二条)路由，对拟定路由的资料进行分析、比较，选择出适宜的污水排海管道勘察路由。

5.1.4　路由勘察所有需定位的项目宜应使用 DGPS，其动态定位最大允许误差应不大于±3.0 m。静态定位最大允许误差应不大于±1.0 m。测量时还应确定投影、坐标及登陆段附近的水准点、坐标点的位置。定位按 GB 17501 中的相关规定执行。

其他路由勘察的项目及内容见 5.1.4.1～5.1.4.10。

5.1.4.1　陆地部分调查

该项调查范围为路由的人孔(调压井)至最低低潮线的陆地部分。地形应实测，同时开展地貌及底质调查，测量要求按 GB 17501 中的相关规定执行。

5.1.4.2　气象水文调查

该项调查应选择在有代表性的月份进行，收集的资料其持续时间最少为 1 年。如缺乏历史资料，应通过满足工程需要的短期现场观察并与附近长期观测站作相关分析后取得。本项调查应包括以下内容：

5.1.4.2.1　气象

本项调查应包括以下内容：

a)　风速风向：资料应从拟定的路由区附近的气象台站获得，并进行统计分析。应有大风频率及极值的资料。

b） 海雾：多年各月平均雾日。

c） 气温：多年各月平均气温及极值。

d） 气象观测方法按 GB/T 12763.3 中的相关规定执行。

5.1.4.2.2 **海流**

本项目调查应包括以下内容：

a） 收集资料，实测表层及底层流速流向并分析、计算余流的流速流向，所取资料应满足海流对管道稳定性影响的计算。

b） 应分别在大潮期和小潮期各进行一次 25 h 的海流观测，并进行分析计算。

c） 海流观测按 GB/T 12763.2 中的相关规定执行。

5.1.4.2.3 **潮汐**

本项目调查应包括以下内容：

a） 在拟定路由区内如有常年验潮站，应直接利用长期观测的潮汐资料。

b） 如果没有常年验潮站，应在拟定路由区内进行为期 1 个月的短期观测，然后与邻近验潮站观测资料进行相关分析，并计算出设计潮位，计算设计潮位应考虑风暴潮的影响。

c） 潮位观测按 GB/T 14914 中的相关规定执行。

5.1.4.2.4 **波浪**

本项目调查应包括以下内容：

a） 在拟定路由区内如有常年波浪观测站，应直接使用该站的波浪资料，否则应在拟定路由区内设立临时波浪观测站，进行年度内不少于连续 3 个月的大浪期的波浪观测。

b） 临时波浪观测站的波浪观测内容包括波高、波向、周期、波型和海况，并与附近常年波浪站的观测资料作相关分析，取 50 年一遇波要素作为放流管及扩散器的设计参数。

c） 波浪观测按 GB/T 12763.2 中的相关规定执行。

5.1.4.2.5 **水温、盐度**

本项目调查应包括以下内容：

a） 以收集历史资料为主，如资料缺乏，其实测工作应在 2、5、8、11 月份进行，每次观测一昼夜。应特别注意水体中温度和盐度的跃层及其分布位置。

b） 收集水温统计资料，确定设计温度及由此产生的管道温度应变力、变形和位移。

c） 水温、盐度观测按 GB/T 12763.2 中的相关规定执行。

5.1.4.2.6 **海冰**

本项调查应包括以下内容：

a） 确定路由区是否通过固定冰或流冰活动海域；固定冰应观测冰期时间、范围、水温、冰温、气温、冰的厚度。流冰应观测冰块大小、流速、流向，并对冰的物理力学性质进行计算。

b） 应收集历史上冰灾事件及严重冰期的资料。

c） 海冰观测按 GB/T 12763.2 中的相关规定执行。

5.1.4.3 **扩散系数**

应使用染料法、浮标法或其他科学方法求得勘察海区水平及垂直扩散系数。

5.1.4.4 **工程物探**

本项调查应包括以下内容：

a） 勘察路由区宽度不应小于 500 m。测量成图比例尺不应小于 1∶2 000。测线布设及测量准确度应满足图件比例尺的要求。

b） 在拟定路由区应同步进行水深、海底地貌及浅地层剖面测量。技术要求如下：

1） 水深测量，在水深大于 10 m 的海域，使用多波束测深系统进行路由区的全覆盖水深测量，在水深小于 10 m 的海域使用双频测深仪作水深测量，测量按 GB 17501 中的相关规定执行。

2）海底地貌探测，应用侧扫声纳对路由区进行全覆盖测量，单侧扫描量程不应大于75 m。对海底出现的基岩露头，大漂石及砾石、沙波、沉船、海底管线及其他人为设施等障碍物应作清晰地表示。探测资料解释按GB/T 12763.8中的相关规定执行。

3）浅地层剖面测量，选用浅地层剖面仪进行地层探测，松散沉积物探测深度应不小于25 m，分辨率达到0.3 m，应做好浅地层剖面资料解释。测量按GB 17502中的相关规定执行。

4）磁力仪测量，应用磁力仪探测海底沉积物中的含铁磁性物体，并标明已敷设的光缆、管道、沉船及爆炸物的位置。测量按GB 17502中的相关规定执行。

5）同步测量获得的水深、地貌及浅地层剖面资料应做成一体的、彼此对应的直方图。

5.1.4.5 工程地质

本项调查应包括以下内容：

a）布设取样点的具体要求应按GB/T 12763.8中的相关规定执行。使用蚌式、箱式及柱状取样器采集表层样及柱状样，使用CPT（静力触探仪）进行岩土的原位测试，提供测区底质类型分布图、柱状剖面图。对易产生液化的底质类型，应准确标出其范围。

b）钻孔根据勘察比例尺及工程需要布设，主要沿管道路由中心线分布。在岸边、放流管及扩散器的末端应布设钻孔，其余视情况确定。钻孔深度应大于管道埋深，最小钻孔深度应大于5 m（遇到基岩停钻），岩芯取样间距不应大于1.0 m，提供钻孔剖面图。除进行岩土样力学性质试验外，还应根据岩土特性做原位测试（标贯、十字板剪切等）。钻探各项技术要求及报告编写按GB 17502中的相关规定执行。

c）取得的样品应在现场或实验室进行常规土工试验。最后根据土的颗粒分析及物理性质指数进行土的分类和评价。土工实验内容、分析方法及技术要求等应按GB 17502中的相关规定执行。

5.1.4.6 海洋生物

本项调查应包括以下内容：

a）浮游植物（种类组成、密度、分布趋势、生物多样性指数）。

b）浮游动物（种类组成、密度、生物量、分布趋势、生物多样性指数）。

c）底栖动物（种类组成、密度、生物量、分布趋势、生物多样性指数）。

d）附着生物（种类组成、密度、生物量、分布趋势、生物多样性指数）。应考虑附着在管道和扩散器上的生物造成的表面粗糙度增大和载荷变化。

e）对生物群落结构进行分析并绘出各种生物量分布图。

f）生物多样性指数计算按GB 17378.6中的相关规定执行。

5.1.4.7 海底稳定性

5.1.4.7.1 地质构造与地震状况

本项调查应包括以下内容：

a）收集或通过调查获得管道路由区及其附近海域的地质构造和地震活动资料。

b）当管道处于可液化地段时，应充分考虑地震活动引起的底土液化和滑动的可能性。对地基应予以加固，提高管材的强度。

c）在地震烈度达到国家地震局Ⅷ度区的海域，应按工程抗震设计规范对管道路由进行抗震能力的调查计算。

5.1.4.7.2 水动力与冲淤作用

本项调查应包括以下内容：

a）了解水动力对路由区作用特征，判断其是冲淤还是淤积作用区。

b）在管道系统设计寿命期限内，取50年一遇的波要素、可能最大流速及可能造成底土液化的潮位，作为管道工程的设计参数。

c） 进行底土的类型、运移、冲淤量和速率的分析计算，正确判断水动力对管道路由区的冲淤作用及其危害，并做防止冲淤的工程措施。

5.1.4.7.3 **地质灾害状况**

本项调查应包括以下内容：

a） 进行地质灾害类型的划分，重点是崩塌、滑坡、沙波移动，埋藏古河道与浅层天然气。

b） 开展地质灾害成因的分析，着重分析其与海底地形、底土性质、地质构造、地震、水动力及泥沙冲淤的关系。

c） 应圈出断裂、崩塌、滑坡区并说明它们的规模、形态特征。

d） 应进行沙波形态、稳定性及活动趋势的分析。

e） 对已发现的埋藏古河道应进行形态描述并确定其埋藏深度。

f） 确定浅层天然气的分布范围及其埋藏深度。

5.1.4.8 **腐蚀环境**

本项调查应包括以下内容：

a） 波浪及流况：应了解波高、波向、周期及流速、流向。

b） 底质类型：应了解底质类型及其特征。

c） 水温和泥温：应测量水温和泥温。

d） pH 值：应测定海水和底质水体的 pH 值。

e） Eh 值及电阻率：应测定海水和底质的 Eh 值及电阻率。

f） 硫化物：应测定底质的硫化物含量。

g） 有机质：应测定底质的有机质含量。

h） 嗜氧及厌氧细菌：应测定底质中硫酸盐还原菌等嗜氧及厌氧细菌数量。硫酸盐还原菌检测应按 GB/T 12763.6 中的相关规定执行。

i） 污损生物：对底质中的附着生物和钻孔生物进行鉴定，并对它们的危害性作分析。该项调查应按 GB/T 12763.6 中的相关规定执行。

j） pH、Eh 及有机物的测定按 GB 17378.5 中的相关规定执行。

k） 腐蚀环境评价：在完成上述调查、分析后，应根据所获资料进行海底腐蚀环境评价。

5.1.4.9 **海洋环境质量状况及评价**

本项调查应包括以下内容：

a） 大肠杆菌衰减速率（T_{90}）

应用实验室模拟试验、现场模拟试验和现场实验等方法中的一种测出大肠杆菌浓度及其衰减速率。该项测试应按 GB 17378.6 中的相关规定执行。

b） 水质、底质监测及分析

监测分析项目包括：水温、水色、透明度、盐度、pH、化学需氧量（COD）、生物耗养量（BOD）、叶绿素 a、溶解氧（DO）、油类、三氮、无机磷、活性磷酸盐、有机质、硫化物、铜（Cu）、砷（Se）、镉（Cd）、汞（Hg）、锌（Zn）、铅（Pb）、总铬、多环芳烃（PAHs）、多氯联苯（PCBs）等污染物调查。上述调查应按 GB 17378.4 和 GB 17378.5 中的相关规定执行。

c） 环境质量评价

通过调查对海域整体环境质量进行综合评价。

d） 设立对照区

应在排污区以外，即不受排污影响的海域建立一对照区，对排污区及对照区进行调查对比，以区别自然因素及人为污染引起的环境质量变化。

5.1.4.10 海域与海洋资源利用状况

本项调查应包括以下内容：

a) 进行路由区内养殖及捕捞活动调查。该项目调查包括养殖范围、品种、捕捞种类、数量、捕捞船的数量、吨位、锚重等。

b) 路由区附近的港口及航运状况调查，包括船只的数量、吨位、锚重及扎入底泥的深度、航线位置等。

c) 查明已有海底管线、沉船、其他人工设施和废弃物的位置。

d) 对路由区及其附近的锚地、旅游区、自然保护区、倾废区及军事训练区进行调查并确定其位置。

5.2 路由选择

5.2.1 对污水排海管道路由勘察获得的资料逐项进行分析及比较，指出路由海洋环境及开发活动的有利及不利条件并进行综合评价。

5.2.2 根据海洋功能区划的要求和有利于排海管道路由区的环境保护及邻近海域的可持续发展的原则，按照管道工程科学性、可靠性、经济性要求通过比选确定最佳路由。

6 污水排海混合区

6.1 预测水质变化

应在工程确定的污水排放量、处理程度的基础上，根据污水排海管道路由区、混合区和邻近海域的海洋功能区划及其水质要求，预测其水质变化，并运用数学模型预测入海污水，在排污区的时空分布及其对生态环境的影响。

6.2 混合区的调查

污水排海混合区的调查按本标准5.1.4.2、5.1.4.4、5.1.4.6有关规定执行。

6.3 混合区的选择

6.3.1 应根据海洋功能区划及海水自净能力选定混合区。

6.3.2 混合区和排污点的选择，除根据海洋功能区划外，还应考虑该海域水动力条件和路由地质地貌的状况，应选择在海底稳定，海域开阔，水动力活跃，水深大于10 m，生物资源相对贫乏，海底面状况单一、易于管道施工的水域。

6.3.3 由排污点排放污水形成的混合区，不应影响鱼类回游和邻近功能区的功能。

6.3.4 混合区范围应根据排海污水与受纳水体的COD_{mn}背景值之和不超过GB 3097规定的海水水质标准的要求来确定（COD_{mn}＜5 mg/L），混合区范围规定按GB 18486中的相关规定执行。

6.3.5 进行混合区范围计算时，应针对其地形、地貌及水文特征和扩散器的结构、排放形式而采用不同的计算公式。

6.3.6 混合区允许超过规定的水质标准，但是不能形成油膜、难闻的气味和可见的混浊云斑。

6.4 水质目标

排污海域水质标准是针对混合区以外海域的，混合区以外的纳污水域水质变化应控制在当地《海洋功能区划》规定的范围内，排污海域水质应达到GB 3097中相关规定的要求。

6.5 环境质量分析

进行混合区的环境质量分析时，应将5.1.4.9的环境质量分析结果，作为本底值。根据海洋功能区划和GB 3097中的相关规定，对混合区进行环境质量受损程度的分析评价，并为污水稀释扩散倍数的选择提供依据。

6.6 生态目标

在混合区以外的海域，应通过底栖动物群落结构的调查分析。确定生态目标的主要指标包括种类数量、栖息密度、生物量及生物多样性指数。上述各项指标的变化不得超过本底值的15%。

6.7 生物质量目标

当污水排放到混合区以外的海域时，该海域被污染的区域中生物体内的总汞、镉、砷、铜、锌等重金属及石油烃含量应低于 GB 18421 中的第三类标准。

6.8 污水总量计算

对进入污水处理排放系统的污水，应进行总量计算，包括生活污水、工业废水。如果未建立污水与雨水分离截流系统，混合污水中还应包括部分地面径流水。

6.9 污水物理净化过程

排污区内污水的净化以物理净化过程为主。在排污区内污水混合与输送的不同的阶段，应采用适宜的预测模型，并进行初始稀释度的计算和迁移阶段以及长期扩散，输运阶段的预测，以此确定建立排污区的可能性。

6.10 初始稀释度

污水由扩散器排出后，在出口被稀释，被稀释的倍数称为初始稀释度。它的计算应针对以下两种情况进行：

a) 周围海水密度均匀时，按以下公式计算：

$$S_1 = S_c\left(1+\frac{\sqrt{2}S_c q}{uh}\right)^{-1} \quad \cdots\cdots(1)$$

$$S_c = 0.38(g')^{\frac{1}{3}}hq^{-\frac{2}{3}} \quad \cdots\cdots(2)$$

式中：

$g'=\frac{\rho_a-\rho_0}{\rho_0}g$；

S_1——初始稀释度；

S_c——无水流时，轴线处稀释度；

ρ_a——周围海水密度；

ρ_0——污水密度；

g——重力加速度，单位为米每平方秒（m/s^2）；

h——污水排放深度，单位为米（m）；

q——扩散器单位长度的排放量，单位为立方米每秒米（$m^3/(s\cdot m)$）；

u——海水流速，单位为米每秒（m/s）。

b) 周围海水密度呈线性分布时，按以下公式计算：

$$S_1 = S_c\left(1+\frac{\sqrt{2}S_c q}{uz_{max}}\right)^{-1} \quad \cdots\cdots(3)$$

$$S_c = 0.31(g')^{\frac{1}{3}}z_{max}q^{-\frac{2}{3}} \quad \cdots\cdots(4)$$

式中：

S_c——静水中污染云升至最大高度时的轴线稀释度；

z_{max}——污染云的最大浮升高度，单位为米（m）。

$$z_{max} = 6.25(g'q)^{\frac{2}{3}}\left[\frac{\rho_0}{g(\rho_a-\rho_0)}\right] \quad \cdots\cdots(5)$$

其他符号意义同 6.9 中的 a）公式。

6.11 初始稀释度设计的关键数据

一个是确定该工程所需要的初始稀释度（Sreq），另一个是确定污水场的潜没状态（Hreq）。不同的海区和工程对 Sreq 和 Hreq 的要求是不同的，应按 6.11 的要求确定 Sreq 和 Hreq。

6.12 确定初始稀释度（Sreq）和潜没深度（Hreq）

初始稀释度和潜没深度的确定应按下列准则：

a） 应保证岸边排污区周围的水域达到预定水质目标；

b） 为避免形成稳定的水面污水场，Sreq 应大于 100 倍；

c） Sreq 应保证混合区水面不形成油膜、明显的混浊云斑，没有难闻的气味；

d） 防止污水场潜没在深水层及跃层处形成很薄的污水场。

6.13 污染羽流的再稀释

应对污水排海混合区周边水域及保护区的入侵污水浓度、入侵频率和持续时间进行计算，以此作出污染羽流对周围水域的侵袭和危害的评价。

6.14 污染羽流再稀释的计算公式

当按初始稀释度计算得到的近岸区污染物浓度加上受纳水体背景浓度超过“海洋功能区划”规定的海水水质标准时，应根据当地海洋功能区划的水质要求，建立污水再稀释和迁移阶段预测模型，进行后续输移扩散的计算。该计算宜用 Brooks 公式，也可应用其他模型进行计算。常用的 Brooks 公式的计算及应用条件参见附录 A。

6.15 污染羽流浓度场预测模型

在污染羽流消失、出现光滑变化的浓度场时，应在污水排海混合区以外，建立污染物平衡影响的浓度场预测模型，计算海水中污染物经稀释达到“海洋功能区划”规定的水质要求所需的时间及影响的范围。

6.16 污染物的迁移

应通过水质点的拉格朗日漂移和拉格朗日余流，掌握污染物在海域中的迁移规律，并以此选出污水排海混合区、排污点位置，并对污染物迁移造成近岸或海洋自然保护区损害的可能性进行评估。

6.17 风海流与污水场运动

应测算出风海流的流速、流向，了解水面污水场的运动速度及方向。

6.18 污水中固体颗粒的调查

当排污引起的固体颗粒的悬浮量及沉积量大于海洋中固体颗粒的悬浮量和沉积量的 10%时，应进行污水中固体颗粒在海底的沉积状况的调查及预测。该项调查应按 GB 17378.5 的有关规定进行。

7 放流管和扩散器

7.1 通则

放流管和扩散器是污水排海管道的重要组成部分，对它们的设计除考虑自然条件外，还应考虑社会经济的现状、发展需求以及它们对海洋环境的影响。还应充分而又全面地考虑影响它们的安全及效能的各种因素。

7.2 设计要求

7.2.1 城镇污水排放量应根据城镇规划分别按近期和远期进行设计。近期污水排放量的计算时段为 10 年，远期污水排放量计算时段最少为 20 年。在上述规划的基础上，确定污水排海工程的规模及排污管管径。工程建设可分期进行。排海管的污水排放能力应按远期污水量设计，为达到自净流速应采用间歇排放。

7.2.2 应进行污水处理厂建设与污水排海管道建设费用的比较分析，充分考虑兴建污水排海工程城镇的经济承受能力和社会经济效益。

7.2.3 建立污水与雨水分离截流和处理系统，减轻排海管道的负荷并节省资金。

7.2.4 管道系统设计中，以设计内压作为最大内压计算依据。应能承受最大可能外压。管道设计温度范围为－20℃～60℃。

7.2.5 应分别考虑正常使用及安装设计状态，管道系统应根据载荷条件，对这两种状态进行设计。设计应保证管道系统在设计条件下的功能和防止可能的结构失效或破坏。

7.2.6 管道系统结构分析模型应能正确地模拟真实结构体系的主要特点，包括载荷、支承条件和结构特点。管道系统的力学计算，应根据静力学、动力学、材料强度理论及断裂力学、损伤力学的要求进行。

7.2.7 所有管道附件在工作载荷与环境载荷作用下，其强度、稳定性与疲劳安全指标不应低于管道所要求的指标。

7.2.8 制造排污管的材料应根据污水特性、使用期限、水温、冰冻状况、管径、管内外承受的压力、土质、水动力条件对其冲蚀以及工程经费等因素进行选择。

7.2.9 排污管如需转弯，其拐角应大于120°。

7.2.10 污水排海管道的埋设深度根据埋管地带的来往船只数量、吨位，锚的尺寸、重量及管道外径、壁厚，浪潮流对海底的冲刷作用，计算出最佳的管道埋深值。

7.2.11 根据管道敷设形式，即表层敷设还是海底埋设而采用适当的扩散器。

7.2.12 进行放流管的长度计算时，应使放流管走向与海流的流向垂直，放流管末端的水深应大于10 m，应保证扩散器第一个孔口排出的污水到达水面时发生的羽流的边缘不触及海岸。

7.2.13 扩散器的长度和孔口设计应满足规定的起始稀释倍数要求(约100倍)。扩散器稀释功能特征参数不应小于150倍。

7.2.14 扩散器的长度与稀释效果密切相关，扩散器长度按下式表示：

$$L_b = 4.27QS_c^{3/2}h^{-2/3}g'^{-1/2} \quad \cdots\cdots(6)$$

式中：

L_b——扩散器长度，单位为米(m)；

Q——污水排放量，单位为立方米每秒(m^3/s)；

h——污水的最大浮升高度，单位为米(m)；

g'——折减重力加速度，单位为米每平方秒(m/s^2)；

S_c——初始稀释度。

7.2.15 应使扩散器中流速达到自净流速，即不小于0.6 m/s，一般可取0.8 m/s～1.0 m/s左右。敷设在海底表层的扩散器在末端应安装翻板闸门，平时关闭，进行冲洗时打开。

7.2.16 扩散器应由直径递减的几段管子组成，保持扩散器的自净流速。

7.2.17 扩散器喷口的间距约等于喷口至水面深度的1/3。喷口间距应小于扩散器长度，达到各喷口排出的污水在初始稀释扩散过程中相互不重叠的要求。喷口数的计算公式如下：

$$m = \frac{3L_D}{h} \quad \cdots\cdots(7)$$

式中：

L_D——扩散器有效长度，单位为米(m)；

h——污水排放深度，单位为米(m)。

7.2.18 喷口孔径的确定应满足污水稀释扩散要求，保证污水中大尺寸的悬浮物能顺利通过。在泥沙快速淤积区，应有防止泥沙阻塞扩散器喷口的措施。喷口出流应有足够大的速率，设计时应使佛汝德数$Fr>1.0$，喷口孔径应为5 cm～23 cm。第i段扩散器上喷口的孔径，计算公式如下：

$$d_i = \sqrt{\frac{4q_{d_i}}{\pi C_{D_i}\sqrt{2gE_i}}} \quad \cdots\cdots(8)$$

污水在第i段扩散器上喷口处的出流速度：

$$v_{d_i} = C_{D_i}\sqrt{2gE_i} \quad \cdots\cdots(9)$$

式中：

q_{d_i}——第i段孔口出流量；

C_{D_i}——第i段管上喷口的出流系数；

g——重力加速度，单位为米每平方秒(m/s^2)；

E_i——排放口处($X=i$)的涡流扩散系数。

7.2.19 扩散器开口的总面积应小于放流管的横截面积。两者的比值约为1/3。

7.2.20 扩散器的水力计算应包括沿程和局部阻力损失、动水头和静水头、各孔口的出流系数、出流流量及流速等。扩散器水力计算公式为：

$$q_n = C_D a_n \sqrt{2gE_n} \quad \cdots\cdots (10)$$

式中：

q_n——n号喷口出流量；

C_D——出流系数；

E_n——n号喷口处扩散器内外总水头差；

a_n——n号喷口面积。

7.2.21 污水入海的总水头H_a的计算公式如下：

$$H_a = h_1 + h_2 + h_3 + h_4 \quad \cdots\cdots (11)$$

式中：

h_1——放流管与扩散器水头损失，单位为米(m)；

h_2——剩余水头，单位为米(m)；

h_3——最高潮位与扩散器终端海底高程，单位为米(m)；

h_4——海水与污水密度差造成的压差，单位为米(m)；

$h_4=(\rho_{a,0}-\rho_0)h_3$；

$\rho_{a,0}$——排水口处海水密度；

ρ_0——污水密度。

7.2.22 当路由区有饱和沙土或饱和粉土分布时，应对其液化的可能性进行分析，应对大浪、强流和地震引起的砂土液化采取预防措施。具体措施如下：把管道埋在液化层之下，用不液化材料进行回填及地表保护，使用钢材或钢筋混凝土材料作管道等。

7.2.23 在波浪或潮流较强的地区应防止海底管道裸露或被冲刷悬空。在水动力较弱的海域应防止沉积物的淤积导致扩散器喷口的阻塞。当底质硬度有显著变化时，管道应采用柔性连接方式。

7.2.24 污水排海系统，特别是排污口标高应低于整个城市排污管道，而管径应不小于污水转输管，最小设计坡降为0.4%。

7.2.25 在污水处理厂引出的污水转输管与排海管之间，即排海管的起始端附近应建调压井，以调节扩散器的泄流能力。

7.2.26 在季节性冻土及有冰冻现象发生的海滨地区，排污管道及排污口应设在冻土层以下。

7.2.27 应有防止管道及其附属构筑物发生破裂及损坏的预防措施：

a) 管道强度应有足够的余量，余量不应小于50%。

b) 环境条件重现期应按50年设计。

c) 管道区应设计醒目的标志（标志设在管道登陆处附近），管道位置应在海图上标出，并报有关管理部门备案。

d) 禁止在管道保护区内抛锚、拖锚、拖网捕鱼、挖沙及疏浚作业。

e) 定期作管线检查，发现问题及时维修加固，发现管道断裂时，应打开紧急排放口进行污水分流。

7.2.28 应设有紧急排污口，对管道断裂破损溢出的污水进行分流。

7.3 载荷分析

7.3.1 应对敷设在海中的管道进行载荷分析，包括工作载荷及设计海洋环境载荷两部分。对管道系统应进行可能的最大的载荷计算，但地震载荷不计在内。

7.3.2 工作状况下的管道载荷应考虑重量、压力、温度变化及在安装状态中因永久性弯曲或伸长变形而产生的预应力等因素。

7.3.3 对管道产生影响的环境载荷因子应包括：风载荷、波浪载荷、海流载荷、冰载荷和由船舶的碰撞、拖网渔具的撞击、坠落物的撞击等引起的偶然载荷。

7.4 防腐

7.4.1 排放腐蚀性污水的排污管及其附属构筑物应采取相应的防腐措施。防腐措施可采取三种形式：外涂层、阴极保护和内防腐。

7.4.2 在进行管道系统涂层时，应按涂层技术要求和涂敷规程进行。涂层材料应满足海洋环境的需要，应具有较强的粘结力，持久性及抗化学、物理和海洋生物破坏能力；适用温度范围广，延伸与柔性好，并应具有与混凝土加重层的相容性，现场接头或补口的适用性，被损坏涂层的可修补性。

7.4.3 阴极保护系统的设计与选择应满足管道在使用期限内的可靠性和经济性，使阴极保护电位值(V)适用于海水及海底土层中。

7.4.4 污水排海管道应采取相应的内防腐措施。确定内防腐方案时应考虑污水的性质及成分：盐度、细菌含量、pH 值、硫化物、溶解氧、泥沙含量、温度和压力等，并应考虑内腐蚀与时间的关系。

7.4.5 应根据需要设置管道的混凝土加重层以减少管道的浮力，防止外防腐层遭到机械损伤。

7.5 敷设

7.5.1 管道系统海上安装应由拥有该系统甲级资质证书的单位作业。安装作业人员应具有相应的技术等级合格证书。应按已获得认可的技术要求、规程和图纸进行安装。

7.5.2 应对海上安装实施全过程的质量控制，用于测量的仪器设备，包括敷管作业船，应经法定质检部门检验，并具有合格证书。

7.5.3 海底管道敷设前，应沿路由进行清障。

7.5.4 应保证安装后的海底管道系统能满足设计和已认可技术标准的要求。

7.5.5 排污管在装卸、运输和储存过程中应防止加重层或防腐涂层损伤、脱落，吊装前应对管子两端进行保护。

7.5.6 在管道敷设过程中，若所采用的敷设方法可能使海底管道产生屈曲时，应设法对管道屈曲部分进行检查。

7.5.7 为防止管道受到腐蚀和水动力冲击，对架空或敷设在海底表面的管道系统应进行锚固及防护。

7.5.8 海底管道的各管段之间，海底管道与立管或与岸段管段之间的连接应选择合适的方法，并达到规定的技术要求。

7.5.9 对不同的管材应采用不同敷设方法，钢管应采用底部牵引或顶管法，大管径的钢筋混凝土管应采用逐段敷设法，塑料管可采用浮沉法敷设。

7.5.10 进行埋设的污水排海管道，其上缘埋设深度不应小于 1.0 m。扩散器所在海域应在 10 m 等深线以下，并使立管—喷口型扩散器的立管在大潮低潮时也不露出水面。

7.5.11 污水排海管不应与其他海底管线(如海缆、海底油气或供水管道)交叉，如交叉不可避免时应敷设在它们的下面，垂直净距(管道外壁净距)应达 0.5 m 以上。

7.5.12 污水排海管与其他海底管线之间的水平净距应达 30 m 以上。与海底易爆、强辐射等危险物之间的距离应保持在 500 m 以上。

7.5.13 在流速大于 1.5 m/s 的强流区，表层敷设的管道其走向不应与流向垂直，而在流速小于 0.5 m/s的弱流区，管道走向应尽量与海流流向垂直。

7.5.14 埋设管道不应产生浮起现象，当覆盖土有液化可能时，应按土液化状态和吸附力校核管道的抗起浮能力，并应考虑土的液化深度。应将管道埋设在可能的液化深度以下。如是表层敷设的管道应有加大管道比重，加压块等稳定管道措施。

7.6 完工检验

7.6.1 对建成的管道系统应进行最终检验，以确定该系统是否达到工程设计和有关技术标准的要求。

7.6.2 最终检验应形成最终检查报告，包括下列内容：建成后的管道系统位置图，应说明管道加重层、锚固系统、防腐层及立管支撑结构是否按批准的技术文件和技术要求安装。

7.6.3 应在管道安装完毕后进行现场屈曲检查，对埋设的管道，最终的屈曲检查应在挖沟后（指后挖沟法）进行。如发现有局部屈曲，应进行修理或切除，切除的管段长度至少为 3 m。

7.6.4 建成后的管道系统应进行水压试验，以了解管道系统的状况是否满足常规的技术条件。埋设或覆盖管道水压试验应在管道敷设完成后进行。水压试验应包括以下内容：

a） 管道水压试验应注意安全。在试验期间，管道试验段应定时巡视，保持正常的通信联络和监控。

b） 为能可靠地判断所试管段的强度和严密性，最小试验压力应为设计内压的 1.25 倍。在试压期间，管子的环向应力一般应不超过规定的最小屈服强度的 90%。

c） 试验管道加压后，为使其压力保持稳定，压力稳压时间一般应不少于 24 h。短管道和立管稳压时间允许为 8 h。完全可以外观检验的管段、稳压时间至少保持 2 h。

d） 试验管段内全部压力部件若能在试验中保持完整良好状态且无泄露，则应认为合格。在稳压时间内允许有±0.2%的压力变化。

e） 如试验管段出现破裂或泄漏，事故部位应予修补甚至更换。对修补或更换的管道应重新进行水压试验。

7.6.5 水压试验应提交包括以下内容的报告：

a） 水压试验报告表；

b） 实际压力—容积图与理论压力—容积图的比较；

c） 压力与时间的关系曲线；

d） 温度与时间的关系曲线；

e） 压力测量系统的检验合格证书。

附 录 A
（资料性附录）
Brooks 公式的推导过程及应用条件

Brooks 公式的推导过程及应用条件如下：

$$\frac{L_x}{L_b}=\left(1+\frac{2}{3}\beta\frac{X}{L_b}\right)^{3/2}$$

式中：

L_x——表面场宽度，单位为米(m)；

L_b——扩散器长度，单位为米(m)；

X——断面距扩散器的水平距离，单位为米(m)；

β——系数。

$$\beta=\frac{12\varepsilon_0}{V_a L_b}$$

ε_0——排放口处($t=0$)涡流扩散系数，单位为平方米每秒(m^2/s)；

$$\varepsilon_0=4.53\times L_b^{4/3}\times 10^{-4}$$

V_a——横流速度，单位为米每秒(m/s)。

$$\frac{C_x}{C_o}=erf\left[\frac{1.5}{\left(1+\frac{2}{3}\beta\frac{X}{L_b}\right)^3-1}\right]^{1/2}$$

式中：

C_o——混合区起始浓度，单位为毫克每升(mg/L)；

C_x——表面场中心线 X 处的浓度增值，单位为毫克每升(mg/L)。

Brooks 分析中的假设条件是：

(1) 表面场随环境水流的移动是单方向、持续和均匀的；

(2) 忽略受纳水域流动方向及垂向的混合；

(3) 横向混合采用 4/3 指数定律。

ICS 13.020.40
Z 05

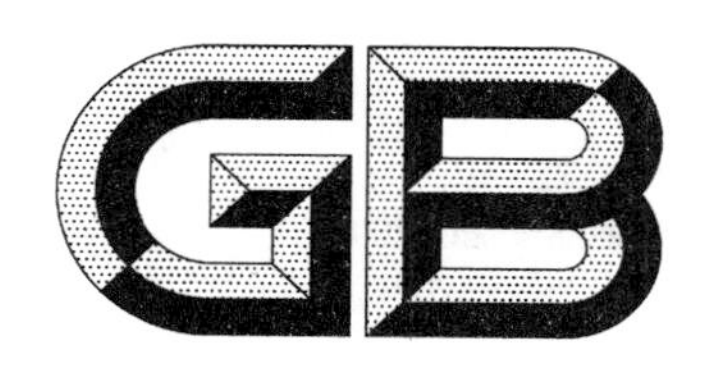

中华人民共和国国家标准

GB/T 22103—2008

城市污水再生回灌农田安全技术规范

Technology code for municipal wastewater reuse in agriculture

2008-06-27 发布 2008-10-01 实施

中华人民共和国国家质量监督检验检疫总局
中国国家标准化管理委员会 发布

前　言

本标准由中华人民共和国农业部提出并归口。
本标准起草单位:农业部环境保护科研监测所。
本标准主要起草人:王德荣、张泽、刘凤枝、师荣光、杨德芬、贾兰英、蔡彦明。

城市污水再生回灌农田安全技术规范

1 范围

本标准规定了城市再生水用于灌溉农田的水质要求、规划要求、具体使用、控制原则、监测及环境影响评价。

本标准适用于以城市再生水为水源的农田灌溉区。

2 规范性引用文件

下列文件中的条款通过本标准的引用而成为本标准的条款。凡是注日期的引用文件，其随后所有的修改单(不包括勘误的内容)或修订版均不适用于本标准，然而，鼓励根据本标准达成协议的各方研究是否可使用这些文件的最新版本。凡是不注日期的引用文件，其最新版本适用于本标准。

GB 2762 食品中污染物限量

GB/T 14848 地下水质量标准

GB 15618 土壤环境质量标准

GB 20922 城市污水再生利用 农田灌溉用水水质

NY/T 395 农田土壤环境质量监测技术规范

NY/T 396 农用水源环境质量监测技术规范

NY/T 398 农、畜、水产品污染监测技术规范

3 术语和定义

下列术语和定义适用于本标准。

3.1

城市污水 municipal wastewater

排入国家按行政建制设立的市、镇污水收集系统的污水统称。

注：它由综合生活污水、工业废水和地下渗水三部分组成，在合流制排水系统中，还包括截留的雨水。

3.2

城市再生水 reclaimed water from municipal wastewater

城市污水经再生工艺处理后达到使用功能的水。

3.3

污水一级强化处理 enhanced primary treatment of sewage

城市污水在常规一级处理(重力沉降)基础上，增加化学混凝处理、机械过滤或不完全生物处理等，以提高一级处理效果的处理工艺。

3.4

污水二级处理 secondary treatment of sewage

城市污水在一级处理的基础上，采用生物处理工艺去除污水中有机污染物，使污水得到进一步净化，二级处理通常作为生物处理的同义语使用。

3.5

露地蔬菜 open-air vegetables

除温室、大棚蔬菜外的陆地露天生长的需加工、烹调及去皮的蔬菜。

4 水质要求

按 GB 20922 规定执行。

5 规划要求

5.1 城市再生水在规划用于灌溉之前，应对拟定的灌溉区农田土壤进行调查、取样、分析、评价。

5.2 规划的内容包括该地城市再生水水量、水质及灌溉的作物种类，城市再生水的输送，储存及净化措施，农田管网配制。

5.3 根据供水水量、作物灌溉制度，确定灌溉面积和储存塘容量。

5.4 灌溉区与居民区之间应有 200 m 的卫生防护带。

5.5 使用喷灌的地区应距离居民区 500 m 以上，避免水雾中的病原体向居民区扩散。

5.6 在集中式水源保护区、泉水出露区、岩石裂隙及碳酸岩溶发育区、淡水的地下水位距地表小于 1 m 的地区、经常受淹的河滩和洼涝地，不应设置城市污水再生利用的灌溉区。

5.7 城市污水处理厂和住宅区的污泥严禁进入灌区。

6 具体使用

6.1 灌溉纤维作物、旱地谷物其水质处理应达到污水处理厂一级强化处理的要求；灌溉水田谷物、露地蔬菜其水质处理应达到污水处理厂二级处理的要求。

6.2 城市再生水应由专门的管道（或渠道）输送到农业灌区的储存地，在输水过程中应有防渗措施。

6.3 在灌溉农田之前，应根据当地的气候条件、作物的种植种类及土壤类别进行灌溉试验，确定适合当地的灌水定额及灌水时间。

6.4 露地蔬菜在采摘前 1 周应停止灌溉。

7 回用控制原则

7.1 城市再生水应经过储存净化达到农田灌溉水质要求后，方可用于灌溉。

7.2 在使用城市再生水的灌溉中出现作物生长异常、地下水中污染物增多，应立即停灌，查明原因。

7.3 灌溉区非食用农产品按其未来用途执行相关标准；灌溉区食用农产品质量达不到国家食品中污染物限量标准的，应立即停灌，查明原因。

8 监测

8.1 水质监测

8.1.1 水质监测包括城市再生水灌溉农田跟踪监测和灌溉区地下水的水质监测。

8.1.2 一类污染物的监测项目为：镉、汞、铅、砷、铬。

该类项目应为必测项目，灌溉露地蔬菜每月监测一次，灌溉纤维、旱地、水田为每两个月监测一次。

8.1.3 二类污染物的水质监测项目（常规水质控制项目）和时间见表 1。

表 1 二类污染物的监测时间

项目	pH	化学需氧量（COD_{cr}）	悬浮物（SS）	溶解性总固体（TDS）	溶解氧（DO）	石油类	挥发酚	余氯	粪大肠菌群数	蛔虫卵
纤维作物	每月	每月	每月	两月	—	—	—	—	—	—
旱地谷物	每月	每月	每月	两月	—	—	—	—	—	—
水田谷物	每月	每月	每月	两月	每月	每月	每月	每月	每月	每月

表 1（续）

项目	pH	化学需氧量（COD_{cr}）	悬浮物（SS）	溶解性总固体（TDS）	溶解氧（DO）	石油类	挥发酚	余氯	粪大肠菌群数	蛔虫卵
露地蔬菜	每月	每月	每月	两月	每月	15 天	15 天	15 天	每月	每月

注 1：若采用喷灌方式，SS 需 2 天测一次。
注 2：灌溉水田的 5 日生化需氧量（BOD_5）、硫化物、氯化物可每三个月监测一次。
注 3：灌溉纤维、旱地作物的石油类、挥发酚、余氯在作物苗期监测一次。
注 4：表中取样样品为日均值计。
注 5：表中项目为必测的项目。

8.1.4　选择性控制项目的监测，由地方市政和农业行政主管部门，根据污水处理厂接纳的工业污染物类别和农业用水水质要求，进行选择控制，其控制标准按 GB 20922 规定执行。选择项目每月监测一次（日均值）。

8.1.5　取样要求，按每 2 h 一次，取 24 h 混合样，以日均值计。

8.1.6　监测项目采样布点按 NY/T 396 规定执行。

8.2　土壤监测

8.2.1　监测项目的采样点及监测频率按 NY/T 395 规定执行。

8.2.2　土壤监测应有对照地的样品，以便分析污染趋势及评价。

8.3　农产品监测

采样布点及样品处置按 NY/T 398 规定执行。

9　环境评价

9.1　评价参数

9.1.1　食用农产品质量按 GB 2762 规定执行。

9.1.2　土壤环境质量按 GB 15618 规定执行。

9.1.3　地下水环境质量按 GB/T 14848 规定执行。

9.2　评价方法

评价采用单项污染指数，按式（1）计算。

$$P_i = \frac{C_i}{S_i} \qquad \cdots\cdots(1)$$

式中：

P_i——农产品、环境空气、地下水和土壤中污染物 i 的单项污染指数；

C_i——农产品、环境空气、地下水和土壤中污染物 i 的实测值；

S_i——农产品、环境空气、地下水和土壤中污染物 i 的评价标准。

对于有幅度限制的指标如 pH 值，单项污染指数按式（2）、式（3）和式（4）计算。

$$P_i = \frac{C_i - \bar{S}_i}{S_{i\,max} - \bar{S}_i} \qquad \cdots\cdots(2)$$

$$P_i = \frac{C_i - \bar{S}_i}{S_{i\,min} - \bar{S}_i} \qquad \cdots\cdots(3)$$

$$\bar{S}_i = \frac{S_{i\,max} + S_{i\,min}}{2} \qquad \cdots\cdots(4)$$

式中：

P_i——有幅度限制污染物 i 的单项污染指数；

C_i——有幅度限制污染物 i 的实测值；

$\overline{S}_i$——有幅度限制污染物 i 允许幅度平均值；

$S_{i\,\max}$——有幅度限制污染物 i 允许幅度最高值；

$S_{i\,\min}$——有幅度限制污染物 i 允许幅度最低值。

9.3 评价分析与结论

单项污染指数≤1，定为合格，可继续灌溉；单项污染指数>1，定为不合格，不能继续使用处理后的城市污水灌溉。

9.4 评价时间

每年春季(开春)农业大量用水之前，对前一年的农田土壤、地下水、农产品进行一次全面的监测与评价；城市再生水的水质均在灌溉季节进行监测与评价。以上评价均为年度评价。

ICS 91.140
P 41

中华人民共和国国家标准

GB/T 23248—2009

海水循环冷却水处理设计规范

Code for design of seawater treatment for recirculating cooling seawater system

2009-03-11 发布 2009-11-01 实施

中华人民共和国国家质量监督检验检疫总局
中国国家标准化管理委员会 发布

前　言

本标准的附录A为规范性附录。

本标准由国家海洋局提出。

本标准由全国海洋标准化技术委员会(SAC/TC 283)归口。

本标准起草单位:国家海洋局天津海水淡化与综合利用研究所、天津渤海化工集团规划设计院。

本标准主要起草人:侯纯扬、武杰、邹泽民、李亚红、王维珍、成国辰、张连强、吴芸芳、李运平。

海水循环冷却水处理设计规范

1 范围

本标准规定了海水循环冷却水处理中设计一般要求、海水补充水处理、海水循环冷却水处理和检测监测与控制等的设计要求与方法。

本标准适用于以海水作为补充水的新建、扩建、改建工程的海水循环冷却水处理设计。

2 规范性引用文件

下列文件中的条款通过本标准的引用而成为本标准的条款。凡是注日期的引用文件，其随后所有的修改单(不包括勘误的内容)或修订版均不适用于本标准，然而，鼓励根据本标准达成协议的各方研究是否可使用这些文件的最新版本。凡是不注日期的引用文件，其最新版本适应于本标准。

GB 17378.4 海洋监测规范 第4部分：海水分析

GB 50050—2007 工业循环冷却水处理设计规范

GB/T 50102—2003 工业循环水冷却设计规范

JTJ 275 海港工程混凝土结构防腐蚀技术规范

3 术语和定义

下列术语和定义适用于本标准。

3.1

海水循环冷却水系统 recirculating cooling seawater system

以海水作为冷却介质，循环运行的一种给水系统，由换热设备、海水冷却塔、水泵、管道及其他有关设备组成。

3.2

海水水处理药剂 seawater treatment chemicals

海水循环冷却水处理过程中所使用的化学品。

注：一般包括海水缓蚀剂、阻垢分散剂、菌藻抑制剂等。

3.3

药剂允许停留时间 permitted retention time of chemicals

药剂在海水循环冷却水系统中有效的时间。

注：改写 GB 50050—2007，定义 2.1.20。

3.4

海水冷却塔 seawater cooling tower

用于海水循环冷却过程的一种构筑物。海水被输送到塔内，通过海水和空气之间进行热、质交换，达到降低水温的目的。

3.5

飘水率 drifting ratio

单位时间内从冷却塔上方飘出的水量与进塔水量之比，通常以百分数表示。

注：在海水冷却系统中也称盐雾飞溅量。

3.6

系统水容积　system capacity volume

循环冷却水系统内所有水容积的总和，单位为 m^3。

[GB 50050—2007，定义 2.1.15]

3.7

浓缩倍数　cycle of concentration

循环冷却水与补充水含盐量的比值。

[GB 50050—2007，定义 2.1.16]

3.8

腐蚀速率　corrosion rate

以金属腐蚀失重而算得的平均腐蚀深度，单位为 mm/a。

[GB 50050—2007，定义 2.1.13]

3.9

局部腐蚀　localized corrosion

暴露于海水腐蚀环境中，金属表面某些区域的优先集中腐蚀。

注 1：主要包括电偶腐蚀、缝隙腐蚀、磨损腐蚀、应力腐蚀等。

注 2：局部腐蚀可产生如点坑、裂纹、沟槽。

3.10

电化学保护　electrochemical protection

通过电化学方法控制腐蚀电位，以获得防蚀效果。

3.11

监测试片　monitoring test coupon

置于监测换热设备、测试管或集水池中用于监测腐蚀的标准金属试片。

[GB 50050—2007，定义 2.1.17]

3.12

预膜　prefilming

在海水循环冷却水系统中，通过预膜液使系统金属表面形成均匀致密保护膜的过程。

注：改写 GB 50050—2007，定义 2.1.18。

3.13

污垢热阻值　fouling resistance

换热设备传热面上因沉积物而导致传热效率下降程度的数值，单位为 $m^2 \cdot K/W$。

[GB 50050—2007，定义 2.1.12]

3.14

粘附速率　adhesion rate

换热器单位传热面上每月的污垢增长量，单位为 mg/(cm^2·月)。

[GB 50050—2007，定义 2.1.14]

3.15

污损生物　fouling organism

生长在船底、浮标、平台和海中一切其他设施表面或内部的生物。这类生物一般是有害的。

[GB/T 12763.6—2007，定义 3.12]

3.16

生物粘泥量　slime content

用生物过滤网法测定的海水循环冷却水所含生物粘泥体积，以 mL/m^3 表示。

[GB 50050—2007,定义 2.1.11]

3.17

异养菌总数　count of aerobic heterotrophic bacteria

按细菌平皿计数法统计出每毫升海水中的异养菌菌落数,单位为 cfu/mL。

3.18

硫酸盐还原菌数　count of sulfate reducing bacteria

按最大可能菌数法(MPN)测定的每毫升海水中硫酸盐还原菌数,单位为个/mL。

3.19

铁细菌数　count of iron bacteria

按最大可能菌数法(MPN)测定的每毫升海水中铁细菌数,单位为个/mL。

3.20

旁流水　side stream

从海水循环冷却水系统中分流并经处理后,再返回系统的水。

注:改写 GB 50050—2007,定义 2.1.19。

3.21

补充水量　amount of makeup water

为了维持系统规定的浓缩倍数,需要向海水循环冷却水系统补充的海水量。

注:改写 GB 50050—2007,定义 2.1.21。

3.22

排放水量　amount of blow down

为了维持系统规定的浓缩倍数,需要从海水循环冷却水系统排放的水量。

4　海水循环冷却水处理设计一般要求

4.1　海水循环冷却水处理设计主要包括下列内容:

a)　海水补充水处理;

b)　海水循环冷却水处理;

c)　海水排放水处理;

d)　检测、监测与控制。

4.2　海水循环冷却水系统一般采用原海水作为海水补充水。补充水应根据相应海域的水文地质状况,采用浅层、海水井等取水方式,并辅以必要的预处理措施,以满足海水补充水的水质指标。

4.3　海水循环冷却水处理一般通过动态模拟试验,给出海水循环冷却水系统浓缩倍数和缓蚀、阻垢、菌藻抑制等控制条件,确定海水循环冷却水处理方案。通过系统水平衡计算,进行系统相关设计。

4.4　海水排放水处理应贯彻循环经济和综合利用原则,根据环保要求并结合生产实际,选择适宜的处理工艺。

4.5　循环冷却水处理系统宜采用适宜的检测、监测与控制技术,实时监控温度、压力、流量和药剂等参数的变化,以实现海水循环冷却水系统的安全、稳定运行。

4.6　在海水循环冷却水处理中与海水接触的设备、仪表、部件等应考虑耐海水腐蚀等特性。

5　海水补充水处理

5.1　水质调查

5.1.1　海水水质调查应符合下列规定:

a)　当采用浅层海水时,不宜少于一年的逐月最高、最低潮位时水质的全分析资料;

b)　当采用海水井取水时,不宜少于一年的逐季水质全分析资料;

c) 当取水口位于入海河口时，不宜少于一年的逐月最高、最低潮位时水质的全分析资料，枯水期及丰水期各加测一次。

5.1.2 海水水质分析项目应符合本标准附录 A 的要求。相关检测按照 GB 17378.4 的规定执行。

5.2 水质要求

5.2.1 海水循环冷却补充水水质应符合表 1 的规定。

表 1 海水补充水水质指标

项　　目	单　　位	控　制　值
浊度	NTU	<10
盐度	—	20～40
pH	—	7.0～8.5
COD_{Mn}	mg/L	≤4
溶解氧	mg/L	>4
总铁	mg/L	<0.5
硫化物(以 S 计)	mg/L	<0.1
油类	mg/L	<1
异养菌总数	cfu/mL	$<10^3$

5.2.2 当海水循环冷却补充水水质不满足表 1 要求时，应根据海水水源状况，选择采用拦污、防污损生物附着、絮凝、沉降等预处理措施。

5.3 水处理设计依据

海水补充水水质应以年水质分析数据的平均值作为设计依据，并以最不利水质校核设备能力。

6 海水循环冷却水处理

6.1 一般规定

6.1.1 海水循环冷却水系统基本参数确定：

a) 循环冷却水量应根据生产工艺的最大小时用水量确定。

b) 给水温度应根据生产工艺要求并结合气象条件确定。

c) 循环冷却海水应走管程，管程最高流速应依据所选用管材的材质确定；最低流速一般不宜小于 0.9 m/s，若采用钛合金换热器，则设计流速不宜小于 2.0 m/s。

d) 海水循环冷却水系统中换热设备传热面冷却水侧的壁温不宜高于 70 ℃。

e) 海水循环冷却水的设计停留时间不应超过药剂允许停留时间。设计停留时间可按式(1)计算：

$$T = \frac{V}{Q_b + Q_w} \quad \cdots\cdots (1)$$

式中：

T——设计停留时间，单位为小时(h)；

V——系统水容积，单位为立方米(m^3)；

Q_b——海水排放水量，单位为立方米每小时(m^3/h)；

Q_w——海水风吹损失和系统泄漏损失水量，单位为立方米每小时(m^3/h)。

f) 海水循环冷却水系统水容积宜小于小时循环水量的 1/3。系统水容积可按式(2)计算：

$$V = V_f + V_p + V_t \quad \cdots\cdots (2)$$

式中：

V——系统水容积，单位为立方米(m^3)；

V_f——设备容积，单位为立方米(m^3)；

V_p——管道容积，单位为立方米(m^3)；

V_t——集水池容积，单位为立方米(m^3)。

6.1.2 海水循环冷却水系统水处理控制指标：

a) 海水浓缩倍数宜控制在1.5～2.5；

b) 换热设备冷却水侧污垢热阻值应小于$3.2\times10^{-4} m^2 \cdot K/W$；

c) 换热设备传热面水侧粘附速率不应大于15 mg/(cm^2·月)；

d) 碳钢管壁的腐蚀速率应小于0.075 mm/a，铜合金和不锈钢管壁的腐蚀速率应小于0.005 mm/a，并应设计选择适宜的局部腐蚀控制措施；

e) 异养菌总数应小于5×10^5 cfu/mL，铁细菌数应小于300个/mL，硫酸盐还原菌数应小于100个/mL；

f) 生物粘泥量应小于3 mL/m^3；

g) 海水冷却塔飘水率应小于系统小时循环水量的0.002%。

6.1.3 海水循环冷却水水质应符合表2的规定，检测方法宜采用GB 17378.4。

表2 海水循环冷却水水质指标

项　目	单　位	要求和使用条件	允许值
悬浮物	mg/L	根据生产工艺要求确定	≤30
浊度	NTU	根据生产工艺要求确定	≤20
pH	—	根据药剂配方确定	8.0～9.0
甲基橙碱度(以$CaCO_3$计)	mg/L	根据药剂配方及工况条件确定	≤350
钙离子(Ca^{2+})	mg/L	根据药剂配方确定	≤1 000
镁离子(Mg^{2+})	mg/L	根据药剂配方确定	≤3 200
总铁	mg/L		<1.0
氯化物(Cl^-)	mg/L		≤42 000
硫酸盐(SO_4^{2-})	mg/L		≤6 000
油类	mg/L		<5.0

6.2 海水循环冷却水平衡计算

6.2.1 海水浓缩倍数

海水浓缩倍数可按式(3)计算：

$$N = \frac{Q_m}{Q_b + Q_w} \quad \cdots\cdots(3)$$

式中：

N——海水浓缩倍数；

Q_m——海水补充水量，单位为立方米每小时(m^3/h)；

Q_b——海水排放水量，单位为立方米每小时(m^3/h)；

Q_w——海水风吹损失和系统泄漏损失水量，单位为立方米每小时(m^3/h)。

6.2.2 海水补充水量

海水补充水量可按式(4)或式(5)计算：

$$Q_m = Q_e + Q_b + Q_w \quad \cdots\cdots(4)$$

$$Q_m = \frac{Q_e \cdot N}{N-1} \quad \cdots\cdots(5)$$

式中：

Q_m——海水补充水量，单位为立方米每小时(m^3/h)；

Q_e——海水蒸发水量，单位为立方米每小时(m^3/h)；

Q_b——海水排放水量，单位为立方米每小时(m^3/h)；

Q_w——海水风吹损失和系统泄漏损失水量，单位为立方米每小时(m^3/h)；

N——海水浓缩倍数。

6.2.3 海水蒸发水量

海水蒸发水量可按经验式(6)、(7)计算：

$$Q_e = k \cdot \Delta t \cdot Q \quad \cdots\cdots (6)$$

$$k = 0.001\,595 \cdot a \quad \cdots\cdots (7)$$

式中：

Q_e——海水蒸发水量，单位为立方米每小时(m^3/h)；

k——系数(1/℃)；

Δt——海水冷却水进出口温差，单位为摄氏度(℃)；

Q——海水循环水量，单位为立方米每小时(m^3/h)；

a——海水冷却系统因蒸发而散失的热量占全部散发热量的比值，夏季约为80%～90%，冬季约为50%～60%。

6.2.4 海水排放水量

海水排放水量可按式(8)计算：

$$Q_b = \frac{Q_e}{N-1} - Q_w \quad \cdots\cdots (8)$$

式中：

Q_b——海水排放水量，单位为立方米每小时(m^3/h)；

Q_e——海水蒸发水量，单位为立方米每小时(m^3/h)；

N——海水浓缩倍数；

Q_w——海水风吹损失和系统泄漏损失水量，单位为立方米每小时(m^3/h)。

6.3 设计基本要求

6.3.1 热交换器的设计：

热交换器宜选用钛材、铜合金和特种不锈钢等耐海水腐蚀材料，并采取合理的防腐结构设计，减少或避免局部腐蚀。

6.3.2 海水冷却塔的设计：

a) 应在GB/T 50102—2003规定基础上，充分考虑海水的热力学特性，采取必要的措施，有效控制海水的腐蚀、生物附着和盐雾飞溅等。

b) 海水冷却塔混凝土结构部分的防腐设计，应按JTJ 275的规定执行。

6.3.3 管道设计应按GB 50050—2007中3.2.9的规定执行，并满足海水防腐蚀技术要求。

6.3.4 海水循环泵的泵体和基座宜选用含镍铸铁，主轴和叶轮宜选用耐蚀不锈钢(如316 L，零铬13镍6钼3不锈钢等)或青铜等材料。或选用普通水泵辅以电化学保护和涂层防腐等措施。

6.3.5 当冷却系统循环海水浊度、悬浮物、生物粘泥量等水质指标控制易超标时，应设计旁流水系统。旁流水系统设计应按GB 50050—2007中第4章的规定执行。

6.3.6 海水水处理药剂贮存与投配，应按GB 50050—2007中第8章的规定执行。

6.4 水处理设计

6.4.1 海水水处理药剂应根据海水水质、海水浓缩倍数，结合系统选材特点，选择高效、低毒、化学稳定性及复配性能良好的环境友好型水处理药剂。

6.4.2　海水循环冷却水处理方案有关海水缓蚀剂、阻垢分散剂和菌藻抑制剂等单剂，宜通过实验室静态实验筛选；海水缓蚀剂、阻垢分散剂和菌藻抑制剂等综合匹配性能，宜通过动态模拟试验并经技术、经济、环境等方面综合比较确定。

6.4.3　海水循环冷却动态模拟试验应采用工程实际用海水，并结合下列因素进行：

a）海水补充水水质；
b）腐蚀速率；
c）污垢热阻值、粘附速率；
d）异养菌总数、硫酸盐还原菌数、铁细菌数；
e）海水浓缩倍数；
f）换热设备材质；
g）换热设备冷却水侧壁温；
h）换热设备内冷却水流速；
i）海水循环冷却水水温；
j）系统水容积；
k）药剂稳定性及环境影响。

6.4.4　海水水处理药剂投加量计算方法如下：

a）海水阻垢、缓蚀剂基础投加量按式(9)计算：

$$G_f = \frac{V \cdot c}{1\,000} \qquad (9)$$

式中：

G_f——基础投加量，单位为千克(kg)；
V——系统水容积，单位为立方米(m^3)；
c——循环冷却海水的加药浓度，单位为克每立方米(g/m^3)。

b）海水阻垢、缓蚀剂正常运行投加量按式(10)计算：

$$G_r = \frac{Q_e \cdot c}{1\,000 \cdot (N-1)} \qquad (10)$$

式中：

G_r——系统运行时的加药量，单位为千克每小时(kg/h)；
Q_e——海水蒸发水量，单位为立方米每小时(m^3/h)；
c——循环冷却海水的加药浓度，单位为克每立方米(g/m^3)；
N——海水浓缩倍数。

c）菌藻抑制剂的投加量计算

氧化性杀生剂可采用连续投加或间歇投加方式，非氧化性杀生剂宜采用冲击式投加，以发挥最佳效能。

1）氧化性菌藻抑制剂连续投加时，加药设备能力应满足冲击加药量的要求，加药量可按式(11)计算：

$$G_o = \frac{Q \cdot c_o}{1\,000} \qquad (11)$$

式中：

G_o——氧化性菌藻抑制剂加药量，单位为千克每小时(kg/h)；
Q——海水循环水量，单位为立方米每小时(m^3/h)；
c_o——循环冷却水氧化性菌藻抑制剂加药浓度，单位为克每立方米(g/m^3)。

2）非氧化性菌藻抑制剂投加量按式(12)计算：

$$G_n = \frac{V \cdot c_n}{1\,000} \qquad \cdots\cdots(12)$$

式中：

G_n——非氧化性菌藻抑制剂加药量，单位为千克(kg)；

V——系统水容积，单位为立方米(m^3)；

c_n——循环冷却水中非氧化性菌藻抑制剂加药浓度，单位为克每立方米(g/m^3)。

6.5 海水循环冷却水系统清洗预膜处理

6.5.1 海水循环冷却水系统开车前，应进行清洗、预膜处理。系统清洗后应立即进行预膜处理。

6.5.2 清洗宜使用淡水。清洗方式方法应按 GB 50050—2007 中 3.6.1～3.6.4 的规定执行。

6.5.3 预膜宜使用海水。预膜方案应根据换热设备材质、海水水质及运行条件等因素，经动态模拟试验确定。

6.5.4 清洗液、预膜液应通过旁路管回到集水池，不经过冷却塔；当采用酸洗时，应增设临时清洗水箱替代集水池。

6.6 海水循环冷却排放水处理

海水循环冷却排放水处理应按 GB 50050—2007 中第 7 章的规定执行，并满足海洋环境保护要求。

7 检测、监测与控制

7.1 检测

7.1.1 海水循环冷却水系统水质检测项目分为常规检测项目和非常规检测项目两类。常规检测项目宜在海水循环冷却水处理现场化验室进行，非常规检测项目宜在中心化验室进行，或委托第三方进行检测。

7.1.2 常规检测项目应根据海水补充水和循环水水质要求确定，见表 3。

表 3 海水水质检测项目

序 号	项 目	检测频率
1	pH	每天 2 次
2	电导率	每天 2 次
3	浊度	每天 2 次
4	甲基橙碱度(以 $CaCO_3$ 计)	每天 2 次
5	氯化物(Cl^-)	每天 2 次
6	总硬度(以 $CaCO_3$ 计)	每天 1 次
7	钙离子(Ca^{2+})	每天 1 次
8	镁离子(Mg^{2+})	每天 1 次
9	异氧菌总数	每周 1 次
10	药剂浓度	每天 1 次
11	余氯	每天 1 次
12	总铁	每天 1 次
13	可溶性铁	每天 1 次
14	悬浮物	每月 2 次
15	硫酸盐还原菌数	每月 1 次
16	铁细菌数	每月 1 次

7.1.3 非常规检测项目见表 4。

表 4 非常规检测项目

序 号	项 目	检测时间	检测方法
1	污垢沉积量	大检修时	检测换热器、检测管
2	腐蚀速率	月、季、年或在线	挂片法
3	生物粘泥量	每周	生物滤网法
4	垢层与腐蚀产物的成分	大检修时	化学/仪器分析

7.1.4 海水循环冷却水系统补充水和循环水全分析宜每月进行一次，分析项目见附录 A。

7.1.5 分析检测方法宜采用 GB 17378.4。

7.2 监测与控制

7.2.1 海水循环冷却水系统宜监测温度、流量、压力、腐蚀速率、污垢热阻、生物粘泥量等参数。

7.2.2 海水循环冷却水系统宜监测与控制 pH 值、电导率、药剂投加量、集水池液位等参数。

7.2.3 监测、控制设计宜按 GB 50050—2007 中 9.0.1～9.0.5 的规定执行。

附 录 A
（规范性附录）
海水水质分析检测记录表

表 A.1 为海水水质分析检测记录表。

表 A.1 海水水质分析检测记录表

天　　气：　　　　气　　温：

取样地点：　　　　取样时间：

取样深度：　　　　水　　温：

潮　　位：　　　　取 样 人：

项目	单位	检测结果	项目	单位	检测结果
钾离子(K^{+})	mg/L		全硬度	mmol/L	
钠离子(Na^{+})	mg/L		非碳酸盐硬度	mmol/L	
钙离子(Ca^{2+})	mg/L		碳酸盐硬度	mmol/L	
镁离子(Mg^{2+})	mg/L		负硬度	mmol/L	
亚铁离子(Fe^{2+})	mg/L		甲基橙碱度(以 $CaCO_3$ 计)	mg/L	
铁离子(Fe^{3+})	mg/L		酚酞碱度(以 $CaCO_3$ 计)	mg/L	
铝离子(Al^{3+})	mg/L		盐度	—	
钡离子(Ba^{2+})	mg/L		酸度	mmol/L	
锶离子(Sr^{2+})	mg/L		pH	—	
硝酸盐(NO_3^{-})	mg/L		游离 CO_2	mg/L	
亚硝酸盐(以 N 计)	mg/L		H_2S	mg/L	
碳酸氢盐(HCO_3^{-})	mg/L		溶解氧(O_2)	mg/L	
碳酸盐(CO_3^{2-})	mg/L		全硅量(SiO_2)	mg/L	
氢氧根(OH^{-})	mg/L		溶硅量(SiO_2)	mg/L	
氯化物(Cl^{-})	mg/L		胶硅量(SiO_2)	mg/L	
硫酸盐(SO_4^{2-})	mg/L		全固形物	g/L	
硫化物(以 S 计)	mg/L		溶解固形物	g/L	
浊度	NTU		灼烧减量	g/L	
色度	度		铁铝氧化物(R_2O_3)	mg/L	
悬浮物	mg/L		COD_{Mn}	mg/L	
油	mg/L		BOD_5	mg/L	
嗅味	—		总氮(以 N 计)	mg/L	
异养菌总数	cfu/mL		总磷	mg/L	

参 考 文 献

[1] GB 3097—1997 海水水质标准.

[2] GB 8978—1996 污水综合排放标准.

[3] GB/T 12763.6 海洋调查规范 第6部分:海洋生物调查

[4] ESDU 03004. Fouling in cooling systems using seawater.

[5] UFC 3-240-13FN Operations And Maintenance: Industrial Water Treatment.

[6] Wolverine tube heat data book, Wolverine Engineering data book Ⅱ. Wolverine Tube Inc. Research and Development Team, electronic distribution, 2001.

[7] Dr. Shahriar Eftekharzadeh. Feasibility of Seawater Cooling Towers for Large-scale Petrochemical Development. CTI Journal. Vol 24, No. 2, 2003.

[8] Bing-Yuan Ting. Salt Water Concrete Cooling Tower Design Consinderations. The Marley Cooling Tower Company, U. S. A., 1991.

[9] Frank J. Millero, Denis Pierrot. The Apparent Molal Heat Capacity, Enthalpy, and Free Energy of Seawater Fit to the Pitzer Equations. Marine Chemistry, 94 (2005), 81-99.

ICS 71.100.40;19.020
G 76

中华人民共和国国家标准

GB/T 23954—2009

反渗透系统膜元件清洗技术规范

Technical regulations for cleaning of reverse osmosis membrane element

2009-06-02 发布　　2010-02-01 实施

中华人民共和国国家质量监督检验检疫总局
中国国家标准化管理委员会　发布

前　言

本标准的附录A为规范性附录，附录B、附录C为资料性附录。

本标准由中国石油和化学工业协会提出。

本标准由全国化学标准化技术委员会水处理剂分会(SAC/TC 63/SC 5)归口。

本标准负责起草单位：同济大学、广州市特种承压设备检测研究院、中海油天津化工研究设计院、天津正达科技有限责任公司。

本标准主要起草人：郅玉声、杨麟、陈爱民、李茂东、冯碧萍。

反渗透系统膜元件清洗技术规范

1 范围

本标准规定了反渗透系统膜元件清洗过程中的技术要求、清洗前的准备工作、污染物判断、系统清洗及清洗效果验收。

本标准适用于反渗透膜系统的膜元件清洗。

2 规范性引用文件

下列文件中的条款通过本标准的引用而成为本标准的条款。凡是注日期的引用文件，其随后所有的修改单(不包括勘误的内容)或修订版均不适用于本标准，然而，鼓励根据本标准达成协议的各方研究是否可使用这些文件的最新版本。凡是不注日期的引用文件，其最新版本适用于本标准。

GB 8978 污水综合排放标准

GB/T 12145 火力发电机组及蒸汽动力设备水汽质量

GB/T 19249 反渗透水处理设备

DL/T 588 水质污染指数测定方法

3 术语和定义

下列术语和定义适用于本标准。

3.1

反渗透膜 reverse osmosis membrane

用特定的高分子材料制成的，具有选择性半透性能力的薄膜。它能够在外加压力作用下，使水溶液中的水和某些组分选择性透过，从而达到纯化或浓缩、分离的目的。

3.2

反渗透膜元件 reverse osmosis membrane element

反渗透膜构成的基本使用单元。

3.3

反渗透膜组件 reverse osmosis element

将一只或数只反渗透膜元件按一定技术要求串联，与单只反渗透膜壳组装而成的组合构件。

3.4

反渗透装置 reverse osmosis unit

将反渗透膜组件用管道按照一定排列方式组合、连接而成的组合式水处理单元。

3.5

反渗透系统 reverse osmosis system

利用反渗透膜对符合条件的水进行处理的工艺总称，它由保安过滤器、反渗透装置、化学清洗装置、加药装置等工艺单元组成。

3.6

段 stage

在反渗透装置中，反渗透膜组件按浓水的流程串接的阶数。

3.7

段间压差/段压差 stage pressure

某段的进水与出水(浓水)之间的压力差。

3.8

系统压差 system pressure

系统的总进水与出水(终端浓水)之间的压力差。

3.9

脱盐率 salt rejection

反渗透装置及膜元件除盐效率的数值。

3.10

回收率 recovery

反渗透装置对原水利用效率的数值。

3.11

产水 permeate

经过反渗透装置处理后所得的水。

3.12

浓水 concentrate

经过反渗透装置处理后所得的含盐量被浓缩的水。

3.13

产水通量 flux flow

单位时间内单位反渗透膜面积上透过的水量。

3.14

污染指数 silt & density index

用于评价水中杂质对反渗透膜污染能力的一种参数,一般采用15 min测定法。

3.15

预处理系统 water pretreatment system

将原水处理成符合反渗透装置对进水水质要求的工艺总称,它由絮凝、沉淀、介质过滤、活性炭吸附、微滤、超滤等工艺单元组成。

3.16

化学清洗剂 chemical cleaning agent

投加在反渗透系统化学清洗中为清除膜表面污垢的化学药品。

3.17

在线化学清洗 cleaning in place,CIP

利用固定配置的清洗装置,采用一定配比的化学药品溶液对反渗透装置内的膜元件进行的化学清洗过程。

3.18

离线化学清洗 cleaning off line

从反渗透装置内取出膜元件,用独立的清洗装置对膜元件进行的化学清洗过程。

3.19

分段清洗 separate cleaning of each stage

利用固定配置的清洗装置,按段分别对反渗透装置内的膜元件进行的化学清洗过程。

3.20

净化水 purification water

经预处理系统处理后所得的水。

3.21

冲洗 flushing

采用低压大流量的水冲洗膜元件的过程,以冲洗掉附着在膜表面的污染物或堆积物,或置换膜装置内的清洗废液或积水。

4 总则

4.1 反渗透系统膜元件的化学清洗，是除去膜表面污垢、恢复膜元件性能的必要措施。

4.2 由专业技术人员制定清洗方案和措施，并有完备的审核、审批手续。清洗过程中进行必要的监督，清洗结束后，对清洗效果检查、评定。

4.3 负责清洗单位按附录A对参加清洗人员进行技术和安全教育培训，使其熟悉清洗系统、清洗方案和措施，掌握安全作业程序。清洗作业人员在清洗过程中严格遵守清洗方案和安全措施，确保人身、设备安全。

4.4 系统化学清洗的确定

当反渗透膜表面受到无机盐垢、金属氧化物、微生物、胶体颗粒和不溶性的有机物污堵时，会导致标准化产水量和脱盐率(按GB/T 19249计算)下降、段间压差增加。出现下列情况之一时，并判定是化学污染造成的，对反渗透系统进行化学清洗：

——运行数据标准化后，系统产水量比初始值下降15%以上；

——运行数据标准化后，脱盐率比初始值下降10%以上；

——运行数据标准化后，段间压差比初始值增加15%以上。

4.5 清洗方式

4.5.1 在线化学清洗

在线化学清洗分为不分段清洗和分段清洗。

4.5.1.1 不分段清洗

可以对系统所有段同时进行化学清洗。在设定的循环清洗流量能够确保清洗效果，且第一段和最后一段流速均符合膜元件生产商规定的流速范围内，可采用不分段清洗。

4.5.1.2 分段清洗

对于高流速循环清洗才能确保清洗效果时，应对系统的各段分别进行化学清洗，以保证各段循环流速不超过膜元件生产商规定值。

4.5.2 离线化学清洗

当膜元件污垢严重，在线清洗效果不好时，应采用离线化学清洗。

5 技术要求

5.1 在制定清洗方案及现场清洗措施时，除应符合本标准外，还应符合与设备相关的技术条件或规范。

5.2 清洗前应拆除或隔离易受清洗液损害的部件和其他配件。

5.3 清洗效果的验收按8.1～8.3的规定执行。

5.4 清洗废液应经过处理，符合GB 8978的规定后才能排放。

6 清洗前的准备工作

6.1 清洗参数的选择

清洗药剂、流速、温度、压力等参数的选择，应根据污垢种类、反渗透系统构造等确定，必要时通过试验确定。选择的清洗药剂在保证清洗效果的前提下，综合考虑经济性和环保要求等因素。

6.2 判定反渗透系统性能下降的原因

通过对系统的全面调查，分析判断反渗透装置性能下降的原因。是污垢导致的，可进行化学清洗最大限度地恢复膜的性能；因机械损伤或其他原因造成的，则不能通过化学清洗来恢复系统性能。

6.2.1 系统调查

除全面了解原水水质全分析报告、水处理系统工艺流程、反渗透装置设计参数、反渗透系统具体运行参数、系统材质(参见附录B、附录C)外，还应考查下列情况：

a) RO膜元件设计数量、排列是否合理；
b) 根据水质分析系统污染趋势，生物污染、盐垢类污染或是胶体污染等，经过分析原水水质报告，能预测发生污垢的可能性；
c) 检查前几次的清洗过程及清洗效果；
d) 分析SDI(按DL/T 588)及微孔滤膜膜面上所截留的污物；
e) 打开膜端板，观察一段进水侧第一只和二段出水侧最后一只膜元件颜色和重量的变化，推断污染程度；
f) 根据RO运行数据变化趋势判断系统污染种类及程度(进水压力、段间压差、产水流量及脱盐率等；
g) 根据预处理系统再生频率、去除效果判定原水清洁状态及膜元件被污染趋势；
h) 根据保安过滤器滤芯污染物判断可能污染物；
i) 判断系统选材是否合适，有无金属腐蚀产物带入水源；
j) 通过解剖膜元件进行膜面及垢样分析；
k) 预处理药剂投加系统是否正常，药剂种类及投加量是否合理；
l) 系统停机后的冲洗是否及时和充分；
m) 系统运行回收率是否在设计规程允许范围之内；
n) 是否存在其他操作不当现象；
o) 确定机械问题还是化学污染造成膜元件衰减。

6.2.2 判定污垢种类

通过对反渗透系统运行状况的全面调查，根据运行参数变化情况和污垢表象观察，可根据表1判别污垢的种类。

表1 污垢分类和判别

污垢分类	污垢特征	运行参数变化情况
颗粒类污染物的沉积	进水侧可见颗粒污染物	第一段产水量降低 第一段压差增加 脱盐率降低
水垢 (碳酸盐、硫酸盐、磷酸盐等)	最后一段浓水侧可见结垢	最后一段压差迅速增加 最后一段膜元件增重 最后一段产水量降低 脱盐率降低
微生物 (细菌黏泥等)	保安过滤器滤芯或膜进水侧滑腻有异味 第一段膜表面有十分黏稠胶状沉积物 进水、浓水或产水水样中含大量微生物	第一段产水量降低 第一段压差增加 污染严重时脱盐率降低
有机物 (聚电解质、油脂等)	分析SDI滤膜上的截留物 分析进水中的油和有机物 将污垢研碎加入乙醚后，溶液呈黄绿色	第一段产水量降低 第一段压差增加 脱盐率可能升高
胶体物	污染指数SDI超标 分析SDI滤膜上的截留物	第一段压差增加 产水量逐渐降低
金属氧化物	进出水端面为红棕色 系统有金属腐蚀现象 分析进水中的铁、锰、镍、铜、锌等含量	第一段产水量降低 第一段压差增加 脱盐率降低

6.2.3 化学清洗不能恢复系统性能的情况判定

因机械损伤或其他原因造成的反渗透系统性能下降，有下列情形之一的，则无法通过清洗来恢复系统性能：

——“O”形圈泄漏导致的脱盐率下降；
——进水与浓水压差过大造成的膜元件机械损坏(望远镜现象)；
——结晶体或金属颗粒造成的膜表面磨损；
——产水背压造成的复合膜复合层间的剥离；
——余氯、溴、臭氧或其他氧化物造成的膜氧化损坏；
——膜元件或产水中心管严重的机械损伤导致的泄漏；
——保安滤器内短路导致的膜元件受到物理堵塞；
——预处理介质过滤器穿透造成膜元件被细小粉末污堵；
——盐水密封损坏导致的无规律的压降增加。

6.3 清洗方案制定

6.3.1 清洗药剂的选择

应根据污垢的性质，有针对性的选择化学清洗剂。一般按表2确定清洗剂。

表2 清洗剂的选择

污垢种类	清洗液	使用条件	备注
碳酸盐垢	0.2%盐酸	温度≤35 ℃ pH＞2	清洗效果最好
	0.5%磷酸	温度≤35 ℃	清洗效果可以
	2.0%柠檬酸	温度≤35 ℃ 用氨水调节pH值为3.0	清洗效果可以
硫酸盐垢	0.1%氢氧化钠 1.0%EDTA四钠	温度≤30 ℃ pH≤12	清洗效果最好
	0.1%氢氧化钠 0.025%十二烷基苯磺酸钠	温度≤30 ℃ pH≤12	清洗效果可以
金属氧化物	1.0%焦亚硫酸钠		清洗效果最好
	0.5%磷酸	温度≤30 ℃ pH＞2	清洗效果可以
	2.0%柠檬酸	温度≤30 ℃ 用氨水调节pH值为3.0	清洗效果可以
胶体物	0.1%氢氧化钠 0.025%十二烷基苯磺酸钠	温度≤30 ℃ pH≤12	清洗效果最好
有机物	0.1%氢氧化钠 0.025%十二烷基苯磺酸钠 0.2%盐酸	温度≤30 ℃ 第一步pH≤12 第二步pH＞2	用NaOH和十二烷基苯磺酸钠作第一步清洗；再用HCl清洗作第二步清洗
	0.1%氢氧化钠 1.0%EDTA四钠 0.2%盐酸	温度≤30 ℃ 第一步pH≤12 第二步pH＞2	清洗效果可以用NaOH和EDTA四钠作第一步清洗；再用HCl清洗作第二步清洗
微生物	0.1%氢氧化钠 0.025%十二烷基苯磺酸钠	温度≤30 ℃ pH≤12	清洗效果最好
	0.1%氢氧化钠	温度≤30 ℃ pH≤12	清洗效果可以

6.3.2 清洗药剂用量的确定

根据反渗透清洗系统的容积和污垢情况，确定各种清洗药剂用量。

6.3.3 清洗方式的确定

根据污垢的污染程度以及反渗透系统构造，确定清洗方式。

采取不分段清洗方式时，计算各段膜元件的流速或流量，防止第一段的循环清洗流速过低影响清洗效果；同时防止最后一段清洗流速过高而损坏膜，以最后一段的最高流速为控制值。

高流速的循环清洗应采取分段清洗，分段清洗流量可按膜元件规定的高、中、低流速确定，一般情况下应选用高速清洗方式。可以通过清洗泵分别清洗各段，或针对每段清洗流速的要求设置不同循环清洗流量。

6.3.4 清洗温度的确定

清洗液应根据膜元件生产商规定的最高温度控制范围，或参照表2的要求，确定最佳清洗温度。

6.3.5 确定清洗顺序

清洗时一般先酸洗后碱洗。当生物污垢严重时，宜先碱洗、再杀菌、最后酸洗。为取得最佳清洗效果，也可根据实际应用情况，变化清洗顺序。

7 系统清洗

7.1 清洗装置

在线清洗时将清洗溶液以低压大流量在膜的高压侧循环，此时膜元件仍装在压力容器内而且需要用专门的清洗装置来完成该工作。反渗透系统清洗装置示意图见图1。

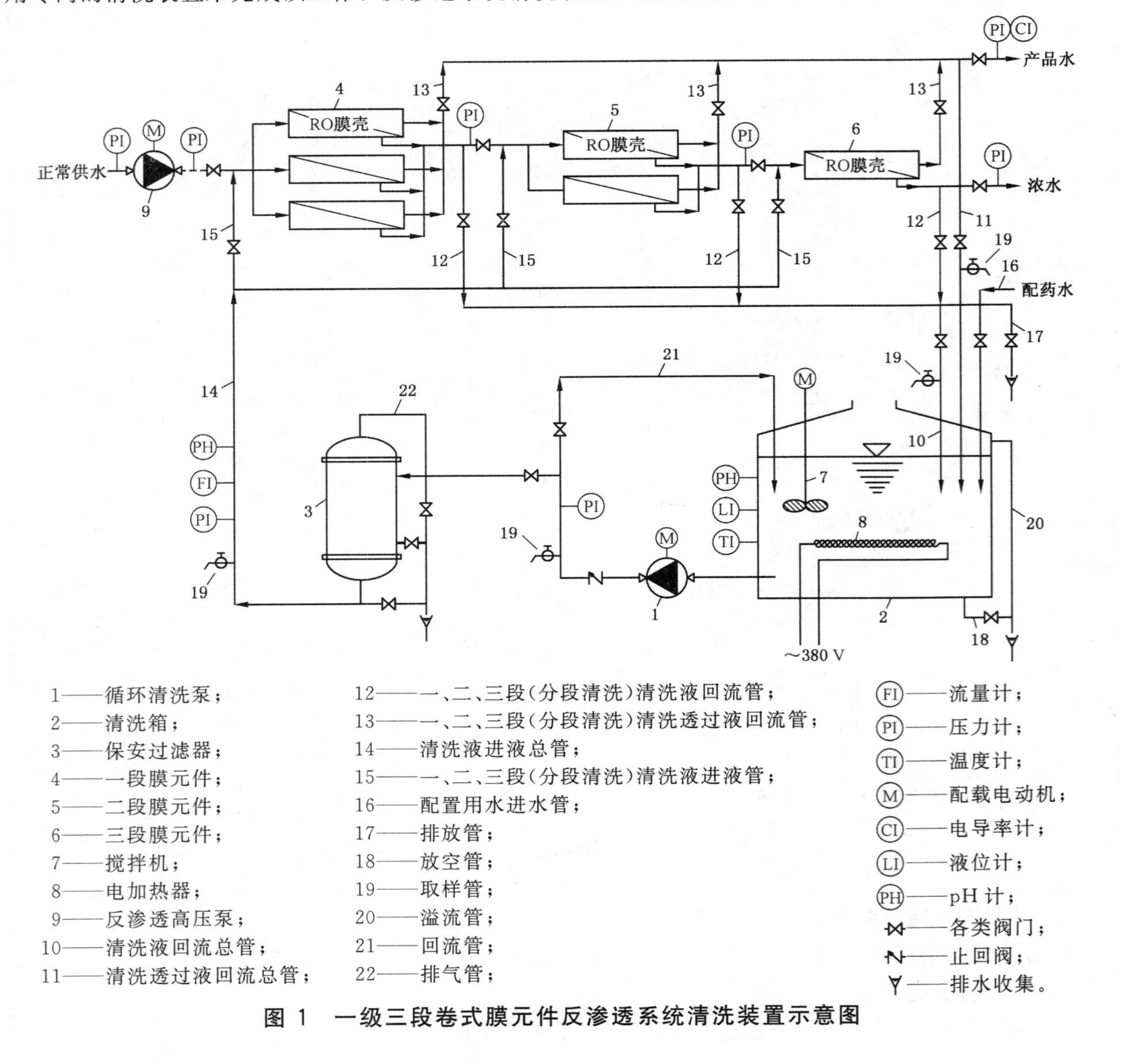

图1 一级三段卷式膜元件反渗透系统清洗装置示意图

7.1.1 清洗箱

7.1.1.1 针对膜元件的清洗液 pH 值范围可能在 2～12 之间，因此清洗系统应采用耐腐蚀材料建造，混合与循环的清洗箱可以是聚丙烯或玻璃钢(FRP)等耐酸碱腐蚀材料。

7.1.1.2 清洗箱应设有可移动的盖子。

7.1.1.3 清洗箱应有加热装置和温度计，某些情况下需要控制清洗温度以达到最佳效果。

7.1.1.4 清洗箱回水尽量延伸到清洗液位下并且远离泵吸入口正上方，以免回流液带气泡进入循环泵，影响清洗质量。

7.1.1.5 清洗箱的容积应能满足系统清洗容量的要求。

7.1.1.6 清洗箱的强度满足安全技术要求。

7.1.2 保安过滤器

7.1.2.1 通常设计滤芯为 5 μm～10 μm，用于去除已在清洗过程中沉积出来的污染物。

7.1.2.2 保安过滤器的设计流量应满足系统清洗最大流量的要求。

7.1.3 清洗泵

7.1.3.1 清洗泵应选用低扬程，高流量的耐腐蚀泵。

7.1.3.2 清洗泵应设置回流或出口阀门以调节流量。

7.1.3.3 清洗压力一般控制在 0.4 MPa 以下。

7.1.4 取样点

要安装取样阀门以观察清洗液变化情况，并随时对清洗液有关参数进行监测。应分别装设清洗液进口、清洗液回流、渗透液取样装置。

7.1.5 产水回路

7.1.5.1 清洗过程中会有少量产水(透过液)，为保持清洗液浓度稳定，应将产水送回清洗箱。

7.1.5.2 在清洗和冲洗阶段，产水回路阀门处于常开状态，以免因产水背压损坏膜元件。

7.1.6 清洗循环回路

7.1.6.1 清洗液流动方向应与正常运行时的方向相同，防止膜元件机械损坏(望远镜现象)。

7.1.6.2 分段清洗时，应有防止前段膜元件产生背压的可靠措施。

7.1.6.3 分段清洗时，应有防止各循环回路间短路的措施。

7.1.6.4 清洗液回流应接至清洗箱。分段清洗时，各段均应装设清洗液回流管路。

7.1.6.5 应设置清洗泵至清洗箱的循环回流管路，并安装调节阀，控制清洗流量。

7.1.7 监测仪表

7.1.7.1 清洗箱应装具有温度调节装置的温度计。

7.1.7.2 清洗箱应装液位计，并宜装设低液位控制器。

7.1.7.3 保安过滤器出口应装设流量计。

7.1.7.4 保安过滤器进口、出口应装设压力表。

7.1.8 混合器或搅拌

用于化学药剂在清洗箱的溶解和混匀，应设置一个清洗泵至清洗箱的循环回流管路或加搅拌装置。

7.2 清洗步骤

7.2.1 低压冲洗

根据制定的清洗方式，将反渗透装置切换到清洗状态，用产水(符合 GB/T 12145 相关要求)低压(0.3 MPa～0.35 MPa)冲洗反渗透和清洗装置，待确认冲洗干净，排空装置内的充水。

7.2.2 严密性试验

调整好阀门到清洗状态，以产水进行循环试漏，确定管路畅通无漏点，阀门位置正确后开始转入正式清洗操作。

7.2.3　**配制清洗液**

根据系统水容积计算化学药剂的用量，用产水在清洗箱中配制清洗液，应将药剂溶解混合均匀。

7.2.4　**加热清洗剂**

将清洗液加热升温至设计清洗温度。

7.2.5　**置换系统内原水**

以低流速和尽可能低的压力置换膜元件内的原水，压力应低至不会产生明显的渗透水。最大限度的防止污垢再次沉积到膜表面，视情况排放部分浓水以防止清洗液被稀释。

7.2.6　**低流速循环清洗**

当系统内的原水被置换掉后，将清洗液回流至清洗箱，并保持清洗液温度恒定。低流速循环清洗30 min左右。

7.2.7　**浸泡**

对于难以清洗的污垢，可以采取浸泡的方式。浸泡时间视情况而定，有的污垢浸泡1 h，有些可能需要10 h。若需要长时间浸泡才能达到良好的清洗效果时，为了维持浸泡清洗液的温度，可以采取很低的循环流速。

7.2.8　**高流速循环清洗**

在膜制造商允许的高流速下循环清洗45 min左右，或视污染情况而定。

7.2.9　**低压冲洗**

用预处理净化水或反渗透产水低压冲洗反渗透系统，直至排出液为中性。

7.2.10　**清洗时注意事项**

清洗时应注意如下情况：

a)　清洗过程中，观察清洗液颜色变化及pH变化，进行补加药剂或更换药剂处理；

b)　每一步清洗完成以后，排净清洗箱并进行冲洗，然后向清洗箱中充满产水以备下一步清洗；

c)　如果需要更换几种药剂清洗，则以产水依次溶解不同清洗药剂，重复7.2.3～7.2.9清洗步骤至清洗操作全部完成；

d)　膜系统进行全面清洗的过程包括生物黏泥清洗、垢和金属氧化物、胶体粒子清洗三个程序。在实际运用过程中，可根据系统的实际情况而采用其中的一个或两个程序来进行清洗；

e)　对于发生严重微生物污染的反渗透系统，仅采用化学清洗并不能完全去除膜表面的生物膜，还需要进行相应的消毒处理，应注意在消毒过程中绝不能使用会对反渗透膜元件造成损害的杀菌剂；

f)　清洗完毕投入运行，在冲洗反渗透系统后，在产水排放阀打开状态下运行反渗透系统，直到产水清洁、无泡沫或无清洗剂，高压产水至电导率恢复完全，转入正常运行。

8　清洗效果验收

8.1　清洗验收资料包括清洗方案、清洗操作步骤、分析数据、清洗前后工艺运行参数对比表(见表3)以及清洗效果评价等。

8.2　在了解反渗透系统工艺设计运行工况的基础上，根据表3和膜元件性能以及相应的规定条件，综合评价清洗效果。

8.3　若条件允许，可根据膜元件规定的方法对清洗后的运行参数进行标准化计算，将标准化的数据与初始性能数据值进行对比，评价清洗效果。

表 3　反渗透装置清洗前后运行参数表

参　　数	初始值	清洗前	清洗后
进水压力/MPa			
一段压差/MPa			
二段压差/MPa			
进水量/(m^3/h)			
产水量/(m^3/h)			
进水电导率/(μS/cm)			
产水电导率/(μS/cm)			
脱盐率/%			
水温/℃			
注 1：初始值是指系统开机平稳运行前 10 天的平均值。 注 2：清洗后进水压力不高于初始运行压力的 10%，或不高于清洗前的进水压力。 注 3：清洗后各段运行压差不高于初始运行压差的 20%，或各段运行压差较清洗前下降 5%以上。 注 4：清洗后产水流量不低于初始运行产水流量的 10%，或产水流量上升 5%以上且不高于设计值。 注 5：清洗后系统脱盐率不能低于清洗前系统脱盐率。			

附 录 A
（规范性附录）
膜清洗操作规程

A.1 方案确认后，应建立相应指挥系统，明确分工、各负其责，实行统一计划、统一管理、统一指挥。

A.2 方案确认后须制定清洗进度表、清洗方案，确定清洗负责人，制定安全措施及验收标准。

A.3 清洗工作进度和清洗方案编写完毕后，应得到委托方有关部门的认可，做好技术交底工作后方可实施。

A.4 清洗负责人应对清洗时所有设备、分析试剂认真检查，做好各项安全检查工作。

A.5 清洗人员进入现场应穿戴好工作服、安全帽、防护手套等。

A.6 清洗中遇到用电、动火等情况应按要求办理有关手续。

A.7 清洗时遇加药、加酸等作业应有两人以上，其中一人负责安全监护。

附 录 B
（资料性附录）
水质分析调查表

表 B.1 水质分析调查表

单位名称		分析日期		取样日期	
		水样名称		取样人姓名	

分析项目	RO 进水/(mg/L)	分析项目	RO 进水/(mg/L)
Na^{+}		颜色	
K^{+}		pH	
Ca^{2+}		总硬度	
Mg^{2+}		碳酸盐硬度	
Fe^{3+}		非碳酸盐硬度	
Cu^{2+}		负硬度	
NH_4^{+}		酚酞碱度	
OH^{-}		总碱度	
HCO_3^{-}		耗氧量	
CO_3^{2-}		游离二氧化碳	
Cl^{-}		悬浮物	
SiO_3^{2-}		溶解固形物	
SO_4^{2-}		电导率/(μS/cm)	
PO_4^{3-}		浊度 NTU	
NO_3^{-}			
NO_2^{-}			
Sr^{2+}			
Ba^{2+}			
备注			
分析		审核	

表 B.2 膜面、垢样分析报告

单位名称：	系统名称：
取样设备位号：	取样部位：
样品名称：	报告日期：
取样日期：	分析者：
项　目	结　果
外观	
550 ℃灼烧失重/%	
Fe_2O_3/%	
P_2O_5/%	
CaO/%	
MgO/%	
ZnO/%	
SiO_2/%	
Al_2O_3/%	
CuO/%	
$SrSO_4$/%	
$BaSO_4$/%	
合计	
清洗前膜照片	清洗后膜照片

附　录　C
（资料性附录）
反渗透系统调查表格

<table>
<tr><td>调查记录日期：</td><td>调查者：</td></tr>
<tr><td>用户单位：
工程项目：
联系地址：
联系人：
电话：　　　　传真：
电子信箱：</td><td>技术公司：
技术负责人：
联系地址：
联系人：
电话：　　　　传真：
电子信箱：</td></tr>
<tr><td colspan="2">工程概况：
原水类型：　　　　原水水质(附录 A)：
设计能力：　　　　膜元件型号：　　　　膜元件数量：
膜外壳规格：　　　　膜组件排列：一段　　　　二段　　　　三段
絮凝剂：　　　　助凝剂：　　　　杀菌剂：　　　　阻垢剂：　　　　pH 值调整：
水温情况：冬季：　　　　℃　夏季：　　　　℃　平均：　　　　℃　产水用途：
水处理工艺流程：</td></tr>
<tr><td colspan="2">运行概况：
初期运行日期：　　　　至</td></tr>
<tr><td>水温/℃：
进水量/(m³/h)：
产水量/(m³/h)：
浓水量/(m³/h)：
进水压力/MPa：
浓水压力/MPa：
1、2、3 段压差/MPa：</td><td>产水压力/MPa：
进水水质/(μS/cm)：
产水水质/(μS/cm)：
浓水水质/(μS/cm)：
脱盐率/%：
回收率/%：
SDI₁₅ 值：</td></tr>
<tr><td>正常运行开始日期：
水温/℃：
进水量/(m³/h)：
产水量/(m³/h)：
浓水量/(m³/h)：
进水压力/MPa：
浓水压力/MPa：
1、2、3 段压差/MPa：</td><td>
产水压力/MPa：
进水水质/(μS/cm)：
产水水质/(μS/cm)：
浓水水质/(μS/cm)：
脱盐率/%：
回收率/%：
SDI₁₅ 值：</td></tr>
<tr><td>化学清洗概况：
清洗日期：
污染物类型：
清洗药剂：
清洗频率：</td><td>

污染物成分：
清洗方式：
清洗时间：</td></tr>
<tr><td colspan="2">清洗效果说明：</td></tr>
<tr><td colspan="2">其他要求及说明：</td></tr>
</table>

ICS 65.040.10
B 92

中华人民共和国国家标准

GB/T 26624—2011

畜禽养殖污水贮存设施设计要求

Design specifications for waste water storage facility of animal farm

2011-06-16 发布　　　　2011-11-01 实施

中华人民共和国国家质量监督检验检疫总局
中国国家标准化管理委员会　发布

前　言

本标准的附录A为资料性附录。

本标准由中华人民共和国农业部提出。

本标准由全国畜牧业标准化技术委员会归口。

本标准起草单位：农业部畜牧环境设施设备质量监督检验测试中心（北京）、中国农业科学院农业环境与可持续发展研究所。

本标准主要起草人：董红敏、陶秀萍、黄宏坤、陈永杏、尚斌、朱志平、游玉波。

畜禽养殖污水贮存设施设计要求

1 范围

本标准规定了畜禽养殖污水贮存设施选址、技术参数要求等内容。

本标准适用于畜禽养殖污水贮存设施的设计。

2 规范性引用文件

下列文件中的条款通过本标准的引用而成为本标准的条款。凡是注日期的引用文件，其随后所有的修改单(不包括勘误的内容)或修订版均不适用于本标准，然而，鼓励根据本标准达成协议的各方研究是否可使用这些文件的最新版本。凡是不注日期的引用文件，其最新版本适用于本标准。

GB 18596 畜禽养殖业污染物排放标准

GB 50016 建筑设计防火规范

GB 50069 给水排水工程构筑物结构设计规范

CJJ/T 54—1993 污水稳定塘设计规范

NY/T 1169 畜禽场环境污染控制技术规范

3 术语和定义

下列术语和定义适用于本标准。

3.1

畜禽养殖污水 waste water from livestock and poultry feeding

冲洗系统运行后产生的液体废弃物，其中包括粪便残渣、尿液、散落的饲料，以及畜禽毛发和皮屑等。

3.2

养殖污水贮存设施 waste water storage facility

用以贮存养殖污水的设施。

4 选址要求

4.1 根据畜禽养殖场区面积、规模以及远期规划选择建造地点，并做好以后扩建的计划。

4.2 满足畜禽养殖场总体布置及工艺要求，布置紧凑，方便施工和维护。

4.3 设在场区主导风向的下风向或侧风向。

4.4 与畜禽养殖场生产区相隔离，满足防疫要求。

5 技术参数要求

5.1 容积

畜禽养殖污水贮存设施容积 V(m^3)按式(1)计算：

$$V = L_w + R_0 + P \qquad \cdots\cdots(1)$$

式中：

L_w——养殖污水体积，单位为立方米(m^3)；

R_0——降雨体积，单位为立方米(m^3)；

P——预留体积，单位为立方米(m^3)。

养殖污水体积、降雨体积、预留体积的计算分别为：

a) 养殖污水体积(L_w)

养殖污水体积 L_w(m^3)按式(2)计算：

$$L_w = N \cdot Q \cdot D \qquad (2)$$

式中：

N——动物的数量，猪和牛的单位为百头，鸡的单位为千只；

Q——畜禽养殖业每天最高允许排水量，猪场和牛场的单位为立方米每百头每天[m^3/(百头·d)]，鸡场的单位为立方米每千只每天[m^3/(千只·d)]，其值参见附录A；

D——污水贮存时间，单位为天(d)，其值依据后续污水处理工艺的要求确定。

b) 降雨体积(R_0)

按25年来该设施每天能够收集的最大雨水量(m^3/d)与平均降雨持续时间(d)进行计算。

c) 预留体积(P)

宜预留0.9 m高的空间，预留体积按照设施的实际长和宽以及预留高度进行计算。

5.2 类型和形式

5.2.1 污水贮存设施有地下式和地上式两种。土质条件好、地下水位低的场地宜建造地下式贮存设施；地下水位较高的场地宜建造地上式贮存设施。

5.2.2 根据场地大小、位置和土质条件确定，可选择方形、长方形、圆形等形式。

5.3 底面和壁面

5.3.1 按CJJ/T 54—1993中第七部分“塘体设计”中相关规定执行。

5.3.2 内壁和底面应做防渗处理，具体参照GB 50069相关规定执行。

5.3.3 底面高于地下水位0.6 m以上。

5.3.4 高度或深度不超过6 m。

6 其他要求

6.1 地下污水贮存设施周围应设置导流渠，防止径流、雨水进入贮存设施内。

6.2 进水管道直径最小为300 mm。

6.3 进、出水口设计应避免在设施内产生短流、沟流、返混和死区。

6.4 地上污水贮存设施应设有自动溢流管道。

6.5 污水贮存设施周围应设置明显的标志和围栏等防护设施。

6.6 防火距离按GB 50016相关规定执行。

6.7 设施在使用过程中不应产生二次污染，其恶臭及污染物排放应符合GB 18596的相关规定。

6.8 制定检查日程，至少每两周检查一次，防止意外泄漏和溢流发生。

6.9 制定应急计划，包括事故性溢流应对措施，做好降水前后的排流工作。

6.10 制定底部淤泥清除计划。

6.11 在贮存设施周围进行绿化工作，按NY/T 1169相关要求执行。

附 录 A
（资料性附录）
畜禽养殖业每日最高允许排水量

集约化畜禽养殖业水冲工艺和干清粪工艺最高允许排水量分别见表 A.1 和表 A.2。

表 A.1 集约化畜禽养殖业水冲工艺最高允许排水量

种类	猪/[m^3/(百头·d)]		鸡[m^3/(千只·d)]		牛[m^3/(百头·d)]	
季节	冬季	夏季	冬季	夏季	冬季	夏季
标准值	2.5	3.5	0.8	1.2	20	30

注 1：废水最高允许排放量的单位中，百头、千只均指存栏数。
注 2：春、秋季废水最高允许排放量按冬、夏两季的平均值计算。

表 A.2 集约化畜禽养殖业干清粪工艺最高允许排水量

种类	猪/[m^3/(百头·d)]		鸡[m^3/(千只·d)]		牛[m^3/(百头·d)]	
季节	冬季	夏季	冬季	夏季	冬季	夏季
标准值	1.2	1.8	0.5	0.7	17	20

注 1：废水最高允许排放量的单位中，百头、千只均指存栏数。
注 2：春、秋季废水最高允许排放量按冬、夏两季的平均值计算。

ICS 65.020.30
B 40

中华人民共和国国家标准

GB/T 27522—2011

畜禽养殖污水采样技术规范

Technical specifications for waste water sampling of livestock and poultry farm

2011-11-21 发布　　　　2012-03-01 实施

中华人民共和国国家质量监督检验检疫总局
中国国家标准化管理委员会　发布

前　言

本标准的附录A和附录B为规范性附录。

本标准由中华人民共和国农业部提出。

本标准由全国畜牧业标准化技术委员会(SAC/TC 274)归口。

本标准起草单位:中国农业科学院农业环境与可持续发展研究所、农业部畜牧环境设施设备质量监督检验测试中心(北京)。

本标准主要起草人:董红敏、陶秀萍、黄宏坤、朱志平、陈永杏、尚斌。

畜禽养殖污水采样技术规范

1 范围

本标准规定了畜禽养殖污水采样布点、样品采集、样品运输和样品保存。

本标准适用于畜禽养殖场和养殖小区生产过程中污水的监测。

2 规范性引用文件

下列文件中的条款通过本标准的引用而成为本标准的条款。凡是注日期的引用文件，其随后所有的修改单(不包括勘误的内容)或修订版均不适用于本标准，然而，鼓励根据本标准达成协议的各方研究是否可使用这些文件的最新版本。凡是不注日期的引用文件，其最新版本适用于本标准。

HJ/T 91　地表水和污水监测技术规范

HJ 493　水质　样品的保存和管理技术规定

HJ 494　水质　采样技术指导

3 术语和定义

下列术语和定义适用于本标准。

3.1

畜禽养殖污水　waste water from livestock and poultry farm

畜禽养殖生产过程中产生的污水，包括尿液、冲洗水以及其他管理环节所产生的污水。

3.2

瞬时水样　grab sample

从水中不连续地随机(就时间和断面而言)采集的单一样品，一般在一定的时间和地点随机采取。

3.3

流量比例采样　proportional sampling

从流动水中采样的一种方法，即在某一时段内，在同一采样点依据污水流量确定采样量。

3.4

混合样　composite sample

同一采样点同一采样时段内两个或更多的样品混合制成的样品。

4 采样过程

4.1 采样准备

4.1.1 工具

采样器(1 L)、样品瓶、样品混合桶(20 L)、预处理桶(5 L)、保温样品箱等。

4.1.2 文具

现场记录表格、样品标签、记号笔、签字笔、卷尺等物品。

4.1.3 器具

便携式 pH 计(1±0.1)～(14±0.1)、温度计(0±0.1)℃～(40±0.1)℃、玻璃棒、手电等。

4.1.4 试剂试纸

分析纯浓硫酸，pH 试纸(1～14)。

4.1.5 安全防护用品

手套、口罩和药品箱等。

4.2 采样布点

4.2.1 有污水处理设施

采样点布设在污水处理设施之前和处理设施最后一级的出水口。

4.2.2 无污水处理设施

采样点布设在污水总排放口。

4.3 采样时间和频率

根据养殖场污水排放规律安排采样时间，每次连续采样 3 d。

4.4 采样

4.4.1 采样位置

在采样点垂直水面下 5 cm～30 cm 处。

4.4.2 污水样品采集

4.4.2.1 采集量水槽或调节池污水样品时，应在对角线上选择不少于 3 个位置进行采样，搅拌均匀后采集瞬时水样，将多点污水样品混合制成混合样。

4.4.2.2 采集排水渠或排水管污水样品时宜采用流量比例采样，将同一采样点采集的污水样品混合制成混合样。

4.4.2.3 采样时，除大肠菌群、蛔虫卵、生化需氧量等有特殊要求的项目外，要先用采样水荡洗采样器与水样容器 2 次～3 次，然后再将水样采入容器中，并按 HJ 493 的要求立即加入相应的固定剂，贴好标签。

4.4.2.4 检测单一项目的采样量按 HJ/T 91 规定执行，检测多个项目的污水样品量应增加；每个样品至少有一个平行样。

4.4.2.5 现场测定：将 pH 计及温度计浸入排水渠或调节池水面以下 5 cm，读数稳定后记录 pH 值和温度。

4.5 采样记录和标识

4.5.1 现场填写《畜禽养殖污水采样记录表》（见附录 A）和样品标签（见附录 B），填写完毕后将样品标签贴在对应的样品包装上，防止脱落。

4.5.2 采样记录应使用签字笔填写。需要改正时，在错误数据中间划一横线，在其上方写上正确数据，在修改数据附近签名。

4.5.3 记录数据要采用法定计量单位，其有效数字位数应根据计量器具的精度及分析仪器的刻度值确定，不得随意增添或删减。

4.5.4 采样结束后在现场逐项逐个检查，包括粪便收集量记录表、粪便采样记录表、样品标签、粪便样品等，如有缺项、漏项和错误处，及时补齐和修正后再撤离采样现场。采样记录表应有页码编号，内容齐全，填写翔实，字迹清楚，数据准确，保存完整。不应有缺页和撕页，更不应丢失。

4.5.5 粪便采样记录表在样品送达检测实验室前应始终与样品存放在一起。送样人员与接样人员确认样品完好无误后签字确认，保证样品安全送达检测实验室。

5 样品的运输

5.1 样品在运输前应逐一核对采样记录和样品标签，分类装箱，还要防止新的污染物进入容器和玷污瓶口污染水样。

5.2 为防止样品在运输过程发生变化，应对样品低温保存。

5.3 包装箱和包装的盖子按 HJ 494 中相关要求执行。

6 样品的保存

污水样品应尽快送至检测实验室分析化验。污水样品保存条件按 HJ 493 规定执行。

附 录 A
（规范性附录）
畜禽养殖污水采样记录表

畜禽养殖污水采样记录表内容和格式见表 A.1。

表 A.1 畜禽养殖污水采样记录表

共　　页 第　　页

<table>
<tr><td colspan="2">畜禽场(区)名称</td><td colspan="7"></td></tr>
<tr><td colspan="2">畜禽场(区)地址</td><td colspan="7">省(市、自治区)　　县(市、区)　　乡(镇)</td></tr>
<tr><td colspan="2">动物种类</td><td colspan="3"></td><td colspan="2">饲养类型</td><td colspan="2"></td></tr>
<tr><td rowspan="2">感官描述</td><td colspan="2">颜色</td><td colspan="2">气味</td><td colspan="2">浑浊程度</td><td colspan="2">其他</td></tr>
<tr><td colspan="2"></td><td colspan="2"></td><td colspan="2"></td><td colspan="2"></td></tr>
<tr><td rowspan="2">样品编号</td><td rowspan="2">采样
位置</td><td rowspan="2">采样
日期</td><td rowspan="2">采样
时间</td><td rowspan="2">现场
预处理</td><td colspan="2">现场测定记录</td><td rowspan="2">天气</td><td rowspan="2">备注</td></tr>
<tr><td>水温(℃)</td><td>pH 值</td></tr>
<tr><td></td><td></td><td></td><td></td><td></td><td></td><td></td><td></td><td></td></tr>
<tr><td></td><td></td><td></td><td></td><td></td><td></td><td></td><td></td><td></td></tr>
<tr><td></td><td></td><td></td><td></td><td></td><td></td><td></td><td></td><td></td></tr>
<tr><td></td><td></td><td></td><td></td><td></td><td></td><td></td><td></td><td></td></tr>
<tr><td></td><td></td><td></td><td></td><td></td><td></td><td></td><td></td><td></td></tr>
<tr><td colspan="4">现场情况记录</td><td colspan="5">采样点位置示意图</td></tr>
</table>

记录人：________________ 采样人：________________ 日期：　　年　月　日

附　录　B
（规范性附录）
畜禽养殖污水样品标签

畜禽养殖污水采样样品标签见图 B.1。

畜禽养殖污水样品标签		
样品编号		
监测点名称		
采样地点		
现场预处理	□有	□无
采样时间：	采样人：	

图 B.1　畜禽养殖污水样品标签

ICS 77.120.01
H 62

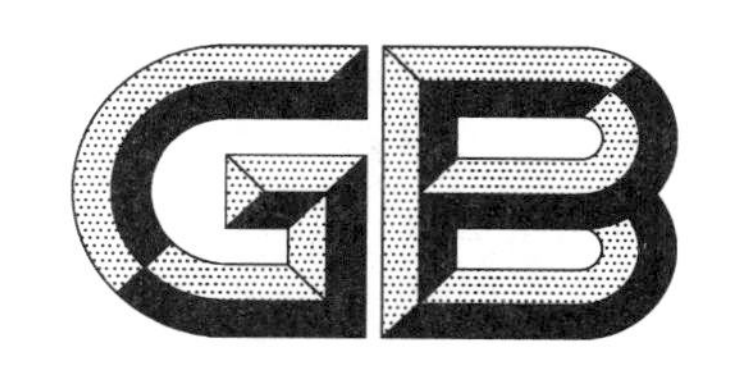

中华人民共和国国家标准

GB/T 27678—2011

湿法炼锌企业废水循环利用技术规范

The technical specification of waste water recycle for hydrometallurgical zinc enterprise

2011-12-30 发布　　2012-10-01 实施

中华人民共和国国家质量监督检验检疫总局
中国国家标准化管理委员会　发布

前　言

本标准是按照 GB/T 1.1—2009 给出的规则起草的。

本标准由全国有色金属标准化技术委员会(SAC/TC 243)归口。

本标准起草单位:株洲冶炼集团股份有限公司、河南豫光锌业股份有限公司。

本标准主要起草人:何煌辉、谭仪文、王文录、尹荣花、彭黎胜、赵波、罗园、翦爱民、翟爱萍。

湿法炼锌企业废水循环利用技术规范

1 范围

本标准规定了湿法炼锌企业废水排放控制与回用方法、废水处理工艺选择与水质控制、废水循环利用技术要求、废水循环利用管理以及取样与监测。

本标准适用于采用焙烧-浸出-电积-铸锭-烟气制酸或富氧直接浸出炼锌等冶炼工艺为代表的湿法炼锌企业，其生产车间排放废水的直接回收利用以及生产系统产生的废水经集中收集处理后产出的再生水作为中水回用。

2 规范性引用文件

下列文件对于本文件的应用是必不可少的。凡是注日期的引用文件，仅注日期的版本适用于本文件。凡是不注日期的引用文件，其最新版本(包括所有的修改单)适用于本文件。

GB/T 1576 工业锅炉水质

GB/T 6920 水质 pH 值的测定 玻璃电极法

GB/T 7468 水质 总汞的测定 冷原子吸收分光光度法

GB/T 7470 水质 铅的测定 双硫腙分光光度法

GB/T 7471 水质 镉的测定 双硫腙分光光度法

GB/T 7472 水质 锌的测定 双硫腙分光光度法

GB/T 7475 水质 铜、锌、铅、镉的测定 原子吸收分光光谱法

GB/T 7477 水质 钙和镁总量的测定 EDTA 滴定法

GB/T 7484 水质 氟化物的测定 离子选择电极法

GB/T 7485 水质 总砷的测定 二乙基二硫代氨基甲酸银分光光度法

GB 8978 污水综合排放标准

GB/T 11896 水质 氯化物的测定 硝酸银滴定法

GB/T 11901 水质悬浮物的测定 重量法

GB/T 12145 火力发电机组及蒸汽动力设备水汽质量

GB/T 13200 水质 浊度的测定

GB/T 16488 水质石油类和动植物油的测定 红外光度法

GB 25466 铅、锌工业污染物排放标准

GB 50050 工业循环冷却水处理设计规范

HJ 485 水质 铜的测定 二乙基二硫代氨基甲酸钠分光光度法

HJ 486 水质 铜的测定 2,9-二甲基-1,10-菲啰林分光光度法

HJ 537 水质 氨氮的测定 蒸馏-中和滴定法

3 术语和定义

下列术语和定义适用本文件。

3.1

重金属废水　waste water containing heavy metals

指湿法炼锌企业生产过程中产生的含有重金属污染物(如铜、铅、锌、镉、砷、汞等)的废水。

3.2

再生水　reclaimed water, recycled water

再生水是指重金属废水经适当废水处理工艺处理后,达到一定的水质标准,满足某种使用功能要求,可以进行有益使用的水。

3.3

新鲜水　fresh water

工厂使用的城市自来水或工厂自备水源水。

3.4

循环冷却水系统　recirculating cooling water system

以水作为冷却介质,由换热设备、冷却设备、水泵、管道及其他有关设备组成系统,水在系统中循环使用的一种冷却系统。

3.5

工业用水水源　raw water for industrial uses

指锅炉补给水、工艺与产品用水、冷却用水、洗涤用水水源。作为锅炉补给水的水源,尚需再进行软化、除盐等处理;作为工艺与产品用水的水源,根据回用试验或参照相关行业或产品的水质指标,可以直接使用或补充处理后再用;作为冷却用水、洗涤用水水源参照相关的水质指标,可以直接使用或补充处理后再用。

3.6

中水回用　reuse of treated water

指重金属废水经集中处理后产出的再生水通过投加一定量的药剂使用供水输送设备输送到用户使用的过程。

4　废水排放控制与回用方法

4.1　生产车间废水排放应实现清污分流,设置规范化的废水排放口,便于对废水排放进行监控管理和实现回用。

4.2　生产车间排放废水重金属浓度较高时,废水排放口应设置沉淀池,经沉淀或预处理后,可直接回用于湿法炼锌系统,由于废水中所含杂质成分对湿法炼锌系统可能造成影响而不能直接回收利用的废水,应通过管道排入集中式废水处理站进行处理。

4.3　生产过程中由于设备冷却、炉窑冷却、冲渣和冲灰、湿法除尘、设备设施清洗等产生的废水,应采取措施尽可能实现分质回收循环利用。

4.4　锌沸腾炉烟气洗涤和制酸系统产生的污酸废水,应设置专门的污酸废水处理设施进行处理,中和污酸废水中的酸并脱除污酸废水中铅、镉、砷、汞、氟等主要污染物。

4.5　湿法炼锌企业应建立生产车间排放口废水直接回收利用和生产系统废水经集中收集处理后产出再生水作为中水回用两级废水循环利用体系。

5　废水处理工艺选择与水质控制

5.1　湿法炼锌企业应根据生产车间排放废水水质的特点,选择有利于再生水作为中水回用的废水处理工艺,废水主要处理工艺及产出再生水用途见表1。

表 1 废水主要处理工艺及产出再生水用途

处理方法	简要工艺流程	工艺特点	净化水用途
硫化-中和污酸处理工艺	污酸废水→硫化→中和→沉淀液固分离→污泥压滤→处理后产水	污酸加入硫化钠沉淀除汞，加入石灰中和沉淀去除Cu、Pb、Zn、Cd、As等污染物，对F有一定去除作用，处理后产水含钙浓度较高	可用作冲渣、冲灰、湿法除尘等洗涤用水和杂用水
石灰中和重金属废水处理工艺	废水→沉砂均化→石灰中和→沉淀液固分离→污泥压滤→处理后产水	废水加入石灰中和沉淀去除Cu、Pb、Zn、Cd、As等污染物，对F有一定去除作用，一般采用两级处理方式，处理后产水含钙浓度较高	可用作冲渣、冲灰、湿法除尘等洗涤用水和杂用水
氢氧化钠中和重金属废水处理工艺	废水→沉砂均化→氢氧化钠中和→沉淀液固分离→污泥压滤→处理后产水	废水加入氢氧化钠中和沉淀去除Cu、Pb、Zn、Cd、As等污染物，一般采用两级处理方式，处理后产水含钙浓度低	可用作湿法冶炼系统工艺用水、冲渣、冲灰、湿法除尘等洗涤用水和杂用水
氢氧化钠中和-超滤-反渗透(或纳滤)重金属废水深度净化处理工艺	废水→沉砂均化→氢氧化钠中和→沉淀液固分离→污泥压滤→处理后水→预处理→多介质过滤→超滤→反渗透(或纳滤)→深度处理产水	废水加入氢氧化钠中和沉淀去除Cu、Pb、Zn、Cd、As等污染物，对中和处理后水加入碳酸钠进行预处理降低钙浓度，再经多介质过滤、超滤和反渗透膜系统处理，深度处理后产水部分水质指标优于城市供水水质	可替代城市供水使用

5.2 废水经处理后应采用分质回用方式循环利用，以提高废水循环利用率，不能实现全部回收利用需外排的，应符合 GB 25466 和 GB 8978 的规定。采用表 1 废水处理工艺处理后产出的再生水作为不同用途回用时，其水质指标应按表 2 要求进行控制。

表 2 废水经处理后产出的再生水水质指标控制要求

序号	检测项目		再生水水质指标控制值/(mg/L)(pH 除外)		
			石灰中和法	氢氧化钠中和法	反渗透(或纳滤)膜处理法
1	pH 值		6.5～9.0	6.5～9.0	6.5～8.5
2	悬浮物(SS)	≤	50	50	20
3	浊度(NTU)	≤	—	—	1
4	总硬度(以 $CaCO_3$ 计)	≤	—	450	120
5	氨氮(以 N 计)	≤	—	8	0.5
6	石油类	≤	5.0	2.0	1
7	氯化物	≤	100	100	100
8	氟化物	≤	8	8	5
9	Cu	≤	0.5	0.5	0.1
10	Pb	≤	0.5	0.5	0.5
11	Zn	≤	1.5	1.5	1.0
12	Cd	≤	0.05	0.05	0.03
13	As	≤	0.3	0.3	0.1
14	Hg	≤	0.03	0.03	0.005

5.3 废水经处理后产出的再生水采用中水回用方式用作为不同类别的工业用水水源时，其水质基本控制项目指标限值应满足表3要求。

表3 废水经处理后产出的再生水用作为不同类别工业用水水源水质指标限值

序号	控制项目	用作工业用水水源时指标限值/(mg/L)，(pH除外)				
		冷却用水		洗涤用水	锅炉补给水	工艺用水
		直流冷却水	敞开式循环冷却水系统补充水			
1	pH值	6.5～9.0	6.5～8.5	6.5～9.0	6.5～8.5	6.5～8.5
2	悬浮物(SS) ≤	—	—	100	5	50
3	浊度(NTU) ≤	—	—	55	55	45
4	总硬度(以 $CaCO_3$ 计) ≤	120	120	120	0.003	120
5	氨氮(以N计) ≤	—	8.0	—	—	8.0
6	石油类 ≤	—	1.0	—	1.0	1.0
7	氯化物 ≤	100	100	100	100	100
8	氟化物 ≤	8	8	8	8	8
9	Cu ≤	0.5	—	—	0.1	2.0
10	Pb ≤	0.5	—	—	0.5	0.5
11	Zn ≤	1.5	—	—	1.0	5.0
12	Cd ≤	0.05	—	—	0.03	0.05
13	As ≤	0.5	0.5	0.5	0.1	0.5
14	Hg ≤	0.02	0.02	0.02	0.005	0.005

6 废水循环利用技术要求

6.1 废水循环利用应遵循分级回收利用和分质回用原则。生产车间排放的重金属废水在不对湿法炼锌系统造成影响的情况下应尽可能实现直接回收利用，生产系统废水经集中收集处理后产出再生水应根据不同用水设施要求实现分质回用。

6.2 石灰中和法和氢氧化钠中和法产出的再生水在作为中水回用时，应加入适量的缓蚀阻垢剂减缓在输送和使用过程中对管道和设备的结垢和腐蚀作用。

6.3 再生水用作冷却用水(包括直流冷却水和敞开式循环冷却水系统补充水)、洗涤用水时，一般达到表3水质指标限值时可以直接使用。必要时也可对再生水进行补充处理或与新鲜水混合使用。

6.4 再生水用作锅炉补给水水源时，达到表3指标控制要求后尚不能直接补给锅炉使用时，应根据锅炉工况，对水源再进行软化、除盐等处理，直至满足相应工况的锅炉水质标准。对于低压锅炉，水质应达到GB/T 1576中锅炉补给水水质的要求；对于中压锅炉，水质应达到GB/T 12145中锅炉补给水水质的要求；对于热水热力网和热采锅炉，水质应达到相关行业标准。

6.5 再生水用作工艺用水水源时，达到表3水质指标控制要求后，尚应根据不同生产工艺或不同产品的具体情况，通过回用试验或者相似经验证明可行时可以直接使用；当表3水质指标控制要求不能满足供水水质指标要求，而又无再生利用经验可借鉴时，则需要对再生水作补充处理试验，直至达到相关工艺与产品的供水水质指标要求。

6.6 再生水用作为工业冷却水时，循环冷却水系统监测管理参照 GB 50050 的相关规定执行。

7 废水循环利用管理

7.1 湿法炼锌企业应通过废水直接回收利用和废水经处理后采用中水回用等方式，实现分级分质循环利用，废水循环利用率应达到75%以上。

废水循环利用率＝废水利用量/废水产生量×100%

＝(废水直接回收利用量＋废水经处理后再生水回用量)/废水产生量×100%

7.2 使用再生水的用户应进行再生水的用水管理，包括水质稳定、水质水量、输送管网与用水设备监测控制等工作。

7.3 再生水管道要按规定涂有与新鲜水管道相区别的颜色，并标注“再生水”字样。

7.4 再生水管道用水点处要有“禁止饮用”标志，防止误饮误用。

8 取样与监测

8.1 再生水取样监测点应设在废水处理设施出口再生水贮水池，并制订监测计划定期对再生水水质进行取样监测分析，以满足再生回用水质要求。

8.2 监测分析方法按表4或国家认定的替代方法、等效方法执行。

表4 废水水质测定方法

序号	项　目	测定方法标准名称	标准编号
1	pH 值	玻璃电极法	GB/T 6920
2	悬浮物(SS)	重量法	GB/T 11901
3	浊度(NTU)	浊度的测定	GB/T 13200
4	总硬度(以 $CaCO_3$ 计)	$EDTANa_2$ 滴定法	GB/T 7477
5	氨氮	蒸馏-中和滴定法	HJ 537—2009
6	石油类	红外光度法	GB/T 16488
7	氟化物	离子选择电极法	GB/T 7484
8	氯化物	硝酸银滴定法	GB/T 11896
9	Cu	分光光度法	HJ 486、HJ 485、GB/T 7475
10	Pb	原子吸收分光光度法、双硫腙分光光度法	GB/T 7475、GB/T 7470
11	Zn	原子吸收分光光度法、双硫腙分光光度法	GB/T 7475、GB/T 7472
12	Cd	原子吸收分光光度法、双硫腙分光光度法	GB/T 7475、GB/T 7471
13	As	二乙基二硫代氨基甲酸银分光光度法	GB/T 7485
14	Hg	冷原子吸收分光光度法	GB/T 7468

ICS 77.120.30
H 62

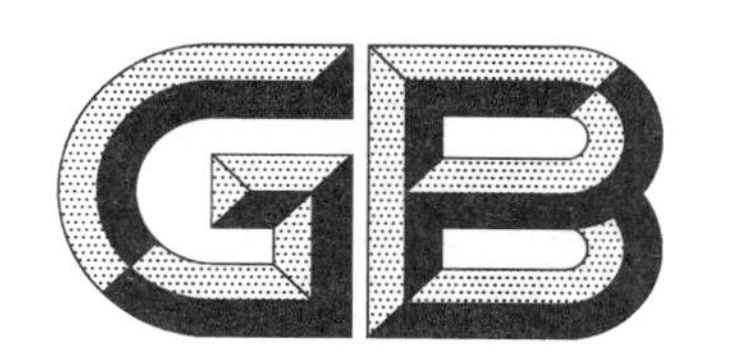

中华人民共和国国家标准

GB/T 27681—2011

铜及铜合金熔铸冷却水零排放和循环利用规范

Specification on zero emissions and recycling of cooling water during melting and casting for copper and copper alloy

2011-12-30 发布　　　　2012-10-01 实施

中华人民共和国国家质量监督检验检疫总局
中国国家标准化管理委员会　发布

前　言

本标准是按照 GB/T 1.1—2009 给出的规则起草的。

本标准是按照 2007 年发布的《中国节水技术政策大纲》和 GB 50050《工业循环冷却水处理设计规范》等的要求编制的。

本标准由全国有色金属标准化技术委员会(SAC/TC 243)归口。

本标准负责起草单位:宁波博威合金材料股份有限公司、浙江宏磊铜业股份有限公司、宁波长振铜业有限公司。

本标准参加起草单位:上虞金鹰铜业有限公司。

本标准主要起草人:王云松、蔡洎华、徐友飞、张震宇、徐文明、刘剑、沈守稳、孙立金、梁兴强。

铜及铜合金熔铸冷却水零排放和循环利用规范

1 范围

本标准规定了铜及铜合金加工企业对熔铸冷却水循环利用，实现零排放的节水管理的基本要求。

本标准适用于铜及铜合金加工企业节水减排的管理。

2 规范性引用文件

下列文件对于本文件的应用是必不可少的。凡是注日期的引用文件，仅注日期的版本适用于本文件。凡是不注日期的引用文件，其最新版本(包括所有的修改单)适用于本文件。

GB 17167 用能单位能源计量器具配备和管理通则

GB 50050 工业循环冷却水处理设计规范

3 术语和定义

下列术语和定义适用于本文件。

3.1

熔铸冷却水 cooling water during melting and casting

铜及铜合金熔炼和铸造全过程中，对炉体、感应线圈、结晶器、冷却水套和铸锭(坯)等进行冷却的全部用水。

3.2

循环进水量 water of enter circularly

铜及铜合金熔炼和铸造过程中，从集水池内抽出进入管道，对炉体、感应线圈、结晶器、冷却水套和铸锭(坯)等进行冷却的总水量。

3.3

循环出水量 water of go out circularly

铜及铜合金熔炼和铸造过程中，对炉体、感应线圈、结晶器、冷却水套和铸锭(坯)等进行冷却后又通过管道流出返回回水池的总水量。

3.4

新水量 fresh water

熔铸冷却水循环利用过程中，由于泄漏和循环过程中无效排放以及不可避免的水损耗，需定期向原贮备的集水池补充新水，以保证正常水位的新水总量。

3.5

正常损耗量 inevitably loss of cooling water

熔铸冷却水循环利用过程中，不可避免地发生供水系统的蒸发、正常计划维修的水损失以及铸坯表面水雾散发和附着水带走的冷却水总量。

3.6

非正常损耗量 evitably loss of cooling water

熔铸冷却水循环利用过程中，由于设备泄露或人为原因，致使冷却水意外损耗的冷却水总量。

3.7

损耗率　attrition rate

指在熔铸冷却水循环利用过程中，损耗总水量与循环进水量的比值。

3.8

水重复利用率　repeated utilization rate of water

指在熔铸冷却水循环利用过程中，循环出水量与循环进水量的比值。

4 要求

4.1 熔铸冷却水零排放

在铜及铜合金熔铸冷却水循环利用过程中，熔铸冷却水零排放应为水重复利用率不小于97.2%，损耗率不大于2.8%，且非正常损耗量为“零”。

4.2 熔铸冷却水水源地的选配

4.2.1 铜及铜合金所有加工生产企业的熔铸冷却水水源地选择，应根据国家、地区、企业和居民正常生活用水有利于供需平衡和谐的原则，合理地选配水源地。

4.2.2 对已建成的铜及铜合金加工生产企业的水源地应符合建厂所在地区和人民生活用水的供需平衡要求，但当不能满足供需平衡要求时，应考虑移地搬迁或关停另选水源地。

4.2.3 对新建的铜及铜合金加工生产企业的水源地选址，应根据当地的水资源分布情况进行科学勘探论证评估。

4.3 熔铸冷却水供水系统

4.3.1 熔铸冷却水供水系统的选择应符合表1的要求。

表1　熔铸冷却水供水系统

供水系统	说　明	备注
系统一	采用变频加PLC控制电机泵站供水的低耗能供水系统	推荐使用
系统二	采用交直流、电机泵站供水的高耗能的供水系统	限制使用

4.3.2 熔铸冷却水供水循环系统计量器具配备

熔铸冷却水供水循环系统计量器具配备应符合GB 17167的相关规定。

4.4 熔铸方法

熔铸铸锭(坯)生产方法应符合表2的要求。

表2　熔铸铸锭(坯)生产方法

熔铸方法	说　明	备注
方法一	静模连铸中的半连续铸造、连续铸造以及动模连铸中的连铸连轧等	推荐使用
方法二	简单、低效、易污染环境的铁模和水冷模非连续铸造	限制使用

4.5 熔铸冷却水循环使用路线

熔铸冷却水循环使用路线应符合表3的要求。

表3 熔铸冷却水循环使用路线

使用路线	说　明	备注
路线一	熔铸冷却水(自然收集或定址提取)—净化(软化)—循环水池泵站—熔铸冷却—循环净化再利用	推荐使用
路线二	熔铸冷却水(自然收集或定址提取)—循环水池泵站—熔铸冷却—循环再利用	限制使用

4.6 熔铸冷却水全程净化,实现零排放的工艺

铜及铜合金熔炼和铸造全过程中应采用节能供水设备、节水监控、水无机净化软化的无污染控制水泄漏的零排放预报警系统,实现冷却水的有效循环利用,达到零排放。熔铸冷却水全程净化,实现零排放的工艺应符合GB 50050的相应要求。

5 计算方法

5.1 水重复利用率

铜及铜合金熔炼和铸造过程中,水重复利用率按公式(1)计算:

$$F_W = \frac{\sum W_g}{\sum W_e} \times 100\% \quad \cdots\cdots(1)$$

式中:

F_W ——水重复利用率,单位为百分数(%);

$\sum W_g$——循环出水量,单位为立方米(m^3);

$\sum W_e$——循环进水量,单位为立方米(m^3)。

5.2 损耗率

铜及铜合金熔炼和铸造过程中,损耗的熔铸冷却水包括正常损耗量与非正常损耗量。损耗率应为损耗总水量(即正常损耗水量与非正常损耗水量之和)与循环进水量的比值,而损耗的总水量等于补充的新水量,所以损耗率应按公式(2)计算:

$$F_S = \frac{\sum W_z + \sum W_f}{\sum W_e} \times 100\% = \frac{\sum W_n}{\sum W_e} \times 100\% \quad \cdots\cdots(2)$$

式中:

F_S ——损耗率,单位为百分数(%);

$\sum W_z$——正常损耗量,单位为立方米(m^3);

$\sum W_f$——非正常损耗量,单位为立方米(m^3);

$\sum W_e$——循环进水量,单位为立方米(m^3);

$\sum W_n$——补充新水量,单位为立方米(m^3)。

6 熔铸冷却水循环使用统计

铜及铜合金加工生产企业应进行熔铸冷却水循环使用的统计,其统计报表可参考附录A。

附 录 A
（资料性附录）
熔铸冷却水循环使用统计报表

表 A.1 熔铸冷却水循环使用统计报表

序号	项目 \ 月份	1	2	3	4	5	6	7	8	9	10	11	12	合计
1	循环进水量/M^3													
2	循环出水量/M^3													
3	补充新水量/M^3													
4	损耗率/%													
5	水重复利用率/%													

日期：　　年　　月　　日　　　　复核：　　　　统计人：　　　　监测人：

ICS 77.120.01
Z 60

中华人民共和国国家标准

GB/T 29773—2013

铜选矿厂废水回收利用规范

The technical specification of waste water recycle for copper mineral processing plant

2013-11-27 发布

2014-08-01 实施

中华人民共和国国家质量监督检验检疫总局
中国国家标准化管理委员会 发布

前　　言

本标准按照 GB/T 1.1—2009 给出的规则起草。

本标准由全国有色金属标准化技术委员会(SAC/TC 243)归口。

本标准负责起草单位:云南铜业(集团)玉溪矿业有限公司。

本标准参加起草单位:北京矿冶研究总院、紫金矿业集团公司、铜陵有色金属集团控股有限公司、江西铜业集团公司、中条山有色金属集团有限公司。

本标准主要起草人:苏耀华、吴金福、王春、李东林、吴东旭、李德、何可可、陈会全、廖占丕、吴炳智、张光华、潘斌、金尚勇。

铜选矿厂废水回收利用规范

1 适用范围

本标准规定了铜选矿厂废水处理原则、方式、工艺及水质指标要求和分析方法等。

本标准适用于采用浮选工艺的铜选矿厂的废水回收利用系统设计、建设和运行管理。

2 规范性引用文件

下列文件对于本文件的应用是必不可少的。凡是注日期的引用文件，仅注日期的版本适用于本文件。凡是不注日期的引用文件，其最新版本(包括所有的修改)适用于本文件。

GB/T 6920 水质 pH的测定 玻璃电极法

GB/T 7470 水质 铅的测定 双硫腙分光光度法

GB/T 7475 水质 铜、锌、铅、镉的测定 原子吸收分光光度法

GB/T 7477 水质 钙和镁总量的测定 EDTA滴定法

GB/T 7485 水质 总砷的测定 二乙基二硫代氨基甲酸银分光光度法

GB 8978 污水综合排放标准

GB/T 11901 水质 悬浮物的测定 重量法

GB 24789 用水单位水计量器具配备和管理通则

GB 50013 室外给水设计规范

HJ/T 195 水质 氨氮的测定 气相分子吸收光谱法

HJ/T 341 水质 汞的测定 冷原子荧光法

HJ 484 水质 氰化物的测定 容量法和分光光度法

HJ 485 水质 铜的测定 二乙基二硫代氨基甲酸钠分光光度法

HJ 486 水质 铜的测定 2,9-二甲基-1,10-菲啰啉分光光度法

HJ 535 水质 氨氮的测定 纳氏试剂分光光度法

HJ 537 水质 氨氮的测定 蒸馏-中和滴定法

HJ 597 水质 汞的测定 冷原子吸收分光光度法

HJ 637 水质 石油类和动植物油的测定 红外光度法

3 术语和定义

下列术语和定义适用本文件。

3.1

选矿废水 mineral processing wastewater

在选矿生产过程中所产生的不符合回水水质指标的生产废水，包括尾矿废水、精矿废水及其他废水等。

3.2

选矿回水 return water of Mineral processing

选矿废水经过适当工艺处理后，达到回水水质指标，并可以进行再利用的水。

3.3

选矿回水利用　return water using

选矿废水经过处理达到回水水质指标后再利用的过程。

3.4

选矿废水回用率　reusing rate of mineral processing wastewater

选矿废水经过处理后回用总量(V_{cy})占生产用水总量(V)的百分比。

4　铜选矿废水处理回用系统使用的原则

4.1　总要求

铜选矿废水处理回用系统应该遵循经济可行、节能减排、阶梯配置、早回多用、高效环保的原则。在选矿厂设计中有回水系统，应进行回水系统方案论证，选矿废水处理回用系统应与主体工程同时设计、同时施工、同时投入使用。

铜选矿废水处理回用系统一般包括：浓缩池回水系统、尾矿库回水系统。

4.2　浓缩池回水系统

浓缩池回水系统由尾矿(精矿)浓缩系统、泵站系统及输水管道组成。

通过浓缩池回水系统，实现选矿废水及早处理回用，有利于提高效率和节约能源。

4.3　尾矿库回水系统

为提高水资源利用效率、保护环境，尾矿库应建立尾矿水处理回收系统，尾矿水经过水处理达到生产水质要求，返回选矿厂重新使用。

4.3.1　库内自流取水

尾矿库回水设计应充分利用库中水的位能以节约能源。对于尾矿坝较高，宜采用自流取水。

4.3.2　库内浮船取水

当尾矿库内澄清区水质达到表1要求时，可在尾矿库内设置浮船回水系统。

浮船式取水构筑物由安装有水泵的浮船、铺设在岸坡上的回水管及连接输水管与浮船的联络管组成。浮船主要用来布置水泵机组及部分附属设备，浮船应满足有关平衡性与稳定性的要求。

4.3.3　库外泵站取水

应在有排渗设施的尾矿坝坝体下游设排渗水收集泵站，将对所有排渗水收集、回用或处理。

4.3.4　尾矿库回水设计应充分利用库中水的位能以节约能源。对于尾矿坝较高，回水率和回水均衡性要求较高以及水面结冰期较短的尾矿库，宜采用库内缆车或囤船式回水泵站回水。

4.3.5　回水泵站的设计宜留有富裕能力，以便增大回水量。

4.3.6　尾矿库内回水取水点距尾矿沉积滩水边线的距离，在尾矿库全部使用期间均应满足不小于澄清距离的要求。澄清距离可参照类似尾矿库实测数据或通过计算确定。

4.3.7　尾矿库回水水池的容积，对于中、小型选矿厂不宜少于4 h～6 h的回水供水量，大型选矿厂不宜少于1 h～3 h的回水供水量。

5　选矿废水处理和回收利用的方式

5.1　铜选矿废水处理方式

选矿废水的处理方式取决于有害物质的成分、数量以及对回水水质的要求。常用的方式有以下几种：

a) 自然降解法：利用尾矿库或其他形式沉淀池将选矿废水中的矿物或其他固体杂质降解除去。

b) 物理净化法：利用过滤介质将选矿废水中的有害物过滤除去。

c) 化学净化法：在选矿废水中加入适量的化学药剂，促使有害物质转化为无害物质。

5.2 选矿废水回用的一般方式

5.2.1 浓缩池回水

在选矿厂内或附近修建尾矿(精矿)浓缩池等设施进行脱水，澄清水返回选矿生产流程再用。

5.2.2 尾矿库回水

尾矿浆进入尾矿库后，大部分固液分离，在库尾形成清水返回选矿生产再用。

5.2.3 沉淀池回水

选矿生产中的非流程用水而产生的废水(如保洁水、除尘水、冷却水等)通过沉淀池处理后返回选矿生产流程再用。

6 铜选矿废水回用试验

6.1 选矿回水试验

在进行铜矿石可选性试验时应进行废水回用条件试验，以试验结果评估废水回用对选矿指标的影响，提出对选矿回水的水质要求。

6.2 回水深度处理试验

当选矿废水通过澄清后，回水中所含化学物质对选矿指标影响较大，达不到相应水质要求时，应开展回水深度处理试验研究，提出回水深度处理的工艺流程、药剂条件和设施要求，并论证回水深度处理技术的可行性和经济的合理性。

7 选矿废水处理工艺

7.1 铜选矿厂废水轻度处理工艺

铜矿石选矿废水轻度处理工艺应满足图1的要求。

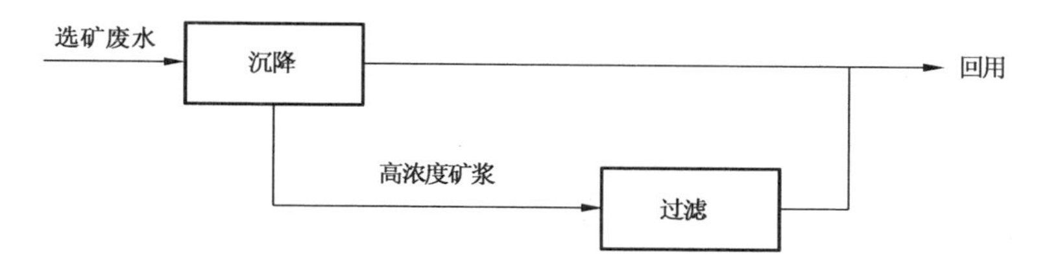

图 1 铜选矿废水轻度处理工艺

7.2 铜选矿厂废水深度处理工艺

对于采用沉淀法净化后水质仍达不到回用要求时，一般还需采用图2的处理工艺。

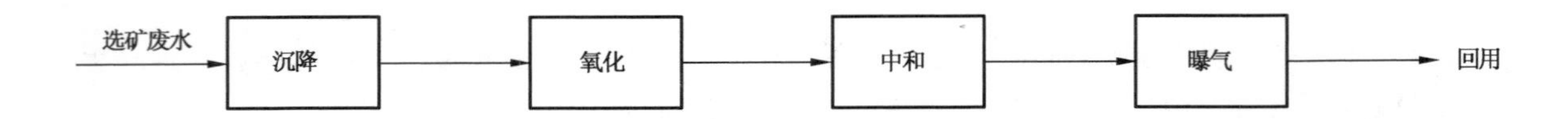

图 2 铜选矿废水深度处理工艺

8 回水水质指标的一般要求与分析方法

8.1 回水水质指标一般要求

见表 1。

表 1 回水水质指标

序号	控制项目		工艺用水	设备冷却水		厂区绿化、除尘、保洁用水
				直流式	循环式	
1	pH 值		6～9	6～9	6～9	6～9
2	悬浮物(SS)/(mg/L)	≤	300	100	70	—
3	总硬度(以 $CaCO_3$ 计)/(mg/L)	≤	450	450	450	—
4	氨氮(以 N 计)/(mg/L)	≤	25	—	25	25
5	石油类/(mg/L)	≤	10	10	10	10
6	氰化物/(mg/L)	≤	0.5	0.5	—	0.5
7	Cu/(mg/L)	≤	1.0	—	—	—
8	Pb/(mg/L)	≤	1.0	—	—	—
9	Cd/(mg/L)	≤	0.1	—	—	—
10	As/(mg/L)	≤	0.5	—	—	0.5
11	Hg/(mg/L)	≤	0.05	0.05	—	0.05

8.2 水质分析方法

检测分析方法按表 2 或国家认定的替代方法、等效方法进行。

表 2 回水水质分析方法

序号	控制项目	测定方法标准名称	分析方法
1	pH 值	水质 pH 的测定 玻璃电极法	GB/T 6920
2	悬浮物(SS)	水质 悬浮物的测定 重量法	GB/T 11901
3	总硬度(以 $CaCO_3$ 计)/(mg/L)	水质 钙和镁总量的测定 EDTA 滴定法	GB/T 7477
4	氨氮(以 N 计)/(mg/L)	水质 氨氮的测定 纳氏试剂分光光度法 水质 氨氮的测定 蒸馏-中和滴定法	HJ 535 HJ 537
5	石油类/(mg/L)	水质 石油类和动植物油的测定 红外光度法	HJ 637
6	氰化物/(mg/L) ≤	水质 氰化物的测定 容量法和分光光度法	HJ 484

表 2（续）

序号	控制项目	测定方法标准名称	分析方法
7	Cu/(mg/L)	水质铜、锌、铅、镉的测定　原子吸收分光光度法 水质　铜的测定　二乙基二硫代氨基甲酸钠分光光度法 水质　铜的测定 2,9-二甲基-1,10-菲啰啉分光光度法	GB/T 7475 HJ 485 HJ 486
8	Pb/(mg/L)	水质　铅的测定　双硫腙分光光度法 水质铜、锌、铅、镉的测定　原子吸收分光光度法	GB/T 7470 GB/T 7475
9	Cd/(mg/L)	水质铜、锌、铅、镉的测定　原子吸收分光光度法	GB/T 7475
10	As/(mg/L)	水质　总砷的测定　二乙基二硫代氨基甲酸银分光光度法	GB/T 7485
11	Hg/(mg/L)	水质　汞的测定　冷原子吸收分光光度法	HJ 597

9　铜选矿废水回用率计算方法

9.1　铜选矿用水系统平衡如图 3。

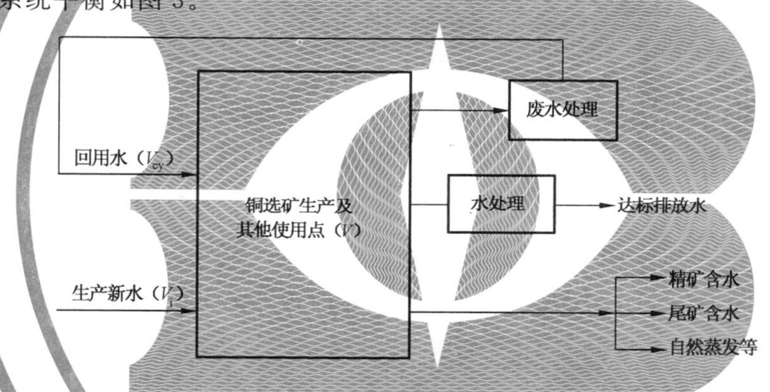

图 3　铜选矿用水系统平衡图

9.2　铜选矿废水回用率的计算方法如下：

$$\varphi = V_{cy}/V \times 100\% = V_{cy}/(V_{cy} + V_i) \times 100\% \qquad (1)$$

式中：

V_{cy} ——回用水总量，单位为立方米（m^3）；

V ——生产用水总量，单位为立方米（m^3）；

V_i ——生产新水量，单位为立方米（m^3）。

10　铜选矿厂水计量

10.1　水计量器具配备

为便于选矿废水回用率的计算，铜选矿厂应对生产新水、回水、排放水安装计量器具。用于生产新水、回水计量器具准确等级应优于或等于 2 级流量计，排放水计量器准确度优于或等于 5%。配备的水计量器具的性能应满足相应的生产工艺及使用环境要求。

10.2　水计量管理

铜选矿厂应建立水量管理制度，规范水量计量人员行为、水量计量器具管理及水计量数据的采集和处理。

铜选矿厂应设专人负责水计量器具的管理，负责水计量器具的配备、使用、校检、维修等管理工作。

水量器具应实行定期校检，校检周期、校检方式遵循有关计量技术规范的规定，凡经校检不符合要求的水计量器具一律不准使用。

铜选矿厂应建立水计量数据报表，定期对水量数据汇总和分析。

11 回水水质的检测

11.1 废水回用取样检测点应设在废水处理设施出口回水蓄水池。

11.2 表1所列检测项目检测频率应每季度一次。

12 其他要求

12.1 经工艺处理后回收利用水不可用作生活用水、精密设备冷却水、化验分析用水等。

12.2 铜选矿回收利用水要按规定涂有与生产新水管道相区别的颜色，并标注“回水”或“再生水”字样。

12.3 选厂应进行回水的用水管理，包括水质、水量、输送管网与用水设备监测控制等工作。

ICS 77.120.01
Z 60

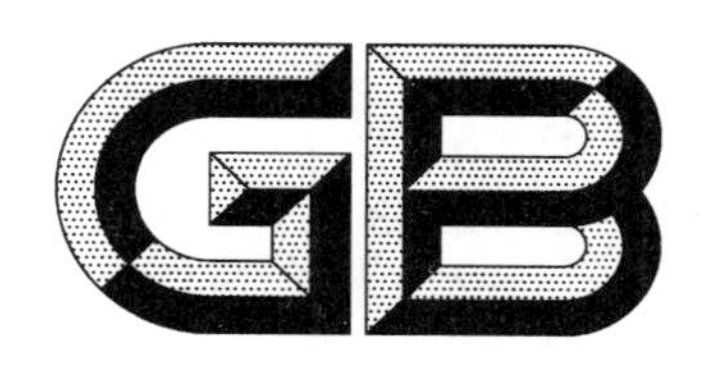

中华人民共和国国家标准

GB/T 29999—2013

铜矿山酸性废水综合处理规范

The norms for the integrated treatment of copper mine acidic waste water

2013-11-27 发布　　　　2014-08-01 实施

中华人民共和国国家质量监督检验检疫总局
中国国家标准化管理委员会　发布

前　　言

本标准按照 GB/T 1.1—2009 给出的规则起草。

本标准由全国有色金属标准化技术委员会(SAC/TC 243)归口。

本标准负责起草单位:北京矿冶研究总院。

本标准参加起草单位:紫金矿业集团股份有限公司、铜陵有色金属集团控股有限公司、江西铜业集团公司、中条山有色金属集团有限公司。

本标准主要起草人:金尚勇、林星杰、杨晓松、曾红、邵立南、廖占丕、吴炳智、张光华、潘斌。

铜矿山酸性废水综合处理规范

1 范围

本标准规定了铜矿山酸性废水处理、回用与排放要求、工艺选择及管理、取样与监测等。

本标准适用于产生酸性废水的铜矿山企业，可作为铜矿山酸性废水处理、回用与排放、废水处理工艺选择及重复利用管理的技术依据。

2 规范性引用文件

下列文件对于本文件的应用是必不可少的。凡是注日期的引用文件，仅注日期的版本适用于本文件。凡是不注日期的引用文件，其最新版本(包括所有的修改单)适用于本文件。

GB/T 1576 工业锅炉水质
GB 5085.1-7 危险废物鉴别标准
GB 5086.1 固体废物 浸出毒性浸出方法 翻转法
GB/T 1576 工业锅炉水质
GB/T 6920 水质 pH 值的测定 玻璃电极法
GB/T 7475 水质 铜、锌、铅、镉的测定 原子吸收分光光度法
GB/T 7477 水质 钙和镁总量的测定 EDTA 滴定法
GB/T 7484 水质 氟化物的测定 离子选择电极法
GB/T 7485 水质 总砷的测定 二乙基二硫代氨基甲酸银分光光度法
GB/T 11893 水质 总磷的测定 钼酸铵分光光度法
GB/T 11901 水质 悬浮物的测定 重量法
GB/T 11912 水质 镍的测定 火焰原子吸收分光光度法
GB/T 11914 水质 化学需氧量的测定 重铬酸盐法
GB/T 12145 火力发电机组及蒸汽动力设备水汽质量
GB/T 13200 水质 浊度的测定
GB/T 16489 水质 硫化物的测定 亚甲基蓝分光光度法
GB 18597 危险废物贮存污染控制标准
GB 18598 危险废物填埋污染控制标准
GB 18599 一般工业固体废物贮存、处置场污染控制标准
GB 25467 铜、镍、钴工业污染物排放标准
GB/T 50050 工业循环冷却水处理设计规范
HJ/T 60 水质 硫化物的测定 碘量法
HJ/T 195 水质 氨氮的测定 气相分子吸收光谱法
HJ/T 199 水质 总氮的测定 气相分子吸收光谱法
HJ/T 212 污染源在线监控(监测)系统数据传输标准
HJ/T 345 水质 铁的测定 邻菲啰啉分光光度法(试行)
HJ/T 353 水污染源在线监测安装技术规范(试行)
HJ/T 355 水污染源在线监测系统运行与考核技术规范(试行)

HJ/T 399　水质　化学需氧量的测定　快速消解分光光度法
HJ 487　水质　氟化物的测定　茜素磺酸锆目视比色法
HJ 488　水质　氟化物的测定　氟试剂分光光度法
HJ 535　水质　氨氮的测定　纳氏试剂分光光度法
HJ 536　水质　氨氮的测定　水杨酸分光光度法
HJ 537　水质　氨氮的测定　蒸馏-中和滴定法
HJ 550　水质　总钴的测定　5-氯-2-(吡啶偶氮)-1,3-二氨基苯分光光度法(暂行)
HJ 557　固体废物　浸出毒性浸出方法　水平振荡法
HJ 597　水质　总汞的测定　冷原子吸收分光光度法
HJ 636　水质　总氮的测定　碱性过硫酸钾消解紫外分光光度法
HJ 637　水质　石油类和动植物油类的测定　红外分光光度法

3　术语和定义

下列术语和定义适合本文件。

3.1

酸性废水　Acid waste water

指铜矿山在采矿过程中产生的 pH 值低于 6 的废水。

3.2

废水综合处理　The integration treatment of waste water

指铜矿山酸性废水的源头控制、过程调控、末端治理相结合的集成处理。

3.3

中和污泥　Neutralization sludge

指矿山酸性废水中和处理过程中产生的化学污泥。

4　酸性废水的排放控制及处理回用要求

4.1　露采矿山宜合理控制爆破堆存量,雨季“多爆少存”,旱季“少爆多存”,及时清除边坡斜面残存的岩石及凹陷坑,杜绝雨水积存酸化。

4.2　地采矿山宜对废弃矿井进行固封,使矿井内变成厌氧环境,避免酸性水的产生。

4.3　铜矿山企业应按照“清污分流、雨污分流”原则,在露天采场、废石场、排土场周边建设截洪沟、排水沟等工程设施。

4.4　铜矿山企业应设置酸性水库和酸性废水处理站,对生产过程中产生的酸性废水进行收集、处理,处理后外排废水应满足 GB 25467 的规定。

4.5　酸性废水宜分质处理、分质回用,有条件时宜优先回收废水中有价金属。

4.6　酸性水库底部及四周应进行防渗、防腐处理,基础必须防渗,防渗层为至少 1 m 厚黏土层(渗透系数$\leqslant 10^{-7}$ cm/s),或 2 mm 厚高密度聚乙烯或至少 2 mm 厚的其他人工材料,渗透系数$\leqslant 10^{-10}$ cm/s。

4.7　酸性废水处理站应设置事故应急防范设施,防止酸性废水外排。

4.8　酸性废水处理产生的中和污泥应按 GB 5085、GB 5086.1、HJ 557 规定鉴别其性质;根据污泥性质送有资质单位综合回收或自行安全处置,企业自行处置应满足 GB 18597、GB 18598、GB 18599 的规定。

5　废水处理工艺选择与水质控制指标

5.1　应根据铜矿山酸性废水的水质特点,选择能够稳定处理达标和有利于回用的废水处理工艺,铜矿山酸性废水主要处理工艺及回用水用途见表 1。

表 1 废水主要处理工艺选择

处理方法	原则工艺流程	工艺特点	回用水用途
石灰中和法	废水→沉砂均化→石灰中和→沉淀液固分离→处理后产水	对重金属离子的去除率很高(大于 98%),基本可处理除汞以外的所有重金属离子,对水质有较强的适应性;工艺流程短、设备简单、石灰就地可取、价格低廉、废水处理费用低;但处理后出水浊度较高、过滤脱水性能差,组成复杂,产生污泥含固率低,仅 1%~2%,污泥量大,综合回收利用与处置难,易造成二次污染	处理后可达标排放,也可用作废石堆场、道路抑尘和湿法收尘用水,还可经回用实验或相似经验证明可行时用作锅炉补给水和工艺用水
高浓度泥浆法(HDS)	废水→沉砂均化→中和反应→沉淀液固分离→处理后产水	处理原理与石灰中和法相同,通过回流底泥,充分利用石灰的剩余碱度,处理同体积废水可比常规方法减少石灰消耗 5%~10%;可提高水处理能力 1~3 倍;产生污泥含固率高,可达 20%~30%,是常规石灰法污泥体积的 1/20~1/30;可显著延缓设备、管道结垢,提高设备使用率;可实现全自动化操作	
硫化-石灰中和法	废水→沉砂均化→硫化→沉淀液固分离→中和反应→沉淀液固分离→处理后产水	当废水中含有有价金属时,可采用该法回收有价金属。硫化法生成的金属硫化物溶解度比金属氢氧化物溶解度小,处理效果比石灰中和法更彻底,且沉淀物不易溶解,沉渣量少,含水率低,便于回收有价金属;但反应过程会产生有毒气体硫化氢,需进行收集处理	
物化-膜法	废水→沉砂均化→中和→沉淀液固分离→出水预处理→多介质过滤→超滤→反渗透或纳滤→深度处理产水	对中和处理后水加入阻垢剂进行预处理降低钙浓度,再经多介质过滤、超滤和反渗透(纳滤)膜系统处理,深度处理出水能达到工业循环水水质标准;浓水采用中和、重金属吸附处理。具有分离效率高、节能环保、设备简单、操作方便;适用于严格控制重金属废水外排地区的污水	

5.2 废水经处理后应采用分质回用方式重复利用,以提高废水重复利用率,不能实现全部回收利用需外排的废水,应符合 GB 25467 的规定。

5.3 采用表 1 废水处理工艺处理后产水回用时,其水质指标应按表 2 要求进行控制。

表 2 废水经处理后产出的回用水水质指标控制要求

序号	检测项目		回用水水质指标控制值(pH 除外)/(mg/L)			
			石灰中和法	高浓度泥浆法	硫化-石灰中和法	物化-膜法
1	pH 值		6~9	6~9	6~9	6~9
2	悬浮物	≤	80	80	80	—
3	总硬度(以 $CaCO_3$ 计)	≤	—	—	—	450
4	Fe	≤	—	—	—	0.3
5	化学需氧量(COD)	≤	60	60	60	20
6	氟化物(以 F 计)	≤	5	5	5	1.0

表 2（续）

序号	检测项目		回用水水质指标控制值(pH 除外)/(mg/L)			
			石灰中和法	高浓度泥浆法	硫化-石灰中和法	物化-膜法
7	总氮	≤	15	15	15	1.0
8	总磷	≤	1.0	1.0	1.0	0.2
9	氨氮	≤	8	8	8	1.0
10	总锌	≤	1.5	1.5	1.5	1.0
11	石油类	≤	3.0	3.0	3.0	0.05
12	总铜	≤	0.5	0.5	0.5	1.0
13	硫化物	≤	1.0	1.0	1.0	1.0
14	总铅	≤	0.5	0.5	0.5	0.05
15	总镉	≤	0.1	0.1	0.1	0.005
16	总镍	≤	0.5	0.5	0.5	0.02
17	总砷	≤	0.5	0.5	0.5	0.05
18	总汞	≤	0.05	0.05	0.05	0.000 1
19	总钴	≤	1.0	1.0	1.0	1.0

6 废水重复利用技术要求

6.1 废水重复利用应遵循分质收集处理、分质回用原则；酸性废水经集中收集处理后出水应根据不同用水要求实现分质回用。

6.2 石灰中和法和高浓度泥浆法(HDS)出水回用时，宜加入适量的缓蚀阻垢剂减缓在输送和使用过程中对管道和设备的结垢和腐蚀作用。

6.3 回用水用作废石堆场、道路抑尘和湿法收尘用水时，应符合 GB 25467 的规定。

6.4 回用水用作锅炉补给水时，应根据锅炉工况，对回用水再进行软化、除盐、离子交换等处理，直至满足相应工况的锅炉水质标准。对于低压锅炉，水质应达到 GB 1576 中锅炉补给水水质的要求；对于中压锅炉，水质应达到 GB 12145 中锅炉补给水水质的要求；对于热水热力网和热采锅炉，水质应达到相关行业标准。

6.5 回用水用作工艺用水时，应符合相关工艺或产品的用水水质指标要求。

7 废水重复利用管理

7.1 使用回用水的用户应进行回用水的用水管理，包括水质稳定、水质水量、输送管网与用水设备监测控制等工作。

7.2 回用水管道要按规定涂有与新鲜水管道相区别的颜色，并标注“回用水”字样。

7.3 回用水管道用水点处要有“禁止饮用”标志，防止误饮误用。

7.4 外排废水排放口应安装计量和在线监测装置，并符合 HJ/T 353、HJ/T 355、HJ/T 212 的要求。

8 取样与监测

8.1 出水取样监测点应设在废水处理设施出口水池，并制订监测计划定期对出水水质进行取样监测分析，以满足排放或回用水质要求。

8.2 监测分析按表3或国家认定的替代方法、等效方法执行。

表3 废水水质测定方法

序号	项目	测定方法标准名称	标准编号
1	pH值	水质 pH值的测定 玻璃电极法	GB/T 6920
2	悬浮物	水质 悬浮物的测定 重量法	GB/T 11901
3	总硬度(以 $CaCO_3$ 计)	水质 钙和镁总量的测定 EDTA滴定法	GB/T 7477
4	浊度(NTU)	水质 浊度的测定	GB/T 13200
5	铁	水质 铁的测定 邻菲啰啉分光光度法(试行)	HJ/T 345
6	化学需氧量(COD)	水质 化学需氧量的测定 重铬酸盐法 水质 化学需氧量的测定 快速消解分光光度法	GB/T 11914、HJ/T 399
7	氟化物(以F计)	水质 氟化物的测定 离子选择电极法 水质 氟化物的测定 茜素磺酸锆目视比色法 水质 氟化物的测定 氟试剂分光光度法	GB/T 7484、HJ 487、HJ 488
8	总氮	水质 总氮的测定 碱性过硫酸钾消解紫外分光光度法 水质 总氮的测定 气相分子吸收光谱法	HJ 636、HJ/T 199
9	总磷	水质 总磷的测定 钼酸铵分光光度法	GB/T 11893
10	氨氮	水质 氨氮的测定 气相分子吸收光谱法 水质 氨氮的测定 纳氏试剂分光光度法 水质 氨氮的测定 水杨酸分光光度法 水质 氨氮的测定 蒸馏-中和滴定法	HJ/T 195、HJ 535、HJ 536、HJ 537
11	总锌	水质 铜、锌、铅、镉的测定 原子吸收分光光度法	GB/T 7475
12	石油类	水质 石油类和动植物油的测定 红外光度法	HJ 637
13	总铜	水质 铜、锌、铅、镉的测定 原子吸收分光光度法	GB/T 7475
14	硫化物	水质 硫化物的测定 亚甲基蓝分光光度法 水质 硫化物的测定 碘量法	GB/T 16489、HJ/T 60
15	总铅	水质 铜、锌、铅、镉的测定 原子吸收分光光度法	GB/T 7475
16	总镉	水质 铜、锌、铅、镉的测定 原子吸收分光光度法	GB/T 7475
17	总镍	水质 镍的测定 火焰原子吸收分光光度法	GB/T 11912
18	总砷	水质 总砷的测定 二乙基二硫代氨基甲酸银分光光度法	GB/T 7485
19	总汞	水质 总汞的测定 冷原子吸收分光光度法	HJ 597
20	总钴	水质 总钴的测定 5-氯-2-(吡啶偶氮)-1,3-二氨基苯分光光度法(暂行)	HJ 550

ICS 59.010
P 89

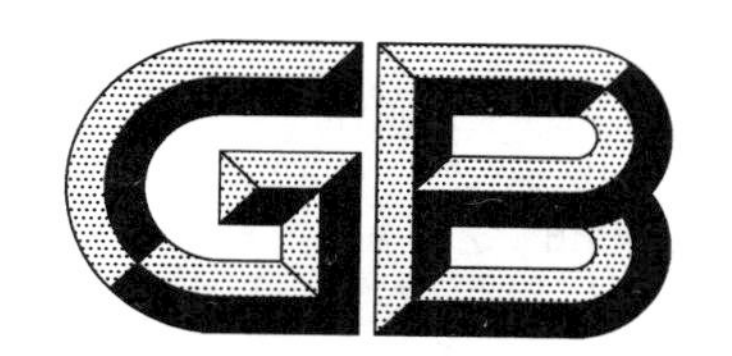

中华人民共和国国家标准

GB/T 30888—2014

纺织废水膜法处理与回用技术规范

Technical specification for the treatment and reuse of textile wastewater by membrane separation

2014-09-30 发布

2015-02-01 实施

中华人民共和国国家质量监督检验检疫总局
中国国家标准化管理委员会 发布

前　言

本标准按照 GB/T 1.1—2009 给出的规则起草。

本标准由全国工业节水标准化技术委员会(SAC/TC 442)提出并归口。

本标准起草单位:中国标准化研究院、中节能清洁技术发展有限公司、浙江开创环保科技有限公司、厦门市威士邦膜科技有限公司、互太(番禺)纺织印染有限公司、盛虹集团有限公司、中国纺织经济研究中心、中国纺织工业联合会、轻工业环境保护研究所。

本标准主要起草人:王毅、程晧、白雪、张中娟、董廷尉、邱华、朱春雁、包进锋、胡梦婷、王俊川、刘东风、赵奇志、施耀华、张兆昆、唐金奎、李先论、孙淑云、任晓晶、张国玉、吴月。

纺织废水膜法处理与回用技术规范

1 范围

本标准规定了纺织废水膜法处理的术语和定义、工艺选择原则、预处理、膜法处理及回用要求。

本标准适用于采用废水膜法处理与回用技术的纺织企业,可作为企业废水达标排放、回用于生产的技术依据。

本标准所指膜分离方法包括膜生物(MBR)法、微滤、超滤、纳滤及反渗透膜处理方法。

2 规范性引用文件

下列文件对于本文件的应用是必不可少的。凡是注日期的引用文件,仅注日期的版本适用于本文件。凡是不注日期的引用文件,其最新版本(包括所有的修改单)适用于本文件。

GB/T 6920—1986 水质 pH 值的测定 玻璃电极法

GB/T 7477 水质 钙和镁总量的测定 EDTA 滴定法

GB/T 11901—1989 水质 悬浮物的测定 重量法

GB/T 11903—1989 水质 色度的测定

GB/T 11906 水质 锰的测定 高碘酸钾分光光度法

GB/T 11914—1989 水质 化学需氧量的测定 重铬酸盐法

GB/T 13200 水质 浊度的测定

GB/T 18920 城市污水再生利用 城市杂用水水质

GB/T 19249 反渗透水处理设备

GB/T 20103 膜分离技术 术语

DL/T 588—1996 水质污染指数测定方法

HJ/T 195—2005 水质 氨氮的测定 气相分子吸收光谱法

HJ/T 270 环境保护产品技术要求 反渗透水处理装置

HJ/T 345—2007 水质 铁的测定 邻菲啰啉分光光度法

HJ 535—2009 水质 氨氮的测定 纳氏试剂分光光度法

HJ 536—2009 水质 氨氮的测定 水杨酸分光光度法

HJ 537—2009 水质 氨氮的测定 蒸馏-中和滴定法

HJ 579 膜分离法污水处理工程技术规范

HJ 586—2010 水质 游离氯和总氯的测定 *N*,*N*-二乙基-1,4-苯二胺分光光度法

HJ 637—2012 水质 石油类和动植物油类的测定 红外分光光度法

HJ 2010 膜生物法污水处理工程技术规范

SL 78—1994 电导率的测定(电导仪法)

3 术语和定义

GB/T 20103、GB/T 19249、HJ/T 270、HJ 579、HJ 2010 界定的以及下列术语和定义适用于本文件。

3.1

纺织废水　textile wastewater

纺织工业生产过程中使用过，在质量上已不符合生产用水要求，对该过程无进一步利用价值的水。

3.2

膜法处理与回用　the treatment by membrane separation and reuse

纺织废水经膜分离技术处理后满足企业生产用水要求的过程。

3.3

双膜法　dual membrane process

利用两种膜的分离特性对纺织废水、中水进行处理，以满足生产回用水要求的工艺组合。

4　工艺选择原则

4.1　应依据原水水量、水质、产水要求和回收率等指标，选择膜法工艺组合技术。

4.2　应依据纺织废水特性，好氧生化处理宜采用 MBR 工艺技术。

4.3　应依据原水水质特点和生产用水水质要求，考虑分级处理和分质回用。

4.4　应依据膜组件的进水要求进行预处理。

4.5　应综合考虑膜法组合技术的经济合理性和技术可行性。

5　预处理

5.1　一般规定

5.1.1　为防止膜降解和膜堵塞，应对进水中的悬浮固体（短绒纤维、石蜡等）、微溶盐、氧化剂、有机物、油剂等污染物进行预处理。

5.1.2　预处理的深度应根据原水水质、膜材料、膜组件的结构、产水要求及回收率等确定，以能够满足膜组件进水要求为准。

5.2　MBR 系统的预处理

5.2.1　纺织废水进入 MBR 膜池前应配置孔径小于 0.5 mm～1 mm 的超细膜格栅。

5.2.2　纺织废水进入 MBR 系统之前应达到表 1 要求。

5.3　微滤、超滤系统的预处理

5.3.1　预处理方法包括生物化学法、物理化学法等。

5.3.2　纺织废水进入微滤、超滤系统之前应达到表 2 要求。

5.4　纳滤、反渗透系统的预处理

5.4.1　为防止化学氧化损伤，可采用在进水中添加还原剂（如亚硫酸氢钠）去除余氯或其他氧化剂，控制余氯含量满足纳滤、反渗透膜系统进水要求。

5.4.2　为防止碳酸盐结垢导致的膜损伤，可加酸有效控制结垢；为防止硫酸盐结垢导致的膜损伤，可投加阻垢剂有效控制结垢。

5.4.3　为防止微生物污染，可向系统进水中投加杀菌剂进行杀菌消毒处理。

5.4.4　纳滤、反渗透膜组件前应加过滤精度小于 5 μm 的保安过滤器，进入纳滤、反渗透系统的水应进行污染密度指数测定，污染密度指数需≤5，其方法按 DL/T 588—1996 规定的进行。

5.4.5　纺织废水进纳滤、反渗透系统之前应达到表 3 和表 4 要求。

6 膜法处理

6.1 一般规定

6.1.1 纺织行业宜采用的膜技术有 MBR 法、双膜法等。

6.1.2 膜材料及设备选型应符合 HJ 579、HJ 2010、GB/T 19249 和 HJ/T 270 的规定。

6.1.3 膜元件污染及化学清洗参见附录 A。

6.1.4 可参考的膜处理工艺流程参见附录 B。

6.2 水质要求

6.2.1 MBR 法进出水，水质要求可参考表 1。

6.2.2 微滤、超滤系统进出水，水质要求可参考表 2。

6.2.3 纳滤系统进出水，水质要求可参考表 3。

6.2.4 反渗透系统进出水，水质要求可参考表 4。

表 1 MBR 法进出水水质指标要求

序号	项　目	单　位	进 水 限 值	出水参考值	去除率参考值/%
1	pH 值	无量纲	6～9	6～9	无要求
2	悬浮物(SS)	mg/L	无要求	≤5	≥95
3	浊度	NTU	无要求	≤1	≥90
4	化学需氧量(COD_{Cr})	mg/L	300～500	150～200	≥50
5	动植物油(*n*-Hex)	mg/L	≤50	≤1	≥90
6	矿物油	mg/L	≤3	≤1	≥90

表 2 微滤、超滤系统进出水水质指标要求

<table>
<tr><th>序号</th><th>项　目</th><th>单　位</th><th colspan="3">进 水 限 值</th><th>出水参考值</th><th>去除率参考值/%</th></tr>
<tr><td>1</td><td>pH 值</td><td>无量纲</td><td colspan="3">6～9</td><td>6～9</td><td>无要求</td></tr>
<tr><td rowspan="3">2</td><td rowspan="3">悬浮物(SS)</td><td rowspan="3">mg/L</td><td rowspan="2">组件式</td><td>内压式</td><td>≤30</td><td>≤3</td><td rowspan="3">≥90</td></tr>
<tr><td>外压式</td><td>≤100</td><td>≤10</td></tr>
<tr><td colspan="2">浸没式</td><td>≤120</td><td>≤12</td></tr>
<tr><td rowspan="3">3</td><td rowspan="3">浊度</td><td rowspan="3">NTU</td><td rowspan="2">组件式</td><td>内压式</td><td>≤20</td><td>≤2</td><td rowspan="3">≥90</td></tr>
<tr><td>外压式</td><td>≤40</td><td>≤4</td></tr>
<tr><td colspan="2">浸没式</td><td>≤50</td><td>≤5</td></tr>
<tr><td rowspan="3">4</td><td rowspan="3">化学需氧量(COD_{Cr})</td><td rowspan="3">mg/L</td><td rowspan="2">组件式</td><td>内压式</td><td>≤100</td><td>≤95</td><td rowspan="3">≥5</td></tr>
<tr><td>外压式</td><td>≤120</td><td>≤114</td></tr>
<tr><td colspan="2">浸没式</td><td>150～180</td><td>140～170</td></tr>
<tr><td>5</td><td>动植物油(n-Hex)</td><td>mg/L</td><td colspan="3">≤3</td><td>≤1</td><td>≥90</td></tr>
<tr><td>6</td><td>矿物油</td><td>mg/L</td><td colspan="3">≤3</td><td>≤1</td><td>≥90</td></tr>
</table>

表 3 纳滤系统进出水水质指标要求

序号	项　目	单　位	进水限值	出水参考值	去除率参考值/%
1	pH 值	无量纲	6～9	6～9	无要求
2	悬浮物(SS)	mg/L	≤2	≤0.5	≥75
3	浊度	NTU	≤1	≤0.2	≥80
4	化学需氧量(COD_{Cr})	mg/L	≤100	≤20	≥80
5	氨氮	mg/L	≤10	≤3	≥70
6	色度	倍	≤80	≤10	≥70
7	总硬度($CaCO_3$ 计)	mg/L	≤400	≤50	≥80
8	电导率	μs/cm	≤6000	≤1000	≥80
9	余氯	mg/L	≤0.1	无要求	无要求
10	铁	mg/L	≤0.3	≤0.1	≥80
11	锰	mg/L	≤0.3	≤0.1	≥80
12	污染指数(SDI)	无量纲	≤5	无要求	无要求

表 4 反渗透系统进出水水质指标要求

序号	项　目	单　位	进水限值	出水参考值	去除率参考值/%
1	pH 值	无量纲	6～9	6～9	无要求
2	悬浮物(SS)	mg/L	≤2	≤0.5	≥75
3	浊度	NTU	≤1	≤0.1	≥90
4	化学需氧量(COD_{Cr})	mg/L	≤100	≤10	≥90
5	氨氮	mg/L	≤10	≤2	≥80
6	色度	倍	≤80	≤8	≥90
7	总硬度($CaCO_3$ 计)	mg/L	≤400	≤30	≥90
8	电导率	μs/cm	≤6000	≤600	≥90
9	余氯	mg/L	≤0.1	无要求	无要求
10	铁	mg/L	≤0.3	≤0.1	≥80
11	锰	mg/L	≤0.3	≤0.1	≥80
12	污染指数(SDI)	无量纲	≤5	无要求	无要求

6.3 污染物监测要求

6.3.1 应根据水污染物的种类，在每级膜处理设施进出水位置设置采样口。企业污染物总排放口应设置排污口标志。

6.3.2 对水污染物浓度的测定采用表 5 所列的方法标准。

表5 水污染物浓度测定方法标准

序号	项　目	方法标准名称	方法标准编号
1	pH 值	水质　pH 值的测定　玻璃电极法	GB/T 6920—1986
2	悬浮物(SS)	水质　悬浮物的测定　重量法	GB/T 11901—1989
3	浊度	水质　浊度的测定	GB/T 13200
4	化学需氧量(COD_{Cr})	水质　化学需氧量的测定　重铬酸盐法	GB/T 11914—1989
5	氨氮	水质　氨氮的测定　纳氏试剂分光光度法	HJ 535—2009
		水质　氨氮的测定　水杨酸分光光度法	HJ 536—2009
		水质　氨氮的测定　蒸馏-中和滴定法	HJ 537—2009
		水质　氨氮的测定　气相分子吸收光谱法	HJ/T 195—2005
6	色度	水质　色度的测定	GB/T 11903—1989
7	总硬度($CaCO_3$ 计)	水质　钙和镁总量的测定　EDTA 滴定法	GB/T 7477
8	电导率	电导率的测定(电导仪法)	SL 78—1994
9	余氯	水质　游离氯和总氯的测定　*N*,*N*-二乙基-1,4-苯二胺分光光度法	HJ 586—2010
10	铁	水质　铁的测定　邻菲啰啉分光光度法	HJ/T 345—2007
11	锰	水质　锰的测定　高碘酸钾分光光度法	GB/T 11906
12	动植物油(*n*-Hex)	水质　石油类和动植物油类的测定　红外分光光度法	HJ 637—2012
13	矿物油	水质　石油类和动植物油类的测定　红外分光光度法	HJ 637—2012
14	污染指数(SDI)	水质污染指数测定方法	DL/T 588—1996

7 回用要求

7.1 一般规定

7.1.1 各级膜系统出水水质指标不同，应根据纺织企业的生产工艺实际用水要求进行配比，并综合考虑技术可行性、经济成本等因素。

7.1.2 纺织回用水水质监测项目包括色度、pH 值、铁、锰、悬浮物、硬度、电导率等指标。

7.2 微滤、超滤回用要求

微滤、超滤膜出水可回用于厂区冲洗地面、冲厕、冲洗车辆、绿化、建筑施工等，其回用水质要求应符合 GB/T 18920 的规定。

7.3 纳滤、反渗透回用要求

纳滤、反渗透膜出水水质应达到企业生产用水要求，同时应考虑盐积累、投资额及运行成本等因素。

附 录 A
（资料性附录）
膜元件污染与化学清洗

A.1 MBR清洗

A.1.1 在线清洗：

a） 在线清洗系统包括加药、药罐液、管路系统、计量控制系统。

b） 清洗频次：中空纤维膜每月不宜少于一次，平板膜可2个月～3个月一次。

c） 在线清洗药剂宜采用NaClO（膜制造商有特殊要求的除外），药剂用量按2.0 L/m^2次配制，另加管道容积量。药剂浓度宜为1‰～3‰。

d） 在线清洗时，停止产水；停止曝气；启动反洗泵，30 min～40 min，把清洗药液全部输入膜内；浸泡20 min～30 min；排出废清洗液。废清洗液排入废液储存池或污水预处理池。

A.1.2 离线清洗：

a） 离线清洗设备包括清洗槽、吊装设备、曝气系统；

b） 清洗频次：宜半年到一年一次；

c） 离线清洗药剂宜采用NaClO＋NaOH（重量比为1∶1）、柠檬酸，药剂浓度宜为3‰～5‰（膜制造商有特殊要求的除外）；

d） 废清洗液经活性炭或投加亚硫酸氢钠还原处理后，返回预处理装置。

A.1.3 应根据膜的机械性能确定膜组器的反冲洗工艺。

A.2 微滤、超滤系统污染与清洗

A.2.1 系统进水压力超过初始压力0.05 MPa时，可采用等压大流量冲洗水冲洗，如无效，应进行化学清洗。

A.2.2 化学清洗剂的选择应根据污染物类型、污染程度、组件的构型和膜的物化性质等来确定。常用的化学清洗剂有氢氧化钠、盐酸、1%～2%的柠檬酸溶液、加酶洗涤剂、双氧水水溶液、三聚磷酸钠、次氯酸钠溶液等。

A.2.3 杀菌消毒的常用方法为：浓度1%～2%的过氧化氢或500 mg/L～1 000 mg/L的次氯酸钠水溶液，浸泡30 min，循环30 min，再冲洗30 min。

A.3 纳滤、反渗透系统污染与清洗

A.3.1 出现下列情形之一时，应进行化学清洗：

a） 产水量下降10%；

b） 压力降增加15%；

c） 透盐率增加5%。

A.3.2 化学清洗剂的选择应根据污染物类型、污染程度和膜的物化性质等来确定。常用的化学清洗剂有氢氧化钠、盐酸、1%～2%的柠檬酸溶液、Na-EDTA、加酶洗涤剂等。

A.3.3 化学清洗液的最佳温度：碱洗液30 ℃，酸洗液40 ℃。

A.3.4 复合清洗时，应采用先碱洗再酸洗的方法。常用的碱洗液为0.1%（质量分数）氢氧化钠水溶液；

常用的酸洗液为0.2%(质量分数)盐酸。

A.4 膜元件的保存方法

A.4.1 短期存放(5 d～30 d)操作:

a) 清洗膜元件,排除内部气体;

b) 用1%亚硫酸氢钠保护液冲洗膜元件,浓水出口处保护液浓度达标;

c) 全部充满保护液后,关闭所有阀门,使保护液留在压力容器内;

d) 每5天重复b)、c)步骤。

A.4.2 长期存放操作:存放温度27 ℃以下时,每月重复b)、c)步骤一次;存放温度27 ℃以上时,每5天重复b)、c)步骤一次。

A.4.3 恢复使用时,应先用低流量进水冲洗1 h,再用大流量进水(浓水管调节阀全开)冲洗10 min。

附 录 B
（资料性附录）
工艺流程

B.1 一般流程

B.1.1 应根据纺织废水的特性，选择膜法处理的组合工艺。

B.1.2 进水水质和水量变化大时，应设置调节水质和水量的设施。

B.2 工艺流程

B.2.1 MBR法技术流程如下：

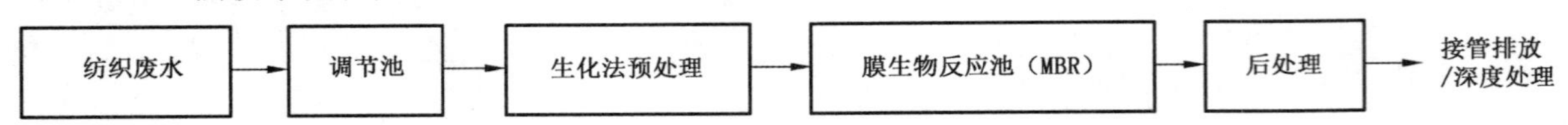

MBR法宜选用抗污染高强度复合膜材料，以延长使用寿命及提高使用效率。建议MBR法工艺膜通量为9 L/(m^2·h)～12 L/(m^2·h)。

B.2.2 双膜法技术流程如下：

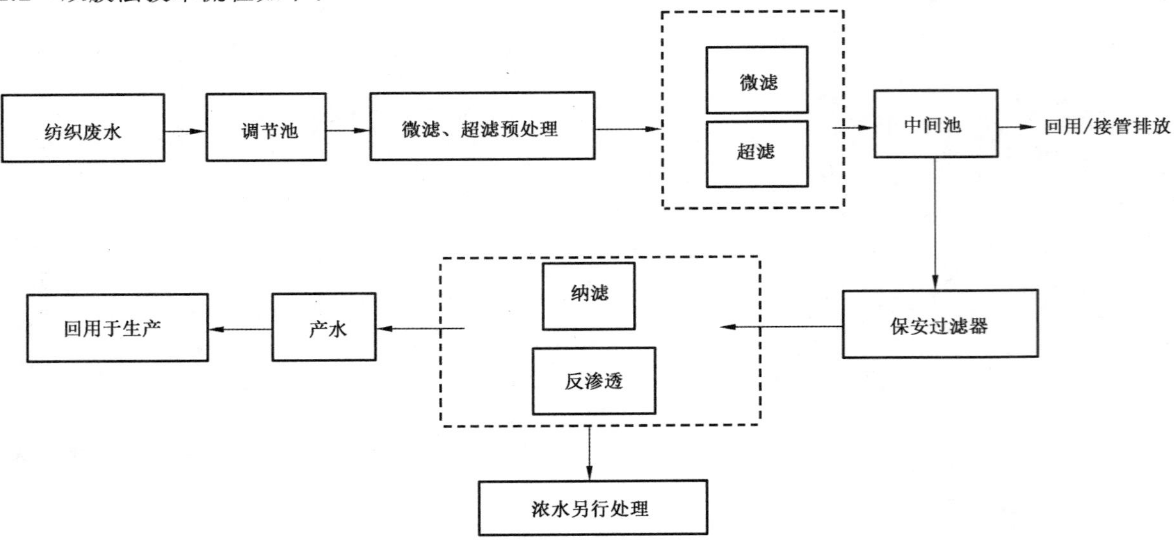

双膜法处理工艺可根据企业用水要求灵活组合。

ICS 29.220.20
K 84

中华人民共和国国家标准

GB/T 32068.3—2015

铅酸蓄电池环保设施运行技术规范 第3部分：废水处理系统

Technical specification of operation of environment protection facilities for lead-acid battery manufacturers—Part 3: Waste water treatment system

2015-10-09 发布　　　　2016-05-01 实施

中华人民共和国国家质量监督检验检疫总局
中国国家标准化管理委员会　发布

前　言

GB/T 32068《铅酸蓄电池环保设施运行技术规范》分为3部分：

——第1部分：铅尘、铅烟处理系统；

——第2部分：酸雾处理系统；

——第3部分：废水处理系统。

本部分为GB/T 32068的第3部分。

本部分按照GB/T 1.1—2009给出的规则起草。

本部分由中国电器工业协会提出。

本部分由全国铅酸蓄电池标准化技术委员会(SAC/TC 69)归口。

本部分主要起草单位：超威电源有限公司、安徽理士电源技术有限公司、沈阳蓄电池研究所、绍兴汇同蓄电池有限公司、山东瑞宇蓄电池有限公司、江苏苏中电池科技发展有限公司、江苏澳鑫科技发展有限公司、江苏华富储能新技术股份有限公司、浙江杰斯特电器有限公司、山东圣阳电源股份有限公司、杭州海久电池有限公司、江西省三余环保节能科技有限公司、天能电池集团有限公司、江苏三环实业股份有限公司、江苏常祺机电科技有限公司、江苏省盛达环保设备有限公司。

本部分主要起草人：伊晓波、周明明、谢爽、董捷、朱文武、赵恒祥、沈维新、付定华、姜庆海、周兵、高运奎、朱俭、涂国强、胡军锋、潘水招、缪强、陈洪英、邓继东。

铅酸蓄电池环保设施运行技术规范
第3部分：废水处理系统

1 范围

GB/T 32068的本部分规定了铅酸蓄电池工业废水处理系统的设计、施工、验收和运行的技术要求。

本部分适用于铅酸蓄电池企业新建、改(扩)建项目的废水处理系统从设计、施工到验收、运行的全过程管理和已建项目废水处理系统的运行管理。

2 规范性引用文件

下列文件对于本文件的应用是必不可少的。凡是注日期的引用文件，仅注日期的版本适用于本文件。凡是不注日期的引用文件，其最新版本(包括所有的修改单)适用于本文件。

GB 150(所有部分) 压力容器

GB 12348 工业企业厂界环境噪声排放标准

GB 18597 危险废物贮存污染控制标准

GB 18599 一般工业固体废物贮存、处置场污染控制标准

GB 50013 室外给水设计规范

GB 50014 室外排水设计规范

GB 50015 建筑给水排水设计规范

GB 50016 建筑设计防火规范

GB 50019 采暖通风与空气调节设计规范

GB 50040 动力机器基础设计规范

GB 50057 建筑物防雷设计规范

GB 50058 爆炸危险环境电力装置设计规范

GB 50087 工业 企业 噪声控制设计规范

GB 50092 沥青路面施工及验收规范

GB 50116 火灾自动报警系统设计规范

GB 50140 建筑灭火器配置设计规范

GB 50141 给水排水构筑物工程施工及验收规范

GB 50149 电气装置安装工程 母线装置施工及验收规范

GB 50202 建筑地基基础工程施工质量验收规范

GB 50203 砌体结构工程施工质量验收规范

GB 50204 混凝土结构工程施工质量验收规范

GB 50205 钢结构工程施工质量验收规范

GB 50206 木结构工程施工质量验收规范

GB 50217 电力工程电缆设计规范

GB 50231 机械设备安装工程施工及验收通用规范

GB 50235 工业金属管道工程施工规范

GB 50236 现场设备、工业管道焊接工程施工规范
GB 50254 电气装置安装工程 低压电器施工及验收规范
GB 50255 电气装置安装工程 电力变流设备施工及验收规范
GB 50256 电气装置安装工程 起重机电气装置施工及验收规范
GB 50257 电气装置安装工程 爆炸和火灾危险环境电气装置施工及验收规范
GB 50268 给水排水管道工程施工及验收规范
GB 50275 风机、压缩机、泵安装工程施工及验收规范
GB 50300 建筑工程施工质量验收统一标准
GB 50303 建筑电气工程施工质量验收规范
GB 50334 城市污水处理厂工程质量验收规范
GB 50336 建筑中水设计规范
GBJ 97 水泥混凝土路面施工及验收规范
CJJ 1 城镇道路工程施工与质量检验评定标准
CJJ 31 城镇污水处理厂污泥处理技术规程
CJJ/T 82 园林绿化工程施工及验收规范
JB/T 8471 袋式除尘器 安装技术要求与验收规范
JB/T 8536 电除尘器 机械安装技术条件
危险废物转移联单管理办法(国家环境保护总局第5号令)
建设项目竣工环境保护验收管理办法(国家环境保护总局令 第13号)
建设项目环境保护设施竣工验收监测技术要求

3 术语和定义

下列术语和定义适用于本文件。

3.1

铅酸蓄电池工业废水 lead-acid battery industrial wastewate

铅酸蓄电池企业各生产单元和辅助设施产生的含铅、含酸的废水。包括涂板淋酸废水、极板洗涤废水、车间地面清洗废水、洗衣废水和初级雨水。

3.2

生产单元废水 production units waste water

铅酸蓄电池生产过程中各生产工序(如铅粉、铸板、和膏、涂板、化成、装配等工序)产生的废水。

3.3

生产单元排放口 production unit outfalls

生产单元废水防渗漏管道输送的终点。

3.4

综合污水 comprehensive sewage

由铅酸蓄电池企业厂区内排水系统汇集和输送的,经总排口对外排放的废水。

3.5

含铅污泥 lead the sludge

铅酸蓄电池废水处理过程中产生的化学污泥。

3.6

废水回用 wastewater reuse

以生产单元废水为原水,经收集、处理,实现再利用的过程。

4 污染物与污染负荷

4.1 废水来源与主要污染物

铅酸蓄电池生产过程中及生产辅助部门产生的废水，其主要成分：铅和铅的化合物、硫酸和硫酸的化合物。

4.2 废水水量与污染负荷

废水产生量以单位产品的废水产生量来表示，指铅酸蓄电池生产过程中，每生产 1 kVAh 的铅酸蓄电池产生的废水量，按式(1)计算：

$$V_{产生} = \Sigma V_i / Q \qquad \cdots\cdots(1)$$

式中：

$V_{产生}$——生产 1 kVAh 铅酸蓄电池废水产生量；在一定计量时间内，企业生产废水产生总量与铅酸蓄电池产量之比值，单位为立方米每千瓦时(m^3/kWh)；

V_i ——在一定时间内，企业生产废水产生量，单位为立方米(m^3)；

Q ——在同一计量时间内，企业铅酸蓄电池总产量，单位为千伏安小时(kVAh)。

水污染物产生量应符合表1规定：

表 1 水污染物产生量指标值

水污染物	国际标准	国内先进标准	国内基本标准
COD/(g/kWh)	≤10	≤27	≤44
Pb/(g/kWh)	≤0.75	≤2.25	≤4.4

5 总体要求

5.1 一般规定

污水处理站选址的原则：

a) 按功能分区，配置得当。

b) 功能明确，布置紧凑。

c) 顺流排列，流程简捷。

d) 充分利用地形，降低工程费用。

e) 适当留有余地，考虑扩建升级可能。

5.2 工程构成

污水处理厂建设工程主要由土建施工、设备安装两大工程组成。其中土建工程包括建筑与结构、给排水与消防、采暖与通风、道路与绿化等工程。设备安装包括有主要设备安装就位、工艺管线安装、电气动力系统、检测、控制执行系统等工程。

5.3 工程选址

5.3.1 按功能区分，配置得当

主要是指对主要污水产生的车间、辅助生产车间、生活福利区、生产管理等各部分布置，要做到区分

明确，配置得当而且又不过分独立分散。

5.3.2 顺流排列，管路流程简捷

指构（建）筑物尽量按流程方向布置，避免与进出水方向相反安排；各构筑物之间的连接管线（渠）应以最短路线布置，尽量避免不必要的转弯和用水泵提升，严禁将管线埋在构建筑物下面。目的是减少能量（水头）损失、节省材料、便于施工和检修。

5.3.3 充分利用地形，平衡土方，降低工程费用

充分利用地形将主要污水产生车间及辅助车间布置在高处，便于排空、排泥、排水，又减少了工程量，而污水厂布置于较低处，使水流按流程、按重力顺畅输送。同时便于清水排放。

5.4 总体布局

5.4.1 功能明确，布置紧凑

首先要保证污水处理工艺的需求，结合地形、地质、土方、结构和施工等因素全面考虑。布置时力求减少占地面积，减少连接管（渠）的长度，便于操作管理。

5.4.2 一般要求

为了便于管理和节省用地，避免平面上的分散和零乱往往可以考虑把几个构筑物和建筑物在平面高程上结合起来，进行组合布置，如反应池与沉降池的结合，调节池与浓缩池的结合等。

5.4.3 高程布置时注意事项

5.4.3.1 污水尽量经一次提升就能靠重力通过构筑物，而中间不应再经加压提升。

5.4.3.2 选择一条距离最长，水头损失最大的流程进行水力计算，并应留有余地，以保证在任何情况下污水处理系统能够正常工作。

5.4.3.3 污水处理后应能自流排入下水道或者水体，包括洪水季节（一般按 25 年一遇洪水标准考虑）。

5.4.3.4 高程布置既要考虑某些处理构物（如沉淀池、调节池）的排空，但构筑物的挖土深度又不易过大，以免土建投资过大和增加施工难度。

5.4.3.5 高程布置时应注意污水流程和污泥流程的结合，尽量减少需要提升污泥量，应注意污泥能排入污水井或者其他构筑物的可能。

5.4.3.6 进行构筑物高程布置时，应与厂区的地形、地质条件相联系。尽量减少土建施工，避免投资过大。

5.4.4 升级扩建

必要时预留适当的余地，考虑施工和将来升级扩建的需求。

6 工艺设计

6.1 铅酸蓄电池工业废水

铅酸蓄电池工业废水处理工艺流程按图 1 所示：

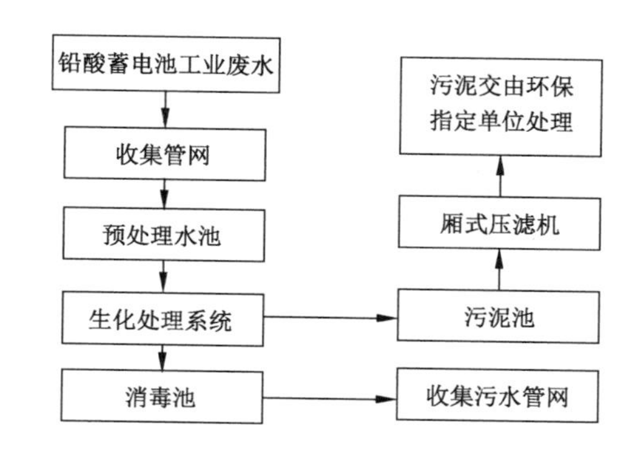

图1 铅酸蓄电池工业废水处理工艺流程图

6.2 含铅废水

含铅废水处理流程按图2所示：

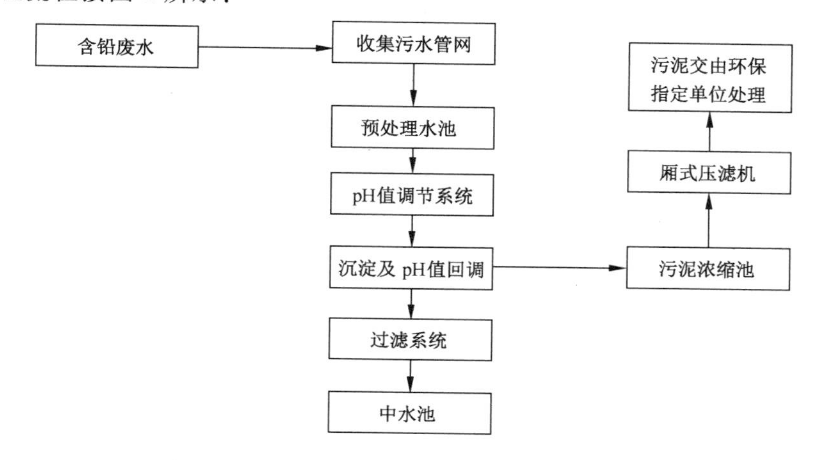

图2 含铅废水处理流程图

6.3 生产单元废水

生产单元废水是指产生含铅废水量较大、废水中含铅较高的生产单元。

生产单元废水处理流程按图3所示：

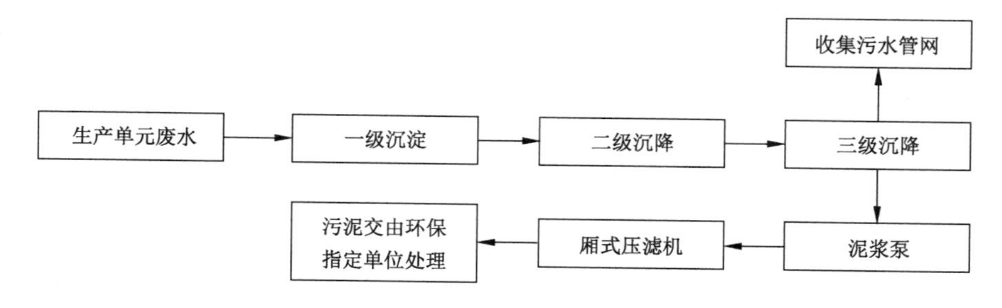

图3 生产单元废水处理流程图

6.4 废水(中水)回用

废水(中水)回用处理流程按图4所示:

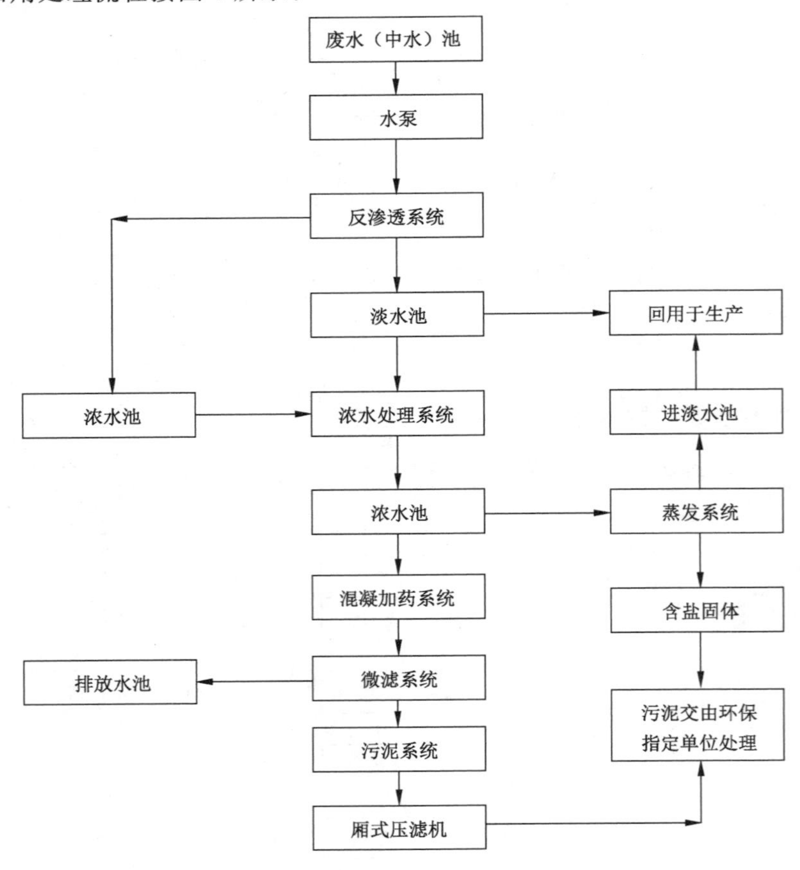

图4 废水(中水)回用处理流程图

7 污泥浓缩与脱水

7.1 一般规定

污水经pH值调节、絮凝沉淀、过滤处理后大部分合格成为中水,少部分成为高浓度污水,这些污水要经过浓缩、压滤剔除其中含铅固体废物。

7.2 污泥浓缩

经过pH值回调后剩余高浓度污水需进入污水浓缩池。

污水浓缩池应安装液位控制器,自动控制泥浆泵的开启与关闭,防止高位溢出。

7.3 污泥脱水

浓缩后的污水经污泥泵注入厢式压滤机将泥水分离,过滤后的污水回到原污水池。

脱水固体污泥应严格执行GB 18597、GB 18599和《危险废物转移联单管理办法》。进行储、转移、处置。

8 主要工艺设备(设施)和材料

8.1 一般规定

污水处理设施主要包括污水调节池、生化池、中和沉淀池、斜板沉淀池、过滤器、超滤器、反渗透装置、浓水反渗透装置、防腐泵、阀门及相应的连接管路等。

8.2 污水调节池

污水调节池其主要功能是调节水质,同时使废水中的铅尘和泥沙等能够有效的沉淀和收集。调节池采用折流式。调节池安装有液位控制器,控制污水泵运行。

8.3 生化池

采用微生物处理,降解 COD_{Cr}、BOD_5、氨氮、阴离子表面活性剂、总磷等有害物质。

8.4 中和沉淀池

调节 pH 值,加药混凝,使铅离子转化为 $Pb(OH)_2$,从而使铅沉降去除。

8.5 斜板沉淀池

斜板沉淀池设置混凝反应区、主流区、过渡区、斜板区、清水区 5 个区,混凝反应区的主要作用是通过混凝剂、助凝剂的作用将废水中细小的难以沉降的物质捕集,使之成为较易沉降的矾花。主流区位于斜板沉淀池底部流动区,它的主要作用是传输待分离的混合液进入斜板区,沉淀后的污泥又从此处进入斜板沉淀池污泥斗。过渡区的作用是消能和调整流态,防止污泥上翻,保证固液分离效果;同时,它还具有均匀进水和作为污泥回流通道等功能,起着双向传输的作用。斜板区是泥水分离的实际区域,即工作区,在这里污泥絮凝体形成并在重力作用下沉降到斜板上,澄清后的污水进入清水区。清水区能够分离沉淀工作区与出水堰,使斜板区的沉降过程不受出水流影响;锯齿形溢流堰比普通水平堰更容易加工也更易保证出水均匀。

8.6 过滤器

过滤器内填料是由许多不同粒径的精制石英砂严格按规格从小到大的次序配制而成,因而,形成良好的石英砂级配,其主要功能是截流水中的悬浮物质,也可使出水铅总量得到进一步降低。

活性炭过滤器:过滤器内设置填料活性炭,活性炭表面粗糙,易于挂膜、截留悬浮物能力强,借助其高效吸附能力使出水总铅含量进一步降低,进一步截留悬浮物质,吸附水体中有色物质,降低水体色度,活性炭吸附池底部配置通气系统,在反洗时通气,其反洗原理同机械过滤器。活性碳过滤器出水进入清水池。

8.7 超滤器

超滤是一个压力驱动膜分离过程,它利用多孔材料的拦截能力,将颗粒物质从流体中分离出来。超滤技术广泛应用于中水回用处理领域。对水中的微粒、胶体、细菌、病毒、热源、蛋白质及大分子有机物等都具有极佳的去除效果,使水得以净化,超滤产水 SDI 小于 2,出水水质稳定,可有效地避免反渗透膜污堵,确保反渗透系统长期有效运行。

8.8 反渗透装置

反渗透装置(简称RO装置)是目前中水回用系统的核心工艺,其主要功能是对经过预处理的水进行脱盐。经过反渗透处理的水可以去除绝大部分的无机盐和几乎全部的有机物、微生物和胶体。

反渗透脱盐的原理:反渗透是借助于选择透过性膜的只能透过水而不能透过溶质的选择透过性功能,以压力差为推动力的膜分离技术。当系统中所加的压力大于溶液渗透压力时,水分子不断地透过膜,经过产水流道流入中心管,然后在出水端流出,进水中的杂质,如无机盐离子、有机物、细菌、病毒等都被截留在膜的进水侧,在浓水端流出,从而达到分离、脱盐的目的。

8.9 浓水反渗透装置

提高水的回收率,对前一级反渗透的浓水再进行反渗透浓缩处理,淡水回用于生产,浓水再进行更进一步的处理。

9 检测与过程控制

9.1 一般规定

污水检测与控制是污水处理的重要环节,检测包括实时、定期两种方法,实时监测数据经计算机处理后控制执行元件达到自动控制的目的。

9.2 检测

在总排放口安装流量计、COD在线监测仪、铅离子在线监测仪、pH值监测探头等设施,铅离子在线监测至少4 h/次,数据保存在检测仪器中,供事后查询。

所有的检测仪器、仪表都要按照仪表检测周期定期检测、校准。

9.3 控制

污水处理系统应采用计算机控制技术实现全自动控制,不建议使用手动控制。

有条件的企业最好采用远程与现场共同监测控制技术。确保污水处理设备运行正常。

10 主要辅助工程

10.1 工业废水处理站建(构)筑物的建设应符合CJJ 31的规定,建(构)筑物的建设参照执行;原水池、中和混凝池、沉淀池、污水管道、污泥压滤装置及其他危险品仓库等易燃易爆建(构)筑物的设计和建设,应符合GB 50016的要求。

10.2 水污染治理工程应符合节地的要求,并充分注意环境的绿化与美化,应在污(废)水处理厂(站)内的构筑物和建筑物之间或空地上进行绿化,生活性辅助建筑物与生产性构筑物之间,应有一定宽度的绿带隔离。

10.3 水污染治理工程厂区道路应方便交通、合理布置,通常围绕池组做成环状,并设置通向各处理构筑物和附属建筑物的必要通道,道路的设计应满足GB 50014的规定。

10.4 水污染治理工程的室外给水设计应符合GB 50013的规定,建筑给水排水设计应符合GB 50015的规定,建筑中水设计应符合GB 50336的规定。

10.5 水污染治理工程的供热通风系统设计应符合GB 50019的规定。

10.6 水污染治理工程的通信设施的建设应符合 CJJ 1 的规定。

10.7 水污染治理工程的电力负荷性质应根据工程规模及重要性确定，根据电力负荷性质及当地供电电源条件来确定为一路或两路电源供电。电气系统应符合 GB 50057、GB 50058、GB 50217 等的规定。

10.8 水污染治理工程内的消防及火灾报警应符合 GB 50016、GB 50116、GB 50140 等的规定。

11 工程施工与验收

11.1 一般规定

11.1.1 水污染治理工程施工单位应具有与该工程要求相应的资质等级。

11.1.2 水污染治理工程施工前应由设计单位进行设计交底，当施工单位发现施工图有错误时，应及时向设计单位和建设单位提出变更设计的要求，变更设计应经过设计单位同意。

11.1.3 水污染治理工程应按工程设计图纸、技术文件、设备图纸等组织施工，施工和设备安装应符合相应的国家或行业规范。

11.1.4 施工单位应根据设计图纸要求制定完善的施工组织方案。施工组织方案的主要内容应包括工程概况、施工部署、施工方法、施工技术组织措施、施工计划、环境保护措施及施工总平面布置图。

11.1.5 施工单位在冬期、雨季进行施工时，应制定冬期、雨季施工技术和安全措施，保证施工质量和安全。

11.1.6 工程施工中受地下水影响时，应采取降水措施，应符合 GB 50141 的规定。

11.1.7 施工使用的材料、半成品、设备应符合国家现行标准和设计要求，并取得供货商的合格证书，严禁使用不合格产品。

11.1.8 水污染治理工程建设单位应专门成立项目管理机构，组织建设项目的设计、施工、设备招投标，并参与设计会审、设备监制、施工质量检查，制定运行和维护规章制度，培训运行、维护操作人员，组织、参与工程各阶段验收、调试和试运行，建立设备安装及运行档案。

11.1.9 城镇污水处理厂的施工测量应符合 GB 50334 的规定，工业废水处理工程宜参照执行。

11.1.10 水污染治理工程中构筑物、建筑物、管道及设备的地基及基础工程的施工应符合 GB 50141、GB 50334 及 GB 50202 的规定。

11.2 土建工程施工

11.2.1 池体构筑物的施工要求

11.2.1.1 施工技术要求

11.2.1.1.1 池体构筑物的底板应连续浇筑。

11.2.1.1.2 池体土建施工应考虑后续设备、管道的安装。池体应按照设计要求和厂家的设备安装说明书埋设预埋件、预留孔洞。预埋件、预留孔洞位置的标高、尺寸、数量应准确。

11.2.1.2 质量要求

池体构筑物施工质量应符合 GB 50141、GB 50204、GB 50334 的规定。

11.2.1.3 池体注水检测要求

11.2.1.3.1 每座池体构筑物应作满水试验，试验应按 GB 50141 进行。

11.2.1.3.2 有气密性要求的池体构筑物除进行满水试验外，还应进行气密性试验。消化池的气密性试验应符合 GB 50141 的规定。

11.2.2 一般构筑物和建筑物的施工要求

11.2.2.1 施工技术要求

11.2.2.1.1 混凝土、砂浆、防水材料、胶粘剂等现场配制的材料，应严格按照配合比和施工程序进行。

11.2.2.1.2 构筑物和建筑物施工时，宜按先地下后地上、先深后浅的顺序施工，并应防止各构筑物和建筑物交叉施工时相互干扰。

11.2.2.2 质量要求

11.2.2.2.1 建筑工程施工质量应符合 GB 50300 的规定。建筑工程各专业工程施工质量按各专业验收规范，并与 GB 50300 配合使用。

11.2.2.2.2 泵房的施工质量应符合 GB 50141 和 GB 50334 的规定，其他构筑物施工质量宜参照 GB 50300执行。

11.2.3 厂(站)配套工程的施工要求

11.2.3.1 施工技术要求

11.2.3.1.1 道路工程的沥青路面和水泥混凝土施工应严格执行施工程序。

11.2.3.1.2 照明工程设备器材的运输、保管应符合国家有关物资运输、保管的规定；当产品有特殊要求时，还应符合特殊产品的规定。

11.2.3.1.3 凡所使用的电气设备及器材，均应符合现行技术标准，并具有合格证件和铭牌。

11.2.3.1.4 电缆通过地面或楼板、墙壁及易受机械损伤处，均应设置保护套管。

11.2.3.1.5 绿化工程应按照批准的绿化工程设计及有关文件施工。厂(站)综合工程中的绿化种植，应在主要建筑物、地下管线、道路工程等主体工程完成后进行。

11.2.3.2 质量要求

11.2.3.2.1 道路工程的施工质量应符合 GB 50092、GBJ 97 的规定。

11.2.3.2.2 照明工程的施工质量应符合 GB 50149 的规定。

11.2.3.2.3 绿化工程的施工质量应符合 CJJ/T 82 的规定。

11.3 安装工程施工

11.3.1 设备安装的要求

11.3.1.1 设备安装技术要求

11.3.1.1.1 设备安装前应按设计或设备安装说明书对预埋件、预留孔洞的尺寸、位置和数量进行复检，如设计或设备安装说明书无规定，宜按 GB 50231 的允许偏差对设备基础位置和几何尺寸进行复检。

11.3.1.1.2 设备安装中，应进行自检、互检和专业检查，并应对每道工序进行检验和记录。

11.3.1.1.3 设备的单机运行调试应按照设备说明书和设计要求进行，无要求时宜参照 GB 50231 执行。

11.3.1.2 质量要求

11.3.1.2.1 设备安装质量应符合 GB 50334 的规定，其他设备宜参照 GB 50231 执行。

11.3.1.2.2 压力容器质量应符合 GB 150 的规定。压力容器和沼气柜(罐)应按照结构、密闭形式分部位进行气密性试验。

11.3.2 管道施工的要求

11.3.2.1 施工技术要求

11.3.2.1.1 管道工程施工应掌握管道沿线的情况和资料，宜参照 GB 50268 执行。

11.3.2.1.2 施工测量及沟槽的施工宜参照 GB 50268 执行。

11.3.2.1.3 管道及配件装卸时应轻装轻放，运输时应垫稳、绑牢，不得相互撞击；接口及管道的内外防腐层应采取保护措施。

11.3.2.1.4 管道安装时，应随时清扫管道中的杂物，给水管道暂时停止安装时，两端应临时封堵。

11.3.2.1.5 地下管道施工后，对覆地要求分层夯实，确保道路质量。

11.3.2.2 质量要求

给水排水管道工程质量应符合 GB 50268 的规定，工业管道质量应符合 GB 50235 、GB 50236 的规定。

11.3.2.3 严密性要求

压力与密闭性测试压力管道回填土前，应采用水压试验法进行管道强度及严密性试验；无压力管道回填土前，应进行严密性试验。试验应符合 GB 50268 的规定。

11.4 系统联合调试

11.4.1 系统联合调试的准备

11.4.1.1 设备及其附属装置、管路等均应全部施工完毕，施工记录及资料应齐全。设备的水平和几何精度经检验合格。设备及其润滑、液压、气(汽)动、冷却、加热和电气及控制等附属装置，均应单独调试检查并符合试运转的要求。

11.4.1.2 需要的能源、介质、材料、工机具、检测仪器、安全防护设施及用具等，均应符合试运转的要求。

11.4.1.3 对复杂和精密的设备，应编制试运转方案或试运转操作规程。

11.4.1.4 参加试运转的人员，应熟悉设备的构造、性能、设备技术文件，并应掌握操作规程及试运转操作。

11.4.1.5 设备及周围环境应清扫干净，设备附近不得进行有粉尘的或噪声较大的作业。

11.4.2 系统联合调试的实施

11.4.2.1 联合调试应按工程项目设计实施要求进行，不宜用模拟方法代替。

11.4.2.2 联合调试应由部件开始至组件、至单机、直至整机(整个系统)，按说明书和生产操作程序进行。

11.4.2.3 应在对污水处理工程单池、单机进行调试的基础上，进行整体性联动调试。

11.4.3 联合调试效果检查

11.4.3.1 各转动和移动部分，用手(或其他方式)盘动，应灵活，无卡滞现象。

11.4.3.2 安全装置(安全联锁)、紧急停机和报警讯号等经试验均应正确、灵敏、可靠。

11.4.3.3 各种手柄操作位置、按钮、控制显示和讯号等，应与实际动作及其运动方向相符。压力、温度、流量等仪表、仪器指示均应正确、灵敏、可靠。

11.4.3.4 应按有关规定调整往复运动部件的行程、变速和限位；在整个行程上其运动应平稳，不应有振动、爬行和停滞现象；换向不得有不正常的声响。

11.4.3.5 设备均应进行设计状态下各级速度(低、中、高)的运转试验。其启动、运转、停止和制动，在手动、半自动和自动控制下，均应正确、可靠、无异常现象。

11.4.3.6 联合调试效果应达到设计要求并填写联合调试记录。

11.5 工程验收

11.5.1 与工业生产工程同步建设的水污染治理工程应与生产工程同时验收；现有生产设备配套或改造的水污染治理设施应进行单独验收；在一个建设项目中，一个单项工程或一个车间已按设计要求建设完成，能满足生产要求或具备独立运行和使用条件，可进行单项工程验收。

11.5.2 单项工程验收应具备下列文件：

a) 经批准的初步设计、调整概算及其他有关设计文件；

b) 施工图纸及其审查资料、设备技术资料；

c) 国家颁发的环保安全、压力容器等规定；

d) 有关部门颁发的专业工程技术验收规范、规程及建筑安装工程质量检验评定标准；

e) 引进项目的合同及国外提供的设计文件等。

11.5.3 单项工程验收标准如下：

a) 土建工程验收应符合 GB 50300、GB 50202、GB 50203、GB 50204、GB 50205、GB 50206 及相关验收规范的规定；

b) 管道工程验收应按设计内容、设计要求、施工规格、验收规范分全部或分段验收；

c) 设备验收应符合规定要求达到合格；管道内部垃圾应清除，自来水管道应经过清洗和消毒，输气管道要经过通气换气；

d) 在施工前，对管道材质用防腐层(内壁及外壁)应根据标准进行验收，钢管应注意焊接质量，并加以评定和验收；对设计中选定的闸阀产品质量应慎重检验；

e) 安装工程验收应符合 GB 150、GB 50231、GB 50235、GB 50236、GB 50275、GB 50254、GB 50255、GB 50256、GB 50257、GB 50303、JB/T 8536、JB/T 8471 和安装文件的规定。

11.5.4 工程竣工后，建设单位应根据法律、相应专业现行验收规范和有关规定，依据验收监测或调查结果，并通过现场检查等手段，考核建设项目是否达到竣工要求。

11.5.5 施工单位在全面完成所承包的工程，经总监理工程师同意后，应向建设单位提出申请，建设单位核实符合交工验收条件后，组织建设、设计、施工、监理、养护管理、质量监督等单位代表组成验收组，对工程质量进行验收。

11.5.6 对已经交付竣工验收的单位工程或单项工程(中间交工)并已办理了移交手续的，不再重复办理验收手续，但应将单位工程或单项工程竣工验收报告作为全部工程竣工验收的附件加以说明。

11.5.7 竣工验收过程中的监测内容及相关要求应符合《建设项目环境保护设施竣工验收监测技术要求》的规定。

11.6 环境保护验收

11.6.1 水污染治理工程经环境保护验收合格后，方可正式投入使用。

11.6.2 水污染治理工程环境保护验收除应执行《建设项目竣工环境保护验收管理办法》和行业环境保护验收规范外，在生产试运行期间还应对水污染治理装置进行性能试验，性能试验报告可作为环境保护验收的重要参考。

11.6.3　水污染治理工程环境保护验收监测应符合《建设项目环境保护设施竣工验收监测技术要求》的规定。

12　运行与维护

12.1　一般规定

12.1.1　废水处理站应建立操作规程、运行记录、水质检测、设备检修、人员上岗培训、应急预案、安全注意事项等处理设施运行与维护的相关制度，适时监控运行效果，加强处理设施的运行、维护与管理。

12.1.2　企业应将废水处理设施作为生产系统的组成部分进行管理，应配备专职人员负责废水处理设施的操作、运行和维护。废水处理设备设施每年至少进行一次检修，其日常维护与保养应纳入企业正常的设备维护管理工作。

12.1.3　企业不得擅自停止废水治理设施的正常运行。因维修、维护致使处理设施部分或全部停运时，应事先征得当地环保部门的批准。

12.1.4　废水处理站的运行记录和水质检测报告作为原始记录，应妥善保存，不得丢失或撕毁。

12.1.5　废水处理设备操作人员应经环保部门专业培训考试合格，并取得操作证后方可上岗。

12.2　运行管理

12.2.1　废水处理站的操作人员应熟悉废水处理的整体工艺、相关技术条件和设施、运行操作的基本要求，能够合理处置运行过程中出现的各种故障与技术问题。

12.2.2　废水处理站的操作人员应严格按照操作规程要求，运行、维护和管理废水处理设施，处理构筑物、设备、电器和仪表的运行状况。

12.2.3　操作人员应遵守岗位职责，如实填写运行记录。运行记录的内容应包括：水泵及相关处理设备检查记录、设施的启动-停止时间、处理水量、pH 值；电器设备的电流、电压、检测仪器的适时检测数据；投加药剂名称、调配浓度、投加量、投加时间、投加点位；处理设施运行状况与处理后出水情况等。

12.2.4　废水处理站的操作人员应做好交接班记录。非操作人员不得擅自启动、关闭废水处理设备。

12.2.5　废水处理站的操作人员应根据处理设施、设备的使用情况，提出检修内容与检修周期；对可能出现故障的设备和装置应提出具体的维护与维修措施。

12.2.6　当发现废水处理设施运行不正常或处理效果出现较大波动，不能满足排放要求时，应及时采取措施，进行调整。并根据处理工艺特点与污染物特性，制定出生产事故、废水污染物负荷突变等突发情况下的应急调节措施。

12.2.7　废水处理站的操作人员应负责应急事故水池等应急设施的日常管理。

12.3　水质检测

12.3.1　废水处理站应设置水质监控设施，适时检测与监控处理设施的运行状况与处理效果。

12.3.2　水质监控点应符合以下要求：当对废水处理系统的整体效率进行监控时，水质监控点应设在废水处理设施的总进水口和总排水口；当对处理设施各单元的处理效率进行监控时，监控点应设在处理单元的进水口和单元的排水口。

12.3.3　废水处理站在运行期间，每天均应根据设施的运行状况，对处理水质进行检测，并建立水质检测报告制度。检测项目、采样点、采样频率、采用的监测分析方法应按照国家环境保护总局编委会编制的《水和废水监测分析方法》中所规定的要求进行。已安装在线监测系统的，也应定期取样，进行人工检测，比对数据。

12.3.4 在检测分析过程中，应及时、真实填写原始记录，不得凭追忆事后补填或抄填。

12.3.5 检测报告应由检测、校核、复核人员签名。

12.4 污泥处置

12.4.1 废水处理产生的污泥，经压滤机压榨形成污泥饼，并用包装袋盛装，送至含铅固废仓库。

12.4.2 与具有含铅固废处理资质单位签订处置合同，并交环保部门审批同意，委托其进行处置。

12.4.3 按照国家环保部发布的《危险废物转移联单管理办法》和地方相关法规办理危险废物转移手续。

12.5 维护

12.5.1 运行管理人员和维修人员应熟悉机电设备的维修规定。

12.5.2 对构筑物的结构及各种闸阀、护栏、爬梯、管道等应定期进行检查、维修及防腐处理。

12.5.3 应经常检查和紧固各种设备连接件，定期更换联轴器的易损件。

12.5.4 各种管道闸阀应定期做启闭试验。

12.5.5 应定期检查、清扫电器控制柜，并测试其各种技术性能。

12.5.6 应定期检查电动闸阀的限位开关、手动与电动的联锁装置。

12.5.7 在每次停泵后，应检查填料或油封的密封情况，进行必要的处理。并根据需要填加或更换填料、润滑油、润滑脂。

12.5.8 各种机械设备除应做好日常维护保养外，还应按设计要求或制造厂的要求进行大修、中修、小修。

12.6 应急措施

12.6.1 当进水水质严重超标或超出进水设计标准时，应停止进水，打开应急闸门，将污水导入应急池。对进水水质数据进行分析，待查明超标原因，解决问题后，方可恢复正常运行。

12.6.2 当发现药剂(碱液、絮凝剂等)箱泄漏或浓度指标出现异常时，应立即停止进水，打开应急闸门，将污水导入应急池，组织抢修药剂箱，进行堵漏；重新添加相应的药剂进行配置；待检修完成及药剂配置达标后，引入污水进行处置。

12.6.3 当设备运行发生故障不能正常运行时，应立即停止进水，用水泵将各池内污水抽入应急水池，待工程设备人员维修后，引入污水正常运行。

13 劳动安全与职业卫生

13.1 劳动安全

13.1.1 高架构筑物应设置栏杆、防滑梯、照明等安全设施。应设有便于行走的操作平台、走道板、安全护栏和扶手，栏杆高度和强度应符合国家有关劳动安全规定。

13.1.2 各种机械设备裸露的传动部分应设置防护罩，不能设置防护罩的应设置防护栏杆，周围应保持一定的操作活动空间。

13.1.3 地下构筑物应有清理、维修工作时的安全措施。主要通道处应设置安全应急灯。在设备安装和检修时应有相应的保护设施。

13.1.4 存放有害化学物质的构筑物应有良好的通风设施和阻隔防护设施。有害或危险化学品的贮存应符合国家相关规定的要求。

13.1.5 废水调节池如需顶盖，则应留有排气孔。

13.1.6 废水处理站危险部位应有安全警示标志。并配置必要的消防、安全、报警与简单救护等设施。

13.1.7 水池四周应设防护栏，并设有安全警示标志。

13.2 职业卫生

13.2.1 废水处理设施在建设、运行过程中产生的废气、废水、废渣、噪声及其他污染物排放应严格执行国家环境保护法规、标准和批复的环境影响评价文件的有关规定。对建筑物内部设施噪声源控制应符合 GB 50087 和 GB 50040 中的有关规定。

13.2.2 废水处理设备的噪声应符合 GB 12348 的规定。

13.2.3 噪声控制应优先采取噪声源控制措施。废水处理站不宜采用高噪声风机。

13.2.4 加药设施附近应有保障工作人员卫生安全的设施。

13.2.5 加药间宜与药剂库毗邻，根据具体情况设置搬运、起吊设备和计量设施。

ICS 13.060.25;19.020
G 76

中华人民共和国国家标准

GB/T 32107—2015

臭氧处理循环冷却水技术规范

Code for recirculating cooling water treatment by ozone

2015-10-09 发布　　　　2016-05-01 实施

中华人民共和国国家质量监督检验检疫总局
中国国家标准化管理委员会　发布

前　　言

本标准按照GB/T 1.1—2009给出的规则起草。

本标准由中国石油和化学工业联合会提出。

本标准由全国化学标准化技术委员会(SAC/TC 63)归口。

本标准起草单位:上海轻工业研究所有限公司、中国石油化工股份有限公司北京化工研究院燕山分院、南京御水科技有限公司、中海油天津化工研究设计院、天津正达科技有限责任公司。

本标准主要起草人:李虹、郦和生、陈伟、邱真真、杨小萍、裘瑛、朱传俊、李琳。

臭氧处理循环冷却水技术规范

1 范围

本标准规定了臭氧处理循环冷却水系统设计、处理后水质、检测方法、工程施工、运行维护管理、劳动安全与职业卫生的技术要求。

本标准适用于利用臭氧技术处理间冷开式循环冷却水系统的工程设计、施工、验收和运行的技术要求以及试验方法的技术依据。

2 规范性引用文件

下列文件对于本文件的应用是必不可少的。凡是注日期的引用文件，仅注日期的版本适用于本文件。凡是不注日期的引用文件，其最新版本(包括所有的修改单)适用于本文件。

GB 3095 环境空气质量标准

GB/T 5750.11 生活饮用水标准检验方法 消毒剂指标

GB 12348 工业企业厂界环境噪声排放标准

GB/T 14643.1 工业循环冷却水中菌藻的测定方法 第1部分:黏液形成菌的测定 平皿计数法

GB/T 15893.1 工业循环冷却水中浊度的测定 散射光法

GB 28232 臭氧发生器安全与卫生标准

GB 50050—2007 工业循环冷却水处理设计规范

CJ/T 322 水处理用臭氧发生器

HG/T 4207 工业循环冷却水异养菌菌数测定 平皿计数法

HG/T 4323 循环冷却水中军团菌的检测与计数

HJ/T 264 环境保护产品技术要求 臭氧发生器

3 术语和定义

GB 50050—2007 界定的以及下列术语和定义适用于本文件。为了便于使用，以下重复列出了GB 50050—2007 中的某些术语和定义。

3.1

循环冷却水系统 recirculating cooling water system

以水作为冷却介质，并循环运行的一种给水系统，由换热设备、冷却设备、处理设施、水泵、管道及其他有关设施组成。

3.2

间冷开式循环冷却水系统(间冷开式系统) indirect open recirculating cooling water system

循环冷却水与被冷却介质间接传热且循环冷却水与大气直接接触散热的循环冷却水系统。

3.3

异养菌总数 count of aerobic heterotrophic bacteria

以细菌平皿计数法统计出每毫升水中的异养菌落个数，单位为个/mL。

3.4

生物黏泥量　slime

用生物过滤网法测定的循环冷却水所含微生物及其分泌的黏液与其他有机和无机杂质混合在一起的黏浊物质的体积，单位为 mL/m^3。

3.5

污垢热阻值　fouling resistance

换热设备传热面上因沉积物而导致传热效率下降程度的数值，单位为 $m^2 \cdot K/W$。

3.6

腐蚀速率　corrosion rate

以金属腐蚀失重而算得的每年平均腐蚀深度，单位为 mm/a。

3.7

浓缩倍数　cycle of concentration

循环冷却水与补充水含盐量的比值。

3.8

臭氧发生装置　ozone generator

发生臭氧气体的装置。主要部件是臭氧发生器，以空气或氧气为气源。

3.9

气水混合装置　ozone-water mixing equipment

将臭氧气体和冷却水混合，使臭氧溶解于水的装置。由水射器、混合管、脱气塔、喷嘴、气水混合泵、静态混合器中的一件或几件组合而成。

3.10

监控装置　monitoring device

用于监测水中和空气中臭氧浓度并可手动或自动调控水中臭氧浓度的装置。空气中臭氧浓度超标时可报警。

4　臭氧处理循环冷却水系统设计

4.1　设计总则(总体要求)

4.1.1　臭氧处理循环冷却水技术是以臭氧作为水处理剂对间冷开式循环冷却水系统进行的水处理，应符合 GB 50050—2007 的相关设计要求。

4.1.2　臭氧发生器的性能质量及能耗应符合 HJ/T 264 的要求，其安全与卫生应符合 GB 28232 的要求。

4.1.3　臭氧处理循环冷却水系统最高水温不宜超过 42 ℃。

4.1.4　臭氧处理循环冷却水系统补充水水质应符合 GB 50050—2007 表 6.1.3 规定的再生水水质要求。

4.1.5　臭氧处理循环冷却水系统环境空气应符合 GB 3095 的要求。

4.1.6　臭氧处理循环冷却水系统宜安置在循环冷却系统的水泵或冷却塔附近，设备装置宜安装于室内平整地坪上或相应尺寸的平整素砼基础上。管渠、处理设备应有防腐蚀和防渗漏的措施。

4.1.7　臭氧处理循环冷却水系统周边声环境应符合 GB 12348 的要求。

4.1.8　臭氧处理循环冷却水系统的设计应包括工艺设计、臭氧发生装置设计、气水混合装置设计、自动监控装置设计等。

4.2　工艺设计

4.2.1　工艺流程

臭氧处理循环冷却水系统包括臭氧发生装置、气水混合装置、自动监控装置等，该系统与循环冷却水系统旁路连接，建议从循环冷却水系统中取出约3%～5%流量的循环冷却水，在气水混合装置中与臭氧气体充分混合，再将含臭氧水注入间冷开式循环冷却水系统，并监控水中及空气中臭氧浓度。工艺流程示意图见图1。

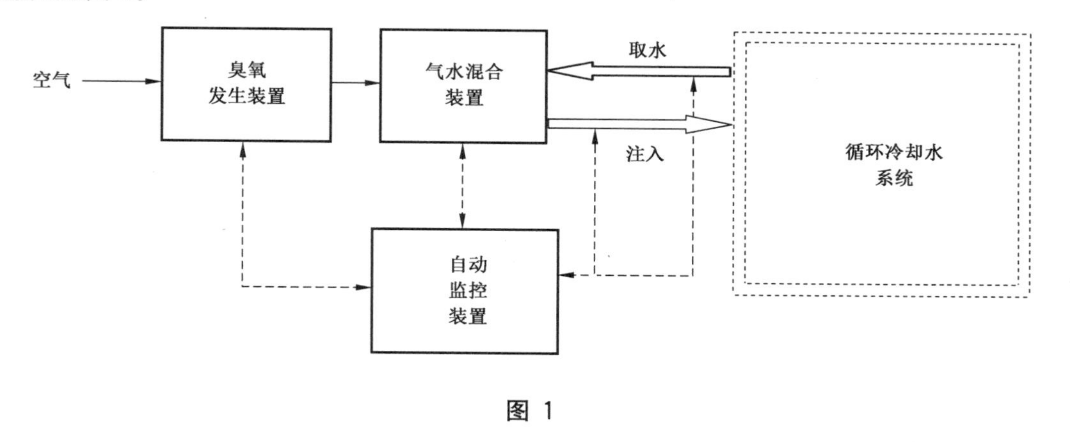

图 1

4.2.2 含臭氧水注入方式

可采用单点或多点注入的方式将含臭氧水注入循环冷却水系统或冷却塔集水池中，确保水中臭氧浓度达到工艺设计要求。

4.2.3 水中臭氧浓度

控制臭氧发生器的臭氧发生量达到工艺规定的要求，进入热交换器前的循环冷却水中臭氧浓度宜为0.01 mg/L～0.1 mg/L，并监测循环冷却水中的臭氧浓度。

4.3 臭氧发生装置设计

4.3.1 一般要求

臭氧发生装置包括空气压缩机、制氧机、臭氧发生器等。空气压缩机将压缩空气通入制氧设备后制成氧气，氧气通过臭氧发生器转化为臭氧。

4.3.2 臭氧发生量

4.3.2.1 臭氧发生量与循环冷却水量、工艺控制的臭氧水浓度以及溶气效率等因素有关。

4.3.2.2 臭氧发生量以 D 计，数值以克每小时(g/h)表示，按式(1)计算：

$$D=k\frac{Q_{r}\rho_{w}}{r} \qquad (1)$$

式中：

k ——设计余量系数，通常取值1.2～1.3；

Q_r ——循环冷却水量的数值，单位为立方米每小时(m^3/h)；

ρ_w ——循环冷却水控制点处水中臭氧浓度的数值，单位为毫克每升(mg/L)，通常取值范围为0.01 mg/L～0.1 mg/L；

r ——溶气效率的数值，视不同的气水混合元件，可取50%～80%。

4.3.3 制氧量

4.3.3.1 进入制氧机的压缩空气应符合下列要求：

——供气压力≥0.5 MPa；

——颗粒度≤0.01 μm；

——含油量≤0.01 mg/L；

——压力露点≤−20 ℃。

4.3.3.2 制氧机应以洁净的压缩空气为气源，对于不满足上述要求的压缩空气建议进行除油除尘除湿处理。

4.3.3.3 制氧机的氧气流量以 Q 计，数值以立方米每分(m^3/min)表示，按式(2)计算：

$$Q=\frac{D}{60\rho} \qquad (2)$$

式中：

D ——臭氧发生量(4.3.2)，单位为克每小时(g/h)；

ρ ——臭氧出气浓度的数值，单位为克每立方米(g/m^3)，通常氧气源臭氧发生器的出气浓度为 80 g/m^3～120 g/m^3。

4.3.4 空气压缩机

压缩空气的供气量应为制氧机氧气流量的15倍～18倍，且压缩空气的供气压力应大于制氧机和供气管路的阻力。

4.4 气水混合装置设计

4.4.1 气水混合装置包括水射器、混合管、脱气塔、喷嘴、气水混合泵、静态混合器以及其他高效气水混合器等。

4.4.2 宜选择低能耗、高溶气效率的气水混合元件。溶气效率应达到50%以上。

4.4.3 应使用耐臭氧腐蚀的材料。

4.4.4 设置气水分离装置，分离未溶解的气态臭氧，避免其混入循环冷却水系统中，并设置臭氧尾气分解装置，将分离出的臭氧气体分解成氧气，排入空气中。

4.5 自动监控装置设计

4.5.1 自动监控装置包括现场监测控制设备、现场数据采集器和数据中心。

4.5.2 应对循环冷却水中臭氧浓度进行在线监测，将水中臭氧浓度控制在工艺设计要求的范围内。

4.5.3 应对设备工作场所空气中臭氧浓度进行监测，防止臭氧泄漏。空气中臭氧浓度超过GB 3095规定的限值时，装置应报警并立即关机。

4.5.4 宜对系统中电导率等水质参数及涉及设备安全运行的温度、电流等指标进行监控，确保系统正常运行。

4.5.5 宜对设备单元部件的启停、运转状态及故障情况进行监控和报警。

5 处理后的循环冷却水水质

经臭氧处理后的循环冷却水系统的腐蚀速率、污垢热阻值以及水质指标在满足GB 50050—2007相关要求的基础上，部分指标应达到表1要求。

表 1

项　　目	指　　标
浊度/NTU	≤10
异养菌总数/(个/mL)	≤1×10^3
军团菌	不得检出
生物黏泥量/(mL/m^3)	≤2

6 检测方法

6.1 臭氧系统检测

6.1.1 臭氧发生器臭氧浓度、产量、电耗按 CJ/T 322 的规定进行检测。
6.1.2 水中的臭氧浓度按 GB/T 5750.11 的规定进行检测。

6.2 循环冷却系统水质检测

6.2.1 浊度按 GB/T 15893.1 的规定进行检测。
6.2.2 异养菌总数按 HG/T 4207 的规定进行检测。
6.2.3 军团菌按 HG/T 4323 的规定进行检测。
6.2.4 生物黏泥量按 GB/T 14643.1 的规定进行检测。
6.2.5 其他指标按 GB 50050—2007 的规定进行检测。

7 工程施工

7.1 工程施工前，应进行施工组织设计或编制施工方案，明确施工质量负责人和施工安全负责人，经批准后方可实施。
7.2 工程的设备安装应符合设计文件的规定。
7.3 工程变更应按照经批准的设计变更文件进行。

8 运行维护管理

8.1 运行操作人员及维修人员应培训、考核后上岗，应了解臭氧处理循环冷却水工艺、设备操作规程及各项监控指标要求。
8.2 应针对臭氧处理循环冷却水的运行过程，制定详细的运行管理、维护保养制度和操作规程，各类设施、设备应按照设计的工艺条件和要求使用。
8.3 日常运行中，各操作人员应按规程要求做好运行记录，并根据不同设备要求，定期进行检查，保证系统的正常运行。
8.4 对臭氧处理工艺控制点和冷却塔下集水池的水质应定期取样检测。已安装的监测仪表应定期校验。

9 劳动安全与职业卫生

9.1 臭氧处理循环冷却水系统周围不得放置易燃、易爆物品和设备。系统组成装置间距及现场消防设施应符合国家现行防火规范的规定。
9.2 应为运行操作和维修人员配备必要的劳动安全卫生设施和劳动防护用品，各种设施及防护用品应由专人维护保养，保证其完好、有效。
9.3 应建立安全检查制度，及时消除事故隐患，防止事故发生。
9.4 应对设备工作场所空气中臭氧浓度进行监测，防止臭氧泄漏。空气中臭氧浓度超过 GB 3095 规定的限值时，装置应报警并立即关机。

ICS 13.030.20
Z 05

中华人民共和国国家标准

GB/T 32123—2015

含氰废水处理处置规范

Treatment and disposal specification for cyanide waste water

2015-10-09 发布

2016-05-01 实施

中华人民共和国国家质量监督检验检疫总局
中国国家标准化管理委员会
发布

前　言

本标准按照GB/T 1.1—2009给出的规则起草。

本标准由中国石油和化学工业联合会提出。

本标准由全国废弃化学品处置标准化技术委员会(SAC/TC 294)归口。

本标准起草单位:安徽省安庆市曙光化工股份有限公司、河北诚信有限责任公司、中海油天津化工研究设计院、深圳市危险废物处理站有限公司。

本标准主要起草人:陈长斌、申银山、郭凤鑫、高大明、程倪根、杨扬、王琳。

含氰废水处理处置规范

1 范围

本标准规定了含氰废水处理处置的术语和定义、处理处置方法及排放要求。

本标准适用于含氰废水的处理处置过程。

2 规范性引用文件

下列文件对于本文件的应用是必不可少的。凡是注日期的引用文件，仅注日期的版本适用于本文件。凡是不注日期的引用文件，其最新版本(包括所有的修改单)适用于本文件。

GB 5085.1 危险废物鉴别标准 腐蚀性鉴别

GB 5085.3 危险废物鉴别标准 浸出毒性鉴别

GB 8978 污水综合排放标准

HJ 484 水质 氰化物的测定 容量法和分光光度法

HJ 585 水质 游离氯和总氯的测定 *N*,*N*-二乙基-1,4-苯二胺滴定法

3 术语和定义

下列术语和定义适用于本文件。

3.1

含氰废水 cyanide waste water

工业生产过程中产生的含有无机氰化物(CN^-)、硫氰酸盐(SCN^-)或氰合金属基配合物的废水。

4 含氰废水处理处置方法

4.1 酸化回收法

4.1.1 适用范围

适合于处理含无机氰化物(CN^-)或氰合金属基配合物(铁氰配合物除外)的含氰废水。适用浓度为氰化物(以CN计)含量不小于1 g/L。

4.1.2 原理

氢氰酸为弱酸，电离平衡常数 $K_a = 6.2\times10^{-10}$，沸点为25.7 ℃，易于挥发，在酸性条件下，废水中的无机氰化物趋于形成氰化氢(HCN)，可通过废水的酸化、氰化氢的吹脱和氰化氢气体的吸收达到回收氰离子的目的。

$$NaCN + H^+ = HCN + Na^+$$

$$Pb(CN)_4^{2-} + 4H^+ = 4HCN + Pb^{2+}$$

$$Zn(CN)_4^{2-} + 4H^+ = 4HCN + Zn^{2+}$$

$$Cu(CN)_3^{2-} + 2H^+ = 2HCN + CuCN\downarrow(灰白)$$

4.1.3 工艺流程

将含氰废水由储罐打入酸化罐内，盐酸由储罐打入计量罐中。开启尾气吸收装置及真空泵，通过真空泵使酸化罐处于负压状态，真空泵前经过一级碱液吸收以保证真空泵排气达标。开启酸化罐搅拌，向酸化罐内流加盐酸，检测 pH 合格后停止加酸。开启氰化氢吸收塔碱液循环泵，将酸化好的废水打入吹脱塔中，然后先开吹脱塔循环泵再开吹脱塔鼓风机，当检测废水中的氰化物含量达到要求后，按顺序停鼓风风机、吹脱塔循环泵以及尾气吸收循环泵，将处理后废水排入废水储罐。吹脱的氰化氢与吸收液生成氰化钠溶液。

酸化回收法工艺流程见图 1。

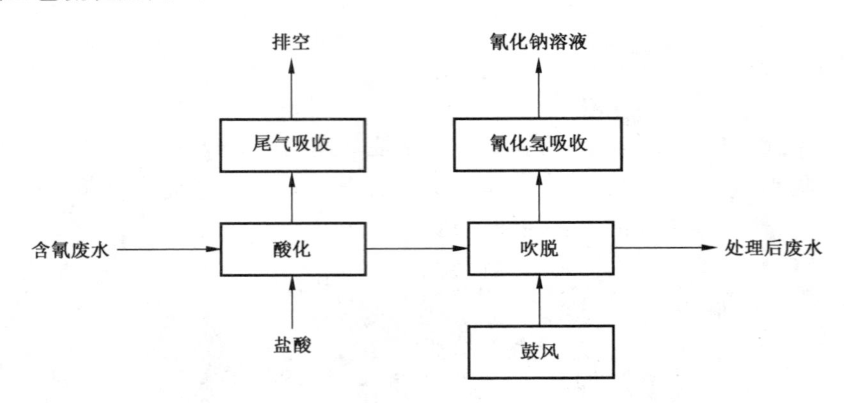

图 1 酸化回收法工艺流程图

4.1.4 工艺控制条件

4.1.4.1 酸化 pH：1～3。

4.1.4.2 吹脱温度：35 ℃～70 ℃。

4.1.4.3 吹脱时间：与氰化物含量成正比，与吹脱温度成反比(一般为 3 h～4 h)。

4.1.4.4 吸收液：氢氧化钠溶液，质量分数不小于 30%。

4.1.4.5 盐酸：质量分数不小于 31%。

4.1.5 主要设备

酸化罐、尾气吸收塔、尾气吸收循环泵、计量罐、吹脱塔循环泵、吹脱塔、氰化氢吸收塔、鼓风机、真空泵。

4.1.6 处理结果

处理后废水中氰化物(以 CN 计)含量不大于 10 mg/L，还应采用其他方法处理至达标排放。

4.2 氯氧化法

4.2.1 适用范围

适合于处理含无机氰化物(CN^-)或硫氰酸盐(SCN^-)的含氰废水。

4.2.2 原理

利用次氯酸根的氧化性，将氰化物氧化为低毒的氰酸盐，氰酸盐继续被氧化成无毒的碳酸盐和氮气。

主反应方程式如下：

$$CN^{-}+ClO^{-}\longrightarrow CNO^{-}+Cl^{-}$$

$$2CNO^{-}+3ClO^{-}+2OH^{-}\longrightarrow N_2+2CO_3^{2-}+3Cl^{-}+H_2O$$

伴生反应方程式如下：

$$CNO^{-}+2H_2O\longrightarrow HCO_3^{-}+NH_3\uparrow$$

4.2.3 工艺流程

将含氰废水由储罐打入 pH 调节槽，将氢氧化钠溶液打入计量罐中，打开 pH 调节槽搅拌，将氢氧化钠溶液加入 pH 调节槽调节废水 pH 为 10～11，继续搅拌 5 min～10 min。用泵将调节好 pH 的溶液转移到氧化反应釜，打开反应釜搅拌。打开次氯酸钠计量泵前、后阀门，开启计量泵将次氯酸钠加入氧化反应釜中，反应一定时间。打开硫酸计量泵前、后阀门，开启硫酸计量泵，设定好流量，将硫酸加入到氧化反应釜中，调整 pH 为 8～9，待废水中的氰化物(以 CN 计)含量降至合格，放置沉降后进行固液分离，将处理后废水排入合格废水储罐。

氯氧化法工艺流程见图 2。

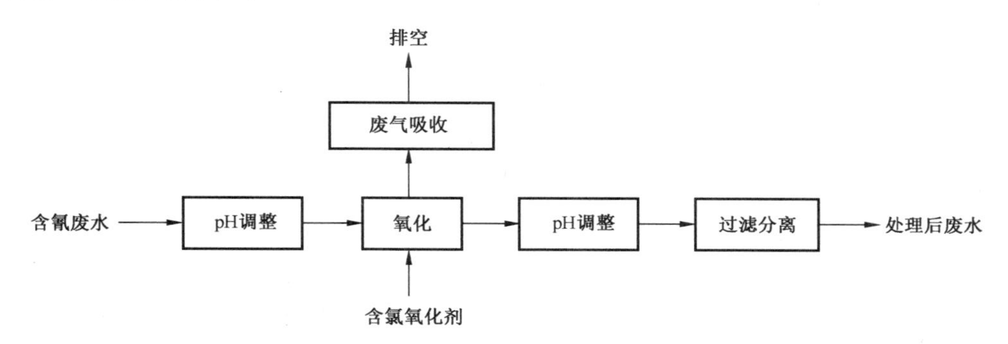

图 2 氯氧化法工艺流程图

4.2.4 工艺控制条件

4.2.4.1 反应 pH：第一阶段为 10～11，第二阶段为 8～9。

4.2.4.2 反应时间：取决于待处理废水中氰化物含量(一般为 1 h～1.5 h)。

4.2.4.3 反应后剩余游离氯含量：10 mg/L～50 mg/L。按 HJ 585 规定的方法检验。

4.2.5 消耗量

有效氯(以 Cl 计)的量与氰化物(以 CN 计)量的比：6～10。

4.2.6 主要设备

碱液储槽、含氯氧化剂储槽、pH 调节槽、硫酸储槽、氧化反应釜、砂浆泵、输送泵、计量泵、风机。

4.2.7 处理结果

处理后废水中氰化物(以 CN 计)含量不大于 0.5 mg/L。

4.3 电解法

4.3.1 适用范围

适合于处理含无机氰化物(CN^{-})或氰合金属基配合物的高浓度电镀含氰废水，适用浓度为氰化物

(以 CN 计)含量 0.5 g/L～40 g/L,铜含量不大于 20 g/L。

4.3.2 原理

电解法是利用电化学氧化反应破坏废水中的氰化物。在电解电压下,废水中的氰化物离子在阳极上失去电子被氧化成二氧化碳、氮气或氨。

阳极反应:

$$CN^- + 2OH^- - 2e \longrightarrow CNO^- + H_2O$$

$$2CN^- + 8OH^- - 10e \longrightarrow 2CO_2 \uparrow + N_2 \uparrow + 4H_2O$$

4.3.3 工艺流程

用输送泵将氢氧化钠溶液打入碱液高位槽,将废水储槽中的含氰废水用泵打至电解槽中,打开吸收塔引风机和吸收液循环泵。开动搅拌器,通过电解槽上端的料口将氢氧化钠溶液滴入电解槽,调节槽内溶液的 pH 大于 10。通直流电开始电解,根据含氰废水中氰化物的浓度,确定电解时间,一般电解时间控制在 2 h～25 h 左右。电解结束后利用重力自流将溶液导入 pH 调整槽,加入硫酸调节 pH,放置沉降后进行固液分离。

电解法工艺流程见图 3。

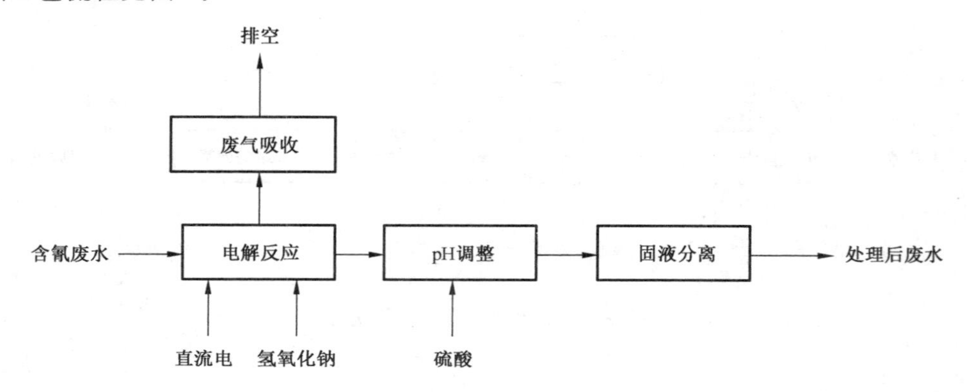

图 3 电解法工艺流程图

4.3.4 工艺控制条件

4.3.4.1 电解 pH:不小于 10。

4.3.4.2 电解电压:不低于 3.5 V。

4.3.4.3 电解时间:取决于氰化物浓度(一般为 2 h～25 h)。

4.3.5 消耗量

4.3.5.1 电耗:1 kg 氰化物(以 CN 计)消耗 10 kW·h～12 kW·h。

4.3.5.2 水耗:0.02 m^3/m^3～0.05 m^3/m^3。

4.3.6 主要设备

电解槽(阴极材质为不锈钢,阳极材质为石墨)、循环液槽、循环泵、整流器、pH 调整槽、引风机、吸收塔、吸收液循环泵、输送泵。

4.3.7 处理结果

处理后废水中氰化物(以 CN 计)含量不大于 50 mg/L,还应采用其他方法处理至达标排放。

4.4 加热水解法

4.4.1 适用范围

适合于处理含无机氰化物(CN^-)的含氰废水。适用浓度为氰化物(以 CN 计)含量不大于 4 g/L。

4.4.2 原理

利用了氰化物水溶液易水解的特性,使氰化物水溶液在大于 140 ℃的条件下水解生成甲酸钠和氨,消除氰化物的毒性。

反应方程式如下:

$$NaCN + 2H_2O \xrightarrow[\triangle]{} HCOONa + NH_3 \uparrow$$

4.4.3 工艺流程

打开待处理废水储槽泵的进水阀门,略微打开加热分解槽上排气阀门,启动待处理废水储槽泵,待压力达到正常值时,缓慢打开换热器、加热分解槽管道阀门,将废水通过换热器送入加热分解槽。打开加热分解槽蒸汽进汽调节阀前后阀门,对加热分解槽中废水进行加热,在加热分解槽内空气排尽后,关闭排气阀门。当加热分解槽温度升至规定值后,打开加热分解槽液位调节阀向脱氨塔排水。开启脱氨塔风机和脱氨塔循环泵,通过脱氨塔循环泵送入废水储槽,脱除的氨采用循环泵循环洗涤吸收制成氨水,尾气经烟囱高空排放。

加热水解法工艺流程见图 4。

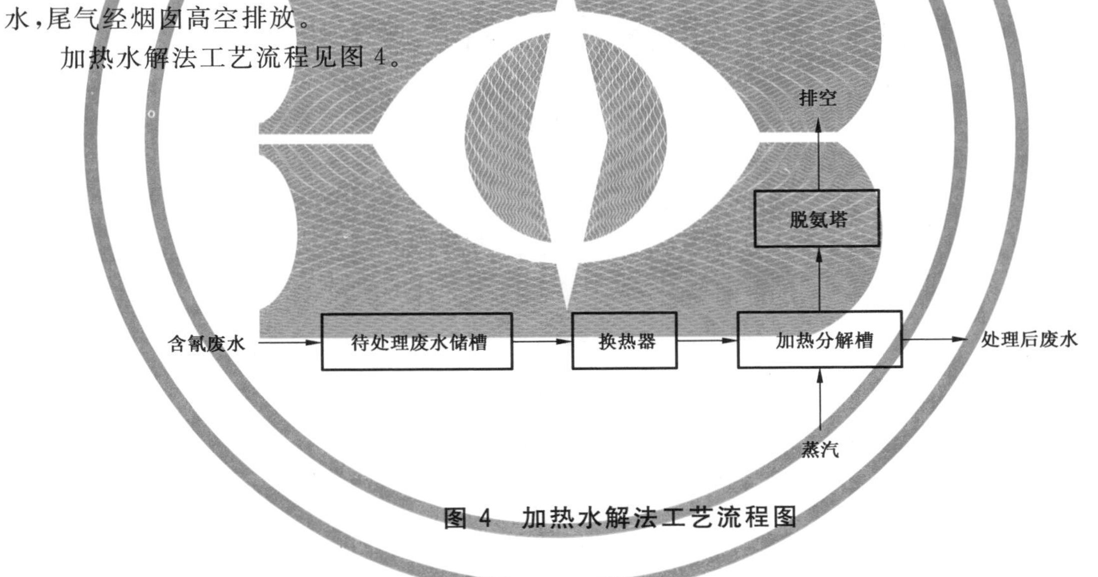

图 4 加热水解法工艺流程图

4.4.4 工艺控制条件

4.4.4.1 分解 pH:不小于 9。

4.4.4.2 水解温度:150 ℃(根据含氰废水含量选择合适的温度,一般为 140 ℃~165 ℃)。

4.4.4.3 反应压力:0.7 MPa。

4.4.4.4 水解时间:取决于氰化物浓度(一般 2 h~4 h)。

4.4.5 消耗量

电耗:1 t 含氰废水消耗 2.5 kW·h。

4.4.6 主要设备

废水贮槽、螺旋板换热器、加热分解槽、脱氨塔、脱氨塔循环泵、输送泵、风机。

4.4.7 处理结果

处理后废水中氰化物(以 CN 计)含量不大于 20 mg/L,还应采用其他方法处理至达标排放。

4.5 过氧化氢氧化法

4.5.1 适用范围

适合于处理含无机氰化物(CN^-)或氰合金属基配合物(铁氰配合物除外)的含氰废水。

4.5.2 原理

在 pH 大于 7 的反应条件下,以过氧化氢为氧化剂将废水中的氰化物氧化为氰酸盐,氰酸盐再水解为碳酸盐和氨。

反应方程式如下:

$$CN^- + H_2O_2 \longrightarrow CNO^- + H_2O$$

$$CNO^- + 2H_2O \longrightarrow HCO_3^- + NH_3 \uparrow$$

4.5.3 工艺流程

开启尾气吸收装置,将含氰废水由储罐打入氧化处理罐内,过氧化氢由储罐打入计量罐中;开启循环泵或搅拌。根据处理废水水量及含氰化物的含量计算加入过氧化氢的量,向处理罐中流加过氧化氢。反应一段时间(约 1 h)后检测氰化物含量,合格后打入合格废水储罐。

过氧化氢氧化法工艺流程见图 5。

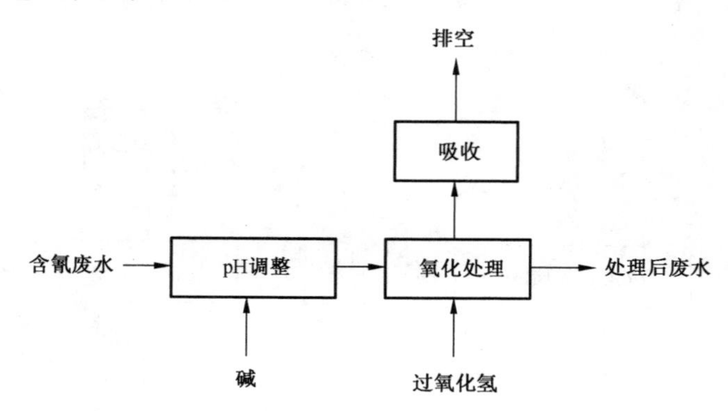

图 5 过氧化氢氧化法工艺流程图

4.5.4 工艺控制条件

4.5.4.1 氧化反应 pH:大于 7。

4.5.4.2 投料比:过氧化氢与氰化物(以 CN 计)的摩尔比为 2∶1。

4.5.4.3 反应时间:取决于氰化物浓度和氧化温度(约 1 h)。

4.5.4.4 吸收液:硫酸溶液,质量分数不小于 70%。

4.5.5 主要设备

氧化处理罐、离心泵、计量罐、尾气吸收塔、尾气循环泵。

4.5.6 处理结果

处理后废水中氰化物(以 CN 计)含量不大于 0.5 mg/L。

4.6 微生物法

4.6.1 适用范围

适合于处理含无机氰化物(CN^-)、氰合金属基配合物或硫氰酸盐(SCN^-)的含氰废水。适用浓度为氰化物(以CN计)含量不大于20 mg/L。

4.6.2 原理

氰化物通过细菌生物作用,先经厌氧菌将氰化物和硫氰酸盐等分解成碳酸盐和氨,再经好氧菌分解氨,最终将氰化物分解成无毒物。

4.6.3 工艺流程

将含氰废水排入调节池中,用氢氧化钠溶液调节pH为8.5~9.5,通过泵将废水由调节池连续排入厌氧折板反应器,再自流入序批式活性污泥法(SBR)好氧池进行曝气氧化,最后沉淀澄水进入中间水池外排。

微生物法工艺流程见图6。

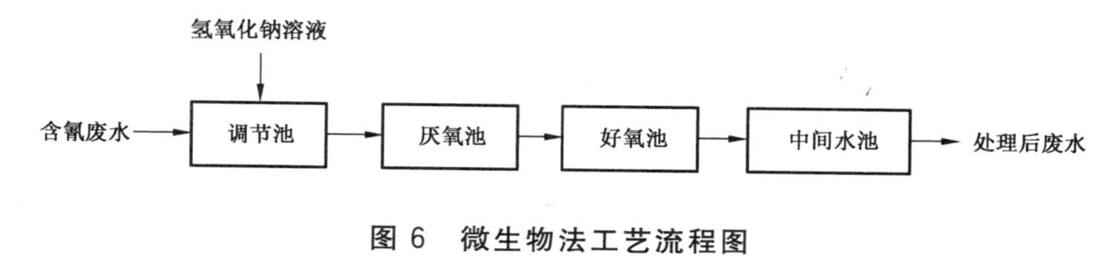

图6 微生物法工艺流程图

4.6.4 工艺控制条件

4.6.4.1 调节池pH:8.5~9.5。

4.6.4.2 调节池含氰化物(以CN计)浓度:不大于20 mg/L。

4.6.4.3 氢氧化钠溶液:质量分数不小于30%。

4.6.5 主要设备

调节池、厌氧池、好氧池、中间水池、罗茨风机。

4.6.6 处理结果

处理后废水中氰化物(以CN计)含量不大于0.5 mg/L。

5 排放要求

5.1 处理后废水中总氰化物含量达到GB 8978要求的排放标准方可排放。含氰废水中氰化物含量按HJ 484规定的方法测定。

5.2 按GB 5085.1和GB 5085.3的规定对废水处理过程中产生的污泥进行鉴别,并统一收集、储存,具有危险废物特性的应交给具有资质的单位进行处理。

ICS 13.030.20
Z 05

中华人民共和国国家标准

GB/T 32327—2015

工业废水处理与回用技术评价导则

Guide for evaluating industrial wastewater treatment and reuse technology

2015-12-31 发布　　　　2016-07-01 实施

中华人民共和国国家质量监督检验检疫总局
中国国家标准化管理委员会　发布

前　言

本标准按照 GB/T 1.1—2009 给出的规则起草。

本标准由全国产品回收利用基础与管理标准化技术委员会(SAC/TC 415)和全国工业节水标准化技术委员会(SAC/TC 442)提出并归口。

本标准起草单位:中国标准化研究院、轻工业环境保护研究所、北京建工金源环保发展有限公司、北京万邦达环保技术股份有限公司、北京高能时代环境技术股份有限公司、北京华瑞创源环保科技有限公司。

本标准主要起草人:任晓晶、朱春雁、白雪、张忠国、胡梦婷、吴月、贺克明、单明军、马文臣、刘泽军、刘艳尼、高东峰、李珊、梁爽、程言君、王玉洁、才宽、侯姗、杨明、刘静。

工业废水处理与回用技术评价导则

1 范围

本标准规定了工业废水处理与回用技术的评价原则、评价指标体系、评价程序和方法。

本标准适用于工业企业或有关部门评价与比选废水处理与回用技术。

2 规范性引用文件

下列文件对于本文件的应用是必不可少的。凡是注日期的引用文件，仅注日期的版本适用于本文件。凡是不注日期的引用文件，其最新版本(包括所有的修改单)适用于本文件。

GB/T 18919 城市污水再生利用 分类

HG/T 3923 循环冷却水用再生水水质标准

GB/T 18921 城市污水再生利用 景观环境用水水质

SL 368 再生水水质标准

3 术语和定义

下列术语和定义适用于本文件。

3.1

工业废水 industrial wastewater

工艺生产过程中排出的废水和废液，其中含有随水流失的工业生产用料、中间产物、副产品以及生产过程中产生的污染物。

3.2

回用 water reuse

企业产生的排水直接或经处理后再利用于某一用水单元。

3.3

最佳适用技术 best available technology

综合考虑技术、环境、资源和经济等目标，从众多适用技术中选择出能够使综合效益达到最大化的单一技术或组合技术。

4 评价原则

4.1 全面性

所选评价指标应涵盖技术、环境、资源和经济等。

4.2 综合性

所选评价指标体系既能反映拟评价技术的普适性、概括性特征(一级指标)，又能反映各特征具体的、可验证的指标(二级指标)。

4.3 独立性

所选每个单项评价指标均反映拟评价技术某类特征的一个侧面情况，指标之间尽量不重复交叉。

4.4 可操作性

评价指标选择应充分考虑拟评价技术各项指标数据的可获取性，以及其在评价体系中的权威性和通用性，使评价指标简洁明确，易于计算。

4.5 特征性

评价指标的选择应体现不同行业工业废水的特征性污染物指标。

5 评价指标体系

5.1 评价指标体系分为一级指标和二级指标，其中一级指标包括技术指标、环境指标、资源指标和经济指标，二级指标是一级指标的细化，二级指标解释参见附录A。评价指标体系框图见图1。

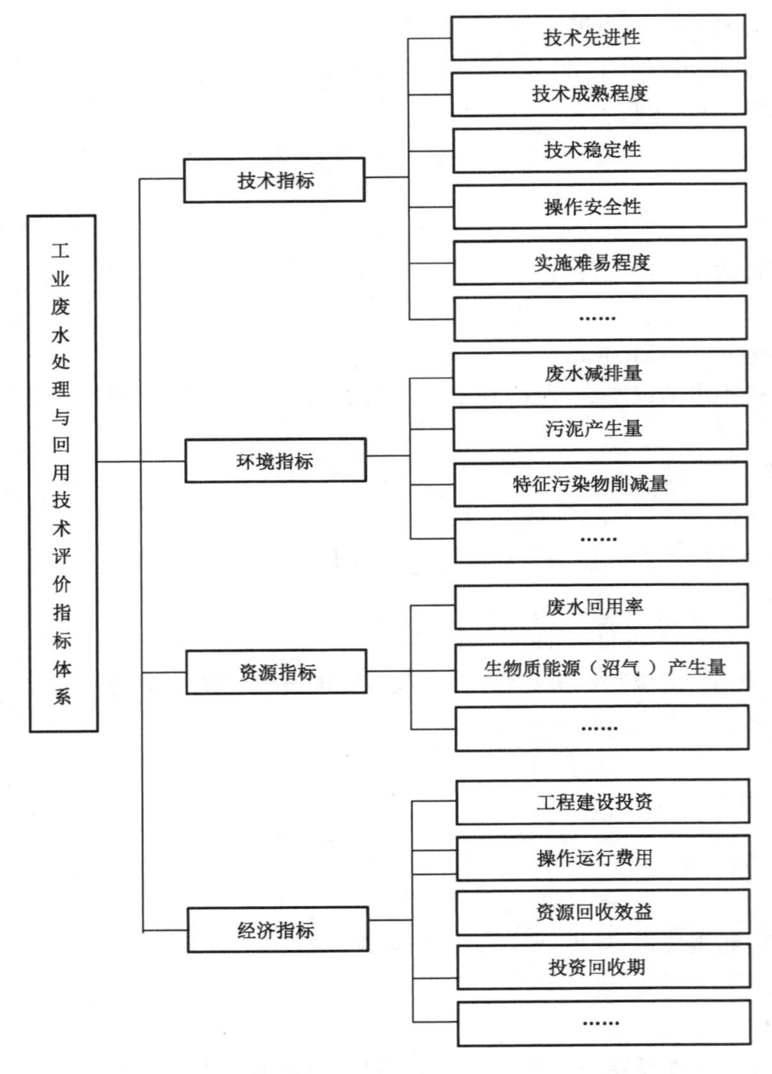

图1 工业废水处理与回用技术评价指标体系

5.2 技术指标包括技术先进性、技术成熟程度、技术稳定性、操作安全性、实施难易程度等。

5.3 环境指标包括废水减排量、污泥产生量、特征污染物削减量等。

5.4 资源指标包括废水回用率、生物质能源(沼气)产生量等。

5.5 经济指标包括工程建设投资、操作运行费用、资源回收效益、投资回收期等。

6 评价程序

6.1 概述

工业废水处理与回用技术评价工作程序包括评价准备、预评价、评价和编写评价报告,如图 2 所示。

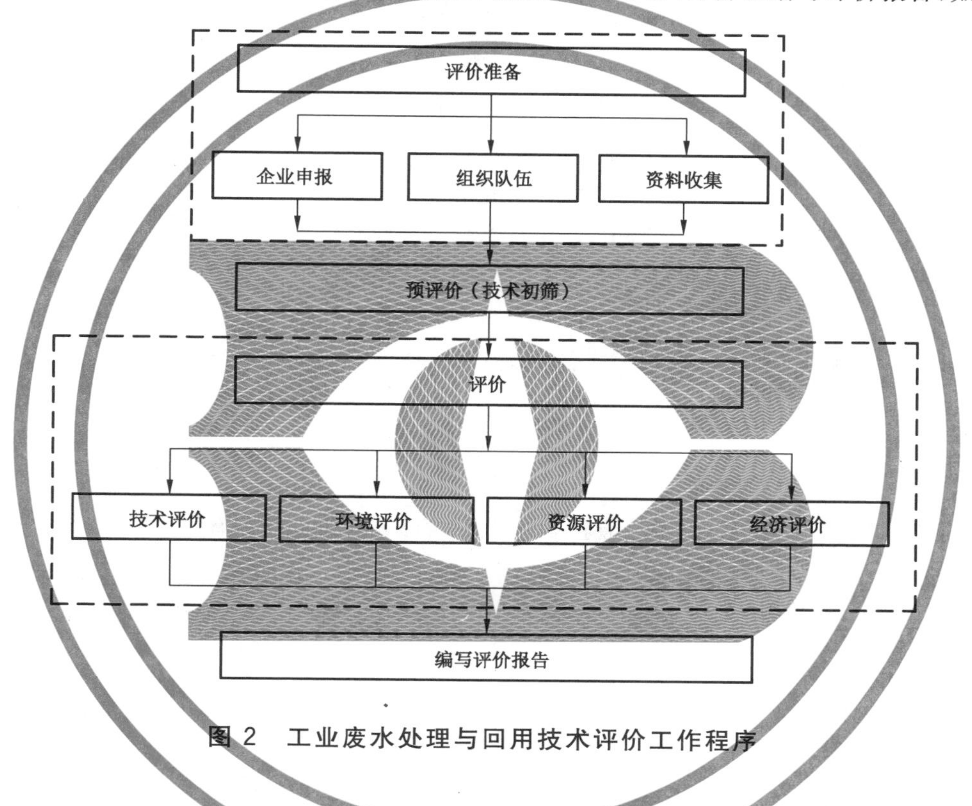

图 2 工业废水处理与回用技术评价工作程序

6.2 评价准备

6.2.1 企业提出评价需求并提交相关文件,文件类型和内容包括但不限于:

a) 企业所处地理位置特点;

b) 主要生产流程和设备;

c) 工业废水类型及来源;

d) 废水排放量;

e) 主要污染物排放量统计数据及其记录文件;

f) 资源、能源消耗计量统计数据及其记录文件;

g) 废水回用方式及水质要求;

h) 环境影响评价报告;

i) 其他必要文件资料。

6.2.2 组建专家评价小组,负责开展工业废水处理与回用技术评价工作。

6.2.3 评价小组根据企业提供的统计报表和原始记录，开展实地调查和抽样检测等工作，确保数据完整和准确。

6.3 预评价

预评价程序如下：

a) 根据工业废水所属类别，对国内外现有处理和回用技术进行分析总结，确定拟评价的若干技术；

b) 对上述各项技术进行简易初选淘汰。主要考虑因素包括但不限于：
   ——技术能否达到预期的污染物去除效率；
   ——依据 GB/T 18919、HG/T 3923、GB/T 18921 和 SL 368，判断技术能否满足其相应的回用水质要求；
   ——是否在现有的场地、公用设施等条件或稍作改进即可实施；
   ——其他必要条件。

c) 评价小组组织企业领导、工程技术人员及相关专家进行讨论，结合企业实际情况分出初步可行技术和不可行技术两大类。初步可行技术供进一步评价。

6.4 评价

对初步可行技术从技术指标、环境指标、资源指标和经济指标四个方面进行综合评价，并根据综合评价指数进行排序，确定最佳适用技术。

6.5 编写评价报告

工业废水处理与回用技术评价报告应包括企业及废水的基本情况、有关技术情况、评价过程和结果等。

7 评价方法

7.1 指标权重值确定

7.1.1 按照附录 B 的方法，确定各项一级指标权重值 F_j 和二级指标权重值 K_i。

7.1.2 F_j 和 K_i 均在区间[0,1]取值。

7.1.3 同一个一级指标下各项二级指标权重值 K_i 之和等于 1。各项一级指标权重值 F_j 之和等于 1。

7.2 二级指标单项评价

7.2.1 二级指标量化值

本评价指标体系分为定性和定量两种评价指标。

a) 定量评价指标赋值依据

依据待评价技术的工程应用统计数据、相关技术的工程应用统计数据或有关理论计算数据等进行定量指标的数值计算，必要时可进行实测，以核实数据的准确性。部分计算公式参见附录 A。

b) 定性二级指标赋值依据

参考专家经验进行量化分析。鉴于本标准中只有技术性指标为定性指标，对其进行量化可参考表 1。

表 1 定性指标量化值

技术性指标	定性指标量化				
	0～0.2	0.2～0.4	0.4～0.6	0.6～0.8	0.8～1.0
技术先进性	低	较低	中等	较高	高
技术成熟程度	研发阶段	现场试验	工业示范	工业应用	商业化
技术稳定性	差	较差	一般	较好	好
操作安全性	低	较低	中等	较高	高
实施难易程度	复杂	比较复杂	中等	比较简单	简单

7.2.2 二级指标单项评价指数

为了消除各二级指标量纲和量纲单位不同所带来的不可比性，评价之前首先应将评价指标无量纲化处理。对于取值越大越好的指标，按式(1)计算：

$$I_i=\frac{S_i}{S_{max}} \qquad \cdots\cdots(1)$$

对于取值越小越好的指标，按式(2)计算：

$$I_i=\frac{S_{min}}{S_i} \qquad \cdots\cdots(2)$$

式中：

I_i ——第 i 项二级指标单项评价指数；

S_i ——第 i 项二级指标单项评价基准值；

S_{max}——拟评价各技术的 S_i 最大值；

S_{min}——拟评价各技术的 S_i 最小值。

7.2.3 二级指标单项评分值

$$P_i=I_i\times K_i \qquad \cdots\cdots(3)$$

式中：

P_i ——第 i 项二级指标单项考核总分；

I_i ——第 i 项二级指标单项评价指数；

K_i ——第 i 项二级指标权重值。

7.3 一级指标单项评价

7.3.1 一级指标单项评价指数

$$Q_j=\sum_{i=1}^{n}P_i \qquad \cdots\cdots(4)$$

式中：

Q_j ——第 j 项一级指标单项评价指数，$j=1,2,3,4$，分别对应技术、环境、资源、经济四个一级指标；

n ——第 j 项一级指标之下的二级指标项目总数；

P_i ——第 i 项二级指标单项考核总分。

7.3.2 一级指标单项评分值

$$M_j = Q_j \times F_j \quad \cdots\cdots(5)$$

式中：

M_j ——第 j 项一级指标单项评分值，$j=1,2,3,4$；

Q_j ——第 j 项一级指标单项评价指数；

F_j ——第 j 项一级指标权重值。

7.4 综合评价指数

$$E = \sum_{j=1}^{4} M_j \quad \cdots\cdots(6)$$

式中：

E ——某项技术的综合评价指数；

M_j——第 j 项一级指标单项评分值，$j=1,2,3,4$。

工业废水处理与回用技术评价表参见附录 C。

7.5 最佳适用技术选择

根据各项拟评价技术的综合评价指数，按从大到小的顺序排列，理论上选取综合评价指数最高的技术为最佳适用技术。

附 录 A
（资料性附录）
二级指标解释

A.1 技术先进性

技术先进性泛指与国内外同类技术相比，被评价废水处理和回用技术水平所处的地位。可根据技术验收或鉴定时的有关结论、核心技术获奖情况、国家发明专利授权情况、国家先进污染防治示范技术和国家鼓励发展的环境保护技术目录中列举技术等联合评定。

A.2 技术成熟程度

技术在研发过程所达到的一般性可用程度，技术成熟程度由低到高分为五个等级：研发阶段、现场试验、工业示范、工业应用、商业化。

A.3 技术稳定性

包括抗冲击负荷能力和出水水质稳定达标率。

抗冲击负荷能力：当进水水质、水量发生变化时，对废水处理设施造成的一定影响，以该废水处理技术恢复到以前所需时间进行判断抗冲击负荷能力的强弱。

出水水质稳定达标率：指废水经过处理后能实现达标排放的概率，通常指全年出水水质达标天数与全年总运行天数之比。

A.4 操作安全性

评价工艺的安全性包括使用的原材料安全、设备及设施运行的安全性、运行管理过程中的物料使用安全性、产物的毒性及有害性、潜在危险性。

A.5 实施难易程度

实施难易程度的差异、操作的自控水平和人工管理的复杂状况相关，对自控要求的高低会直接影响废水处理技术运行的稳定性、工程投资多少等。

A.6 废水减排量

废水减排量(t)＝统计期废水排放量(t)－比较期同期废水排放量(t)。

A.7 污泥产生量

单位废水处理过程中产生的污泥量。

A.8 特征污染物削减量

行业工业废水中某些具有代表性的污染物经过处理后被控制降低的数量。

A.9 废水回用率

统计期内废水回用率按式(A.1)计算：

$$K_w = \frac{V_w}{V_d + V_w} \times 100\% \quad \cdots\cdots (A.1)$$

式中：

K_w ——废水回用率；

V_w ——在统计期内，企业外排废水自行处理后的回用水量，单位为吨(t)；

V_d ——在统计期内，企业向外排放的废水量，单位为吨(t)。

A.10 生物质能源(沼气)产生量

废水处理过程中某些工业有机废弃物转化为可燃气体或液体燃料的生物质能源产量。

A.11 工程建设投资

包括建筑工程费、安装工程费、设备购置费等。

A.12 操作运行费用

包括药剂费、人工费、燃料动力费、设备维护维修费、折旧费等。

A.13 资源回收效益

工业废水处理中资源综合利用取得的直接经济效益，如：对废水中部分有用物质进行回收取得的收益以及通过处理后水回用抵消的节水收益。

A.14 投资回收期

从项目的投建之日起，用项目所得的净收益偿还原始投资所需要的年限。投资回收期分为静态投资回收期与动态投资回收期两种。按式(A.2)和式(A.3)计算：

$$\text{投资回收期(静态)} = (T-1) + \frac{\text{第}(T-1)\text{年的累计现金流量绝对值}}{\text{第}\ T\ \text{年现金流量}} \quad \cdots\cdots (A.2)$$

$$\text{投资回收期(动态)} = (T-1) + \frac{\text{第}(T-1)\text{年的累计折现值}}{\text{第}\ T\ \text{年折现值}} \quad \cdots\cdots (A.3)$$

式中：

T——累计净现金流量开始出现正值的年份数。

附　录　B
（资料性附录）
指标权重值的确定

所谓权重值就是评价各指标在评价系统结构中的重要程度或者说是管理决策者对其重视程度，用区间[0,1]中的一个数值来表示其大小。权重值的确定采用德尔菲法确定，具体程序如下：

a）　组成权重值调查专家组

专家组的具体要求：

1）　具有典型代表，调查范围尽量广；

2）　从事的工作与污水处理有较密切关系，且在相应领域有较高权威；

3）　涉及的专业面广，调查对象从所从事的专业来说，可涉及环境工程、环境科学、建筑经济、给水排水等专业。从工作单位来说，可涉及政府部门、教学科研等单位。

b）　编制权重值调查表

将要调查的问题集中起来，逐步进行分解以避免重迭，并用准确的术语设计成表格，以广泛征求意见，使得被调查对象明确调查目的，了解技术评价指标的结构体系。权重值调查表参考表 B.1。

表 B.1　权重值调查表

一级指标	权重评分	二级指标	权重评分
技术指标		技术先进性	
		技术成熟程度	
		技术稳定性	
		操作安全性	
		实施难易程度	
		……	
环境指标		废水减排量	
		污泥产生量	
		特征污染物削减量	
		……	
资源指标		废水回用率	
		生物质能源（沼气）产生量	
		……	
经济指标		工程建设投资	
		操作运行费用	
		资源回收效益	
		投资回收期	
		……	

注：请根据经验对各指标在工业废水处理与回用中的重要程度给出权重评分，分值界于 0～1 之间，各级指标的和应为 1。

c) 调查方法

围绕调查目的,使用统一的调查表,按统一的填写方式进行调查:

1) 提出征询的问题,制定征询意见表,分发给各位专家填写;
2) 收集征询意见表,对各种意见进行统计、整理;
3) 把上一轮意见统计、整理结果分发给各位专家(不透露提出各种意见人的姓名),再次征询意见,请各位专家重新填写征询意见表,如此反复多次;
4) 经过3～4轮的反复征询意见,使得专家意见基本一致。

d) 统计分析调查结果

采用算术平均值法,对数据进行统计,确定二级指标权重值 K 和一级指标权重值 F。具体计算方法如下:

假设参与统计专家总数为 n,w_{ij} 表示第 j 个专家对第 i 个指标所给的权值咨询值,且同类同级指标(设同类指标数为 m 个)权值咨询值之和应为1。即:

$$\sum_{i=1}^{m} w_{ij} = 1 \qquad \cdots\cdots(B.1)$$

则对每一指标所赋权值的均值为:

$$\overline{w_i} = \frac{1}{n}\sum_{j=1}^{n} w_{ij} \qquad \cdots\cdots(B.2)$$

附 录 C
（资料性附录）
工业废水处理与回用技术评价表

表 C.1 技术评价表

<table>
<tr><th>序号</th><th>一级指标</th><th>指标类型</th><th>二级指标</th><th>二级指标权重值 K（参见附录 B 确定）</th><th>二级指标单项评价指数 I $\left(I_i=\frac{S_i}{S_{max}}\right)$</th><th>二级指标单项评分值 P $(P_i=I_i \times K_i)$</th><th>一级指标权重值 F（参见附录 B 确定）</th><th>一级指标单项评价指数 Q $\left(Q_j=\sum_{i=1}^{n} P_i\right)$</th><th>一级指标单项评分值 M $(M_j=Q_j \times F_j)$</th></tr>
<tr><td rowspan="6">1</td><td rowspan="6">技术指标</td><td rowspan="6">定性</td><td>技术先进性</td><td></td><td></td><td></td><td rowspan="6"></td><td rowspan="6"></td><td rowspan="6"></td></tr>
<tr><td>技术成熟程度</td><td></td><td></td><td></td></tr>
<tr><td>技术稳定性</td><td></td><td></td><td></td></tr>
<tr><td>操作安全性</td><td></td><td></td><td></td></tr>
<tr><td>实施难易程度</td><td></td><td></td><td></td></tr>
<tr><td>……</td><td></td><td></td><td></td></tr>
<tr><td rowspan="4">2</td><td rowspan="4">环境指标</td><td rowspan="4">定量</td><td>废水减排量</td><td></td><td></td><td></td><td rowspan="4"></td><td rowspan="4"></td><td rowspan="4"></td></tr>
<tr><td>污泥产生量</td><td></td><td></td><td></td></tr>
<tr><td>特征污染物削减量</td><td></td><td></td><td></td></tr>
<tr><td>……</td><td></td><td></td><td></td></tr>
<tr><td rowspan="3">3</td><td rowspan="3">资源指标</td><td rowspan="3">定量</td><td>废水回用率</td><td></td><td></td><td></td><td rowspan="3"></td><td rowspan="3"></td><td rowspan="3"></td></tr>
<tr><td>生物质能源（沼气）产生量</td><td></td><td></td><td></td></tr>
<tr><td>……</td><td></td><td></td><td></td></tr>
<tr><td rowspan="5">4</td><td rowspan="5">经济指标</td><td rowspan="5">定量</td><td>工程建设投资</td><td></td><td></td><td></td><td rowspan="5"></td><td rowspan="5"></td><td rowspan="5"></td></tr>
<tr><td>操作运行费用</td><td></td><td></td><td></td></tr>
<tr><td>资源回收效益</td><td></td><td></td><td></td></tr>
<tr><td>投资回收期</td><td></td><td></td><td></td></tr>
<tr><td>……</td><td></td><td></td><td></td></tr>
<tr><td colspan="10">综合评价指数 E $\left(E=\sum_{j=1}^{4} M_j\right)$</td></tr>
</table>

工业循环冷却水处理设计规范(节选)*

3 循环冷却水处理

3.1 一般规定

3.1.1 循环冷却水处理方案设计应包括下列内容：

1 补充水来源、水量、水质及其处理方案；

2 设计浓缩倍数、阻垢缓蚀、清洗预膜处理方案及控制条件；

3 系统排水处理方案；

4 旁流水处理方案；

5 微生物控制方案。

3.1.2 循环冷却水量应根据生产工艺的最大小时用水量确定。开式系统给水温度应根据生产工艺要求并结合气象条件确定，闭式系统给水温度应结合冷却介质温度确定。

3.1.3 直冷系统循环冷却水的回水量、水温、水质和间冷开式、闭式系统循环冷却水回水水温应按工艺要求确定。

3.1.4 补充水水质资料收集宜符合下列规定：

1 补充水为地表水，不宜少于一年的逐月水质全分析资料；

2 补充水为地下水，不宜少于一年的逐季水质全分析资料；

3 补充水为再生水，不宜少于一年的逐月水质全分析资料，并应包括再生水水源组成及其处理工艺等资料；

4 水质分析项目宜符合本规范附录A的要求，数据分析误差应满足附录B的规定。

3.1.5 补充水水质应以逐年水质分析数据的平均值作为设计依据，并以最不利水质校核设备能力。

3.1.6 间冷开式系统循环冷却水换热设备的控制条件和指标应符合下列规定：

1 循环冷却水管程流速不宜小于0.9 m/s；

2 当循环冷却水壳程流速小于0.3 m/s时，应采取防腐涂层、反向冲洗等措施；

3 设备传热面冷却水侧壁温不宜高于70 ℃；

4 设备传热面水侧污垢热阻值应小于$3.44\times10^{-4}m^2\cdot K/W$；

5 设备传热面水侧粘附速率不应大于15 mg/cm² · 月，炼油行业不应大于20 mg/cm² · 月；

6 碳钢设备传热面水侧腐蚀速率应小于0.075 mm/a，铜合金和不锈钢设备传热面水侧腐蚀速率应小于0.005 mm/a。

3.1.7 闭式系统设备传热面水侧污垢热阻值应小于$0.86\times10^{-4}m^2\cdot K/W$，腐蚀速率应符合本规范第3.1.6条第6款规定。

3.1.8 间冷开式系统循环冷却水水质指标应根据补充水水质及换热设备的结构型式、材质、工况条件、污垢热阻值、腐蚀速率并结合水处理药剂配方等因素综合确定，并宜符合表3.1.8的规定。

---

* GB 50050—2007由中华人民共和国建设部和中华人民共和国国家质量监督检验检疫总局于2007年10月25日联合发布，2008年5月1日实施。

本书只节选其中3.1、6.1、附录A和附录B，节选部分的3.1.6(2、4、5、6)、3.1.7和6.1.6条(款)为强制性条文，必须严格执行。

表 3.1.8 间冷开式系统循环冷却水水质指标

项　　目	单位	要求或使用条件	许用值
浊度	NTU	根据生产工艺要求确定	≤20
		换热设备为板式、翅片管式、螺旋板式	≤10
pH	—	—	6.8～9.5
钙硬度＋甲基橙碱度（以 $CaCO_3$ 计）	mg/L	碳酸钙稳定指数 RSI≥3.3	≤1 100
		传热面水侧壁温大于 70 ℃	钙硬度小于 200
总 Fe	mg/L	—	≤1.0
Cu^{2+}	mg/L	—	≤0.1
Cl^-	mg/L	碳钢、不锈钢换热设备，水走管程	≤1 000
		不锈钢换热设备，水走壳程传热面水侧壁温不大于 70 ℃冷却水出水温度小于 45 ℃	≤700
$SO_4^{2-}+Cl^-$	mg/L	—	≤2 500
硅酸（以 SiO_2 计）	mg/L	—	≤175
$Mg^{2+}\times SiO_2$（Mg^{2+} 以 $CaCO_3$ 计）	mg/L	pH≤8.5	≤50 000
游离氯	mg/L	循环回水总管处	0.2～1.0
NH_3N	mg/L	—	≤10
石油类	mg/L	非炼油企业	≤5
		炼油企业	≤10
COD_{Cr}	mg/L	—	≤100

3.1.9　闭式系统循环冷却水水质指标应根据系统特性和用水设备的要求确定，并宜符合表 3.1.9 的规定。

表 3.1.9 闭式系统循环冷却水水质指标

适用对象	水质指标		
	项目	单位	许用值
钢铁厂闭式系统	总硬度	mg/L	≤2
火力发电厂发电机内冷水系统	电导率(25 ℃)	μs/cm	≤2[1]
	pH(25 ℃)	—	7.0～9.0
	含铜量	μg/L	≤40
各行业闭式系统	电导率(25 ℃)	μs/cm	≤10[1]
	pH(25 ℃)	—	8.0～9.0

注：1　循环冷却水投加阻垢缓蚀剂后，电导率将比表中数值升高；
　　2　钢铁厂闭式系统的补充水为软化水，其余各系统为除盐水。

3.1.10　直冷系统循环冷却水水质应根据工艺要求并结合补充水水质、工况条件及药剂处理配方等因素综合确定，并宜符合表 3.1.10 的规定。

表 3.1.10 直冷系统循环冷却水水质指标

项目	单位	适用对象	许用值
pH	—	高炉煤气清洗水	6.5～8
		合成氨厂造气洗涤水	7.5～8.5
		炼钢真空处理、轧钢、轧钢层流水、轧钢除鳞给水及连铸二次冷却水	7～9
		转炉煤气清洗水	9～12
电导率	μs/cm	高炉转炉煤气清洗水	≤3 000
		炼钢、轧钢直接冷却水	≤2 000
悬浮物	mg/L	连铸二次冷却水及轧钢直接冷却水、挥发窑窑体表面清洗水	≤30
		炼钢真空处理冷却水	≤50
		高炉转炉煤气清洗水 合成氨厂造气洗涤水	≤100
碳酸盐硬度（以 $CaCO_3$ 计）	mg/L	转炉煤气清洗水	≤100
		合成氨厂造气洗涤水	≤200
		连铸二次冷却水	≤400
		炼钢真空处理、轧钢、轧钢层流水及轧钢除鳞给水	≤500
Cl^-	mg/L	轧钢层流水	≤300
		轧钢、轧钢除鳞给水及连铸二次冷却水、挥发窑窑体表面清洗水	≤500
硫酸盐（以 SO_4^{2-} 计）	mg/L	高炉转炉煤气清洗水	≤2 000
		炼钢、轧钢直接冷却水	≤1 500
油类	mg/L	轧钢层流水	≤5
		轧钢、轧钢除鳞给水及连铸二次冷却水	≤10

3.1.11 间冷开式系统与直冷系统的钙硬度与甲基橙碱度之和大于 1 100 mg/L，稳定指数 RSI<3.3 时，应加硫酸或进行软化处理。

3.1.12 间冷开式系统的设计浓缩倍数不宜小于 5.0，且不应小于 3.0；直冷系统的设计浓缩倍数不应小于 3.0。浓缩倍数可按下式计算：

$$N=\frac{Q_m}{Q_b+Q_w} \qquad (3.1.12)$$

式中：

N——浓缩倍数；

Q_m——补充水量（m^3/h）；

Q_b——排污水量（m^3/h）；

Q_w——风吹损失水量（m^3/h）。

3.1.13 间冷开式系统的微生物控制指标宜符合下列规定：

1 异养菌总数不大于 1×10^5 个/mL；

2 生物黏泥量不大于 3 mL/m^3。

6 再生水处理

6.1 一般规定

6.1.1 再生水水源应包括工业及城镇污水处理厂的排水、矿井排水、间冷开式系统的排污水等。

6.1.2 再生水水源的选择应进行技术经济比较确定，再生水的设计水质应结合再生水水源远期水质变化综合确定。

6.1.3 再生水直接作为间冷开式系统补充水时，水质指标宜符合表6.1.3规定或根据试验和类似工程的运行数据确定。

表6.1.3 再生水水质指标

序号	项　目	单位	水质控制指标
1	pH值(25 ℃)	—	7.0～8.5
2	悬浮物	mg/L	≤10
3	浊度	NTU	≤5
4	BOD_5	mg/L	≤5
5	COD_{Cr}	mg/L	≤30
6	铁	mg/L	≤0.5
7	锰	mg/L	≤0.2
8	Cl^-	mg/L	≤250
9	钙硬度(以$CaCO_3$计)	mg/L	≤250
10	甲基橙碱度(以$CaCO_3$计)	mg/L	≤200
11	NH_3-N	mg/L	≤5
12	总磷(以P计)	mg/L	≤1
13	溶解性总固体	mg/L	≤1 000
14	游离氯	mg/L	末端0.1～0.2
15	石油类	mg/L	≤5
16	细菌总数	个/mL	<1 000

6.1.4 再生水水源可靠性不能保证时，应有备用水源。

6.1.5 再生水作为补充水时，循环冷却水的浓缩倍数应根据再生水水质、循环冷却水水质控制指标、药剂处理配方和换热设备材质等因素，通过试验或参考类似工程的运行经验确定，不应低于2.5。

6.1.6 再生水输配管网应设计为独立系统，并应设置水质、水量监测设施，严禁与生活用水管道连接。

附录A 水质分析项目表

表A 水质分析项目表

水样(水源名称)： 外观：

取样地点： 水温：℃

取样日期：

分析项目	单 位	数 量	分析项目	单 位	数 量
K^{+}	mg/L		pH		
Na^{+}	mg/L		悬浮物	mg/L	
Ca^{2+}	mg/L		浊度	NTU	
Mg^{2+}	mg/L		溶解氧	mg/L	
Cu^{2+}	mg/L		游离 CO_2	mg/L	
$Fe^{2+}+Fe^{3+}$	mg/L		氨氮(以N计)	mg/L	
Mn^{2+}	mg/L		石油类	mg/L	
Al^{3+}	mg/L		溶解固体	mg/L	
NH_4^{+}	mg/L		COD_{Cr}	mg/L	
SO_4^{2-}	mg/L		总硬度(以 $CaCO_3$ 计)	mg/L	
CO_3^{2-}	mg/L				
HCO_3^{-}	mg/L		总碱度(以 $CaCO_3$ 计)	mg/L	
OH^{-}	mg/L				
Cl^{-}	mg/L		碳酸盐硬度(以 $CaCO_3$ 计)	mg/L	
NO_2^{-}	mg/L				
NO_3^{-}	mg/L		全硅(以 SiO_2 计)	mg/L	
PO_4^{3-}	mg/L		总磷(以P计)	mg/L	
注：再生水作为补充水时，需增加 BOD_5 项目。					

附录B 水质分析数据校核

B.0.1 分析误差$|\delta|\leqslant 2\%$，δ按下式计算：

$$\delta=\frac{\sum(C\cdot n_c)-\sum(A\cdot n_a)}{\sum(C\cdot n_c)+\sum(A\cdot n_a)}\times 100\% \quad (B.0.1)$$

式中：

C——阳离子毫摩尔浓度(mmol/L)；

A——阴离子毫摩尔浓度(mmol/L)；

n_c——阳离子电荷数；

n_a——阴离子电荷数。

B.0.2 pH值实测误差$|\delta_{pH}|\leqslant 0.2$，$\delta_{pH}$按下式计算：

$$\delta_{pH}=pH-pH' \quad (B.0.2\text{-}1)$$

式中：

pH——实测pH值；

pH′——计算pH值。

对于pH<8.3的水质，pH′按下式计算：

$$pH'=6.35+\lg[HCO_3^-]-\lg[CO_2] \quad (B.0.2\text{-}2)$$

式中：

6.35——在25℃水溶液中H_2CO_3的一级电离常数的负对数；

$[HCO_3^-]$——实测HCO_3^-的毫摩尔浓度(mmol/L)；

$[CO_2]$——实测CO_2的毫摩尔浓度(mmol/L)。

UDC

中华人民共和国国家标准

P

GB 50334—2002

城市污水处理厂工程质量验收规范

Quality acceptance code for municipal sewage treatment plant engineering

2003-01-10 发布

2003-03-01 实施

中华人民共和国建设部
国家质量监督检验检疫总局 联合发布

前　　言

为贯彻落实国务院《关于环境保护若干问题的决定》,保证城市污水处理厂工程建设质量,根据建设部《关于印发二〇〇〇至二〇〇一年度工程建设国家标准制订、修订计划的通知》(建标[2001]87 号)的要求,由中国市政工程协会和天津市市政工程局会同有关单位共同编制了国家标准《城市污水处理厂工程质量验收规范》。

编制过程中,遵照国家基本建设的有关方针和政策,在总结我国城市污水处理厂工程施工实践经验的基础上,综合考虑了多种不同的污水处理工艺、现有的技术水平以及今后的发展,经过调研和听取建设各方的意见,力求做到能满足工程建设的广泛需要。在完成了《城市污水处理厂工程质量验收规范》的征求意见稿后,面向全国广泛征求意见,经过反复修改和补充,完成了《城市污水处理厂工程质量验收规范》送审稿。经全国审查会审查,并对主要问题进行修改后定稿。

本规范共分为 13 章,其中第 1 章为总则,第 2 章为术语,第 3 章至第 9 章为土建工程,第 10 章为沼气柜(罐)和压力容器工程,主要指金属罐体的制造,第 11 章和第 12 章为机电设备安装和自动控制系统工程,第 13 章为厂区配套工程,最后为附录。由于部分专业国家已经制定了相关的标准,本规范未加以叙述,直接引用。在执行本规范的过程中,同样要执行其他相关的规范标准。

本规范中以黑体字标志的条文为强制性条文,必须严格执行。本规范由建设部负责管理和对强制性条文的解释,天津市市政工程质量监督站负责具体技术内容的解释。在执行过程中,请各单位结合工程实践,认真总结经验,如发现需要修改或补充之处,请将意见和建议寄天津市市政工程质量监督站(地址:天津市河西区永川路 26 号,邮编:300201),以便修订时参考。

本规范主编单位、参编单位和主要起草人:

主编单位:中国市政工程协会
　　　　　天津市市政工程局

参编单位:天津市市政工程质量监督站
　　　　　武汉市市政工程质量监督站
　　　　　杭州市市政公用工程质量监督站
　　　　　重庆市第二安装工程有限公司
　　　　　广州市市政工程安全质量监督站

主要起草人:任家琪

参加起草人:杨玉淮　石万同　张宝林　樊兆强　周锡全　郭　强　蒋武林　熊传美　李再成　麦志坚
　　　　　　李合旦　张多马　韩凤桐　李树铭　崔培年　李运舟　贾明浩　刘福林　林文波　孙济发
　　　　　　司永莲　胡　群

1 总则

1.0.1 为了加强城市污水处理厂工程质量管理，明确城市污水处理厂工程质量验收要求，保证工程质量，制定本规范。

1.0.2 本规范适用于新建、扩建、改建的城市污水处理厂工程施工质量验收。

1.0.3 城市污水处理厂工程质量验收规范中未涉及的内容和检测方法，按现行国家的有关规范和标准执行。

1.0.4 城市污水处理厂工程质量验收除执行本规范外，尚应符合国家现行有关规范、标准。

2 术语

2.0.1 污水处理 sewage treatment

指城市生活污水及工业废水经处理达到设计排放标准。

2.0.2 污水处理构筑物 sewage treatment structure

按污水处理工艺设计的污水进水闸井、进水泵房、沉砂池、初沉淀池、二次沉淀池、曝气池等。

2.0.3 污泥处理构筑物 sludge treatment structure

按污泥处理工艺设计的污泥浓缩池、污泥消化池等。

2.0.4 工艺管线 technical pipeline

指污水处理构筑物和污泥处理构筑物及各机房之间的各种连接管道。包括污水管、给水管、回用水管、污泥管、出水压力管、空气管、热力管、沼气管、投药管线等。

2.0.5 污水处理厂建筑物 sewage treatment plant construction engineering

指各项机械设备的建筑厂房及运营管理的建筑工程。包括鼓风机房、污泥脱水机房、发电机房、变配电设备房、综合办公楼等。

2.0.6 配套工程 auxiliary engineering

指为污水处理厂生产及管理服务的配套工程。包括厂内道路、照明、绿化、厂区给排水等工程。

2.0.7 自控及监视系统 Autocontrol and automated monitoring system

是污水处理厂自动化管理系统，通过控制器、模拟盘、计算机系统进行生产运行调度。

2.0.8 杯口 cup rabbet

指拼装水池底板预留的凹槽。

3 基本规定

3.1 材料与设备

3.1.1 污水处理厂工程采用的各种材料与设备，其品种、规格、质量、性能应符合设计文件要求和国家现行有关标准规定。

3.1.2 污水处理厂工程所用各种材料与设备，必须符合国家有关环保、卫生、防火、防水、防冻、防爆炸、防腐蚀等标准的规定。

3.1.3 材料和设备进场时，应具备订购合同、产品质量合格证书、说明书、性能检测报告、进口产品的商检报告及证件等，不具备以上条件不得验收。

3.1.4 进场的材料和设备应按规定进行复验。复验的材料和设备，其各项指标应符合设计文件要求及本规范的规定。

3.1.5 国家规定或合同文件约定需要对材料进行见证检测的，应进行见证检测。

3.1.6 承担材料和设备检测的单位，应具备相应的资质。

3.1.7 进口设备与配件和材料，应按合同文件严格检验，不符合要求的不得使用。

3.1.8 所用材料、半成品、构件、配件、设备等，在运输、保管和施工过程中，必须采取有效措施防止损坏、锈蚀或变质。

3.1.9　现场配制的材料，如：混凝土、砂浆、防水涂料、胶粘剂等，应经检测或鉴定合格后使用。

3.1.10　施工过程中使用的原材料、成品或半成品等，应列入工程质量过程控制内容。

3.1.11　提倡推广应用新技术、新材料、新工艺、新设备的成果，不得使用国家明令淘汰的材料与设备。

3.2　施工

3.2.1　污水处理厂工程施工的单位，应具备相应的资质，建立质量管理体系，并应对施工全过程实行质量控制。

3.2.2　污水处理厂工程施工的项目经理、技术负责人和特殊工种操作人员，应取得相应资格持证上岗。

3.2.3　在开工前必须检验施工单位的施工组织总设计、施工组织设计、施工方案，保证工程质量的具体措施及相应的审批手续。

3.2.4　施工单位应严格按设计文件及施工组织设计施工。擅自变动结构主体或重要使用功能所造成的质量问题应由施工单位负责。

3.2.5　施工单位应做好文明施工，遵守有关环境保护的法律、法规，采取有效措施控制施工现场的各种粉尘、废气、废弃物以及噪声、振动等对环境造成的污染和危害。

3.2.6　施工单位应遵守有关施工安全、劳动保护、防火、防毒的法律、法规，应配备相应的设备、器具和标志等，并应根据污水处理厂工程安全技术特点，提出安全技术措施，确保工程安全实施。

3.2.7　施工单位在冬期、雨季进行施工时，应制定冬期、雨季施工技术和安全措施，保证施工质量。

3.2.8　污水处理厂工程交工验收时，在办理交工手续后，建设单位应组织通水试运行。试运行期为一年，施工单位应在试运行期内对工程质量承担保修责任。试运行一年后，建设单位应组织竣工验收。

3.3　验收

3.3.1　污水处理厂工程验收程序应按下列规定划分：

1　单位工程的主要部位工程质量验收；

2　单位工程质量验收；

3　设备安装工程单机及联动试运转验收；

4　污水处理厂工程交工验收；

5　通水试运行；

6　污水处理厂竣工验收。

3.3.2　污水处理厂工程的单位、分部、分项工程应按本规范表 A.0.3 划分。

3.3.3　污水处理厂工程的验收记录和报告应按本规范表 B.0.1～B.0.3 的格式和要求填写。

3.3.4　工程验收申报制度按下列规定：

1　申报工程主要部位验收，施工单位应预先 24 小时向监理和建设单位书面提出；

2　申报单位工程验收，施工单位应预先 10 个工作日向监理和建设单位书面提出；

3　申报设备安装工程验收，施工单位应预先 10 个工作日向监理和建设单位书面提出；

4　申报污水处理厂工程交工验收，施工单位应预先一个月向监理和建设单位书面提出。

3.3.5　污水处理厂工程的混凝土强度检验评定应按现行国家《混凝土强度检验评定标准》(GBJ 107)的规定执行。

3.3.6　本规范中未明确检验项目的抽检数量时，应由建设单位和监理单位根据工程规模及有关规定确定。规范中直接引用现行国家规范的，应按国家规范规定的抽检数量执行。

4　施工测量

4.1　一般规定

4.1.1　本章适用于工程施工测量。

4.1.2　工程施工测量验收应检查下列文件：

1　设计文件及测量交桩记录；

2　厂区原地形地貌的勘察记录；

3　施工测量记录与监理复测记录。

4.1.3　工程施工测量前应进行图纸会审，并填写记录。

4.1.4　工程测量检查数量应符合下列规定：

1　厂区基线及主轴线，应在基线上检查至少三条轴线及其轴线距离；

2　厂区基线及主轴线角度，测量至少四个测角，其闭合差应达到相关规范要求；

3　厂区水准高程控制点，应至少观测两组，每组三点的闭合差应达到相关规范要求。

4.1.5　厂区的控制坐标桩、主轴线及方格网控制点、高程控制点应设置拴桩。

4.1.6　工程施工测量应实行组内复测制、复核制、监理复测制，并填写记录。

4.1.7　施工单位应根据厂区建筑物、管线、道路、附属工程等绘制控制轴线、坐标控制图及坐标、高程一览表。

4.2　厂区总平面控制

主控项目：

4.2.1　厂区总平面测量的检验项目及检验方法：

1　检验项目：

1）对设计提供的坐标、基线进行复核；

2）依据设计的坐标、基线，对围墙及相关构筑物进行坐标系统测量；

3）主轴线的测量设置点不少于3个。

2　检验方法：

1）检查测量记录、监理复测记录；

2）实地检查轴线距离及观测角度。

4.2.2　厂区内各类构筑物及设施应控制坐标、轴线。

检验方法：检查施工记录。

4.2.3　总平面的测量控制必须进行测角、量距、平差调整。坐标基线和轴线的丈量回数、测距仪测回数、方向角观测回数，应符合表4.2.3的规定。

表4.2.3　丈量、测距、方向角测回数

等级	丈量回数		测距仪测回数		方向角观测回数	
	轴线	基线	轴线	基线	J_1	J_2
Ⅱ	3	4	4	6	12	
Ⅲ	2	3	3	5	9	12
Ⅳ	1	2	2	4		4

检验方法：检查测量记录。

4.2.4　控制轴线可在轴线上加点，形成整体或局部方格网，作为控制网。

检验方法：1　检查方格网布设图及复测记录；

2　实测一个方格网边长及角度闭合。

4.3　单位工程平面控制

主控项目：

4.3.1　平面位置及方向桩应对主要的大型建筑物控制的边线上加设直线点，点间距不宜大于10 m。

检验方法：1　检查放线大样图和放线记录；

2 用直角坐标法量测距离。

4.3.2 平面控制中心点交汇误差应不大于±5 mm。

检验方法:检查测量放线图及放线复测记录。

4.3.3 地下各种管线开槽的测设应控制轴线、标高、断面。

检验方法:1 检查管线平面关系及断面图;

2 检查放线施工记录。

4.3.4 道路中心桩和边桩的测设应控制线位。

检验方法:1 对中心线实测实量;

2 检查测量记录。

一般项目:

4.3.5 建筑物定位放线的测设应控制轴线尺寸。

检验方法:量测龙门板、外墙轴线及尺寸。

4.3.6 构筑物定位放线应控制轴线中心点。

检验方法:检查构筑物测量控制图及测量记录。

4.3.7 附属工程项目应定位测量。

检验方法:检查放线图、测量记录。

4.3.8 建筑物及构筑物的边长、测量控制及复测控制应符合现行国家标准《工程测量规范》(GB 5026)的规定。

检验方法:检查测量记录。

4.4 高程测量控制

主控项目:

4.4.1 设计提供的水准点复测应符合$\pm 12\sqrt{L_i}$ mm(L_i—为两点封闭直线,km)的闭合要求,厂内设置的水准点复测应符合$\pm 20\sqrt{L}$mm(L—为环线长度,km)的闭合要求。

检验方法:检查测量复核记录。

4.4.2 厂区高程控制点的测设,点位间距宜为 50~100 m。桩应牢固、稳妥,设置在不易被碰撞处,且标记明显。

检验方法:观察检查,检查高程控制点布设图。

4.4.3 高程测量应用四等水准测定,并应符合表 4.4.3 的规定。

表 4.4.3 高程测量等级划分

等级	水准视线长度 /m	测站前后视距离之差不大于 /m	视线距地面高度不小于 /m	望远镜放大率不大于 (倍)	水平管分划值不大于
Ⅱ	50	1	0.5	40	12″/2 mm
Ⅲ	65	2	0.3	24~30	15″/2 mm
Ⅳ	80	4	0.3	20	25″/2 mm

检验方法:检查测量记录。

4.4.4 高程控制点应进行三次闭合和平差调整。在施工过程中,每 1~2 个月或遇特殊原因应复测。

检验方法:1 检查高程控制点测设记录;

2 实测检查两组,每组三个点的高程闭合。

一般项目：

4.4.5 单位工程的高程应测量、标记。

检验方法：检查测设记录，实测设定点。

4.4.6 单位工程的高程测设应符合下列规定：

1 高程点复测时应选用另一个高程控制点或相邻构筑物的水准点进行复测，其误差应为±5 mm；

2 设定高程点一般在构筑物的四角。大型构筑物及管道工程的高程设定点间距不得大于 10 m。

检验方法：检查测设记录。

4.4.7 地面以上建筑物和构筑物应根据设计要求设置沉降观测点，自建成起每 1～2 个月观测一次，至竣工验收。

检验方法：实地观察，检查一年的观测记录。

5 地基与基础工程

5.1 一般规定

5.1.1 本章适用于城市污水处理厂工程的构筑物、建筑物的天然地基、人工地基、桩基、地基与基础工程等。

5.1.2 地基与基础工程验收应检查下列文件：

1 地质水文勘探资料；

2 施工图、设计说明及其他设计文件；

3 地基与基础施工检验记录与监理检验记录；

4 地基与基础使用各种材料材质检验报告(包括预制构件)；

5 施工质量技术措施文件等；

6 桩基、地基处理检测报告。

5.1.3 污水处理厂工程的地基与基础工程质量验收，除应执行本规范外，还应符合现行国家标准《建筑地基基础工程施工质量验收规范》(GB 50202)的规定。

5.2 基坑开挖与回填

主控项目：

5.2.1 基坑开挖前应对构筑物、建筑物的轴线、几何尺寸进行测量核实。

检验方法：检查施工记录。

5.2.2 基坑开挖断面和基底标高应符合设计要求。

检验方法：检查施工记录、监理检验记录。

5.2.3 复查基底的土质与检验局部处理地段应符合设计要求。

检验方法：观察检查，检查施工记录。

5.2.4 基坑开挖的排水和降低地下水应确保基底干槽施工。

检验方法：观察检查。

一般项目：

5.2.5 支护设施应安全可靠。

检验方法：对照施工方案现场检查。

5.2.6 基坑回填应满足设计要求或规范规定的密实度要求。

检验方法：检查施工记录。

5.3 天然地基

主控项目：

5.3.1 天然地基(原状土地基、砂石地基、岩石地基)，不得超挖和扰动、受水浸泡、冻胀等。

检验方法：检查施工记录，现场观察检查。

5.3.2 基底局部不符合设计文件要求时，应按设计要求采取措施处理。

检验方法：检查施工记录，对照设计文件现场观察检查。

5.3.3 地基承载力应满足设计要求。

检验方法：检查试验检测报告。

一般项目：

5.3.4 地基与基础结构施工前，应复查基坑几何尺寸和基底标高及轴线。

检验方法：检查施工记录。

5.3.5 地基开挖时，如遇有地下障碍物，应按设计要求采取措施处理。

检验方法：检查施工记录。

5.4 人工地基

主控项目：

5.4.1 地基承载力应满足设计要求。

检验方法：检查试验检测报告。

5.4.2 基底应按设计要求进行密实度试验。

检验方法：检查施工记录。

5.4.3 无机结合料稳定土地基和砂石地基应分层碾压密实。

检验方法：检查施工记录、监理抽检记录。

一般项目：

5.4.4 重型夯实的地基应降低地下水，处理地下障碍物。

检验方法：检查施工记录。

5.4.5 地基分层碾压的虚铺厚度应符合相关操作技术规程。

检验方法：检查施工记录。

5.4.6 特殊地基加固应符合设计要求。

检验方法：检查试验检测报告，现场观察检查。

5.5 桩基础

主控项目：

5.5.1 沉入桩基础的混凝土强度、配筋率、桩长度、桩横截面、桩中心轴线、桩顶平面等应符合设计文件要求。外加工预制钢筋混凝土桩必须有出厂检验合格证。

检验方法：检查施工记录、出厂合格证。

5.5.2 沉入桩沉入时，桩身不得有劈裂和断桩现象。桩顶高程和贯入度应符合设计要求，桩尖高程允许偏差为±100 mm。

检验方法：检查施工记录，试验检测。

5.5.3 灌注桩灌注混凝土时，必须连续浇筑，不得中断。成桩后，应进行桩基质量检测。

检验方法：检查施工记录、桩基检测报告。

一般项目：

5.5.4 沉入桩接桩的连接应牢固，位置准确。

检验方法：观察检查。

5.5.5 灌注桩基础的钻机等设备安装应牢固、稳定、钻杆垂直。成孔后，应对孔深、孔径等项目检测。孔深、孔径必须符合设计要求，孔深允许偏差为0，+500 mm。

检验方法：检查施工记录，尺量检查。

5.5.6 灌注桩钢筋笼加工、安装应符合设计要求。

检验方法：检查施工记录。

5.5.7 桩基应按规定进行承载力检测。

检验方法：检查试验报告、施工记录。

6 污水处理构筑物

6.1 一般规定

6.1.1 本章适用于污水处理系统的沉砂池、初沉淀池、二次沉淀池、曝气池、配水井、调节池、生物反应池、氧化沟、计量槽、闸井等工程。

6.1.2 污水处理构筑物工程验收时应检查下列文件：

1 施工图、设计说明及其他设计文件；

2 测量放线资料和沉降观测记录；

3 隐蔽工程验收记录；

4 施工记录与监理检验记录。

6.1.3 污水处理构筑物的混凝土，除应具有良好的抗压性能外，还应具有抗渗性能、抗腐蚀性能，寒冷地区还应考虑抗冻性能。对混凝土的碱活性骨料反应，应加以控制，最大碱含量每立方米混凝土为3 kg。

6.1.4 污水处理构筑物的混凝土池壁与底板、壁板间湿接缝以及施工缝等的混凝土应密实、结合牢固。

6.1.5 污水处理构筑物处于地下水位较高时，施工时应根据当地实际情况采取抗浮措施。

6.1.6 污水处理构筑物的混凝土质量验收，除应符合本规范规定外，还应符合现行国家《给水排水构筑物施工及验收规范》(GBJ 141)和《混凝土结构工程施工及验收规范》(GB 50204)的规定。

6.1.7 污水处理构筑物宜采用新型、耐久的“止水带”材料，质量验收应满足设计要求。

6.2 钢筋混凝土预制拼装水池

主控项目：

6.2.1 混凝土抗压强度、抗渗、抗冻性能必须符合设计要求。

检验方法：检查试验检测报告。

6.2.2 底板高程和坡度应符合设计要求，其高程允许偏差应为±5 mm，坡度允许偏差应为±0.15%，底板平整度允许偏差应为5 mm。

检验方法：仪器检测，尺量检查。

6.2.3 池壁板安装应垂直、稳固，相邻板湿接缝及杯口填充部位混凝土应密实。

检验方法：观察检查。

6.2.4 预制的池壁板应保证几何尺寸准确。池壁板安装的间隙允许偏差应为±10 mm。

检验方法：尺量检查，观察检查。

6.2.5 池壁顶面高程和平整度应满足设备安装及运行的精度要求。

检验方法：仪器检测，尺量检查。

一般项目：

6.2.6 底板混凝土应连续浇筑。

检验方法：检查施工记录、观察检查。

6.2.7 钢筋混凝土池底板允许偏差应符合表 6.2.7 的规定。

表 6.2.7 钢筋混凝土池底板允许偏差和检验方法

项次	检验项目		允许偏差/mm	检验方法
1	圆池半径		±20	用钢尺量
2	底板轴线位移		10	用经纬仪测量 1 点
3	中心支墩与杯口圆周的圆心位移		8	用钢尺量
4	预埋管、预留孔中心		10	用钢尺量
5	预埋件	中心位置	5	用钢尺量
		顶面高程	±5	用水准仪测量

6.2.8 现浇混凝土杯口应与底板混凝土衔接密实。杯口内表面应平整。

检验方法：检查施工记录、观察检查。

6.2.9 现浇混凝土杯口允许偏差应符合表 6.2.9 的规定。

表 6.2.9 现浇混凝土杯口允许偏差和检验方法

项次	检验项目	允许偏差/mm	检验方法
1	杯口内高程	0，−5	用水准仪测量
2	中心位移	8	用经纬仪测量

6.2.10 预制壁板和混凝土湿接缝不应有裂缝。

检验方法：观察检查。

6.2.11 预制混凝土构件安装位置应准确、牢固、不应出现扭曲、损坏、明显错台等现象。

检验方法：观察检查。

6.2.12 壁板安装时，应将杯口内杂物清理干净，做好界面处理。

检验方法：观察检查。

6.2.13 预制混凝土构件安装允许偏差应符合表 6.2.13 的规定。

表 6.2.13 预制构件安装允许偏差和检验方法

项次	检验项目		允许偏差/mm	检验方法
1	壁板、梁、柱中心轴线		5	用钢尺量
2	壁板、柱高程		±5	用水准仪测量
3	壁板及柱垂直度	$H \leqslant 5$ m	5	用垂线及尺测量
		$H > 5$ m	8	
4	挑梁高程		−5，0	用水准仪测量
5	壁板与定位中线半径		±7	用钢尺量
注：H 为壁板及柱的全高。				

6.2.14 混凝土构件预制，砂、石材料应满足相关规范要求。混凝土的浇筑应振捣密实、养生充分，不得有蜂窝、麻面及损伤。

检验方法：检查施工记录、观察检查。

6.2.15 预制的混凝土构件允许偏差应符合表 6.2.15 的规定。

表 6.2.15 预制的混凝土构件允许偏差和检验方法

<table>
<tr><th>项次</th><th colspan="3">检验项目</th><th>允许偏差/mm</th><th>检验方法</th></tr>
<tr><td>1</td><td colspan="3">平整度</td><td>5</td><td>用 2 m 直尺量测</td></tr>
<tr><td rowspan="4">2</td><td rowspan="4">断面尺寸</td><td rowspan="4">壁板
(梁、柱)</td><td>长度</td><td>0,−8(0,−10)</td><td rowspan="8">用钢尺量测</td></tr>
<tr><td>宽度</td><td>+4,−2(±5)</td></tr>
<tr><td>厚度</td><td>+4,−2
(直顺度:L/750 且≯20)</td></tr>
<tr><td>矢高</td><td>±2</td></tr>
<tr><td rowspan="3">3</td><td colspan="2" rowspan="3">预埋件</td><td>中心</td><td>5</td></tr>
<tr><td>螺栓位置</td><td>2</td></tr>
<tr><td>螺栓外露长度</td><td>+10,−5</td></tr>
<tr><td>4</td><td colspan="3">预留孔中心</td><td>10</td></tr>
<tr><td colspan="6">注:表中 L 为预制梁、柱的长度;括号内为梁、柱的允许偏差。</td></tr>
</table>

6.2.16 水池的悬臂梁轴线位移应不大于 8 mm,支承面高程允许偏差应为+2 mm,−5 mm。

检验方法:检查施工记录,仪器测量。

6.2.17 喷涂混凝土的强度和厚度应符合设计要求,不得有砂浆流淌、流坠、空鼓现象。

检验方法:观察检查。

6.2.18 集水槽安装应与水池同心,允许偏差应为 5 mm。

检验方法:尺量检查。

6.2.19 堰板加工厚度应均匀一致,锯齿外形尺寸应对称、分布均匀。

检验方法:尺量检查。

6.2.20 堰板安装应平整、垂直、牢固,安装位置及高程应准确。堰板齿口下底高程应处在同一水平线上,接缝应严密。保证全周长上的水平度允许偏差应不大于±1 mm。

检验方法:检查施工记录,观察检查,仪器测量。

6.3 现浇钢筋混凝土水池

主控项目:

6.3.1 浇筑池壁混凝土之前,混凝土施工缝应凿毛,清洗干净。混凝土衔接应密实,不得渗漏。

检验方法:观察检查,检查试验记录。

6.3.2 钢筋混凝土水池的其他项目质量验收应按本规范 6.2.1、6.2.2、6.2.6 条款执行。

6.3.3 混凝土结构部位的变形缝(止水带)应竖直、贯通、密实,三维位置准确,功能有效,不得有渗漏现象。

检验方法:观察检查。

一般项目:

6.3.4 混凝土表面不得出现有害裂缝,蜂窝麻面面积不得超过相关规范规定,且应平整、洁净,边角整齐。

检验方法:观察检查。

6.3.5 现浇混凝土水池允许偏差应符合表 6.3.5 的规定。

表 6.3.5 现浇混凝土水池允许偏差和检验方法

项次	检验项目		允许偏差/mm	检验方法
1	轴线位移	池壁、柱、梁	8	用经纬仪测量纵横轴线各计1点
2	高程	池壁	±10	用水准仪测量
		柱、梁、顶板	±10	
3	平面尺寸(池体的长、宽或直径)	边长或直径	±20	用尺量长、宽各计1点
4	截面尺寸	池壁、柱、梁、顶板	+10,-5	用尺量测
		孔洞、槽、内净空	±10	用尺量测
5	表面平整度	一般平面	8	用2 m直尺检查
		轮轨面	5	用水准仪测量
6	墙面垂直度	$H\leqslant5$ m	8	用垂线检查,每侧面
		5 m$<H\leqslant$20 m	1.5 H/1 000	
7	中心线位置偏移	预埋件、预埋支管	5	用尺量测
		预留洞	10	
		沉砂槽	±5	用经纬仪,纵横各计1点
8	坡度		0.15%	水准仪测量
注:H 为池壁全高。				

6.3.6 水池混凝土保护层厚度应符合设计要求,允许偏差应为0,+3 mm。

检验方法:检查施工记录。

6.3.7 预埋管、件、止水带和填缝板等应安装牢固、位置准确。

检验方法:检查施工记录,尺量检查。

6.4 土建与设备安装连接部位

主控项目:

6.4.1 设备安装的预埋件或预留孔的位置、数量、规格应准确无误,预埋件标高允许偏差应为±3 mm,中心位置允许偏差应不大于5 mm。

检验方法:检查施工记录。

6.4.2 水池顶部平面的混凝土应平整,高程应符合设计要求。

检验方法:观察检查,尺量检查,仪器检测。

6.4.3 安装刮泥机设备的水池底板应平整,高程和坡度应符合设计要求。

检验方法:仪器测量,检查施工记录。

6.4.4 螺旋泵的泵叶与混凝土基槽之间的间隙量必须符合设计要求。

检验方法:尺量检查。

一般项目:

6.4.5 安装刮泥机和螺旋泵的池底板,在水泥砂浆抹面前应凿毛处理、分层抹面。

检验方法:检查施工记录。

6.5 水池满水试验

6.5.1 每座水池完工后，必须进行满水的渗漏试验。试验应符合现行国家标准《给水排水构筑物施工及验收规范》(GBJ 141)的规定。

检验方法：检查施工记录，观察检查。

7 污泥处理构筑物

7.1 一般规定

7.1.1 本章适用于污泥处理系统的浓缩池、消化池、贮泥池等构筑物工程。

7.1.2 污泥处理构筑物工程验收时，检查的有关资料应符合本规范第6.1.2规定。

7.1.3 污泥处理构筑物的混凝土质量验收应符合本规范第6章规定。

7.1.4 消化池应具有密封性能和保温性能。

7.1.5 采用无粘结预应力工艺时，质量验收应符合现行国家有关规范要求。

7.2 现浇钢筋混凝土构筑物

主控项目：

7.2.1 消化池模板施工支架必须满足强度、刚度及稳定性要求。池体混凝土如采用纵、横预应力钢筋张拉，张拉顺序必须符合设计要求。

检验方法：检查模板计算书、张拉施工记录，观察检查。

7.2.2 污泥处理构筑物的穿墙管件处混凝土应密实、不渗漏。

检验方法：观察检查。

一般项目：

7.2.3 消化池池壁预应力钢筋张拉应对张拉控制应力和伸长值进行双控。

检验方法：检查施工记录。

7.2.4 消化池池壁预应力钢筋张拉时发生的滑脱、断丝数量不应超过结构同一截面预应力钢筋总量的1%。

检验方法：检查施工记录，观察检查。

7.2.5 预应力钢筋张拉后严禁采用电弧、气焊切断。

检验方法：观察检查。

7.2.6 现浇混凝土消化池施工允许偏差应符合表7.2.6的规定。

表7.2.6 现浇混凝土消化池允许偏差和检验方法

序号	项目		允许偏差/mm	检验方法
1	垫层、底板、池顶高程		±10	水准仪测量
2	池体直径	$D \leq 20$ m	±15	激光水平扫描仪、吊垂线和钢尺测量
		20 m $< D \leq 30$ m	$D/1\,000$ 且$\not>\pm 30$	
3	同心度		$H/1\,000$ 且$\not>30$	同上
4	池壁截面尺寸		±5	钢尺测量
5	表面平整度		10	2m直尺或2 m弧形样板尺
6	中心位置	预埋件(管)	5	水准仪测量
		预留孔	10	
注：1 D为池直径，H为池高度； 2 卵形池表面平整度使用2 m弧形样板尺量测。				

7.2.7 钢筋和预应力钢筋的规格、形状、数量、间距、锚固长度、接头设置应符合设计要求。

检验方法：检查施工记录，尺量检查。

7.2.8　灌注混凝土应振捣密实，不得留置垂直施工缝，止水带安装应准确牢固。

检验方法：检查施工记录，尺量检查。

7.2.9　混凝土表面应无蜂窝、麻面，无明显错台，且应平整光洁、线型流畅。

检验方法：检查施工记录，观察检查。

7.3　消化池与设备安装连接部位

主控项目：

7.3.1　预留孔，预埋件位置的标高、尺寸、数量应准确。

检验方法：检查施工记录，尺量检查。

7.3.2　消化池的检查孔封闭必须严密不漏气。

检验方法：检查气密性试验报告。

7.3.3　消化池顶部内衬应做好防腐处理。

检验方法：检查施工记录。

一般项目：

7.3.4　消化池与设备相连接的管道位置及高程应符合设计要求。

检验方法：检查施工记录。

7.3.5　消化池使用的各种仪表和闸阀应预先检验合格后安装。

检验方法：检查合格证、复试报告。

7.4　消化池保温与防腐

主控项目：

7.4.1　消化池外壁保温层材质及内壁防腐材料配合比必须符合设计要求。

检验方法：检查材质合格证及配合比报告。

一般项目：

7.4.2　保温层厚度的允许偏差应符合表7.4.2的规定。

表7.4.2　保温层厚度允许偏差和检验方法

项次	项目		允许偏差/mm	检验方法
1	保温层厚度	板状制品	±5%δ且≯4	钢针刺入
		化学材料	+8%δ	
注：δ为设计保温层厚度。				

7.4.3　消化池内壁防腐材料的涂料基面应干净、干燥，湿度应控制在85%以下。涂层不应出现脱皮、漏刷、流坠、皱皮、厚度不均、表面不光滑等现象。

检验方法：观察检查。

7.4.4　板状保温材料施工时，板块上下层接缝应错开，接缝处嵌料应密实、平整。

检验方法：观察检查。

7.4.5　现浇整体保温层施工时，铺料厚度应均匀、密实、平整。

检验方法：检查施工记录，观察检查。

7.5　消化池气密性试验

7.5.1　消化池必须在满水试验合格后做气密性试验。检验方法和要求按现行国家标准《给水排水构筑物施工及验收规范》(GBJ 141)的规定执行。

检验方法:检查气密性试验报告。

8 泵房工程

8.1 一般规定

8.1.1 本章适用于进水、回流污泥、回用水、污泥、雨水泵房等工程。

8.1.2 泵房工程验收应检查下列文件:

1 施工图、设计说明及其他设计文件;

2 原材料产品合格证书及复试报告;

3 检查施工记录与监理检验记录;

4 隐蔽工程验收记录。

8.1.3 混凝土未达到强度要求或做完防水层的部位严禁凿洞、打孔。

8.1.4 混凝土墙、底、工作缝、沉降缝等部位不得渗漏。

8.1.5 工程施工中受地下水影响时,施工全过程应采取降水措施。

8.1.6 泵房工程的质量验收除应符合本规范规定外,还应执行现行国家标准《给水排水构筑物施工及验收规范》(GBJ 141)的规定。

8.2 钢筋混凝土结构工程

主控项目:

8.2.1 泵房工程的混凝土结构与进出水口连接部位必须保证不渗漏,其功能应符合设计要求。

检验方法:观察检查。

8.2.2 泵房工程的混凝土结构验收必须符合第6.1.3条规定。

检验方法:检查混凝土试验报告。

8.3 满水试验

8.3.1 泵房混凝土水池满水试验必须符合现行国家标准《给水排水构筑物施工及验收规范》(GBJ 141)的规定。

9 管线工程

9.1 一般规定

9.1.1 本章适用于污水处理厂的污水、污泥、空气、投药、放空、沼气、热力等工艺管线及厂区给排水等管道工程。

9.1.2 管线工程验收应检查下列文件:

1 施工图、设计说明及其他设计文件;

2 材料的产品合格证书、性能检测报告、进场验收记录及复试报告;

3 隐蔽工程验收记录;

4 施工记录与监理检验记录;

5 试验记录。

9.1.3 施工前应掌握厂区管道沿线的工程地质和水文地质及地下、地上障碍等资料。

9.1.4 施工前应做好管线施工组织设计,并应制定工程质量控制的具体措施。

9.1.5 特殊管材安装如聚氯乙烯(PVC)管、玻璃钢夹砂管等工程塑料管,应符合操作技术规程或设计的要求。

9.1.6 管道防腐应满足设计要求。

9.2 给排水管及工艺管线工程

主控项目：

9.2.1 管道基础的高程和固定支架的安装位置应符合设计要求。

检验方法：检查施工记录。

9.2.2 管道安装的接口以及和闸阀的连接必须牢固严密。

检验方法：观察检查，检查试验报告。

9.2.3 在管道穿越墙体和楼板处应按规定设置套管。

检验方法：观察检查。

一般项目

9.2.4 管道的检查井砌筑应灰浆饱满，灰缝平整，抹面坚实，不得有空鼓、裂缝等现象。

检验方法：观察检查，用小锤敲击。

9.2.5 检查井的允许偏差应符合表 9.2.5 的规定。

表 9.2.5 检查井的允许偏差和检验方法

项次	名称	项目		允许偏差/mm	检验方法
1	检查井	标高	井盖	±5	用水准仪测量
			流槽	±10	
		断面尺寸	圆形井(直径)	±20	用尺量检查
			矩形井(内边长与宽)		用尺量检查

9.2.6 闸、阀启闭时应满足在工作压力下无泄漏。

检验方法：观察检查。

9.2.7 管道焊缝应饱满、表面平整。不得有裂纹、烧伤、结瘤等现象。并按设计要求做探伤检测。

检验方法：观察检查，检查检测报告。

9.2.8 管口粘接应牢固，连接件之间应严密、无孔隙。

检验方法：观察检查。

9.2.9 焊接及粘接的管道允许偏差应符合表 9.2.9 的规定。

表 9.2.9 焊接及粘接的管道允许偏差和检验方法

项次	名称	项目			允许偏差/mm	检验方法
1	碳素钢管道	焊口平直度	管壁厚	10 mm 以内	管壁厚 1/4	用样板尺和尺检查
				10 mm 以上	3	
		焊缝加强层	高度		+1	用焊接工具尺检查
			宽度		+3，−1	
		咬肉	深度		0.5	用焊接工具尺和尺检查
			连续长度		25	
			总长度(两侧)		小于焊缝长度的 10%	
2	不锈钢管道	焊口平直度	管壁厚	10 mm 以内	管壁厚 1/5	用样板尺和尺检查
				10～20 mm	2	
				20 mm 以上	3	
		焊缝加强层	高度		+1	用焊接工具尺检查
			宽度		+1	

续表 9.2.9

项次	名称	项目			允许偏差/mm	检验方法
2	不锈钢管道	咬肉	深度		0.5	用焊接工具尺和尺检查
			连续长度		25	
			总长度(两侧)		小于焊缝长度的10%	
3	工程塑料管道	焊口平直度	管壁厚	10 mm 以内	管壁厚 1/4	用样板尺和尺检查
				10 mm 以上	3	

9.2.10 管道安装的线位应准确、直顺。

检验方法：仪器检测、观察检查。

9.2.11 管道中线位置、高程的允许偏差应符合表 9.2.11 的规定。

表 9.2.11 管道中线位置、高程允许偏差和检验方法

项次	名称	项目			允许偏差/mm	检验方法
1	混凝土管道	位置	室外	给排水	30	用测量仪器和尺量检查
			室内		15	
		高程	室外	给水	±20	
				排水	±10	
			室内	给排水		
2	铸铁及球墨铸铁管道	位置	室外	给排水	30	
			室内		15	
		高程	室外给水	DN400 mm 以下	±30	
				DN400 mm 以上	±30	
			室外排水		±10	
			室内给排水		±10	
3	碳素钢管道	位置	室外	架空及地沟	20	
				埋地	30	
			室内	架空及地沟	10	
				埋地	15	
		高程	室外	架空及地沟	±10	
				埋地	±15	
			室内	架空及地沟	±5	
				埋地	±10	
4	不锈钢管道	位置	室内	架空	20	
				埋地	10	
		高程	室外	架空　地沟	±10	
				埋地	±5	
5	工程塑料管道	位置	室外	架空及地沟	20	
				埋地	30	

续表 9.2.11

<table>
<tr><th>项次</th><th>名　称</th><th colspan="3">项　　目</th><th>允许偏差/mm</th><th>检验方法</th></tr>
<tr><td rowspan="6">5</td><td rowspan="6">工程塑料管道</td><td rowspan="2">位置</td><td rowspan="2">室内</td><td>架空及地沟</td><td>10</td><td rowspan="6">用测量仪器和尺量检查</td></tr>
<tr><td>埋地</td><td>15</td></tr>
<tr><td rowspan="4">高程</td><td rowspan="2">室外</td><td>架空及地沟</td><td>±10</td></tr>
<tr><td>埋地</td><td>±15</td></tr>
<tr><td rowspan="2">室内</td><td>架空及地沟</td><td>±5</td></tr>
<tr><td>埋地</td><td>±10</td></tr>
<tr><td colspan="7">注：DN 为管道公称直径。</td></tr>
</table>

9.2.12　水平管道纵横方向弯曲、主管垂直度的允许偏差应符合表 9.2.12 的规定。

表 9.2.12　水平管道纵横方向弯曲、主管垂直度允许偏差和检验方法

<table>
<tr><th>项次</th><th>名　称</th><th colspan="3">项　　目</th><th>允许偏差/mm</th><th>检验方法</th></tr>
<tr><td rowspan="4">1</td><td rowspan="4">铸铁及球墨铸铁管道</td><td rowspan="2">水平管道纵、横方向弯曲</td><td>室外</td><td rowspan="2">给排水每10 m</td><td>15</td><td rowspan="2">用水平尺、直尺、拉线和尺检查</td></tr>
<tr><td>室内</td><td>10</td></tr>
<tr><td rowspan="2">立管垂直度</td><td colspan="2">每米</td><td>3</td><td rowspan="2">用吊线和尺检查</td></tr>
<tr><td colspan="2">5 m 以上</td><td>不大于 10</td></tr>
<tr><td rowspan="7">2</td><td rowspan="7">碳素钢管道</td><td rowspan="2">水平管道纵、横方向弯曲</td><td rowspan="2">室内外架空、地沟</td><td>DN100 mm 以内</td><td>5</td><td rowspan="3">用水平尺、直尺、拉线和尺检查</td></tr>
<tr><td>DN 100 mm 以上</td><td>10</td></tr>
<tr><td colspan="3">横向弯曲全长 25 m</td><td>25</td></tr>
<tr><td rowspan="2">立管垂直度</td><td colspan="2">每米</td><td>2</td><td rowspan="3">用吊线和尺检查</td></tr>
<tr><td colspan="2">高度超过 5 m</td><td>不大于 8</td></tr>
<tr><td rowspan="2">成排管段和阀门</td><td colspan="2">在同一直线上</td><td rowspan="2">3</td></tr>
<tr><td colspan="2">间距</td><td>用拉线和尺检查</td></tr>
<tr><td rowspan="7">3</td><td rowspan="7">不锈钢管道</td><td rowspan="2">水平管道纵、横方向弯曲</td><td rowspan="2">室内外架空、地沟</td><td>DN100 mm 以内</td><td>5</td><td rowspan="3">用水平尺、直尺、拉线和尺检查</td></tr>
<tr><td>DN100 mm 以上</td><td>10</td></tr>
<tr><td colspan="3">横向弯曲全长 25 m 以上</td><td>25</td></tr>
<tr><td rowspan="2" colspan="2">立管垂直度</td><td>每米</td><td>1.5</td><td rowspan="2">用吊线和尺检查</td></tr>
<tr><td>高度超过 5 m</td><td>不大于 8</td></tr>
<tr><td rowspan="2" colspan="2">成排管段和成排阀门</td><td>在同一直线上</td><td rowspan="2">5</td><td rowspan="2">用拉线和尺检查</td></tr>
<tr><td>间距</td></tr>
<tr><td rowspan="8">4</td><td rowspan="8">工程塑料管道</td><td rowspan="3">水平管道纵、横方向弯曲</td><td colspan="2">每米</td><td>5</td><td rowspan="4">用水平尺、直尺、拉线和尺检查</td></tr>
<tr><td colspan="2">每 10 m</td><td>不大于 10</td></tr>
<tr><td colspan="2">按室内外架空、地沟、埋地等不大于 10 m</td><td>不大于 15</td></tr>
<tr><td colspan="3">横向弯曲全长 25 m 以上</td><td>25</td></tr>
<tr><td rowspan="3">立管垂直度</td><td colspan="2">每米</td><td>3</td><td rowspan="3">用吊线和尺检查</td></tr>
<tr><td colspan="2">高度超过 5 m</td><td>不大于 10</td></tr>
<tr><td colspan="2">10 m 以上，每 10 m</td><td>不大于 10</td></tr>
<tr><td colspan="3">成排管段和成排阀门在同一直线上间距</td><td>3</td><td>用拉线和尺检查</td></tr>
<tr><td colspan="7">注：DN 为管道公称直径。</td></tr>
</table>

9.2.13 部件安装应平直、不扭曲，表面不应有裂纹、重皮和麻面等缺陷，外圆弧应均匀。

检验方法：观察检查。

9.2.14 部件安装的允许偏差应符合表 9.2.14 的规定。

表 9.2.14 部件安装允许偏差和检验方法

<table>
<tr><th>项次</th><th>名　　称</th><th colspan="4">项　　目</th><th>允许偏差/mm</th><th>检验方法</th></tr>
<tr><td rowspan="7">1</td><td rowspan="7">碳素钢管道的部件</td><td rowspan="5">弯管</td><td rowspan="2">椭圆率</td><td colspan="2">DN150 mm 以内</td><td>10%*</td><td rowspan="5">用外卡钳和尺检查</td></tr>
<tr><td colspan="2">DN400 mm 以内</td><td>8%*</td></tr>
<tr><td rowspan="3">褶皱不平度</td><td colspan="2">DN120 mm 以内</td><td>4</td></tr>
<tr><td colspan="2">DN200 mm 以内</td><td>5</td></tr>
<tr><td colspan="2">DN400 mm 以内</td><td>7</td></tr>
<tr><td colspan="2" rowspan="2">补偿器预拉伸长度</td><td colspan="2">填料式和波形</td><td>±5</td><td rowspan="2">检查预拉伸记录</td></tr>
<tr><td colspan="2">Π、Ω形</td><td>±10</td></tr>
<tr><td rowspan="6">2</td><td rowspan="6">不锈钢管道的部件</td><td rowspan="5">弯管</td><td rowspan="2">椭圆率</td><td colspan="2" rowspan="2">不锈钢管道</td><td>中低压 8%*</td><td rowspan="5">用外卡钳和尺检查</td></tr>
<tr><td>高压 5%*</td></tr>
<tr><td rowspan="3">褶皱不平度</td><td rowspan="3">不锈钢管道</td><td>DN150 mm 以内</td><td>3%</td></tr>
<tr><td>DN150～250 mm</td><td>2.5%</td></tr>
<tr><td>DN250 mm 以外</td><td>2%</td></tr>
<tr><td colspan="4">不锈钢 Π、Ω 形补偿器预拉伸长度</td><td>±10</td><td>检查预拉伸记录</td></tr>
<tr><td rowspan="5">3</td><td rowspan="5">工程塑料管道的部件</td><td rowspan="4">弯管</td><td colspan="3">椭　圆　率</td><td>6%*</td><td rowspan="4">用外卡钳和尺检查</td></tr>
<tr><td colspan="2" rowspan="3">褶皱不平度</td><td>DN50 mm 以内</td><td>2</td></tr>
<tr><td>DN100 mm 以内</td><td>3</td></tr>
<tr><td>DN200 mm 以内</td><td>4</td></tr>
<tr><td colspan="4">补偿器 Π、Ω 形预拉伸长度</td><td>+10</td><td>检查预拉伸记录</td></tr>
<tr><td colspan="8">注：1 * 指管道最大外径与最小外径之差同最大外径之比；
2 DN 为管道公称直径。</td></tr>
</table>

9.3 功能性检测

主控项目：

9.3.1 给水、回用水、污泥以及热力等压力管道应做水压试验。

检验方法：检查试验检测报告。

9.3.2 沼气、氯气管道必须做强度和严密性试验。

检验方法：检查试验检测报告。

9.3.3 沼气、氯气管道应分段及整体分别进行强度试验，低压及中压管道试验压力为 0.3 MPa；次高压管道为 0.45 MPa。

检验方法：检查施工记录及试验检测报告。

注：向沼气、空气管道内打压缩空气达到规定的压力后，用涂肥皂水的方法，对接口逐个进行检查，无漏气为合格。

9.3.4 沼气、氯气管道进行严密性试验时，试验压力及稳压时间应符合表 9.3.4-1 的规定。

表 9.3.4-1　管道严密性试验压力及试验稳压时间规定

试验压力/MPa		试验稳压时间/h	
管道类别	压　　力	管径/mm	稳压时间/h
低压及中压管道	0.1	<300	6
		300～500	9
次高压管道	0.3	>500	12

检验方法：在管道内打入压缩空气至试验压力，稳压 24 h 后，再进行压力降观测，允许压力降值应符合表 9.3.4-2 的规定。

表 9.3.4-2　管道严密性试验 24 h 的允许压力降值

管道公称直径/mm	150	200	250	300	350
允许压力降/MPa	0.064	0.048	0.038	0.032	0.027
管道公称直径/mm	400	450	500	600	700
允许压力降/MPa	0.024	0.021	0.019	0.016	0.013

9.3.5　污水管道、管渠、倒虹吸管等应按设计要求做闭水试验。

检验方法：检查施工记录及闭水试验报告。

10　沼气柜(罐)和压力容器工程

10.1　一般规定

10.1.1　本章适用于污水处理厂工程中，地面建筑安装的设计压力不大于 1.6 MPa 储存气体、液体的沼气柜(罐)和压力容器工程。

10.1.2　沼气柜(罐)工程验收应检查下列文件：

1　施工图、设计说明及其他设计文件；

2　所用材料(含钢材、焊接材料、涂料等)的产品质量合格证书、性能检测报告及复验报告、焊缝检测报告、气密性试验检测报告、进场验收记录；

3　隐蔽工程验收记录；

4　施工记录及监理检验记录。

10.1.3　压力容器质量验收应符合现行国家标准《钢制压力容器》(GB 150)规范的规定。

10.2　沼气柜(罐)的安装

主控项目：

10.2.1　沼气柜(罐)应在混凝土基础验收合格后进行安装。

检验方法：检查施工记录。

10.2.2　混凝土基础的沉降量应小于设计文件的规定，预埋件的允许偏差应符合沼气柜(罐)安装的精度要求。

检验方法：检查施工记录。

一般项目：

10.2.3　沼气柜(罐)安装允许偏差应符合表 10.2.3-1 和表 10.2.3-2 的规定。

表 10.2.3-1 容积 5 000 m³ 以下储柜(罐)安装允许偏差和检验方法

项次	项　　目	允许偏差/mm	检验方法
1	储柜(罐)底局部水平度	1/50 且≯5	仪器测量检查
2	储柜(罐)直径(D)	±1/500D	
3	储柜(罐)壁垂直度	1/250H	
4	各圈壁板局部凹凸度(以弦长 1.2 m 的样板检验) 板厚≤5 mm 板厚 6～10 mm	 ≯15 ≯10	
注:H 为柜(罐)体高度。			

表 10.2.3-2 容积 5 000 m³ 以上储柜(罐)安装允许偏差和检验方法

项次	项　　目	允许偏差/mm	检验方法
1	柜(罐)体高度	±5/1 000(设计高度的)	仪器测量检查
2	柜(罐)壁半径　D≤12.5 m 12.5<D≤45 m	±13 ±19	
3	柜(罐)壁垂直度	≯3/1 000 H	
4	柜(罐)壁内表面局部凹凸	≯13	
5	柜(罐)底局部凹凸	≯1/50L,且不大于 5	
6	拱顶板局部凹凸	≯15	
注:H 为柜(罐)体高度,L 为变形长度。			

10.2.4 柜(罐)体安装调试应达到浮顶(或活塞)升降平稳,导向机构、密封装置等无卡涩现象,与柜(罐)体上的其他部位(附件)无干扰。

检验方法:检查总调试记录、观察检查。

10.3 沼气柜(罐)的焊缝检验

主控项目:

10.3.1 罐体的焊缝质量应符合设计要求。

检验方法:检查焊缝检测记录、监理抽检记录。

10.3.2 焊缝质量应进行无损检测,应符合设计要求和相关规范规定。

检验方法:检查无损探伤记录。

一般项目:

10.3.3 焊缝表面不允许有裂缝、焊瘤、烧穿、弧坑等缺陷。

检验方法:观察检查,检查施工记录。

10.3.4 焊缝尺寸应符合设计要求。

检验方法:焊缝检验尺测量。

10.4 沼气柜(罐)的防腐

主控项目:

10.4.1 柜(罐)体按设计要求进行除锈的部位、部件,应采用喷射(砂、丸)或抛射(丸)等方法处理。除锈标准必须达到现行国家标准《涂装前钢材表面锈蚀等级和除锈等级》(GB 8923)规定的 Sa2 级。

检验方法：观察检查，检查施工记录。

10.4.2 涂料、稀释剂和固化剂等的品种、型号和质量，应符合设计要求和国家现行相关标准的有关规定。

检验方法：检查产品合格证、复验报告。

10.4.3 涂装前钢材表面严禁有锈皮，涂漆基层应无焊渣、焊疤、灰尘、油污、水等杂质。

检验方法：检查施工记录，观察检查。

10.4.4 涂装严禁误涂、漏涂、脱皮和反锈。

检验方法：观察检查。

一般项目：

10.4.5 油漆涂刷应均匀、牢固，附着力强。无明显起皱和流坠，面漆颜色应与色卡相一致。

检验方法：观察检查、检查施工记录。

10.4.6 涂装遍数、涂层厚度应符合设计要求，每遍涂层干漆膜厚度允许偏差应为－5 μm，总厚度允许偏差应为－25 μm。

检验方法：干漆膜测厚仪检测，检查施工记录。

10.5 沼气柜(罐)和压力容器的气密性试验

10.5.1 沼气柜(罐)体应按结构、密封形式分部位采用气密性试验。

检验方法：检查试验记录。

10.5.2 压力容器的焊接和连接应无泄漏、异常变形，气密性试验检测应符合现行国家标准《钢制压力容器》(GB 150)的规定。

检验方法：检查试验记录。

11 机电设备安装工程

11.1 一般规定

11.1.1 本章适用于格栅除污机、螺旋输送机、水泵、除砂设备、起重设备、鼓风设置、搅拌推流装置、曝气设备、刮泥机及吸刮泥机、滗水器、污泥浓缩脱水机、消化池搅拌设备、启闭机、闸门、沼气发电机及沼气发动机、锅炉、开关柜及配电柜(箱)、电力变压器以及电力、电讯、信号电缆管线等安装工程。

11.1.2 机电设备安装工程验收应检查下列文件：

1 设备安装说明、电路原理图和接线图；

2 设备使用说明书，运行和保养手册；

3 防护及油漆标准；

4 产品出厂合格证书，性能检测报告，材质证明书；

5 设备开箱验收记录；

6 设备试运转记录；

7 中间交验记录；

8 施工记录和监理检验记录。

11.1.3 机电设备安装应按产品技术文件要求进行试运转。

11.1.4 机电设备在运行前应根据技术文件要求加注润滑油脂。

11.2 格栅除污机

主控项目：

11.2.1 格栅除污机安装在基础上应牢固。

检验方法：检查施工记录。

11.2.2　格栅栅条对称中心与导轨的对称中心应符合要求，格栅栅条的纵向面与导轨侧面应平行。

检验方法：检查施工记录，观察检查。

11.2.3　耙齿与栅条的啮合应无卡阻，间隙应不大于 0.5 mm，啮合深度应不小于 35 mm。

检验方法：观察检查，尺量检查。

11.2.4　栅片运行位置应正确，无卡阻、突跳现象。过载装置应动作灵敏可靠。栅片上的垃圾不应有回落渠内现象。

检验方法：观察检查，检查施工记录。

11.2.5　其他类型除污机的安装应满足设计要求。

检验方法：检查施工记录。

一般项目：

11.2.6　格栅除污机应定位准确。安装角度偏差应符合产品随机技术文件规定。各机架的连接应牢固。

检验方法：检查施工记录。

11.2.7　机身较长的格栅除污机应按要求采取加固措施。

检验方法：观察检查。

11.2.8　格栅除污机两侧与沟渠壁间隙应不大于格栅栅条间隙。

检验方法：检查施工记录。

11.2.9　格栅除污机安装允许偏差应符合表 11.2.9 的规定。

表 11.2.9　格栅除污机安装允许偏差和检验方法

项次	项　目	允许偏差/mm	检　验　方　法
1	设备平面位置	20	尺量检查
2	设备标高	±20	用水准仪与直尺检查
3	栅条纵向面与导轨侧面平行度	≤0.5/1 000	用细钢丝与直尺检查
4	设备安装倾角	±0.5°	用量角器与线坠检查

11.3　螺旋输送机

主控项目：

11.3.1　螺旋输送机的固定应牢固，并保证与格栅机落料口和垃圾筒之间的正确连接，防止垃圾洒落。

检验方法：观察检查，检查施工记录。

11.3.2　螺旋叶片和槽体应正常配合，无卡阻现象。

检验方法：观察检查。

11.3.3　螺旋输送机的传动应平稳，过载装置的动作应灵敏可靠。

检验方法：观察检查，检查设备试运转记录。

11.3.4　密封罩和盖板不应有物料外溢。

检验方法：观察检查。

一般项目：

11.3.5　相邻机壳的法兰面应连接紧密，间隙平行面偏差应小于 0.5 mm。

检验方法：尺量检查。

11.3.6　螺旋槽直线度应符合设计要求。

检验方法：检查施工记录。

11.3.7 螺旋输送机安装允许偏差应符合表 11.3.7 的规定。

表 11.3.7 螺旋输送机安装允许偏差和检验方法

项次	项　　目	允许偏差/mm	检　验　方　法
1	设备平面位置	10	尺量检查
2	设备标高	+20，−10	用水准仪与直尺检查
3	螺旋槽直顺度	1/1 000，全长≤3	用钢丝与直尺检查
4	设备纵向水平度	1/1 000	用水平仪检查

11.4 水泵安装

主控项目：

11.4.1 潜水泵必须设漏水、漏油、过载保护监测系统。

检验方法：检查产品随机文件。

11.4.2 引导潜水泵升降的导杆必须平行且垂直，自动连接处的金属面之间应有效密封。

检验方法：检查施工记录。

11.4.3 立式轴流泵的主轴轴线安装应保持垂直，连接牢固。

检验方法：检查施工记录。

11.4.4 螺杆泵的泵体及泵夹套必须经液压试验合格后安装。

检验方法：检查试验记录。

一般项目：

11.4.5 水泵底座应采用地脚螺栓固定，二次浇注材料应保证密实。

检验方法：检查施工记录。

11.4.6 水泵出水口配置的成对法兰安装应平直。

检验方法：检查施工记录。

11.4.7 水泵的动力电缆、控制电缆的安装应牢固，水泵的电缆距吸入口不得小于 350 mm。

检验方法：观察检查。

11.4.8 潜水泵导杆过长时，中间应有可靠的加固措施。

检验方法：观察检查。

11.4.9 离心泵、轴流泵、螺杆泵、螺旋泵等水泵安装允许偏差应符合表 11.4.9 的规定。

表 11.4.9 水泵安装允许偏差和检验方法

项次	项　　目		允许偏差/mm	检　验　方　法
1	安装基准线	与建筑轴线距离	±10	尺量检查
		与设备平面位置	±5	仪器检验
		与设备标高	±5	仪器检验
2	泵体内水平度	纵向	≤0.05/1 000	用水平尺检验
		横向	≤0.10/1 000	
3	皮带轮、联轴器水平度		≤0.5/1 000	
4	水泵轴导杆垂直度		<1/1 000，全长≤3	用线坠与直尺检查

11.4.10 螺旋泵与导流槽间隙应符合设计要求，允许偏差应为±2 mm。

检验方法：检查施工记录。

11.5 除砂设备安装

主控项目：

11.5.1 设备基础应平整，安装固定可靠。
检验方法：检查施工记录。

11.5.2 各连接口应无渗水现象。
检验方法：检查施工记录，观察检查。

11.5.3 桨叶式分离机应保证桨叶板倾角一致，并保持静平衡。
检验方法：检查施工记录，观察检查。

一般项目：

11.5.4 安装位置和标高应符合设计要求。
检验方法：检查施工记录。

11.5.5 除砂设备安装允许偏差应符合表11.5.5的规定。

表 11.5.5 除砂设备安装允许偏差和检验方法

项次	项目	允许偏差/mm	检验方法
1	设备平面位置	10	尺量检查
2	设备标高	±20	用水准仪与直尺检查
3	桨叶式立轴垂直度	≤1/1 000	用垂线与直尺检查

11.6 鼓风装置安装

主控项目：

11.6.1 鼓风机基础与安装应严密、无松动。
检验方法：检查施工记录。

11.6.2 联轴器组装、轴承座组装、主轴与轴瓦组装、轴瓦与轴颈间隙应符合设备技术要求。
检验方法：检查施工记录。

11.6.3 鼓风装置安装后应进行清洗。
检验方法：检查施工记录。

11.6.4 鼓风装置试车应按设备文件执行。
检验方法：检查设备试车记录。

一般项目：

11.6.5 设备安装位置和标高应符合设计要求。
检验方法：检查施工记录。

11.6.6 管路中的进风阀、配管、消声器等辅助设备的连接应牢固、紧密、无泄漏现象。
检验方法：观察检查，检查施工记录。

11.6.7 消声与防振装置应符合有关规定及产品性能要求。
检验方法：观察检查。

11.6.8 鼓风机径向振幅值应符合产品技术规定。
检验方法：检查施工记录。

11.6.9 鼓风装置安装允许偏差应符合表11.6.9的规定。

表 11.6.9　鼓风装置安装允许偏差和检验方法

项次	项　　目	允许偏差/mm	检 验 方 法
1	轴承座纵、横水平度	≤0.2/1 000	框架水平仪检查
2	轴承座局部间隙	≤0.1	用塞尺检查
3	机壳中心与转子中心重合度	≤2	用拉钢丝和直尺检查
4	设备平面位置	10	尺量检查
5	设备标高	±20	用水准仪与直尺检查

11.7　搅拌系统装置安装

主控项目：

11.7.1　搅拌机的电机定子温升限值(电阻法)应符合现行国家标准《旋转电机质量验收规范》(GB 50170)的规定。

检验方法：检查施工记录。

11.7.2　搅拌机应设置密封泄漏保护装置。油箱水量不得超过油量的10%。

检验方法：检查施工记录。

11.7.3　搅拌、推流装置升降导轨应垂直、固定牢固、沿导轨升降自如。

检验方法：检查施工记录。

11.7.4　搅拌、推流装置应设漏水、过载监测保护系统。

检验方法：检验设备随机文件。

一般项目：

11.7.5　搅拌、推流装置安装角应符合设计要求。

检验方法：检查施工记录。

11.7.6　搅拌机应有可靠的防腐蚀措施。

检验方法：检查施工记录。

11.7.7　搅拌机应转动平稳、无卡阻、停滞等现象。

检验方法：观察检查。

11.7.8　搅拌机(潜水搅拌机、絮凝搅拌机、澄清池搅拌机、消化池搅拌机等)及推流装置安装允许偏差应符合表 11.7.8 的规定。

表 11.7.8　搅拌、推流装置安装允许偏差和检验方法

项次	项　　目	允许偏差/mm	检 验 方 法
1	设备平面位置	20	尺量检查
2	设备标高	±20	用水准仪与直尺检查
3	导轨垂直度	1/1 000	用线坠与直尺检查
4	设备安装角	<1°	用放线法、量角器检查
5	消化池搅拌机轴中心	≤10	用线坠与直尺检查
6	消化池搅拌机叶片与导流筒间隙量	≤20	尺量检查
7	消化池搅拌机叶片下端摆动量	≤2	观察检查

11.7.9　搅拌轴安装允许偏差应符合表 11.7.9 的规定。

表 11.7.9 搅拌轴安装允许偏差和检验方法

项次	项目	允许偏差			检验方法
		转数/(r/min)	下端摆动量/mm	桨叶对轴型直度/mm	
1	桨式、框式和提升叶轮搅拌器	≤32	≤1.5	为桨板长度的4/1 000且≯5	仪表测量观察检查用线坠与直尺检查
2	推进式和圆盘平直叶涡轮式搅拌器	>32	≤1.0		
		100～400	≤0.75		

11.7.10 澄清池搅拌机的叶轮直径和桨板角度允许偏差应符合表 11.7.10 的规定。

表 11.7.10 澄清池搅拌机的叶轮直径和桨板角度允许偏差和检验方法

项次	项目	允许偏差						检验方法
		<1 m	1～2 m	>2 m	<400 mm	400～1 000 mm	>1 000 mm	
1	叶轮上、下面板平面度	3 mm	4.5 mm	6 mm				线与尺量检查
2	叶轮出水口宽度	+2 mm	+3 mm	+4 mm				
3	叶轮径向圆跳动	4 mm	6 mm	8 mm				观察检查
4	桨板与叶轮下面板应垂直其角度偏差				±1°30′	±1°15′	±1°	量角器检查

11.8 曝气设备安装

主控项目：

11.8.1 曝气设备的平面位置和标高应符合设计要求。

检验方法：检查施工记录。

11.8.2 设备固定应牢固。曝气产生的冲击力影响 3 m 半径区内，明敷管应采取加固措施。

检验方法：观察检查。

一般项目：

11.8.3 微孔曝气器的接点应紧密，管路基础应牢固、无泄漏。

检验方法：检查施工记录。

11.8.4 系统安装完毕后，微孔曝气器管路应吹扫干净，出气孔不应堵塞。

检验方法：检查施工记录。

11.8.5 微孔曝气装置应做清水曝气试验，保持出气均匀。

检验方法：检查试验记录。

11.8.6 表面曝气设备和升降调节装置应灵敏可靠，并有锁紧装置。

检验方法：观察检查。

11.8.7 表面曝气设备安装允许偏差应符合表 11.8.7 的规定。

表 11.8.7 表面曝气设备安装允许偏差和检验方法

项次	项目	允许偏差/mm	检验方法
1	设备平面位置	10	尺量检查
2	设备标高	±10	用水准仪与直尺检查
3	布置主支管水平落差	±10	用水准仪和直尺检查

11.8.8 转刷、转盘曝气设备安装质量应符合产品技术规定。

检验方法:检查安装记录。

11.9 刮泥机、吸刮泥机安装

主控项目:

11.9.1 设备安装前应对池子的几何尺寸、标高、池底平整度进行检测。

检验方法:检查施工记录。

11.9.2 设备刮板与池底间隙应符合设计要求。

检验方法:检查施工记录。

11.9.3 刮泥机和吸刮泥机设备的过载装置应动作灵敏可靠。

检验方法:检查过载调试记录。

11.9.4 撇渣板和刮泥板不应有卡位、突跳现象。

检验方法:观察检查。

一般项目:

11.9.5 刮泥机和吸刮泥机安装水平度等技术参数应符合产品技术规定。

检验方法:检查施工记录,对照产品说明书检查。

11.9.6 刮泥机和吸刮泥机安装前应对池子直径、池底标高进行复测,满足要求后进行安装。

检验方法:用水准仪及尺量检查。

11.9.7 刮泥机和吸刮泥机安装允许偏差应符合表11.9.7的规定。

表11.9.7 刮泥机和吸刮泥机安装允许偏差和检验方法

项次	项目	允许偏差/mm	检验方法
1	驱动装置机座面水平度	0.03/1 000	用框式水平尺检查
2	链板式主链驱动轴水平度	0.03/1 000	用框式水平尺检查
3	链板式主链从动轴水平度	0.01/1 000	用框式水平尺检查
4	链板式同一主链前后二链轮中心线差	±3	用直尺检查
5	链板式同轴上左右二链轮轮距	±3	用直尺检查
6	链板式左右二导轨中心距	±10	用直尺检查
7	链板式左右二导轨顶面高差	中心距离 0.5/1 000	用水准仪与直尺检查
8	导轨接头错位(顶面、侧面)	0.5	用直尺和塞尺检查
9	撇渣管水平度	1/1 000	用水准仪和直尺检查
10	中心传动竖架垂直度	1/1 000	用线坠与直尺检查

11.10 滗水器安装

主控项目:

11.10.1 旋转式滗水器安装必须保持机组运转平稳、灵活、不卡阻。

检验方法:检查施工记录。

11.10.2 滗水器堰口的水平度应不大于0.3/1 000 mm,运转时不应倾斜。

检验方法:检查施工记录。

一般项目：

11.10.3 滗水器排水支、干管应垂直，偏差应不大于±1 mm。

检验方法：检查施工记录，尺量检查。

11.10.4 滗水器排气管上端开口应高于水面 200 mm，管内不应有堵塞现象。

检验方法：检查施工记录，尺量检查。

11.10.5 滗水器排水立管螺栓应固定牢固。

检验方法：扳手试紧。

11.10.6 滗水器的电器控制系统安装质量验收应符合现行国家标准《电器装置安装工程低压电器施工及验收规范》(GB 50254)的规定。

检验方法：检查施工记录。

11.11 污泥浓缩脱水机安装

主控项目：

11.11.1 污泥浓缩脱水机的水平度应符合产品随机文件技术要求。

检验方法：检查施工记录。

11.11.2 管路、阀的连接应牢固紧密、无渗漏。

检验方法：观察检查。

一般项目：

11.11.3 带式压滤机冲洗装置应具有良好的封闭性。

检验方法：观察检查。

11.11.4 污泥浓缩脱水机安装位置和标高应符合设计要求。

检验方法：检查施工记录。

11.11.5 污泥浓缩脱水机安装允许偏差应符合表 11.11.5 的规定。

表 11.11.5 污泥浓缩脱水机安装允许偏差和检验方法

项 次	项 目	允许偏差/mm	检 验 方 法
1	设备平面位置	10	尺量检查
2	设备标高	±20	用水准仪与直尺检查
3	设备水平度	1/1 000	用水准仪检查

11.11.6 高速离心污泥浓缩脱水机安装质量应符合产品设计规定。

检验方法：检查安装记录。

11.12 热交换器系统设备安装

主控项目：

11.12.1 污泥控制室热交换器应做水压试验。以最大工作压力的 1.5 倍，蒸汽部分应不低于供汽压力加 0.3 MPa；热水部分应不低于 0.4 MPa(在试验压力下，稳压 10 min)。

检验方法：检查试验报告。

11.12.2 高温水系统中，循环水泵和换热器安装的相对位置应符合设计要求。

检验方法：观察检查、量测检查。

一般项目：

11.12.3 壳管式热交换器的安装，如设计无要求时，其封头与墙壁或屋顶的距离不得小于换热管的长度。

检验方法：观察检查、量测检查。

11.12.4 设备保温层厚度允许偏差应符合表11.12.4的规定。

表11.12.4 保温层厚度允许偏差和检验方法

序号	项目		允许偏差/mm	检验方法
1	保温层厚度	瓦块制品	+5%δ	钢针刺入、量测
		柔性材料	+8%δ	
2	水泥保护壳厚度		+5	
注：δ为保温层厚度。				

11.13 启闭机及闸门安装

主控项目：

11.13.1 启闭机中心与闸门板推力吊耳中心应位于同一垂线，垂直度偏差应不大于全长的1/1 000。

检验方法：检查施工记录。

11.13.2 闸门安装应牢固，密封面应严密。

检验方法：观察检查、检查施工记录。

11.13.3 启闭机开启应灵活，无卡阻和抖动现象。限位装置应灵敏、准确、可靠。

检验方法：观察检查。

11.13.4 闸门标高及垂直度应符合设计要求。

检验方法：检查施工记录。

一般项目：

11.13.5 设备安装前，密封面应清洗干净。

检验方法：检查施工记录。

11.13.6 闸门框与构筑物之间应采取有效封闭措施，不得渗漏。

检验方法：观察检查、检查施工记录。

11.13.7 启闭机安装允许偏差应符合表11.13.7的规定。

表11.13.7 启闭机、闸门安装允许偏差和检验方法

项次	项目	允许偏差/mm	检验方法
1	设备标高	±10	用水准仪和直尺检查
2	设备中心位置	10	尺量检查
3	闸门垂直度	1/1 000	用线坠和直尺检查
4	闸门门框底槽、水平度	1/1 000	用水准仪检查
5	闸门门框侧槽垂直度	1/1 000	用线坠和直尺检查
6	闸门升降螺杆摆幅	1/1 000	用线坠和直尺检查

11.14 沼气锅炉、沼气发电机、沼气发动机安装

11.14.1 沼气锅炉、沼气发电机和沼气发动机的安装应符合设计要求，并按相关验收规范执行。

检验方法：检查施工记录。

11.15 开关柜及配电柜(箱)安装

主控项目：

11.15.1 开关柜及配电柜(箱)的接线应正确、连接紧密、排列整齐、绑扎紧固、标志清晰。
检验方法：观察检查。

一般项目：

11.15.2 开关柜及配电柜(箱)安装允许偏差应符合表 11.15.2 的规定。

表 11.15.2 开关柜及配电柜(箱)安装允许偏差及检验方法

项次	项目	允许偏差/mm	检验方法
1	基础型钢平面位置	10	尺量检查
2	基础型钢的标高	±10	用水准仪与直尺检查
3	基础型钢直顺度	1/1 000、全长≤5	用水准仪与直尺检查
4	基础型钢上平面水平度	1/1 000、全长≤5	用水准仪与直尺检查
5	成列全部柜(箱)顶高差	5	用水准仪与直尺检查
6	成列相邻柜(箱)顶高差	2	用水准仪与直尺检查
7	成列全部柜(箱)面不平度	5	拉钢丝检查
8	成列相邻柜(箱)面不平度	1	拉钢丝检查
9	柜(箱)之间接缝	2	用塞尺检查
10	柜(箱)垂直度	1.5/1 000	用线坠与直尺检查

11.16 电力变压器安装

主控项目：

11.16.1 电力变压器安装应符合相应规范的规定，并通过电力部门检查认定。
检验方法：检查施工记录及认定报告。

一般项目：

11.16.2 电力变压器安装允许偏差应符合表 11.16.2 的规定。

表 11.16.2 电力变压器安装允许偏差及检验方法

项次	项目	允许偏差/mm	检验方法
1	基础轨道平面位置	10	尺量检查
2	基础轨道标高	±10	用水准仪和直尺检查
3	基础轨道水平度	1/1 000	用水准仪和直尺检查
4	电力变压器垂直度	1/1 000	用线坠和直尺检查

11.17 电力电缆、电讯电缆、信号电缆管线工程

主控项目：

11.17.1 电缆敷设前应检查电缆的型号、规格等，电缆外表应无破损、无机械损伤、排列整齐，标志牌的安装应齐全、准确、清晰。
检验方法：观察检查。

11.17.2 电缆的固定、弯曲半径、间距及单芯电力电缆的金属保护层的接线等应符合设计要求。

检验方法：观察检查。

11.17.3 电缆终端头、电缆接头及充油电力电缆的供油系统安装应牢固，不应有渗漏现象；充油电力电缆的油压及表计量定值应符合设计要求。

检验方法：观察检查。

11.17.4 充油电力电缆及保护层、保护器的接地电阻应符合设计要求，接地应良好。

检验方法：检查施工记录。

11.17.5 电缆终端头、电缆接头、电缆支架等金属部件的油漆应完好无损，相色正确。

检验方法：观察检查。

一般项目：

11.17.6 汇线槽应平整、光洁、无毛刺，尺寸准确，焊接牢固。

检验方法：观察检查。

11.17.7 电缆保护管不应有变形及裂缝，内部应清洁、无毛刺，管口应光滑、无锐边。保护管弯曲处不应有凹陷、裂缝和明显的弯扁。

检验方法：观察检查。

11.17.8 电缆支架、支撑、桥架、托盘固定应牢固可靠。

检验方法：观察检查。

11.17.9 金属保护管采用螺纹连接时，管端螺纹长度不应小于管接头长度的1/2；采用套管焊接时，管子的对口处应处于套管的中心位置，焊接应牢固，焊口应严密，并做防腐处理。

检验方法：观察检查。

11.17.10 电缆进出构筑物、建筑物、沟槽、穿越道路时，应加套管保护。

检验方法：观察检查。

11.17.11 高压电缆和低压电缆、动力电缆和控制电缆应分层架设，不应相互交叉，必需交叉时应采用隔板隔离。

检验方法：观察检查。

11.17.12 电缆管线和其他管线的间距应符合设计要求。

检验方法：尺量检查。

11.17.13 电缆沟及隧道内应无杂物，盖板应齐全、稳固、平整，并应满足设计要求。

检验方法：观察检查。

11.18 其他设备、装置安装

11.18.1 在11.1.1条中已列入的机电设备未做单项叙述的，在设备安装时，均应符合有关规定和设计要求。

12 自动控制及监视系统

12.1 一般规定

12.1.1 本章适用于污水处理厂自动控制系统（调节阀、执行机构）、控制器、信号、连锁及保护装置、模拟盘、计算机控制系统、监控室设备的安装、调试及仪表设备等。

12.1.2 自动控制及监视系统验收应检查下列文件：

1 自动控制及监视系统安装应有设备平面布置图、接线图、安装图、系统图以及其他必要的技术文件；

2 自动控制及监视系统的软件、硬件设计图、清单、设计说明及有关文件；

3 自动控制及监视系统中所用材料、产品质量合格证书、性能检测报告、进场验收记录及复验报告；

4 施工记录和监理检验记录。

12.1.3 电气设备及其附件外壳和其他非带电金属部件接地(接零)、支线敷设应符合设计要求。

12.1.4 计算机控制系统及数据采集系统应按设计要求采用不间断电源供电。

12.2 调节阀、执行机构的安装和调试

主控项目:

12.2.1 调节阀的型号、位号、材质和规格必须符合设计要求。

检验方法:观察检查,检查施工记录。

12.2.2 调节阀和执行机构的安装应牢固、平整,附件齐全,接管、接线无误,进出口方向正确。

检验方法:扳手试紧,观察检查。

12.2.3 执行机构与操作手轮的“开”和“关”的方向应一致,并有标志。

检验方法:观察检查。

一般项目:

12.2.4 执行机构安装时应清扫,检查附件。

检验方法:检查施工记录。

12.2.5 执行机构转臂的连接处传动应灵活、平稳,不应有明显延迟现象。

检验方法:观察检查。

12.2.6 电动执行机构的接管、接线应准确无误,连接紧密,导线绑扎牢固。

检验方法:螺丝刀试紧和观察检查。

12.2.7 执行机构和调节阀指示器安装的位置应与实际开度相符,并能达到“全开”和“全关”。

检验方法:观察检查。

12.2.8 液压执行机构的安装位置应低于调节器。调节器一端应装有止回阀,油路的高点应有止回阀,油路的最高点应有排气阀。

检验方法:观察检查。

12.2.9 电磁阀安装应牢固、连接正确、动作灵活。

检验方法:观察检查。

12.2.10 调节阀的阀芯泄漏试验、气动薄膜调节阀的膜头气密性试验、电动调节阀的绝缘试验应符合有关规定。

检验方法:抽查试验记录。

12.2.11 调节阀传动部分应动作灵活、平稳,无卡阻现象。

检验方法:观察检查。

12.3 信号、连锁及保护装置安装和调试

主控项目:

12.3.1 开关、按钮的机械和电磁传动机构安装、接线、接管必须正确。

检验方法:观察检查。

12.3.2 报警装置音响应无误,信号显示应清晰正确。

检验方法:观察检查。

12.3.3 液位继电器安装位置应正确。

检验方法:观察检查。

一般项目:

12.3.4 装置中的电气、机械设备安装应牢固、平整。

检验方法：观察检查。

12.3.5　开关、按钮的机械和电磁传动机构安装应接触良好，动作灵敏、准确可靠。

检验方法：观察检查。

12.3.6　液压继电器配套与设备或容器连接应严密不漏。

检验方法：检查试压记录。

12.3.7　转动机械内的一次性元件安装应完整无损、牢固，并有防松动措施。

检验方法：手扳动和观察检查。

12.3.8　熄火保护装置的光敏元件安装应对准被测火焰中心，光敏元件与放大器之间的长度应符合规定。

检验方法：观察检查、尺量检查。

12.4　调节器的安装和调试

主控项目：

12.4.1　调节器的正反作用及输出信号特性必须符合设计要求。

检验方法：观察检查。

12.4.2　调节器的控制点偏差应符合产品文件说明和设计要求，达到规定的精度等级。

检验方法：观察检查。

一般项目：

12.4.3　调节器的比例范围、积分时间、微分时间的调整范围及误差，应符合产品说明书的要求。

检验方法：核对产品说明书。

12.4.4　定位器与执行器应进行闭环校验，非线性偏差及变差应符合产品说明书的要求。

检验方法：核对产品说明书。

12.5　模拟盘

主控项目：

12.5.1　模拟盘显示的信号与现场情况必须一致。

检验方法：观察检查。

一般项目：

12.5.2　线路布置、敷设应符合设计要求。

检验方法：检查施工记录。

12.5.3　接线应正确，连接紧密，排列整齐，绑扎紧固，标志清晰。

检验方法：观察检查和用螺丝刀试紧。

12.5.4　接线和插接件插入部分应牢固整洁，标签标记齐全。

检验方法：手扳动和观察检查。

12.6　计算机控制系统

主控项目：

12.6.1　计算机、模拟盘及PLC显示及数据与现场必须一致，不应有超出工艺要求的延时。

检验方法：试运行、观察检查。

12.6.2　计算机或可编程序控制器控制设备开启，继电器动作要求与设定必须一致，不应有超出工艺要求的延时。

检验方法：观察检查。

12.6.3 执行机构应正确执行控制室发出的指令，且无超出工艺要求的延时。

检验方法：观察检查。

12.6.4 控制室的上位机画面应准确、全面、清晰、及时地反映全厂工艺运行情况及计算机控制系统功能。

检验方法：观察检查。

一般项目：

12.6.5 计算机控制系统验收时需提供检查的文件应符合表12.6.5的要求：

表12.6.5 计算机控制系统需检查的文件

序号	文件名称	文件类别
1	技术任务书或技术建议书	A
2	技术设计说明书	A
3	可靠性技术报告(注)	A
4	型式检验报告	A
5	试验鉴定大纲	A
6	试用(运行)报告	A
7	技术经济分析报告	+
8	标准化审查报告	+
9	软件文档及其载体	A
10	试制总结	A
11	使用说明书	A
12	产品的企业标准	A
13	电路图、逻辑图系统配制图	A

注：1 对批量生产的工业计算机控制系统产品，可靠性技术报告中应具有可靠性验证报告的有关内容；
2 表中“A”表示必备文件，“+”表示可选文件。

12.6.6 软件文档及载体应满足系统要求。

检验方法：观察检查、试运行。

12.6.7 自动控制系统应具备下列功能：

1 现场信息的采集和输入；

2 数据处理；

3 过程测量、控制和监视；

4 用户程序组态、生成；

5 过程控制输出；

6 输出打印、制表、显示、记录；

7 自诊断功能；

8 报警、保护及自启动；

9 通信；

10 设计文件所规定的其他系统。

检验方法:逐项检查。

12.7 监控室设备安装

主控项目:

12.7.1 设备机架安装位置应符合设计要求。

检验方法:检查施工记录,尺量检查。

12.7.2 安装在机架内的设备应牢固、端正。

检验方法:观察检查和手扳动。

12.7.3 系统的防雷接地安装应严格按设计要求施工,接地安装应配合土建施工同时进行。

检验方法:观察检查、检查施工记录。

一般项目:

12.7.4 机架安装除位置应符合设计要求外,机架的底座应与地面固定,机架安装应竖直平稳,垂直偏差应符合有关规定。

检验方法:观察检查。

12.7.5 控制台安装除应符合设计要求外,垂直偏差、台面水平倾斜度应符合有关规定。附件应完整无损伤、螺丝紧固、台面整洁无划痕。

检验方法:尺量检查。

12.7.6 内接插件和设备连接应可靠,安装应牢固,内部接线应符合设计要求,无扭曲脱落现象。

检验方法:观察检查和螺丝刀试紧。

12.7.7 主机房内应采用表面导静电的活动地板,严禁暴露金属部分。

检验方法:观察检查。

12.8 仪表设备安装

主控项目:

12.8.1 仪表设备接地应可靠,并应符合设计要求。

检验方法:检查施工记录。

12.8.2 部件安装位置应符合设计要求。

检验方法:检查施工记录,观察检查。

12.8.3 仪表设备接线应准确,连接可靠。

检验方法:检查施工记录。

12.8.4 仪表设备应安装固定。

检验方法:观察检查。

12.8.5 仪表的取源部件安装应在工艺设备制造或工艺管道预制安装并应避开干扰同时进行,应符合现行国家有关规范。

检验方法:检查施工记录。

一般项目:

12.8.6 仪表设备安装位置及标高应符合设计要求。

检验方法:检查施工记录。

12.8.7 仪表设备安装的水平度及垂直度应符合产品随机文件的技术要求。

检验方法:检查施工记录。

12.8.8 仪表设备安装允许偏差应符合表 12.8.8 的规定。

表 12.8.8 仪表设备安装允许偏差及检验方法

项　次	项　　目	允许偏差/mm	检验方法
1	仪表设备平面位置	10	尺量检查
2	仪表设备标高	±10	用水平仪与直尺检查
3	仪表控制柜(箱)水平度	1/1 000	用水平仪和直尺检查
4	仪表控制柜(箱)垂直度	1/1 000	用线坠与直尺检查

13　厂区配套工程

13.0.1　污水处理厂的配套工程应包括综合办公楼、化验室、生活设施、机修车间、污泥转运站、汽车库、门卫室及围墙、厂区道路、照明、绿化等。

13.0.2　配套工程的施工质量验收，应按现行国家标准及有关规范、规定执行。

13.0.3　厂区配套工程中的有关安全生产、消防、防毒、防污染及环保等工程，应按国家现行条例、标准、规定执行。

附 录 A
污水处理厂工程的单位、分部、分项工程的划分

A.0.1 单位工程:具备独立施工条件的构筑物及建筑物为一个单位工程。

A.0.2 分部工程:按地基与基础、主体结构、附属构筑物以及各种设备安装等划分,道路、排水工程一般按长度或井段划分。

A.0.3 分项工程:按表 A.0.3 内容划分。

A.0.4 单位、分部、分项工程具体划分见表 A.0.3。

表 A.0.3 污水处理厂工程的单位、分部、分项工程划分表

<table>
<tr><td rowspan="2">单位工程
分部
分项</td><td>构筑物工程</td><td colspan="2">安装工程</td><td>厂区配套工程</td></tr>
<tr><td>泵房、沉砂池、初沉淀池、曝气池、二次沉淀池、消化池、建筑物(综合楼、脱水机房、鼓风机房等)</td><td colspan="2">格栅间、进水泵房、曝气沉砂池、沉砂池、曝气池、二次沉淀池、污泥泵房、鼓风机房、消化池、浓缩池、污泥控制室、脱水机房、脱硫塔、沼气柜、锅炉房、加氯间、生物反应池、氧化沟、计量槽等</td><td>厂内道路、排水、绿化、室内外照明等</td></tr>
<tr><td>地基与基础工程</td><td>土石方、搅拌桩地基、打(压)桩、灌注桩、基槽、混凝土垫层等</td><td>设备安装工程(分部)</td><td>起重机械、格栅除污机、水泵、鼓风机、搅拌设备、吸刮泥机、沼气柜、脱硫装置等</td><td>路槽软基处理、照明设施基础处理、混凝土基座等</td></tr>
<tr><td>主体工程</td><td>钢筋、模板、混凝土、构件安装、预制构件制作、预应力钢筋混凝土、砌砖、砌石、钢结构制作、安装等</td><td>管线工程(分部)</td><td>各种工艺管线:电力管线、沼气管、空气管、污泥管、放空管、热力管、给排水管线等</td><td>道路各结构层、面层、照明装置、接线及设施等</td></tr>
<tr><td rowspan="2">附属工程</td><td rowspan="2">土建和设备安装连接部位及预留孔、预埋件等</td><td>电器装置工程(分部)</td><td>电力变压器、成套柜及二次回路接线、电机、配电盘、低压电器、起重机械电器装置、母线装置、电缆线路、架空配电线路、配线工程、电器照明装置、接地装置等</td><td rowspan="2">道路人行道、侧缘石、花砖、收水井支管、照明开关控制、接地、绿化种植等</td></tr>
<tr><td>自动化仪表(分部)</td><td>检测系统安装调试、调节系统安装调试、供电、供气、供液系统调试,仪表防爆和接地系统,仪表盘(箱、操作台)、仪表防护等</td></tr>
<tr><td>功能性检验</td><td>气密性试验、满水试验等</td><td colspan="2">管道水压试验、闭水试验、设备单机试车、运行、联动试车等</td><td>道路弯沉检测等</td></tr>
</table>

附　录　B
污水处理厂工程各阶段验收

B.0.1　单位工程及主要分部工程质量验收，主要分部是指工程的地基与基础、主体结构的主体工程的隐蔽部位、土建与设备安装连接部位、附属工程等。单位工程验收按表 A.0.3 所划分的范围。单位工程及主要分部工程的验收记录见表 B.0.1。

B.0.2　设备安装单机试运转，主要检验每个机电设备、设施的运转和性能情况。设备安装单机或联动试运转记录见表 B.0.2。

B.0.3　污水处理厂工程质量交工验收是指污水处理厂工程全部按设计要求和质量标准完成后，对整体工程质量进行验收。污水处理厂工程质量交工验收报告见表 B.0.3。

表 B.0.1　单位工程或主要部位工程验收记录

<table>
<tr><td>单位工程名称</td><td colspan="3"></td><td colspan="2">单位(分部)
工程负责人</td><td></td></tr>
<tr><td>分部工程名称</td><td colspan="3"></td><td colspan="2">单位(分部)
工程质量员</td><td></td></tr>
<tr><td>施工单位</td><td colspan="3"></td><td colspan="2">分部(分项)
工程数量</td><td></td></tr>
<tr><td>分部(分项)
工程序号</td><td colspan="2">分部(分项)工程名称</td><td colspan="2">施工单位检查情况</td><td colspan="2">监理单位验收结论</td></tr>
<tr><td></td><td colspan="2"></td><td colspan="2"></td><td colspan="2"></td></tr>
<tr><td></td><td colspan="2"></td><td colspan="2"></td><td colspan="2"></td></tr>
<tr><td></td><td colspan="2"></td><td colspan="2"></td><td colspan="2"></td></tr>
<tr><td></td><td colspan="2"></td><td colspan="2"></td><td colspan="2"></td></tr>
<tr><td></td><td colspan="2"></td><td colspan="2"></td><td colspan="2"></td></tr>
<tr><td>资料</td><td colspan="6"></td></tr>
<tr><td>外观</td><td colspan="6"></td></tr>
<tr><td>主要使用功能</td><td colspan="6"></td></tr>
<tr><td rowspan="4">单位(分部)工程
验收结论签认</td><td>施工单位名称</td><td colspan="2"></td><td colspan="2">项目负责人</td><td></td></tr>
<tr><td>设计(勘察)单位名称</td><td colspan="2"></td><td colspan="2">项目负责人</td><td></td></tr>
<tr><td>建设单位名称</td><td colspan="2"></td><td colspan="2">项目负责人</td><td></td></tr>
<tr><td>监理单位名称</td><td colspan="2"></td><td colspan="2">总监理工程师
(驻地监理工程师)</td><td></td></tr>
<tr><td>备　注</td><td colspan="6">检查记录附后</td></tr>
<tr><td colspan="7">注：1　单位工程或主要部位验收记录分别填报此表；
2　土建工程、设备安装工程均使用此表；
3　该表一式两份，施工单位保存一份，建设单位一份备案。</td></tr>
</table>

年　　月　　日

表 B.0.2　设备安装工程单机或联动试运转记录

工程名称：

设备部位图号		设备名称		型号、规格、台数	
施工单位		设备所在系统		额定数据	
试验单位		负责人		试车日期	年　月　日

序号	试验项目	试　验　记　录	试验结论
1			
2			
3			

建设单位	监理单位	管理单位	设备生产厂家	总包单位	安　装　单　位		
					施　工负责人	质检员	施工员
注：该表一式三份，其中施工单位一份，管理单位一份，建设单位一份备案。							

年　　月　　日

表 B.0.3 工程质量交工验收报告

<table>
<tr><td>工程名称</td><td colspan="3"></td><td>交工验收日期</td><td></td></tr>
<tr><td>施工单位</td><td colspan="3"></td><td>开、竣工日期</td><td></td></tr>
<tr><td>工程简要内容</td><td colspan="5"></td></tr>
<tr><td>存在问题</td><td colspan="5"></td></tr>
<tr><td>整改完成期限</td><td colspan="5"></td></tr>
<tr><td>验收结论</td><td colspan="5"></td></tr>
<tr><td rowspan="2">参加验收人员签字（盖公章）</td><td>施工单位</td><td>养管单位</td><td>建设单位</td><td>监理单位</td><td>设计（勘察）单位</td></tr>
<tr><td></td><td></td><td></td><td></td><td></td></tr>
</table>

年　　月　　日

本规范用词说明

1 为便于在执行本规范条文时区别对待，对要求严格程度不同的用词说明如下：

(1) 表示很严格，非这样不可的：

正面词采用“必须”；反面词采用“严禁”。

(2) 表示严格，在正常情况下均应这样做的：

正面词采用“应”；反面词采用“不应”或“不得”。

(3) 表示允许稍有选择，在条件许可时首先应这样做的：

正面词采用“宜”或“可”；反面词采用“不宜”。

表示有选择，在一定条件下可以这样做的，采用“可”。

2 条文中指定应按其他有关标准、规范执行时，写法为“应符合……的规定”或“应按……执行”。

中华人民共和国国家标准

GB 50334—2002

城市污水处理厂工程质量验收规范

条 文 说 明

1 总则

1.0.1 随着经济建设的快速发展，保护环境已成为我国的基本国策。目前，我国城市污水处理厂正在普遍建设，为保证工程质量，需要有一个城市污水处理厂工程质量验收规范，为此，天津市市政工程局受建设部委托，会同有关城市相关部门组成编写组，编制了《城市污水处理厂工程质量验收规范》(GB 50334)。

1.0.2 本规范不仅适用于新建污水处理厂工程，而且对已有的城市污水处理厂的增容扩建和技术改造，以及提高污水处理水质等级与设备维修等工程建设，均应按本规范要求执行。

1.0.3 污水处理厂工程是多专业的综合性工程，包括土建工程、机电设备安装工程、仪表测试安装工程、自动化系统安装工程、环境和市政配套工程等。国家已有的专业验收规范，在本规范中，仅把涉及污水处理厂需要突出控制的内容编入。因此，该规范应与国家现行《建筑工程施工质量验收统一标准》(GB 50300)及相关规范配套使用。

1.0.4 为了保证污水处理厂工程建设质量，城市污水处理厂的设计文件和工程承包合同文件的内容，不能低于本规范的规定。

2 术语

此章给出的八个术语，是本规范有关章节中较为常用和重要的。术语仅做了通俗性解释，达到了解涵义之目的。由于污水处理厂工程属综合性工程，因此该标准须与国家现行相关标准规范配套执行，对已有的术语不再列出，应参阅有关国标术语使用。本规范的术语英文注解，不一定是国际标准，仅供参考。

3 基本规定

3.1 材料与设备

3.1.1 本条强调用于污水处理厂工程建设的所有材料和设备，必须合格。

3.1.2 污水处理厂工程所采用的原材料和机电设备，必须符合环保和安全的要求，并应具有相应的合格证件。

3.1.3 本条是指机电设备安装及自动控制系统的主要材料和部件，使用前必须按定购合同和产品的技术指标进行检验。

3.1.4 进场材料和设备应按规定进行复验，是指水泥、钢材等材料及设备，除应具有出厂合格证外，还应在使用前进行复验。

3.1.5 本条主要是指对材料见证取样的规定。见证取样是按照国家有关规定，经第三方对材料合格的确认或对材料质量有争议时的合格确认。

3.1.6 本条是对承担材料和设备检测单位或部门资质和资格的规定。

3.1.7 对由国外引进的材料和设备，进场时必须严格按合同文件对照检验，经检验合格后方可使用，若发现问题，应及时报关或函告。

3.1.8　本条是对所用材料、半成品、构配件、设备等进行保管的规定，为防止因保管不善发生锈蚀和损坏及不经检验就安装使用，要求在使用安装前应进行检验。

3.1.9　现场配制的混凝土、砂浆、防水涂料、保温材料等，应经监理人员检验合格后方可使用，并做好记录。

3.1.10　本条是指在验收过程中，对施工原始文件和记录进行检查的规定。

3.1.11　本条规定主要是通过采用新技术、新材料、新工艺、新设备来提高工程建设效率和质量。

3.2　施工

3.2.1　为保证污水处理工程建设质量合格验收，对承包工程的施工单位，除应具备企业资质证件外，并应根据建设项目建立内部的质量管理保证体系，加强施工过程中的自检、互检和交接验收的三检制度，强化企业自身的质量管理工作。

3.2.2　按建设工程质量管理条例的规定和本规范的要求，对承建污水处理厂工程的施工单位的项目经理、技术负责人和特殊工种的操作人员，都应经过培训持证上岗，并建立岗位责任制，达到确保工程建设质量的目的。

3.2.3　污水处理厂工程是多专业综合性工程，本条所指施工组织总设计是对整个建设项目的施工指导性文件；施工组织设计是对某一单位工程的指导性文件；施工方案是对主要部位或关键分项工程施工控制的具体要求。应通过施工单位的上级主管部门和建设单位(监理单位)审批后执行。

3.2.4　本条规定是指施工单位不得擅自变动设计，需要变动的，应严格按设计变更程序执行。

3.2.5　本条强调了文明施工和环境保护的要求。在施工组织总设计中，应制定文明施工和环境保护的措施，并严格贯彻实施。

3.2.6　本条强调了安全生产的要求。在施工组织总设计或施工组织设计中，应制定安全生产的保证措施，并严格遵照执行。

3.2.7　污水处理厂工程位于不同地区，为了保证工程建设质量不受影响，要求在施工组织设计中，编制冬期、雨季施工技术措施，并贯彻落实。

3.2.8　污水处理厂的土建和机电设备安装工程项目全部完成，并已进行单机及联动试运行合格后，施工单位向建设单位申报工程交工验收。由污水处理厂管理单位参加验收和接管，接管后，通水试运行及调试管理，期限一年。在此期间施工单位应承担工程质量保修责任，管理单位应负责污水厂设备调试和处理水质达到设计排放指标，为实现工程竣工验收和正式投产运营做好充分准备工作。

3.3　验收

3.3.1　本条是根据污水处理厂工程的特点，划分四个阶段，分别进行工程质量验收，目的是以强化过程的质量控制来保证整体的工程质量。

3.3.2～3.3.3　污水处理厂工程的单位、分部、分项工程的划分以及验收记录和报告，除按本规范附录内容的格式填写外，并应与国家《建筑工程施工质量验收统一标准》(GB 50300)配套使用。

3.3.4　本条是污水处理厂工程各阶段验收的申报制度和时间要求，验收时各参建单位将有关文件、图纸、施工记录等准备齐全，为验收工作的顺利进行做好充分准备。

3.3.5　本条规定除执行本规范外，并按现行国家相关规范配套使用。

3.3.6　由于污水处理厂工程投资和规模不同，各地区质量管理和经济状况有别，为从实际出发，达到工程质量检验的可靠性，对工程质量项目检验的抽检数量暂不做硬性规定，由建设和监理单位研究确定。

4　施工测量

4.1　一般规定

4.1.1　施工测量是把设计的构筑物及建筑物的平面位置和高程正确地标志到施工现场。它贯穿于厂区各构筑物及建筑物施工阶段的全过程。一般包括测设、施工控制测量、沉降观测及竣工总平面图绘制等内容。

4.1.2～4.1.3　充分熟悉设计文件，图纸及有关测量放线记录。对设计交付的厂区规划桩及坐标，构筑物及建筑物中线位置桩，三角网基点桩等测量记录进行检查、核对。对厂区原地形、地貌要进行核对、复测，做好录像和记录。

4.1.4　轴线丈量相对误差应符合三级标准

一级不得大于1/28 000；二级不得大于1/21 000；

三级不得大于1/14 000。参考城市测量规范CJJ 8—99。

方格网四角观测闭合差应符合三级标准

一级不得大于±15″；二级不得大于±25″；

三级不得大于±40″。参考城市测量规范CJJ 8—99。

厂区内高程控制点抽检两组，每组三个点闭合。其相对高差应满足水准测量三等误差标准，不得大于±4mm，参考城市测量规范CJJ 8—99。

4.1.5　厂区的控制坐标桩、轴线桩、方格网控制点及高程控制点，应按线名或地名，起北止南分别设定桩名或编号，在实地设置拴桩，并绘制点之记图。

4.1.6　本条对施工测量单位提出必要的施工技术标准，测量控制和质量检验制度及监测制度，要求在施工过程中有效的运行和落实。

4.1.7　厂区竣工后，为了今后便于管理使用和维修，以及为扩建工程提供依据，要求绘制竣工总平面图。竣工总平面图的图例、图面内容、比例等应尽量与设计一致。

在污水处理厂的构筑物、建筑物、地下管线及附属工程项目较多的情况下，可将总平面图分为厂区的构筑物及建筑物、管线、道路、配套工程项目，坐标控制图及坐标、高程等测量记录也应整理成册。

绘制竣工总平面图，应随工程进度及时绘制，避免资料遗失，若发现问题可及时到现场查对，使竣工图真正反映实际情况。

4.2　厂区总平面控制

4.2.1　根据施工坐标系统，结合厂区各类构筑物及建筑物布置形式，通常设计的道路中心线与各类构筑物及建筑物是平行关系，可根据厂区的横、纵基线测设，三点直线形、三点直角形、四点丁字形、五点十字形、矩形、方格形等轴线，无论采用何种形式，其轴线上的点数不得少于三点。

4.2.2　设计提供的坐标、基线应进行实地复测。若发现标志不足，不稳定，被移动或测量精度不符合要求，应进行补测、加固、移设或重新测设，并通知设计单位。

依据设计的坐标、基线，设定厂区施工坐标系统，为总平面图的设计而确定的独立坐标系统，横、纵坐标轴的方向与设计图样、构筑物及建筑物的方向保持平行，即为厂区的控制基线，其坐标原点可假设在总平面图的西南角处，使厂区的所有构筑物及建筑物的坐标均为正值。同时要与设计坐标用导线法连成整体，使施工坐标换为设计坐标值。基线实际相对误差应符合二级标准1/26 000，参考《城市测量规范》(CJJ 8)。

4.2.3　总平面测量控制中的水平角观测、基线、轴线丈量回数及误差，参考《公路桥涵施工技术规范》(JTJ 041)。

4.2.4　当厂区的横、纵轴线相交形成的方格网不能满足构筑物及建筑物放线要求时，可在控制轴线上加设控制点，形成整体或局部的次一级方格网，以满足放线要求。

4.3　单位工程平面控制

4.3.1　当构筑物及建筑物的四角点位测放在地面以后，应向外方向放射方向桩，确保构筑物及建筑物的方向位置，对大型构筑物及建筑物的边线上加设线点，一般不大于10 m。

4.3.2　根据纵、横轴线，用直角坐标法交汇构筑物及建筑物的中心点，其相对误差不大于±5 mm。

4.3.3　污水处理厂内的各种工艺管线较多，深浅不一，因此必须绘制纵、横断面大样图，以先深后浅的原则进行放线。管线中线要测放在比较牢固，不宜被移动的固定架上。

4.3.4　道路中心线一般与构筑物及建筑物保持平行关系，厂区构筑物及建筑物的控制轴线应设在道路中心线上，无障碍物，测量视线好，有利于放线。

4.3.5 地面以上的建筑物放线，最佳形式是放在固定的龙门架上，这能保证建筑物开槽后其轴线仍然存在，便于检查和复测。

4.3.6 圆形的构筑物及建筑物，一般在轴线上采用直角坐标法交汇中心点，如一沉池、二沉池、消化池等，用中心点控制，必要时在基础上埋设塔架，随构筑物施工升高而逐步的起升塔架圆心点高度，以利控制池体半径及池壁尺寸。

方形或矩形基础，要控制构筑物的轴线，同时控制结构的中心点，再用五点十字法测设外边线。

4.3.7 附属工程一般采用方格网和直角坐标法设定，对于厂区内的花池、围墙、交通设施、照明设施、入户检查井、入户管线等附属工程，可采用相邻的构筑物或建筑物延长线法或支距法设定。

4.2.8 构筑物及建筑物的边长，在施工放线过程中要控制偏差，同时边长在复测时必然出现相对误差，其允许偏差按现行国家《工程测量规范》(GB 5026)的有关规定执行。

4.4 高程测量控制

4.4.1 对设计提供的水准点要进行复测，采用中等测高法，三丝读数，每测一站的观测程序为“后前”、“前后”进行，按四等水准测量技术要求执行，闭合差≤±12 $\sqrt{L_i}$。厂区内高程控制点的测设，按环线闭合差四等水准测量技术要求执行，闭合差≤±20 $\sqrt{L}$。

表 4.4.1 各等水准测量的主要技术要求

单位：mm

等级	每千米高差中数中偏差		测段、区段、路线往返测高差不符值	测段、路线的左右路线高差不符值	附合路线或环线闭合差		检测已测段高差值
	偶然中偏差 M_{Δ}	全中偏差 M_W			平原丘陵	山　区	
二等	≤±1	≤±2	≤±4 $\sqrt{L_s}$	—	≤±4 $\sqrt{L}$		≤±6 $\sqrt{L_i}$
三等	≤±3	≤±4	≤±12 $\sqrt{L_s}$	≤±8 $\sqrt{L_s}$	≤±12 $\sqrt{L}$	≤±15 $\sqrt{L}$	≤±20 $\sqrt{L_i}$
四等	≤±5	≤±6	≤±20 $\sqrt{L_s}$	≤±14 $\sqrt{L_s}$	≤±20 $\sqrt{L}$	≤±25 $\sqrt{L}$	≤±30 $\sqrt{L_i}$

参考《城市测量规范》(CJJ 8)。

4.4.2 厂区构筑物及建筑物较多，为控制各种构筑物的高程测设，其厂区内的高程控制点布置不宜过少，一般点位间距在 50～100 m 之间基本满足，也可视构筑物及建筑物密度而定。

4.4.3 厂区内的高程测量控制采用四等水准环线闭合，其偏差要求按 4.4.1 表执行。本节提示：水准仪的前后视线、视距作出相应的规定。

4.4.4 厂区内的高程测量控制点，要多次进行高程复测，环线最少闭合三次再行平差调整，为保证测量高程的准确性，应 1～2 月复测一次，随时调整控制高程。

4.4.5 单位工程中的高程测设部位较多，有的还要重复测设。一般槽底、垫层上平等，通常采用木桩顶涂红漆为准，混凝土基础、墙、柱等应测设的标高划在样板上或标明部位折返尺寸。

地面以上构筑物及建筑物、大型管道工程，其标高测放在固定的样板上，也可视工程项目实际情况，采用多种测设方法。

4.4.6 工程项目的高程点测设，要经过复测，复测时应使用另一个高程控制点，避免重复错误，为满足大型构筑物的施工作业要求，尽量加密高程测设点，一般间距 5～10 m。

4.4.7 沉降观测点应按设计要求设定。对大型构筑物及建筑物要设沉降观测点，如进水泵站，曝气池、沉砂池等矩形结构，观测点通常设在四角处。圆形构筑物的观测点，如沉淀池、消化池等，设在两个互相垂直的轴线上。

沉降观测分为高程沉降及由于不均匀沉降引起的倾斜。观测点按设计意图布设。工程竣工后每 1～2 月观测一次，至全部工程竣工验收时施工单位停止观测，将记录移交建设单位。

5 地基与基础工程

5.1 一般规定

5.1.1 本条规定了构筑物及建筑物所适用的地基与基础工程。

5.1.2 本条规定了地基与基础工程质量验收,应检查的主要文件和记录。

5.1.3 本条强调了地基基础工程质量验收,应执行本规范和现行国家《建筑地基基础工程施工质量验收规范》(GB 50202)的规定。

5.2 基坑开挖与回填

5.2.1～5.2.3 本条规定强调了在基坑开挖前后应复测线位和标高,以保证基础位置和尺寸准确。

5.2.4 本条规定强调了排、降水的重要性,在基坑验收时,必须检查排、降水的效果,是否达到施工方案要求。

5.2.5 为了保证基础的施工质量及安全,在基坑验收时,检验支撑和护壁是否稳定、安全可靠。

5.2.6 为防止基坑回填后的沉陷,必须检查回填土(料)的密实度。

5.3 天然地基

5.3.1 本条强调对天然地基不得超挖、扰动和受水浸泡。

5.3.2、5.3.5 本条是指在施工时,如发现基底土质与设计不符以及遇到地下障碍时,应由设计单位提出处理意见,并依此进行验收。

5.3.3 如设计文件规定检测地基的承载力时,应按设计文件的要求进行检测及验收。

5.3.4 本条规定同 5.2.1 条。

5.4 人工地基

5.4.1 本条规定同 5.3.3 条。

5.4.2 本条规定是指应按设计文件要求对土壤密实度进行检测。

5.4.3 本条强调了无机结合料稳定土类地基或砂石地基,必须分层填筑碾压密实。

5.4.4 重夯、强夯施工前,应先处理地下障碍物。如地下水或地表水影响夯实效果时,应排除和降低地下水位后再进行施工。

5.4.5 对地基碾压的虚铺厚度,应参照道路施工验收规范的规定执行。

5.4.6 特殊地基主要包括:砂井、砂桩、灰土挤密桩、振冲地基、旋喷地基、硅化地基等,其质量验收应按现行国家《建筑地基基础工程施工质量验收规范》(GB 50202)的规定执行。

5.5 桩基础

5.5.1 本条是对沉入桩的制作质量验收作出的明确规定。

5.5.2 本条规定了沉入桩施工时必须严格控制的内容。

5.5.3 本条是对钻孔灌注桩浇筑混凝土时的强调性规定,有关桩基检测的要求应按设计规定执行。

5.5.4 本条是沉入桩接桩的质量验收的主要内容。

5.5.5 本条强调了灌注桩基础施工的设备要求,其主要目的是控制灌注桩的垂直度。

5.5.6 本条强调了钢筋笼在加工过程中应严格控制焊接和绑扎质量,保证安装时不变形。

5.5.7 桩基应按设计规定进行承载力检测。

6 污水处理构筑物

6.1 一般规定

6.1.1 本条规定了本章质量验收规范所适用的污水处理构筑物工程范围。

6.1.2 本条规定了污水处理构筑物工程质量验收时应检查的主要文件和记录。

6.1.3 污水处理构筑物为水工结构,且污水具有腐蚀和环境污染性,因此规定污水处理构筑物的混凝土设计必须具有抗渗、抗腐蚀性能,寒冷地区还应考虑抗冻性能。

6.1.4 本条对污水处理构筑物的关键部位提出的具体要求。应对池壁与底板、壁板间的湿接缝及施工缝处的质量严加控制。

6.1.5 考虑污水构筑物在施工过程中及排空检修或地下水位较高地区，构筑物必须要有抗浮措施。

6.1.6 本章质量验收规范仅依据污水处理构筑物特殊性制定，其他未涉及内容均应执行现行国家《给水排水构筑物施工及验收规范》(GBJ 141)和《混凝土结构工程施工及验收规范》(GB 50204)的规定。

6.1.7 新型耐久“止水带”，如钢带复合止水带、密封胶等材料，质量验收应满足设计要求。

6.2 钢筋混凝土预制拼装水池

6.2.1 混凝土抗压强度、抗渗、抗冻性能，是保证水工构筑物安全可靠运行的主要技术指标，必须符合设计要求，是强制性规定。

6.2.2 本条主要是为刮泥设备正常运行及充分发挥设备性能满足设计工艺而制定，必须对施工偏差严格控制。

6.2.3 本条强调了池体易渗漏部位的质量控制。

6.2.4 预制池壁板几何尺寸及安装偏差是关系到池壁构筑物平面尺寸偏差的关键，应严格控制。

6.2.5 池壁顶面高程和平整度是保证刮泥设备正常运行的关键，可减少设备内部因结构表面不平整而产生内力磨损，延长使用寿命，为充分发挥设备工艺性能而制定的。

6.2.6 底板混凝土浇筑量大、面积宽，混凝土浇筑施工过程中极易产生施工假缝，这是造成底板渗漏的主要因素及隐患部位。因此，要求采取相应的技术措施，确保底板混凝土的连续浇筑，不允许出现施工假缝，更不允许设置垂直施工缝。

6.2.7 本条制定了钢筋混凝土底板施工允许偏差。

6.2.8 为保证杯口与底板连接密实，施工时应对界面进行处理。强调杯口内表面平整，主要是为了保证壁板安装和减小顶部高程的偏差。

6.2.9 本条制定了现浇混凝土杯口允许偏差。

6.2.10 本条包括两个内容：预制壁板在加工制作时，不得有裂缝出现；混凝土湿接缝应采取技术措施，防止收缩裂缝出现。

6.2.11～6.2.16 主要是对预制壁板及构件提出质量的要求。

6.2.17 本条强调喷涂混凝土强度和厚度的质量要求。

6.2.18 污水处理工艺要求污水呈径向辐射流动状态，因此要求集水槽应与水池同心。

6.2.19～6.2.20 堰板加工及安装精度是保证辐射水流均匀，实现污水处理效率的重要环节，加工及安装时质量应严格加以控制。

6.3 现浇钢筋混凝土水池

6.3.1 为保证底板与池壁连接密实，施工时应对界面进行处理。

6.3.2 现浇钢筋混凝土水池与预制拼装水池大同小异，因此相同项目可按前述条款执行。

6.3.3 污水处理构筑物一般平面尺寸较大，主体结构的池壁及底板均设有多条变形缝，其施工质量关系到结构受力均衡，是池体渗漏质量通病部位，必须加以严格控制。

6.3.4 本条讲混凝土构筑物不得出现有害裂缝，主要是指对结构安全和使用功能有影响的裂缝，并对外观质量验收提出要求。

6.3.5 本条制定了现浇钢筋混凝土水池允许偏差及检验方法。

6.3.6 为防止钢筋锈蚀影响结构安全，按设计要求认真做好质量检验。

6.3.7 污水处理构筑物工艺管道较多，为保证工艺流程及设备安装质量符合设计要求，对预埋管、件位置等提出质量验收要求。

6.4 土建与设备安装相关部位

6.4.1 污水处理构筑物安装的各类型机械设备，要求土建施工的预埋件及预留孔较多，其预埋件位置的精度要求高，已保证机械设备能够顺利安装，满足运行要求。

6.4.2 水工构筑物顶部平面一般为设备运行平面，表面必须平整，高程符合设备安装要求。

6.4.3 刮泥机设备的刮板与水池底板之间间隙量符合设计要求，是保证设备正常运行的重要环节。要求水池底板表面必须平整、高程和坡度符合设计要求。

6.4.4 螺旋泵是靠旋转泵叶与混凝土基槽之间的相对运动提升污水，因此螺旋泵泵叶与混凝土基槽之间间隙量应严格控制。

6.4.5 安装刮泥机及螺旋泵设备的混凝土水池底板及基槽之间的缝隙，一般采用水泥砂浆二次抹面处理。抹面前原基层必须凿毛、清净，采用粘结剂辅助施工。水泥砂浆抹面层较厚时，应分层抹面，以减少收缩开裂。

6.5 水池满水试验

6.5.1 本条强调污水处理构筑物在使用过程中必须做到不渗不漏。要求每座水池完工后应进行满水试验。其试验应符合现行国家《给水排水构筑物施工及验收规范》(GBJ 141)的规定。

7 污泥处理构筑物

7.1 一般规定

7.1.1 本条规定了本章质量验收规范所适用的范围。

7.1.2 本条规定了污水处理构筑物工程质量验收时应检查的主要文件和记录。

7.1.3 混凝土质量验收应符合本规范第6章规定。

7.1.4 消化池中温运转处理过程中产生沼气，为此消化池必须具有气密性能，防止气体渗漏造成火灾或爆炸，同时池体内保持中温，要求做好池外壁保温层。

7.1.5 本条规定了当采用无粘结预应力工艺时，质量验收应符合现行国家《无粘结预应力混凝土结构技术规程》(JGJ/T 92)的规定。

7.2 现浇钢筋混凝土构筑物

7.2.1 消化池施工工艺较为复杂，其施工工艺关系到施工安全及主体混凝土结构的施工质量，因此本条对模板、支架及预应力施工提出验收要求。

7.2.2 本条规定同6.3.7条。

7.2.3 消化池池壁预应力是池体结构重要受力部位，预应力张拉应严格加以控制。

7.2.4 本条规定了预应力张拉施工中，预应力钢筋允许发生断丝滑脱的数量。

7.2.5 预应力钢筋进行张拉后，严禁采用电弧焊、气焊切割。因为电弧焊切割能够引发预应力钢筋之间放电现象，造成局部预应力钢筋受损。气焊切割易造成预应力钢筋及锚具局部退火，改变材料的力学性能，从而影响锚固质量，宜采用水冷却的砂轮锯等机械切割方式。

7.2.6 本条规定了现浇混凝土消化池主体结构施工允许偏差。

7.2.7 本条规定了消化池主体结构施工中，对钢筋及预应力筋质量验收要求。

7.2.8 本条规定了对消化池主体结构施工缝质量验收要求。

7.2.9 本条规定了对消化池主体结构施工外观质量验收要求。

7.3 消化池与设备安装连接部位

7.3.1 本条规定同6.4.1条。

7.3.2 消化池运行要求密封不漏气，因此本条提出质量检验要求。

7.3.3 消化池顶部防腐钢板内衬焊口，是污泥处理工艺运行中易发生漏气腐蚀的薄弱环节，也是施工过程中易发生焊接质量问题的部位，因此本条对此提出质量验收要求。

7.3.4 本条对设备安装的连接部位质量提出重点控制要求。

7.3.5 消化池使用的各种仪表、闸阀数量较多，为保证污泥处理系统正常运行，应对所用仪表及闸阀预先进行计量及质量鉴定。

7.4 消化池保温与防腐

7.4.1 消化池保温与防腐施工，是保证正常运行的重要环节，因此所用保温及防腐材料的材质必须符合设计要求。

7.4.2 “板状制品”是指由生产厂家生产的板状保温产品；“化学材料”一般指在施工现场直接喷于消化池混凝土外表的聚氨脂发泡形成的整体保温层。

7.4.3～7.4.5 主要是为保证消化池正常运行，提出了防腐、保温质量验收要求。

7.5 消化池气密性试验

7.5.1 为满足消化池在正常生产运行过程中不渗水、不漏气的设计要求，消化池在完工后，每座池必须作满水及气密性试验，其试验应符合现行国家《给水排水构筑物施工及验收规范》(GBJ 141)要求。

8 泵房工程

8.1 一般规定

8.1.1 本条规定了本章质量验收规范所适用的范围。

8.1.2 本条规定了泵房工程质量验收时应检查的主要文件和记录。

8.1.3 当混凝土未达到强度时，因凿孔混凝土受震或造成钢筋与混凝土脱离、握裹力减小。当抹完刚性外防水层时，对外防水层的破坏性更大，因此严禁凿孔。

8.1.4 泵房混凝土下部结构，应做到不渗不漏。必须加强混凝土工作缝及沉降缝重要部位的质量检验要求。

8.1.5 要求施工全过程应有降低地下水的施工措施，以保证工作面和工程结构不受水浸泡和漂浮。

8.1.6 泵房工程的质量验收必须符合本规范规定，并按现行国家《给水排水构筑物施工及验收规范》(GBJ 141)中的第6节规定执行。

8.2 钢筋混凝土结构工程

8.2.1 泵房渗漏的问题主要发生在管道与混凝土构筑物的连接处，因混凝土施工操作不当造成，对此部位提出质量检验要求。

8.2.2 要求泵房混凝土做到不渗不漏，质量验收除按本规范第6章相关规定外，还应符合现行国家《混凝土结构工程施工及验收规范》(GB 50204)规定。

8.3 满水试验

8.3.1 水池满水试验是指泵房集水池部位，应按设计要求做满水试验，试验应符合现行国家《给水排水构筑物施工及验收规范》(GBJ 141)规定。

9 管线工程

9.1 一般规定

9.1.1 本条规定了本章质量验收规范所适用的范围。

9.1.2 本条规定了管线工程质量验收时应检查的主要文件和记录。

9.1.3 施工前应掌握管道沿线的工程地质和水文地质及地下地上障碍资料。主要是要了解土壤类别、物理力学性能、地下水流向、水位及不同土层厚度及其渗透系数，抽水影响半径等。还要了解地下障碍情况，以便决定施工方法。

9.1.4 本条强调了应严格按管道工程施工组织设计施工，确保工程质量按设计要求落实。

9.1.5 在污水处理厂管道工程中使用各种新型管材时，如聚氯乙烯(PVC)管、玻璃钢加砂管等工程塑料管，这些管材尚处于推广试用阶段，应按设计要求选择确保工程质量和安全的管材，并按规定做相应的试验。沟槽开挖与回填应符合设计规定。

9.1.6 本条强调管线工程中的钢管应做好防腐处理，并经检验合格后方准使用。

9.2 给排水管及工艺管线工程

9.2.1 管道基础高程和固定支架安装，是管道使用的保证，其施工质量必须符合设计要求。

9.2.2 管道的接口和闸门是管道沿线的重要部位，对其做法、位置、牢固性、严密性等应加强质量检验。

9.2.3 设置套管是土建与设备安装的需要,除防止机械设备运行震动影响土建主体外,并便利设备安装和维修,套管应按设计要求位置安装准确。

9.2.4 管道的检查井应有防渗要求,采用水泥砂浆砌砖的检查井、抹面、勾缝等做法,必须达到防渗和保证质量的要求。

9.2.5 本条规定了检查井砌筑的允许偏差。

9.2.6 安全阀的调校是做好起臂时不泄漏的重要环节,应符合设计和施工验收规范规定。

9.2.7 管道焊缝的好坏直接影响着正常使用,除应做好焊接外观质量检查外,还应进行探伤检测,以确保焊缝质量。

9.2.8 粘接管缝必须严格按设计要求施做,以保证管道整体质量。

9.2.9 本条款出示的表 9.2.9 出自《管道安装技术实用手册》。

9.2.10 污水处理厂厂区各种管道较多,应按设计要求放线施工,保证管道的高程、位置、间距的施工质量,满足使用功能和安全的要求。

9.2.11 本条规定同 9.2.9 条。

9.2.12 本条规定同 9.2.9 条。

9.2.13 管道沿线的部件安装一方面要满足其使用功能;另一方面安装质量好还可延长管道部件的使用寿命,避免使用中不必要的拆换。

9.2.14 本条规定同 9.2.9 条。

9.3 功能性检测

9.3.1 本规范根据钢筋混凝土管检验压力的级别以及给排水工程中管道工作压力的分布,划定 0.1 MPa为管道水压试验的界限,即工作压力大于或等于 0.1 MPa 的管道,按压力管道试验;工作压力小于 0.1 MPa 的管道,除设计另有规定外,应按无压力管道试验。

管道水压试验前,应做好水源引接及排水疏导路线的设计。

9.3.2~9.3.4 当管道的设计压力小于或等于 0.6 MPa 时,也可采用气体为试验介质,但应采取有效的安全措施,脆性材料严禁使用气体进行压力试验。

9.3.5 排水管道闭水试验是检验排水管道接口的严密性,原规定试验水头 4 m,根据我国多年经验采用试验水头 2 m 是可行的。对污水厂中低水头的压力管道的试验水头计算方法按现行国家《给水排水管道工程施工及验收规范》(GB 50268)规定执行。

10 沼气柜(罐)与压力容器工程

10.1 一般规定

10.1.1 此条规定的容器设计压力不大于 1.6 MPa,是根据当前城市污水处理厂使用的压力容器的现状,并参照劳动部“压力容器安全技术监察规程”附件一《压力容器的压力等级和品种划分》中所规定的低压为 0.1 MPa≤P<1.6 MPa 确定的。

10.1.2 本条规定了沼气柜(罐)与压力容器工程质量验收时应检查的主要文件和记录。

10.1.3 压力容器受压元件用钢板应符合现行国家《钢制压力容器》(GB 150)的规定。高合金钢板一般按现行国家《不锈钢热轧钢板》(GB 4237)选用。常压容器用钢板应符合现行《钢制焊接常压容器》(JB/T 4735)的规定。

10.2 沼气柜(罐)的安装

10.2.1 沼气柜(罐)基础的强度应达到设计强度的 70%以上,基础周围的土方方能回填、夯实、整平。

10.2.2 为满足安装精度要求,容器找正一般应进行两次。即就位后进行第一次找正,二次灌注混凝土达到强度后拧紧地脚螺栓,进行第二次全面精确的找正。

10.2.3 本条规定了沼气柜(罐)安装允许偏差。

10.2.4 沼气柜(罐)安装后应进行充气调试,达到升降平稳、密封不漏气、无卡涩,确保沼气输入后安全储存。

10.3 沼气柜(罐)的焊缝检验

10.3.1 沼气柜(罐)的焊缝检验应符合现行《钢制焊接常压容器》(JB/T 4735)的规定,并应符合设计要求。

10.3.2 焊缝接头应按现行《压力容器无损检测》(JB 4730)及设计文件要求进行射线、超声、磁粉和渗透检测。

10.3.3～10.3.4 焊缝尺寸及表面质量应按设计要求和质量标准进行外观检验,不符合要求不能通过验收,返工后重新检验。

10.4 沼气柜(罐)的防腐

10.4.1 本条只是对罐体的防腐除锈作出了基本的规定,其余部位、部件按设计文件执行。

10.4.2 考虑到涂料的品种繁多,性能优良的新产品不断推出,使用者可择优选用,因此对涂料品种不做具体规定。但涂料属时效性材料,因此检查涂料、稀释剂等的出厂合格证时应特别注意其有效期,超过有效期的必须经过复验主要质量指标,符合标准后方可使用。

10.4.3 涂装前应防止已除锈钢材表面重新生锈,一般应在 6 h 内涂防锈漆。

10.4.4 涂装应按设计要求和规程规定作业,误涂、漏涂将导致涂层防腐能力下降,且误涂在结构焊口处的涂料如不清除或清除不干净会造成未焊透、气孔和夹渣等缺陷。

10.4.5～10.4.6 本条强调应严格按设计要求,做好防沼气柜(罐)防锈的油漆涂刷,不能涂刷有遗漏处,又不能油漆涂刷过厚起皱和流附等现象。

10.5 沼气柜(罐)与压力容器的气密性试验

10.5.1 设计压力小于 1.6 MPa 的压力容器,依结构形式和容积大小并按设计文件要求制定气密性试验方法。

10.5.2 一般常压罐体的罐底、罐壁等严密性试验,可按结构、运行升降、密封形式的差异采用不同的方法(如真空、注水、充气等)进行检验。

11 机电设备安装工程

11.1 一般规定

11.1.1 本章的适用范围,主要指污水厂专用机电设备的安装质量验收项目,通用机电设备均应按照国家现行有关规范执行。

11.1.3 机电设备安装没有产品技术要求的按现行国家《机械设备安装工程施工及验收规范》(GB 50231)规定执行。

11.2 格栅除污机

11.2.1 本节主要包括水处理行业用平面格栅除污机、弧形格栅除污机、回转式固液分离机等。设备底部固定应按设计或产品要求进行。

11.2.2 该条要求为保证栅条在导轨内运行时不被卡住。

11.2.3 应在除污机空载运行,齿耙到达托渣板上方任意两处停机,分别测量将齿耙宽四等份的三个耙齿(齿耙宽度小于或等于 1 400 mm 时)或六等份的五个耙齿(齿耙宽度大于 1 400 mm 时)的顶面与托渣板的间距。

11.2.4 除污机应设置机械和电气过载保护系统,避免因过载而损坏传动系统、格栅及齿耙等零部件。

11.2.5 安装设备放线时,应注意安装倾角的控制。

11.2.6 加固措施不应影响格栅运行。

11.2.7 应控制格栅除污机两侧与沟渠壁间隙,避免较大直径浮渣通过该部位。

11.3 螺旋输送机

11.3.1 本节主要包括水处理行业用水平和倾斜角度安装的螺旋输送机。常见因格栅落料口和垃圾筒之间未连接得当,造成渣料外溢,影响环境,在施工中应采取相应措施。

11.3.2 螺旋输送机应设置机械和电气过载保护系统,避免因过载而损坏传动系统、螺旋叶片及槽体等零部件。在施工中应进行观察,如有卡阻现象,应查明原因并进行消除。

11.3.4 密封罩和盖板之间应采取措施,防止渣料外溢。

11.3.5 机壳法兰面间应加上密封垫。

11.4 水泵安装

11.4.1 本节主要包括水处理行业用潜水轴流泵和潜水排污泵等。潜水泵应设有过热、过电流保护和密封泄漏保护装置。其密封装置在 4 000 h 运行期间,24 h 的渗漏量不应大于 2.4 mL。

11.4.2 自动连接处的金属面应清理干净,但不得划伤密封面。

11.4.5 应注意灌浆的密实度及强度。

11.4.6 出口法兰配置时,不应有附加力。

11.4.7 对于吸入力大的潜水泵,如电缆过长,有可能被吸入泵内而被搅断或因磨擦造成绝缘层破损,固定电缆时应注意。

11.4.8 注意导杆加固措施不应影响潜水泵的升降。

11.5 除砂设备安装

11.5.2 连接口应加密封垫,防止渗水,排出管应回流到沉砂池内。

11.5.3 桨叶式分离机运转时不应出现抖动现象。

11.6 鼓风装置安装

11.6.7 除与鼓风装置配套的消声、防震装置外,还应配备相应配套的除尘装置,除尘装置的设置与安装应符合产品设计要求。

11.7 搅拌系统装置安装

11.7.2 本节主要包括水处理行业用潜水搅拌、推流装置。应设有过热、过电流保护和密封泄漏保护装置。其密封装置在 4 000 h 运行期间,24 h 的渗漏量不应大于 2.4 mL。

11.8 曝气设备安装

11.8.1 本节主要包括水处理行业用曝气器、表曝机、转刷等。

11.8.5 进入布气干、支管的空气应为无油空气。

11.8.6 在同一个曝气池内,布气支管允许水平度偏差为±5 mm,各曝气池之间布气支管的相对偏差不应超过 10 mm。

11.9 刮泥机及吸刮泥机安装

11.9.1 本节主要包括水处理行业用中间传动及周边传动刮、吸泥机等。

11.9.2 池体中心同支座中心的同轴度应符合要求。

11.9.3 刮泥板安装后应与池底坡度相吻合,钢板与池底距离为 50～100 mm,橡胶刮板与池底的距离不应大于 10 mm。分段刮板运行轨迹应彼此重叠。重叠量为 150～250 mm。浓缩池刮泥机的刮臂上应设置扰动栅,栅条高度应占有效深度的 2/3,栅条的间距为 100～300 mm。

11.9.6 旋转中心与池体中心应重合,同轴度误差不应大于 ϕ5 mm;中心支座基础面应水平,标高的极限偏差为 0～+10 mm。

11.10 滗水器安装

11.10.1～11.10.6 适用于城镇生活污水处理、各类工业废水处理等工程,其主要功能参数:滗水量 0～2 400 m^3/h,滗水深度 0～3 m,滗水速度 0.25～0.4 mm/s,电机功率 0.55～4 kW,堰口负荷 22～35 L/(m·s)。采用滗水器是近年学习德、美、澳等国家在中型污水处理厂工程应用的经验,引进的一种污水处理新技术。本规范将主要对定量控制作出规定,不完善之处应在实践中总结补充。

11.11 污泥浓缩脱水机安装

11.11.1 本节主要包括水处理行业用滤带式、离心式压滤机等。

11.11.2 当水压不足,冲洗水系统不能正常工作时,应自动停机。

11.11.3 该条主要强调冲洗水不能打湿泥饼,以免造成二次污染。

11.12 热交换器系统设备安装

11.12.1 污泥控制室热交换器为耐压设备，要求安装后必须进行水压试验，本条作出明确规定。

11.12.2 本条强调了对高温水系统的循环水泵和热交换器必须保证按设计位置安装的要求。

11.12.3 本条对壳管式热交换器的管件封头安装位置、距离作出具体规定。

11.12.4 本条对热交换器及管件的保温层安装厚度的允许偏差提出规定。

11.13 启闭机及闸门安装

11.13.1 该条主要强调启闭机与闸门的重合度，以满足升降自如。

11.13.2 闸门密封面应进行渗漏试验，其渗水量不应大于 1.25 L/(min·m)(密封长度)。

11.13.5 在运输和安装过程对密封面应加以保护。

11.13.6 闸板与闸框密封座的结合面间隙值不大于 0.1 mm。

11.14 沼气锅炉、沼气发电机、沼气发动机安装

11.14.1 该节强调沼气设备安装具有较强的专业性和特殊性。沼气锅炉和沼气发电机应用于大型污水处理厂工程中，一般应用引进的国外设备，其安装应按随机设备技术文件要求，或由国外厂商现场指导。

11.15～11.16 开关柜及配电柜(箱)安装、电力变压器安装

11.15～11.16 开关柜及配电柜电力变压器，一般采用国内生产设备，设备的安装应按随机技术文件和说明的要求，并执行国家现行标准做好安装工作和有关检验工作。

11.17 电力电缆、电讯电缆、信号电缆管线工程

11.17 电力、电讯、信号等电缆在铺设前，电缆的原材料应先按国家规范规定进行检验，合格后再进行铺设，铺设时应按设计要求，先进行套管或管沟工程施工。各种电缆铺设后，应按规范要求进行通电检测，达到设计要求和安全要求后交工。

12 自动控制系统及监视系统

12.1 一般规定

12.1.1 工业控制计算机系统指由微型计算机(或小型计算机)构成的处理来自工业环境中各种变送器的输入并将处理结果输出至执行机构和有关外围设备，以实现过程监测、监控和控制的计算机系统或网络，可由小型计算机及可编程序控制器(以下简称 PLC)等组成。

12.1.3 条款

1 工业控制系统在验收测试前允许通电预热半小时，并允许对系统参数进行调整。

2 监控系统功能验收试验应在参比大气条件下进行，当不可能或无必要在参比大气条件下进行实验时，也可按下表推荐的一般大气条件进行试验。

项　目	参比大气条件	推荐采用的一般大气条件
温度	20℃±2℃	15℃～35℃
相对湿度	67%～70%	45%～75%
大气压力	86 kPa～106 kPa	86 kPa～106 kPa

13 厂区配套工程

13.1～13.3 厂区配套工程的施工质量验收，应按以下现行国家规范及相关规范、规定执行。

1 建筑工程按《建筑工程施工质量验收统一标准》(GB 50300)规定执行。

2 厂内道路工程按《沥青路面施工及验收规范》(GB 50092)和《水泥混凝土路面施工及验收规范》(GBJ 97)规定执行。

3 厂区照明工程按《电气装置安装工程施工及验收规范》(GBJ 232)规定执行。

4 绿化工程按《城市绿化工程施工及验收规范》(CJJ/T 82)规定执行。

附　录　A
污水处理厂工程的单位、分部、分项工程划分

A.0.1　污水处理厂的单位工程划分是指一个独立构筑物。如初沉淀池、二次沉淀池、曝气池等，每个池子为一个单位工程。

A.0.2～A.0.4　部位工程的划分，按地基与基础，其中地基包括天然、特殊等人工地基，而基础包括沉入桩、压入桩、钻孔灌注桩等各类桩的深层基础；主体结构指钢筋混凝土工程，附属构筑物指土建和设备安装连接部位及预留孔、预埋件以及与其配套的各种装置等。

安装工程部位的划分包括：独立构筑物的设备安装、工艺管道安装、电气装置安装、自动化仪表安装。安装工程的部位划分，按现行国家《工业安装工程质量检验评定统一标准》(GB 50252)规范执行。污水处理厂厂内配套工程，排水工程部位按井段划分，道路工程部位按长度划分。污水处理厂的单位、分部、分项工程的划分，有利于过程控制和强化验收。

附　录　B
污水处理厂工程各阶段验收

B.0.1　本规范规定污水处理厂工程的验收为交工验收，工程的主要部位、单位工程以及设备安装、单机及联动试运转为中间验收。

单位工程及工程主要部位的质量验收，主要部位是指工程的地基与基础，主体结构如污水构筑物和污泥构筑物的底板、池体等，主体工程的隐蔽部位包括涉及到结构安全质量的关键部位的钢筋、预应力钢筋(钢丝)的张拉以及设备安装所设置的管线和装置等。

土建与设备安装连接部位主要是连接部位的高程、平整度以及预留孔、预埋件的位置，必须符合本规范规定，并达到设备安装的精度要求。需要进行功能性检测的部位和检测方法见本规范规定。

单位工程的验收，按独立的土建构筑物、机电设备安装、配套工程等进行质量验收。主要部位或单位工程完工后，由施工单位预先向建设单位书面提出验收申请，建设单位接到申报后，应及时组织施工单位的项目负责人、总监或驻地监理以及设计单位项目负责人参加，对工程按本规范严格进行实测、外观以及施工技术资料的检查。确认合格后将检查的结果填入单位工程及主要部位验收记录(表B.0.1)表格内，验收各方项目负责人签认，并将检查的记录附在表后，作为中间验收存档。

该表所验的单位工程、部位工程名称以及施工单位自查情况由施工单位负责填写，注明监理验收结论由监理工程师填写，其余资料、外观及主要使用功能等检查情况，由建设单位根据参验人员的意见汇总统一填写。该表一式二份，其中施工单位自留一份，建设单位一份备案。

B.0.2　设备安装单机及联动试运转，主要是针对单位工程和各独立系统中的机电设备，设施安装后，由施工单位预先向建设单位书面提出验收申报，建设单位接到申报通知后，应及时组织监理、运营管理、设备生产厂家、施工单位项目负责人及有关人员参加，对机电设备安装运转情况以及有关安装施工技术资料等进行检查。确认合格后，参验各方项目负责人签认设备安装工程单机或联动试运转记录(表B.0.2)，该表由安装和试验(管理)单位填写，一式三份，其中管理单位一份，建设单位一份备案，施工单位自留一份。机电设备安装验收记录填表B.0.2的同时，还应填写表B.0.1，填写要求同B.0.1条款。该阶段验收是为通水试运行的交工验收做准备。

B.0.3　污水处理厂工程质量交工验收，施工单位在全面完成所承包的工程，经总监或监理工程师同意后，应向建设单位提出申请，建设单位核实符合交工验收条件要求后，应及时组织验收。

交工验收由建设、设计、施工、监理、养护管理、质量监督等单位代表组成交工验收组，对工程质量进行全面验收。交工验收必须具备以下条件：

1 工程已按施工合同和设计文件要求完成，具有独立使用功能。

2 污水处理厂完工通水联动试运行正常。

3 施工单位按有关规定已编制完成竣工图、施工文件等竣工资料。

4 设计、施工、监理等单位已准备好总结报告材料。

5 质量监督部门已完成工程质量监督总结。

在交工验收报告中，验收组应填写该工程存在问题的详细记录和限期整改日期，并根据验收情况作出结论。

UDC

中华人民共和国国家标准

P　　　　GB 50335—2002

污水再生利用工程设计规范

Code for design of wastewater reclamation and reuse

2003-01-10 发布　　　　2003-03-01 实施

国家质量监督检验检疫总局
中华人民共和国建设部　联合发布

前　　言

本规范是根据建设部建标[2002]85号文的要求，由中国市政工程东北设计研究院、上海市政工程设计研究院会同有关设计研究单位共同编制而成的。

在规范的编制过程中，编制组进行了广泛的调查研究，认真总结了我国污水回用的科研成果和实践经验，同时参考并借鉴了国外有关法规和标准，并广泛征求了全国有关单位和专家的意见，几经讨论修改，最后由建设部组织有关专家审查定稿。

本规范主要规定的内容有：方案设计的基本规定，再生水水源，回用分类和水质控制指标，回用系统，再生处理工艺与构筑物设计，安全措施和监测控制。

本规范中以黑体字排版的条文为强制性条文，必须严格执行。本规范由建设部负责管理和对强制性条文的解释，中国市政工程东北设计研究院负责具体技术内容的解释。在执行过程中，希望各单位结合工程实践和科学研究，认真总结经验，注意积累资料。如发现需要修改和补充之处，请将意见和有关资料寄交中国市政工程东北设计研究院（地址：长春市工农大路8号，邮编：130021，传真：0431-5652579），以供今后修订时参考。

本规范编制单位和主要起草人名单

主编单位：中国市政工程东北设计研究院

副主编单位：上海市政工程设计研究院

参编单位：建设部城市建设研究院

北京市市政工程设计研究总院

中国市政工程华北设计研究院

中国石化北京设计院

国家电力公司热工研究院

主要起草人：周　彤　张　杰　陈树勤　姜云海　卜义惠　厉彦松　洪嘉年

朱广汉　吕士健　杭世珺　方先金　陈　立　范　洁　林雪芸

杨宝红　齐芳菲　陈立学

1 总则

1.0.1 为贯彻我国水资源发展战略和水污染防治对策，缓解我国水资源紧缺状况，促进污水资源化，保障城市建设和经济建设的可持续发展，使污水再生利用工程设计做到安全可靠，技术先进，经济实用，制定本规范。

1.0.2 本规范适用于以农业用水、工业用水、城镇杂用水、景观环境用水等为再生利用目标的新建、扩建和改建的污水再生利用工程设计。

1.0.3 污水再生利用工程设计以城市总体规划为主要依据，从全局出发，正确处理城市境外调水与开发利用污水资源的关系，污水排放与污水再生利用的关系，以及集中与分散、新建与扩建、近期与远期的关系。通过全面调查论证，确保经过处理的城市污水得到充分利用。

1.0.4 污水再生利用工程设计应做好对用户的调查工作，明确用水对象的水质水量要求。工程设计之前，宜进行污水再生利用试验，或借鉴已建工程的运转经验，以选择合理的再生处理工艺。

1.0.5 污水再生利用工程应确保水质水量安全可靠。

1.0.6 污水再生利用工程设计除应符合本规范外，尚应符合国家现行有关标准、规范的规定。

2 术语

2.0.1 污水再生利用 wastewater reclamation and reuse，water recycling

污水再生利用为污水回收、再生和利用的统称，包括污水净化再用、实现水循环的全过程。

2.0.2 二级强化处理 upgraded secondary treatment

既能去除污水中含碳有机物，也能脱氮除磷的二级处理工艺。

2.0.3 深度处理 advanced treatment

进一步去除二级处理未能完全去除的污水中杂质的净化过程。深度处理通常由以下单元技术优化组合而成：混凝、沉淀（澄清、气浮）、过滤、活性炭吸附、脱氨、离子交换、膜技术、膜-生物反应器、曝气生物滤池、臭氧氧化、消毒及自然净化系统等。

2.0.4 再生水 reclamed water，recycled water

再生水系指污水经适当处理后，达到一定的水质指标，满足某种使用要求，可以进行有益使用的水。

2.0.5 再生水厂 water reclamation plant，water recycling plant

生产再生水的水处理厂。

2.0.6 微孔过滤 micro-porous filter

孔径为 0.1～0.2 μm 的滤膜过滤装置的统称，简称微滤（MF）。

3 方案设计基本规定

3.0.1 污水再生利用工程方案设计应包括：

1 确定再生水水源；确定再生水用户、工程规模和水质要求；

2 确定再生水厂的厂址、处理工艺方案和输送再生水的管线布置；

3 确定用户配套设施；

4 进行相应的工程估算、投资效益分析和风险评价等。

3.0.2 排入城市排水系统的城市污水，可作为再生水水源。严禁将放射性废水作为再生水水源。

3.0.3 再生水水源的设计水质，应根据污水收集区域现有水质和预期水质变化情况综合确定。

再生水水源水质应符合现行的《污水排入城市下道水质标准》（CJ 3082）、《生物处理构筑物进水中有害物质允许浓度》（GBJ 14）和《污水综合排放标准》（GB 8978）的要求。

当再生水厂水源为二级处理出水时，可参照二级处理厂出水标准，确定设计水质。

3.0.4 再生水用户的确定可分为以下三个阶段：

1　调查阶段：收集可供再生利用的水量以及可能使用再生水的全部潜在用户的资料。

2　筛选阶段：按潜在用户的用水量大小、水质要求和经济条件等因素筛选出若干候选用户。

3　确定用户阶段：细化每个候选用户的输水线路和蓄水量等方面的要求，根据技术经济分析，确定用户。

3.0.5　污水再生利用工程方案中需提出再生水用户备用水源方案。

3.0.6　根据各用户的水量水质要求和具体位置分布情况，确定再生水厂的规模、布局，再生水厂的选址、数量和处理深度，再生水输水管线的布置等。再生水厂宜靠近再生水水源收集区和再生水用户集中地区。再生水厂可设在城市污水处理厂内或厂外，也可设在工业区内或某一特定用户内。

3.0.7　对回用工程各种方案应进行技术经济比选，确定最佳方案。技术经济比选应符合技术先进可靠、经济合理、因地制宜的原则，保证总体的社会效益、经济效益和环境效益。

4　污水再生利用分类和水质控制指标

4.1　污水再生利用分类

4.1.1　城市污水再生利用按用途分类见表4.1.1。

表 4.1.1　城市污水再生利用类别

序号	分　类	范　　围	示　　例
1	农、林、牧、渔业用水	农田灌溉	种籽与育种、粮食与饲料作物、经济作物
		造林育苗	种籽、苗木、苗圃、观赏植物
		畜牧养殖	畜牧、家畜、家禽
		水产养殖	淡水养殖
2	城市杂用水	城市绿化	公共绿地、住宅小区绿化
		冲厕	厕所便器冲洗
		道路清扫	城市道路的冲洗及喷洒
		车辆冲洗	各种车辆冲洗
		建筑施工	施工场地清扫、浇洒、灰尘抑制、混凝土制备与养护、施工中的混凝土构件和建筑物冲洗
		消防	消火栓、消防水炮
3	工业用水	冷却用水	直流式、循环式
		洗涤用水	冲渣、冲灰、消烟除尘、清洗
		锅炉用水	中压、低压锅炉
		工艺用水	溶料、水浴、蒸煮、漂洗、水力开采、水力输送、增湿、稀释、搅拌、选矿、油田回注
		产品用水	浆料、化工制剂、涂料
4	环境用水	娱乐性景观环境用水	娱乐性景观河道、景观湖泊及水景
		观赏性景观环境用水	观赏性景观河道、景观湖泊及水景
		湿地环境用水	恢复自然湿地、营造人工湿地
5	补充水源水	补充地表水	河流、湖泊
		补充地下水	水源补给、防止海水入侵、防止地面沉降

4.2　水质控制指标

4.2.1　再生水用于农田灌溉时，其水质应符合国家现行的《农田灌溉水质标准》(GB 5084)的规定。

4.2.2 再生水用于工业冷却用水，当无试验数据与成熟经验时，其水质可按表 4.2.2 指标控制，并综合确定敞开式循环水系统换热设备的材质和结构型式、浓缩倍数、水处理药剂等。确有必要时，也可对再生水进行补充处理。

表 4.2.2 再生水用作冷却用水的水质控制指标

序号	项目 \ 标准值 \ 分类		直流冷却水	循环冷却系统补充水
1	pH		6.0～9.0	6.5～9.0
2	SS(mg/L)	≤	30	—
3	浊度(NTU)	≤	—	5
4	BOD_5(mg/L)	≤	30	10
5	CODcr(mg/L)	≤	—	60
6	铁(mg/L)	≤	—	0.3
7	锰(mg/L)	≤	—	0.2
8	Cl^-(mg/L)	≤	300	250
9	总硬度(以 $CaCO_3$ 计，mg/L)	≤	850	450
10	总碱度(以 $CaCO_3$ 计，mg/L)	≤	500	350
11	氨氮(mg/L)	≤	—	10①
12	总磷(以 P 计，mg/L)	≤	—	1
13	溶解性总固体(mg/L)	≤	1 000	1 000
14	游离余氯(mg/L)		末端 0.1～0.2	末端 0.1～0.2
15	粪大肠菌群(个/L)	≤	2 000	2 000
① 当循环冷却系统为铜材换热器时，循环冷却系统水中的氨氮指标应小于 1 mg/L。				

4.2.3 再生水用于工业用水中的洗涤用水、锅炉用水、工艺用水、油田注水时，其水质应达到相应的水质标准。当无相应标准时，可通过试验、类比调查或参照以天然水为水源的水质标准确定。

4.2.4 再生水用于城市用水中的冲厕、道路清扫、消防、城市绿化、车辆冲洗、建筑施工等城市杂用水时，其水质可按表 4.2.4 指标控制。

表 4.2.4 城镇杂用水水质控制指标

序号	指标 \ 项目		冲厕	道路清扫消防	城市绿化	车辆冲洗	建筑施工
1	pH		6.0～9.0				
2	色度(度)	≤	30				
3	嗅		无不快感				
	浊度(NTU)	≤	5	10	10	5	20
4	溶解性总固体(mg/L)	≤	1 500	1 500	1 000	1 000	—
5	五日生化需氧量(BOD_5)(mg/L)	≤	10	15	20	10	15
6	氨氮(mg/L)	≤	10	10	20	10	20
7	阴离子表面活性剂(mg/L)	≤	1.0	1.0	1.0	0.5	1.0

续表 4.2.4

序号	项目 指标		冲厕	道路清扫 消防	城市绿化	车辆冲洗	建筑施工
8	铁(mg/L)	≤	0.3	—	—	0.3	—
9	锰(mg/L)	≤	0.1	—	—	0.1	—
10	溶解氧(mg/L)	≥	1.0				
11	总余氯(mg/L)		接触 30 min 后≥1.0,管网末端≥0.2				
12	总大肠菌群(个/L)	≤	3				

注:混凝土拌合用水还应符合 JGJ 63 的有关规定。

4.2.5 再生水作为景观环境用水时,其水质可按表 4.2.5 指标控制。

表 4.2.5 景观环境用水的再生水水质控制指标(mg/L)

序号	项目		观赏性景观环境用水			娱乐性景观环境用水		
			河道类	湖泊类	水景类	河道类	湖泊类	水景类
1	基本要求		无漂浮物,无令人不愉快的嗅和味					
2	pH		6～9					
3	五日生化需氧量(BOD_5)	≤	10	6		6		
4	悬浮物(SS)	≤	20	10		—		
5	浊度(NTU)	≤	—			5.0		
6	溶解氧	≥	1.5			2.0		
7	总磷(以 P 计)	≤	1.0	0.5		1.0	2.0	
8	总氮	≤	15					
9	氨氮(以 N 计)	≤	5					
10	粪大肠菌群(个/L)	≤	10 000		2 000	500		不得检出
11	余氯①	≥	0.05					
12	色度(度)	≤	30					
13	石油类	≤	1.0					
14	阴离子表面活性剂	≤	0.5					

注:1 对于需要通过管道输送再生水的非现场回用情况必须加氯消毒;面对于现场回用情况不限制消毒方式。

2 若使用未经过除磷脱氮的再生水作为景观环境用水,鼓励使用本标准的各方在回用地点积极探索通过人工培养具有观赏价值水生植物的方法,使景观水体的氮磷满足表中 1 的要求,使再生水中的水生植物有经济合理的出路。

① 氯接触时间不应低于 30 min 的余氯。对于非加氯消毒方式无此项要求。

4.2.6 当再生水同时用于多种用途时,其水质标准应按最高要求确定。对于向服务区域内多用户供水的城市再生水厂,可按用水量最大的用户的水质标准确定;个别水质要求更高的用户,可自行补充处理,直至达到该水质标准。

5 污水再生利用系统

5.0.1 城市污水再生利用系统一般由污水收集、二级处理、深度处理、再生水输配、用户用水管理等部分组成,污水再生利用工程设计应按系统工程综合考虑。

5.0.2 污水收集系统应依靠城市排水管网进行，不宜采用明渠。

5.0.3 再生水处理工艺的选择及主要构筑物的组成，应根据再生水水源的水质、水量和再生水用户的使用要求等因素，宜按相似条件下再生水厂的运行经验，结合当地条件，通过技术经济比较综合研究确定。

5.0.4 出水供给再生水厂的二级处理的设计应安全、稳妥，并应考虑低温和冲击负荷的影响。当采用活性污泥法时，应有防止污泥膨胀措施。当再生水水质对氮磷有要求时，宜采用二级强化处理。

5.0.5 回用系统中的深度处理，应按照技术先进、经济合理的原则，进行单元技术优化组合。在单元技术组合中，过滤起保障再生水水质作用，多数情况下是必需的。

5.0.6 再生水厂应设置溢流和事故排放管道。当溢流排放排入水体时，应满足相应水体水质排放标准的要求。

5.0.7 再生水厂供水泵站内工作泵不得少于2台，并应设置备用泵。

5.0.8 水泵出口宜设置多功能水泵控制阀，以消除水锤和方便自动化控制。当供水量和水压变化大时，宜采取调控措施。

5.0.9 再生水厂产生的污泥，可由本厂自行处理，也可送往其他污水处理厂集中处理。

5.0.10 再生水厂应按相关标准的规定设置防爆、消防、防噪、抗震等设施。

5.0.11 污水处理厂和再生水厂厂内除职工生活用水外的自用水，应采用再生水。

5.0.12 再生水的输配水系统应建成独立系统。

5.0.13 再生水输配水管道宜采用非金属管道。当使用金属管道时，应进行防腐蚀处理。再生水用户的配水系统宜由用户自行设置。当水压不足时，用户可自行增建泵站。

5.0.14 再生水用户的用水管理，应根据用水设施的要求确定。当用于工业冷却时，一般包括水质稳定处理、菌藻处理和进一步改善水质的其他特殊处理，其处理程度和药剂的选择，可由用户通过试验或参照相似条件下循环水厂的运行经验确定。当用于城镇杂用水和景观环境用水时，应进行水质水量监测、补充消毒、用水设施维护等工作。

6 再生处理工艺与构筑物设计

6.1 再生处理工艺

6.1.1 城市污水再生处理，宜选用下列基本工艺：

1 二级处理—消毒；

2 二级处理—过滤—消毒；

3 二级处理—混凝—沉淀(澄清、气浮)—过滤—消毒；

4 二级处理—微孔过滤—消毒。

6.1.2 当用户对再生水水质有更高要求时，可增加深度处理其他单元技术中的一种或几种组合。其他单元技术有：活性炭吸附、臭氧-活性炭、脱氨、离子交换、超滤、纳滤、反渗透、膜-生物反应器、曝气生物滤池、臭氧氧化、自然净化系统等。

6.1.3 混凝、沉淀、澄清、气浮工艺的设计宜符合下列要求：

1 絮凝时间宜为10～15 min。

2 平流沉淀池沉淀时间宜为2.0～4.0 h，水平流速可采用4.0～10.0 mm/s。

3 澄清池上升流速宜为0.4～0.6 mm/s。

4 当采用气浮池时，其设计参数，宜通过试验确定。

6.1.4 滤池的设计宜符合下列要求：

1 滤池的进水浊度宜小于10 NTU。

2 滤池可采用双层滤料滤池、单层滤料滤池、均质滤料滤池。

3 双层滤池滤料可采用无烟煤和石英砂。滤料厚度：无烟煤宜为300～400 mm，石英砂宜为

400～500 mm。滤速宜为 5～10 m/h。

4　单层石英砂滤料滤池，滤料厚度可采用 700～1 000 mm，滤速宜为 4～6 m/h。

5　均质滤料滤池，滤料厚度可采用 1.0～1.2 m，粒径 0.9～1.2 mm，滤速宜为 4～7 m/h。

6　滤池宜设气水冲洗或表面冲洗辅助系统。

7　滤池的工作周期宜采用 12～24 h。

8　滤池的构造形式，可根据具体条件，通过技术经济比较确定。

9　滤池应备有冲洗滤池表面污垢和泡沫的冲洗水管。滤池设在室内时，应设通风装置。

6.1.5　当采用曝气生物滤池时，其设计参数可参照类似工程经验或通过试验确定。

6.1.6　混凝沉淀、过滤的处理效率和出水水质可参照国内外已建工程经验确定。

6.1.7　城市污水再生处理可采用微孔过滤技术，其设计宜符合下列要求：

1　微孔过滤处理工艺的进水宜为二级处理的出水。

2　微滤膜前根据需要可设置预处理设施。

3　微滤膜孔径宜选择 0.2 μm 或 0.1～0.2 μm。

4　二级处理出水进入微滤装置前，应投加抑菌剂。

5　微滤出水应经过消毒处理。

6　微滤系统当设置自动气水反冲系统时，空气反冲压力宜为 600 kPa，并宜用二级处理出水辅助表面冲洗。也可根据膜材料，采用其他冲洗措施。

7　微滤系统宜设在线监测微滤膜完整性的自动测试装置。

8　微滤系统宜采用自动控制系统，在线监测过膜压力，控制反冲洗过程和化学清洗周期。

9　当有除磷要求时宜在微滤系统前采用化学除磷措施。

10　微滤系统反冲洗水应回流至污水处理厂进行再处理。

6.1.8　污水经生物除磷工艺后，仍达不到再生水水质要求时，可选用化学除磷工艺，其设计宜符合下列要求：

1　化学除磷设计包括药剂和药剂投加点的选择，以及药剂投加量的计算。

2　化学除磷的药剂宜采用铁盐或铝盐或石灰。

3　化学除磷采用铁盐或铝盐时，可选用前置沉淀工艺、同步沉淀工艺或后沉淀工艺；采用石灰时，可选前置沉淀工艺或后沉淀工艺，并应调整 pH 值。

4　铁盐作为絮凝剂时，药剂投加量为去除 1 mol 磷至少需要 1 摩尔铁(Fe)，并应乘以 2～3 倍的系数，该系数宜通过试验确定。

5　铝盐作为絮凝剂时，药剂用量为去除 1 mol 磷至少需 1 摩尔铝(Al)，并应乘以 2～3 倍的系数，该系数宜通过试验确定。

6　石灰作为絮凝剂时，石灰用量与污水中碱度成正比，并宜投加铁盐作助凝剂。石灰用量与铁盐用量宜通过试验确定。

7　化学除磷设备应符合计量准确、耐腐蚀、耐用及不堵塞等要求。

6.1.9　污水处理厂二级出水经混凝、沉淀、过滤后，其出水水质仍达不到再生水水质要求时，可选用活性炭吸附工艺，其设计宜符合下列要求：

1　当选用粒状活性炭吸附处理工艺时，宜进行静态选炭及炭柱动态试验，根据被处理水水质和再生水水质要求，确定用炭量、接触时间、水力负荷与再生周期等。

2　用于污水再生处理的活性炭，应具有吸附性能好、中孔发达、机械强度高、化学性能稳定、再生后性能恢复好等特点。

3　活性炭使用周期，以目标去除物接近超标时为再生的控制条件，并应定期取炭样检测。

4　活性炭再生宜采用直接电加热再生法或高温加热再生法。

5　活性炭吸附装置可采用吸附池，也可采用吸附罐。其选择应根据活性炭吸附池规模、投资、现场条件等因素确定。

6 在无试验资料时，当活性炭采用粒状炭(直径1.5 mm)情况下，宜采用下列设计参数：

接触时间≥10 min；

炭层厚度1.0～2.5 m；

减速7～10 m/h；

水头损失0.4～1.0 m；

活性炭吸附池冲洗：经常性冲洗强度为15～20 L/(m^2·s)，冲洗历时10～15 min，冲洗周期3～5天，冲洗膨胀率为30%～40%；除经常性冲洗外，还应定期采用大流量冲洗；冲洗水可用砂滤水或炭滤水，冲洗水浊度<5 NTU。

7 当无试验资料时，活性炭吸附罐宜采用下列设计参数：

接触时间20～35 min；

炭层厚度4.5～6 m；

水力负荷2.5～6.8 L/(m^2·s)(升流式)，2.0～3.3 L/(m^2·s)(降流式)；

操作压力每0.3 m炭层7 kPa。

6.1.10 深度处理的活性炭吸附、脱氨、离子交换、折点加氯、反渗透、臭氧氧化等单元过程，当无试验资料时，去除效率可参照相似工程运行数据确定。

6.1.11 再生水厂应进行消毒处理。可以采用液氯、二氧化氯、紫外线等消毒。当采用液氯消毒时，加氯量按卫生学指标和余氯量控制，宜连续投加，接触时间应大于30 min。

6.2 构筑物设计

6.2.1 再生处理构筑物的生产能力应按最高日供水量加自用水量确定，自用水量可采用平均日供水量的5%～15%。

6.2.2 各处理构筑物的个(格)数不应少于2个(格)，并宜按并联系列设计。任一构筑物或设备进行检修、清洗或停止工作时，仍能满足供水要求。

6.2.3 **各构筑物上面的主要临边通道，应设防护栏杆。**

6.2.4 在寒冷地区，各处理构筑物应有防冻措施。

6.2.5 再生水厂应设清水池，清水池容积应按供水和用水曲线确定，不宜小于日供水量的10%。

6.2.6 再生水厂和工业用户，应设置加药间、药剂仓库。药剂仓库的固定储备量可按最大投药量的30天用量计算。

7 安全措施和监测控制

7.0.1 污水回用系统的设计和运行应保证供水水质稳定、水量可靠和用水安全。再生水厂设计规模宜为二级处理规模的80%以下。工业用水采用再生水时，应以新鲜水系统作备用。

7.0.2 再生水厂与各用户应保持畅通的信息传输系统。

7.0.3 **再生水管道严禁与饮用水管道连接。再生水管道应有防渗防漏措施，埋地时应设置带状标志，明装时应涂上有关标准规定的标志颜色和"再生水"字样。闸门井井盖应铸上"再生水"字样。再生水管道上严禁安装饮水器和饮水龙头。**

7.0.4 再生水管道与给水管道、排水管道平行埋设时，其水平净距不得小于0.5 m；交叉埋设时，再生水管道应位于给水管道的下面、排水管道的上面，其净距均不得小于0.5 m。

7.0.5 **不得间断运行的再生水厂，其供电应按一级负荷设计。**

7.0.6 **再生水厂的主要设施应设故障报警装置。有可能产生水锤危害的泵站，应采取水锤防护措施。**

7.0.7 **在再生水水源收集系统中的工业废水接入口，应设置水质监测点和控制闸门。**

7.0.8 再生水厂和用户应设置水质和用水设备监测设施，监测项目和监测频率应符合有关标准的规定。

7.0.9 再生水厂主要水处理构筑物和用户用水设施，宜设置取样装置，在再生水厂出厂管道和各用户进户管道上应设计计量装置。再生水厂宜采用仪表监测和自动控制。

7.0.10 回用系统管理操作人员应经专门培训。各工序应建立操作规程。操作人员应执行岗位责任制，并应持证上岗。

本规范用词用语说明

1 为便于在执行本规范条文时区别对待，对要求严格程度不同的用词说明如下：

1）表示很严格，非这样作不可的：正面词采用“必须”，反面词采用“严禁”。

2）表示严格，在正常情况下均应这样作的：正面词采用“应”；反面词采用“不应”或“不得”

3）表示允许稍有选择，在条件许可时首先应这样作的：正面词采用“宜”或“可”；反面词采用“不宜”。

2 条文中指定应按其他有关标准执行的写法为：“应符合……的规定”或“应按……执行”。

UDC

中华人民共和国国家标准

P

GB 50336—2002

建筑中水设计规范

Code of design for building reclaimed water system

2003-01-10 发布

2003-03-01 实施

中华人民共和国国家质量监督检验检疫总局
中华人民共和国建设部
联合发布

前　言

本规范是根据建设部建标[2002]85 号文“关于印发《2001～2002 年度工程建设国家标准制订、修订计划》的通知”的要求，在建设部标准定额司的组织领导下，由中国人民解放军总后勤部建筑设计研究院主编，并会同其他参编单位共同编制而成。

本规范的编制，遵照国家有关基本建设的方针和有关环保、节水的工作方针，对原中国工程建设标准化协会的推荐性规范《建筑中水设计规范》(CECS 30：91)施行以来的情况进行全面总结，以多种方式广泛征求了国内有关科研、设计、院校、设备生产和工程安装等部门的意见，进行全面修改并补充了新的内容，最后经有关部门共同审查定稿。

本规范共设 8 章。主要内容有总则、术语符号、中水水源、中水水质标准、中水系统、处理工艺及设施、中水处理站、安全防护和监(检)测控制等。

本规范中以黑体字标志的条文为强制性条文，必须严格执行。本规范由建设部负责管理和对强制性条文的解释，中国人民解放军总后勤部建筑设计研究院负责具体技术内容的解释。在执行过程中，请各单位结合工程实践，认真总结经验，如发现需要修改或补充之处，请将意见和建议寄送中国人民解放军总后勤部建筑设计研究院(地址：北京市太平路 22 号设计院，邮政编码：100036，传真：010—68221322)，以供修订时参考。

本规范主编单位、参编单位和主要起草人：

主编单位：中国人民解放军总后勤部建筑设计研究院

参编单位：北京市建筑设计研究院
北京市环境保护科学研究院
中国建筑东北设计研究院
北京市城市节约用水办公室
中国市政工程西北设计研究院
深圳市宝安区建设局
中国建筑设计研究院
北京中航银燕环境工程有限公司
保定太行集团有限责任公司
哈尔滨建筑大学

主要起草人：孙玉林　王冠军　萧正辉　秦永生　邬扬善　崔长起　刘　红
金善功　郑大华　赵世明　刘长培　魏德义　李圭白

1 总则

1.0.1 为实现污水、废水资源化，节约用水，治理污染，保护环境，使建筑中水工程设计做到安全可靠、经济适用、技术先进，制订本规范。

1.0.2 本规范适用于各类民用建筑和建筑小区的新建、改建和扩建的中水工程设计。工业建筑中生活污水、废水再生利用的中水工程设计，可参照本规范执行。

1.0.3 各种污水、废水资源，应根据当地的水资源情况和经济发展水平充分利用。

1.0.4 缺水城市和缺水地区在进行各类建筑物和建筑小区建设时，其总体规划设计应包括污水、废水、雨水资源的综合利用和中水设施建设的内容。

1.0.5 缺水城市和缺水地区适合建设中水设施的工程项目，应按照当地有关规定配套建设中水设施。中水设施必须与主体工程同时设计，同时施工，同时使用。

1.0.6 中水工程设计，应根据可利用原水的水质、水量和中水用途，进行水量平衡和技术经济分析，合理确定中水水源、系统型式、处理工艺和规模。

1.0.7 中水工程设计应由主体工程设计单位负责。中水工程的设计进度应与主体工程设计进度相一致，各阶段的设计深度应符合国家有关建筑工程设计文件编制深度的规定。

1.0.8 中水工程设计质量应符合国家关于民用建筑工程设计文件质量特性和质量评定实施细则的要求。

1.0.9 中水设施设计合理使用年限应与主体建筑设计标准相符合。

1.0.10 中水工程设计必须采取确保使用、维修的安全措施，严禁中水进入生活饮用水给水系统。

1.0.11 建筑中水设计除应执行本规范外，尚应符合国家现行有关强制性规范、标准的规定。

2 术语、符号

2.1 术语

2.1.1 中水 reclaimed water

指各种排水经处理后，达到规定的水质标准，可在生活、市政、环境等范围内杂用的非饮用水。

2.1.2 中水系统 reclaimed water system

由中水原水的收集、储存、处理和中水供给等工程设施组成的有机结合体，是建筑物或建筑小区的功能配套设施之一。

2.1.3 建筑物中水 reclaimed water system for building

在一栋或几栋建筑物内建立的中水系统。

2.1.4 小区中水 reclaimed water system for residential district

在小区内建立的中水系统。小区主要指居住小区，也包括院校、机关大院等集中建筑区，统称建筑小区。

2.1.5 建筑中水 reclaimed water system for buildings

建筑物中水和小区中水的总称。

2.1.6 中水原水 raw-water of reclaimed water

选作为中水水源而未经处理的水。

2.1.7 中水设施 equipments and facilities of reclaimed water

是指中水原水的收集、处理，中水的供给、使用及其配套的检测、计量等全套构筑物、设备和器材。

2.1.8 水量平衡 water balance

对原水水量、处理量与中水用量和自来水补水量进行计算、调整，使其达到供与用的平衡和一致。

2.1.9 杂排水 gray water

民用建筑中除粪便污水外的各种排水，如冷却排水、游泳池排水、沐浴排水、盥洗排水、洗衣排水、厨房排水等。

2.1.10 优质杂排水 high grade gray water

杂排水中污染程度较低的排水，如冷却排水、游泳池排水、沐浴排水、盥洗排水、洗衣排水等。

2.2 符号

Q_Y——中水原水量；

α——最高日给水量折算成平均日给水量的折减系数；

β——建筑物按给水量计算排水量的折减系数；

Q——建筑物最高日生活给水量；

b——建筑物用水分项给水百分率；

η——原水收集率；

ΣQ_P——中水系统回收排水项目回收水量之和；

ΣQ_J——中水系统回收排水项目的给水量之和；

q——设施处理能力；

Q_{PY}——经过水量平衡计算后的中水原水量；

t——中水设施每日设计运行时间。

3 中水水源

3.1 建筑物中水水源

3.1.1 建筑物中水水源可取自建筑的生活排水和其他可以利用的水源。

3.1.2 中水水源应根据排水的水质、水量、排水状况和中水回用的水质、水量选定。

3.1.3 建筑物中水水源可选择的种类和选取顺序为：

1 卫生间、公共浴室的盆浴和淋浴等的排水；

2 盥洗排水；

3 空调循环冷却系统排污水；

4 冷凝水；

5 游泳池排污水；

6 洗衣排水；

7 厨房排水；

8 冲厕排水。

3.1.4 中水原水量按下式计算：

$$Q_Y = \Sigma\alpha \cdot \beta \cdot Q \cdot b \quad (3.1.4)$$

式中：Q_Y——中水原水量(m^3/d)；

α——最高日给水量折算成平均日给水量的折减系数，一般取0.67～0.91；

β——建筑物按给水量计算排水量的折减系数，一般取0.8～0.9；

Q——建筑物最高日生活给水量，按《建筑给水排水设计规范》中的用水定额计算确定(m^3/d)；

b——建筑物用水分项给水百分率。各类建筑物的分项给水百分率应以实测资料为准，在无实测资料时，可参照表3.1.4选取。

表 3.1.4 各类建筑物分项给水百分率(%)

项目	住宅	宾馆、饭店	办公楼、教学楼	公共浴室	餐饮业、营业餐厅
冲厕	21.3～21	10～14	60～66	2～5	6.7～5
厨房	20～19	12.5～14	—	—	93.3～95
沐浴	29.3～32	50～40	—	98～95	—

续表 3.1.4

项目	住宅	宾馆、饭店	办公楼、教学楼	公共浴室	餐饮业、营业餐厅
盥洗	6.7～6.0	12.5～14	40～34	—	—
洗衣	22.7～22	15～18	—	—	—
总计	100	100	100	100	100
注：沐浴包括盆浴和淋浴。					

3.1.5 用作中水水源的水量宜为中水回用水量的110%～115%。

3.1.6 综合医院污水作为中水水源时，必须经过消毒处理，产出的中水仅可用于独立的不与人直接接触的系统。

3.1.7 传染病医院、结核病医院污水和放射性废水，不得作为中水水源。

3.1.8 建筑屋面雨水可作为中水水源或其补充。

3.1.9 中水原水水质应以实测资料为准，在无实测资料时，各类建筑物各种排水的污染浓度可参照表3.1.9确定。

表 3.1.9 各类建筑物各种排水污染浓度表(mg/L)

类别	住宅			宾馆、饭店			办公楼、教学楼			公共浴室			餐饮业、营业餐厅		
	BOD_5	COD_{cr}	SS	BOD_5	COD_{cr}	SS	BOD_5	COD_{cr}	SS	BOD_5	COD_{cr}	SS	BOD_5	COD_{cr}	SS
冲厕	300～450	800～1100	350～450	250～300	700～1000	300～400	260～340	350～450	260～340	260～340	350～450	260～340	260～340	350～450	260～340
厨房	500～650	900～1200	220～280	400～550	800～1100	180～220	—	—	—	—	—	—	500～600	900～1100	250～280
沐浴	50～60	120～135	40～60	40～50	100～110	30～50	—	—	—	45～55	110～120	35～55	—	—	—
盥洗	60～70	90～120	100～150	50～60	80～100	80～100	90～110	100～140	90～110	—	—	—	—	—	—
洗衣	220～250	310～390	60～70	180～220	270～330	50～60	—	—	—	—	—	—	—	—	—
综合	230～300	455～600	155～180	140～175	295～380	95～120	195～260	260～340	195～260	50～65	115～135	40～65	490～590	890～1075	255～285

3.2 建筑小区中水水源

3.2.1 建筑小区中水水源的选择要依据水量平衡和技术经济比较确定，并应优先选择水量充裕稳定、污染物浓度低、水质处理难度小、安全且居民易接受的中水水源。

3.2.2 建筑小区中水可选择的水源有：

1 小区内建筑物杂排水；

2 小区或城市污水处理厂出水；

3 相对洁净的工业排水；

4 小区内的雨水；

5 小区生活污水。

注：当城市污水回用处理厂出水达到中水水质标准时，建筑小区可直接连接中水管道使用；当城市污水回用处理厂出水未达到中水水质标准时，可作为中水原水进一步处理，达到中水水质标准后方可使用。

3.2.3 小区中水水源的水量应根据小区中水用量和可回收排水项目水量的平衡计算确定。

3.2.4 小区中水原水量可按下列方法计算：

1 小区建筑物分项排水原水量按公式 3.1.4 计算确定。

2 小区综合排水量，按《建筑给水排水设计规范》的规定计算小区最高日给水量，再乘以最高日折算成平均日给水量的折减系数和排水折减系数的方法计算确定，折减系数取值同本规范 3.1.4 条。

3.2.5 小区中水水源的设计水质应以实测资料为准。无实测资料，当采用生活污水时，可按表 3.1.9 中综合水质指标取值；当采用城市污水处理厂出水为原水时，可按二级处理实际出水水质或相应标准执行。其他种类的原水水质则需实测。

4 中水水质标准

4.1 中水利用

4.1.1 中水工程设计应合理确定中水用户，充分提高中水设施的中水利用率。

4.1.2 建筑中水的用途主要是城市污水再生利用分类中的城市杂用水类，城市杂用水包括绿化用水、冲厕、街道清扫、车辆冲洗、建筑施工、消防等。污水再生利用按用途分类，包括农林牧渔用水、城市杂用水、工业用水、景观环境用水、补充水源水等。

4.2 中水水质标准

4.2.1 中水用作建筑杂用水和城市杂用水，如冲厕、道路清扫、消防、城市绿化、车辆冲洗、建筑施工等杂用，其水质应符合国家标准《城市污水再生利用　城市杂用水水质》(GB/T 18920)的规定。

4.2.2 中水用于景观环境用水，其水质应符合国家标准《城市污水再生利用　景观环境用水水质》(GB/T 18921)的规定。

4.2.3 中水用于食用作物、蔬菜浇灌用水时，应符合《农田灌溉水质标准》(GB 5084)的要求。

4.2.4 中水用于采暖系统补水等其他用途时，其水质应达到相应使用要求的水质标准。

4.2.5 当中水同时满足多种用途时，其水质应按最高水质标准确定。

5 中水系统

5.1 中水系统型式

5.1.1 中水系统包括原水系统、处理系统和供水系统三个部分，中水工程设计应按系统工程考虑。

5.1.2 建筑物中水宜采用原水污、废分流，中水专供的完全分流系统。

5.1.3 建筑小区中水可采用以下系统型式：

1 全部完全分流系统；

2 部分完全分流系统；

3 半完全分流系统；

4 无分流管系的简化系统。

5.1.4 中水系统型式的选择，应根据工程的实际情况、原水和中水用量的平衡和稳定、系统的技术经济合理性等因素综合考虑确定。

5.2 原水系统

5.2.1 原水管道系统宜按重力流设计，靠重力流不能直接接入的排水可采取局部提升等措施接入。

5.2.2 原水系统应计算原水收集率，收集率不应低于回收排水项目给水量的 75%。原水收集率按下式计算：

$$\eta = \frac{\Sigma Q_P}{\Sigma Q_J} \times 100\% \qquad (5.2.2)$$

式中：η——原水收集率；

ΣQ_P——中水系统回收排水项目的回收水量之和(m^3/d)；

ΣQ_J——中水系统回收排水项目的给水量之和(m^3/d)。

5.2.3 室内外原水管道及附属构筑物均应采取防渗、防漏措施，并应有防止不符合水质要求的排水接入的措施。井盖应做“中水”标志。

5.2.4 原水系统应设分流、溢流设施和超越管，宜在流入处理站之前能满足重力排放要求。

5.2.5 当有厨房排水等含油排水进入原水系统时，应经过隔油处理后，方可进入原水集水系统。

5.2.6 原水应计量，宜设置瞬时和累计流量的计量装置，当采用调节池容量法计量时应安装水位计。

5.2.7 当采用雨水作为中水水源或水源补充时，应有可靠的调储容量和溢流排放设施。

5.3 水量平衡

5.3.1 中水系统设计应进行水量平衡计算，宜绘制水量平衡图。

5.3.2 在中水系统中应设调节池(箱)。调节池(箱)的调节容积应按中水原水量及处理量的逐时变化曲线求算。在缺乏上述资料时，其调节容积可按下列方法计算：

1 连续运行时，调节池(箱)的调节容积可按日处理水量的35%～50%计算。

2 间歇运行时，调节池(箱)的调节容积可按处理工艺运行周期计算。

5.3.3 处理设施后应设中水贮存池(箱)。中水贮存池(箱)的调节容积应按处理量及中水用量的逐时变化曲线求算。在缺乏上述资料时，其调节容积可按下列方法计算：

1 连续运行时，中水贮存池(箱)的调节容积可按中水系统日用水量的25%～35%计算。

2 间歇运行时，中水贮存池(箱)的调节容积可按处理设备运行周期计算。

3 当中水供水系统设置供水箱采用水泵—水箱联合供水时，其供水箱的调节容积不得小于中水系统最大小时用水量的50%。

5.3.4 中水贮存池或中水供水箱上应设自来水补水管，其管径按中水最大时供水量计算确定。

5.3.5 自来水补水管上应安装水表。

5.4 中水供水系统

5.4.1 中水供水系统必须独立设置。

5.4.2 中水系统供水量按照《建筑给水排水设计规范》中的用水定额及本规范表3.1.4中规定的百分率计算确定。

5.4.3 中水供水系统的设计秒流量和管道水力计算、供水方式及水泵的选择等按照《建筑给水排水设计规范》中给水部分执行。

5.4.4 中水供水管道宜采用塑料给水管、塑料和金属复合管或其他给水管材，不得采用非镀锌钢管。

5.4.5 中水贮存池(箱)宜采用耐腐蚀、易清垢的材料制作。钢板池(箱)内、外壁及其附配件均应采取防腐蚀处理。

5.4.6 中水供水系统上，应根据使用要求安装计量装置。

5.4.7 中水管道上不得装设取水龙头。当装有取水接口时，必须采取严格的防止误饮、误用的措施。

5.4.8 绿化、浇洒、汽车冲洗宜采用有防护功能的壁式或地下式给水栓。

6 处理工艺及设施

6.1 处理工艺

6.1.1 中水处理工艺流程应根据中水原水的水质、水量和中水的水质、水量及使用要求等因素，经技术经济比较后确定。

6.1.2 当以优质杂排水或杂排水作为中水原水时，可采用以物化处理为主的工艺流程，或采用生物处理和物化处理相结合的工艺流程。

1 物化处理工艺流程(适用于优质杂排水)：

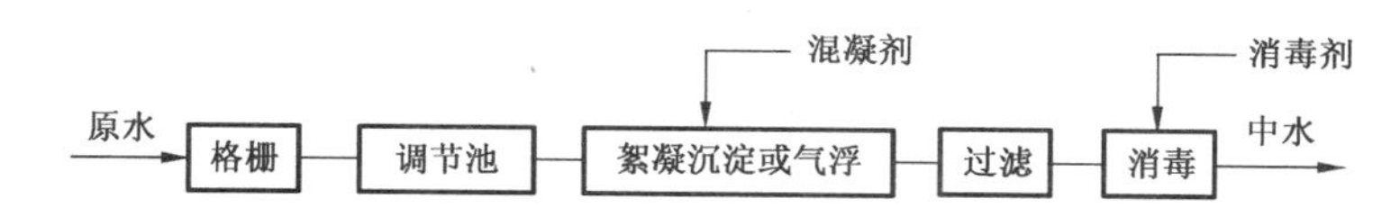

2　生物处理和物化处理相结合的工艺流程：

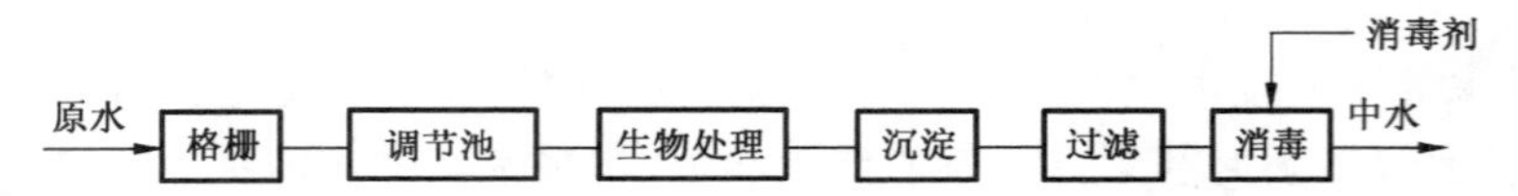

3　预处理和膜分离相结合的处理工艺流程：

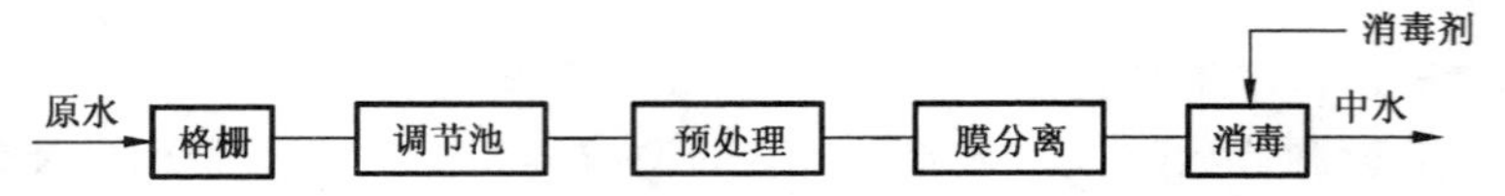

6.1.3　当以含有粪便污水的排水作为中水原水时，宜采用二段生物处理与物化处理相结合的处理工艺流程。

1　生物处理和深度处理相结合的工艺流程：

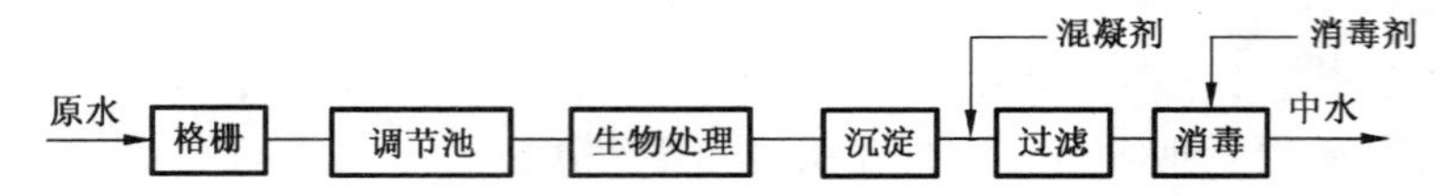

2　生物处理和土地处理：

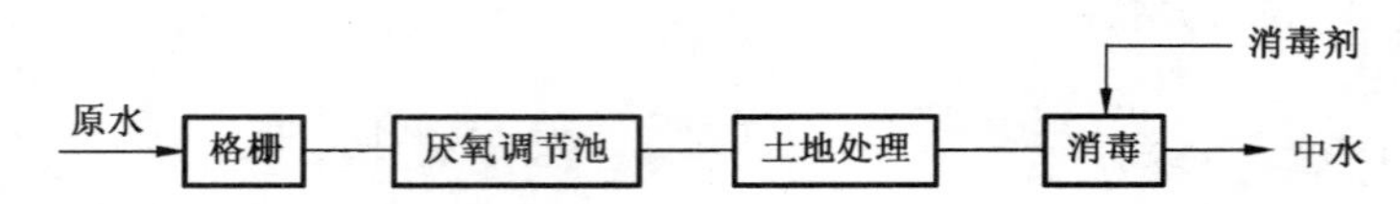

3　曝气生物滤池处理工艺流程：

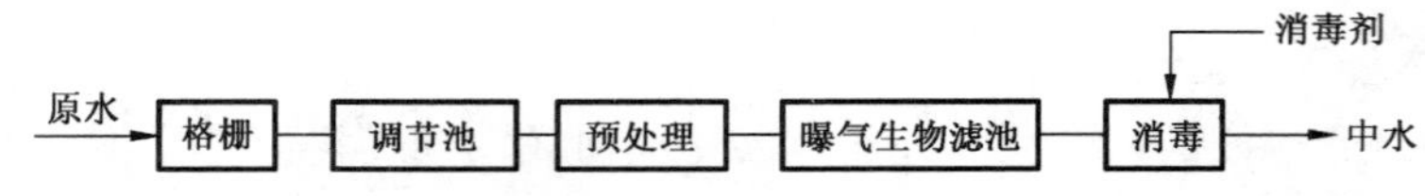

4　膜生物反应器处理工艺流程：

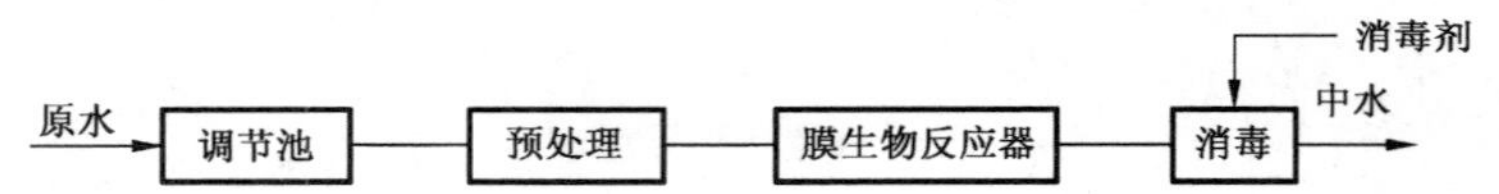

6.1.4　利用污水处理站二级处理出水作为中水水源时，宜选用物化处理或与生化处理结合的深度处理工艺流程。

1　物化法深度处理工艺流程：

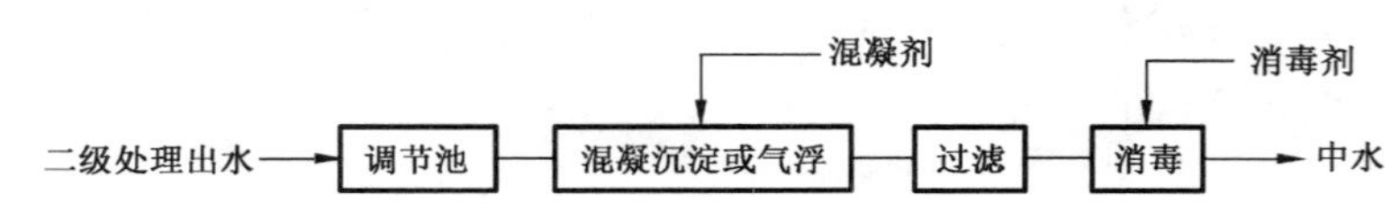

2　物化与生化结合的深度处理流程：

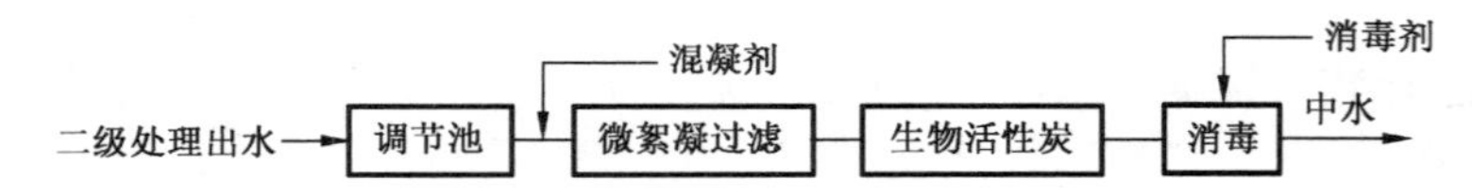

3　微孔过滤处理工艺流程：

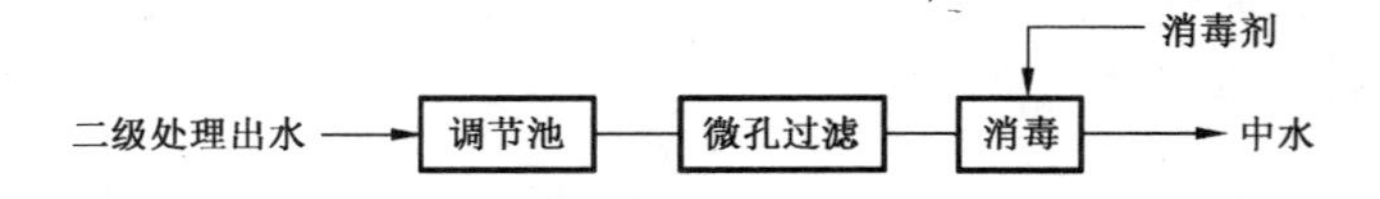

6.1.5　采用膜处理工艺时，应有保障其可靠进水水质的预处理工艺和易于膜的清洗、更换的技术措施。

6.1.6　在确保中水水质的前提下，可采用耗能低、效率高、经过实验或实践检验的新工艺流程。

6.1.7 中水用于采暖系统补充水等用途，采用一般处理工艺不能达到相应水质标准要求时，应增加深度处理设施。

6.1.8 中水处理产生的沉淀污泥、活性污泥和化学污泥，当污泥量较小时，可排至化粪池处理，当污泥量较大时，可采用机械脱水装置或其他方法进行妥善处理。

6.2 处理设施

6.2.1 中水处理设施处理能力按下式计算：

$$q = \frac{Q_{PY}}{t} \qquad (6.2.1)$$

式中：q——设施处理能力(m^3/h)；

Q_{PY}——经过水量平衡计算后的中水原水量(m^3/d)；

t——中水设施每日设计运行时间(h)。

6.2.2 以生活污水为原水的中水处理工程，应在建筑物粪便排水系统中设置化粪池，化粪池容积按污水在池内停留时间不小于 12 h 计算。

6.2.3 中水处理系统应设置格栅，格栅宜采用机械格栅。格栅可按下列规定设计：

1 设置一道格栅时，格栅条空隙宽度小于 10 mm；设置粗细两道格栅时，粗格栅条空隙宽度为 10～20 mm，细格栅条空隙宽度为 2.5 mm。

2 设在格栅井内时，其倾角不小于 60°。格栅井应设置工作台，其位置应高出格栅前设计最高水位 0.5 m，其宽度不宜小于 0.7 m，格栅井应设置活动盖板。

6.2.4 以洗浴(涤)排水为原水的中水系统，污水泵吸水管上应设置毛发聚集器。毛发聚集器可按下列规定设计：

1 过滤筒(网)的有效过水面积应大于连接管截面积的 2 倍。

2 过滤筒(网)的孔径宜采用 3 mm。

3 具有反洗功能和便于清污的快开结构，过滤筒(网)应采用耐腐蚀材料制造。

6.2.5 调节池可按下列规定设计：

1 调节池内宜设置预曝气管，曝气量不宜小于 0.6 $m^3/(m^3 \cdot h)$。

2 调节池底部应设有集水坑和泄水管，池底应有不小于 0.02 的坡度，坡向集水坑，池壁应设置爬梯和溢水管。当采用地埋式时，顶部应设置人孔和直通地面的排气管。

注：中、小型工程调节池可兼作提升泵的集水井。

6.2.6 初次沉淀池的设置应根据原水水质和处理工艺等因素确定。当原水为优质杂排水或杂排水时，设置调节池后可不再设置初次沉淀池。

6.2.7 生物处理后的二次沉淀池和物化处理的混凝沉淀池，其规模较小时，宜采用斜板(管)沉淀池或竖流式沉淀池。规模较大时，应参照《室外排水设计规范》中有关部分设计。

6.2.8 斜板(管)沉淀池宜采用矩形，沉淀池表面水力负荷宜采用 1～3 $m^3/(m^2 \cdot h)$，斜板(管)间距(孔径)宜大于 80 mm，板(管)斜长宜取 1 000 mm，斜角宜为 60°。斜板(管)上部清水深不宜小于 0.5 m，下部缓冲层不宜小于 0.8 m。

6.2.9 竖流式沉淀池的设计表面水力负荷宜采用 0.8～1.2 $m^3/(m^2 \cdot h)$，中心管流速不大于 30 mm/s，中心管下部应设喇叭口和反射板，板底面距泥面不小于 0.3 m，排泥斗坡度应大于 45°。

6.2.10 沉淀池宜采用静水压力排泥，静水头不应小于 1 500 mm，排泥管直径不宜小于 80 mm。

6.2.11 沉淀池集水应设出水堰，其出水最大负荷不应大于 1.70 L/(s·m)。

6.2.12 建筑中水生物处理宜采用接触氧化池或曝气生物滤池，供氧方式宜采用低噪声的鼓风机加布气装置、潜水曝气机或其他曝气设备。

6.2.13 接触氧化池处理洗浴废水时，水力停留时间不应小于 2 h；处理生活污水时，应根据原水水质情况和出水水质要求确定水力停留时间，但不宜小于 3 h。

6.2.14　接触氧化池宜采用易挂膜、耐用、比表面积较大、维护方便的固定填料或悬浮填料。当采用固定填料时，安装高度不小于 2 m；当采用悬浮填料时，装填体积不应小于池容积的 25%。
6.2.15　接触氧化池曝气量可按 BOD_5 的去除负荷计算，宜为 40～80 $m^3/kgBOD_5$。
6.2.16　中水过滤处理宜采用滤池或过滤器。采用新型滤器、滤料和新工艺时，可按实验资料设计。
6.2.17　选用中水处理一体化装置或组合装置时，应具有可靠的设备处理效果参数和组合设备中主要处理环节处理效果参数，其出水水质应符合使用用途要求的水质标准。
6.2.18　**中水处理必须设有消毒设施。**
6.2.19　中水消毒应符合下列要求：

1　消毒剂宜采用次氯酸钠、二氧化氯、二氯异氰尿酸钠或其他消毒剂。当处理站规模较大并采取严格的安全措施时，可采用液氯作为消毒剂，但必须使用加氯机。

2　投加消毒剂宜采用自动定比投加，与被消毒水充分混合接触。

3　采用氯化消毒时，加氯量宜为有效氯 5～8 mg/L，消毒接触时间应大于 30 min。当中水水源为生活污水时，应适当增加加氯量。

6.2.20　污泥处理的设计，可按《室外排水设计规范》中的有关要求执行。
6.2.21　当采用其他处理方法，如混凝气浮法，活性污泥法、厌氧处理法、生物转盘法等处理的设计时，应按国家现行的有关规范、规定执行。

7　中水处理站

7.0.1　中水处理站位置应根据建筑的总体规划、中水原水的产生、中水用水的位置、环境卫生和管理维护要求等因素确定。以生活污水为原水的地面处理站与公共建筑和住宅的距离不宜小于 15 m，建筑物内的中水处理站宜设在建筑物的最底层，建筑群（组团）的中水处理站宜设在其中心建筑的地下室或裙房内，小区中水处理站按规划要求独立设置，处理构筑物宜为地下式或封闭式。
7.0.2　处理站的大小可按处理流程确定。对于建筑小区中水处理站，加药贮药间和消毒剂制备贮存间，宜与其他房间隔开，并有直接通向室外的门；对于建筑物内的中水处理站，宜设置药剂储存间。中水处理站应设有值班、化验等房间。
7.0.3　处理构筑物及处理设备应布置合理、紧凑，满足构筑物的施工、设备安装、运行调试、管道敷设及维护管理的要求，并应留有发展及设备更换的余地，还应考虑最大设备的进出要求。
7.0.4　处理站地面应设集水坑，当不能重力排出时，应设潜污泵排水。
7.0.5　处理设备的选型应确保其功能、效果、质量要求。
7.0.6　处理站设计应满足主要处理环节运行观察、水量计量、水质取样化验监（检）测和进行中水处理成本核算的条件。
7.0.7　处理站应设有适应处理工艺要求的采暖、通风、换气、照明、给水、排水设施。
7.0.8　处理站的设计中，对采用药剂可能产生的危害应采取有效的防护措施。
7.0.9　对中水处理中产生的臭气应采取有效的除臭措施。
7.0.10　对处理站中机电设备所产生的噪声和振动应采取有效的降噪和减振措施，处理站产生的噪声值不应超过国家标准《城市区域环境噪声标准》(GB 3096)的要求。

8　安全防护和监（检）测控制

8.1　安全防护

8.1.1　**中水管道严禁与生活饮用水给水管道连接。**
8.1.2　除卫生间外，中水管道不宜暗装于墙体内。
8.1.3　**中水池（箱）内的自来水补水管应采取自来水防污染措施，补水管出水口应高于中水贮存池（箱）内溢流水位，其间距不得小于 2.5 倍管径。严禁采用淹没式浮球阀补水。**

8.1.4　中水管道与生活饮用水给水管道、排水管道平行埋设时，其水平净距不得小于0.5 m；交叉埋设时，中水管道应位于生活饮用水给水管道下面，排水管道的上面，其净距均不得小于0.15 m。中水管道与其他专业管道的间距按《建筑给水排水设计规范》中给水管道要求执行。

8.1.5　中水贮存池（箱）设置的溢流管、泄水管，均应采用间接排水方式排出。溢流管应设隔网。

8.1.6　**中水管道应采取下列防止误接、误用、误饮的措施：**

　1　**中水管道外壁应按有关标准的规定涂色和标志；**

　2　**水池（箱）、阀门、水表及给水栓、取水口均应有明显的“中水”标志；**

　3　**公共场所及绿化的中水取水口应设带锁装置；**

　4　**工程验收时应逐段进行检查，防止误接。**

8.2　监（检）测控制

8.2.1　中水处理站的处理系统和供水系统应采用自动控制装置，并应同时设置手动控制。

8.2.2　中水处理系统应对使用对象要求的主要水质指标定期检测，对常用控制指标（水量、主要水位、pH值、浊度、余氯等）实现现场监测，有条件的可实现在线监测。

8.2.3　中水系统的自来水补水宜在中水池或供水箱处，采取最低报警水位控制的自动补给。

8.2.4　中水处理站应根据处理工艺要求和管理要求设置水量计量、水位观察、水质观测、取样监（检）测、药品计量的仪器、仪表。

8.2.5　中水处理站应对耗用的水、电进行单独计量。

8.2.6　中水水质应按现行的国家有关水质检验法进行定期监测。

8.2.7　管理操作人员应经专门培训。

本规范用词说明

　1　为便于在执行本规范条文时区别对待，对要求严格程度不同的用词，说明如下：

　1）表示很严格，非这样做不可的用词：

　正面词采用“必须”，反面词采用“严禁”。

　2）表示严格，在正常情况下均应这样做的用词：

　正面词采用“应”，反面词采用“不应”或“不得”。

　3）表示允许稍有选择，在条件许可时首先应这样做的用词：

　正面词采用“宜”，反面词采用“不宜”。

　4）表示有选择，在一定条件下可以这样做的，采用“可”。

　2　条文中指明应按其他有关标准、规范执行时，写法为“应按……执行”或“应符合……的规定”；可按其他有关标准、规范执行时，写法为“可按……的规定执行”。

UDC

中华人民共和国行业标准

P

CJJ 131—2009
备案号 J891—2009

城镇污水处理厂污泥处理技术规程

Technical specification for sludge treatment of municipal wastewater treatment plant

2009-07-09 发布

2009-12-01 实施

中华人民共和国住房和城乡建设部　发布

中华人民共和国住房和城乡建设部
公　　告

第 348 号

关于发布行业标准《城镇污水处理厂污泥处理技术规程》的公告

现批准《城镇污水处理厂污泥处理技术规程》为行业标准，编号为 CJJ 131—2009，自 2009 年 12 月 1 日起实施。其中，第 3.3.6、4.1.11、6.1.10、6.3.3、7.1.6 条为强制性条文，必须严格执行。

中华人民共和国住房和城乡建设部

2009 年 7 月 9 日

前　言

根据原建设部《关于印发“二〇〇四年度工程建设城建、建工行业标准制订、修订计划”的通知》(建标[2004]66号)的要求，规程编制组经广泛调查研究，认真总结实践经验，参考有关国际标准和国外先进标准，并在广泛征求意见的基础上，制定本规程。

本规程主要技术内容是：1.总则；2.术语；3.方案设计；4.堆肥；5.石灰稳定；6.热干化；7.焚烧；8.施工与验收；9.运行管理；10.安全措施和监测控制。

本规程中以黑体字标志的条文为强制性条文，必须严格执行。

本规程由住房和城乡建设部负责管理和对强制性条文的解释，由北京城市排水集团有限责任公司负责技术内容的解释。执行过程中如有意见或建议，请寄送北京城市排水集团有限责任公司(地址：北京市朝阳区高碑店甲1号，邮编：100022)。

本规程主编单位：北京城市排水集团有限责任公司

本规程参编单位：中国城镇供水排水协会排水专业委员会
北京市市政工程设计研究总院
国家城市给水排水工程技术研究中心
环境保护部华南环境科学研究所
中国科学院地理科学与资源研究所环境修复中心

本规程主要起草人：王洪臣　甘一萍　周　军　王佳伟　陈同斌

本规程主要审查人：杭世珺　张　辰　李金国　贾立敏　李　军
汪慧贞　王秀朵　崔希龙　黄占斌

1 总　则

1.0.1 为科学合理地处理城镇污水处理厂所产生的污泥，减少污泥对环境的不良影响，控制污泥所造成的污染，促进社会的可持续发展，制定本规程。

1.0.2 本规程适用于城镇污水处理厂产生的初沉污泥、剩余污泥及其混合污泥处理的方案设计、施工验收、运行管理、安全措施和监测控制。

本规程不适用于城镇污水预处理中产生的砂砾和栅渣处理，以及城镇污水处理厂污泥的处置或利用。

1.0.3 城镇污水处理厂污泥处理除应符合本规程外，尚应符合国家现行有关标准的规定。

2 术　语

2.0.1 污泥处理　sludge treatment

对污泥进行稳定化、减量化和无害化处理的过程，一般包括浓缩（调理）、脱水、厌氧消化、好氧消化、石灰稳定、堆肥、干化和焚烧等。

2.0.2 污泥堆肥　sludge composting

污泥经机械脱水后，在微生物活动产生的较高温度条件下，使有机物进行生物降解，最终生成性质稳定的熟化污泥的过程。

2.0.3 污泥热干化　sludge heat drying

利用热能，将脱水污泥加温干化，使之成为干化产品。

2.0.4 污泥石灰稳定　sludge lime stabilization

污泥经机械脱水后，往泥饼中投加干燥的生石灰（CaO），进一步降低泥饼含水率，同时使其 pH 值和温度升高，以抑制病原菌和其他微生物生长的过程。

2.0.5 污泥焚烧　sludge incineration

利用焚烧炉将污泥加温，并高温氧化污泥中的有机物，使之成为少量灰烬。

2.0.6 条垛堆肥　windrow composting

将污泥和调理剂的混合料堆成长堆，通过空气的自然对流或鼓风机强制通风，并控制条垛温度和降低污泥含水率的堆肥过程。

2.0.7 仓内堆肥　in-vessel composting

指在反应器内进行的堆肥过程。

2.0.8 快速堆肥　high-rate composting

在定期翻堆和/或强制通风条件下，污泥中有机物经过高温发酵，基本达到稳定，形成腐殖质的堆肥过程。

2.0.9 熟化　curing

快速堆肥后，微生物以较低的速度分解较难降解有机物和中间产物的堆肥过程。

3 方案设计

3.1 一般规定

3.1.1 城镇污水处理厂污泥处理应以城镇总体规划为主要依据，从全局出发，因地制宜，以“稳定化、减量化、无害化”为目的，并宜利用污泥中的物质和能量，实现其“资源化”。

3.1.2 污泥处理工程建设之前，应进行污泥中有机质、营养物、重金属、病原菌、污泥热值、有毒有机物的分析测试；应进行处置途径的调查工作，明确处置方对泥质和泥量的要求，选择合适的处理工艺。

3.1.3 在污泥运输过程中，应保证安全，严禁造成二次污染。

3.1.4 污泥处理工艺方案应包括下列内容：

1 确定污泥性质、工程规模、选址、处理要求和处置途径；

2 确定污泥处理系统的布局、处理工艺方案和污泥输送方案；

3 提出污泥最终处置的配套设施；

4 进行相应的工程投资估算、日常运行费用计算、效益分析、风险评价和环境影响评价等。

3.2 方案选择

3.2.1 污泥处理方式应根据当地实际情况确定。

3.2.2 对已建成但无污泥处理系统的城镇污水处理厂，应根据现有污水处理厂的泥质和预计可能发生的变化情况综合确定污泥处理工艺方案；对新建的城镇污水处理厂，应在分析研究污水处理厂进水水质的基础上，参考同类污水处理厂泥质，并综合考虑可能发生的变化情况确定污泥处理工艺方案。

3.2.3 城镇污水处理厂的污泥可在污水处理厂内就地处理，也可在污水处理厂外新建的专用污泥处理厂单独处理。确定方案时，应综合考虑环境影响、运输、管理、人员安排和经济比较等因素。

3.2.4 污泥处理厂的规模、布局、选址、数量和处理程度等，应根据最终处置的泥质、泥量要求和具体位置分布情况确定。

3.2.5 污泥处理厂可服务于一个或多个污水处理厂，并宜靠近污水处理厂或污泥产品处置方集中地区。

3.2.6 污泥处理备选技术方案不应少于两套，并应在对各种方案进行技术经济比选后，确定最佳方案。技术经济比选应符合因地制宜、稳定可靠、经济合理、技术先进的原则，综合评价社会效益、环境效益和经济效益。

3.2.7 污泥处理方案应根据最终处置的要求，按照技术先进、经济合理的原则，进行技术单元优化组合。

3.3 设计要求

3.3.1 城镇污水处理厂的污泥处理系统应由浓缩、稳定、脱水、堆肥、干化或焚烧等子系统组成，污泥处理工程设计应按系统工程综合考虑。

3.3.2 污泥处理厂应设置污泥储存设备，并应采取防渗漏措施。

3.3.3 污泥处理厂产生的污水，可由本厂自行处理，也可就近排入污水处理厂集中处理。

3.3.4 城镇污水处理厂污泥处理宜选用下列基本组合工艺：

1 浓缩—脱水—处置；

2 浓缩—消化—脱水—处置；

3 浓缩—脱水—堆肥/干化/石灰稳定—处置；

4 浓缩—消化—脱水—堆肥/干化/石灰稳定—处置；

5 浓缩—脱水—堆肥/干化/石灰稳定—焚烧—处置。

3.3.5 污泥浓缩、消化、脱水工艺的设计应符合现行国家标准《室外排水设计规范》GB 50014 的相关规定。

3.3.6 污泥处理厂必须按相关标准的规定设置消防、防爆、抗震等设施。

3.3.7 污泥处理厂的噪声和卫生指标应符合相关环境标准的规定。

3.3.8 污泥厌氧处理过程中产生的污泥气应优先作为能源综合利用。

4 堆　　肥

4.1 一般规定

4.1.1 堆肥可采用条垛堆肥和仓内堆肥，并应符合下列规定：

1 条垛堆肥可采用静堆式或翻堆式；

2 根据污泥流态，仓内堆肥可采用垂直流动式、水平流动式或单箱静堆式。

4.1.2 堆肥宜分成快速堆肥和熟化两个阶段。仓内堆肥和条垛堆肥宜作为快速堆肥阶段，条垛堆肥宜作为仓内堆肥的后续工艺用于污泥熟化。

4.1.3 堆肥湿度宜符合下列规定：

1 混合污泥初始含水率宜为55%～65%，可通过添加蓬松剂和返混干污泥调节含水率；

2 快速堆肥阶段，含水率应保持在50%～65%。

4.1.4 堆肥过程中，堆内温度应为(55～65)℃，持续时间应在3 d以上。

4.1.5 堆肥初始碳氮比应为20：1～40：1，可通过添加调理剂调节营养平衡，调理剂宜采用锯木屑、稻草、麦秆、玉米秆、泥炭、稻壳、棉籽饼、厩肥、园林修剪物等。

4.1.6 堆肥宜添加蓬松剂增加料堆的孔隙率。蓬松剂宜采用长(2～5)cm的木屑、专用蓬松材料、花生壳、树枝等。

4.1.7 返混干污泥和蓬松剂添加量应按下列公式确定：

$$X_R=(1-f_2)\times f_1\times X_C \quad \cdots\cdots(4.1.7\text{-}1)$$

$$X_B=f_1\times X_C-X_R \quad \cdots\cdots(4.1.7\text{-}2)$$

式中

X_R——每天返混干污泥的湿重(kg/d)；

X_B——每天添加蓬松剂的湿重(kg/d)；

f_1——蓬松剂和返混干污泥的湿重与进泥泥饼的湿重比例，取值范围：0.75～1.25；

f_2——蓬松剂添加量占蓬松剂和返混干污泥总添加量的比例，取值范围：0.20～0.40；

X_C——每天进泥泥饼的湿重(kg/d)。

4.1.8 堆肥过程中，堆体中空气含氧量宜控制在5%～15%(按体积计)。

4.1.9 堆肥必须设置臭味控制设施，宜采用生物滤床等方式。滤料可采用筛分后的熟化污泥等材料。

4.1.10 堆肥后的污泥可作为土壤调理剂、覆盖土、有机基质等使用。

4.1.11 污泥接收区、快速反应区、熟化区、储存区的地面周边及车行道必须进行防渗处理。

4.1.12 堆肥厂必须设置渗滤液的收集、排出和处理设施。

4.1.13 堆肥产品储存区不宜设置供暖设施。

4.2 静堆式条垛堆肥

4.2.1 静堆式条垛堆肥的断面形状宜为梯形，并应根据污泥性质和鼓风方式经过试验确定具体尺寸。

4.2.2 静堆式条垛堆肥的时间要求应符合下列规定：

1 快速堆肥时间必须大于10 d，宜为(14～21)d；在土地条件允许的情况下，可适当延长；

2 当快速堆肥后的污泥含固率小于50%时，应重新分堆进一步干化，持续时间宜大于7 d；

3 熟化前应筛分回收添加材料，熟化处理持续时间宜为(30～60)d。

4.2.3 静堆式条垛堆肥通过污泥堆的气体阻力损失可按下式计算：

$$D=k\times(V^n)\times(H^j)\times3.28^{n+j} \quad \cdots\cdots(4.2.3)$$

式中

D——堆肥中气体阻力损失(m)；

k——堆肥中气体阻力系数，取值范围为1.2～8.0；

V——堆肥中气体的速度(m/s)；

n——堆肥中气体速度阻力系数，取值范围为1.0～2.0；

H——堆肥高度(m)；

j——堆肥高度阻力系数，取值范围为1.0～2.0。

4.2.4 静堆式条垛堆肥的通风量应按下列三种方法计算，取其中最大值的3～5倍作为设计依据。

1 有机物氧化需气量应按下式计算：

$$Q_1=\frac{a\times q_1+b\times q_2}{F} \qquad (4.2.4\text{-}1)$$

式中

Q_1——标准状态下堆肥过程中有机物氧化需气量(m^3/d)；

a——城镇污泥中生物可降解有机物的需氧量，取值范围：(1.0～4.0)kgO_2/kg干污泥，典型值为2.0 kgO_2/kg干污泥；

b——调理剂中生物可降解有机物的需氧量，取值范围：(0.5～3.0)kgO_2/kg干污泥，典型值为1.2 kgO_2/kg干污泥；

q_1——每日处理城镇污泥中的生物可降解量(kg干污泥/d)；

q_2——每日添加调理剂中的生物可降解量(kg干污泥/d)；

F——常数，取0.28，标准状态(0.1 MPa，20 ℃)下的每立方米空气含氧量(kgO_2/m^3)。

2 除湿需气量应按下式计算：

$$Q_2=\frac{\frac{1-s_s}{s_s}-\frac{1-v_s}{1-v_p}\times\frac{1-s_p}{s_p}}{\rho\times(w_o-w_i)}\times q_1+\frac{\frac{1-s_T}{s_s}-\frac{1-v_T}{1-v_p}\times\frac{1-s_p}{s_p}}{\rho\times(w_o-w_i)}\times q_2 \qquad (4.2.4\text{-}2)$$

式中

Q_2——标准状态下堆肥过程中除湿需气量(m^3/d)；

w_0——出口空气饱和湿度(kgH_2O/kg干空气)；

w_i——进口空气湿度(kgH_2O/kg干空气)；

s_s——生污泥固体含量，取值范围：(0.15～0.30)kg干污泥/kg生污泥；

s_T——调理剂固体含量，取值范围：(0.30～0.50)kg干污泥/kg调理剂；

v_s——生污泥中挥发性固体含量，取值范围：(0.6～0.8)g挥发性固体/g干污泥；

s_p——堆肥产品中固体含量，取值范围：(0.55～0.75)kg干污泥/kg堆肥污泥；

v_T——调理剂中挥发性固体含量，取值范围：(0.6～0.8)g挥发性固体/g调理剂干物质；

v_p——堆肥产品中挥发性固体含量，取值范围：(0.3～0.5)g挥发性固体/g干污泥；

ρ——常数，取1.18，标准状态下(0.1 MPa，20 ℃)空气密度(kg/m^3)。

3 除热需气量应按下式计算：

$$Q_3=\frac{(a\times q_1+b\times q_2)\times C}{(w_o-w_i)\times c_H+w_o\times c_v\times(T_o-T_i)+c_g\times(T_o-T_i)}/\rho \qquad (4.2.4\text{-}3)$$

式中

Q_3——标准状态下去除堆肥过程中产生热量的需气量(m^3/d)；

C——常数，取13.63，单位耗氧产热量(kJ/kgO_2)；

c_H——常数，温度T_i时，水的汽化热(kJ/kg)；

c_v——常数，取1.84，101.33 kPa、水蒸气的定压比热(kJ/kg·℃)；

c_g——常数，取1.01，101.33 kPa、干空气的定压比热(kJ/kg·℃)；

T_o——出口的温度(℃);

T_i——进口的温度(℃)。

4.2.5 通风设施应符合下列规定:

1 宜选用布气板或穿孔管进行环形布气,上部铺(15~30)cm厚的蓬松剂;当采用穿孔管布气时,支管间距宜为(0.8~2.5)m;

2 应根据堆内温度和含氧量调整风量;

3 风机的运行方式可采用向堆内鼓风和从堆内吸风两种形式。当从堆内吸风时,应在风机前设置渗滤液和浓缩液的收集设施并进行处理。

4.2.6 条垛表层应覆盖(0.1~0.2)m的熟化污泥。

4.2.7 当从堆内吸风时,宜将臭气引入筛分后的熟化污泥堆进行除臭。每(4~6)t堆肥污泥(按干物质计)可采用1 m^3 筛分熟化污泥进行除臭,用于除臭的熟化污泥含水率应小于50%,并应定期进行更换。

4.3 翻堆式条垛堆肥

4.3.1 翻堆式条垛的断面形状宜为梯形,高度宜为(1~2)m,底部宽宜为(3~5)m,上部宽宜为(0.5~1.5)m,条垛间距宜大于0.5 m。

4.3.2 翻堆式条垛堆肥的温度、时间、翻垛要求应符合下列规定:

1 快速堆肥时间宜为(21~28)d,每周应翻垛(3~4)次,垛内温度宜控制在(45~65)℃;

2 当(2~3)条的小垛形成一条大垛时,熟化阶段时间应大于21 d,每周应翻垛(1~3)次。

4.3.3 当翻堆式条垛堆肥设置鼓风或吸风设施时。可按本规程第4.2.4、4.2.5条的规定进行设计。

4.4 仓内堆肥

4.4.1 仓内堆肥应符合下列规定:

1 仓内堆肥可采用机械水平翻垛的矩形槽、机械圆周翻垛的圆形槽、“达诺”(Dano)转筒等形式;

2 仓内堆肥的停留时间应根据堆肥仓的形式进行调整,宜为(8~15)d;

3 仓内堆肥完成后,熟化时间应为(1~3)月。

4.4.2 当仓内堆肥设置吸风或鼓风设施时,可按本规程第4.2.4、4.2.5条的规定进行设计。

4.4.3 仓内堆肥宜采用自动监控设施。

5 石灰稳定

5.1 一般规定

5.1.1 石灰稳定工艺中宜采用生石灰。

5.1.2 石灰稳定设施的车间、除尘设备、混料设备、石灰储存库等均应密闭。

5.1.3 机械设备应采取隔声措施。

5.1.4 石灰储料筒仓的顶端应设有粉尘收集过滤装置。

5.1.5 石灰储存容积应按照大于7d以上的运行供给量确定。

5.1.6 石灰进料装置应位于储料筒仓的锥斗部分,并宜采用定容螺旋式进料装置。

5.1.7 石灰混合装置应设在收集泥饼的传送装置末端。

5.1.8 石灰投加设施应采用自动控制。

5.1.9 石灰稳定设施必须设置废气处理设备,可采用湿式除尘设备。

5.1.10 石灰稳定污泥应主要用于酸性土壤的改良剂、路基基材,以及填埋场的覆盖土等。当采用后续水泥窑注入法生产水泥时，可替代水泥烧制的原材料。

5.2 工艺参数

5.2.1 石灰稳定过程中的pH值及其持续时间应符合下列规定：

1 反应时间持续2 h后，pH值应升高到12以上；

2 在不过量投加石灰的情况下，混合物的pH值应维持在11.5以上，持续时间应大于24 h。

5.2.2 石灰投加量应符合下列规定：

1 投加石灰干重宜占污泥干重的15%～30%；

2 石灰污泥体积增加量宜控制在5%～12%。

6 热干化

6.1 一般规定

6.1.1 热干化可采用直接加热、间接加热、直接和间接联合加热三种方式。

6.1.2 热干化的热源应充分利用污泥自身的热量和其他设施的余热，不宜采用优质一次能源作为主要干化热源。

6.1.3 应设置不小于干化系统3 d生产能力的湿污泥储存场地。

6.1.4 干化系统的规模应符合下列规定：

1 当按湿物料被干燥成为干物料后，从湿物料中去除的水分量确定时，应按下式计算：

$$E=D\times(1/d_i-1/d_o)\times100 \qquad (6.4.1\text{-}1)$$

式中

E——蒸发量，单位时间内蒸发的水的质量（kgH_2O/h）；

D——污泥干重（kg/h）；

d_i——进入干化系统的污泥含固率（%TS）；

d_o——排出干化系统的污泥含固率（%TS）。

2 可按每天处理的湿污泥量确定。

3 间接干化系统应按下式计算：

$$SER=E/S \qquad (6.1.4\text{-}2)$$

式中

SER——比蒸发速率，即单位时间单位传热面积上蒸发的水量[$kgH_2O/(m^2\cdot h)$]；

E——系统的总蒸发量，即单位时间干化系统蒸发的水量（kg/h）；

S——间接干化系统的热表面积（m^2）。

6.1.5 干化系统单位耗热量可按下式计算：

$$STR=Q_T/E \qquad (6.1.5)$$

式中

STR——系统单位耗热量（kJ/kgH_2O），即蒸发单位水量所需的热能，平均值宜小于3 300kJ/kgH_2O；

Q_T——干化系统所需的总热能（kJ/h）；

E——干化系统的蒸发量（kg/h）。

6.1.6 热干化系统产泥的含固率宜在60%以上。

6.1.7 污泥干化气体温度应在75℃以上。

6.1.8 当干化系统内的氧含量要求小于3%时，必须采用纯度较高的惰性气体。

6.1.9 热干化污泥在利用前应保持干燥。

6.1.10 热干化系统必须设置烟气净化处理设施，并应达标排放。

6.2 直接加热干化

6.2.1 直接加热干化设备宜采用转鼓式。

6.2.2 直接加热干化工艺可采用空气湿度图进行计算，并结合试验数据及经验数据进行设计。

6.2.3 直接干化所产生烟尘中的臭味和杂质必须处理。

6.2.4 直接加热转鼓干化的设计，应符合下列规定：

1 宜采用干化污泥返混方式，混合污泥的含固率应达到50%～60%；

2 污泥投加量宜占整个圆筒体积的10%～20%；

3 圆筒转速宜为(5～25)r/min；

4 正常运行条件下氧含量应小于6%；

5 污泥与温度为700 ℃的热气流在转鼓内接触混合时间宜为(10～25)min；

6 直接加热转鼓干化宜采用冷凝器充分回收利用分离出来的水汽所携带的热量。

6.3 间接加热干化

6.3.1 间接加热干化宜采用转鼓式、多段圆盘式。

6.3.2 间接加热干化的热交换介质宜为蒸汽或热油，对于介质温度要求在200 ℃以上的干化系统，其加热介质宜为热油。

6.3.3 当热交换介质为热油时，热油的闪点温度必须大于运行温度。

6.3.4 比蒸发速率(SER)宜为(7～20)kgH_2O/(m^2·h)

6.3.5 转鼓式间接加热干化的设计，应符合下列规定：

1 宜采用湿泥直接进料；

2 热油温度应大于300 ℃；

3 转鼓转速不得大于1.5 r/min；

4 干化过程的氧含量应小于2%；

5 转鼓经吸风，其内部应为负压。

6.3.6 多段圆盘式间接加热干化的设计，应符合下列规定：

1 进泥含固率应为25%～30%；

2 所需的能量应由热油传递，温度应为(230～260)℃；

3 干化和造粒过程的氧含量应小于2%；

4 间接多盘干化系统应设置涂层机。

6.4 直接和间接联合加热干化

6.4.1 直接和间接联合加热干化宜采用流化床式。

6.4.2 流化床污泥干化的设计，应符合下列规定：

1 宜采用湿泥直接进料；

2 氧含量应小于6%；

3 床内干化气体温度应为(85±3)℃；

4 干化出泥温度不应大于50 ℃；

5 热交换介质温度应为(180～250)℃。

7 焚　　烧

7.1 一般规定

7.1.1 焚烧炉宜采用多膛炉、流化床等形式。
7.1.2 焚烧前宜将污泥粉碎。
7.1.3 焚烧炉内温度宜大于 700 ℃
7.1.4 焚烧时间宜为(0.5～1.5)h。
7.1.5 焚烧时过剩空气系数宜为 50%～150%。
7.1.6 污泥焚烧必须设置烟气净化处理设施，且烟气处理后的排放值应符合现行国家标准《生活垃圾焚烧污染控制标准》GB 18485 的相关规定。
7.1.7 污泥焚烧的炉渣与除尘设备收集的飞灰应分别收集、储存和运输。
7.1.8 污泥焚烧产生烟气所含热能必须回收利用。

7.2 多膛焚烧炉

7.2.1 进泥含固率必须大于 15%。
7.2.2 当进泥含固率在 15%～30%时，宜补充燃料。
7.2.3 当进泥含固率超过 50%时，应采取降温措施。
7.2.4 湿泥负荷宜为(25～75)kg/[m^2(有效炉床面积)·h]。
7.2.5 应设置二次燃烧设备，减少燃烧排放的烟气污染。

7.3 流化床焚烧炉

7.3.1 砂床静止时的厚度宜为(0.8～1.0)m。
7.3.2 流化床焚烧的空气喷入压强宜为(20～35)kPa。
7.3.3 流化风速宜取流化初始速度的(2～8)倍，空塔风速应为(0.5～1.5)m/s。
7.3.4 炉排燃烧率宜为(400～600)kg/[m^2/(流化床单位截面积)·h]。
7.3.5 砂床在注入污泥前宜预加热至 700 ℃左右。
7.3.6 炉内的温度宜控制为(760～820)℃；当温度高于 870 ℃时，应采取降温措施。
7.3.7 流化床的导热油循环系统必须有可靠的冷却系统。
7.3.8 当污泥不能自燃时，应补充燃料。
7.3.9 燃烧室热负荷宜为(3.3×10^5～6.3×10^5)kJ/(m^3·h)。

8 施工与验收

8.1 一般规定

8.1.1 污泥处理工程必须按设计施工，变更设计必须经过设计单位同意。施工与验收必须遵守国家和地方有关安全、劳动保护、环境保护等方面的规定，并应符合国家现行有关标准的规定。
8.1.2 施工前，应进行施工组织设计或编制施工方案，明确施工单位负责人和施工安全负责人，经批准后方可实施。
8.1.3 污泥处理工程的施工项目经理、技术负责人和特殊工种操作人员，以及监理人员应取得相应资格，并持证上岗。

8.1.4 施工单位应文明施工，采取有效措施控制施工现场的各种粉尘、废气、废水、废弃物以及噪声、振动等对环境造成的污染和危害。

8.2 施 工

8.2.1 污泥处理工程采用的各种材料与设备，其品种、规格、质量、性能均应符合设计文件要求，并应符合国家现行相关标准的规定。

8.2.2 材料和设备进场时，应具备订购合同、产品质量合格证书、说明书、性能检测报告、进口产品的商检报告及证件等，否则不得使用。

8.2.3 进场的材料和设备应按规定进行复验，复验材料和设备的各项指标应符合设计文件要求及国家现行相关标准的规定。

8.2.4 承担材料和设备检测的单位，应具备相应的资质。

8.2.5 所用材料、半成品、构件、配件、设备等，在运输、保管和施工过程中，必须采取有效措施防止损坏、锈蚀或变质。

8.2.6 现场配制的混凝土、砂浆、防水涂料、胶粘剂等材料，应经检测或鉴定合格后方可使用。

8.2.7 施工过程中使用的原材料、成品或半成品等应列入工程质量过程控制内容。

8.2.8 施工过程中应做好材料设备、隐蔽工程和分项工程等中间环节的质量验收，隐蔽工程经过中间验收合格后方可进行下一道工序施工。

8.2.9 施工单位在冬期、雨季进行施工时，应制定冬期、雨季施工技术和安全措施，保证施工质量和安全施工。

8.2.10 水、电、气的计量仪表，能耗控制装置、各种监测及自动化控制系统应严格按其说明书安装，并应符合设计文件要求。

8.3 验 收

8.3.1 污泥处理工程验收程序应按下列规定划分：

1 单位工程的主要部位工程质量验收；

2 单位工程质量验收；

3 设备安装工程单机及联动试运转验收；

4 污泥处理工程交工验收；

5 试运行；

6 污泥处理工程竣工验收。

8.3.2 污泥处理厂工程的单位、分部、分项工程划分应按现行国家标准《城市污水处理厂工程质量验收规范》GB 50334 中的相关规定执行，验收记录和报告亦应按其相关要求填写。

8.3.3 污泥处理工程的混凝土强度检验评定应符合现行国家标准《混凝土强度检验评定标准》GBJ 107的有关规定。

8.3.4 污泥处理工程交工验收时，在办理交工手续后，建设单位应及时组织试运行。施工单位应在试运行期内对工程质量承担保修责任。试运行期后，建设单位应组织竣工验收。

8.3.5 工程竣工验收后，建设单位应将有关设计、施工和验收的文件立卷存档。

8.3.6 堆肥工程的车间地面、周边及车行道应做水泥砂浆或混凝土防渗水层。水泥砂浆或混凝土层必须坚固、密实、平整；坡度和强度应符合设计要求，不应有起砂、起壳、裂缝、蜂窝麻面等现象。平整度应采用 2 m 直尺检查，允许空隙不应大于 5 mm。

8.3.7 污泥输送管道内不应有可限制物料流动的螺钉、焊接隆起、连接键等，污泥管线应按现行国家标准《给水排水管道工程施工及验收规范》GB 50268 的相关规定进行施工与验收。

8.3.8 石灰投加和混合设施、干化和焚烧设施必须进行气密性试验。气密性试验压力宜为工作压力的

1.5倍；24 h的气压降不应超过试验压力的20%。气密性试验方法应符合现行国家标准《给水排水构筑物施工及验收规范》GB 50141的相关规定。

9 运行管理

9.1 一般规定

9.1.1 污泥处理过程的运行管理应保证污泥处理设施设备的正常安全运行，并逐步实现最优化工艺和低成本运行。

9.1.2 各岗位应建立工艺系统网络图、安全操作规程等，并应标示于明显部位。

9.1.3 运行管理人员必须熟悉本厂污泥处理工艺和设施设备的运行要求和技术指标。

9.1.4 操作和维修人员必须经过培训合格后方可上岗；应严格按照对应岗位的安全操作规程从事操作和维修；发现异常情况应及时上报，并采取相应措施。

9.1.5 应定期进行巡视，检测关键部位的温度、氧含量、风压等，认真填写报表和交接班记录。

9.1.6 应定期对设施设备进行养护和维修，保持设施设备及周围清洁。

9.1.7 操作和维修时必须正确佩戴劳动保护用品。

9.1.8 在有毒、有害、易燃、易爆区域操作必须禁止烟火并进行通风，环境检测合格后方可操作。

9.1.9 厂区应定点配备消防器材、紧急救护等安全物资。

9.1.10 厂内不得拉接临时电线，厂内供配电系统应定期进行遥测。

9.1.11 设备检查、维护和维修时必须断电，并在配电柜上明确警示。拆卸零件时必须已经失压、接地和短接，并隔离相邻的带电零件。

9.1.12 在干污泥区域严禁使用压缩空气吹扫设备。

9.1.13 泥车装载干泥前，必须用地线电缆将干污泥料仓与运干泥的车辆进行等电位联结。

9.1.14 干污泥料仓温度持续升高时，应彻底清空。

9.1.15 除臭设施抽吸气失效时，应进行人员疏散以保证安全。

9.1.16 技术经济指标考核宜包括：日处理泥量，进出厂的泥质指标及达标率，包括含水率、有机物分解率、大肠杆菌、有机质含量、pH值等；设备完好率和使用率；电耗、药耗、油耗、气耗；正常维护和污水处理成本等。

9.1.17 日均处理泥量应达到设计规模的60%以上。

9.1.18 堆肥和石灰稳定系统年运转天数应达到90%以上，干化和焚烧系统年运转时间应达到7 500 h以上。

9.1.19 运行过程中，污泥处理设施设备完好率应达到90%以上。

9.2 堆肥

9.2.1 堆肥过程的时间和温度控制应符合下列规定：

1 应通过选择高热容、高比表面积的调理剂，尽量减少热量的损失，使温度尽快提高，并应控制温度和维持时间在设计范围之内；

2 当温度超过60 ℃时，应对堆体搅拌或通气。

9.2.2 堆肥过程的调理剂和蓬松剂管理应符合下列规定：

1 调理剂和蓬松剂应尽量干燥，并保存在专门的储存间；

2 宜选择可生物降解性能好的材料。

9.2.3 堆肥过程的水分控制应符合下列规定：

1 堆肥过程中含固率不应超过55%；

2 应使蒸发的水分及时排出；

3 熟化和储存地点应避免地表水流入。

9.2.4 堆肥过程的营养物控制应符合下列规定：

1 应定时分析测定进料各组分的碳氮比，混合后物料的碳氮比应控制在设计范围之内；

2 当堆肥过程中氨味较明显时，应调整碳氮比。

9.2.5 堆肥过程的通风控制应符合下列规定：

1 当污泥所含的挥发性成分高时，应增加通风量；

2 通风和翻堆宜结合进行，减小局部过热区域的产生；

3 采用自动控制的堆肥设施可用温度和溶解氧传感器控制鼓风量和通风频率；

4 较大的堆肥系统宜使用鼓风机强制通风；

5 应定期监测堆肥产品堆场的温度。

9.2.6 生物滤池的空气相对湿度应控制为80%～95%。

9.3 石灰稳定

9.3.1 石灰稳定过程持续时间和pH值控制应符合下列规定：

1 当污泥含固率大于30%时，应增加停留时间来完成反应和提高温度；

2 宜选用CaO活性和百分比含量高的生石灰。

9.3.2 石灰投加量控制应符合下列规定：

1 应监测pH值变化，防止石灰投加量不足引起pH值降低；

2 当需加速石灰稳定过程时，可采用补充加热或投加过量生石灰的方法；

3 当只需要控制异味时，可减少石灰投加量。

9.3.3 生石灰和稳定后的污泥输送和储存管理应符合下列规定：

1 生石灰在输送和储存过程中应注意防潮，储存时间不宜超过2个月；

2 污泥储存3 d以上不应产生腐败和恶臭；

3 应保持石灰稳定场所的清洁，防止产生粉尘。

9.4 热干化

9.4.1 热干化系统启动应符合下列规定：

1 应在程序控制下启动，不宜手动操作启动；

2 在启动时应补充惰性热气；

3 为防止启动时发生堵塞，对于流化床污泥干化可投加干料充填筛板和布风板之间的导热管间隙，干料可采用干化后的污泥；

4 应根据污泥干化机内的工况确定启动时的运行参数。

9.4.2 热干化过程操作应符合下列规定：

1 在输送过程中应防止反应器堵塞，应使污泥保持一定的湿度；

2 应严格控制流化床内温度均匀；

3 流化床内氧含量应维持在5%以下；

4 当流化床上下层的温差小于3 ℃时，可通过调节风机风量，疏通流化床；

5 流化床加热蒸汽温度宜控制在(180～220)℃；

6 流化床的入口和出口的流体温度应低于100 ℃；

7 干化污泥应冷却至50 ℃以下。

9.4.3 热干化系统停运应符合下列规定：

1 干化系统停运时应补充惰性热气；

2　系统停运时应防止堵塞；

3　维护维修停运时，必须采取措施防止其启动。

9.5　焚　　烧

9.5.1　焚烧炉启动应符合下列规定：

1　应在程序控制下启动，不宜手动操作启动；

2　应根据焚烧炉内的工况确定启动时的参数；

3　启动时应防止堵塞。

9.5.2　焚烧过程操作应符合下列规定：

1　应保持进料的均匀和稳定；

2　应根据所用燃料确定相应风量；

3　导热油循环系统必须有可靠的冷却保护系统；

4　可采用石灰和污泥混合的方法在炉内脱硫。

9.5.3　焚烧炉停运时应防止堵塞。

10　安全措施和监测控制

10.0.1　污泥资源化利用时，污泥中的有害物质含量应符合国家现行有关标准的规定。

10.0.2　污泥热干化工程应采取降噪、防噪、降尘、除臭措施。

10.0.3　热干化工艺必须防止粉尘爆炸及火灾的发生，并应有相应的预防及控制措施。

10.0.4　污泥处理厂(场)与最终处置场所之间的信息传输应保持畅通。

10.0.5　污泥处理厂(场)的主要设施应设故障报警装置。

10.0.6　污泥处理厂(场)应设置泥质和周围环境监测设施，监测项目和监测频率应符合国家现行有关标准的规定。

10.0.7　污泥处理厂(场)主要处理构筑物和最终处置设施应设置取样装置。污泥处理过程和厂区环境宜采用仪表监测或设置自动控制系统。

本规程用词说明

1 为便于在执行本规程条文时区别对待，对要求严格程度不同的用词说明如下：

1） 表示很严格，非这样做不可的用词：
正面词采用“必须”，反面词采用“严禁”；

2） 表示严格，在正常情况下均应这样做的用词：
正面词采用“应”，反面词采用“不应”或“不得”；

3） 表示允许稍有选择，在条件许可时首先应这样做的用词：
正面词采用“宜”，反面词采用“不宜”；

4） 表示有选择，在一定条件下可以这样做的，采用“可”。

2 条文中指明应按其他有关标准执行的写法为：“应符合……的规定”或“应按……执行”。

引用标准名录

1 《生活垃圾焚烧污染控制标准》GB 18485
2 《室外排水设计规范》GB 50014
3 《混凝土强度检验评定标准》GBJ 107
4 《给水排水构筑物施工及验收规范》GB 50141
5 《给水排水管道工程施工及验收规范》GB 50268
6 《城市污水处理厂工程质量验收规范》GB 50334

中华人民共和国行业标准

城镇污水处理厂污泥处理技术规程

CJJ 131—2009

条 文 说 明

制 订 说 明

《城镇污水处理厂污泥处理技术规程》CJJ 131—2009 经住房和城乡建设部 2009 年 7 月 9 日以第 348 号公告批准发布。

本规程制定过程中，编制组对欧洲、美国等地区和国家在污水处理厂污泥处理方面的经验进行了调查研究，总结了堆肥、干化、焚烧等污泥处理工艺在我国的实际应用情况，通过开展石灰干化等试验，测试验证了有关先进工艺的可靠度和相关参数。

为便于广大设计、施工、科研、学校等单位有关人员在使用本标准时能正确理解和执行条文规定。《城镇污水处理厂污泥处理技术规程》编制组按章、节、条顺序编制了本规程的条文说明，对条文规定的目的、依据以及执行中需注意的有关事项进行了说明，还着重对强制性条文的强制性理由作了解释。但是，本条文说明不具备与标准正文同等的法律效力，仅供使用者作为理解和把握标准规定的参考。

1 总　则

1.0.1 本条是编制本规范的宗旨。在城市污水处理过程中，无时无刻不在产生着大量的污泥。这些污泥的不断产生，使污染物与污水分离，从而完成污水的净化。但是，对于产生的污泥，如果不予以有效的处理和处置，仍然会污染环境，使污水处理厂的功能不能完全发挥。另一方面，污泥又是一种特殊的垃圾，经适当处理又可以作为资源加以利用，从而符合可持续发展的战略方针，有利于建立循环型经济。

1.0.3 污泥处理技术，是跨学科技术，涉及污水处理、固体废物处理、农业利用等内容。本规程未尽事宜，可参照《室外排水设计规范》GB 50014、《城市污水处理厂运行、维护及其安全技术规程》CJJ 60、《农用污泥中污染物控制标准》GB 4284、《生活垃圾填埋污染控制标准》GB 16889 等。

2 术　语

2.0.1 对污泥处理和污泥处置目前有两个主导性观点：一是以污泥稳定化为界限，稳定化前为污泥处理，稳定化后为污泥处置；另一观点则认为以污水处理厂厂界为准，厂内为污泥处理，厂外为污泥处置。本规程考虑到很多单元工艺（如焚烧）既可以看成处理也可看成处置，因而从污泥最终处置途径来考虑，把最终处置前的所有处理方式都看作是对污泥的处理。

2.0.2 目前堆肥是大家积极探索的一种污泥处置方式，但往往被人联想为肥料制造，把污泥处置与赚钱盈利联系在一起，认为是一种解决污泥问题的低成本、高效益的手段，但实际上污泥资源化产品的生产利用还难以达到盈利的状态。

3 方案设计

3.1 一般规定

3.1.1 污泥处理应该以"稳定化、减量化、无害化"为目的，"资源化"并不是最终的目的，但应尽可能利用污泥中的能量和物质，以实现经济效益和节约能源的效果，实现其资源价值。

3.1.2 不同城市的城市污泥泥质差异很大，特别是重金属的含量，对确定最终处置有决定性作用。但通过多年的研究，以及对工业废水排入下水道监管的逐步到位，重金属目前已经不是污泥进行土地应用的主要制约因素。污泥中重金属的含量逐步降低，大部分已达到国家标准，部分未达标的项目也能够满足欧美的污泥标准（见表 1）。不存在重金属的迁移和淋溶风险。

表 1 污泥标准中的重金属含量限值　　单位：mg/kg

序号	项目	中国		欧盟	美国	太原	天津	广州	上海	北京
		酸性土壤（pH 值＜6.5）	中性和碱性土壤（pH 值≥6.5）							
1	镉，Cd	5	20	20～40	85	0.95	5	—	2.54	—
2	汞，Hg	5	15	16～25	57	7.4	8.5	—	3.08	46.8
3	铅，Pb	300	1 000	750～1 200	840	69.5	699	245	72.5	149
4	铬，Cr	600	1 000	—	—	145	565	1 550	23.2	190

表 1（续） 单位：mg/kg

序号	项目	中国		欧盟	美国	太原	天津	广州	上海	北京
		酸性土壤（pH 值＜6.5）	中性和碱性土壤（pH 值≥6.5）							
5	砷，As	75	75	—	75	9.7	17.9	—	11.7	—
6	镍，Ni	100	200	300～400	420	26.2	200	452	42.6	43
7	锌，Zn	2 000	3 000	2 500～4 000	7 500	831	1 355	1 790	2 110	1 234
8	铜，Cu	800	1 500	1 000～1 750	4 300	174	486	2 200	282	202
9	硼，B	150	150	—	—	10	—	—	—	140
10	矿物油	3 000	3 000	—	—	146	—	—	1 300	3 680
11	苯并(a)芘	3	3	—	—	—	—	—	—	—
12	PCDD/PCDF（ngTE/kg 干污泥）	100	100	—	—	—	—	—	—	—
13	AOX	500	500	—	—	—	—	—	—	—
14	PCB	0.2	0.2	—	—	—	—	—	—	—
15	钼	—	—	—	75	—	—	—	—	—
16	硒	—	—	—	100	—	—	—	—	—

做好污泥最终处置方的调查，取得用户理解和支持，使用户愿意接受污泥产品，是落实污泥资源化利用的重要环节。

3.1.4 风险评价主要是从卫生学、生态学和安全角度，就污泥最终处置途径对人体健康、生态环境、用户的设备和产品等方面的影响作出评价。

3.2 方案选择

3.2.4 污泥最终处置是决定污泥处理工艺路线的基础，最终处置途径的确定可分为调查、筛选和确定三个阶段。

1 调查阶段：主要工作是收集现状资料，确定全部污泥产量以及可作为最终处置途径的全部潜在处置方。这一阶段需要和当地农林部门、国土资源部门、水泥厂和制砖厂等工业厂商、垃圾填埋场等讨论主要潜在处置方的情况，然后与这些处置方联系。

这阶段应予回答的问题主要有：

1） 污泥最终处置途径在当地有哪些潜在处置方？

2） 与污泥资源化利用相关的公众健康问题，如何解决？

3） 污泥的最终处置途径有哪些潜在的环境影响？

4） 哪些法律、法规会影响污泥的最终处置途径？

2 筛选阶段：按处置泥量的大小、泥质要求，从经济上考虑对上阶段被确认的潜在处置途径分类排队，筛选出若干个候选处置途径。筛选处置途径的主要标准应是：

1） 处置泥量大小，这是因为大的处置方常常决定污泥处理的工艺和布局，甚至规模也可大致确定。

2） 处置方的稳定程度，处置方应不会轻易受天气、经济、政策的影响。

3 确定最终处置途径阶段：这个阶段应研究各个处置方对污泥产品的要求；对不同的筹资进行比

较，确定最终处置途径的处理成本。需要处理的问题有：

1） 处置方对污泥产品有何特殊要求？
2） 每个处置方处置泥量的日、季变化情况。
3） 区域内工业污染源控制措施如何？
4） 每个潜在处置途径的“稳定性”如何？
5） 土地利用是否需要相应污泥施用设备？
6） 潜在资助机构进行资助的条件和要求是什么？

3.3 设计要求

3.3.4 为了保证污泥处理工艺设计科学合理、经济可靠，这里根据国内外工程实例，提出了污泥处理的基本工艺供选用。

1 厌氧消化作为经济合理的一种污泥稳定化处理工艺和能量回收方式，应在大中型污水处理厂的污泥处理中推广应用。

2 污泥处置是确定污泥处理程度的依据，合理确定处置途径有助于经济合理地选择污泥处理工艺。污泥中的物质包括营养物（氮、磷、钾等）、有机质、重金属、病原菌、有毒有害有机物等，因而在确定处置途径时应充分消除重金属、病原菌、有毒有害有机物对人体和环境的不利影响，并尽可能地利用污泥中的营养物（氮、磷、钾等）、有机质等。所选用的污泥处理工艺应经济合理，满足处置途径的要求，一般而言污泥的土地利用所需的处理成本小于能量利用的处理成本，因而应优先选择土地利用作为污泥的处置途径，有条件的地方应积极考虑基质利用，多样化的利用方式可以经济、稳定地实现污泥的最终处置。地表处置可作为一种在紧急情况下的备选方案，不宜作为长期的处置途径。对于重金属含量超过有关标准而不适合进行资源化利用时，宜按照危险废物的要求进行处置。

3.3.5 浓缩、消化、脱水工艺的工程设计已有丰富的经验，在《室外排水设计规范》GB 50014 中有详细规定。

3.3.6 污泥处理厂存在粉尘和易燃易爆气体，粉尘与空气混合，能形成可燃的混合气体，若遇明火或高温物体，极易着火，顷刻间完成燃烧过程，释放大量热能，使燃烧气体骤然升高，体积猛烈膨胀，引起爆炸，造成人员和财产损失，因此污泥处理厂必须按相关标准的规定设置消防、防爆、抗震等设施。

4 堆　肥

4.1 一般规定

4.1.2 堆肥在快速阶段中，具有很高的氧利用速率和产生较高的温度，熟化阶段的氧利用速率较低，温度逐步下降。条垛堆肥作为仓内堆肥的后续工艺用于污泥熟化，从而完成整个堆肥过程。

4.1.3 含水率55％～65％时，堆肥很容易渗水并且有足够的孔隙允许适量的空气进入堆肥过程中，可通过返混干污泥和添加蓬松剂调节含水率。条垛的含水率会随着水分的蒸发而减小，为了保持堆肥微生物的活性，在整个堆肥过程中，含水率不得低于45％（含固率不得超过55％）。必要时应在堆肥过程中加水。

4.1.4 堆内温度应维持在（55～65）℃达到3 d以上，以保障污泥产品性能满足病原菌的标准要求。

4.1.5 碳和氮是影响堆肥的重要营养物。最为适宜的生物可降解的碳氮比（C∶N）在20∶1～40∶1之间。过低的碳氮比（小于20∶1）会导致因氨的挥发而引起的氮的流失，并且会产生强烈的氨气味。堆肥添加调理剂用于增加可生物降解的有机质量，调节营养平衡（碳氮比）。理想的调理剂应是干燥、堆密度小、相对容易生物降解的物质。

4.1.6 堆肥添加蓬松剂用于提供结构性的支撑并增加空隙率以适合通气，通常的蓬松剂为长（2～

5)cm的木屑，以及废旧轮胎、花生壳、修剪下来的树枝等均可以作为蓬松剂使用。当采用有机物作蓬松剂时，同时可以提高污泥的热值。

4.1.7 返混污泥用于调理生污泥，f_1 和 f_2 必须根据试验或现有污泥处理工艺的运行经验确定，推荐参考值根据 Roger Haug 所著《Compost Engineering》中美国的工程经验和试验结果确定。

4.1.8 更高的含氧量需要更高的空气流量，从而导致堆内温度的下降。含氧量下限可以保证堆内不存在厌氧区。

4.1.9 堆肥的设计中必须考虑臭味控制系统，以避免对周围环境的影响。

4.1.10 干化污泥作为维持和构建土壤腐殖质的来源，可以保持土壤的正常结构和保水能力。

4.1.11 污泥堆肥过程中会产生大量的渗滤液，渗滤液中的COD、BOD、氨氮等污染物浓度较高，如果直接进入水体，会造成地下水和地表水的污染。因此污泥堆肥工程的地面周边及车行道必须进行防渗处理，设置渗滤液收集系统，防止污染地下水和地表水。

4.1.13 堆肥产品储存区不宜设置供暖设施，防止堆肥产品过热自燃。

4.2 静堆式条垛堆肥

4.2.1 高大的条垛有利于获得较高的温度，并产生较少的臭味。静堆式条垛剖面示意见图1。

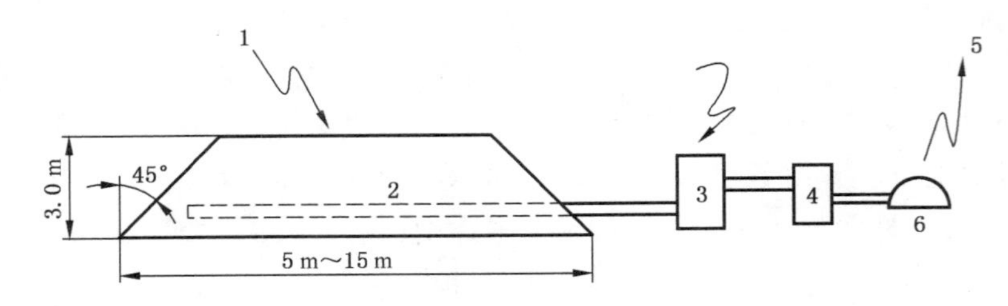

1——空气；
2——垛；
3——收集渗滤液和浓缩液；
4——风机；
5——脱臭气体；
6——生物滤床

图1 静堆式条垛剖面示意图

4.2.2 静堆式条垛堆肥工艺过程如下：首先按比例混合好湿污泥和木屑，然后在风管上铺上(15～30)cm厚的木屑或干化污泥用于布气，再在上面堆置混合好的污泥，最后在污泥堆上覆盖干化污泥。通风发酵的时间宜为(14～21)d，在土地条件允许的情况下，可以适当延长。接着进行筛分回收木屑，筛分后的污泥作进一步的熟化处理，持续时间宜为(30～60)d。当通风干化的污泥含固率小于50%时，应重新分堆进一步干化，持续时间宜大于7 d，以利于筛分回收木屑。

4.2.3 静堆式条垛堆肥一般由木屑支撑层、混合污泥层、熟污泥覆盖层组成，每层的 k、j、n 不同(参考表2)。风机压力应克服堆中各层的阻力、输送管道的阻力损失，Roger Haug 所著《Compost Engineering》中美国的工程经验和试验结果表明，风机压力一般为(0.5～2.5)kPa。

表2 不同基质的 k、j、n 值

基质	k	j	n
木屑：生污泥(体积比)			
2：1	1.245	1.05	1.61
3：2	1.529	1.30	1.63
1：1	2.482	1.47	1.47

表 2（续）

基　质	k	j	n
1∶2	7.799	1.41	1.48
新木屑	0.539	1.08	1.74
使用后的木屑	3.504	1.54	1.39
筛分后的熟污泥	1.421	1.66	1.47

4.2.4、4.2.5　根据本规程公式(4.2.4-1)～(4.2.4-3)计算得到的是条垛堆肥全过程的需气量，因此是整个堆肥过程的平均需气量，但是由于受到有机物氧化速率、供气系统的开关控制方式的影响，在堆肥过程中会形成一个峰值需气量，根据相关的试验结果，峰值需气量是平均需气量的(3～5)倍。风量应根据堆内温度进行调整，以保证堆内温度在(55～65)℃之间，风机的运行方式可采用向堆内鼓风和从堆内吸风两种形式，一般来说从堆内吸风更有利于进行臭味控制。对于从堆内吸风的方式，应考虑风管内渗滤液和浓缩液的收集和处理。Roger Haug 所著《Compost Engineering》中美国的工程经验和试验结果表明，根据本规程第 4.2.3 条计算所得的通风量一般为(15～60)m^3/(h・t 干污泥)。

4.2.6　条垛表层覆盖熟化污泥层，以防止臭气扩散。

4.3　翻堆式条垛堆肥

4.3.1　翻堆式条垛尺寸依赖于污泥的性质和所使用的翻垛设备，一般堆成约(1～2)m 高，底部(3～5)m宽的长堆，设计比容为(5 000～5 700)m^3/hm^2。翻堆式条垛剖面示意见图 2。

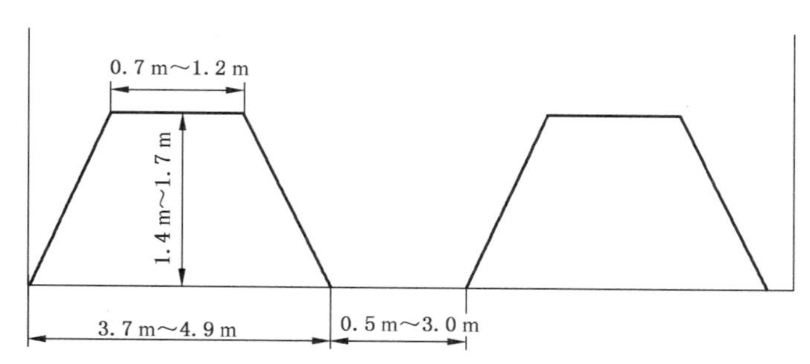

图 2　翻堆式条垛剖面示意图

4.3.2　翻堆式条垛堆肥的快速堆肥维持(2～3)周，以完成初步的干化、好氧呼吸，以及初步的巴氏杀菌；每周翻垛(3～4)次，以维持垛内温度在 45 ℃以上。快速堆肥完成后，(2～3)条的小垛形成一条大垛进行熟化，在垛内形成灭活病原菌所需的温度，进一步脱水干化，以及使污泥混合均匀；熟化阶段通常需要 3 周或更长的时间，每周翻垛 3 次，以维持垛内温度在 55 ℃以上。

4.4　仓内堆肥

4.4.1　仓内堆肥的停留时间根据反应器结构的不同而有较大的差异。

5　石灰稳定

5.1　一般规定

5.1.1　多种碱性物质可以用来提高脱水泥饼的 pH 值，并放出大量热量杀灭病原菌、降低恶臭和钝化重金属，其中包括生石灰(CaO)、熟石灰[$Ca(OH)_2$]、粉煤灰和水泥窑粉尘等。

5.1.2　石灰稳定设施应安装在密闭的车间内，车间内应安装引风除尘设备，混料设备应密闭，石灰和污泥储存库等应密闭，将粉尘和环境隔离开。

5.1.3　机械设备应安装在隔声车间内，以消除机械噪声对外环境的影响。

5.1.10　采用后续水泥窑注入法再处理，可彻底解决重金属污染问题，如采用农田施用，则应注意重金属污染等问题。

5.2　工艺参数

5.2.1　石灰稳定要维持较高的pH值水平并达到足够长的时间以控制微生物的活性，从而阻止或充分抑制微生物反应而产生的臭气和生物传播媒介，并保证污泥在发生腐败和恶臭之前能够储存3 d以上，进而进行再利用和最终处置。

5.2.2　生石灰与污泥饼混合体积计算见表3。

表3　生石灰与污泥饼混合体积计算表

		重量(kg)	密度(kg/m^3)	体积(m^3)
15%生石灰(CaO)	干污泥	1 000	720.0	1.389
	水分	3 950	1 000.0	3.950
	熟石灰[$Ca(OH)_2$]	200	560.0	0.357
	总量	5 150	—	5.696
	固体百分比	23.30%	体积增加(%)	5.7%
30%生石灰(CaO)	干污泥	1 000	720.0	1.389
	水分	3 900	1 000.0	3.900
	熟石灰[$Ca(OH)_2$]	400	560.0	0.714
	总量	5 300	—	6.003
	固体百分比	26.42%	体积增加(%)	11.4%
60%生石灰(CaO)	干污泥	1 000	720.0	1.389
	水分	3 810	1 000.0	3.810
	熟石灰[$Ca(OH)_2$]	790	560.0	1.411
	总量	5 600	—	6.610
	固体百分比	31.96%	体积增加(%)	22.7%

6　热　干　化

6.1　一般规定

6.1.4　宜设置备用干化系统或足够的生产能力余量，以保障因设施维护和突发事件时能及时处理全部污泥。

6.1.5　*STR*值与下列因素有关：进口处物料温度、进口处加热介质的温度、出口处产物的温度、出口处加热介质的温度、干燥器生产能力及干燥器的设计等。干化系统的单位耗热量平均值宜为(2 600～3 300)kJ/kgH_2O。

6.1.6　当污泥以无害化为目的，为了减少病菌限制值标准和生物传播媒介的影响，根据美国US40CFR503污泥条例，对于热干化工艺，如果污泥包含未经消化的部分，热干化工艺至少要达到90%的含固率；如果污泥是消化污泥，热干化后的含固率至少也要达到75%。当污泥以减量化为目的，将含固率20%的湿泥干化到90%或干化到60%，其减量比例分别为78%和67%，相差仅11个百分点。根据最终处置目的的不同，事实上要求不同的含固率。比如填埋场的垃圾含固率平均低于60%，我国《城镇污水处理厂污泥处置混合填埋泥质》CJ/T 249要求含固率大于40%，可见要求污泥达到90%含固率从经济上来讲没有实际意义。此外，含固率在30%～50%以上的干污泥不用添加任何辅助燃料就可以燃烧。含固率在20%～25%的泥饼需要补充热量使多余的水分蒸发。含固率在90%～95%的热干化污泥有更高的热值，相当于煤的60%。灰分约占35%，其成分与水泥相似。因此本规程中选用含固率为60%使污泥含固率与垃圾的含固率基本相当，以利于后续处理。

6.1.8　纯度较高的惰性气体如氮气等。

6.1.9　热干化污泥的有机物含量高达65%～85%，可用作土壤改良剂。但是，如果干化后的污泥重新变湿，会发生厌氧生物分解，发出难闻的异味。因此热干化污泥在用于农田前必须保持干燥。

6.1.10　在直接（对流）干化系统中，湿污泥直接与热交换介质——蒸汽接触，需要大量的气体进行热交换，交换后烟尘中含有大量的臭味和杂质，这些臭味和杂质的直接排放会对周围环境造成严重污染，因此必须处理后排放。可采用二次燃烧、机械式除尘、电除尘、袋式除尘和湿式除尘等控制技术。

6.2　直接加热干化

6.2.2　直接干燥工艺经常使用的空气湿度图有两种形式：湿空气焓—湿图、湿空气熵—湿图。

6.2.4　为了避免污泥在干燥器中粘结，干化过程需要进行干泥返混，污泥的过热增加了火灾的危险，干燥炉内氧含量过高，也增加了爆炸的危险。

6.3　间接加热干化

6.3.3　导热油是在连续高温条件下使用的，使用温度一般在（160～350）℃之间，为适应这一特殊条件，导热油必须选择热稳定性好的介质。液体蒸发生成的蒸气与空气的混合物和明火接触时，开始闪火并立即熄灭的温度，称为闪点。闪点是导热油的一个安全指标。由于导热油一旦泄露就会与空气接触，所以导热油的闪点温度应高于运行温度，这样才能保证干化过程的安全进行。

6.3.5　间接加热转鼓干化的转鼓经吸风，其内部应为负压，使水汽和尘埃无法外逸。

6.3.6　机械脱水后的污泥（含固率25%～30%）通过污泥泵送至涂层机，在涂层机中再循环的干污泥颗粒与输入的脱水污泥混合，干颗粒核的外层涂上一层湿污泥后形成颗粒，这种颗粒内核是干的（含固率大于90%），外层是一层湿污泥。

6.4　直接和间接联合加热干化

6.4.2　保证较低的干化出泥温度可以防止产生自燃和爆炸。

7　焚　　烧

7.1　一般规定

7.1.2　焚烧前宜将污泥粉碎，使投入炉内的污泥分布均匀，保障燃烧充分进行。

7.1.3　焚烧温度超过700℃，才能使CO充分破坏，有机物充分分解。

7.1.4　焚烧时间越长，焚烧越彻底，但会增加能耗。

7.1.5　空气量不足，燃烧不充分；空气量过多，加热空气会消耗过多的热量，也不适宜。

7.1.6　污泥焚烧产生的烟气中含有烟尘、臭气成分、酸性成分和氮氧化物，直接排放会对环境造成严重的污染，必须进行处理达标排放，烟气净化可采用二次燃烧、机械式除尘、电除尘、袋式除尘和湿式除尘、接触脱臭、碱吸收、脱硝等控制技术。

7.2 多膛焚烧炉

7.2.3 加入的污泥固体含量超过50%时，产生的温度可能超过标准炉子的耐火材料和金属的耐热极限，因此需要降温。

7.3 流化床焚烧炉

7.3.2 流化床焚烧的空气喷入压力宜为(20～35)kPa，使砂床流化起来。

7.3.8 当污泥不能自燃时，应补充油、煤、天然气等燃料。

8 施工与验收

8.3.6 堆肥工程的车间地面、周边及车行道应做水泥砂浆或混凝土防渗水层，防止渗滤液污染地下水。

8.3.7 污泥黏性较大，容易造成管道堵塞，因此必须保证输送管道的通畅，并避免管线长度超过设计要求而造成阻力过大，无法输送污泥。

8.3.8 石灰投加和混合设施的泄漏容易造成操作环境恶化，干化和焚烧系统必须保证较低的溶解氧，因此这两个系统必须进行气密性试验。

9 运 行 管 理

9.1 一 般 规 定

9.1.2 要遵守工艺系统网络图和安全操作规程的指令、警告和禁止标志。定期检查这些标志，保证其清晰、完整，任何时候严禁摘去或挡住。

9.1.4～9.1.6 运行人员进入干化和焚烧现场前，要接受健康和安全教育，并受过资格培训，要掌握寻找和使用紧急控制装置和应急设备。焊接、气割和打磨工作要由持证人员进行，进行工作前，要清洁设备及周围环境的粉尘和易燃物质，并保证现场充分通风以防爆炸。

任何维护工作必须在设备完全冷却下来后进行。高压设备和旋转的电机可能导致人员受伤甚至死亡，必须具备相应资格的人员才能对电机进行安装、操作和维护。必须在检测和确认容器内部的氧含量在安全范围内后，方可进入容器内部进行检修。定期检查并维护所有密封。检查维护工作时要使用低压聚光灯。维修液压和气体设备前应防止其动作，维修前必须把设施的每段压力管道(液压系统、压缩空气系统)泄压并防止有人无意启动。定期检查所有管道、软管和螺纹连接处，如有渗漏和明显损坏，应及时维修。地板和机器上有润滑油脂会使人滑倒，由此造成的伤害很常见，所以地板周围的地面应该做防滑处理，工作人员要穿防护鞋。所有应急通道应该时刻保持清洁。

在自动运行状态下，运行人员没有必要时不应在危险区域长时间停留。

运行时不得打开干化和焚烧设备的端盖。当必须打开时，只限于设计的检查盖板，并且检查人员应穿戴防护服，以免接触粉尘和其他有害气体。应定期检查接地设施，保证所有干化和焚烧设备必须接地以防静电。

9.1.7 为了安全，运行人员的长发应扎到脑后或采用其他方法保证安全，必须系好外衣，严禁戴首饰，如手链等。对设备进行清洁工作时，所有人员要穿戴防护服以避免皮肤接触颗粒、粉尘、污泥或其他危险物质。电机的噪声会干扰人员交流并伤害听力，运行人员应佩戴听力保护装置。在充满化学物质的管道或设备上工作，管道和设备必须密闭，并事先保证泄压装置完好。

9.1.8 在污泥容器/储罐/料仓中工作时必须强制通风，并监测氧含量，保证氧含量大于18%。

9.1.9 安全物资的位置明显，取用无障碍。

9.1.11 维护、清理或维修前，上下游的功能单元必须被断电关闭并锁定。

9.1.12 在干污泥区域（螺旋输送机、斗式提升机、灰仓和产品料仓）严禁使用任何压缩空气单元吹扫设备，以防止灰尘吸入肺中。

9.1.14 干料经长时间的储存，特别是有氧气进入时，易导致放热反应，使温度升高而形成燃烧。

9.1.15 臭气收集设施停止工作时，即使有保护措施，人员也必须立即撤离。设施恢复后首先通风1 h，进行硫化氢和甲烷气体的检测，以确认没有处于危险爆炸点。

9.2 堆　　肥

9.2.1 堆肥过程中当温度超过 60 ℃时，通过对堆体搅拌或通气，以释放多余的热量。

9.2.3 堆肥过程中蒸发的水分及时排出，可以防止重新凝结，流回发酵仓内。

9.2.5 堆肥污泥所含的挥发性成分高时，需要精心管理，及时增加通风量，以防止过热。通风和翻堆宜结合使用，可减小局部过热区域的产生，防止自燃的可能性。较大的堆肥系统使用鼓风机强制通风，可以满足供氧要求，并降低厌氧状态和恶臭气体产生的几率。定期监测堆肥产品堆场的温度，可以防止温度过高引起自燃。

9.3 石灰稳定

9.3.1 石灰稳定工艺中当污泥含固率大于 30%时，可以通过增加停留时间来完成反应和提高温度。

9.3.2 石灰投加过程中通过监测 pH 值变化，可以防止投加量不足引起 pH 值降低。这是由于微生物活动如果不能被充分抑制，会产生二氧化碳和有机酸继续和石灰反应，随之降低 pH 值。采用补充加热或投加过量的生石灰的方法，可加速石灰稳定过程，从而使温度达到 70 ℃以上，并充分杀灭病原菌。

9.3.3 污泥应在发生腐败和恶臭之前能够被储存 3 d 以上，便于被运输进行再利用和最终处置。

9.4 热　干　化

9.4.1 本条对热干化系统启动规定作出说明：

1 每一次启动干化系统，必须是在可控的情况下。没有采取适当的措施和报警下，严禁操作设施设备；手动操作的执行机构，必须防止正常运行时无意识被运行；除进行维护保养外，不允许在非自动状态下操作干化和焚烧系统或其中的部分设备；

2 湿泥进入前必须使用惰性气体启动干泥输送设施；

3 间接干燥器在正常运行时不会由于高氧含量而爆炸，但在启动时有爆炸的可能，因此启动时需补充惰性热气，通常是低氧水平的循环燃气或氮气。

9.4.2 本条对热干化系统过程操作作出说明：

1 必须时刻监测湿污泥的特性，当湿泥特性改变时（含水率、流动性、絮凝剂类型等），及时调整混合器的操作条件；

3 严格控制干化炉内氧含量浓度，防止因浓度升高产生爆炸的危险；流化床内氧含量控制在 5%以下，实际运行时维持在 3%左右；

4 如在流化床内设置上下两层各 3 个的温控探头，通过流化床上下层的温差判断流化床是否堵塞，一般温差在（1～3）℃时，可通过调节风机风量，疏通流化床；

7 干化产品的低温度保证了干颗粒后续处理的安全性。

9.4.3 本条对热干化系统停运规定作出说明：

1 干化系统停运时补充的惰性热气通常是低氧水平的循环燃气或氮气；

2 干化系统停止运行四周后，清空和清洗全部装置（包括螺旋管道和所有仓体）；

3 维护维修停运时，必须采取以下措施防止其启动：锁定主控元件并拔掉钥匙；在主控开关上贴上警告标志；就地断路开关锁定；按下全厂的急停按钮。

10　安全措施和监测控制

10.0.1　处理后的污泥产品施入农田、林地、苗圃和草地中，因堆肥产品中含有重金属，尤其是Cd、Hg（酸性土壤）超标，在施用时要特别给予注意，以防堆肥农用时对土壤造成重金属污染。

10.0.2　设置降噪防噪、降尘除尘和除臭设施和措施，消除污泥干化过程中产生的噪声、粉尘和臭味等主要影响。

10.0.3　粉尘爆炸的预防和控制措施包括：对含氧量、温度、湿度、压力进行连续自动监测，并进行预报。建立干预设施，能够在最短的时间内，采取有效的手段控制、改善、排除和避免危险的发生，包括增湿（蒸汽）、注射氮气、二氧化碳等气体（不能给系统重启增加维护问题）。在关键位置安装爆炸压力的减压、泄压设施。

UDC

中华人民共和国行业标准

P　　SH 3095—2000

石油化工污水处理设计规范

Design code for wastewater treatment in petrochemical industry

2000-06-30 发布　　2000-10-01 实施

国家石油和化学工业局　发布

前　　言

本规范是根据中国石化(1995)建标字269号文的通知，由我公司主编的。

本规范共分七章。主要内容包括：水质、水量和系统划分、污水预处理和局部处理、污水处理、污泥处理和污油回收和污水处理总体设计等规定。

在编制过程中，进行了比较广泛的调查研究，总结了近几年来石油化工企业污水处理的设计经验，征求了有关设计、生产、科研等方面的意见，对其中主要问题进行了多次讨论，最后经审查定稿。

本规范在实施过程中，如发现需要修改补充之处，请将意见和有关资料提供我公司，以便今后修订时参考。

我公司地址是：河南省洛阳市中州西路27号

邮政编码：471003

本规范的主编单位：中国石化集团洛阳石油化工工程公司

参加编制单位：中国石化集团北京设计院
中国石化集团北京石油化工工程公司
中国石化集团兰州设计院
上海金山石油化工设计院
扬子石油化工设计院

主要起草人：金济川 苏升坚 高朝德 邓明华 扈先施 马万鼎
朱元臣 谌汉华 林雪芸 姜立新 吴彤坤 王公望
何小娟 尤叶明 任 伟 李亚玲 凌问樵 庞景宾

1 总则

1.0.1 为贯彻国家有关方针、政策、法令，达到防治污染、改善和保护环境之目的，特制订本规范。
1.0.2 本规范适用于石油化工企业新建、扩建和改建的污水处理工程设计。
1.0.3 石油化工企业污水处理工程设计必须以批准的可行性研究报告和环境影响报告书为主要依据，应做到全面规划、局部处理与集中处理相结合，确保技术先进、经济合理、运行可靠、保护环境。
1.0.4 石油化工污水处理工程的设计，除应符合本规范外，尚应符合现行有关强制性标准规范的规定。

2 术语

2.0.1 污水预处理 Wastewater pretreatment

为满足集中污水处理场进水水质的要求，在集中污水处理场之前，针对某种特殊污染物进行的污水处理。

2.0.2 污水局部处理 Wastewater particular treatment

将部分污水就地单独进行处理而不进入集中污水处理场。这部分污水处理后可重复利用、循环使用或直接排放。

2.0.3 清净废水 Non-polluted wastewater

未受污染或受较轻微污染以及水温稍有升高，不经处理即符合排放标准的废水。

2.0.4 污染雨水 Polluted rainwater

可能受物料污染的污染区地面的初期雨水。

3 水质、水量和系统划分

3.1 水质

3.1.1 装置(单元)排出的污水水质和进入污水处理场的水质应满足《石油化工给水排水水质标准》SH 3099和环境影响报告书的要求。
3.1.2 污水处理场总进水水质，应根据各装置(单元)的排水水质、水量经计算确定。当缺乏资料时，可参照同类工厂的实际运行数据确定。
3.1.3 污水处理后的排放水水质应符合国家及地方有关标准。

3.2 水量

3.2.1 石油化工企业的最高允许排水量，应符合现行《污水综合排放标准》GB 8978 的规定。
3.2.2 设计污水量应根据各装置(单元)的污水量按不同系统分别计算。
3.2.3 设计污水量应包括：生产污水量、生活污水量、污染雨水量和未预见污水量。各种污水量应按下列规定确定：

1 生产污水量应按各装置(单元)最大连续污水量与间断污水量采用调节措施后的平均水量之和确定。

2 生活污水量可参照《室外排水设计规范》GBJ 14 的有关规定确定。

3 一次降雨污染雨水总量宜按污染区面积与其 15～30 mm 降水深度的乘积计算。污染雨水流量应根据一次降雨污染雨水总量和调节设施的调节能力确定。

4 未预见污水量，可按系统统计污水总量的 15%～20%计算。

3.3 污水处理系统划分

3.3.1 污水处理系统的划分应根据污染物的性质、浓度和处理后水质要求，经技术经济比较后划分，做到按质分类处理。

4 污水预处理和局部处理

4.1 一般规定

4.1.1 工艺装置(单元)排出的污水宜采用下列方法进行预处理:

1 氨型含硫污水宜采用蒸汽汽提法,处理后的水质控制指标宜为:氨≤100 mg/L、硫化氢≤50 mg/L;

2 钠型含硫污水宜采用空气氧化法;

3 含氰(CN^-大于 50 mg/L)污水宜采用加压水解法;

4 碱性污水或酸性污水宜采用中和法;

5 含有固形物(产品或废料)的污水宜采用沉淀、捕粒等方法;

6 含油量大于 500 mg/L 的污水,宜采用油水分离法除油。

4.1.2 油罐切水和清洗水宜采用下列方法进行预处理:

1 油品密度小于 0.95 g/mL 的油罐切水,应采用二次自动脱水;

2 经碱洗但未经水洗的油品储罐切水,应并入碱渣污水处理系统;

3 油罐清洗水宜选用油水分离器除油。

4.1.3 化学水处理站的酸碱性废水应采取中和法处理,其 pH 值达到 6～9 后排入清净废水系统。

4.2 炼油污水

4.2.1 延迟焦化装置冷焦水应进行除油、沉淀、冷却处理后循环使用;切焦水应进行沉淀处理后循环使用。

4.2.2 沥青成型机及石蜡成型机冷却水应循环使用。

4.2.3 催化裂化、延迟焦化、加氢裂化等装置的氨型含硫污水,可经汽提处理后,二次应用于电脱盐注水、催化富气洗涤用水或其他工艺注水。

4.2.4 常减压装置电脱盐污水,宜采取除油、降温预处理。

4.2.5 洗槽站的槽车清洗水,宜采取除油处理后循环使用。

4.2.6 碱渣回收装置的污水,宜采用缓和催化氧化、间歇式活性污泥法(SBR)等方法进行预处理。

4.3 化工污水

4.3.1 溶液法聚乙烯(LLDPE)装置线性低密度倾析器溢流液排污水,宜采用反渗透方法预处理。

4.3.2 丁二烯抽提装置的工艺污水应采用下列预处理:

1 以 N-甲基吡咯烷酮(NMP)为溶剂的丁二烯抽提装置中洗涤塔、丙炔塔和丁二烯塔等的回流罐排水,应进行脱烃处理;

2 以二甲基甲酰胺(DMF)为溶剂的丁二烯抽提装置中溶剂精馏塔、蒸汽喷射泵和尾气冷凝液集液罐排水及装置检修污水,应采取 DMF 回收措施;

3 以乙腈(ACN)为溶剂的丁二烯抽提装置中精馏塔、水洗塔排出的含乙腈工艺污水,应经乙腈再生精馏塔回收乙腈。

4.3.3 采用全低压生产技术、以丙烯为原料采用羰基合成工艺的丁辛醇装置中的工艺污水,宜采用下列预处理:

1 高浓度有机污水宜采用集中储存-蒸汽汽提法;

2 缩合系统层析器排出的稀废碱水,宜采用中和-回收辛烯醛或减压蒸发方法。

4.3.4 氯乙烯(VCM)装置的生产污水,宜采用集中-除铜-中和-汽提方法预处理。

4.3.5 采用丙烯-氨氧化法生产的丙烯腈装置,急冷塔下段排水,宜采用沉降-焚烧处理;回收塔塔釜排水,宜采用四效(或五效)蒸发-汽提-H_2O_2 氧化除氰预处理。

4.3.6 采用苯为原料磷酸羧胺法生产的己内酰胺装置,制氢(以炼厂干气为原料)单元排放的工艺冷凝液,宜采用汽提法预处理;环己烷氧化和环己酮肟化单元排水,宜采用汽提法预处理。

4.3.7 采用乳液聚合法生产的 ABS 树脂装置的排水,宜采用均质、加压溶气浮选法预处理。

4.3.8 采用丁二烯、丙烯腈为原料,用乳液法生产的丁腈橡胶装置中单体回收、挤压、干燥单元排水,可采用沉降、消泡、絮凝-加压浮选等方法预处理。

4.3.9　采用乳胶聚合法生产的丁苯橡胶装置，后处理单元排水可采用澄清法预处理；乳胶单元排水可采用絮凝-加压气浮法预处理。

4.3.10　采用丁二烯为原料，以三异丁基铝、三氟化硼乙醚、环烷酸镍为催化剂生产的顺丁橡胶装置，其凝聚、挤压、干燥单元排水宜采用石灰沉淀法预处理。

4.3.11　三元乙丙橡胶装置的凝聚、挤压、干燥单元排水，宜采用化学中和沉淀方法预处理。

4.3.12　采用PX氧化法生产的PTA装置的污水，宜采用调节-TA沉淀法预处理。

4.4　化纤污水

4.4.1　聚酯(PET)装置的污水，宜采用下列预处理：

1　采用酯交换法产生的污水，宜采用生物处理；

2　采用直接酯化法产生的污水，宜采用碱中和法处理。

4.4.2　涤纶纺丝油剂污水，当考虑油剂回收时，宜采用超滤膜法预处理；当不回收油剂时，宜采用混凝—气浮法预处理。

4.4.3　晴纶装置的污水，宜采用下列预处理：

1　干法纺丝聚合单元的污水，宜采用微孔过滤处理；

2　湿法纺丝产生的含丙烯腈和硫氰酸钠污水，宜采用生物处理。

4.5　化肥污水

4.5.1　合成氨装置的排水宜采用下列预处理：

1　低压变换单元、脱碳单元及氮氢压缩机单元排出的冷凝液，宜采用汽提法、离子交换法处理；

2　碳黑回收单元排水，根据其水质情况，宜采用沉淀-加压水解法(除氰)、汽提(脱氨)-凝聚沉淀法处理。

4.5.2　尿素装置排放的工艺冷凝液宜采用中压水解解吸法预处理。

5　污水处理

5.1　格栅

5.1.1　大中型石油化工企业的污水处理场，宜采用机械格栅。

5.1.2　格栅的设置及其技术要求，应按《室外排水设计规范》GBJ 14执行。

5.2　调节与均质

5.2.1　调节设施的容积：炼油污水可按16～24 h污水量确定；化工污水可按24～48 h污水量确定；特殊污水宜按实际需要确定。

5.2.2　均质设施的容积应根据生产装置的排污规律和变化周期确定，当无实际运行数据时可按8～24 h污水量计算。

5.2.3　调节设施和均质设施宜合并设置，其数量不宜少于两个(间)。含油污水调节、均质设施内宜设收油设施。

5.2.4　调节、均质设施应为密闭式。

5.3　中和

5.3.1　酸性污水宜采用加碱中和法或石灰石中和法；碱性污水宜采用硫酸中和法；当同时有酸碱污水时应采用酸碱污水直接中和。

5.3.2　采用加酸或加碱中和法的中和池，其容积宜按污水停留时间10～30 min确定，并宜设置pH值自动控制设施。

5.4　隔油

5.4.1　污水在进入隔油池前需提升时，宜采用容积式泵或低转速离心泵。

5.4.2　平流式隔油池宜用于去除浮油，其设计应符合下列要求：

1　污水在池内的停留时间宜为1.5～2 h，暴雨时停留时间不应小于40 min；

2 污水在池内的水平流速宜采用2～5 mm/s；

3 单格池宽不应大于6 m，长宽比不应小于4；

4 有效水深不应大于2 m，超高不应小于0.4 m；

5 池内宜设链板式刮油刮泥机，刮板移动速度应不大于1 m/min；

6 排泥管直径不应小于200 mm，管端宜接压力水冲洗排泥管；

7 集油管直径宜为200～300 mm，其串联总长度不应超过20 m。

5.4.3 斜板隔油池宜用于去除浮油和粗分散油，其设计应符合下列要求：

1 表面水力负荷宜为0.6～0.8 $m^3/(m^2 \cdot h)$；

2 斜板板间净距宜采用40 mm，安装倾角不应小于45°；

3 池内应设置收油、清洗斜板和排泥等设施；

4 板体应选用耐腐蚀、表面光洁并具有亲水疏油的材料；

5 板体与池壁、板体与板体间安装应紧密，不得产生水流短路。

5.4.4 隔油池不应少于2间，且每间应能单独运行。

5.4.5 在寒冷地区或被分离出的油品凝固点高于环境气温时，隔油池的集油管所在油层内，应设加热设施。

5.4.6 隔油池应设非燃烧材料的盖板，并应设蒸汽灭火设施。

5.4.7 隔油池的非满流进、出水管道上应设水封。

5.5 气浮

5.5.1 气浮法宜用于去除分散油及乳化油。

5.5.2 气浮处理宜采用部分污水回流加压溶气方式，其回流比宜采用30%～50%。

5.5.3 溶气罐的设计应符合下列要求：

1 进入溶气罐的污水温度不应大于40℃；

2 溶气罐的工作压力宜采用0.3～0.5 MPa(表压)；

3 空气量可按污水量的5%～10%(以体积计)计算；

4 污水在溶气罐内的停留时间宜采用1～4 min；

5 溶气罐内应设气水充分混合的设施和水位控制设施；

6 每间气浮池宜配一台溶气罐。

5.5.4 气浮池内宜设溶气释放器，其设计条件应符合下列要求：

1 释放器的释放孔应不易堵塞；

2 释放器出口流速宜为0.3～0.5 m/s；

3 释放器应安装在水面下不小于1.5 m处。

5.5.5 气浮池可采用矩形或圆形。矩形气浮池设计应符合下列要求：

1 气浮池应设反应段，反应时间宜为5～10 min，反应段出口流速宜控制在0.2～0.4 m/s；

2 单格池宽不宜大于4.5 m，长宽比宜为3～4；

3 有效水深宜为1.5～2.0 m，超高不应小于0.4 m；

4 污水在气浮池分离段停留时间宜为40～60 min；

5 污水在分离段水平流速不应大于10 mm/s；

6 池内应设刮沫机，刮板的移动速度宜为1～2 m/min；

7 气浮池应设置集沫槽。

5.5.6 气浮池应设加药混合和反应设施。

5.5.7 气浮池不应少于2间，并且每间应能单独运行。

5.5.8 气浮池应设置非燃烧材料制成的盖板，并宜设置通气引风设施。

5.6 加药混合

5.6.1 混合设备应使药剂与水得到充分混合；当使用多种药剂时，应根据药剂试验结果分先后投加。

5.6.2 混合方式可采用水泵混合、管道混合、机械混合、鼓风混合等，混合时间应小于 2 min。

5.7 凝聚反应

5.7.1 凝聚反应宜采用机械反应池。

5.7.2 机械反应池设计应满足下列要求：

1 反应时间应根据水质相似条件下的运行经验数据或试验数据确定；当无数据时可采用 5～10 min；

2 反应搅拌机宜为 2 档；第一档进水处桨板边缘线速度为 0.5 m/s，第二档出水处桨板边缘线速度为 0.2 m/s；

3 池内应设防止水流短路的设施。

5.8 生物膜法

5.8.1 生物膜法宜采用生物接触氧化池或塔式生物滤池。其进水含油量应小于 20 mg/L。

5.8.2 生物接触氧化池的容积负荷应根据试验或相似污水的实际运行数据确定；当无数据时，脱碳处理时 COD_{cr}容积负荷可采用 0.3～1.2 kg/(m^3·d)；脱碳并硝化处理时 COD_{cr}容积负荷可采用 0.2～0.5 kg/(m^3·d)，NH_3-N 容积负荷可采用 0.05～0.12 kg/(m^3·d)。

5.8.3 生物接触氧化池的有效容积，应按下式计算：

$$V=\frac{24Q\cdot S_0}{1000\ N_v} \qquad (5.8.3)$$

式中 V——生物接触氧化池的有效容积(m^3)；

Q——设计流量(m^3/h)；

S_0——进水 COD_{cr}(或 NH_3-N)浓度(mg/L)；

N_v——COD_{cr}(或 NH_3-N)容积负荷(kg/(m^3·d))。

5.8.4 生物接触氧化池用于脱碳并硝化处理时，应根据 COD_{cr}负荷和 NH_3-N 负荷分别计算的结果确定其有效容积。

5.8.5 生物接触氧化池的曝气强度应根据需氧量、混合和养护的要求确定。

5.8.6 主物接触氧化池填料总高度不应大于 5 m。填料应分层，每层厚度不宜超过 1.5 m。

5.8.7 生物接触氧化池中溶解氧浓度宜大于 2.0 mg/L。

5.8.8 生物接触氧化池的填料，应采用轻质、高强，耐老化、耐腐蚀、耐生物性破坏、易于挂膜、不易堵塞、比表面积大和空隙率高的材料。

5.8.9 塔式生物滤池的设计负荷应根据进水水质、要求处理程度和滤层总厚度，并通过试验或参照相似污水的实际运行资料确定。

5.8.10 塔式生物滤池表面水力负荷以滤池面积计，不宜小于 80 m^3/(m^2·d)。

5.8.11 塔式生物滤池的填料应分层，每层填料的厚度应根据填料材料确定，且不宜大于 2.5 m。为便于安装和维修，相邻滤层间应设检修孔。

5.8.12 塔式生物滤池的塔身高度与塔径之比宜为 6～8∶1。

5.8.13 塔式生物滤池宜采用自然通风，底部空间高度不应小于 0.6 m。沿塔壁周边的下部应设置通风孔，其总面积不应小于塔断面积的 7.5%～10%。

5.8.14 塔式生物滤池的布水设备应使污水能均匀分布在整个滤塔的断面上。

5.8.15 塔式生物滤池池底宜采用 1%的坡度坡向排水渠，并设冲洗底部排水渠的措施。

5.8.16 生物接触氧化池或塔式生物滤池不宜少于 2 个(间)，并按同时运行设计。

5.9 活性污泥法

5.9.1 活性污泥法曝气设施，可采用普通曝气池、延时曝气池、A/O 曝气池、SBR 曝气池和氧化沟等。池型应根据工艺要求和经济比较确定。

5.9.2 曝气池的主要设计参数应根据试验或相似污水的实际运行数据确定，当无数据时可按表 5.9.2 采用。

5.9.3 曝气池的有效容积，应按下列公式计算：

1 按污泥负荷计算：

$$V=\frac{24\cdot L_j\cdot Q}{1000\cdot F_w\cdot N_w\cdot f} \tag{5.9.3-1}$$

式中 V——有效容积（m^3）；

L_j——进水 BOD_5（或 NH_3-N）浓度（mg/L）；

Q——设计流量（m^3/h）；

F_w——BOD_5（或 NH_3-N）污泥负荷（kg/(kg·d)）；

N_w——池内混合液悬浮固体平均浓度（g/L）；

f——混合液悬浮固体挥发系数，可取为 0.7。

2 按容积负荷计算：

$$V=\frac{24\cdot L_j\cdot Q}{1000\cdot F_r} \tag{5.9.3-2}$$

式中 F_r——BOD_5 的容积负荷（kg/(m^3·d)）。

表 5.9.2 曝气池主要设计数据

类别	BOD_5 污泥负荷 F_w (kg/(kg·d))	混合液悬浮固体浓度 N_w (g/L)	BOD_5 容积负荷 F_r (kg/(m^3·d))	污泥回流比 (%)	总处理效率 (%)
普通曝气	0.20～0.30	2.5～3.0	0.40～0.60	50～100	80～90
延时曝气（含氧化沟）	0.10～0.15	2.5～3.0	0.20～0.30	50～100	85～95
A/O 曝气	0.10～0.15	2.5～3.0	0.20～0.30	50～100	85～95
SBR 曝气	0.20～0.30	3.0～5.0	0.40～0.60		85～95

注：①A/O 曝气池 BOD_5 污泥负荷值和 BOD_5 容积负荷值，均系按 O 段容积确定。

② SBR 曝气池 BOD_5 污泥负荷值和 BOD_5 容积负荷值，均系按实际有效曝气时间确定。

5.9.4 曝气池的污水需氧量可参照《室外排水设计规范》GBJ 14 的有关规定计算。

5.9.5 曝气池的超高，当采用鼓风曝气或曝气转碟时宜为 0.5～1 m；当采用叶轮表面曝气时，其设备平台宜高出设计水面 0.8～1.2 m。

5.9.6 氧化沟的设计应符合下列要求：

1 有效水深宜为 2.5～4.0 m，沟内平均水平流速不应小于 0.3 m/s；

2 曝气设备可采用曝气转蝶，曝气转刷或表面曝气叶轮等；

3 出水堰板应满足出水及节流的要求，堰板应灵活可调；

4 沟内宜设置导流设施。

5.9.7 A/O 曝气池的设计应符合下列要求：

1 好氧池的 NH_3-N 污泥负荷宜按 0.03～0.05 kg/(kg·d)选用；

2 好氧池内混合液的剩余碱度宜大于 100 mg/L(以 $CaCO_3$ 计)；

3 好氧池的有效容积应根据 BOD_5 和 NH_3-N 负荷分别计算的结果确定；

4 缺氧池的有效容积应根据试验或实际运行数据确定，当无数据时，可按好氧池容积的 1/3～1/4 选取；

5 缺氧池内宜设置液下搅拌或推流设施；

6 推流式缺氧池内的水平流速应不小于0.3 m/s；

7 混合液的回流比宜按200%～300%选取；

5.9.8 SBR曝气池的设计应符合下列要求：

1 曝气池容积确定时，应满足曝气、沉淀、闲置和进水的容积要求；

2 宜采用自动控制运行方式；

3 当需要脱氮时宜设置液下搅拌或推流设施；

4 集水宜采用滗水器。

5.10 沉淀

5.10.1 二次沉淀池和后混凝沉淀池的主要设计参数，应根据试验或实际运行数据确定，当无数据时可采用表5.10.1。

表5.10.1 污水沉淀池设计数据

沉淀池类型		沉淀时间 (h)	表面水力负荷 ($m^3/(m^2 \cdot h)$)	污泥含水率 (%)
二次沉淀池	生物膜法后	2～4	0.75～1.00	96～98
	活性污泥法后	2～5	0.50～0.75	99.2～99.6
后混凝沉淀池	生物膜法后	1～2	1.0～1.2	
	活性污泥法后	1～2	0.8～1.2	

5.10.2 沉淀池有效水深宜采用2.5～4 m，超高不应小于0.3 m。

5.10.3 沉淀池宜设置撇渣设施。

5.10.4 沉淀池不宜少于两座。当圆形沉淀池的径深比小于6，且刮泥机检修有应急措施时，沉淀池可按一座设计。

5.11 厌氧法

5.11.1 厌氧池硝化液中pH值宜控制为6.5～7.8，碱度(以$CaCO_3$计)宜为2000～4000 mg/L，挥发酚不宜大于300 mg/L。

5.11.2 应严格控制厌氧池内的温度，中温发酵温度宜为(35±2)℃。当水温不能满足厌氧反应的温度要求时，应有加温、保温措施。

5.11.3 进入厌氧池污水中的碳、氮、磷含量的比例，宜控制为200～300∶5∶1。

5.11.4 设计负荷应根据厌氧池的类型和污水的特性，并通过试验或参照相似污水的实际运行数据确定。

5.11.5 厌氧池内应有使进水与厌氧污泥良好混合的措施。

5.12 过滤

5.12.1 选择过滤设备，应根据进水水质和处理后水质的要求，通过技术经济比较确定。过滤设备不应少于两台。

5.12.2 滤料宜按下列要求选择：

1 去除悬浮物时，宜选用石英砂、无烟煤、磁砂或纤维球等；

2 去除有机物、色度及臭味等时，宜选用活性碳等；

3 去除石油类时，宜选用核桃壳滤料等。

5.12.3 过滤设计的其他有关要求，可参照《室外给水设计规范》GBJ 13的有关规定。

5.13 监控池

5.13.1 污水排放前应设置监控池。

5.13.2 监控池的容积宜按照1～2 h的污水量计算。当监控池兼有缓冲或均质功能时，增加的池容应根据其功能要求确定。

5.13.3 出水管上应设置切换阀，应将不合格污水送回污水处理设施重新处理。

5.13.4 在有土地可供利用的条件下，经技术经济比较，可采用稳定塘代替监控池。

6 污泥处理和污油回收

6.1 污泥量的确定

6.1.1 油泥量、浮渣量应根据处理工艺、污水量、进水悬浮物含量、出水悬浮物含量、加药量及泥渣含水率等因素确定，也可参照同类污水处理场的运行数据确定。

6.1.2 剩余活性污泥量应根据生物处理工艺、污泥负荷、污泥增长率、泥龄及污泥含水率等因素确定，也可参照同类污水处理场运行数据确定。

6.1.3 炼油污水处理产生的污泥量及其含水率可参照表6.1.3。

表 6.1.3 污泥量及含水率

项目	油泥	浮渣	剩余活性污泥
每立方米污水排放污泥量(m^3/m^3)	0.0005	0.0015～0.005	0.0036
污泥含水率(%)	99.0	99.0～99.5	99.2～99.7

注：① 油泥的含水率是指隔油池有刮泥机时的数据；

② 浮渣量为投加无机絮凝剂所产生的污泥量；

③ 剩余活性污泥量为好氧活性污泥法所产生的污泥量。

6.2 污泥输送

6.2.1 输送污泥的压力流管道的敷设，应避免出现高低折点。输送管道的转弯曲率半径，应不小于1.5 DN。

6.2.2 在管道的适当位置，应接入扫线用蒸汽、非净化风或压力水。输送污泥的管道材质应满足扫线介质对管材的要求。

6.2.3 输送污泥的管道，宜设置高点排气阀门和低点放空阀门。

6.2.4 重力输送污泥的管道，其管径宜不小于200 mm；敷设坡度可采用1%～2%。

6.2.5 压力输送污泥的管道最小设计流速应符合表6.2.5规定。

表 6.2.5 压力输泥管道最小设计流速

污泥含水率(%)	最小设计流速(m/s)		污泥含水率(%)	最小设计流速(m/s)	
	DN150～250	DN300～400		DN150～250	DN300～400
90	1.5	1.6	95	1.0	1.1
91	1.4	1.5	96	0.9	1.0
92	1.3	1.4	97	0.8	0.9
93	1.2	1.3	98	0.7	0.8
94	1.1	1.2	>98	0.7	0.7

6.2.6 压力输送污泥管道的水头损失可按下列规定计算：

1 当污泥含水率为99%以上时，按清水的水头损失计算；

2 当污泥含水率为95%～99%时，为清水水头损失的1.3～2.5倍；

3 当污泥含水率为92%～95%时，为清水水头损失的2.5～8倍；

4 当污泥含水率为90%～92%时，为清水水头损失的8～13倍。

6.3 污泥浓缩

6.3.1 污泥重力浓缩宜采用竖流式或辐流式污泥浓缩池。

6.3.2 竖流式污泥浓缩池的设计应符合下列要求：

1　浓缩时间可按表 6.3.2 选取；

表 6.3.2　污泥浓缩时间

污泥性质	浓缩时间(h)
油泥	12～16
浮渣	12～16
剩余活性污泥	8～16
油泥＋浮渣	12～20

2　浓缩池下部锥体外壁与水平面的夹角应大于 50°；

3　池内宜设置冲洗、加热、加药和搅拌污泥的设施；

4　污泥浓缩池不宜少于 2 个；

5　池底排泥管管径应大于或等于 200 mm，并设防止堵塞的冲洗设施。

6.3.3　辐流式污泥浓缩池的设计应符合下列要求：

1　池子有效水深宜采用 4 m；

2　应设机械刮泥机，刮泥机刮板外缘线速度宜采用 1～3 m/min；

3　池底排泥管管径应大于或等于 200 mm，并应设防止堵塞的冲洗设施；

4　污泥固体负荷率宜采用 20～30 kg/(m² · d)，浓缩时间不宜小于 16 h。

6.4　污泥脱水

6.4.1　油泥、浮渣宜采用离心式脱水机，活性污泥宜采用带式压滤机。

6.4.2　污泥脱水前应投加絮凝剂，絮凝剂的选用应根据污泥的性质通过试验确定。

6.5　污泥处置

6.5.1　脱水后的污泥处置可采用卫生填埋、焚烧和综合利用等方式。卫生填埋设计可按《化工废渣填埋场设计规定》HG 20504 执行。

6.5.2　污泥焚烧宜采用流化床焚烧炉或回转干燥焚烧炉。

6.5.3　流化床焚烧炉的设计应符合下列规定：

1　炉床的操作温度宜控制在 700～800℃；

2　空床速度可采用 0.5～1.2 m/s；

3　燃烧室的容积负荷率可采用 290.75～465.20 kW/m³；

4　炉床的面积可按下式计算：

$$A=\frac{Q_i}{L_b \cdot H_s} \tag{6.5.3}$$

式中　A——炉床面积(m²)；

L_b——燃烧室的容积负荷率(kW/m³)；

H_s——静止时的砂层厚度(m)；

Q_i——供给炉的总热量(kW)。

5　炉床每单位面积的脱水污泥的焚烧量，当含水率为 65%～80%时，可取 270～200 kg/(m² · h)；

6　流化介质应选用耐磨损和耐热性好的天然硅砂，粒径宜为 0.5～1.5 mm，硅含量应大于 95%。

6.5.4　回转干燥焚烧炉的设计应符合下列规定：

1　炉膛的操作温度宜控制在 900～1 100℃；

2　回转炉的转速宜为 1～3 r/min；炉筒体的纵向安装坡度宜为 2%；

3　污泥在炉内的轴向速度宜为 0.08～0.11 m/min；

4　回转炉设计应同时设脱臭炉；脱臭炉炉温宜控制在 800℃；

5　回转炉的容积应为干燥和燃烧所需容积之和；

6 干燥过程的气体质量速度可采用2500～3500 kg/(m^2·h)；

7 燃烧室的容积负荷率可采用81.41～104.67 kW/m^3。

6.6 污油回收

6.6.1 隔油池、污水调节罐等设施收集的污油应回收。

6.6.2 当采用污油脱水罐回收污油时，其设计应符合下列要求：

1 脱水罐的储存容量应根据计算确定。脱水罐不应少于2个，其轮换周期宜为5～7 d；

2 储存系数宜为0.80～0.85；

3 进入脱水罐的污油含水率可为40%～60%计；

4 污油加热温度宜为70～80℃；

5 污油脱水后的含水率应大于或等于3%；

6 污油脱水罐罐体应保温。

6.6.3 脱水罐脱出的污水应进行再处理。

6.6.4 污油泵台数不应少于两台。污油泵的连续工作时间宜为2～8 h。

6.6.5 污油输送管道宜拌热保温。

7 污水处理总体设计

7.1 污水处理场场址选择

7.1.1 污水处理场的场址选择，应符合《石油化工企业厂区总平面布置设计规范》SH 3053的要求。

7.1.2 污水处理场的占地面积应留有扩建余地。

7.1.3 污水处理场应布置在工厂的低处和夏季最小频率风向的上风侧。

7.1.4 污水处理场的防洪标准应与厂区统一考虑。

7.2 污水处理流程

7.2.1 污水处理流程应根据进水水质及处理后排水水质的要求，经技术经济比较后确定。

7.2.2 生活污水宜经格栅、沉淀后进入生物处理系统。

7.2.3 污水处理流程中应设置调节和均质设施。

7.2.4 气浮法除油和混凝沉淀之前应设凝聚反应设施。

7.2.5 COD_{cr}浓度大于2000 mg/L的高浓度有机污水，可采用厌氧法处理，并宜与好氧生物处理组成联合处理工艺。

7.2.6 生物处理后是否采用混凝沉淀、过滤等后处理设施，应根据要求水质处理程度确定。

7.2.7 处理构筑物之间应设超越管道。

7.2.8 处理构筑物应设放空设施。

7.2.9 处理构筑物的放空污水和监控池的不合格污水应送回污水处理构筑物再进行处理。

7.3 平面布置

7.3.1 污水处理场的总平面布置，应根据处理流程的要求，结合地形、风向、地质条件和卫生防护距离等因素，按功能区布置。

7.3.2 污泥处理构筑物宜集中布置，并应设污泥外运的边门。

7.3.3 生产管理建筑物宜集中布置，并应与处理构筑物保持一定的距离。

7.3.4 场内的绿化面积不应小于全场总面积的30%。

7.3.5 场内应设置通向各处理构筑物和附属建筑物必要的通道。

7.3.6 场内各种管道应全面规划有序布置，避免管道迂回相互干扰。

7.3.7 污水处理场的设计应符合《石油化工企业设计防火规范》GB 50160和《爆炸和火灾危险环境电力装置设计规范》GB 50058的有关规定。

7.4 高程布置

7.4.1 污水处理场内处理构筑物的高程布置，应充分利用原有地形，符合排水通畅、降低能耗、平衡土方的要求。

7.4.2 处理构筑物宜采用重力流布置，减少污水提升次数。

7.4.3 各处理构筑物之间的水头损失应根据计算确定。

7.4.4 水头损失计算时应考虑管路沿程损失、局部损失和构筑物的水头损失，并应考虑安全系数，该系数可按总水头损失计算值的10%～15%选取。

7.4.5 污水处理场的高程布置时，宜预留扩建时的备用水头。

7.5 仪表及自动控制

7.5.1 仪表选型应根据污水中石油类及悬浮物的含量、腐蚀性物质的特性和管道敷设条件等因素确定。

7.5.2 新鲜水、蒸汽、压缩空气、药剂、污油等输送管道进(出)口应设置流量、压力和温度等测量仪表。

7.5.3 污水总进口和总出口应设置流量、压力和温度等测量仪表。

7.5.4 集水池、调节池、集泥池、集油池和污油脱水罐等，应设置液位测量及高低液位报警仪表。

7.5.5 水泵、鼓风机、压缩机和溶气罐等，应设置压力仪表。

7.5.6 中和设施宜设置pH值分析仪表。

7.5.7 生物处理构筑物宜设置溶解氧分析仪表。

7.5.8 监控池宜设置pH值、COD_{cr}等分析仪表。

7.5.9 污水处理场仪表测量信号宜集中到控制室。

7.5.10 污水提升泵宜采取自动开停方式，加药泵宜采取自动调节方式。

7.5.11 间歇式活性污泥法(SBR)和交替式氧化沟宜采用程序控制器(PLC)控制。

7.5.12 各级构筑物或泵出口处应设置采样阀门，总进口或总出口应设水样自动采集器。

7.6 化验分析

7.6.1 污水预处理(局部处理)化验分析项目及分析频次，应根据处理对象确定。

7.6.2 污水处理场化验分析项目及分析频次的确定应满足下列要求：

1 总进水的pH值、油、COD_{cr}、NH_3-N及其他特殊污染物，应每班一次；

2 总出水的pH值、油、COD_{cr}、NH_3-N应每班一次；

3 二级生物处理构筑物进出水的pH值、COD_{cr}、TKN、碱度、NH_3-N、SVI、MLSS、DO等宜每天一次，BOD_5宜每周一次。

4 污油含水率、污泥含水率和滤液含固量等应根据生产需要确定。

7.7 生产及辅助建筑物

7.7.1 加药间的设计应符合下列要求：

1 加药间宜设置药剂堆放间；

2 药剂堆放间的面积可按存放一个月用药量计算；

3 溶药箱的容积，宜按每天配药一次计算；

4 投药方式宜采用计量泵；

5 加药间地面、墙面应有防腐蚀措施；

6 加药间宜设置通风设施和起吊运输设备。

7.7.2 化验室的设计应符合下列要求：

1 化验室宜设水分析室、污泥分析室、BOD_5分析室、生物室、天平室、仪器室、药品室和更衣室等；

2 化验设备的配置应根据污水处理场规模和常规化验项目确定。

7.7.3 控制室的设计应符合下列要求：

1 控制室不宜与泵房，鼓风机房、污泥脱水机房合建；

2 当设置有在线分析仪表分析室时，分析室与控制室之间应为防火隔墙且不得开设门窗；分析室应设通风设施。

7.7.4 泵房、鼓风机房、压缩机房和污泥脱水机房，宜设置起吊设备。

7.7.5 供电系统应按二级负荷标准设计。

7.7.6 污水处理场宜设置更衣室、卫生间等辅助建筑物。

7.7.7 控制室、值班室应设置生产调度电话和行政电话，配电间和化验室应设置行政电话。

用词说明

对本规范条文中要求执行严格程度不同的用词，说明如下：

（一）表示很严格，非这样做不可的用词

正面词采用“必须”；

反面词采用“严禁”。

（二）表示严格，在正常情况下应这样做的用词

正面词采用“应”；

反面词采用“不应”或“不得”。

（三）对表示允许稍有选择，在条件许可时，首先应这样做的用词

正面词采用“宜”；

反面词采用“不宜”。

表示有选择，在一定条件下可以这样做，采用“可”。

第二部分

水处理设备与产品

ICS 83.080.01
G 31

中华人民共和国国家标准

GB/T 1631—2008
代替 GB/T 1631—1979

离子交换树脂命名系统和基本规范

Designation system and basis for specifications of ion exchange resins

2008-06-30 发布　　2009-02-01 实施

中华人民共和国国家质量监督检验检疫总局
中国国家标准化管理委员会　发布

前　　言

本标准代替 GB/T 1631—1979《离子交换树脂分类、命名及型号》。

本标准与 GB/T 1631—1979 相比，主要变化如下：

——命名形式上参考了 ISO 对产品命名的原则。

本标准由中国石油和化学工业协会提出。

本标准由全国塑料标准化技术委员会通用方法和产品分会(SAC/TC 15/SC 4)归口。

本标准主要起草单位：江苏苏青水处理工程集团公司、西安热工研究院有限公司、国家合成树脂质检中心、浙江争光实业股份有限公司、淄博东大化工股份有限公司

本标准主要起草人：蒋惠平、钱平、王广珠、王建东、沈建华、翟静华。

本标准所代替标准的历次版本发布情况为：

——GB/T 1631—1979。

离子交换树脂命名系统和基本规范

1 范围

本标准规定离子交换树脂分类、命名及型号的方法。

本标准适用于离子交换树脂分类、命名及型号的编号。

2 命名和规格

离子交换树脂的命名和规格按照下列标准模式，见表1。

表1 离子交换树脂的命名和规格标准模式

<table>
<tr><td colspan="5">命　名</td><td colspan="3" rowspan="3"></td></tr>
<tr><td colspan="5">标　识　字　组</td></tr>
<tr><td rowspan="2">国家标准号</td><td rowspan="2">基本名称</td><td colspan="3">单项组</td></tr>
<tr><td>字符组
1</td><td>字符组
2</td><td>字符组
3</td><td>字符组
4</td><td>字符组
5</td><td>字符组
6</td></tr>
</table>

本命名由国家标准号、基本名称和单项组组成。基本名称：离子交换树脂，凡分类属酸性的，应在基本名称前加“阳”字；分类属碱性的，在基本名称前加“阴”字。为了命名明确，单项组又分为包含下列信息的6个字符组。

——字符组1：离子交换树脂的型态分凝胶型和大孔型两种。凡具有物理孔结构的称大孔型树脂，在全名称前加“D”以示区别。

——字符组2：以数字代表产品的官能团的分类，官能团的分类和代号见表2。

表2 字符组2中产品的官能团的分类所用的代号

数字代号	分类名称	
	名称	官能团
0	强酸	磺酸基等
1	弱酸	羧酸基　磷酸基等
2	强碱	季胺基等
3	弱碱	伯、仲、叔胺基等
4	螯合	胺酸基等
5	两性	强碱-弱酸　弱碱-弱酸
6	氧化还原	硫醇基　对苯二酚基等

——字符组3：以数字代表骨架的分类，骨架的分类和代号见表3。

表 3　字符组 3 代表产品的骨架分类所用的代号

数字代号	骨架名称
0	苯乙烯系
1	丙烯酸系
2	酚醛系
3	环氧系
4	乙烯吡啶系
5	脲醛系
6	氯乙烯系

——字符组 4:顺序号，用以区别基团、交联剂等的差异。交联度用“×”号联接阿拉伯数字表示。如遇到二次聚合或交联度不清楚时,可采用近似值表示或不予表示。

——字符组 5:不同床型应用的树脂代号,代号见表 4。

表 4　不同用途的树脂的代号

用　途	牌　号
软 化 床	R
双 层 床	SC
浮 动 床	FC
混 合 床	MB
凝结水混床	MBP
凝结水单床	P
三层床混床	TR

——字符组 6:特殊用途树脂代号,代号见表 5。

表 5　特殊用途树脂牌号

特殊用途树脂	代　码
核级树脂	-NR
电子级树脂	-ER
食品级树脂	-FR

3　命名示例

大孔型苯乙烯系强酸性阳离子混床用核级离子交换树脂表示为：

国家标准号	基本名称	单项组					
		字符组 1	字符组 2	字符组 3	字符组 4	字符组 5	字符组 6
国家标准号	离子交换树脂	大孔	强酸	苯乙烯系	顺序号	不同床型树脂代号	特殊用途树脂代号
↓	↓	↓	↓	↓	↓	↓	↓
GB 1631	阳离子交换树	D	0	0	1×7	MB	NR

命名：D001×7MB－NR

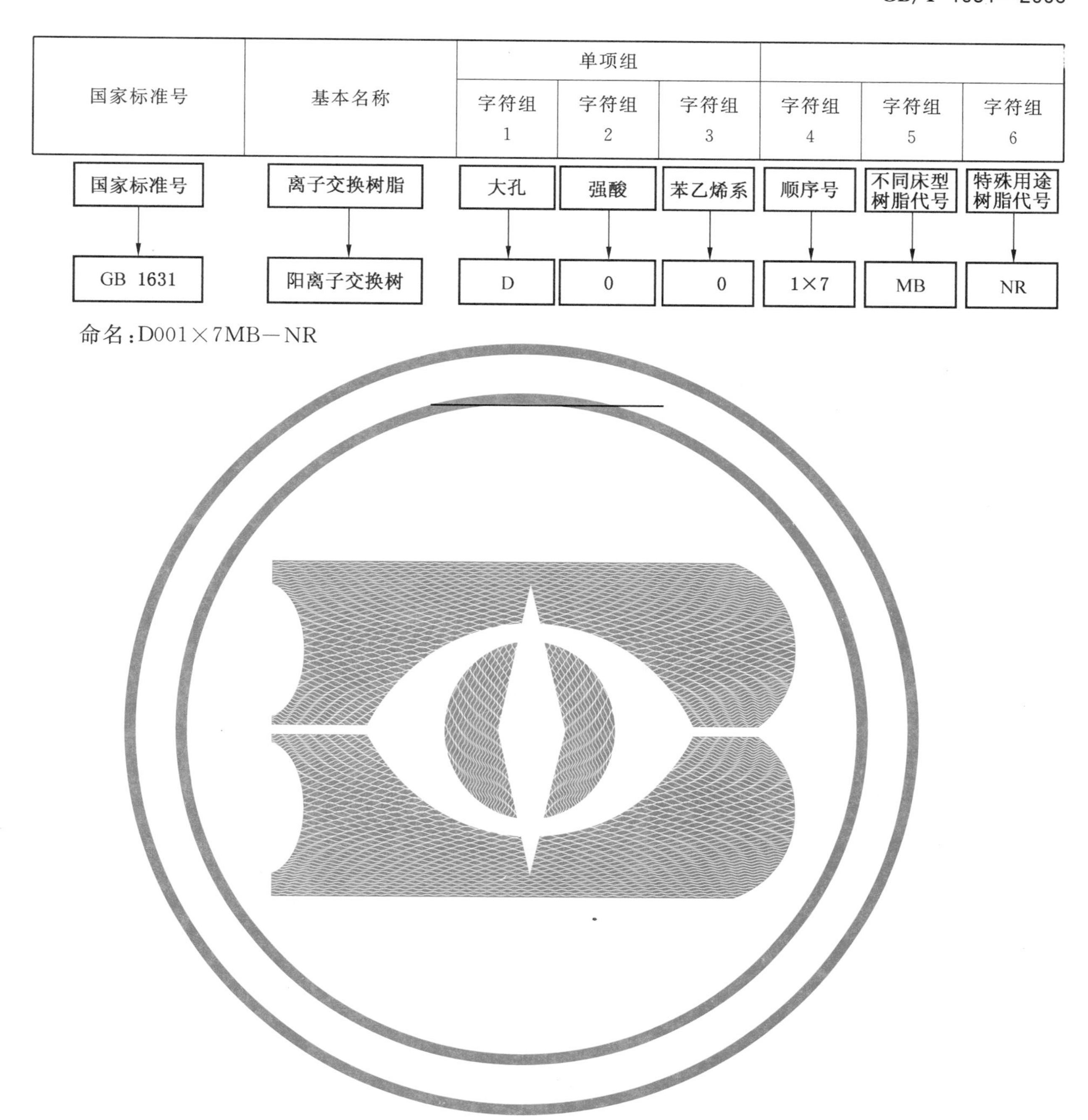

ICS 13.060.30
U 47

中华人民共和国国家标准

GB/T 4795—2009
代替 GB/T 4795—1999

15 ppm 舱底水分离器

15 ppm bilge separators

2009-03-09 发布　　　　2009-11-01 实施

中华人民共和国国家质量监督检验检疫总局
中国国家标准化管理委员会　发布

前　言

本标准对应于国际海事组织(IMO)海上环境保护委员会 MEPC.107(49)决议——《修订的船舶机舱舱底水防污染设备指南和技术条件》,与 MEPC.107(49)决议一致性程度为非等效。

本标准代替 GB/T 4795—1999《船用舱底油污水分离装置》,与 GB/T 4795—1999 相比主要差异如下:

——修改了标准名称。

——删去“型式”、“型号”和“标记示例”。

——增加了试验液体 C,即油水乳化液。增加了对乳化液的试验程序。

——试验台架和试验流程图做了改进。删去原清洗剂适应性部分。

——制定了制备乳化稳定的试验液体 C 的严格程序。

——删去清洗剂试验和滤油元件浸泡试验。

——修改了含油量分析方法。

本标准的附录 A、附录 B、附录 C 为规范性附录。

本标准由中国船舶重工集团公司提出。

本标准由全国船用机械标准化技术委员会归口。

本标准起草单位:中国船舶重工集团公司第七〇四研究所。

本标准主要起草人:顾培韻、陈志斌。

本标准所替代标准的历次版本发布情况为:

——GB/T 4795—1984(所有部分),GB/T 4795—1999。

15 ppm 舱底水分离器

1 范围

本标准规定了 15 ppm 舱底水分离器(以下简称分离器)的分类、要求、试验方法、检验规则以及标志、包装、运输和贮存等。

本标准适用于额定处理量为 0.1 m^3/h～50 m^3/h 的分离器的设计、制造和验收。

2 规范性引用文件

下列文件中的条款通过本标准的引用而成为本标准的条款。凡是注日期的引用文件，其随后所有的修改单(不包括勘误的内容)或修订版均不适用于本标准，然而，鼓励根据本标准达成协议的各方研究是否可使用这些文件的最新版本。凡是不注日期的引用文件，其最新版本适用于本标准。

GB/T 191 包装储运图示标志(GB/T 191—2008，ISO 780:1997，MOD)

GB/T 569 船用法兰 连接尺寸和密封面

GB/T 2501 船用法兰连接尺寸和密封面(四进位)

GB/T 11037 船用钢锅炉及受压容器强度和密性试验方法

CB* 3250 船舶辅机电气控制设备通用技术条件

CB/T 3869 船用油污水分离装置 管状电加热器技术条件

ISO 9377-2:2000 水质 烃油指数的测定 第2部分:溶剂萃取法和气相色谱法

3 术语和定义

下列术语和定义适用于本标准。

3.1

等运动取样 isokinetic sampling

样品以出水管的平均流速进入取样管的取样。取样可以用控制取样时间来达到，取样时间按公式(1)计算。

$$t=\frac{VR^2}{Qr^2} \qquad (1)$$

式中：

t——取样时间的数值，单位为秒(s)；

V——样品容积的数值，单位为毫升(mL)；

R——装置水管的半径的数值，单位为厘米(cm)；

Q——装置水管中的流量的数值，单位为毫升每秒(mL/s)；

r——取样管内半径的数值，单位为厘米(cm)，$r=0.3$ cm。

3.2

ppm parts per million

水所含油量的百万分比，按体积计。

4 分类

分离器的额定处理量系列值为：0.10 m^3/h、0.25 m^3/h、0.50 m^3/h、1.00 m^3/h、2.00 m^3/h、3.00 m^3/h、4.00 m^3/h、5.00 m^3/h、10.00 m^3/h、25.00 m^3/h、50.00 m^3/h。

5 要求

5.1 外观

5.1.1 分离器表面涂层应光洁、均匀。

5.1.2 分离器的进出口管路设置应整齐。

5.1.3 分离器的设计应美观，布置合理，便于操作维修。

5.2 设计与结构

5.2.1 分离器一般由分离器本体、配套泵和电控箱等组装而成。

5.2.2 分离器的配套泵宜为容积式，在额定工况时排量应不低于分离器的额定处理量，但不超过额定处理量的110%。

5.2.3 电控箱应至少具有泵启动、停止、排油控制等功能。如果分离器设有排出含油量监控设备时，电控箱还应具有排出水含油量超标停泵或排回舱底的控制功能。电控箱的其他要求应符合 CB* 3250 的有关要求。

5.2.4 分离器应配有自动排油系统。多级处理的分离器，除第一级外，其后各级可为手动排油，但应具有油水界面监测报警功能，在排油系统的油水界面传感器同一水平位置上应设有探水旋塞或油水界面观测器。

5.2.5 分离器加热及排油自动控制部分应能转换为手动控制。

5.2.6 分离器应在无人照管情况下，也能以正常功能运行至少 24 h。

5.2.7 分离器配套泵吸入管路上应设置能去除固体杂质的设备。

5.2.8 为了达到等运动取样，分离器进出水管的垂直部分应设置符合图1的取样装置。

单位为毫米

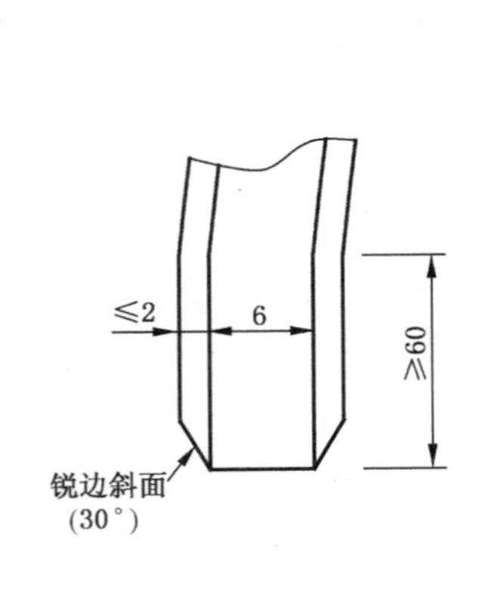

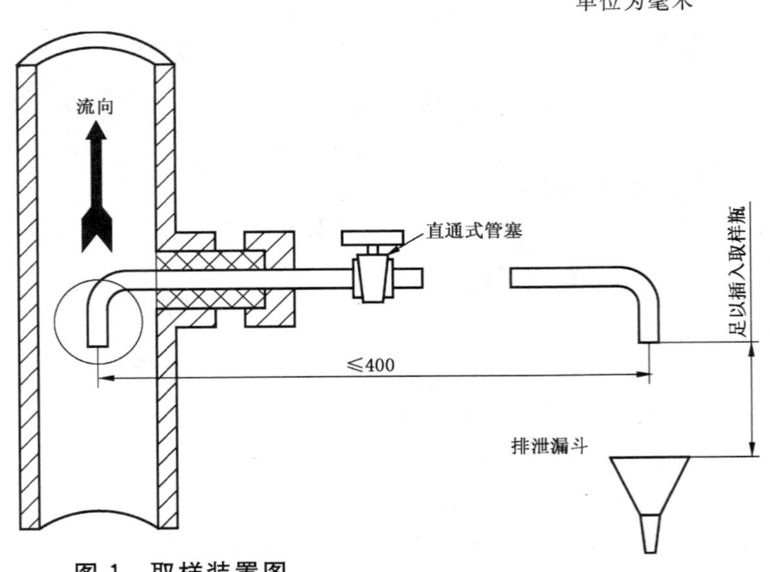

图1 取样装置图

5.2.9 分离器设有电加热器时，应具有超温保护功能。

5.2.10 分离器采用的电加热器应符合 CB/T 3869 的有关规定。

5.2.11 分离器所有易损坏的活动部件应方便维修。

5.2.12 分离器设有 15 ppm 舱底水报警装置时，该装置的安装布置应使从分离器排出水含油量超过 15 ppm 起至阻止舷外排放的自动关停装置开动所需时间在任何情况下不多于 20 s。

5.2.13 分离器的结构，应适于船上使用，并应注意在船上的布置位置。若将分离器设在可能有易燃空气的位置，则应符合此类处所的相关安全规定。作为分离器一部分的任何电气设备应设在非危险区域，或应由主管机关认证为可危险区域安全使用。设在危险区域的所有活动部件的布置应避免形成静电。

5.2.14　分离器应设计为自动运转,且有故障保护措施以避免在出现故障时有任何排放。

5.2.15　分离器应能在海洋环境条件下抗腐蚀。

5.3　性能

5.3.1　向分离器给送油、乳化舱底水或空气,不得导致排向舷外的任何混合物的含油量超过 15 ppm。

5.3.2　分离器的安全阀或其他超压保护装置,其开启压力为最大工作压力的 1.05 倍时应能动作。

5.3.3　分离器的受压容器的强度应能承受 1.5 倍设计压力,无结构损坏和永久变形。

5.3.4　分离器组装后的密性应能承受 1.25 倍设计压力,各部件应无渗漏。

5.3.5　分离器应能分离在 15 ℃时相对密度为 0.83 的轻质油(试验液体 B)至相对密度为 0.98 的燃料油(试验液体 A)。

5.3.6　分离器应能分离含油量在 0%～100%的油污水,且当分离器的供入液发生从含油的水到油或从油到空气或从水到空气的变化时,其排出水含油量仍应不超过 15 ppm。

5.3.7　分离器应能分离下列密度的油水混合液:

a)　分离器应能分离 15 ℃时相对密度为 0.98 的含油量为 0.5%～1.0%的油水混合液;

b)　分离器应能分离 15 ℃时相对密度为 0.98 的含油量为 25%的油水混合液;

c)　分离器应能分离 15 ℃时相对密度为 0.98 的 100%油;

d)　分离器应能分离 15 ℃时相对密度为 0.98 的 0%～25%的油水混合液;

e)　分离器应能分离 15 ℃时相对密度为 0.83 的含油量为 0.5%～1.0%的油水混合液;

f)　分离器应能分离 15 ℃时相对密度为 0.83 的含油量为 25%的油水混合液;

g)　分离器应能分离含乳化混合液含量为 6%的油水混合液。

5.3.8　分离器在表 1 工况下,经处理后的排出水含油量应不超过 15 ppm。

表 1　分离器工况

额定处理量/(m^3/h)	排出水压力/MPa
<1	≥0.07
≥1	≥0.12

5.4　接口

分离器的外接法兰的连接尺寸应符合 GB/T 569 或 GB/T 2501 的有关要求。

6　试验方法

6.1　性能试验

6.1.1　试验系统

6.1.1.1　试验系统应包括水柜、管路、观察窗、空气吸入阀、流量计、压力表、温度计、阀门等。试验系统图见图 2。

6.1.1.2　试验用供给油水混合液的泵,可直接采用分离器的专用配套泵。若无专用配套泵,则须用转速为 1 000 r/min 以上的离心泵“A”供给油水混合液(见图 2 的虚线),该离心泵的排量在试验所要求的排出压力下,应不小于分离器额定容量的 1.1 倍,其多余输出量应用该泵排放试验液体一侧的节流阀予以消除。若分离器有专用配套泵,应用该泵对分离器进行试验。

6.1.1.3　应设有离心泵“B”来使柜内的试验液体 C 再循环,确保试验液体 C 在整个试验期间保持稳定状态。试验液体 A 和 B 不需再循环。

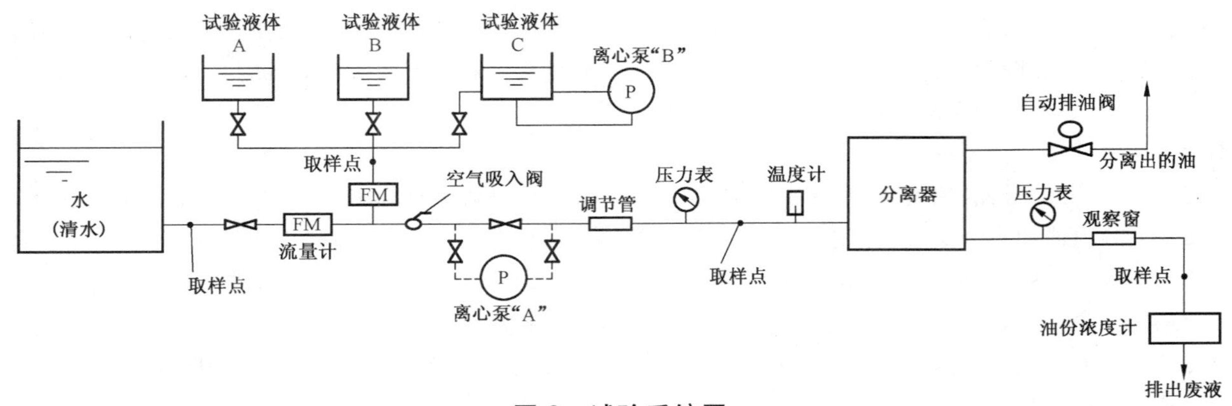

图2 试验系统图

6.1.1.4 为确保试验液体与水充分混合,紧邻分离器前部装设规定的调节管,管道应按最大液体流速为3 m/s设计。该管系布置应使分离器流入物的雷诺数按淡水计算不小于10 000,流速不小于1 m/s,并且从油污水注入口至分离器入口的管路长度应不小于其直径的20倍。应在分离器进口旁设一混合液进口取样点和一个温度计插孔。

6.1.1.5 在分离器入口和排水的垂直管路上应分别设置取样点,取样装置按图1设置。

6.1.1.6 在排水管路上应设置观察窗。

6.1.1.7 在泵吸入管路上应设置空气吸入阀,并能有效地吸入空气。

6.1.1.8 在试验柜、水柜中应设置加热装置。

6.1.1.9 供液管路上应分别设置油、水量的流量计和调节阀,流量计的精度应不低于1.5级。

6.1.1.10 分离器供液管路和排水管路上均应设置压力表,压力表的精度应不低于1.5级。

6.1.1.11 供液管路上应设置温度计,温度计的精度应不低于1.5级。

6.1.2 试验条件

6.1.2.1 试验使用下列三种等级的试验液体进行:

a) 试验液体A是一种燃料油,其相对密度在15 ℃时不小于0.98。

b) 试验液体B是一种轻质油,其相对密度在15 ℃时不小于0.83。

c) 试验液体C是一种油和淡水的乳化混合液,其组成与配制按附录A。

6.1.2.2 试验用的淡水,在20 ℃时相对密度应不大于1.015。

6.1.2.3 试验开始前,应按6.1.2.1、6.1.2.2的要求,对试验液体A和B的密度、水的密度进行测定。

6.1.2.4 试验时输入分离器的油水混合液应保持不大于40 ℃的温度。

6.1.2.5 在整个试验期间,不得中途维修或更换零部件。

6.1.2.6 输入分离器的油水混合液在处理过程中不得稀释。

6.1.2.7 输入分离器的油水比例由流量计测定,同时从分离器前供液管路上的取样点将混合液放入量筒静置片刻后,检验油水比例。

6.1.2.8 在整个试验过程中,额定处理量不小于1 m^3/h的分离器,其排出水压力应大于0.12 MPa,小于1 m^3/h的分离器,其排出水压力应大于0.07 MPa。

6.1.2.9 每次取样之前,应将取样旋塞打开,放泄1 min以上,然后取样。

6.1.2.10 盛装试样的瓶子应在主管检验机关的代表在场时加以密封和标签,并由主管检验机关指定的单位进行分析。

6.1.3 试验程序及要求

6.1.3.1 分离器试验程序见图3。在6.1.3.2～6.1.3.8规定的各项试验中,分离器的排放水质应符合含油量不超过15 ppm要求。

启动泵向分离器供水,待各腔室充满淡水后,核定配套泵的供水量,用6.1.2.1a)或6.1.2.1b)或6.1.2.1c)规定的试验液体连续进行6.1.3.2～6.1.3.8规定的各项试验。

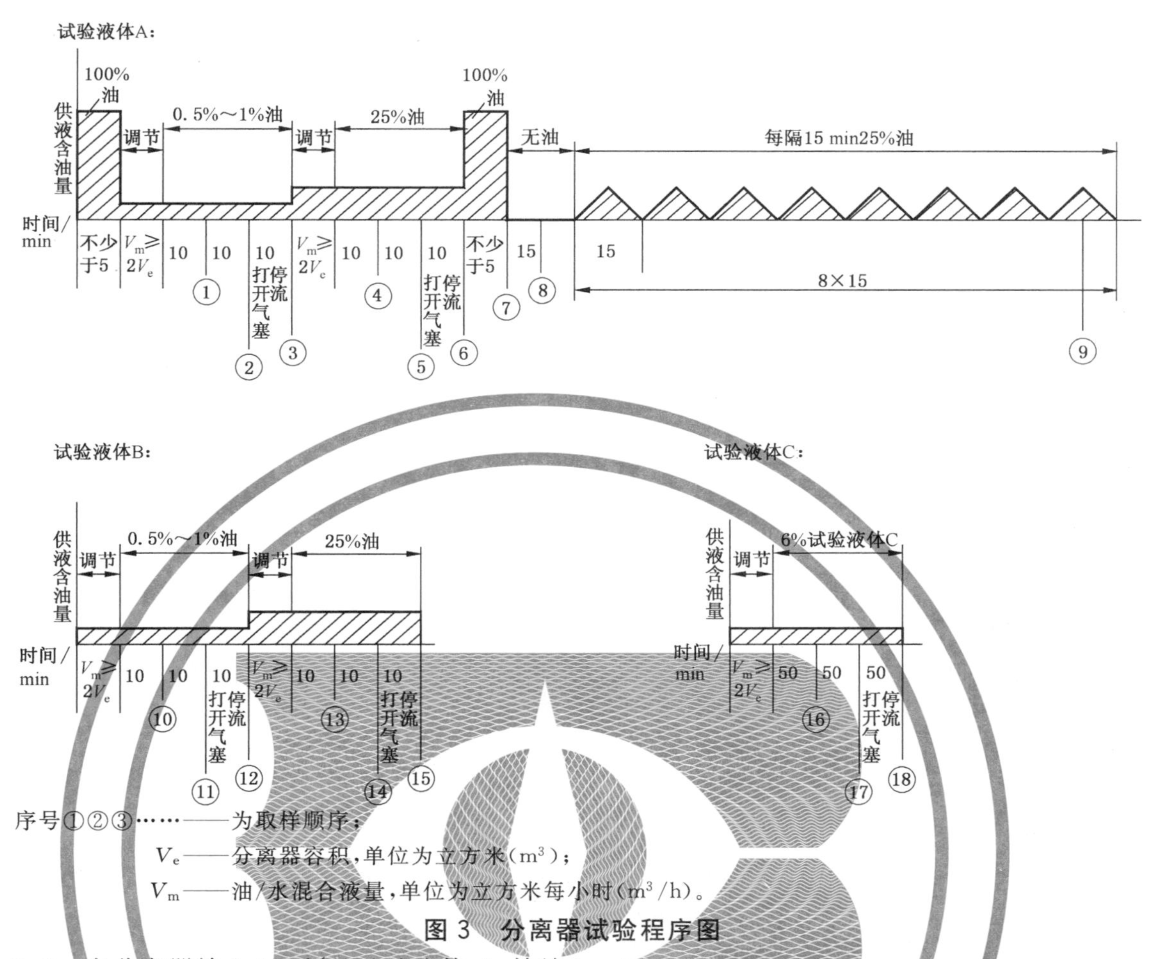

序号①②③……——为取样顺序；

V_e——分离器容积，单位为立方米(m^3)；

V_m——油/水混合液量，单位为立方米每小时(m^3/h)。

图3 分离器试验程序图

6.1.3.2 向分离器输入100%的试验液体A，持续5 min以上。

6.1.3.3 向分离器输入含油量0.5%～1.0%的油水混合液，使其达到稳定状态。稳定状态指的是通过分离器的油水混合液不少于分离器容积的2倍之后所形成的状态。然后在此状态试验30 min。其中第10 min和第20 min时分别从分离器排水口的取样点取样。在30 min结束时，开启泵吸入端的空气阀，同时，供油和供水阀应慢慢关闭，当供液管路的液体停止流动时，在排水口取样。检验油水混合液的含油量，结果应符合5.3.1、5.3.6和5.3.7a)的要求。

6.1.3.4 向分离器供入含油量为25%±2%的油水混合液，按6.1.3.2规定程序进行试验。检验油水混合液的含油量，结果应符合5.3.1、5.3.6和5.3.7b)的要求。

6.1.3.5 用100%的油输入分离器，待排油阀自动开启后，还要继续供入100%的油试验至少5 min。检验油水混合液的含油量，结果应符合5.3.1、5.3.6和5.3.7c)的要求。

6.1.3.6 分离器供水逐渐转换成含油量为25%±2%的油水混合液，然后又逐渐重新变为100%的水，每15 min替换一次，至少持续2 h。在最后一次开始供入含油量为25%±2%的油水混合液时从排水口取样。检验油水混合液的含油量，结果应符合5.3.1、5.3.6和5.3.7d)的要求。

6.1.3.7 在分离器充满清水后，用6.1.2.1规定的试验液体B重复6.1.3.3和6.1.3.4规定的试验。检验油水混合液的含油量，结果应符合5.3.1、5.3.6、5.3.7e)和5.3.7f)的要求。

6.1.3.8 向分离器输入6%的试验液体C，使其达到6.1.3.2规定的稳定状态。然后在此状态试验150 min。其中第50 min和第100 min时分别从分离器排水口的取样点取样(若属出厂试验，第150 min时在排水口取样)。在150 min结束时，开启泵吸入端的空气阀，同时，供油和供水阀应慢慢关闭，当供液管路的液体停止流动时，在排水口取样。检验油水混合液的含油量，含油量分析方法见附录B，结果应符合5.3.1、5.3.6和5.3.7g)的要求。

6.1.4 试验报告

试验结束后应用法定计量单位报告下列数据：

a) 试验液体 A 和 B 的特性：

——15 ℃时的相对密度；

——运动黏度(100 ℃/40 ℃ m^2/s)；

——闪点；

——灰分；

——含水量；

b) 试验液体 C 的特性：

——表面活性剂类型；

——不溶性悬浮固体的粒度百分比；

——表面活性剂和氧化铁质量验证；

c) 试验用的淡水的特性：

——水在 20 ℃时相对密度；

——存在的任何固体物质的详情；

d) 分离器进口液体温度；

e) 全部试样所用的分析方法和分析结果，以及油分浓度计的数据(如果装有油分浓度计)；

f) 试验系统图和取样装置图。

6.2 外观质量检查

用目测法检查分离装置表面涂层及管路设置，结果应符合 5.1 的要求。

6.3 安全阀动作试验

试验时将分离器灌满水，启动泵，将分离器出口截止阀调至压力表指示为预定动作值时，检查安全阀起跳情况，连续三次，结果应符合 5.3.2 的要求。

6.4 受压容器强度试验

强度试验按 GB/T 11037 的有关规定进行，结果应符合 5.3.3 的要求。

6.5 密性试验

密性试验按 GB/T 11037 的有关规定进行，结果应符合 5.3.4 的要求。

6.6 接口试验

用常规量具检验分离器的连接尺寸，结果应符合 5.4 的要求。

6.7 试验用液密度

轻质油(试验液体 B)和燃料油(试验液体 A)的油品，应由国家认可的质量监督检验站化验，数据应符合 5.3.5 的要求。

6.8 试验排出水压力

用目测法检查分离装置上的压力表指示值，结果应符合 5.3.8 的要求。

7 检验规则

7.1 检验分类

本标准规定的检验分类如下：

a) 型式检验；

b) 出厂检验。

7.2 型式检验

7.2.1 检验时机

属下列情况之一者，应进行型式检验：

a） 申请国家型式认可证书时；

b） 首制产品，包括转厂生产的首制产品；

c） 因产品的结构、工艺或主要材料的更改而影响产品性能时；

d） 国家主管检验机关提出要求时。

7.2.2 **检验项目和顺序**

型式检验的项目和顺序按表2规定。

表2 检验项目和顺序表

序号	检验项目	型式检验	出厂检验	要求章条号	试验方法章条号
1	外观质量检查	●	●	5.1	6.2
2	安全阀动作试验	●	●	5.3.2	6.3
3	受压容器强度试验	●	●	5.3.3	6.4
4	密性试验	●	●	5.3.4	6.5
5	0.5%～1.0%试验液体A试验	●	—	5.3.1、5.3.6、5.3.7a)	6.1.3.3
6	25%试验液体A试验	●	—	5.3.1、5.3.6、5.3.7b)	6.1.3.4
7	100%试验液体A试验	●	—	5.3.1、5.3.6、5.3.7c)	6.1.3.5
8	0%～25%试验液体A循环水试验	●	—	5.3.1、5.3.6、5.3.7d)	6.1.3.6
9	0.5%～1.0%试验液体B试验和25%试验液体B试验	●	—	5.3.1、5.3.6、5.3.7e)、5.3.7f)	6.1.3.7
10	6%试验液体C试验	●	—	5.3.1、5.3.6、5.3.7g)	6.1.3.8
11	接口试验	●	●	5.4	6.6
12	试验用液密度	●	●	5.3.5	6.7
13	试验排出水压力	●	●	5.3.8	6.8
注：●表示必检项目；—表示不检项目。					

7.2.3 **受检样品数**

对结构型式相同而规格不同的系列产品，在进行型式试验时可只试验两种规格，以代替对每个规格的试验。这两种规格应针对系列中最小和最大的型号。

7.2.4 **合格判据**

当分离器型式检验所有项目均符合要求时，则判定该分离器为型式检验合格；当型式检验项目中的任何一项不符合要求时，应加倍取样进行复验。若复验符合要求，仍判定该分离器为型式检验合格。若复验仍不符合要求，则判定该分离器为型式检验不合格。

7.3 **出厂检验**

7.3.1 **检验时机**

每台分离器出厂前均需作出厂检验。

7.3.2 **检验项目**

出厂检验项目按表2规定。

7.3.3 **合格判据**

当分离器出厂检验所有项目均符合要求时，则判定该分离器为出厂检验合格；当出厂检验项目中的任何一项不符合要求时，则应在采取纠正措施后重新进行全部项目检验或只对不合格项目进行复验。若复验符合要求，仍判定该分离器为出厂检验合格。若复验仍不符合要求，则判定该分离器为出厂检验不合格。

8 标志、包装、运输和贮存

8.1 标志

每台产品应在醒目的部位设置永久性耐腐蚀铭牌，其上应标明：

a) 产品型号和名称；

b) 主要技术规格；

c) 国家主管机关签发的型式试验认可证书编号或印章；

d) 制造厂名；

e) 出厂编号及制造年月；

f) 外形尺寸及总重量。

8.2 包装

8.2.1 分离器采用木箱包装，底座应能适合多次装卸运输。

8.2.2 分离器采用组装方式，应能固定在包装箱内。

8.2.3 每台装置应附有下列文件：

a) 主管机关签发的认可证书；

b) 产品合格证；

c) 使用说明书；

d) 外形布置图，电路及外部接线图；

e) 备件清单；

f) 装箱清单一份。

文件应放在防潮袋内并固定于装置包装箱内部。

8.3 运输

8.3.1 装箱完毕的分离器应能用汽车、火车或船舶等运输工具运输。

8.3.2 应严格按照 GB/T 191 规定的储运图示标记进行作业，不能曝晒、雨淋；不能剧烈冲击和碰撞；不能倒置和翻滚等。

8.4 贮存

8.4.1 产品中转时，应堆放在库房内，临时露天堆放时应用毡布覆盖。

8.4.2 产品应贮存于干燥、清洁、通风的库房内。

8.4.3 产品入库后应及时检查是否完好，并按产品制造厂使用说明书有关规定对产品进行定期保养。

附　录　A
（规范性附录）
试验液体 C 的组成与配制

A.1　试验液体 C 的组成

试验液体 C 混合比例为 1 kg 该液体由以下成分组成：

a)　947.8 g 淡水；

b)　25.0 g 试验液体 A；

c)　25.0 g 试验液体 B；

d)　0.5 g 干型表面活性剂(十二烷基苯磺酸钠盐)；

e)　1.7 g“氧化铁”[“氧化铁”一词用以描述黑色氧化正亚铁(Fe_3O_4)，其粒度分布状况为 90%小于 10 μm，其余的最大粒度为 100 μm]。

A.2　试验液体 C 的配制

试验液体 C 的制备程序如下：

a)　按 6.1.3.8 所述，称量出所需表面活性剂量的 1.2 倍；

b)　将其在一个小容器(例如烧杯或水桶)内与淡水混合并充分搅拌至表面活性剂彻底溶解，制成混合液(即混合液 D，见图 4)；

c)　以 6.1.3.8 所述试验所需试验液体 C 内总水量之体积的 1.2 倍向试验液体柜注入淡水；

d)　开动运行速度(额定转速)不小于 3 000 r/min 的离心泵，流速为每分钟至少更换全部试验液体一次；

e)　先向柜内淡水添加混合液 D，然后按要求数量的 1.2 倍分别添加油和悬浮固体(氧化铁)；

f)　为使乳化状态稳定下来，让离心泵“B”运行 1 h，确认试验液体表面无浮油；

g)　在以上 A.2a)～f)所述 1 h 之后，让离心泵“B”减速运行，流速约为原来的 10%，直至试验结束。

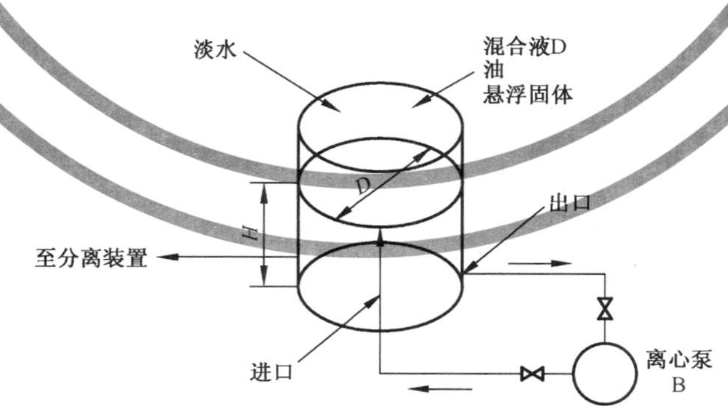

注 1：该柜应为圆柱形。水位应为：

$0.5D<H<2D$，在制备试验液体 C 时。

注 2：通向离心泵“B”的出口应尽量设在该柜的低位。

注 3：该柜的进口应设在柜底的中心位置，使混合液向上流动形成均匀的乳化液。

图 A.1　试验液体 C 柜

附　录　B
（规范性附录）
含油量分析方法

本附录修改采用 ISO 9377-2:2000《水质　烃油指数的测定　第 2 部分:溶剂萃取法和气相色谱法》。

B.1　应用范围

B.1.1　本方法适合于大多数馏分油的测量,即使在萃取样品时挥发成分有些损失。
B.1.2　本方法的最小检测浓度为 0.1 mg/L。

B.2　样品的采集和储存

B.2.1　将水样注入样品瓶[B.3f)],至约 90%样品瓶容量后加盖瓶塞并称重(m_1)。采集水样后应尽快分析,如不能及时分析,可在 4 ℃下保存,不得超过 4 d。
B.2.2　如有必要,可以使用盐酸[B.4 h)]将水样酸化至 pH 值为 2 后避光保存。

B.3　仪器

分析仪器如下:
a)　气相色谱仪:配备有无差别注射系统和火焰离子化检测器;
b)　记录仪:与仪器匹配的记录仪;
c)　色谱柱:石英玻璃填充柱,长 2 m,内径 0.53 mm;
d)　固定液:非极性、100%二甲聚硅氧烷,或 95%二甲聚硅氧烷+5%二苯聚硅氧烷,或改良的硅氧烷聚合物;
e)　数据处理系统:积分仪;
f)　样品瓶:容量为 250 mL～1 000 mL 的玻璃瓶,具磨口玻璃塞,或具涂有聚四氟乙烯(PTFE)的旋盖;
g)　离心分离器;
h)　具塞离心管:100 mL;
i)　微型分离器;
j)　净化柱:玻璃制,配有烧结多孔玻璃滤层;
k)　Kuderna Danish 浓缩器:内置 250 mL 的梨形瓶,或其他相当型式的浓缩设备,如回转式真空蒸发浓缩器;
l)　磁性搅拌器:备有搅拌棒,长度适中以达到充分混合。

B.4　试剂和材料

试剂和材料如下:
a)　载气:高纯度的氮气;
b)　燃烧气:高纯度的氢气;
c)　助燃气:空气;
d)　蒸馏水;
e)　萃取剂:含一种烃类物质的烃类溶剂,或者烃类工业混合剂,沸程为 36 ℃～69 ℃;
f)　无水硫酸钠(Na_2SO_4):分析纯,使用前 300 ℃烘 4 h 备用;

g) 七水硫酸镁($MgSO_4 \cdot 7H_2O$):分析纯;

h) 盐酸溶液:$c(HCl)=12$ mol/L,$\rho=1.19$ g/mol;

i) 丙酮(C_3H_6O):分析纯;

j) 硅酸镁担体:粒径 15 μm～250 μm(60 目～100 目),在 140 ℃下加热 16 h 后置于干燥器内保存;

k) 矿物油标准混合液:准确称取两份等量、不同类型(A 类和 B 类,不含任何添加剂)的矿物油溶液,加入足量的萃取剂标准溶液[B. 4q)]使烃类物质的总浓度达 10 mg/mL 左右;

l) 矿物油校准混合液:将等量的标准混合液[B. 4k)]用萃取剂标准溶液[B. 4q)]稀释,配制 5 种以上不同浓度的校准溶液,浓度可为:
0 mg/mL(空白)、0.2 mg/mL、0.4 mg/mL、0.6 mg/mL、0.8 mg/mL 和 1.0 mg/mL;

m) 矿物油质量控制(QC)标准溶液:按 B. 4k)的步骤,制备某一浓度(如:1 mg/mL)的丙酮[B. 4i)]标准溶液。实际浓度约为预期应用范围的 1 000 倍;

n) 烷烃标准混合溶液:将碳原子数相同(C_{20}、C_{40}以及三个烷基以上的)的烷烃物质溶于萃取剂[B. 4e)],使各组分的浓度均达 50 μg/mL 左右。必要时使用不同溶剂(如:庚烷)先将其溶解,然后再用萃取剂稀释该溶剂;

o) 色谱标准物:癸烷($C_{10}H_{22}$)、四十烷($C_{40}H_{82}$)、二十烷($C_{20}H_{42}$);

p) 萃取剂储备溶液:取 20 mg 四十烷($C_{40}H_{82}$)溶于萃取剂[B. 4e)]中,再加入 20 μL 癸烷($C_{10}H_{22}$)用萃取剂稀释至 1 000 mL;

q) 萃取剂标准溶液:使用之前,用萃取剂将储备溶液[B. 4p)]稀释 10 倍即可;

r) 硬脂酸测试溶液($C_{36}H_{72}O_2$):称取 200 mg 硬脂酸溶于 100 mL 萃取剂标准溶液[B. 4q)]。

B.5 操作步骤

B.5.1 空白试验

各项空白试验的操作步骤可按 B. 5. 2 进行。

B.5.2 萃取

B.5.2.1 将水样冷却至 10 ℃左右,从而避免由于萃取剂的挥发性造成的损失。

B.5.2.2 对未经酸化处理的水样,加入盐酸[B. 4h)]于样品瓶内,将水样酸化至 pH 值为 2。

B.5.2.3 在每 900 mL 水样中加入约 80 g 硫酸镁[B. 4g)],以免产生乳化现象。若水样不会产生乳化现象,则无需投加硫酸镁。

B.5.2.4 加入 50 mL 萃取剂标准溶液[B. 4q)]于样品瓶内,插入磁力搅拌棒[B. 3l)],加塞,用搅拌器充分搅拌 30 min。

B.5.2.5 打开瓶塞,在瓶口处安装微型分离器[B. 3i)]。

B.5.2.6 注入足量的水[B. 4d)]使萃取剂层从微型分离器中分离出来,移入净化柱[B. 3j)]内并按 B. 5. 3步骤操作进行净化。

B.5.2.7 当有机相流入净化柱时,应防止水同时进入净化柱,可用移液管分步操作使有机相逐步流入净化柱;当使用微型分离器[B. 3i)]时,应注意旋塞阀下凹凸液面位置的确定。

B.5.2.8 若产生严重乳化现象,则可按如下方法对萃取液进行离心操作。将乳化液与萃取相一起移入 100 mL 的离心分离器[B. 3g)]内,加塞,通过离心萃取液从而达到破乳的目的。通常离心 10 min～15 min 即可。

B.5.3 净化

B.5.3.1 用少量(几毫升)萃取剂预清洗净化柱,以有效防止短流的形成。

B.5.3.2 将萃取剂相(B. 5. 2)移入净化柱内,净化柱内填有 2 g 硅酸镁担体[B. 4j)],且其表面涂了一层等量的硫酸钠[B. 4f)]。

B.5.3.3 注入 10 mL 萃取剂[B.4e)],使萃取剂相流经净化柱后流入浓缩器[B.3k)]。

B.5.3.4 再加入 10 mL 萃取剂清洗净化柱。

B.5.4 浓缩

B.5.4.1 用蒸发浓缩器[B.3k)]将萃取液体积浓缩至 6 mL。

B.5.4.2 用低速氮气将萃取液浓缩至 1 mL 以下,再用萃取剂[B.4e)]将其稀释至 1 mL,或称量出浓缩萃取液的体积。等分最终萃取液,注入玻璃管进行气相色谱分析。

B.5.4.3 若采用大容积注射器,则应将萃取液经硅酸镁担体[B.4j)]处理后浓缩至某一确定的体积,如:50 mL 或 100 mL,并且降低矿物油校准溶液[B.4l)]和烷烃标准混合溶液[B.4n)]的浓度值。

B.5.4.4 排空采样瓶内水样,5 min 后用胶帽塞住瓶口,测它的重量(m_2),精确到 1 g。

B.5.5 硅酸镁担体的适用性测试

定期检验硅酸镁担体的适用性,每次检验时重新使用一份干燥的硅酸镁担体。操作如下。

a) 选用硬脂酸测试溶液[B.4r)]和矿物油校准混合液[B.4l)]。

b) 用 10 mL 硬脂酸溶液清洗净化柱(B.5.3),然后加入萃取剂[B.4e)]稀释至 25 mL。将其净化后注入玻璃管内并进行气相色谱分析。待硅酸镁担体处理后,测量硬脂酸峰面积。将 0.5 mL 硬脂酸溶液用萃取剂[B.4e)]稀释至 25 mL 并进行气相色谱分析。计算经硅酸镁担体处理的硬脂酸溶液的峰面积与未经硅酸镁担体处理的硬脂酸溶液的峰面积之比。该值应小于 1。如若不然,按 B.4j)活化硅酸镁担体。

c) 用 10 mL、2 mg/mL 的矿物油校准混合液清洗色谱柱[B.3.c)](B.5.3),然后加入萃取剂标准溶液[B.4q)]稀释至 25 mL。将其净化后注入玻璃管内并进行气相色谱分析。

d) 由经(硅酸镁担体)处理和未经处理的碳原子数在 10~40 间烷烃校准溶液的峰面积,确定矿物油的回收率。回收率不得小于 80%。若不满足该标准,则用足量的水冲洗掉硅酸镁担体并按 B.4j)将其活化。若重复多次仍不达标准,则应重新换一份硅酸镁担体。

B.5.6 气相色谱法测定

B.5.6.1 调整气相色谱仪如下:

选择一种毛细管柱内的固定液[B.3d)],备色谱分析用。调整气相色谱仪,使其达到最佳的分离状态。烷烃标准混合溶液[B.4n)]的气相色谱峰是偏离基准线的。与二十烷($C_{20}H_{42}$)相比,相应的四十烷($C_{40}H_{82}$)响应值(峰面积)不得低于 0.8。否则,注射器进样差别过大,则应该优化注射器或将其替换。

B.5.6.2 校准如下:

a) 绝对校准:将不同浓度的矿物油校准混合液[B.4l)]进行分析,从而确定初始工作范围。

b) 常规校准:确定最终工作范围后,将上述矿物油校准混合液[B.4l)]中浓度最小的那份进行分析,通过校正峰面积线性回归分析计算校准函数。该方法实际的灵敏度可以从计算得到的回归函数中估算出。

c) 检验校准函数的有效性:在分析每 10 个水样后分析一次标准溶液,根据水样中各组分的常规校准检验校准函数的有效性。该标准溶液的浓度应介于 40%~80%的工作范围之间。各个结果值都不得超出工作校准线±10%的范围。若能够满足,即认为校准有效。否则,则按 B.5.6.3 重新校准。

d) 对于大批量水样的校准,可适当减少标准溶液分析的次数,但最少不能低于 3 次,并计算其均值。

B.5.6.3 测量如下:

将水样、矿物油校准混合液[B.4l)]和空白溶液进行气相色谱测定。定期注入萃取剂[B.4e)],记录空白气相色谱图,并在与水样相同的条件下进行分析。用萃取剂的色谱图校正水样色谱图的峰面积。

B.5.6.4 积分参数如下：

将癸烷($C_{10}H_{22}$)和四十烷($C_{40}H_{82}$)之间的气相色谱(面积)积分。从在溶剂峰高前呈现信号水平的癸烷峰末端处开始积分，至出现相同信号水平的四十烷峰始端处结束。通过目视检查色谱，确保积分无误。将上述两点用直线连接，并在色谱图上标出积分的起点和终点。

B.6 分析质量控制

为了控制质量，试剂空白应于样品分析的同时按以上步骤进行，在进行型式试验认可试验前，分析方法按附录C进行评定。

B.7 计算

烃油指标可按公式(B.1)计算：

$$\rho = \frac{(A_m - b) \cdot f \cdot V \cdot w}{a(m_1 - m_2)} \quad \cdots\cdots\cdots\cdots (B.1)$$

式中：

ρ——烃油指标的数值，单位为毫克每升(mg/L)，保留2位有效数字；

A_m——样品萃取液峰积分面积的数值，与仪器有关；

b——y轴上的截距的数值；

f——样品萃取液的稀释因子；

V——最终萃取液的体积的数值，单位为毫升(mL)；

w——水样密度的数值，单位为克每毫升(g/mL)，纯水密度用1.0 g/mL；

a——校准函数的斜率的数值，单位为升每毫克(L/mg)；

m_1——采样瓶盛有水样时的重量的数值，单位为克(g)；

m_2——采样瓶空瓶时的重量的数值，单位为克(g)。

附 录 C
（规范性附录）
分析方法的评定

分离装置型式试验时，可采用下列方法评定分析方法的准确度和精密度。

C.1 测定回收率

将 900 mL 水[B.4d)]注入 1 mL 矿物油质量控制标准溶液[B.4m)]中，测定并计算其回收率。

在原试样中加入已知量的标准溶液后的试样与原试样测定值之差除以加入的标准溶液的含油量，即为回收率，见公式(C.1)。

$$回收率(\%) = \frac{X_1 - X_2}{S} \times 100 \quad \cdots\cdots (C.1)$$

式中：

X_1——原试样中含油量的测定值，单位为毫克每升(mg/L)；

X_2——原试样加标准溶液后含油量的测定值，单位为毫克每升(mg/L)；

S——所加入的标准溶液的含油量，单位为毫克每升(mg/L)。

本方法使用色谱分析仪进行分析得到的回收率应在 80%～110%之间。

C.2 评定各次测定值之间的符合程度

评定各次测定值之间的符合程度，可按公式(C.2)计算。

$$\delta = \pm\sqrt{\frac{\sum_{i=1}^{n}(X_i - \overline{X})^2}{n-1}} \quad \cdots\cdots (C.2)$$

式中：

δ——标准偏差；

X_i——每次测定值；

$\overline{X}$——n 次测定值的算术平均值；

n——测定的次数(至少测定 6 次)。

分析结果精密度表示为$\overline{X}\pm\delta$。

精密度也可以用相对值表示，按公式(C.3)计算。

$$相对标准偏差(\%) = \frac{\delta}{\overline{X}} \times 100 \quad \cdots\cdots (C.3)$$

使用色谱分析仪进行分析的相对标准偏差应小于 10%。

ICS 47.020.30
U 47

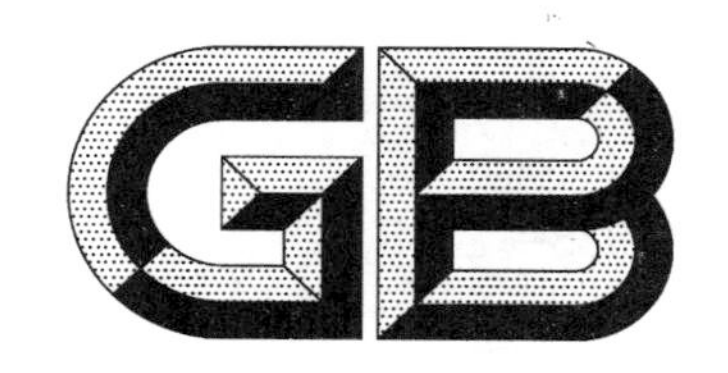

中华人民共和国国家标准

GB/T 10833—2015
代替 GB/T 10833—1989

船用生活污水处理设备技术条件

Marine sewage treatment equipment specification

2015-09-11 发布　　　　2015-12-01 实施

中华人民共和国国家质量监督检验检疫总局
中国国家标准化管理委员会　发布

前　言

本标准按照 GB/T 1.1—2009 给出的规则起草。

本标准代替 GB/T 10833—1989《船用生活污水处理设备技术条件》。

本标准与 GB/T 10833—1989 相比，主要有以下技术变化：

a) 增加了灰水、耐热大肠杆菌的定义；
b) 对生活污水处理装置和粉碎消毒设备的倾斜要求由 15°改为 22.5°；
c) 根据 MEPC.159(55)决议要求，对生活污水处理装置的排放水水质标准、性能试验负荷系数、排放水的分析试验进行了修改；
d) 增加了对生活污水处理装置的各类污水的水量水质参考值；
e) 对鉴定检验增加了清水动作试验；
f) 增加了产品资料章节，对安装操作和维护手册、培训教材提出要求。

本标准由中国船舶重工集团公司提出。

本标准由全国船用机械标准化技术委员会(SAC/TC 137)归口。

本标准由中国船舶重工集团公司第七〇四研究所起草。

本标准主要起草人：邵晓华、王忆秦、钟涛、刘锋华、吴国凡、林巍、李海峰、陈清。

本标准所代替标准的历次版本发布情况为：

——GB/T 10833—1989。

船用生活污水处理设备技术条件

1 范围

本标准规定了船用生活污水处理设备的技术要求、试验方法、检验规则及标志、包装、贮存和运输。

本标准适用于各类船舶及水上固定或移动工作平台的生活污水处理设备。

2 规范性引用文件

下列文件对于本文件的应用是必不可少的。凡是注日期的引用文件,仅注日期的版本适用于本文件。凡是不注日期的引用文件,其最新版本(包括所有的修改单)适用于本文件。

GB/T 18920 城市污水再生利用 城市杂用水水质

CB* 3250 船舶辅机电气控制设备通用技术条件

CB* 3328(所有部分) 船舶污水处理排放水水质检验方法

MEPC.107(49) 修订的船舶机器处所舱底水防污染设备指南和技术条件(Revised guidelines and specifications for pollution prevention equipment for machinery space bilges of ships)

MEPC.159(55) 经修订的实施生活污水处理装置排出物标准和性能试验导则(Revised guidelines on implementation of effluent standards and performance tests for sewage treatment plants)

3 术语和定义

下列术语和定义适用于本文件。

3.1

生活污水处理设备 sewage treatment equipment

生活污水处理装置、生活污水粉碎消毒设备和贮存柜的统称。

3.2

生活污水 sewage

主要指船上以下四种排出物:

a) 任何型式的便器和小便池的排出物和其他废弃物;

b) 从医务室(药房、病房)的面盆、洗澡盆和这些处所排出孔的排出物;

c) 装有活的动物处所的排出物;

d) 混有上述排出物的其他废水。

注:生活污水也称"黑水"。采用真空收集系统收集的生活污水称为真空黑水,采用常规重力收集系统收集的生活污水称为重力黑水。

3.3

灰水 grey water

除黑水外的其他生活废水,包括洗碟水、淋浴水、洗衣水、洗澡水以及洗脸水等,不包括货舱排水、垃圾。

注:因受污染程度不同,灰水分为厨房灰水和洗涤灰水。厨房灰水是指洗碟水,包括人工或自动洗涤碗碟和烹饪用具的排水。洗涤灰水指除厨房灰水以外的洗漱水、洗衣水等。

3.4

耐热大肠杆菌　thermotolerant coliform

在44.5 ℃下,48 h内可分解乳糖产生气体的大肠杆菌群。

注:这些微生物有时也被称为"粪便大肠杆菌",但由于这些微生物并非完全来自粪便,因此现在称其为"耐热大肠杆菌"。

3.5

生活污水处理装置　sewage treatment plant

除了用稀释法外,以生化、物化等手段降低生活污水中大肠菌群、悬浮固体和生化需氧量等指标的装置。

3.6

生活污水粉碎消毒设备　sewage comminuting and disinfecting equipment

具有能粉碎生活污水中悬浮固体颗粒及对流出物进行消毒的设备。

3.7

贮存柜　sewage storage tank

用于收集和贮存生活污水的柜子。

4　技术要求

4.1　环境条件

生活污水处理装置、生活污水粉碎消毒设备和贮存柜在下列情况下应能正常工作:

a)　从其垂直工作位置向任何方向倾斜22.5°;

b)　环境温度为0 ℃～55 ℃,冲洗水温度为5 ℃～30 ℃;

c)　相对湿度不大于95%。

4.2　生活污水处理装置排放水水质标准

4.2.1　耐热大肠杆菌群

在试验时取得的排放物中的耐热大肠杆菌的几何平均值不应超过100个/100 mL。

4.2.2　悬浮固体

悬浮固体应符合下列要求:

a)　陆上试验时,在试验期间采集的排放水试样的总悬浮固体的几何平均值不应超过35 mg/L;

b)　船上试验时,在试验期间采集的排放水试样的总悬浮固体的几何平均值$(35+X)$mg/L,其中X为冲洗水的总悬浮固体。

4.2.3　五日生化需氧量(BOD_5)

试验期间采集的排放水试样,其5 d生化需氧量(BOD_5)的几何平均值不应大于25 mg/L。

4.2.4　化学需氧量(COD_{Cr})

试验期间采集的排放水试样,其化学化需氧量(COD_{Cr})的几何平均值不应大于125 mg/L。

4.2.5　pH值

试验期间采集的排放水试样,其pH值应在6～8.5。

4.2.6 余氯

当采用氯作为杀菌剂时，试验期间采集的排放水试样，其余氯的几何平均值不应大于 0.5 mg/L。

4.3 生活污水粉碎消毒设备排放水水质标准

4.3.1 大肠杆菌群

在排放水中大肠菌群的最近似数不应超过 1 000 个/100 mL。

4.3.2 粉碎要求

将 1 L 排放水样通过具有 1.7 mm 筛孔的一块 R40/3 筛网，在 103 ℃～105 ℃烘箱内烘干至恒重后，残留在滤网上的物质质量不应超过总悬浮固体的 10%，且不大于 50 mg。

4.4 生活污水处理装置的性能

在额定处理量时，生活污水处理装置的排放水应符合 4.2.1～4.2.6 的排放要求。

4.5 粉碎消毒设备的性能

在额定处理量时，生活污水粉碎消毒设备的排放水应符合 4.3.1 和 4.3.2 的排放要求。

4.6 生活污水处理装置及粉碎消毒设备一般要求

4.6.1 生活污水处理装置及粉碎消毒设备的结构应该能承受住船上运行期间可能遇到的机械和环境的影响。

4.6.2 生活污水处理装置及粉碎消毒设备应设有自动操作及误动作的报警设施。

4.6.3 生活污水处理装置及粉碎消毒设备应有各种尺寸合适的孔，用作排空、清洗、检查和维修。

4.6.4 生活污水处理装置及粉碎消毒设备应设有通向大气的透气管接口。

4.6.5 生活污水处理装置及粉碎消毒设备应布置成便于从污水排放口取样。

4.6.6 生活污水处理装置及粉碎消毒设备应设有应急溢流口。

4.6.7 电气设备应符合 CB* 3250 的要求。

4.7 贮存柜的要求

4.7.1 贮存柜应设有报警器或某些其他适当装置，并当贮存柜充满到 80%容积比时进行报警。

4.7.2 贮存柜应有各种尺寸合适的孔，用以排空、清洗、检查和维修。

4.7.3 贮存柜应设有目视装置。

4.7.4 贮存柜应设有冲洗和排空用设施。

4.7.5 贮存柜应制成承受可能发生的最大压力。

4.7.6 贮存柜应有应急溢流孔。

4.8 其他

4.8.1 生活污水处理设备应有有效的防腐蚀措施。

4.8.2 生活污水处理设备应按经主管机关认可的图纸进行制造。

4.8.3 生活污水处理设备组装前，配套用的外购件应检查合格后方可组装。

5 试验方法

5.1 原污水质量

试验用原污水质量应符合下列要求：

a) 装置在陆上试验时用于试验的生活污水应是由粪便、尿、便纸和厕所冲洗水组成的新鲜污水，试验应考虑系统的类型(如生活污水是重力收集还是真空收集)，以及处理前可能加到生活污水的任何冲洗水或灰水。必要时应加未经处理的生活污水残渣以维持最低的悬浮固体量500 mg/L，有机物浓度 BOD_5 不小于 500 mg/L。当有灰水加入时也需满足该条件。装置应满足实际使用人数的需求。人均产生的污水水量和污染物浓度除有特别规定外，应按表1进行计算。

表 1 各类污水的水量水质参考表

污水类型	水量 L/(人·d)	有机物 $gBOD_5$/(人·d)
真空黑水	≥10	35
重力黑水	≥50	35
厨房灰水	≥30	30
洗涤灰水	≥50	5

b) 在船上试验时，流入物可由船上正常条件下产生的污水组成。

c) 污水粉碎消毒设备试验尽可能在船上进行。

5.2 试验持续时间

生活污水处理装置试验时达到稳定状态工况后，试验持续时间不少于10 d。污水粉碎消毒设备，试验持续时间至少应为2 d。

5.3 负荷系数

装置按照制造厂规定的平均、最小和最大容积负荷进行试验，负荷曲线应满足MEPC.159(55)的规定，排放水能符合4.2的规定。设备按照制造厂规定的平均、最小和最大容积负荷进行试验，排放水能符合4.3的规定。

5.4 采样次数和方法

5.4.1 采样的方法和次数应能代表排放水的质量，采样的次数应根据流入物在设备内滞留的时间而定。装置一般至少取40个排放水试样，才能对数据进行统计分析，得出几何平均值、最大值、最小值和方差。

5.4.2 对于污水粉碎消毒设备应采集10个排放水试样。

5.4.3 为确保试验原污水质量满足要求，试验期间每天采集1个进水样进行分析。

5.5 水质的分析测试

5.5.1 除了应做大肠菌群、悬浮固体、BOD_5、COD_{Cr}、pH及余氯的分析外，还可适当考虑做排放水的总固体、挥发性固体、可沉淀固体、挥发性悬浮固体、浊度、总磷、总有机碳、总大肠杆菌和粪便型链球菌等分析。

5.5.2 对于污水粉碎消毒设备,仅需测试粪便型大肠菌群和悬浮固体。

5.5.3 进水做悬浮固体和 BOD_5 的分析。

5.5.4 排放水水质检验方法应符合 CB* 3328 或其他等效测试标准。

5.6 残余杀菌剂

生活污水处理设备应尽量使用对环境产生不利影响最小的杀菌剂。当用氯作为杀菌剂时,排放水质应符合 4.2.6 的要求。

5.7 盐度和温度

试验应在制造厂规定的整个温度和盐度范围内进行,温度与盐度范围应宽于污水处理装置实际所遇到的范围,应当记录任何对运行条件的限制。污水粉碎消毒设备不按此条考虑。

5.8 倾斜和振动

生活污水处理设备在陆上试验时,进行固定倾斜 22.5°的试验。对控制设备和传感元件应按 CB* 3250 进行振动试验。

5.9 渗漏试验

生活污水处理设备中的各水密腔室应逐个灌满水,不应有漏泄。

5.10 水压试验

生活污水处理设备应作压力为 2.1 m 水柱的水压试验,压时 1 h,应无泄漏。系统内的管路,应以管路设计压力的 1.25 倍做水压试验。

5.11 清水动作试验

生活污水处理设备在额定的电压下用清洁水进行试验,检查系统各部件运转是否正常。

5.12 主要尺寸检查

生活污水处理设备的主要尺寸应符合设计要求。

5.13 外观质量检查

装配完工的生活污水处理设备外表面的漆膜应均匀,不应有气泡和剥落等缺陷。

5.14 控制和传感组件

控制和传感组件应通过按 MEPC.107(49) 决议附则的第 3 部分的试验规定环境测试,以验证其适于船用。

6 检验规则

6.1 型式检验

6.1.1 凡属下列情况之一者,应作型式检验:

a) 申请国家型式试验认可证书时;

b) 首制产品，包括转厂生产的首制产品；

c) 因产品的结构、工艺或主要材料的更改影响产品性能时；

d) 每隔4年的批量生产产品。

6.1.2 型式检验项目和要求按表2。

6.2 出厂检验

每台生活污水处理设备出厂前均应进行出厂检验，出厂检验项目和要求按表2。

表2 型式检验和出厂检验的方法及要求

检验项目	型式检验	出厂检验	检验方法及要求
外观质量检查	●	●	5.13
主要尺寸检查	●	●	5.12
渗漏试验	●	●	5.9
水压试验	●	●	5.10
清水动作试验	●	●	5.11
性能试验	●	—	5.1～5.8
注：● 必检项目；— 不检项目。			

7 产品资料

应提供生活污水处理装置和粉碎消毒设备的安装操作和维护手册、培训教材等随机资料，并在其中列出适用于此污水处理装置或粉碎消毒设备运行的化学品和材料。

8 标志、包装、运输、贮存

8.1 标志

8.1.1 铭牌

每台产品应在醒目的部位设置耐蚀铭牌，其上应标明：

a) 制造厂名称；

b) 系统的名称和型号；

c) 国家主管机关签发的型式试验认可证书编号或印章；

d) 制造日期及出厂编号；

e) 系统的额定负荷。

8.1.2 安全警示牌

生活污水处理设备应在醒目位置设置安全警示牌，明确污水排放的限制和安全操作、维修产品等的注意事项。

8.1.3 示意图牌

生活污水处理设备应设置流程示意图牌，便于使用人员操作使用和维修。

8.2 包装

8.2.1 每台出厂产品应携带下列文件，并封存在不透水的口袋内：

a） 国家主管机关签发的认可证书复印件；

b） 产品合格证；

c） 产品使用说明书；

d） 生活污水处理设备总图；

e） 专用泵总图；

f） 电控箱总图、原理图和外部接线图；

g） 产品装箱清单；

h） 产品备件清单。

8.2.2 包装应能使产品在运输过程中免受损伤和丢失附件及文件。

8.3 贮存

产品的存放应能防止腐蚀和损坏。

ICS 13.060.30
Z 64

中华人民共和国国家标准

GB/T 12917—2009
代替 GB/T 12917—1991

油污水分离装置

Oily water separating equipment

2009-03-09 发布 2009-11-01 实施

中华人民共和国国家质量监督检验检疫总局
中国国家标准化管理委员会 发布

前　言

本标准代替 GB/T 12917—1991《油污水分离装置》。

本标准与 GB/T 12917—1991 相比主要变化如下：

——范围由“处理油性污水的分离装置”改为“处理矿物油性污水的装置”；

——修改了引用标准；

——对试验用油的密度进行了修改，删去了分油元件部分；

——删去分油元件浸泡试验和耐久考核试验。

本标准由中国船舶重工集团公司提出。

本标准由全国船用机械标准化技术委员会归口。

本标准起草单位：中国船舶重工集团公司第七〇四研究所。

本标准主要起草人：顾培韻、陈志斌。

本标准所替代标准的历次版本发布情况为：

——GB/T 12917—1991。

油污水分离装置

1 范围

本标准规定了油污水分离装置(以下简称:装置)的要求、试验方法和检验规则,以及标志、包装、运输和贮存等。

本标准适用于处理矿物油性污水的装置的设计、制造和验收。

2 规范性引用文件

下列文件中的条款通过本标准的引用而成为本标准的条款。凡是注日期的引用文件,其随后所有的修改单(不包括勘误的内容)或修订版均不适用于本标准,然而,鼓励根据本标准达成协议的各方研究是否可使用这些文件的最新版本。凡是不注日期的引用文件,其最新版本适用于本标准。

GB 150 钢制压力容器

GB/T 191 包装储运图示标志(GB/T 191—2008,ISO 780:1997,MOD)

GB/T 9065.3 液压软管接头 连接尺寸 焊接式或快换式

GB/T 11914—1989 水质 化学需氧量的测定 重铬酸盐法

GB 14048.1 低压开关设备和控制设备 第1部分:总则(GB 14048.1—2006,IEC 60947-1:2001,MOD)

GB/T 16488—1996 水质 石油类和动植物油的测定 红外光度法

3 额定处理量系列

装置额定处理量指装置每小时所处理的含油污水量。其系列值应符合表1的规定。

表1 额定处理量系列

单位为立方米每小时

0.10	0.25	0.50	1.00	2.00	3.00	4.00	5.00
10.00	15.00	20.00	25.00	50.00	100.00	150.00	200.00

4 要求

4.1 设计与结构

4.1.1 装置应能自动排油或配置应急手动排油系统。对多级处理的装置允许除第一级外,后面各级可采用手动排油。

4.1.2 装置自动或手动排油系统中,同油水界面传感器相齐的水平面上应设置探试旋塞或油水界面观察器。

4.1.3 装置的进出水管的垂直部分应设置取样装置。

4.1.4 装置应考虑设置供冲洗用的清水进入接口。

4.1.5 装置底部应设置有效的、操作简便的泄放阀。

4.1.6 用于接收船舶污水的装置,外接法兰应采用国际通用的通岸接头。对一般用途装置,外接法兰可按GB/T 9065.3的有关规定。

4.1.7 装置电控箱应符合GB 14048.1的有关规定。

4.1.8 装置的排出水可用油分计进行监控;当排出水含油量超过国家规定的排放标准时,应停止向外排放。

4.1.9 在油水分离过程中，采用的化学品不得对环境产生二次污染。

4.1.10 装置应尽量设在安全区内；若设在危险区，应符合该处安全要求。

4.2 性能

4.2.1 经装置处理后的排出水中含油量应不大于10 mg/L。

4.2.2 装置应能分离油污水中含(在15 ℃时)密度为0.83 g/cm³～0.98 g/cm³ 的矿物油范围内的物品，经处理后排出水中含油量应符合4.2.1的规定。其他密度油品可参照本标准规定。

4.2.3 装置应能分离含油量在0%～100%的油污水，且当分离装置的供入液发生从含油的水到油或从油到空气或从水到空气的变化时，其排出水含油量仍应符合4.2.1的规定。

4.2.4 凡加药的处理装置，处理后的排水除符合4.2.1规定外，还应满足化学需氧量(CODcr)不大于100 mg/L的要求。

4.2.5 装置应设计成不仅在额定处理量时，且在110%额定处理量时，装置的排出水中含油量仍符合4.2.1的规定。

4.2.6 装置排出水流量不得低于装置额定处理量。

4.3 强度与密性

4.3.1 装置的受压容器应能承受1.5倍设计压力的强度，无结构损坏和永久变形。

4.3.2 装置组装后应能承受1.25倍设计压力的液压密性，各部件应无渗漏。

4.4 安全性

4.4.1 对压力式装置，容器设计应参照压力容器规范规定，并设置安全阀或超压保护装置，其开启压力可略大于最高工作压力，不得超过受压容器的设计压力。

4.4.2 对设置加热器的装置应设置超温保护设施。电加热器的热态绝缘电阻应不低于0.5 MΩ。

5 试验方法

5.1 性能试验

5.1.1 试验应具备如下条件。

a) 试验使用下列试验液体进行：
——试验液体A，一种在15 ℃时密度约为0.98 g/cm³ 的矿物油；
——试验液体B，一种在15 ℃时密度约为0.83 g/cm³ 的矿物油；
——试验液体C，一种在4.2.2规定范围内其他密度的油品。

b) 试验用的淡水，在15 ℃时的密度约为0.998 2 g/cm³。

5.1.2 试验要求如下：

a) 输入装置的油水混合液温度应在10 ℃～40 ℃范围内。

b) 在整个试验期间，不得中途停顿，维修或更换零部件。

c) 输入装置的油水混合液在处理过程中不得进行稀释。

d) 输入装置的油水比例可从装置前供液管路上的取样装置上，将混合液放入量杯静止片刻后，校验油水比例。

e) 每次取样前，应将取样旋塞打开，放泄1 min，然后按等动力方式取样。

f) 取样瓶应为带密封盖细口径玻璃瓶，取样后贴标记。如果样品不能在24 h内进行分析，应在试样中加入5 mL、1∶1盐酸保存，保存期不得超过7 d。

5.1.3 试验步骤如下：

a) 向装置供水，待各腔室充满淡水后，核定泵流量，不应超过额定处理量的1.1倍，并不低于额定处理量。

b) 向装置供入100%的试验液体A，待排油阀自动开启后，持续5 min以上。

c) 向装置供入含油量为10%的油水混合液，使其达到稳定状态。稳定状态应为通过装置的油水混合液不少于装置容积的两倍之后所形成的状态。然后在此状态下试验 30 min，在第10 min、第 20 min 和第 30 min 结束时，从装置排水管的取样装置上取样。

d) 向装置供入 100%的水。达到稳定状态后，用 5.1.1a)规定的 100%试验液体 B 待排油阀开启后，持续 5 min 以上；然后重复 5.1.3c)规定的试验。

5.1.4 对于其他密度油品的处理装置或额定处理量为 5 m^3/h 以上的装置或加药的处理装置可按 5.1.1a) 规定的试验液体 C 进行性能试验。

5.1.5 型式试验结束后应用法定计量单位报告下列数据：

a) 15 ℃时油的密度或 37.8 ℃时黏度(m^2/s)，闪点、灰分、含水量；

b) 15 ℃时水的密度及固体杂质情况；

c) 进出口水温度；

d) 分析结果、含油浓度及 CODcr 值。

5.1.6 水样分析

5.1.6.1 水中含油量的测定分析方法按 GB/T 16488—1996 中规定的红外分光光度法测定。结果应符合 4.2.1 的要求。

5.1.6.2 CODcr 测定按 GB/T 11914—1989 规定的重铬酸盐法进行。结果应符合 4.2.4 的要求。

5.2 强度和密性试验

5.2.1 强度试验按 GB 150 的有关规定进行。结果应符合 4.3.1 的要求。

5.2.2 强度试验合格后方可进行密性试验。密性试验按 GB 150 的有关规定进行。结果应符合 4.3.2 的要求。

5.3 安全阀试验

5.3.1 安全阀动作试验

试验时将分离器灌满水，启动泵，将分离器出口截止阀调至压力表指示为预定动作值时，检查安全阀起跳情况，连续三次。结果应符合 4.4.1 的要求。

5.3.2 电加热器热态电阻试验

用 500 V 兆欧表对电加热器进行绝缘测试。结果应符合 4.4.2 的要求。

5.4 额定处理量试验

测定排出水的流量，用称量法或精度为 2.5 级的流量计核定装置流量。结果应符合 4.2.6 的要求。

6 检验规则

6.1 检验分类

本标准规定的检验分类如下：

a) 型式检验；

b) 出厂检验。

6.2 型式检验

6.2.1 检验时机

属下列情况之一者，应进行型式检验：

a) 新产品或老产品转厂生产的试制定型鉴定；

b) 正式生产后，如结构、材料、工艺有较大改变可能影响产品性能时；

c) 出厂检验结果与上次型式检验有较大差异时；

d) 成批生产每 4 a 进行一次。

6.2.2 检验项目和顺序

型式检验的项目和顺序按表 2。

表 2　检验项目和顺序表

序号	检验项目	型式检验	出厂检验	要求章条号	试验方法章条号
1	含油量测定	●	●	4.2.1	5.1.6.1
2	100%的试验液体 A 试验	●	●	4.2.2、4.2.3、4.2.5	5.1.3b)
3	10%的试验液体 A 试验	●	●	4.2.2、4.2.3、4.2.5	5.1.3c)
4	100%试验液体 B 试验	●	●	4.2.2、4.2.3、4.2.5	5.1.3d)
5	10%的试验液体 B 试验	●	—	4.2.2、4.2.3、4.2.5	5.1.3d)
6	CODcr 测定	●	—	4.2.4	5.1.6.2
7	额定处理量试验	●	—	4.2.6	5.4
8	强度试验	●	—	4.3.1	5.2.1
9	密性试验	●	—	4.3.2	5.2.2
10	安全阀动作试验	●	—	4.4.1	5.3.1
11	电加热器热态电阻试验	●	●	4.4.2	5.3.2
注：●表示必检项目；—表示不检项目。					

6.2.3　受检样品数

对设计相同而处理量不同的系列产品，可以其中两档规格（处理量）的装置进行试验，以代替每个规格都进行试验；这两档装置是系列中最低 1/4 和最高 1/4 的规格范围内的装置，主管机关认为有必要时可任选两档规格进行试验。

6.2.4　合格判据

当装置所有检验项目均符合要求时，则判定该装置为型式检验合格；当装置未通过型式检验项目中的任何一项，允许加倍取样进行复验。若复验符合要求，仍判定该装置为型式检验合格。若复验仍不符合要求，则判定该装置为型式检验不合格。

6.3　出厂检验

6.3.1　检验项目

出厂检验项目按表 2。

6.3.2　合格判据

当装置所有检验项目均符合要求时，则判定该装置为出厂检验合格；当装置未通过出厂检验项目中的任何一项，允许采取纠正措施后重新进行全部项目检验或只对不合格项目进行检验。若复验符合要求，仍判定该装置为出厂检验合格。若复验仍不符合要求，则判定该装置为出厂检验不合格。

7　标志、包装、运输和贮存

7.1　检查合格的产品经清洗后用压缩空气吹干。

7.2　每台装置应在醒目部位设置铭牌，铭牌上应标明下列内容：

a）制造厂名、产品名称、商标；

b）产品型号或标记；

c）制造日期（或编号）或生产批号；

d）额定处理量、分油效果、最高工作压力。

7.3　配套电机应标明转向。

7.4　每台产品应箱装，箱上需标上“↑”记号。装箱后切忌受潮。

7.5　下列文件需随机封存在不透水的袋内：

a）产品合格证；

b) 产品说明书；

c) 装箱单；

d) 随机附件清单；

e) 电控箱原理图。

7.6 运输

7.6.1 装箱完毕的装置应能用汽车、火车或船舶等运输工具运输。

7.6.2 应按 GB/T 191 的有关规定对装置进行包装储运图示标志。

7.7 贮存

7.7.1 产品中转时，应堆放在库房内，临时露天堆放时应用毡布覆盖。

7.7.2 产品应贮存于干燥、清洁、通风的库房内。

7.7.3 产品入库后应及时检查是否完好，并按产品制造厂使用说明书有关规定对产品进行定期保养。

ICS 83.080.01
G 32

中华人民共和国国家标准

GB/T 13659—2008
代替 GB/T 13659—1992

001×7 强酸性苯乙烯系阳离子交换树脂

001×7 Strong acid polystyrene cation exchange resin

2008-06-30 发布 2009-02-01 实施

中华人民共和国国家质量监督检验检疫总局
中国国家标准化管理委员会 发布

前　言

本标准代替 GB/T 13659—1992《001×7 强酸性苯乙烯系阳离子交换树脂》。

与 GB/T 13659—1992 相比，本标准主要变化如下：

——对软化和除盐不同用途的产品分类规定了指标。

本标准由中国石油和化学工业协会提出。

本标准由全国塑料标准化技术委员会通用方法和产品分会(SAC/TC 15/SC 4)归口。

本标准主要起草单位：浙江争光实业股份有限公司、西安热工研究院有限公司、淄博东大化工股份有限公司、江苏苏青水处理工程集团公司、国家合成树脂质检中心。

本标准主要起草人：沈建华、王广珠、劳法勇、翟静华、钱平、王建东。

本标准所代替标准的历次版本发布情况为：

——GB/T 13659—1992。

001×7 强酸性苯乙烯系 阳离子交换树脂

1 范围

本标准规定了001×7强酸性苯乙烯系阳离子交换树脂的技术要求、试验方法、检验规则及标志、包装、运输、贮存的要求。

本标准适用于含有磺酸基团的001×7强酸性苯乙烯系阳离子交换树脂。

2 规范性引用文件

下列文件中的条款通过本标准的引用而成为本标准的条款。凡是注日期的引用文件，其随后所有的修改单(不包括勘误的内容)或修订版均不适用于本标准，然而，鼓励根据本标准达成协议的各方研究是否可使用这些文件的最新版本。凡是不注日期的引用文件，其最新版本适用于本标准。

GB/T 1631 离子交换树脂命名系统和基本规范

GB/T 5475 离子交换树脂取样方法

GB/T 5476 离子交换树脂预处理方法

GB/T 5757 离子交换树脂含水量测定方法

GB/T 5758 离子交换树脂粒度、有效粒径和均一系数的测定

GB/T 8330 离子交换树脂湿真密度测定方法

GB/T 8331 离子交换树脂湿视密度测定方法

GB/T 8144 阳离子交换树脂交换容量测定方法

GB/T 12598 离子交换树脂渗磨圆球率、磨后圆球率测定

3 产品型号及主要用途

001×7强酸性苯乙烯系阳离子交换树脂的型号按GB/T 1631编制。该产品主要用于硬水软化，纯水制备，湿法冶金等。

4 技术要求

4.1 外观

棕黄色至棕褐色球状颗粒。

4.2 出厂型式

钠型。

4.3 理化性能

理化性能应符合表1、表2中规定的各项技术指标。

表1 除盐用001×7强酸性苯乙烯系阳离子交换树脂(钠型)技术要求

项　目	001×7	001×7FC	001×7MB
全交换容量/(mmol/g)	≥4.5		
体积交换容量/(mmol/mL)	≥1.90		≥1.80

表 1（续）

项　　目	001×7	001×7FC	001×7MB
含水量/ %	45～50		
湿视密度/ (g/mL)	0.78～0.88		
湿真密度/ (g/mL)	1.25～1.29		
有效粒径[a]/ mm	0.40～0.70	0.50～1.0	0.55～0.90
均一系数[a]	≤1.6		≤1.4
范围粒度[a] %	(0.315 mm～1.250 mm) ≥95	(0.450 mm～1.250 mm) ≥95	(0.500 mm～1.250 mm) ≥95
下限粒度[a] %	(<0.315 mm) ≤1.0	(<0.450 mm) ≤1.0	(<0.500 mm) ≤1.0
磨后圆球率[b]/ %	≥90.0		

a 有效粒径，均一系数和范围粒度、下限粒度测定用钠型。

b 磨后圆球率测定用原样树脂。

表 2　软化用 001×7(R)强酸性苯乙烯系阳离子交换树脂(钠型)技术要求

项　　目	001×7(R)
全交换容量/ (mmol/g)	≥4.4
体积交换容量/ (mmol/mL)	≥1.70
含水量/ %	45～53
湿视密度/ (g/mL)	0.77～0.87
湿真密度/ (g/mL)	1.24～1.29
有效粒径[a]/ mm	0.40～1.20
均一系数[a]	≤1.9
范围粒度[a]/ %	(0.315 mm～1.400 mm) ≥95
下限粒度[a]/ %	(<0.315 mm) ≤1.0
磨后圆球率[b]/ %	≥85.0

a 有效粒径，均一系数和范围粒度、下限粒度测定用钠型。

b 磨后圆球率测定用原样树脂。

5 试验方法

5.1 外观

目测。

5.2 试样预处理

采用 GB/T 5476 中规定的方法预处理。

5.3 含水量的测定

采用 GB/T 5757 中规定的方法进行测定，结果取两位有效数字。

5.4 质量全交换容量和体积全交换容量的测定

5.4.1 质量全交换容量的测定

采用 GB/T 8144 中规定的方法进行测定，结果取小数点后两位有效数字。

5.4.2 体积全交换容量的计算

体积全交换容量按式(1)计算：

$$Q_V = Q_w\rho(1-X) \quad \cdots\cdots(1)$$

式中：

Q_V——体积全交换容量，单位为毫摩尔每毫升(mmol/mL)；

Q_w——质量全交换容量，单位为毫摩尔每克(mmol/g)；

ρ——湿视密度，单位为克每毫升(g/mL)；

X——含水量，%。

结果取小数点后两位有效数字。

5.5 湿视密度的测定

采用 GB/T 8331 中规定的方法进行测定，结果取小数点后两位有效数字。

5.6 湿真密度的测定

采用 GB/T 8330 中规定的方法进行测定，结果取三位有效数字。

5.7 粒度的测定

采用 GB/T 5758 中规定的方法筛分后，按式(2)和式(3)计算：

$$P_1 = \frac{V_0 - V_1 - V_2}{V_0} \times 100 \quad \cdots\cdots(2)$$

$$P_2 = \frac{V_1}{V_0} \times 100 \quad \cdots\cdots(3)$$

式中：

P_1——试样粒径为某范围的树脂粒度，%；

V_0——试样体积，单位为毫升(mL)；

V_1——试样粒径小于某粒径树脂体积，单位为毫升(mL)；

V_2——试样中粒径大于某粒径的树脂体积，单位为毫升(mL)；

P_2——试样粒径小于某粒径的树脂粒度，%。

结果取两位有效数字。

5.8 有效粒径和均一系数的测定

采用 GB/T 5758 中规定的方法进行测定，结果取两位有效数字。

5.9 磨后圆球率的测定

采用 GB/T 12598 中规定的方法进行测定，结果取小数点后 1 位有效数字。

6 检验规则

6.1 产品以每釜为一批。

6.2 取样采用GB/T 5475中规定的方法。

6.3 每批产品必须由生产厂的质量检验部门进行检验，并保证出厂的所有产品达到本标准规定的各项技术要求。

6.4 本标准表1和表2中，含水量、质量全交换容量、体积交换容量、湿视密度、粒度、磨后圆球率为出厂检验项目。

6.5 型式检验

6.5.1 有下列情况之一时，应进行型式检验：

a) 新产品试制鉴定；

b) 产品投产后，在结构、材料、工艺上有较大改进，可能影响到产品性能；

c) 国家质量监督部门提出检验要求。

6.5.2 检验项目

表1和表2中规定的全部项目。

6.5.3 判定规则

型式检验结果应符合表1和表2的规定，对不合格项目加倍抽样复检，如仍不合格，则该批产品被判定为不合格。

6.6 当供需双方对产品的质量发生异议时，由双方协商解决或由法定质量检测部门进行仲裁。

7 标志、包装、运输、贮存

7.1 标志

每批产品应有检验报告单。每一包装件上应有清晰、牢固的标志，标明产品名称、型号、等级、批号、净重、生产日期和生产厂名。

7.2 包装

产品应包装在内衬塑料袋的编织袋、或其他密闭容器中，每一包装件应附有合格证。

7.3 运输

本产品为非危险品，在运输过程中，应保持在0℃～40℃环境中，避免过冷或过热，注意不使树脂失水。

7.4 贮存

本产品在7.3规定的温度条件下，贮存期为两年，超过贮存期可按本标准规定进行复验，若复验结果仍符合本标准要求，仍可使用。

ICS 83.080.01
G 32

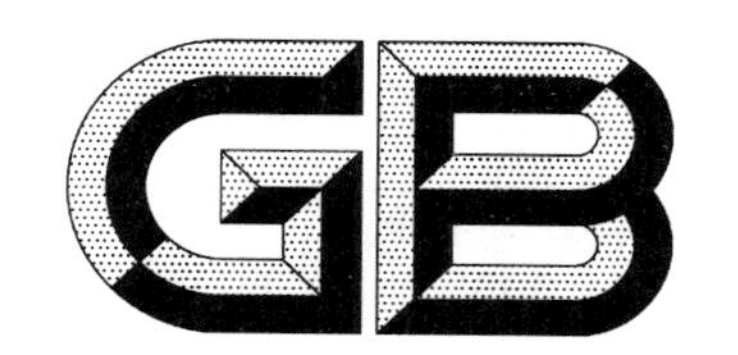

中华人民共和国国家标准

GB/T 13660—2008
代替 GB/T 13660—1992

201×7 强碱性苯乙烯系阴离子交换树脂

201×7 Strong base polystyrene anion exchange resin

2008-06-30 发布　　2009-02-01 实施

中华人民共和国国家质量监督检验检疫总局
中国国家标准化管理委员会 发布

前　　言

本标准代替 GB/T 13660—1992《0201×7 强碱性苯乙烯系阴离子交换树脂》。

与 GB/T 13660—1992 相比，本标准主要变化如下：

——对不同用途的产品分类规定了指标。

本标准由中国石油和化学工业协会提出。

本标准由全国塑料标准化技术委员会通用方法和产品分会(SAC/TC 15/SC 4)归口。

本标准主要起草单位：淄博东大化工股份有限公司、西安热工研究院有限公司、江苏苏青水处理工程集团公司、浙江争光实业股份有限公司、国家合成树脂质检中心。

本标准主要起草人：王家伟、翟静华、王广珠、钱平、沈建华、王建东。

本标准所代替标准的历次版本发布情况为：

——GB/T 13660—1992。

201×7 强碱性苯乙烯系
阴离子交换树脂

1 范围

本标准规定了201×7强碱性苯乙烯系阴离子交换树脂的技术要求、试验方法、检验规则及标志、包装、运输、贮存的要求。

本标准适用于季胺基为主要活性基团的201×7强碱性苯乙烯系阴离子交换树脂。

2 规范性引用文件

下列文件中的条款通过本标准的引用而成为本标准的条款。凡是注日期的引用文件，其随后所有的修改单(不包括勘误的内容)或修订版均不适用于本标准，然而，鼓励根据本标准达成协议的各方研究是否可使用这些文件的最新版本。凡是不注日期的引用文件，其最新版本适用于本标准。

GB/T 1631 离子交换树脂命名系统和基本规范

GB/T 5475 离子交换树脂取样方法

GB/T 5476 离子交换树脂预处理方法

GB/T 5757 离子交换树脂含水量测定方法

GB/T 5758 离子交换树脂粒度、有效粒径和均一系数的测定

GB/T 8330 离子交换树脂湿真密度测定方法

GB/T 8331 离子交换树脂湿视密度测定方法

GB/T 11992 氯型强碱性阴离子交换树脂交换容量测定方法

GB/T 12598 离子交换树脂渗磨圆球率、磨后圆球率测定

3 产品型号及主要用途

201×7强碱性苯乙烯系阴离子交换树脂的型号按GB/T 1631编制。该产品主要用于纯水制备，湿法冶金等。

4 技术要求

4.1 外观

淡黄至金黄色球状颗粒。

4.2 出厂型式

氯型。

4.3 理化性能

理化性能应符合表1中规定的各项技术指标。

表 1　水处理用 201×7 强碱性苯乙烯系阴离子交换树脂(氯型)技术要求

项　　目	201×7	201×7FC	201×7MB	201×7SC
强型基团容量/(mmol/g)	≥3.5			
体积交换容量/(mmol/mL)	≥1.30			
含水量/%	42～48			
湿视密度/(g/mL)	0.67～0.75			
湿真密度/(g/mL)	1.07～1.15			
有效粒径[a]/mm	0.40～0.70	0.50～1.0	0.50～0.80	0.63～1.0
均-系数[a]	≤1.6		≤1.4	
上限粒度[a]/%	—	—	(>0.9 mm) ≤1.0	—
范围粒度[a]/%	(0.315 mm～1.250 mm) ≥95	(0.450 mm～1.250 mm) ≥95	(0.400 mm～0.900 mm) ≥95	(0.630 mm～1.250 mm) ≥95
下限粒度[a]/%	(<0.315 mm) ≤1.0	(<0.450 mm) ≤1.0	—	(<0.630 mm) ≤1.0
磨后圆球率[b]/%	≥90.0			

a　有效粒径,均一系数和范围粒度、上限粒度及下限粒度测定用氯型。

b　磨后圆球率测定用原样树脂。

5　试验方法

5.1　外观的测定

目测。

5.2　试样预处理

采用 GB/T 5476 中规定的方法进行预处理。

5.3　含水量的测定

采用 GB/T 5757 中规定的方法进行测定。

5.4　强型基团交换容量、体积交换容量的测定

5.4.1　强型基团交换容量的测定,采用 GB/T 11992 中规定的方法二进行。

5.4.2　体积全交换容量按式(1)计算:

$$Q_{\mathrm{V}} = Q_{wl}\rho(1-X) \qquad \cdots\cdots(1)$$

式中：

Q_V——体积全交换容量，单位为毫摩尔每毫升(mmol/mL)；

Q_w——质量全交换容量，单位为毫摩尔每克(mmol/g)；

ρ——湿视密度，单位为克每毫升(g/mL)；

X——含水量，%。

5.5 湿视密度的测定

采用 GB/T 8331 中规定的方法进行测定，结果取两位有效数字。

5.6 湿真密度的测定

采用 GB/T 8330 中规定的方法进行测定，结果取三位有效数字。

5.7 粒度的测定

采用 GB/T 5758 中规定的方法筛分后，按式(2)和式(3)计算：

$$P_1 = \frac{V_0 - V_1 - V_2}{V_0} \times 100 \quad \cdots\cdots(2)$$

$$P_2 = \frac{V_1}{V_0} \times 100 \quad \cdots\cdots(3)$$

式中：

P_1——试样粒径为某范围的树脂粒度，%；

V_0——试样体积，单位为毫升(mL)；

V_1——试样粒径小于某粒径树脂体积，单位为毫升(mL)；

V_2——试样中粒径大于某粒径的树脂体积，单位为毫升(mL)；

P_2——试样粒径小于某粒径的树脂粒度，%。

结果取两位有效数字。

5.8 有效粒径和均一系数的测定

采用 GB/T 5758 中规定的方法进行测定，结果取两位有效数字。

5.9 磨后圆球率的测定

采用 GB/T 12598 中规定的方法进行测定，结果取三位有效数字。

6 检验规则

6.1 产品以每釜为一批。

6.2 取样采用 GB/T 5475 中规定的方法。

6.3 每批产品必须由生产厂的质量检验部门进行检验，并保证出厂的所有产品达到本标准规定的各项技术要求。

6.4 本标准表 1 中，含水量、强型基团交换容量、体积交换容量、湿视密度、粒度、磨后圆球率为出厂检验项目。

6.5 型式检验

6.5.1 有下列情况之一时，应进行型式检验：

a) 新产品试制鉴定；

b) 产品投产后，在结构、材料、工艺上有较大改进，可能影响到产品性能；

c) 国家质量监督部门提出检验要求。

6.5.2 检验项目

表 1 中规定的全部项目。

6.5.3 判定规则

型式检验结果应符合表 1 的规定，对不合格项目加倍抽样复检，如仍不合格，则该批产品被判定为不合格。

6.6　当供需双方对产品的质量发生异议时，由双方协商解决或由法定质量检测部门进行仲裁。

7　标志、包装、运输、贮存

7.1　标志

每批产品应有检验报告单。每一包装件上应有清晰、牢固的标志，标明产品名称、型号、等级、批号、净重、生产日期和生产厂名。

7.2　包装

产品应包装在内衬塑料袋的编织袋、或其他密闭中，每一包装件应附有合格证。

7.3　运输

本产品为非危险品，在运输过程中，应保持在 0℃～40℃环境中，避免过冷或过热，注意不使树脂失水。

7.4　贮存

本产品在 7.3 规定的温度条件下，贮存期为两年，超过贮存期可按本标准规定进行复验，若复验结果仍符合本标准要求，仍可使用。

ICS 27.060.01
J 98

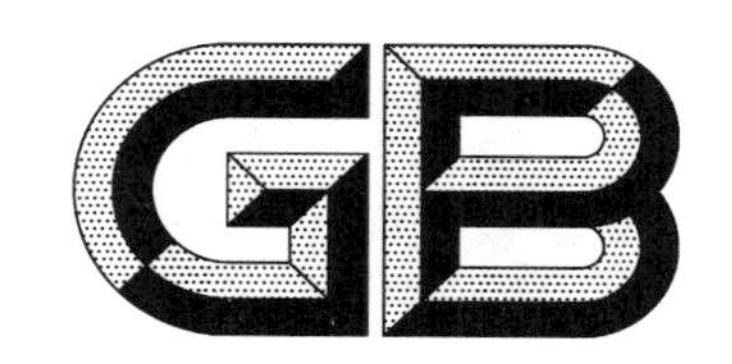

中华人民共和国国家标准

GB/T 13922—2011
代替 GB/T 13922.1～13922.4—1992

水处理设备性能试验

Performance test for water treatment equipment

2011-12-30 发布　　2012-06-01 实施

中华人民共和国国家质量监督检验检疫总局
中国国家标准化管理委员会　发布

前　言

本标准按照 GB/T 1.1—2009 给出的规则起草。

本标准代替 GB/T 13922.1—1992《水处理设备性能试验　总则》、GB/T 13922.2—1992《水处理设备性能试验　离子交换设备》、GB/T 13922.3—1992《水处理设备性能试验　过滤设备》、GB/T 13922.4—1992《水处理设备性能试验　除氧器》。

本标准对 GB/T 13922.1—1992、GB/T 13922.2—1992、GB/T 13922.3—1992、GB/T 13922.4—1992 进行了整合，与 1992 年版本相比，主要变化如下：

——增加和修改了部分规范性引用文件；

——增加和修改了术语和定义；

——修改了部分化学测量指标；

——增加了离子交换设备性能试验的“试验条件”；

——在离子交换设备性能试验中增加了工作交换容量、再生剂耗量、再生自耗水率、除碳器除碳效率等的测定要求，并给出了计算公式；

——过滤设备试验对象增加了高效纤维过滤设备和除铁过滤设备；

——增加了过滤设备反洗强度的测量；

——除氧设备试验对象限定为热力除氧器；

——溶解氧测定方法直接引用 GB/T 12157，删除了 GB/T 13922.4—1992 中第 6 章和第 7 章的内容；

——除氧设备试验要求中规定了各种疏水不参与试验，简化了除氧器热力及流体性能的测量和计算公式。

本标准由全国锅炉压力容器标准化技术委员会(SAC/TC 262)提出并归口。

本标准负责起草单位：中国锅炉水处理协会。

本标准参加起草单位：中国特种设备检测研究院、宁波市特种设备检验研究院、广州市特种承压设备检测研究院、无锡国联华光电站工程有限公司、江苏省特种设备安全监督检验研究院常州分院、温州市润新机械制造有限公司。

本标准主要起草人：王骄凌、周英、杨麟、徐月湖、胡月新、伍孝荣、王婷。

本标准代替标准的历次版本发布情况为：

——GB/T 13922.1—1992、GB/T 13922.2—1992、GB/T 13922.3—1992、GB/T 13922.4—1992。

水处理设备性能试验

1 范围

本标准规定了离子交换设备、过滤设备、热力除氧器等水处理设备性能试验的要求、测量方法和试验报告的内容。

本标准适用于上述水处理设备产品鉴定试验、新安装后或者在用设备技术改造后进行调试和验收时的性能试验，也适用于对在用水处理设备进行使用经济性评估时的性能试验。

2 规范性引用文件

下列文件对于本文件的应用是必不可少的。凡是注日期的引用文件，仅注日期的版本适用于本文件。凡是不注日期的引用文件，其最新版本(包括所有的修改单)适用于本文件。

GB 209 工业用氢氧化钠
GB 320 工业用合成盐酸
GB/T 534 工业硫酸
GB/T 1226 一般压力表
GB/T 1227 精密压力表
GB/T 1576—2008 工业锅炉水质
GB/T 5462 工业盐
GB/T 5757 离子交换树脂含水量测定方法
GB/T 5758 离子交换树脂粒度、有效粒径和均一系数的测定
GB/T 5759 氢氧型阴离子交换树脂含水量测定方法
GB/T 5760 氢氧型阴离子交换树脂交换容量测定方法
GB/T 6904 工业循环冷却水及锅炉用水中 pH 的测定
GB/T 6907 锅炉用水和冷却水分析方法 水样的采集方法
GB/T 6908 锅炉用水和冷却水分析方法 电导率的测定
GB/T 6909 锅炉用水和冷却水分析方法 硬度的测定
GB/T 8144 阳离子交换树脂交换容量测定方法
GB/T 8330 离子交换树脂湿真密度测定方法
GB/T 8331 离子交换树脂湿视密度测定方法
GB/T 11991 离子交换树脂转型膨胀率测定方法
GB/T 11992 氯型强碱性阴离子交换树脂交换容量测定方法
GB/T 12148 锅炉用水和冷却水分析方法 全硅的测定 低含量硅氢氟酸转化法
GB/T 12149 工业循环冷却水和锅炉用水中硅的测定
GB/T 12151 锅炉用水和冷却水分析方法 浊度的测定(福马肼浊度)
GB/T 12152 锅炉用水和冷却水中油含量的测定
GB/T 12157 工业循环冷却水和锅炉用水中溶解氧的测定
GB/T 12598 离子交换树脂渗磨圆球率、磨后圆球率的测定
GB/T 13689 工业循环冷却水和锅炉用水中铜的测定

GB/T 14343　化学纤维　长丝线密度试验方法

GB/T 14415　工业循环冷却水和锅炉用水中固体物质的测定

GB/T 14420　锅炉用水和冷却水分析方法　化学耗氧量的测定　重铬酸钾快速法

GB/T 14424　工业循环冷却水中余氯的测定

GB/T 14427　锅炉用水和冷却水分析方法　铁的测定

GB/T 14640　工业循环冷却水及锅炉用水中钾、钠含量的测定

GB/T 15453　工业循环冷却水和锅炉用水中氯离子的测定

GB/T 18300　自动控制钠离子交换器技术条件

GB 50109　工业用水软化水除盐设计规范

DL/T 502.5　火力发电厂水汽分析方法　第5部分:酸度的测定

DL/T 502.8　火力发电厂水汽分析方法　第8部分:游离二氧化碳的测定(固定法)

DL/T 502.14　火力发电厂水汽分析方法　第14部分:铜的测定(双环己酮草酰二腙分光光度法)

DL/T 502.22　火力发电厂水汽分析方法　第22部分:化学耗氧量的测定(高锰酸钾法)

DL/T 502.25　火力发电厂水汽分析方法　第25部分:全铁的测定(磺基水杨酸分光光度法)

DL/T 5068　火力发电厂化学设计技术规程

FZ/T 54001—1991　丙纶 BCF 丝

JB/T 2932　水处理设备技术条件

3　术语和定义

下列术语和定义适用于本文件。

3.1

硬度　hardness

水中易于形成沉淀物的金属离子总浓度,通常以水中钙、镁离子的总浓度表示。

3.2

软化水　softened water

除掉大部分或全部钙、镁离子后的水。

3.3

离子交换树脂　ion-exchange resin

采用化学合成方法制成的具有活性基团的高分子共聚物,能与溶液中相同电性的离子相互交换的离子交换剂。

3.4

再生过程　regeneration phase

使失效离子交换树脂恢复交换能力的过程,包括但不限于反洗、再生、置换、正洗等各步骤的过程。

3.5

再生　regeneration

将一定浓度的再生液以一定的流速流过失效的树脂层,使离子交换树脂恢复交换能力的步骤。

3.6

再生剂　regenerant

用于恢复交换剂交换能力的物质。

3.7

再生液　regeneration solution

配制成一定浓度的再生剂溶液。

3.8

再生剂耗量　regeneration level

使离子交换树脂恢复 1 mol 交换能力所消耗的纯再生剂的克数。

3.8.1

盐耗　salt consumption

钠离子交换树脂每恢复 1 mol 交换能力所消耗的食盐(以纯 NaCl 计)的克数。

3.8.2

酸耗　acid consumption

H 型离子交换树脂每恢复 1 mol 交换能力所消耗的盐酸(以纯 HCl 计)或硫酸(以纯 H_2SO_4 计)的克数。

3.8.3

碱耗　alkali consumption

OH 型离子交换树脂每恢复 1 mol 交换能力所消耗的氢氧化钠(以纯 NaOH 计)的克数。

3.9

再生剂比耗　molar amounts of regenerant consumption

再生剂耗量与再生剂摩尔质量之比。

3.10

周期制水量　service cycle water production

交换器再生后,开始投运制水至失效这一周期内所制取的产品水总量。

3.11

再生自耗水率　regeneration self-water consumption ratio

再生过程的耗水总量(其中不包括带中排的逆流再生离子交换器大反洗的耗水)与离子交换树脂的体积比。

3.12

工作交换容量　working exchange capacity

在工作状态下,单位体积树脂所能交换离子的量。

3.13

粒径　particle size

滤料的粒径通常以平均粒径和有效粒径表示。平均粒径 d_{50},是指有 50%(按称量计)的滤料能通过的筛孔孔径;有效粒径 d_{10},表示有 10%(按称量计)的滤料能通过的筛孔孔径,常以 mm 为单位。

3.14

不均匀系数　uneven coefficient

滤料粒度的均匀性常用不均匀系数 K_{80} 来表示,它是指 80%(按称量计)的滤料能通过的筛孔孔径(d_{80})与 10%的滤料能通过的筛孔孔径(d_{10})之比。

3.15

线密度　linear density

每米单根纤维在标准大气中调湿后的质量,单位为分特克斯(dtex)。

3.16

热负荷　heat load

单位时间内蒸汽传给水的热量。

3.17

进汽量　inlet steam flow

除氧器进口蒸汽流量,包括排汽损失量。

3.18

进汽压降　inlet steam pressure drop

除氧器进口蒸汽压力与除氧器(除氧头)内工作压力之差。

3.19

除氧水焓增量　deoxygenized water enthalpy increase

除氧器出口水焓与进口水焓之差。

3.20

终温差　final temperature difference

除氧器内饱和蒸汽温度与除氧器出口水温度之差。

3.21

排汽量　outlet steam flow

除氧器排汽口排出的蒸汽量。

3.22

定常参数　steady parameters

除氧器性能试验时,1 h内或相当于十次更换水箱贮水(在试验出力下)所需时间内应保持稳定的参数。

4　总则

4.1　试验大纲

4.1.1　在进行水处理设备性能试验之前,应制定试验大纲。试验大纲应包括以下内容:

a)　试验目的、试验地点、试验时间、试验程序、数据处理及计算方法(包括误差处理原则)等;

b)　试验工况,预备性试验,试验前后需做的设备检查内容和要求;

c)　参加试验的人员分工和职责;

d)　试验用仪器仪表的型号、数量、精度等级、布置位置,以及仪器仪表的校正要求;

e)　明确试验工况的要求、稳定工况的方法,以及允许工况变动的范围;

f)　设备流入液的质量及预处理方法;

g)　对流入液和流出液测定项目、分析方法及其精度要求;

h)　确定取样和记录仪表读数的时间间隔;

i)　试验必需的安全措施。

4.1.2　对于验收试验和鉴定试验,试验双方应对上述试验大纲中每一项内容达成协议。

4.2　试验要求

4.2.1　在正式试验前,应做一次预备性试验。在预备性试验中,应查清设备、控制装置、采样点和仪器仪表的工作性能情况,以保证能记录到正确的试验数据。

4.2.2　在稳定状态建立后,预备性试验至少应经历一次完整的周期,对除氧器要持续一定时间,以确定设备运行是否正常,试验程序是否可行。

4.2.3　在做试验前应检查进行试验的设备是否处于待用状态。如果处于工作状态,应记录以下内容:

a)　设备已运行的时间;

b)　试验前曾经发生过的任何不正常情况。

4.2.4　试验所用的所有控制装置都应预先予以校正。所有的测量仪器、仪表等都应符合相应的标准或技术规范的要求,并按计量检定规程的要求计量有效。

4.2.5　化学测量所用的试剂应保证有效,标准溶液应进行准确标定。

4.2.6 为确保设备性能及求得各参数的平均值，试验应持续一定的时间。

4.3 试验报告的要求

4.3.1 每次性能试验结束后，试验单位应出具完整的试验报告。

4.3.2 试验报告至少应包含以下几方面：

a) 基本信息；

b) 试验概况；

c) 试验设备叙述；

d) 试验数据记录；

e) 试验结果；

f) 结论。

4.3.3 试验基本信息至少应包括以下内容：

a) 试验单位、联系人和联系电话；

b) 设备使用单位或者试验申请单位、联系人和联系电话；

c) 试验的水处理设备；

d) 试验地点；

e) 水源的种类及水质；

f) 出水水质要求；

g) 试验人员；

h) 试验日期。

4.3.4 试验概况至少应包括以下内容：

a) 试验目的；

b) 试验内容和程序；

c) 试验前的准备工作；

d) 试验前和试验中的运行情况；

e) 主要测量参数、测试方法、测点布置(必要时附图)；

f) 试验工况的修正。

4.3.5 试验设备叙述、数据记录、试验结果和结论等的报告内容应根据设备具体情况和性能试验要求确定。

5 离子交换设备性能试验

5.1 试验对象

本标准适用于以下几种型式的离子交换设备及系统：

a) 钠离子交换设备；

b) 阳离子交换设备；

c) 阴离子交换设备；

d) 阳离子交换-除碳器-阴离子交换系统；

e) 阴、阳混合离子交换设备。

试验时可根据水处理流程的需要做单台设备的性能测试，也可几台设备组合起来进行系统测试。

5.2 试验内容及目的

5.2.1 一般要求

5.2.1.1 对一般离子交换设备(以下简称交换器)的试验，至少要有三个周期。对于工作周期需很长时间的深度除盐设备，至少要有一个完整的周期。

5.2.1.2 在试验中，主要通过压差、流量、温度、树脂装填体积、运行周期、交换器内径、再生剂用量等的测量以及水质化学测量，确定交换器的周期制水量、工作交换容量、再生剂耗量和比耗、再生自耗水率等的性能。

5.2.2 压差测量

通过压差测量，反映离子交换树脂床层表面的污染程度及树脂颗粒的破碎程度。树脂层反洗的效果一般可通过测量反洗前后树脂层的压降予以确定。

5.2.3 流量测量

通过流量的测量可确定设备的出力，也可确定再生过程中反洗、再生、置换、正洗等各步骤中交换器内的流体流速。

5.2.4 温度测量

5.2.4.1 试验时应测量水温和再生液的温度，了解温度对再生效果和工作交换容量的影响。

5.2.4.2 在对样品进行化学分析时，对电导率、pH 值等受温度影响的项目应采取温度补偿措施。

5.2.5 树脂装填体积测量

5.2.5.1 通过对树脂堆体积的测量，确定交换器内是否装有适当数量的树脂。

5.2.5.2 通常树脂在第一次工作周期中会有一定量的不可逆膨胀，尤其是弱型离子交换树脂具有这个特性。在这种情况下，要求在设备进行多次运行周期后再做树脂堆体积测量。

5.2.5.3 树脂装填体积不包括压脂层和惰性树脂的体积。

5.2.6 运行周期的测量

交换器在额定出力下，测定并记录从开始投运至失效的连续运行时间，确定制水周期是否符合设计要求。

5.2.7 反洗强度测量

通过对反洗流量和交换器内径的测量，确定适宜的反洗强度，以保证树脂的清洗效果，并避免颗粒树脂流失。

5.2.8 化学测量

5.2.8.1 通过测定经过离子交换后水质的变化，确定交换器的水处理性能。

5.2.8.2 本试验中化学测量指标见表 1。

表 1 各种离子交换系统性能试验中的化学测量指标

离子交换系统	进水化学测量指标	出水化学测量指标
钠离子交换	总硬度 氯离子 浊度 余氯 总铁离子 化学耗氧量($KMnO_4$ 法)	总硬度 氯离子

表 1（续）

离子交换系统	进水化学测量指标	出水化学测量指标
氢-钠离子交换	总硬度 氯离子 碱度 pH 值 酸度 浊度 余氯 总铁离子 化学耗氧量（$KMnO_4$ 法）	总硬度 氯离子 碱度 pH 值 酸度
氢离子交换 （包括弱酸性阳离子交换和强酸性阳离子交换及其多室床）	总硬度 钠离子 pH 值 碱度 电导率 浊度 余氯 总铁离子 化学耗氧量（$KMnO_4$ 法）	总硬度 钠离子（仅对强阳离子交换要求） pH 值 酸度
除碳器	二氧化碳	二氧化碳
阴离子交换 （包括弱碱性阴离子交换和强碱性阴离子交换及其多室床）	酸度 pH 值 二氧化硅 二氧化碳 余氯 化学耗氧量（$KMnO_4$ 法）	酸度（仅对弱碱阴离子交换要求） pH 值 二氧化硅（仅对强阴离子交换要求） 氯离子（仅对弱碱阴离子交换要求） 电导率
阳、阴离子混合交换（混床）	电导率 二氧化硅 pH 值	电导率 二氧化硅 pH 值
凝结水处理混床	总硬度 钠离子 二氧化硅 电导率 pH 值 总铜离子 总铁离子	总硬度 钠离子 二氧化硅 电导率 pH 值 总铜离子 总铁离子
冷凝水（回水）钠离子交换	总硬度 电导率 总铁离子 pH 值 浊度 油	总硬度 电导率 总铁离子
注：也可根据需要增加其他化学测量指标。		

5.2.9 周期制水量测量

通过对周期制水量测定，确认交换器在进水水质稳定情况下的再生效果。

5.2.10 工作交换容量测定

通过测定交换器中树脂的工作交换容量，对交换器实际运行的经济性及树脂的交换能力进行评估。

5.2.11 再生剂耗量和比耗

通过对再生剂实际耗量和比耗的测定，判断交换器再生的经济性及再生剂用量是否合理。

5.2.12 再生自耗水率

通过再生自耗水率测定，确认交换器再生过程中的耗水量是否符合设计要求，避免再生用水的浪费。

5.2.13 除碳器除碳效率测定

通过除碳器除碳效率的测定，确认离子交换除盐系统中，经过除碳器除碳后水中残留的二氧化碳对阴离子交换性能的影响。

5.3 试验条件

5.3.1 离子交换树脂质量要求

交换器中填装的离子交换树脂应符合相应型号树脂的质量标准。必要时可在试验前按表2对树脂进行理化分析，以确认其是否符合设计要求。

表2 树脂理化分析的测定项目和方法

测定项目[a]	测定方法
全交换容量	GB/T 5760、GB/T 8144、GB/T 11992
含水量	GB/T 5757、GB/T 5759
湿真密度	GB/T 8330
湿视密度	GB/T 8331
转型膨胀率	GB/T 11991
强度	GB/T 12598
粒度	GB/T 5758

[a] 也可根据需要增加其他项目的测定。

5.3.2 用于垫层的石英砂要求

5.3.2.1 对于下布水采用石英砂垫层的交换器，应对所填装的石英砂进行化学稳定性试验。

5.3.2.2 石英砂的化学稳定性试验按以下方法进行：

取各规格的石英砂100 g～150 g，加100 mL～150 mL 5%HCl，保持20 ℃浸泡4 h，冲洗至中性，沥干；再加100 mL～150 mL 5%NaOH溶液，保持40 ℃浸泡4 h后，用无硅水彻底冲洗干净，沥去水分，烘干；取50 g放在1 000 mL塑料杯中，加500 mL无硅水保持20 ℃，每4 h摇动一次，浸泡24 h，其水溶液中二氧化硅的增加量不超过20 μg/L；硬度含量不应有增高。

5.3.3 进水水质要求

离子交换系统的进水水质应符合JB/T 2932的要求。

5.3.4 再生剂要求

5.3.4.1 再生剂的质量应符合GB 209、GB 320、GB/T 534、GB/T 5462等相应标准的要求。

5.3.4.2 对再生液的浓度应进行测定和调整，以符合GB 50109或DL/T 5068对再生的要求。

5.4 试验方法

5.4.1 物理测量

5.4.1.1 压差测量

用沿程安装的压力表、压差计对设备及系统各部件按以下要求进行压力和压差测量：

a) 单一设备或几台设备组成的系统的压力损失值，可用压差计或一对配套的、经校准的压力表进行测量。采用一对压力表测量时，两者宜安装在同一高度，以避免对不同静压头的修正，并便于同时读出进、出口压力；
b) 应适当地选择压力表的量程，压力表最大量程一般应是指示平均值的1.5倍～2倍；
c) 按试验大纲确定的参数调整流量，避免不同流量对压差测量值的影响；
d) 进行设备阻力损失的试验，应将压力测点置于设备的进口及出口管道上。

5.4.1.2 流量测量

交换器再生过程中及运行时的流量，可以通过在交换器的各出口管路上安装流量计来测定。对于小型离子交换系统，如果没有安装流量计，也可以将水流从交换器各排出口分别引入参加试验各方一致商定的、既可称量又可测量体积的容器中，同时用秒表计量时间，确定再生各个过程及运行时的流量。

5.4.1.3 温度测量

温度测量可采用充液式玻璃温度计。

5.4.1.4 树脂体积测量

树脂堆体积的测量按如下方法进行：对设备中已再生的树脂反洗10 min，使树脂床层膨胀至少50%。打开交换器空气门，静置5 min～10 min，使树脂自然沉降。然后在大气压力下排水，排水速度以不超过1 kg/(s·m^2)为宜，直到设备内液面高于树脂10 cm左右，再测量树脂床高度。注意不要震动设备或扰动树脂床。并计算出树脂堆体积，记录数值并标明树脂形态(Na型、H型、OH型)。

5.4.1.5 反洗强度测量

反洗强度测量可通过测定反洗时使树脂层膨胀到规定高度时的反洗流量来确定。

5.4.1.6 自动钠离子交换器的测量

自动钠离子交换器除了进行上述测量外，还应按GB/T 18300的要求进行空气止回性能、盐水液位控制性能的测量。

5.4.2 化学测量

5.4.2.1 水样的采集

交换器进水和出水的水样采集，应符合 GB/T 6907 的要求。

5.4.2.2 化学测量方法

交换器的进水和出水按表 1 的要求进行化学测量。各项指标的测定方法见表 3。

表 3 水质各项化学测量指标测定方法

化学测量指标	测定方法
总硬度	GB/T 6909
总碱度	GB/T 1576—2008 附录 H
氯离子	GB/T 15453
余氯	GB/T 14424
pH 值	GB/T 6904
浊度	GB/T 12151
酸度	DL/T 502.5
电导率	GB/T 6908
二氧化碳	DL/T 502.8
二氧化硅	GB/T 12148;GB/T 12149
钠离子	GB/T 14640
总铁离子	DL/T 502.25;测纯水:GB/T 14427
总铜离子	GB/T 13689;DL/T 502.14
化学耗氧量	GB/T 14420;DL/T 502.22
油	GB/T 12152

5.4.3 周期制水量和工作交换容量的测定

5.4.3.1 周期制水量的测定

通过安装在交换器出水管上的流量表，记录交换器开始投运至失效时累计制水的量。一般需进行三个周期的测定，取其平均值。

5.4.3.2 工作交换容量的测定

根据试验时测定的周期制水量、树脂体积、交换器的进水和出水水质，按以下公式计算各类离子交换的工作交换容量。

a) 钠离子交换的工作交换容量按式(1)计算：

$$E=\frac{Q(YD-YD_{C})}{V_{R}} \quad \cdots\cdots (1)$$

式中：

E ——树脂的工作交换容量，单位为摩尔每立方米(mol/m^3)；

Q ——周期制水量，单位为立方米(m^3)；
YD ——制水周期中原水的平均硬度，单位为毫摩尔每升(mmol/L)；
YD_C ——钠离子交换器出水的残留硬度，单位为毫摩尔每升(mmol/L)；
V_R ——交换器内树脂的填装体积，单位为立方米(m^3)。

b) 氢离子交换的工作交换容量按式(2)计算：

$$E=\frac{Q\Sigma_{Y+}}{V_R}\approx\frac{Q(JD+SD)}{V_R} \quad\cdots\cdots(2)$$

式中：
Σ_{Y+} ——阳离子交换器进水中阳离子总含量，单位为毫摩尔每升(mmol/L)；
JD ——制水周期中阳离子交换器进水平均碱度，单位为毫摩尔每升(mmol/L)；
SD ——制水周期中阳离子交换器出水平均酸度，单位为毫摩尔每升(mmol/L)。
其余符号意义同式(1)。

c) 氢氧型阴离子交换的工作交换容量按式(3)计算：

$$E=\frac{Q\Sigma_{Y-}}{V_R}\approx\frac{Q(SD+CO_2+SiO_2)}{V_R} \quad\cdots\cdots(3)$$

式中：
Σ_{Y-} ——交换器进水阴离子总含量，单位为毫摩尔每升(mmol/L)；
SD ——制水周期中阴离子交换器进水平均酸度，单位为毫摩尔每升(mmol/L)；
CO_2 ——制水周期中阴离子交换器进水二氧化碳平均含量，单位为毫摩尔每升(mmol/L)；
SiO_2 ——制水周期中阴离子交换器进水二氧化硅平均含量，单位为毫摩尔每升(mmol/L)。
其余符号意义同式(1)。

d) 弱酸型-强酸型阳离子交换串连系统中，弱酸型和强酸型树脂工作交换容量计算如下：

1) 弱酸型阳离子交换树脂工作交换容量按式(4)计算：

$$E\approx\frac{Q(YD_T+\alpha)}{V_{Rr}} \quad\cdots\cdots(4)$$

式中：
YD_T ——制水周期中平均进水碳酸盐硬度，单位为毫摩尔每升(mmol/L)；
V_{Rr} ——弱酸型树脂的体积，单位为立方米(m^3)；
α ——弱酸型树脂阳离子交换后，出水中平均碳酸盐硬度残余量，单位为毫摩尔每升(mmol/L)，当 α 值难以测定时，也可按表4选取。
其余符号意义同式(1)。

表4　α值参考数据

进水水质	硬度/碱度	1.0～<1.5		1.5～2.0	
	YD_T mmol/L	≤2	>2	≤3	>3
α 值 mmol/L		0.15～0.20	0.20～0.30	0.10～0.20	0.20～0.40

2) 强酸型阳离子交换树脂工作交换容量按式(5)计算：

$$E=\frac{Q(JD+SD-YD_T+\alpha)}{V_{Rq}} \quad\cdots\cdots(5)$$

式中：
JD ——制水周期中弱型阳离子交换器进水平均碱度，单位为毫摩尔每升(mmol/L)；
SD ——制水周期中强型阳离子交换器出水平均酸度，单位为毫摩尔每升(mmol/L)；

V_{Rq} ——强型树脂的体积，单位为立方米(m^3)。

其余符号意义同式(4)。

e) 弱碱型-强碱型阴离子交换串连系统中，弱碱型和强碱型树脂工作交换容量按以下计算：

1) 弱碱型阴离子交换树脂工作交换容量按式(6)计算：

$$E \approx \frac{Q(SD-\beta)}{V_{Rr}} \quad \cdots\cdots(6)$$

式中：

SD ——制水周期中弱型阴离子交换器进水平均酸度，单位为毫摩尔每升(mmol/L)；

V_{Rr} ——弱碱型树脂的体积，单位为立方米(m^3)；

β ——弱碱型树脂阴离子交换后，出水中平均强酸根阴离子残余量，单位为毫摩尔每升(mmol/L)。β值近似于弱碱型阴离子交换器出水平均酸度，无酸度时可近似按出水氯离子平均含量计(以 mmol/L 为单位)。

其余符号意义同式(1)。

2) 强碱型阴离子交换树脂工作交换容量按式(7)计算：

$$E=\frac{Q(CO_2+SiO_2+\beta)}{V_{Rq}} \quad \cdots\cdots(7)$$

式中符号意义同式(3)、式(5)和式(6)。

5.4.4 再生剂耗量和比耗的测定

5.4.4.1 盐耗测定

盐耗按式(8)计算：

$$H_Y=\frac{m_{cz}}{Q(YD-YD_C)} \quad \cdots\cdots(8)$$

式中：

H_Y ——盐耗，单位为克每摩尔(g/mol)；

m_{cz} ——再生一次所用纯再生剂的量(按100%计)，单位为克(g)。

其余符号同式(1)。

5.4.4.2 酸耗测定

酸耗按式(9)计算：

$$H_S=\frac{m_{cz}}{Q\Sigma_{Y+}} \approx \frac{m_{cz}}{Q(JD+SD)} \quad \cdots\cdots(9)$$

式中：

H_S——酸耗，单位为克每摩尔(g/mol)；

其余符号同式(2)和式(8)。

5.4.4.3 碱耗测定

碱耗按式(10)计算：

$$H_J=\frac{m_{cz}}{Q\Sigma_{Y-}} \approx \frac{m_{cz}}{Q(SD+CO_2+SiO_2)} \quad \cdots\cdots(10)$$

式中：

H_J——碱耗，单位为克每摩尔(g/mol)；

其余符号同式(3)和式(8)。

注：弱酸型-强酸型阳离子交换系统，或者弱碱型-强碱型阴离子交换系统通常采用联合再生，可通过测定交换器进、出水水质，按式(9)和式(10)计算总的酸耗和碱耗。

5.4.4.4 再生剂比耗计算

再生剂比耗按式(11)计算：

$$d=\frac{H}{M} \quad \cdots\cdots(11)$$

式中：

d ——再生剂比耗；

H——再生剂耗量，单位为克每摩尔(g/mol)；

M——再生剂的摩尔质量，单位为克每摩尔(g/mol)。

用食盐(NaCl)作再生剂时 $M=58.5$ g/mol；用盐酸作再生剂时 $M=36.5$ g/mol；用氢氧化钠作再生剂时 $M=40$ g/mol。

5.4.5 再生自耗水率的测定

5.4.5.1 按5.4.1.2方法测定再生过程各步骤中的流量(带中排的逆流再生离子交换器不包括大反洗)，同时记录各步骤的实际时间，计算出再生过程总耗水量。

5.4.5.2 再生自耗水率按式(12)计算：

$$Z_{HS}=\frac{Q_H}{V_R} \quad \cdots\cdots(12)$$

式中：

Z_{HS}——再生自耗水率；

Q_H ——再生过程总耗水量，单位为立方米(m^3)；

V_R ——交换器内树脂的填装体积，单位为立方米(m^3)。

5.4.6 除碳器除碳效率测定

5.4.6.1 在除碳器稳定运行状态下，按照DL/T 502.8测定除碳器进水(或阳床出水)和除碳器出水的二氧化碳含量。

5.4.6.2 试验至少应持续至阴离子交换器两个制水周期，以便确定除碳器除碳效率对阴离子交换性能的影响。

5.4.6.3 除碳器除碳效率按式(13)计算：

$$\eta=\frac{CO_{2in}-CO_{2out}}{CO_{2in}}\times 100\% \quad \cdots\cdots(13)$$

式中：

η ——除碳器除碳效率，单位为质量百分数(%)；

CO_{2in} ——除碳器进水二氧化碳含量，单位为毫克每升(mg/L)；

CO_{2out}——除碳器出水二氧化碳含量，单位为毫克每升(mg/L)。

5.5 试验报告

5.5.1 试验报告应符合总则的要求。

5.5.2 试验设备的叙述至少应包含以下内容：

a) 设备制造单位名称；

b) 设备类型、型号及出厂编号；

c) 设备及系统的设计参数；

d) 交换器的数量、尺寸和布置；

e) 离子交换系统及其布置；

f) 系统管道的尺寸和布置；
g) 各交换器中树脂的型号、体积和层高；
h) 各交换器中树脂垫层材料类型、质量和级配情况；
i) 交换器的再生系统及装置；
j) 交换器所用压缩空气装置的参数；
k) 测量装置的系统图。

5.5.3 试验数据记录至少应包括以下内容：

a) 各个交换器内树脂的实测体积；
b) 运行(包括进水和出水的压力、温度、水质、流量及时间等)；
c) 反洗(包括反洗流量、时间、反洗强度、水质等)；
d) 再生(包括再生方式、再生剂种类、再生剂纯度、再生剂用量、再生流速、再生时间、再生液浓度、再生液温度等)；
e) 置换(包括置换清洗用水、流速、时间等)；
f) 正洗(包括正洗流速、时间、水质等)。

5.5.4 试验结果应包含以下几项性能指标：

a) 系统出力；
b) 制水质量；
c) 运行周期、周期制水量和工作交换容量；
d) 再生剂耗量和比耗；
e) 再生自耗水率；
f) 除碳器除碳效率。

5.5.5 结论中应对被测试的离子交换水处理效果、树脂再生效果以及运行和再生的经济性作出评价。

6 过滤设备的性能试验

6.1 试验对象

本标准适用的过滤设备包括：

a) 压力式机械过滤器，包括单流、双流、多层多介质滤料过滤器；
b) 高效纤维过滤器；
c) 活性炭过滤器；
d) 除铁过滤器。

6.2 试验内容及目的

6.2.1 压差测量

通过压差测量，反映滤料床层的截污情况。通过测量反洗前后滤料床层的压降判断过滤器反洗效果。

6.2.2 流量测量

通过流量的测量确定设备的出力，以及反洗、正洗时的流体流速。

6.2.3 温度测量

测量过滤器在运行和反洗时的水温，了解温度对过滤效果、反洗效果以及对滤料溶出物的影响。

6.2.4 **反洗强度测量**

通过反洗强度(包括空气擦洗强度)的测量,确定使过滤器达到良好反洗效果所需的反洗水和压缩空气流量。

6.2.5 **滤料填装体积的测量**

测量各种规格滤料填装的层高和体积,确定填装量是否满足设备设计的要求。

6.2.6 **颗粒状滤料粒度和密度的测量**

6.2.6.1 滤料填装前测量颗粒滤料粒度,确定过滤材料的粒度是否满足设备设计的要求。

6.2.6.2 多介质过滤器通过测量各类型滤料密度,确定其是否符合设计要求。

6.2.7 **纤维束滤料的检查**

检查纤维束滤料的质量、规格、数量及其安装是否满足设备设计的要求。

6.2.7.1 纤维束滤料物理性能指标应符合 FZ/T 54001—1991,4.1 的规定。

6.2.7.2 纤维束滤料外观指标应符合 FZ/T 54001—1991,4.2 的规定。

6.2.7.3 纤维束线密度应在 1 110 dtex~4 270 dtex 范围内。

6.2.8 **化学测量**

通过对进水和出水的化学测量,确定过滤设备的过滤性能。过滤设备性能试验中应进行的化学测量项目和测定方法见表 5。

6.2.9 **截污容量测量**

通过截污容量测定,确定过滤器滤料的截污能力,并判断过滤器的过滤性能。

表 5 各类过滤设备性能试验中应进行的化学测量项目和测定方法

过滤设备类型	进水化学测量指标	出水化学测量指标	测定方法
压力式机械过滤器	浊度 悬浮物	浊度 悬浮物	GB/T 12151 GB/T 14415
高效纤维过滤器	浊度 悬浮物 COD_{Mn}	浊度 悬浮物 COD_{Mn}	GB/T 12151 GB/T 14415 DL/T 502.22
活性炭过滤器	COD_{Mn} 余氯 浊度 悬浮物	COD_{Mn} 余氯 浊度 悬浮物	DL/T 502.22 GB/T 14424 GB/T 12151 GB/T 14415
除铁过滤器	总铁离子 浊度 悬浮物 pH 值	总铁离子 浊度 悬浮物 pH 值	DL/T 502.25 GB/T 12151 GB/T 14415 GB/T 6904

6.3 测量方法

6.3.1 物理测量

6.3.1.1 压差测量

压差测量按5.4.1.1的要求进行。

6.3.1.2 流量测量

过滤设备的反洗、清洗及运行流量，可以通过在过滤设备的进出口管道上安装流量计来测量。对于没有安装流量计的小型过滤系统，也可以将水流从过滤设备各排出口引入参加试验各方一致商定的、既可称量又可测量体积的容器中，同时用秒表计量时间，确定反洗、清洗及运行的流量。

6.3.1.3 温度测量

温度测量可采用充液式玻璃温度计。

6.3.1.4 反洗强度测量

颗粒滤料的过滤器通过测量反洗时使滤料膨胀到规定高度时的反洗流量来确定反洗强度。

纤维过滤器按设备说明书的规定调节反洗参数，同时测量纤维束滤料反洗水流量和空气擦洗强度。

6.3.1.5 滤料填装层高和体积测量

a) 颗粒滤料通过测量层高计算体积。对于多层多介质滤料的过滤器应分别测量各种规格滤料的层高，分别计算其体积。
b) 纤维束滤料的体积根据运行时压实体积按以下测量：
    1) 胶囊纤维过滤器滤料体积的测量，按纤维束层高和过滤器截面积计算滤层体积，再减去胶囊充水体积；
    2) 活动孔板纤维过滤器滤料体积的测量，按运行时纤维束层高和过滤器截面积计算滤料体积。

6.3.1.6 颗粒状滤料粒度的测量：

滤料粒度的测量包括粒径和不均匀系数。粒径可采用筛分分析法测量，不均匀系数 K_B 按式(14)计算：

$$K_B = \frac{d_{80}}{d_{10}} \quad \cdots\cdots\cdots\cdots (14)$$

式中：

d_{80}——有80%(按称量计)滤料能通过的筛孔孔径(常以mm表示)；

d_{10}——有10%(按称量计)滤料能通过的筛孔孔径(常以mm表示)。

6.3.1.7 纤维束滤料线密度的测量

纤维束滤料线密度按GB/T 14343测量，或由设备制造厂提供纤维束线密度测试报告。

6.3.2 化学测量

6.3.2.1 水样的采集

过滤设备进水与出水的水样采集，应符合GB/T 6907的要求。

6.3.2.2 化学测量项目和测量方法

过滤设备进水和出水化学测量指标和方法按表5的要求进行。

6.3.3 截污容量测量

6.3.3.1 周期制水量测定

通过安装在过滤器出水管上的流量表,记录过滤器开始投运至运行终点的周期制水量。至少需进行三个周期的测定,取平均周期制水量测算截污容量。

6.3.3.2 截污容量测算

截污容量按式(15)计算:

$$W_J = \frac{Q(XF_J - XF_C)}{V_L} \times 10^{-3} \qquad (15)$$

式中:

W_J ——过滤器截污容量,单位为千克每立方米(kg/m^3);

Q ——过滤器周期制水量,单位为立方米(m^3);

XF_J ——过滤器进水悬浮物,单位为毫克每升(mg/L);

XF_C ——过滤器出水悬浮物,单位为毫克每升(mg/L);

V_L ——滤料体积,单位为立方米(m^3)。

注:悬浮物也可以用浊度代替。

6.4 试验报告

6.4.1 试验报告应符合总则的要求。

6.4.2 试验设备的叙述至少应包含以下内容:

a) 过滤设备制造单位名称;

b) 过滤器类型、设备型号及出厂编号;

c) 设备及系统的设计参数;

d) 过滤器的数量、尺寸和布置;

e) 空气擦洗的方式和参数;

f) 系统管道的尺寸和布置;

g) 设备中滤料的种类、规格、粒度和层高;

h) 测量装置的系统图。

6.4.3 试验数据记录至少应包括以下内容:

a) 各过滤器内各种滤料的实测体积、密度等;

b) 运行(包括进水和出水的流量、压力、压差、温度、水质、运行时间等);

c) 反洗(包括反洗流量、时间、空气擦洗的参数、反洗强度、水质等);

d) 清洗(包括流量、时间、压差、水质等)。

6.4.4 试验结果应包含以下几项指标:

a) 过滤器实际出力;

b) 设计流量下的运行起始压差和终点压差;

c) 过滤效果;

d) 反洗强度;

e) 过滤器截污容量。

6.4.5 结论中应对被测试过滤器的过滤效果、截污容量、反洗效果等性能作出评价。

7 热力除氧器性能试验

7.1 试验前的准备

7.1.1 试验前应按照总则要求制定试验大纲，并取得参加试验的各方认可。

7.1.2 试验前试验各方应就下列事项预先达成协议：

a) 试验期间热力除氧器（以下简称除氧器）及与之相关的其他设备的运行方式；

b) 试验期间为避免各种影响或干扰除氧器除氧性能的因素，需采取的临时措施；

c) 试验期间除氧器及相关设备运行参数的允许偏差；

d) 所有参数包括定常参数的建立；

e) 试验中允许代用的运行仪表及其标定和检验方法。

7.1.3 试验各方代表应在试验前对除氧器和所有与之相关的其他设备进行检查，以确认设备运行是否达到试验状态。

7.2 试验内容

除氧器性能试验主要测量和确定下列几项性能指标：

a) 加热负荷；

b) 所需加热蒸汽流量；

c) 终温差；

d) 除氧效果。

7.3 试验要求

7.3.1 在正式试验前应进行预备性试验。当预备性试验完全符合本标准的要求时，经各方同意，其试验数据也可作为正式试验数据的一部分。

7.3.2 试验应力求在事先规定的参数下进行。

7.3.3 试验各方可事先选定某些参数作为定常参数。但下列参数在试验中的稳定时间不得少于30 min：

a) 除氧器进、出口水的压力、温度、流量；

b) 加热蒸汽的压力、温度、流量；

c) 除氧头工作压力、温度；

d) 除氧水箱的工作压力、温度。

7.3.4 试验时压力和温度测点的设置应符合本标准的规定。

7.3.4.1 除氧器进水管、出水管上应分别设置压力和温度的测点。

7.3.4.2 加热蒸汽（即进口蒸汽）的压力和温度的测点应设置在进汽阀与除氧器之间的进汽管道上。

7.3.4.3 除氧头筒体、除氧水箱应分别设置工作压力和温度的测点。

7.3.4.4 传压管和测压孔的设置应符合以下要求：

a) 从测压孔至测量仪表或一次感受元件之间的连接管（传压管）内径应大于8 mm；

b) 为避免传压管中存在汽、水两相介质，在敷设传压管时必须注意能够保证管中完全充满水，或能将水彻底排尽。一般应采用仪表位置低于测压孔的安装方式，从表计至测点连续向上倾斜，确保传压管中充满水。必要时可在靠近测点的同一水平位置或稍高位置设一个特制的凝结装置。在传压管容易凝集气体的部位应装设排气（汽）装置；

c) 在靠近仪表尤其是水银压力计接口处，传压管必须具有水封结构，以防高温汽、水的冲击；

d) 在传压管靠近测压孔处，应装设截止阀；当压力较高时，在靠近仪表接口处应再设一个截止阀；

e) 测压孔的开孔位置应避开有局部阻力件(如阀门、弯头等)和涡流的部位。孔的中心轴线应与介质流动方向或壁面相垂直，孔的边缘不应有毛刺和倒角。

7.3.4.5 温度测点应选择在介质充分流动的区段，避开可能存在的滞流区域，并尽量靠近相应的压力测点。

7.3.5 除氧器取样冷却装置的设置应符合 GB/T 6907 要求。取样点应尽量靠近除氧器水箱的出口。

7.3.6 试验期间应避免各种影响或干扰除氧器除氧性能的因素，并需采取以下临时措施：

a) 取样点之前的系统内不得加入除氧剂；

b) 稳定除氧器排汽量；

c) 试验开始和结束时除氧水箱的水位应一致；

d) 疏水暂不进入除氧器。

7.3.7 至少应进行两次平行试验。每次试验至少进行 4 次溶解氧含量测定，或者采用在线溶解氧测定仪连续测定。每次试验应持续足够长的时间以确保获得准确和一致的结果。

7.3.8 试验期间应每隔 5 min 记录一次给水的温度、流量和蒸汽压力，其他参数每 10 min 读数一次。溶解氧含量测定的取样间隔时间不超过 10 min。

7.3.9 如果发现测得的数据有严重偏差或不一致，应重新进行试验。

7.3.10 在补给水和回流至除氧器的各种水中不得含有游离态气体(即未溶解的气体)。如果有必要可按图 1 所示方法进行检验。开始检验前，容器、捕气器和取样管路中均应注满水，试样应取自管路高点处和管子顶部。

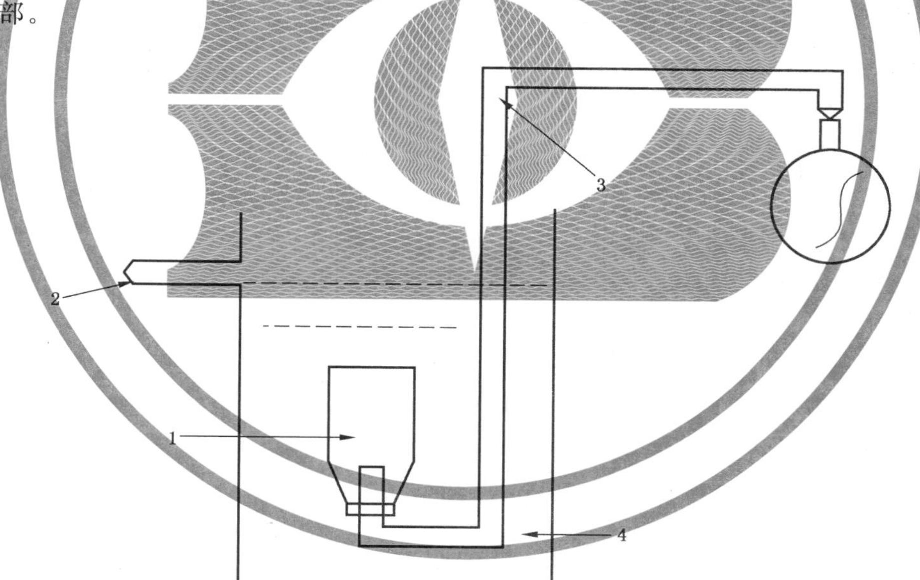

1——捕气器；
2——疏水管；
3——取样管路；
4——容器。

图 1 游离空气检测方法

7.4 试验方法

7.4.1 溶解氧含量测定

7.4.1.1 除氧器出水取样应符合 GB/T 6907 的要求。

7.4.1.2 溶氧量测定按照 GB/T 12157 或 GB/T 1576—2008 中规定的试验方法进行，也可以通过在线溶氧测定仪表测定。

7.4.2 热力和流体性能的测量

7.4.2.1 热力和流体性能的主要测量项目见表 6，测量仪器和仪表应符合相应标准和技术规范的要求。

表 6 热力和流体性能的主要测量项目

项目		符号	测量方法	备注
压力 Pa	当地大气压	p_0	7.4.2.2	1. 当压力表指示为表压时，用实测的当地大气压 p_0 将各表压换算成绝对压力。 2. 进口给水包括补给水、凝结水等(下同)
	除氧器进口给水压力	p_s	7.4.2.2	
	除氧器进口蒸汽压力	p_q		
	除氧器出口水压力	p_s'		
	除氧头工作压力	p_n		
	除氧水箱工作压力	p_x		
温度 ℃	除氧器进口给水温度	t_S	7.4.2.3	t_n 也可根据 p_n，从蒸汽性质表中查得
	除氧器进口蒸汽温度	t_q		
	除氧器出口水温度	t_s'		
	除氧头工作温度	t_n		
	除氧水箱工作温度	t_x		
流量 kg/s	除氧器进口给水流量	W_S		净流量不包括锅炉给水泵再循环流量
	除氧器进口蒸汽流量	W_q		
	除氧器出口水流量	W_S'		
	除氧器出口水净流量	W_S''		
焓 kJ/kg	除氧器进口给水焓	H_S	根据相应的压力和温度查附录 A 求得	
	除氧器进口蒸汽焓	H_q		
	除氧器出口水焓	H_S'		

7.4.2.2 压力测量

大气压力的测量可采用水银玻璃气压计测量；蒸汽压力及进口给水压力按以下要求测量：

a) 当绝对压力低于或等于 0.25 MPa 时，可采用高级无铅玻璃管制作的水银压力计测量。水银压力计的玻璃管内径应不小于 12 mm，且均匀一致，测量时应垂直放置；

b) 当绝对压力高于 0.25 MPa 时，应采用标准弹簧管压力表，其技术要求应符合 GB/T 1226 和 GB/T 1227；

c) 压力测量也可以采用精度等级符合要求的其他压力表、压力变送器及与之相应的二次表作为蒸汽压力及进口给水压力的测量仪表。

7.4.2.3 温度和焓的测量

温度和焓的测量按以下要求进行：

a) 测量低于 100 ℃的进口给水温度，可采用具有 0.1 ℃分刻度的高精度水银玻璃温度计。对高于 100 ℃的蒸汽(或水)的温度及不宜采用水银玻璃温度计的场合，应采用高精度的热电偶或热电阻温度计；

b) 当有两路或两路以上介质在进入除氧器之前相汇合，应在汇合点下游足够远处测量其温度。如果不能保证介质在汇合点下游充分混合，则应在汇合点上游分别测量各路介质的温度，并分别计算各路介质的焓；

c) 当某根管道的介质在进入除氧器前分两路或两路以上的管路输送，应分别测量各路介质的温度，取它们的温度算术平均值或加权平均值作为平均工作温度。对双除氧头的除氧器应分别测定每根管路的介质温度并分别求得焓值。

7.4.2.4 流量测量

除氧器进口和出口给水的流量可采用标准孔板流量计或测量精度不低于1%的超声波流量计等测量；排汽量可采用冷凝法测量。

7.5 测量结果计算

7.5.1 测量结果计算所用的水、汽性质图表应与提出保证值(除氧器热力计算或热平衡计算)所依据的汽水性质图表一致，其中水、汽的焓值可参见附录A。

7.5.2 压力式和大气式除氧器根据测量结果按以下公式计算加热负荷、所需加热蒸汽流量和终温差：

a) 加热负荷按式(16)计算：

$$q = W'_S H'_S - W_S \cdot H_S \qquad \cdots\cdots (16)$$

式中：

q ——加热负荷，单位为千焦尔每秒(kJ/s)；

W'_S——出口水流量，单位为千克每秒(kg/s)；

H'_S——出口水焓，单位为千焦尔每千克(kJ/kg)；

W_S——进口给水流量，单位为千克每秒(kg/s)；

H_S——进口给水焓，单位为千焦尔每千克(kJ/kg)。

b) 所需加热蒸汽流量按式(17)计算：

$$W_q = \frac{W_S(H'_S - H_S)}{\eta(H_q - H'_S)} \qquad \cdots\cdots (17)$$

式中：

W_q——所需加热蒸汽流量，单位为千克每秒(kg/s)；

η ——散热系数；

H_q——进口蒸汽焓，单位为千焦尔每千克(kJ/kg)；

其余符号同式(16)。

c) 终温差按式(18)计算：

$$\Delta t = t_n - t'_S \qquad \cdots\cdots (18)$$

式中：

Δt ——终温差，单位为摄氏度(℃)；

t_n ——除氧器内饱和蒸汽温度，单位为摄氏度(℃)；

t'_S ——除氧器出口水温度，单位为摄氏度(℃)。

7.6 试验报告

7.6.1 试验报告应符合总则的要求。

7.6.2 试验设备的叙述至少应包含以下内容：

a) 除氧器制造单位名称；

b) 除氧器类型、型号、产品出厂编号；

c) 设备及系统运行的设计参数；

d) 设备数量、管道尺寸、系统布置；

e) 设备技术特性、运行情况及必要的简图；

f) 除氧器中填料的种类、材质、数量(体积)、层高等；

g) 测量装置的系统图。

7.6.3 试验数据记录至少应包括以下内容：

a) 大气压力、除氧器进水、出水、进口蒸汽、除氧头和除氧水箱等压力及进汽压降；

b) 除氧器进水、出水、进口蒸汽、除氧头和除氧水箱等温度，以及除氧水焓增；

c) 除氧器进水、出水、进口蒸汽等流量及排汽量。

7.6.4 试验结果应包括以下内容：

a) 加热负荷；

b) 所需加热蒸汽流量；

c) 终温差；

d) 除氧器出水含氧量。

7.6.5 结论中应对被测试除氧器的除氧效果和运行经济性作出评价。

附 录 A
（资料性附录）
水、饱和水及饱和蒸汽焓值

A.1 水的焓值见表 A.1。

表 A.1 水的焓值表

温度 ℃	焓 kJ/kg	温度 ℃	焓 kJ/kg	温度 ℃	焓 kJ/kg	温度 ℃	焓 kJ/kg
1	4.784 1	34	142.99	67	280.97	100	419.54
2	8.996 3	35	147.17	68	285.15	101	423.76
3	13.206	36	151.35	69	289.34	102	427.97
4	17.412	37	155.52	70	293.53	103	432.19
5	21.616	38	159.70	71	297.72	104	436.41
6	25.818	39	163.88	72	301.91	105	440.63
7	30.018	40	168.06	73	306.10	106	444.85
8	34.215	41	172.24	74	310.29	107	449.07
9	38.411	42	176.41	75	314.48	108	453.30
10	42.605	43	180.59	76	318.68	109	457.52
11	46.798	44	184.77	77	322.87	110	461.76
12	50.989	45	188.95	78	327.06	111	465.98
13	55.178	46	193.13	79	331.26	112	470.20
14	59.367	47	197.31	80	335.45	113	474.44
15	63.554	48	201.49	81	339.65	114	478.67
16	67.740	49	205.67	82	343.85	115	482.90
17	71.926	50	209.85	83	348.04	116	487.14
18	76.110	51	214.03	84	352.24	117	491.37
19	80.294	52	218.21	85	356.44	118	495.61
20	84.476	53	222.39	86	360.64	119	499.85
21	88.659	54	226.57	87	364.84	120	504.09
22	92.840	55	230.75	88	369.04	121	508.34
23	97.021	56	234.94	89	373.25	122	512.58
24	101.20	57	239.12	90	377.45	123	516.83
25	105.38	58	243.30	91	381.65	124	521.08
26	109.56	59	247.48	92	385.86	125	525.33
27	113.74	60	251.67	93	390.07	126	529.58
28	117.92	61	255.85	94	394.27	127	533.83
29	122.10	62	260.04	95	398.48	128	538.09
30	126.28	63	264.22	96	402.69	129	542.35
31	130.46	64	268.41	97	406.90	130	546.61
32	134.63	65	272.59	98	411.11	131	550.87
33	138.81	66	276.78	99	415.33	132	555.13

表 A.1(续)

温度 ℃	焓 kJ/kg	温度 ℃	焓 kJ/kg	温度 ℃	焓 kJ/kg	温度 ℃	焓 kJ/kg
133	559.40	138	580.76	143	602.17	148	623.65
134	563.67	139	585.04	144	606.46	149	627.95
135	567.93	140	589.32	145	610.76	150	632.26
136	572.21	141	593.60	146	615.05		
137	576.48	142	597.88	147	619.35		

A.2 按压力排序的饱和水、饱和蒸汽焓值见表 A.2。

表 A.2 按压力排序的饱和水、饱和蒸汽焓值表

绝对压力 MPa	温度 ℃	饱和水焓 kJ/kg	饱和蒸汽焓 kJ/kg	绝对压力 MPa	温度 ℃	饱和水焓 kJ/kg	饱和蒸汽焓 kJ/kg
0.001 0	6.982 8	29.34	2 514.4	0.020	60.086 4	251.45	2 609.9
0.001 5	13.035 6	54.71	2 525.5	0.021	61.145 0	255.88	2 611.7
0.002 0	17.512 7	73.46	2 533.6	0.022	62.161 5	260.14	2 613.5
0.002 5	21.096 3	88.45	2 540.2	0.023	63.139 5	264.23	2 615.2
0.003 0	24.099 6	101.00	2 545.6	0.024	64.081 9	268.18	2 616.8
0.003 5	26.693 6	111.85	2 550.4	0.025	64.991 6	271.99	2 618.3
0.004 0	28.982 6	121.41	25 545	0.026	65.870 9	275.67	2 619.9
0.004 5	31.034 8	129.99	2 558.2	0.027	66.722 0	279.24	2 621.3
0.005 0	32.897 6	137.77	2 561.6	0.028	67.546 7	282.69	2 622.7
0.005 5	34.605 2	144.91	2 564.7	0.029	68.346 9	286.05	2 624.1
0.006 0	36.183 2	151.50	2 567.5	0.030	69.124 0	289.30	2 625.4
0.006 5	37.651 2	157.64	2 570.2	0.032	70.614 7	295.55	2 628.0
0.007 0	39.024 6	163.38	2 572.6	0.034	72.028 6	301.48	2 630.4
0.007 5	40.315 6	168.77	2 574.9	0.036	73.374 0	307.12	2 632.6
0.008 0	41.534 3	173.86	2 577.1	0.038	74.657 6	312.50	2 634.8
0.008 5	42.689 1	178.69	2 579.2	0.040	75.885 6	317.65	2 636.9
0.009 0	43.786 7	183.28	2 581.1	0.045	78.743 2	329.64	2 641.7
0.009 5	44.832 9	187.65	2 583.0	0.050	81.345 3	340.56	2 646.0
0.010	45.832 8	191.83	2 584.8	0.055	83.737 5	350.61	2 649.9
0.011	47.709 9	199.68	2 588.1	0.060	85.953 9	359.93	2 653.6
0.012	49.445 8	206.94	2 591.2	0.065	88.020 9	368.62	2 656.9
0.013	51.061 7	213.70	2 594.0	0.070	89.959 1	376.77	2 660.1
0.014	52.574 3	220.02	2 596.7	0.075	91.785 1	384.45	2 663.0
0.015	53.997 1	225.97	2 599.2	0.080	93.512 4	391.72	2 665.8
0.016	55.341 0	231.60	2 601.6	0.085	95.152 0	398.63	2 668.4
0.017	56.614 9	236.93	2 603.8	0.090	96.713 4	405.21	2 670.0
0.018	57.826 4	241.99	2 605.9	0.095	98.204 4	411.49	2 673.2
0.019	58.981 8	246.83	2 607.9	0.10	99.632	417.51	2 675.4

表 A.2（续）

绝对压力 MPa	温度 ℃	饱和水焓 kJ/kg	饱和蒸汽焓 kJ/kg	绝对压力 MPa	温度 ℃	饱和水焓 kJ/kg	饱和蒸汽焓 kJ/kg
0.11	102.317	428.84	2 679.6	0.49	151.084	636.83	2 746.6
0.12	104.808	439.36	2 683.4	0.50	151.844	640.12	2 747.5
0.13	107.133	449.19	2 687.0	0.52	153.327	646.53	2 749.3
0.14	109.315	458.42	2 690.3	0.54	154.765	652.76	2 750.9
0.15	111.372	467.13	2 693.4	0.56	156.161	658.81	2 752.5
0.16	113.320	475.38	2 696.2	0.58	157.518	664.69	2 754.0
0.17	115.170	483.22	2 699.0	0.60	158.838	670.42	2 755.5
0.18	116.933	490.70	2 701.5	0.62	160.123	676.01	2 756.9
0.19	118.617	497.85	2 704.0	0.64	161.376	681.46	2 758.2
0.20	120.231	504.70	2 706.3	0.66	162.598	686.78	2 759.5
0.21	121.780	511.29	2 708.5	0.68	163.791	691.98	2 760.6
0.22	123.270	517.62	2 710.6	0.70	164.956	697.06	2 762.0
0.23	124.705	523.73	2 712.6	0.72	166.095	702.04	2 763.2
0.24	126.091	529.63	2 714.5	0.74	167.209	706.90	2 764.3
0.25	127.430	535.34	2 716.4	0.76	168.300	711.68	2 765.4
0.26	128.727	540.87	2 718.2	0.78	169.368	716.35	2 766.4
0.27	129.984	546.24	2 719.9	0.80	170.415	720.94	2 767.5
0.28	131.203	551.44	2 721.5	0.82	171.441	725.44	2 768.5
0.29	132.388	556.51	2 723.1	0.84	172.448	729.85	2 769.4
0.30	133.540	561.43	2 724.7	0.86	173.436	734.19	2 770.4
0.31	134.661	566.23	2 726.1	0.88	174.405	738.45	2 771.3
0.32	135.754	570.90	2 727.6	0.90	175.358	742.64	2 772.1
0.33	136.819	575.46	2 729.0	0.92	176.294	746.77	2 773.0
0.34	137.858	579.92	2 730.3	0.94	177.214	750.82	2 773.8
0.35	138.873	584.27	2 731.6	0.96	178.119	754.81	2 774.6
0.36	139.865	588.53	2 732.9	0.98	179.009	758.74	2 775.4
0.37	140.835	592.69	2 734.1	1.00	179.884	762.61	2 776.2
0.38	141.784	596.76	2 735.3	1.05	182.015	772.03	2 778.0
0.39	142.713	600.76	2 736.5	1.10	184.067	781.13	2 779.7
0.40	143.623	604.67	2 737.6	1.15	186.048	789.92	2 781.3
0.41	144.515	608.51	2 738.7	1.20	187.961	798.43	2 782.7
0.42	145.390	612.27	2 739.8	1.25	189.814	806.69	2 784.1
0.43	146.248	615.97	2 740.9	1.30	191.609	814.70	2 785.4
0.44	147.090	619.60	2 741.9	1.35	193.350	822.49	2 786.6
0.45	147.917	623.16	2 742.9	1.40	195.042	830.07	2 787.8
0.46	148.729	626.67	2 743.9	1.45	196.688	837.46	2 788.9
0.47	149.528	630.11	2 744.8	1.50	198.289	844.67	2 789.9
0.48	150.313	633.50	2 745.7	1.55	199.850	851.70	2 790.8

表 A.2（续）

绝对压力 MPa	温度 ℃	饱和水焓 kJ/kg	饱和蒸汽焓 kJ/kg	绝对压力 MPa	温度 ℃	饱和水焓 kJ/kg	饱和蒸汽焓 kJ/kg
1.60	201.372	858.56	2 791.7	3.9	248.836	1 080.1	2 800.8
1.65	202.857	865.28	2 792.6	4.0	250.333	1 087.4	2 800.3
1.70	204.307	871.84	2 793.4	4.1	251.800	1 094.6	2 799.9
1.75	205.725	878.28	2 794.1	4.2	253.241	1 101.6	2 799.4
1.80	207.111	884.57	2 794.8	4.3	254.656	1 108.5	2 798.9
1.85	208.468	890.75	2 795.5	4.4	256.045	1 115.4	2 798.3
1.90	209.797	896.81	2 796.1	4.5	257.411	1 122.1	2 797.7
1.95	211.099	902.75	2 796.7	4.6	278.754	1 123.8	2 797.0
2.00	212.375	908.59	2 797.2	4.7	260.074	1 135.8	2 796.4
2.00	212.375	908.59	2 797.2	4.8	261.373	1 141.8	2 795.7
2.05	213.626	914.33	2 797.7	4.9	262.652	1 148.2	2 794.9
2.10	214.855	919.96	2 798.2	5.0	263.911	1 154.5	2 794.2
2.15	216.060	925.50	2 798.6	5.1	265.151	1 160.7	2 793.4
2.20	217.244	930.95	2 799.1	5.2	266.373	1 166.9	2 792.6
2.25	218.408	936.32	2 799.4	5.3	267.576	1 172.9	2 791.7
2.30	219.552	941.60	2 799.8	5.4	268.763	1 178.9	2 790.8
2.35	220.676	946.81	2 800.1	5.5	269.933	1 184.9	2 789.9
2.40	221.783	951.93	2 800.4	5.6	271.086	1 190.8	2 789.0
2.45	222.871	956.98	2 800.7	5.7	272.224	1 196.6	2 788.0
2.50	223.943	961.96	2 800.9	5.8	273.347	1 202.4	2 787.0
2.55	224.998	966.88	2 801.2	5.9	274.456	1 208.1	2 786.0
2.60	226.037	971.72	2 801.4	6.0	275.550	1 213.7	2 785.0
2.65	227.061	976.50	2 801.6	6.1	276.630	1 219.3	2 783.9
2.70	228.071	981.22	2 801.7	6.2	277.697	1 224.8	2 782.9
2.75	229.066	985.88	2 801.9	6.3	278.750	1 230.3	2 781.8
2.80	230.047	990.49	2 802.0	6.4	279.791	1 235.8	2 780.6
2.85	231.014	995.03	2 802.1	6.5	280.820	1 241.1	2 779.5
2.90	231.969	999.53	2 802.2	6.6	281.837	1 246.5	2 778.3
2.95	232.911	1 003.97	2 802.2	6.7	282.842	1 251.8	2 777.1
3.0	233.841	1 008.4	2 802.3	6.8	283.836	1 257.0	2 775.9
3.1	235.666	1 017.0	2 802.3	6.9	284.818	1 262.2	2 774.7
3.2	237.445	1 025.4	2 802.3	7.0	285.790	1 267.4	2 773.5
3.3	239.183	1 033.7	2 802.3	7.1	286.751	1 272.6	2 772.2
3.4	240.881	1 041.8	2 802.1	7.2	287.702	1 277.6	2 770.9
3.5	242.540	1 049.8	2 802.0	7.3	288.643	1 282.7	2 769.6
3.6	244.164	1 057.6	2 801.7	7.4	289.574	1 287.7	2 768.3
3.7	245.754	1 065.2	2 801.4	7.5	290.496	1 292.7	2 766.9
3.8	247.311	1 072.7	2 801.1	7.6	291.408	1 297.6	2 766.5

表 A.2（续）

绝对压力 MPa	温度 ℃	饱和水焓 kJ/kg	饱和蒸汽焓 kJ/kg	绝对压力 MPa	温度 ℃	饱和水焓 kJ/kg	饱和蒸汽焓 kJ/kg
7.7	292.311	1 302.6	2 764.2	10.0	310.961	1 408.0	2 727.7
7.8	293.205	1 307.4	2 762.8	10.2	312.420	1 416.7	2 724.2
7.9	294.091	1 312.3	2 761.3	10.4	313.858	1 425.2	2 720.6
8.0	294.968	1 317.1	2 759.9	10.6	315.274	1 433.7	2 716.9
8.1	295.836	1 321.9	2 758.4	10.8	316.670	1 442.2	2 713.1
8.2	296.697	1 326.6	2 757.0	11.0	318.045	1 450.6	2 709.3
8.3	297.549	1 331.4	2 755.5	11.2	319.402	1 458.9	2 705.4
8.4	298.394	1 336.1	2 754.0	11.4	320.740	1 467.2	2 701.5
8.5	299.231	1 340.7	2 752.5	11.6	322.059	1 475.4	2 697.4
8.6	300.069	1 345.4	2 750.0	11.8	323.361	1 483.6	2 693.3
8.7	300.882	1 350.0	2 749.4	12.0	324.646	1 491.8	2 689.2
8.8	301.097	1 354.6	2 747.8	12.2	325.914	1 499.9	2 684.9
8.9	302.505	1 359.2	2 746.2	12.4	327.165	1 508.0	2 680.6
9.0	303.306	1 363.7	2 744.6	12.6	328.401	1 516.0	2 676.1
9.1	304.100	1 372.8	2 743.0	12.8	329.622	1 524.0	2 671.6
9.2	304.888	1 372.8	2 741.3	13.0	330.827	1 532.0	2 667.0
9.3	305.668	1 377.2	2 739.7	13.2	332.018	1 540.0	2 662.3
9.4	306.443	1 381.7	2 738.0	13.4	333.194	1 547.9	2 657.4
9.5	307.211	1 386.1	2 736.4	13.6	334.357	1 555.8	2 652.5
9.6	307.973	1 390.6	2 734.7	13.8	335.506	1 563.8	2 647.5
9.7	308.729	1 395.0	2 733.0	14.0	336.342	1 571.6	2 642.4
9.8	309.479	1 399.3	2 731.2	14.2	337.764	1 579.5	2 637.1
9.9	310.222	1 403.7	2 729.5	14.4	338.874	1 587.4	2 631.8

A.3 按温度排序的饱和水、饱和蒸汽焓值见表 A.3。

表 A.3　按温度排序的饱和水、饱和蒸汽焓值表

温度 ℃	绝对压力 MPa	饱和水焓 kJ/kg	饱和蒸汽焓 kJ/kg	温度 ℃	绝对压力 MPa	饱和水焓 kJ/kg	饱和蒸汽焓 kJ/kg
0.00	0.000 610 8	−0.04	2 501.6	8	0.001 072 0	33.60	2 516.2
0.01	0.000 611 2	0.00	2 501.6	9	0.001 147 2	37.80	2 518.1
1	0.000 656 6	4.17	2 503.4	10	0.001 227 0	41.99	2 519.9
2	0.000 705 5	8.39	2 505.2	11	0.001 311 6	46.19	2 521.7
3	0.000 757 5	12.60	2 507.1	12	0.001 401 4	50.38	2 523.6
4	0.000 812 9	16.80	2 508.9	13	0.001 496 5	54.57	2 525.4
5	0.000 871 8	21.01	2 510.7	14	0.001 597 3	58.75	2 527.2
6	0.000 934 5	25.21	2 512.6	15	0.001 703 9	62.94	2 529.1
7	0.001 001 2	29.41	2 514.4	16	0.001 816 8	67.13	2 530.9

表 A.3(续)

温度 ℃	绝对压力 MPa	饱和水焓 kJ/kg	饱和蒸汽焓 kJ/kg	温度 ℃	绝对压力 MPa	饱和水焓 kJ/kg	饱和蒸汽焓 kJ/kg
17	0.001 936 2	71.31	2 532.7	55	0.015 741	230.17	2 601.0
18	0.112 062 4	75.50	2 534.5	56	0.016 511	234.35	2 602.7
19	0.002 195 7	79.68	2 536.4	57	0.017 313	238.54	2 604.5
20	0.002 336 6	83.36	2 538.2	58	0.018 147	242.72	2 606.2
21	0.002 485 3	88.04	2 540.0	59	1.019 016	246.91	2 608.0
22	0.002 642 2	92.23	2 541.8	60	0.019 920	251.09	2 609.7
23	0.002 807 6	96.41	2 543.6	61	0.020 861	255.28	2 611.4
24	0.002 982 1	100.59	2 545.5	62	0.021 838	259.46	2 613.2
25	0.003 166 0	104.77	2 547.3	63	0.022 855	263.65	2 614.9
26	0.003 359 7	108.95	2 549.1	64	0.023 912	267.84	2 616.6
27	0.002 563 6	113.13	2 550.9	65	0.025 009	272.03	2 618.4
28	0.003 778 2	117.31	2 552.7	66	0.026 150	276.21	2 620.1
29	0.004 004 0	121.48	2 554.5	67	0.027 334	280.40	2 621.8
30	0.004 241 5	125.66	2 556.4	68	0.028 563	284.59	2 623.5
31	0.004 491 1	129.84	2 558.2	69	0.029 838	288.78	2 625.2
32	0.004 753 4	134.02	2 560.0	70	0.031 162	292.97	2 626.9
33	0.005 028 8	138.20	2 561.8	71	0.032 535	297.16	2 628.6
34	0.005 318 0	142.38	2 565.4	72	0.033 958	301.36	2 630.3
35	0.005 621 6	146.56	2 565.4	73	0.025 434	305.55	2 632.0
36	0.005 940 0	150.74	2 567.2	74	0.036 964	309.74	2 633.7
37	0.006 273 9	154.92	2 569.0	75	0.038 579	313.94	2 635.4
38	0.006 624 0	159.09	2 570.8	76	0.040 191	318.13	2 637.1
39	0.006 990 8	163.27	2 572.6	77	0.041 891	322.33	2 638.7
40	0.007 375 0	167.45	2 574.4	78	0.043 652	326.52	2 640.4
41	0.007 777 3	171.63	2 576.2	79	0.045 474	330.72	2 642.1
42	0.008 198 5	175.81	2 577.9	80	0.047 360	334.92	2 643.8
43	0.008 639 1	179.99	2 579.7	81	0.049 311	339.11	2 645.4
44	0.009 100 1	184.17	2 581.5	82	0.051 329	343.31	2 647.1
45	0.009 582 0	188.35	2 583.3	83	0.053 416	347.51	2 648.7
46	0.010 086	192.53	2 585.1	84	0.055 573	351.72	2 650.4
47	0.010 612	196.71	2 586.9	85	0.057 803	355.92	2 652.0
48	0.011 162	200.89	2 588.6	86	0.060 108	360.12	2 653.6
49	0.011 736	205.07	2 590.4	87	0.062 489	364.32	2 655.3
50	0.012 335	209.26	2 592.2	88	0.064 948	368.53	2 656.9
51	0.012 961	213.44	2 593.9	89	0.067 487	372.73	2 658.5
52	0.013 613	217.62	2 595.7	90	0.070 109	376.94	2 660.1
53	0.014 293	221.80	2 597.5	91	0.072 815	381.15	2 661.7
54	0.015 002	225.99	2 599.2	92	0.075 608	385.36	2 663.4

表 A.3(续)

温度 ℃	绝对压力 MPa	饱和水焓 kJ/kg	饱和蒸汽焓 kJ/kg	温度 ℃	绝对压力 MPa	饱和水焓 kJ/kg	饱和蒸汽焓 kJ/kg
93	0.078 489	389.57	2 665.0	131	0.278 314	550.58	2 721.3
94	0.081 461	393.78	2 666.6	132	0.286 696	554.85	2 722.6
95	0.084 526	397.99	2 668.1	133	0.295 280	559.12	2 723.9
96	0.087 686	402.20	2 669.7	134	0.304 07	563.40	2 725.3
97	0.090 944	406.42	2 671.3	135	0.313 08	567.68	2 726.6
98	0.094 301	410.63	2 672.9	136	0.322 29	571.96	2 727.9
99	0.097 761	414.85	2 674.4	137	0.331 73	576.24	2 729.2
100	0.101 325	419.07	2 676.0	138	0.341 38	580.53	2 730.5
101	0.104 996	423.28	2 677.6	139	0.351 27	584.82	2 731.8
102	0.108 777	427.50	2 679.1	140	0.361 38	589.11	2 733.1
103	0 112 670	431.73	2 680.7	141	0.371 72	593.40	2 734.3
104	0.116 676	435.95	2 682.2	142	0.382 31	597.69	2 735.6
105	0.120 800	440.17	2 683.7	143	0.393 13	601.99	2 736.9
106	0.125 044	444.40	2 685.3	144	0.404 20	606.29	2 738.1
107	0.129 409	448.63	2 686.8	145	0.415 52	610.59	2 739.3
108	0.133 900	452.85	2 688.3	146	0.427 09	614.90	2 740.6
109	0.138 518	457.08	2 689.8	147	0.438 92	619.21	2 741.8
110	0.143 266	461.32	2 691.3	148	0.451 01	623.52	2 743.0
111	0.148 147	465.55	2 692.8	149	0.463 37	627.83	2 744.2
112	0.153 164	469.78	2 694.3	150	0.476 00	632.15	2 745.4
113	0.158 320	474.02	2 695.8	151	0.488 90	636.47	2 746.5
114	0.163 618	478.26	2 697.2	152	0.502 08	640.79	2 747.7
115	0.169 060	482.50	2 698.7	153	0.515 54	645.12	2 748.9
116	0.174 650	486.74	2 700.2	154	0.529 29	649.44	2 750.0
117	0.180 390	490.98	2 701.6	155	0.543 33	653.78	2 751.2
118	0.186 283	495.23	2 703.1	156	0.557 67	658.11	2 752.3
119	0.192 333	499.47	2 704.5	157	0.572 30	662.45	2 753.4
120	0.198 543	503.72	2 706.0	158	0.587 25	666.79	2 754.5
121	0.204 915	507.97	2 707.4	159	0.602 50	671.13	2 755.6
122	0.211 454	512.22	2 708.8	160	0.618 06	675.47	2 756.7
123	0.218 162	516.47	2 710.2	161	0.633 95	679.82	2 757.8
124	0.225 042	520.73	2 711.6	162	0.650 16	684.18	2 758.9
125	0.232 098	524.99	2 713.0	163	0.666 69	688.53	2 759.9
126	0.239 333	529.25	2 714.4	164	0.683 56	692.89	2 761.0
127	0.246 751	533.51	2 715.8	165	0.700 77	697.25	2 762.0
128	0.254 354	537.77	2 717.2	166	0.719 31	701.62	2 763.1
129	0.262 147	542.04	2 718.5	167	0.736 21	705.99	2 764.1
130	0.270 132	546.31	2 719.9	168	0.754 45	710.36	2 765.1

表 A.3（续）

温度 ℃	绝对压力 MPa	饱和水焓 kJ/kg	饱和蒸汽焓 kJ/kg	温度 ℃	绝对压力 MPa	饱和水焓 kJ/kg	饱和蒸汽焓 kJ/kg
169	0.773 06	714.74	2 766.1	207	1.795 95	884.07	2 794.8
170	0.792 02	719.12	2 767.1	208	1.832 63	888.62	2 795.3
171	0.811 35	723.50	2 768.0	209	1.869 89	893.17	2 795.7
172	0.831 06	727.89	2 769.0	210	1.907 74	897.74	2 796.2
173	0.851 14	732.28	2 769.9	211	1.946 18	902.30	2 796.6
174	0.871 60	736.67	2 770.9	212	1.985 22	906.88	2 797.1
175	0.892 44	741.07	2 771.8	213	2.024 86	911.45	2 797.5
176	0.913 68	745.47	2 772.7	214	2.065 11	916.04	2 797.9
177	0.935 32	749.88	2 773.6	215	2.105 98	920.63	2 798.3
178	0.957 36	754.29	2 774.5	216	2.147 48	925.23	2 798.6
179	0.979 80	758.70	2 775.4	217	2.189 61	929.83	2 799.0
180	1.002 66	763.12	2 776.3	218	2.232 37	934.44	2 799.3
181	1.025 94	767.54	2 777.1	219	2.275 77	939.05	2 799.6
182	1.049 64	771.96	2 778.0	220	2.319 83	943.68	2 799.9
183	1.073 77	776.39	2 778.8	221	2.364 54	948.30	2 800.2
184	1.098 33	780.83	2 779.6	222	2.409 92	952.94	2 800.5
185	1.123 33	785.26	2 780.4	223	2.455 96	957.58	2 800.7
186	1.148 78	789.71	2 781.2	224	2.502 69	962.23	2 800.9
187	1.174 67	794.15	2 782.0	225	2.550 09	966.88	2 801.2
188	1.201 03	798.60	2 782.8	226	2.598 19	971.55	2 801.4
189	1.227 84	803.06	2 783.5	227	2.646 98	976.21	2 801.5
190	1.255 12	807.52	2 784.3	228	2.696 48	980.89	2 801.7
191	1.282 88	811.98	2 785.0	229	2.746 68	985.58	2 801.8
192	1.311 11	816.45	2 785.7	230	2.797 60	990.27	2 802.0
193	1.339 83	820.92	2 786.4	231	2.849 25	994.97	2 802.1
194	1.369 03	825.40	2 787.1	232	2.901 63	999.67	2 802.2
195	1.398 73	829.89	2 787.8	233	2.954 75	1 004.4	2 802.2
196	1.289 4	834.37	2 788.4	234	3.008 61	1 009.1	2 802.3
197	1.459 65	838.87	2 789.1	235	3.063 23	1 013.8	2 802.3
198	1.490 87	843.36	2 789.7	236	3.118 60	1 018.6	2 802.3
199	1.522 61	847.87	2 790.3	237	3.174 74	1 023.3	2 802.3
200	1.554 88	852.37	2 790.9	238	3.231 65	1 028.1	2 802.3
201	1.587 68	856.88	2 791.5	239	3.289 35	1 032.8	2 802.3
202	1.621 01	861.40	2 792.1	240	3.347 83	1 037.6	2 802.2
203	1.654 89	865.93	2 792.7	241	3.407 11	1 042.4	2 802.1
204	1.689 32	870.45	2 793.2	242	3.467 19	1 047.2	2 802.0
205	1.724 30	874.99	2 793.8	243	3.528 08	1 052.0	2 801.9
206	1.759 84	879.53	2 794.3	244	3.589 79	1 056.8	2 801.8

表 A.3（续）

温度 ℃	绝对压力 MPa	饱和水焓 kJ/kg	饱和蒸汽焓 kJ/kg	温度 ℃	绝对压力 MPa	饱和水焓 kJ/kg	饱和蒸汽焓 kJ/kg
245	3.652 32	1 061.6	2 801.6	283	6.715 83	1 252.6	2 777.0
246	3.715 68	1 066.4	2 801.4	284	6.816 65	1 257.9	2 775.7
247	3.779 88	1 071.2	2 801.2	285	6.918 63	1 263.2	2 774.5
248	3.844 93	1 076.1	2 801.0	286	7.021 76	1 268.5	2 773.2
249	3.910 84	1 080.9	2 800.7	287	7.126 06	1 273.9	2 771.8
250	3.977 60	1 085.8	2 800.4	288	7.231 54	1 279.2	2 770.5
251	4.045 24	1 090.7	2 800.1	289	7.338 21	1 284.6	2 769.1
252	4.113 75	1 095.5	2 799.8	290	7.446 07	1 290.0	2 767.6
253	4.183 14	1 100.4	2 799.5	291	7.555 14	1 295.4	2 766.2
254	4.253 43	1 105.3	2 799.1	292	7.665 43	1 300.9	2 764.6
255	4.324 62	1 110.2	2 798.7	293	7.776 95	1 306.3	2 763.1
256	4.396 72	1 115.2	2 798.3	294	7.889 69	1 311.8	2 761.5
257	4.469 73	1 120.1	2 797.9	295	8.003 69	1 317.3	2 758.2
258	4.543 67	1 125.0	2 797.4	296	8.118 9	1 322.8	2 758.2
259	4.618 53	1 130.0	2 796.9	297	8.235 5	1 328.3	2 756.4
260	4.694 34	1 134.9	2 796.4	298	8.353 2	1 338.9	2 754.7
261	4.771 09	1 139.9	2 795.9	299	8.472 3	1 339.5	2 752.9
262	4.848 80	1 144.9	2 795.3	300	8.592 7	1 345.1	2 751.0
263	4.927 47	1 149.9	2 794.7	301	8.714 4	1 350.7	2 749.1
264	5.007 11	1 154.9	2 794.1	302	8.837 4	1 356.3	2 747.2
265	5.087 73	1 159.9	2 793.5	303	8.961 7	1 362.0	2 745.2
266	5.169 34	1 165.0	2 792.8	304	9.087 3	1 367.7	2 743.2
267	5.250 94	1 170.0	2 792.1	305	9.214 4	1 373.4	2 741.1
268	5.335 55	1 175.1	2 791.4	306	9.342 7	1 379.2	2 739.0
269	5.420 17	1 180.1	2 790.6	307	9.472 5	1 384.9	2 736.8
270	5.505 81	1 185.2	2 789.9	308	9.603 6	1 390.7	2 734.6
271	5.592 48	1 190.3	2 789.1	309	9.736 1	1 396.5	2 732.3
272	5.680 18	1 195.4	2 788.2	310	9.870 0	1 402.4	2 730.0
273	5.768 93	1 200.6	2 787.4	311	10.005	1 408.3	2 727.6
274	5.858 74	1 205.7	2 786.5	312	10.142	1 414.2	2 725.2
275	5.949 60	1 210.9	2 785.5	313	10.280	1 420.1	2 722.7
276	6.041 54	1 216.0	2 784.6	314	10.420	1 426.1	2 720.2
277	6.134 56	1 221.2	2 783.6	315	10.561	1 432.0	2 717.6
278	6.228 67	1 226.4	2 782.6	316	10.704	1 438.1	2 714.9
279	6.322 87	1 231.6	2 781.5	317	10.848	1 444.2	2 712.2
280	6.420 18	1 236.8	2 780.4	318	10.993	1 450.3	2 709.4
281	6.517 60	1 242.1	2 779.3	319	11.140	1 456.4	2 706.6
282	6.616 15	1 247.3	2 778.1	320	11.289	1 462.6	2 703.7

ICS 83.080.10
G 32

中华人民共和国国家标准

GB/T 16579—2013
代替 GB/T 16579—1996

D001 大孔强酸性苯乙烯系阳离子交换树脂

D001 macroporous strongly acidic styrene type cation exchange resins

2013-09-06 发布　　2014-01-31 实施

中华人民共和国国家质量监督检验检疫总局
中国国家标准化管理委员会　发布

前　言

本标准按照 GB/T 1.1—2009 给出的规则起草。

本标准代替 GB/T 16579—1996《D001 大孔强酸性苯乙烯系阳离子交换树脂》，与 GB/T 16579—1996 相比，主要技术变化如下：

——取消了各类产品“优等品”、“一等品”和“合格品”分级。

——增加了 D001TR 分类及相应的指标，其“范围粒度”要求为“(0.710 mm～1.250 mm) ≥95%”、“下限粒度”要求为“(<0.710 mm)　≤1%”。

——“交换容量”指标改为“≥4.35 mmol/g”。

——“体积交换容量”指标改为“≥1.8 mmol/mL”。

——“含水量”指标改为“45.0%～55.0%”。

——“湿视密度”指标改为“0.77 g/mL ～0.85 g/mL”。

——“湿真密度”指标改为“1.24 g/mL ～1.28 g/mL”。

——D001 的“有效粒径”指标改为“≥0.40 mm”、“均一系数”指标改为“≤1.6”。

——D001FC 的“有效粒径”指标改为“≥0.50 mm”。

——D001SC 的“有效粒径”指标改为“≥0.63 mm”。

——D001MB 的“有效粒径”指标改为“0.55 mm～0.90 mm”、“范围粒度”指标改为“(0.500 mm～1.250 mm)≥95%”。

——“渗磨圆球率” 指标改为“≥90%”。

本标准由中国石油和化学工业联合会提出。

本标准由全国塑料标准化技术委员会通用方法和产品分会(SAC/TC 15/SC 4)归口。

本标准主要起草单位：江苏苏青水处理工程集团公司、西安热工研究院有限公司、宁波争光树脂有限公司、淄博东大化工股份有限公司、国家合成树脂质量监督检验中心。

本标准主要起草人：蒋惠平、崔焕芳、沈建华、彭章华、赵平、翟静华。

本标准所代替标准的历次版本发布情况为：

——GB/T 16579—1996。

D001 大孔强酸性苯乙烯系阳离子交换树脂

1 范围

本标准规定了D001大孔强酸性苯乙烯系阳离子交换树脂的产品分类、要求、检验方法、检验规则、标志、包装、运输和贮存。

本标准适用于含有磺酸基团的钠型D001大孔强酸性苯乙烯系阳离子交换树脂。该产品主要用于硬水软化、纯水制备、湿法冶金等。

2 规范性引用文件

下列文件对于本文件的应用是必不可少的。凡是注日期的引用文件，仅注日期的版本适用于本文件。凡是不注日期的引用文件，其最新版本(包括所有的修改单)适用于本文件。

GB/T 1631 离子交换树脂命名系统和基本规范

GB/T 5475 离子交换树脂取样方法

GB/T 5476 离子交换树脂预处理方法

GB/T 5757 离子交换树脂含水量测定方法

GB/T 5758 离子交换树脂粒度、有效粒径和均一系数的测定

GB/T 8144 阳离子交换树脂交换容量测定方法

GB/T 8330 离子交换树脂湿真密度测定方法

GB/T 8331 离子交换树脂湿视密度测定方法

GB/T 12598 离子交换树脂渗磨圆球率、磨后圆球率的测定

3 产品分类

D001大孔强酸性苯乙烯系阳离子交换树脂的型号按GB/T1631编制。MB表示混床专用；FC表示浮床专用；SC表示双层床专用；TR表示三层床专用。

4 要求

4.1 外观

驼色或褐色球状不透明颗粒。

4.2 出厂型式

钠型。

4.3 技术要求

技术要求应符合表1的规定。

表 1 D001 大孔强酸性苯乙烯系阳离子交换树脂(钠型)技术要求

项　　目	D001	D001FC	D001SC	D001MB	D001TR
交换容量/(mmol/g)	≥4.35				
体积交换容量/(mmol/mL)	≥1.8				
含水量/%(质量分数)	45.0～55.0				
湿视密度/(g/mL)	0.77～0.85				
湿真密度/(g/mL)	1.24～1.28				
有效粒径/mm	≥0.40	≥0.50	≥0.63	(0.55～0.90)	—
均一系数	≤1.6		≤1.4		—
范围粒度/%	(0.315 mm～1.250 mm)≥95	(0.450 mm～1.250 mm)≥95	(0.630 mm～1.250 mm)≥95	(0.500 mm～1.250 mm)≥95	(0.710 mm～1.250 mm)≥95
下限粒度/%	(<0.315 mm)≤1	(<0.450 mm)≤1	(<0.630 mm)≤1	(<0.500 mm)≤1	(<0.710 mm)≤1
渗磨圆球率/%	≥90				

5 试验方法

5.1 外观

目测。

5.2 试样预处理

按 GB/T 5476 规定的方法进行处理。

5.3 交换容量和体积交换容量的测定

5.3.1 交换容量的测定

按 GB/T 8144 规定的方法进行测定,结果保留小数点后 2 位数字。

5.3.2 体积交换容量的计算

体积交换容量按式(1)计算,结果保留小数点后 1 位数字。

$$Q_v = Q_w \cdot \rho (1 - w) \qquad (1)$$

式中:

Q_v ——体积交换容量,单位为毫摩尔每毫升(mmol/mL);

Q_w ——交换容量,单位为毫摩尔每克(mmol/g);

ρ ——湿视密度,单位为克每毫升(g/mL);

w ——含水量,%。

5.4 含水量的测定

按 GB/T 5757 规定的方法进行测定,结果保留小数点后 1 位数字。

5.5 湿视密度的测定

按 GB/T 8331 规定的方法进行测定,结果保留小数点后 2 位数字。

5.6 湿真密度的测定

按 GB/T 8330 规定的方法进行测定,结果保留小数点后 2 位数字。

5.7 有效粒径和均一系数的测定

按 GB/T 5758 规定的方法进行测定,有效粒径结果保留小数点后 2 位数字,均一系数保留小数点后 1 位数字。

5.8 粒度的测定

按 GB/T 5758 规定的方法进行测定,范围粒度结果保留 2 位有效数字,下限粒度结果保留 1 位有效数字。

5.9 渗磨圆球率的测定

采用原样,按 GB/T 12598 规定的渗磨圆球率的方法进行测定,结果保留 2 位有效数字。

6 检验规则

6.1 检验分类与检验项目

产品的检验分为出厂检验和型式检验。

6.1.1 出厂检验

生产单位应对每批产品进行出厂检验。表 1 中的交换容量、体积交换容量、含水量、湿视密度、湿真密度、粒度、渗磨圆球率为出厂检验至少应包括的项目。供需双方可商定增加出厂检验项目。

6.1.2 型式检验

表 1 中的全部性能项目为型式检验项目。正常生产过程中,每半年至少进行一次型式检验。如有下列情况之一,也应进行型式检验:

a) 新产品投产或者产品转厂生产;
b) 正式生产后,如配方、工艺条件或原料有变化时;
c) 产品停产超过 1 个月,恢复生产时;
d) 当出厂检验结果与型式检验结果有较大差异时。

6.2 取样方法

按 GB/T 5475 的规定进行。

6.3 判定和复验规则

6.3.1 判定规则

产品应由生产单位的质量检验部门按照本标准规定的试验方法进行检验，依据检验结果和标准中的要求对产品作出质量判定，并提供证明。

产品出厂时，每批产品应附有产品质量检验合格证。合格证上应注明产品名称、型号、批号、执行标准，并盖有质检专用章。

6.3.2 复验规则

若一次检验结果中有某项不符合表1的要求时，应重新双倍取样对该项目进行复验。复验应进行两次，两次复验结果均符合该项要求时判定该批产品合格，否则判定该批产品不合格。

7 标志、包装、运输和贮存

7.1 标志

产品的外包装袋上应有明显标志。标志内容应包括：生产单位名称、产品名称、型号、产品执行标准号和净含量等信息。

7.2 包装

产品宜用内衬塑料袋的编织袋或其他包装形式。包装材料应保证在运输、贮存时不被污染和泄漏。

7.3 运输

本产品按非危险品运输。在运输过程中，应保持在5 ℃～40 ℃环境中，避免过冷或过热，注意不使产品失水。

7.4 贮存

产品在7.3规定的温度条件下，贮存在阴凉的室内。贮存期为2年。超过贮存期的，可按本标准规定的项目进行型式检验，结果符合要求的仍可正常使用。

ICS 83.080.10
G 32

中华人民共和国国家标准

GB/T 16580—2013
代替 GB/T 16580—1996

D201 大孔强碱性苯乙烯系阴离子交换树脂

D201 macroporous strongly basic styrene type anion exchange resins

2013-09-06 发布　　2014-01-31 实施

中华人民共和国国家质量监督检验检疫总局
中国国家标准化管理委员会　发布

前　言

本标准按照 GB/T 1.1—2009 给出的规则起草。

本标准代替 GB/T 16580—1996《D201 大孔强碱性苯乙烯系阴离子交换树脂》，与 GB/T 16580—1996 相比，主要技术变化如下：

——“中性盐交换容量”改为“强型基团容量”，其指标改为“≥3.70 mmol/g”。

——取消了各类产品“优等品”、“一等品”和“合格品”分级。

——取消了“质量全交换容量”项目及相应的指标。

——增加了 D201TR 分类及相应的指标，其“上限粒度”指标为“(>0.900 mm)≤1%”、“范围粒度”指标为“(0.400 mm～0.900 mm)≥95%”、“下限粒度”指标为“(<0.315 mm)≤1%”。

——“中性盐交换容量”改为“强型基团容量”，其指标改为“≥3.70 mmol/g”。

——“体积全交换容量”改为“体积交换容量”，其指标改为 D201SC“≥1.1 mmol/mL”，其他“≥1.2 mmoL/mL”。

——“含水量”指标改为“50.0%～60.0%”。

——D201 的“有效粒径”指标改为“≥0.40 mm”。

——D201 的“均一系数”指标改为“≤1.6”。

——D201SC 的“下限粒度”指标改为“(<0.630 mm)≤1%”。

——D201MB 的“范围粒度”指标改为“(0.400 mm～0.900 mm)≥95%”。

——D201MB 增加了“下限粒度”指标为“(<0.315 mm≤1%”、“有效粒径”指标为“0.50 mm～0.80 mm”和“均一系数”要求为“≤1.4”。

——“渗磨圆球率”指标改为“≥90%”。

本标准由中国石油和化学工业联合会提出。

本标准由全国塑料标准化技术委员会通用方法和产品分会(SAC/TC 15/SC 4)归口。

本标准主要起草单位：江苏苏青水处理工程集团公司、西安热工研究院有限公司、宁波争光树脂有限公司、淄博东大化工股份有限公司、国家合成树脂质量监督检验中心。

本标准主要起草人：钱平、崔焕芳、翟静华、彭章华、沈建华、刘力荣。

本标准所代替标准的历次版本发布情况为：

——GB/T 16580—1996。

D201 大孔强碱性苯乙烯系阴离子交换树脂

1 范围

本标准规定了 D201 大孔强碱性苯乙烯系阴离子交换树脂的产品分类、要求、检验规则及标志、包装、运输与贮存。

本标准适用于以季胺基为主要活性基团的 D201 大孔强碱性苯乙烯系阴离子交换树脂。该产品主要用于纯水制备、湿法冶金等。

2 规范性引用文件

下列文件对于本文件的应用是必不可少的。凡是注日期的引用文件，仅注日期的版本适用于本文件。凡是不注日期的引用文件，其最新版本（包括所有的修改单）适用于本文件。

GB/T 1631 离子交换树脂命名系统和基本规范

GB/T 5475 离子交换树脂取样方法

GB/T 5476 离子交换树脂预处理方法

GB/T 5757 离子交换树脂含水量测定方法

GB/T 5758 离子交换树脂粒度、有效粒径和均一系数的测定

GB/T 8330 离子交换树脂湿真密度测定方法

GB/T 8331 离子交换树脂湿视密度测定方法

GB/T 11992 氯型强碱性阴离子交换树脂交换容量测定方法

GB/T 12598 离子交换树脂渗磨圆球率、磨后圆球率的测定

3 产品分类

D201 大孔强碱性苯乙烯系阴离子交换树脂的型号按 GB/T 1631 编制，MB 表示混床专用；FC 表示浮床专用；SC 表示双层床专用；TR 表示三层床专用。

4 要求

4.1 外观

乳白色或淡黄色球状不透明颗粒。

4.2 技术要求

技术要求应符合表 1 中的规定。

表 1　D201 大孔强碱性苯乙烯系阴离子交换树脂(氯型)技术要求

<table>
<tr><th>检测项目</th><th>D201</th><th>D201FC</th><th>D201SC</th><th>D201MB</th><th>D201TR</th></tr>
<tr><td>强型基团容量/(mmol/g)</td><td colspan="5">≥3.70</td></tr>
<tr><td>体积交换容量/(mmol/mL)</td><td colspan="2">≥1.2</td><td>≥1.1</td><td colspan="2">≥1.2</td></tr>
<tr><td>含水量/%(质量分数)</td><td colspan="5">50.0～60.0</td></tr>
<tr><td>湿视密度/(g/mL)</td><td colspan="5">0.65～0.75</td></tr>
<tr><td>湿真密度/(g/mL)</td><td colspan="5">1.06～1.10</td></tr>
<tr><td>有效粒径/mm</td><td>≥0.40</td><td>≥0.50</td><td>≥0.63</td><td>0.50～0.80</td><td>—</td></tr>
<tr><td>均一系数</td><td colspan="2">≤1.6</td><td colspan="2">≤1.4</td><td>—</td></tr>
<tr><td>上限粒度/%</td><td>—</td><td>—</td><td>—</td><td colspan="2">(>0.900 mm)
≤1</td></tr>
<tr><td>范围粒度/%</td><td>(0.315 mm～1.250 mm)
≥95</td><td>(0.450 mm～1.250 mm)
≥95</td><td>(0.630 mm～1.250 mm)
≥95</td><td colspan="2">(0.400 mm～0.900 mm)
≥95</td></tr>
<tr><td>下限粒度/%</td><td>(<0.315 mm)
≤1</td><td>(<0.450 mm)
≤1</td><td>(<0.630 mm)
≤1</td><td colspan="2">(<0.315 mm)
≤1</td></tr>
<tr><td>渗磨圆球率/%</td><td colspan="5">≥90</td></tr>
</table>

5　试验方法

5.1　外观

目测。

5.2　试样预处理

按 GB/T 5476 规定的方法进行处理。

5.3　强型基团容量和体积交换容量的测定

5.3.1　强型基团容量的测定

按 GB/T 11992 规定的方法(方法一为仲裁法)进行测定,结果保留小数点后 2 位数字。

5.3.2　体积交换容量的计算

体积交换容量按式(1)计算,结果保留小数点后 1 位数字:

$$Q_V = Q_w \cdot \rho(1 - w) \qquad \cdots\cdots(1)$$

式中:

Q_V ——体积交换容量,单位为毫摩尔每升(mmol/mL);

Q_w ——强型基团容量,单位为毫摩尔每克(mmol/g);

ρ ——湿视密度,单位为克每毫升(g/mL);

w ——含水量,%。

5.4 含水量的测定

按 GB/T 5757 规定的方法进行测定，结果保留小数点后 1 位数字。

5.5 湿视密度的测定

按 GB/T 8331 规定的方法进行测定，结果保留小数点后 2 位数字。

5.6 湿真密度的测定

按 GB/T 8330 规定的方法进行测定，结果保留小数点后 2 位数字。

5.7 有效粒径和均一系数的测定

按 GB/T 5758 规定的方法进行测定，有效粒径结果保留小数点后 2 位数字，均一系数保留小数点后 1 位数字。

5.8 粒度的测定

按 GB/T 5758 规定的方法进行测定，范围粒度结果保留 2 位有效数字，上限粒度及下限粒度结果保留 1 位有效数字。

5.9 渗磨圆球率的测定

采用原样，按 GB/T 12598 规定的渗磨圆球率的方法进行测定，结果保留 2 位有效数字。

6 检验规则

6.1 检验分类与检验项目

产品的检验分为出厂检验和型式检验。

6.1.1 出厂检验

生产单位应对每批产品进行出厂检验。出厂检验至少应包括表 1 中的强型基团容量、体积交换容量、含水量、湿视密度、湿真密度、粒度、渗磨圆球率。供需双方可商定增加出厂检验项目。

6.1.2 型式检验

表 1 中的全部性能项目为型式检验项目。正常生产过程中，每半年至少进行一次型式检验。如有下列情况之一，也应进行型式检验：

a) 新产品投产或者产品转厂生产；

b) 正式生产后，如配方、工艺条件或原料有变化时；

c) 产品停产超过 1 个月，恢复生产时；

d) 当出厂检验结果与型式检验结果有较大差异时。

6.2 取样方法

按 GB/T 5475 的规定进行。

6.3 判定和复验规则

6.3.1 判定规则

产品应由生产单位的质量检验部门按照本标准规定的试验方法进行检验，依据检验结果和标准中的要求对产品作出质量判定，并提供证明。

产品出厂时，每批产品应附有产品质量检验合格证。合格证上应注明产品名称、型号、批号、执行标准，并盖有质检专用章。

6.3.2 复验规则

若一次检验结果中有某项不符合表1的要求时，应重新双倍取样对该项目进行复验。复验应进行两次，两次复验结果均符合该项要求时判定该批产品合格，否则判定该批产品不合格。

7 标志、包装、运输与贮存

7.1 标志

产品的外包装袋上应有明显标志。标志内容应包括：生产单位名称、产品名称、型号、产品执行标准号和净含量等信息。

7.2 包装

产品宜用内衬塑料袋的编织袋或其他包装形式。包装材料应保证在运输、贮存时不被污染和泄漏。

7.3 运输

本产品按非危险品运输。在运输过程中，应保持在5 ℃～40 ℃环境中，避免过冷或过热，注意不使产品失水。

7.4 贮存

产品在7.3规定的温度条件下，贮存在阴凉的室内。贮存期为2年。

ICS 23.020.30
G 93

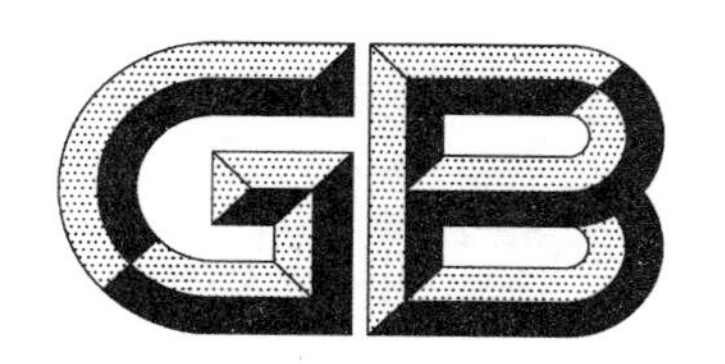

中华人民共和国国家标准

GB/T 18300—2011
代替 GB/T 18300—2001

自动控制钠离子交换器技术条件

Specification for automatic control sodium ion exchange

2011-11-21 发布　　　　2012-05-01 实施

中华人民共和国国家质量监督检验检疫总局
中国国家标准化管理委员会　发布

前 言

本标准按照 GB/T 1.1—2009 给出的规则起草。

本标准代替 GB/T 18300—2001《自动控制钠离子交换器技术条件》，与 GB/T 18300—2001 相比，主要变化如下：

——修改和增加了部分规范性引用标准；

——补充修改了部分术语和定义，其中自用水率修改为再生自耗水率，并重新作了定义；

——修改了型号表示方法；

——提高了交换器设计压力；

——修改了表 4 中的交换器主要性能指标；

——修改了部分设计要求；

——补充了检验和试验的方法；

——提高了无故障动作试验的切换次数；

——增加了耐压试验、空气止回性能、盐水液位控制性能等检验项目；

——增加了交换器在现场检验和调试的要求；

——取消了附录 A“自动控制钠离子交换器工艺系统和程序控制原理图”。

本标准由全国锅炉压力容器标准化技术委员会(SAC/TC 262)提出并归口。

本标准负责起草单位：中国锅炉水处理协会。

本标准参加起草单位：中国特种设备检测研究院、宁波市特种设备检验研究院、温州市润新机械制造有限公司、广州市特种承压设备检测研究院、无锡国联华光电站工程有限公司、江苏省特种设备安全监督检验研究院常州分院、北京滨特尔洁明环保设备有限公司、济宁市福美莱水处理有限公司、北京英瀚环保设备有限公司。

本标准主要起草人：王骄凌、钱公、周英、伍孝荣、杨麟、徐月湖、胡月新、温卫民、徐爱国、丛郁。

本标准所代替标准的历次版本发布情况为：

——GB/T 18300—2001。

自动控制钠离子交换器技术条件

1 范围

本标准规定了自动控制钠离子交换器(以下简称交换器)的术语和定义、分类与型号、技术要求、试验方法、检验规则及标志、包装、运输、贮存等要求。

本标准适用于工作压力不大于0.6 MPa,采用多路阀自动控制的钠离子交换器。

本标准不适用于流动床、移动床钠离子交换器,也不适用于非自动控制的钠离子交换器。

2 规范性引用文件

下列文件对于本文件的应用是必不可少的。凡是注日期的引用文件,仅注日期的版本适用于本文件。凡是不注日期的引用文件,其最新版本(包括所有的修改单)适用于本文件。

GB/T 1576—2008 工业锅炉水质

GB/T 3854 增强塑料巴柯尔硬度试验方法

GB/T 5462 工业盐

GB/T 6909 锅炉用水和冷却水分析方法 硬度的测定

GB/T 13384 机电产品包装通用技术条件

GB/T 13659 001×7强酸性苯乙烯系阳离子交换树脂

GB/T 13922.2 水处理设备性能试验 离子交换设备

GB/T 15453 工业循环冷却水和锅炉用水中氯离子的测定

GB/T 50109 工业用水软化除盐设计规范

JB/T 2932 水处理设备技术条件

3 术语和定义

GB/T 13922.2界定的以及下列术语和定义适用于本文件。

3.1

自动控制钠离子交换器 automatic control sodium ion exchanger

根据某种设定条件能够自动启动再生过程,并采用钠盐作为再生剂的离子交换器。

3.2

运行周期 service cycle

在额定出力条件下,交换器再生后,开始投运制水至失效这一周期内的累计运行时间。

3.3

工作压力 working pressure

交换器入口处进水的表压力。

3.4

工作温度 working temperature

介质在交换器正常工作过程的温度。

3.5

运行　service

水通过交换器中的离子交换树脂层,除去水中大部分或全部钙、镁离子的过程。

3.6

反洗　back wash

离子交换树脂失效后,用水由下向上清洗离子交换树脂层,使其膨胀而松动,同时清除树脂层上部的悬浮物和破碎树脂等杂质的过程。

3.7

再生　regeneration

将一定浓度的再生液以一定的流速流过失效的离子交换树脂层,使离子交换树脂恢复其交换能力的过程。

3.7.1

顺流再生　co-flow regeneration

再生液的流向和运行时水的流向一致。

3.7.2

逆流再生　reverse flow regeneration

再生液的流向和运行时水的流向相反。

3.8

置换　displacement

交换器停止进盐后,继续以再生时的液流流向和相近的流速注入水,使交换器内的再生液在进一步再生树脂的同时被排代出来的过程。

3.9

正洗　conventional well-flushing

置换过程结束后或者停备用交换器开始投运前,进水按运行时的流向清洗离子交换树脂层,洗去再生废液和需除去的离子,直至出水合格的过程。

3.10

自动控制多路阀　automatic control multi-way valve

一种组合为一体可形成多个不同的流体流道而不发生窜流,并以一定程序自动控制的装置。

注:本标准中简称控制器。

3.11

流量启动再生的交换器　flow control regeneration exchanger

采用流量控制器控制周期制水量,当周期制水量达到设定值时,能自动启动再生过程的交换器。

注:本标准中简称流量型。

3.12

时间启动再生的交换器　time control regeneration exchanger

采用程序控制运行周期的时间,当该时间达到设定值时,能自动启动再生过程的交换器。

注:本标准中简称时间型。

3.13

出水硬度启动再生的交换器　outlet water quality control regeneration exchanger

通过硬度监测控制系统监测交换器出水硬度,当出水硬度超出设定值时,能自动启动再生过程的交换器。

注:本标准中简称在线监测型。

3.14

一级钠离子交换　one-stage sodium ion-exchange

进水只经过一次钠离子交换器的交换。

注：本标准中简称一级钠。

3.15

二级钠离子交换　two-stage sodium ion-exchange

进水经过二台串连的钠离子交换器，进行连续二次的钠离子交换。

注：本标准中简称二级钠。

3.16

顺流再生固定床　co-flow regeneration fixed bed

运行和再生时，水流和再生液都是自上而下通过离子交换树脂层的交换器。

3.17

逆流再生固定床　counter-flow regeneration fixed bed

运行时水流自上而下通过离子交换树脂层，再生时再生液由下而上流经离子交换树脂层的交换器。

3.18

浮动床　floating bed

运行时水流自下而上通过离子交换树脂层，由于向上水流的作用树脂层被托起在交换器上部成悬浮状态，再生时再生液由上而下流经离子交换树脂层的交换器。

4 分类与型号

4.1 分类

4.1.1 按交换器运行和再生方式分为顺流再生固定床、逆流再生固定床和浮动床三类，代号按表1规定。

4.1.2 按控制器启动再生的控制方式，分为时间型、流量型、在线监测型三类，代号按表2规定。

4.1.3 按交换罐材质不同，其分类代号按表3规定。

表1　交换器类型的代号

交换器类型	顺流再生固定床	逆流再生固定床	浮动床
代号	S	N	F

表2　控制器控制方式的代号

控制器控制方式	时间型	流量型	在线监测型
代号	S	L	Z

表3　交换罐材质的代号

交换罐材质	不锈钢	碳钢防腐	玻璃钢	其他材质
代号	B	T	F	Q

4.2 型号

4.2.1 型号表示方法

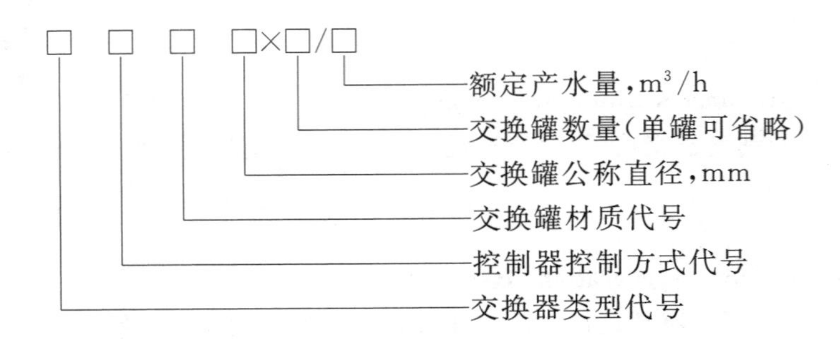

4.2.2 型号示例

自动交换器的型号示例如下：

a) 浮动床自动交换器，额定产水量为 20 m^3/h，采用双罐流量型控制方式，罐体材质为碳钢防腐、公称直径为 1 000 mm，其型号表示为：FLT1000×2/20；

b) 逆流再生固定床自动交换器，额定产水量为 5 m^3/h，采用单罐时间型控制方式，罐体材质为玻璃钢、公称直径为 500 mm，其型号表示为：NSF500/5。

5 技术要求

5.1 设计要求

5.1.1 交换器整机要求

5.1.1.1 工业用水软化处理的交换器设计应符合 GB/T 50109 的要求。交换器设计文件至少应包括设计图样、工艺设计计算书、安装使用说明书，设计单位应对设计文件的正确性、完整性负责。

5.1.1.2 交换器的设计压力应不小于 0.6 MPa。

5.1.1.3 交换器内的离子交换树脂层高度应根据运行周期、原水水质和出水水质要求确定。用于工业设备软水处理的固定床离子交换树脂层高一般不宜小于 800 mm；浮动床离子交换树脂层高不宜小于1 200 mm。

5.1.1.4 顺流再生与逆流再生固定床离子交换器应有树脂高度的 40%～50%的反洗膨胀高度；浮动床应有 100 mm～200 mm 的水垫层。

5.1.1.5 交换罐内应设上下布水器，布水应均匀、不产生偏流。

5.1.1.6 控制器和交换罐应根据原水水质和供水要求合理选配。时间型交换器如果自动再生最短间隔时间为一天再生一次的，应具备不少于 24 h 供水的交换能力。

5.1.1.7 用于锅炉等工业设备水处理的离子交换器再生过程中不允许有硬水从交换器出口流出。如果控制器有硬水旁通，应增设电磁阀，以便启动再生时自动关闭出水。

5.1.1.8 再生过程结束，转入运行时出水氯离子含量应不大于进水氯离子含量的 1.1 倍。用于工业设备软水处理的交换器再生时间不少于 30 min。

5.1.1.9 交换器出水硬度要求如下：

a) 工业用交换器再生过程结束后，出水硬度应符合 GB/T 50109 的要求，运行过程中应能保证出水硬度符合用水设备对供水硬度的要求；

b) 用于锅炉补给水处理时，应使出水硬度符合 GB/T 1576 的要求；

c) 民用交换器出水硬度可根据客户要求进行设计，但应在产品说明书中注明；

d) 当一级钠离子交换的出水硬度难以达到标准要求时，应采用二级钠离子交换。

表 4 交换器主要性能指标的要求

连接系统		运行流速[a] m/h	反洗流速 m/h	再生及置换流速 m/h	正洗流速 m/h	再生液浓度[b] %	盐耗 g/mol	再生自耗水率 m³/[m³(R)]	工作交换容量[e] mol/m³
一级钠	顺流再生	20～30	10～20	4～8	15～20	6～10	≤120	＜12	≥900
	逆流再生	20～30	10～20	2～4	15～20	5～8	≤100	＜10[c]	≥800
	浮动床	30～50	—	2～5	15～20	5～8	≤100	＜8[d]	≥800
二级钠		≤60	10～20	4～8	20～30	5～8	—	＜10	—

[a] 工业用交换器运行流速上限为短时最大值；民用交换器运行流速可适当放宽，但不应影响制水质量。

[b] 再生液浓度指常温下经射流器后进入离子交换树脂层的盐水浓度。

[c] 该数值为平均再生自耗水率。

[d] 不包括体外清洗的耗水量。

[e] 指强酸性阳离子交换树脂的工作交换容量，弱酸性阳离子树脂工作交换容量大于或等于 1 800 mol/m³。

5.1.2 盐液系统

5.1.2.1 盐液罐应耐氯化钠腐蚀或采取防腐措施。

5.1.2.2 盐液罐应加盖，其有效容积应在指定的盐液浓度范围内，至少满足一台交换器一次再生用量，且便于加盐操作。

5.1.2.3 盐液罐应有良好的过滤装置，内设隔盐板。在正常加盐情况下应能使隔盐板下的盐液浓度均匀达到饱和。

5.1.2.4 盐液系统应设有空气止回阀，能在再生液吸完后有效避免空气进入交换器内的树脂层中。

5.1.2.5 再生用工业氯化钠应符合 GB/T 5462 的规定。

5.1.3 控制器

5.1.3.1 控制器在工作压力为 0.2 MPa～0.6 MPa 范围内应能正常工作，液相换位应准确无误，且不发生泄漏和窜流。

5.1.3.2 使用电压超过 36 V 的控制器，其带电回路对控制器外壳的绝缘介电强度，应能承受交流 1 500 V 电压，历时 5 min 无击穿或闪烁现象；其带电回路对控制器外壳的绝缘电阻应不小于 5 MΩ。控制器外壳应有良好的接地保护装置。

5.1.3.3 控制器应具有手动启动再生过程的功能。

5.2 交换器的使用条件

交换器在表 5 规定的使用条件下应能正常工作。

表 5 交换器的使用条件

项目		要求
工作条件	工作压力	0.2 MPa～0.6 MPa
	进水温度	5 ℃～50 ℃
工作环境	环境温度	5 ℃～50 ℃
	相对湿度	≤95%(25 ℃时)
	适用电源	交流 220 V±22 V/50 Hz 或 380 V±38 V/50 Hz 或直流电(干电池)
进水水质	浊度	顺流再生<5 FTU;逆流再生<2 FTU
	游离氯	<0.1 mg/L
	含铁量	<0.3 mg/L
	耗氧量(COD_{Mn})	<2 mg/L(O_2)

5.3 材质

5.3.1 制造交换器所用的各种材料(包括外购件)均应符合相应的国家标准或行业标准,并应有材料质量合格证明文件。

5.3.2 产品中所有与水直接接触的材料,在本标准规定的使用条件下,不应对水质和树脂造成污染。

5.4 制造

5.4.1 交换罐的几何尺寸及外观质量应符合设计图纸及技术文件。钢制罐体还应符合 JB/T 2932 的要求。

5.4.2 碳钢制作的交换罐内表面应有防腐涂层或衬里,并应符合 JB/T 2932 中的有关规定。

5.4.3 不锈钢制作的交换罐参照 JB/T 2932 中的有关规定,外表面应经酸洗与钝化处理。对氯离子敏感的材料制作的罐体内表面应有防腐涂层或衬里。

5.4.4 玻璃钢罐内表面应平整光滑。罐体不应含有对使用性能有影响的龟裂、分层、针孔、杂质、贫胶区及气泡等。开口平面应和轴线垂直,无毛刺及其他明显缺陷。罐体表面的巴氏硬度:不饱和聚酯树脂不小于 36,环氧树脂不小于 50。

5.4.5 控制器的制造应符合设计图样的规定,阀体表面应光洁,阀体密封应无渗漏。

5.5 组装

5.5.1 所有零部件都应检验合格,且不应有粗糙毛边或锋利的毛刺及其他危害,并需洗净后方可组装。

5.5.2 整机组装应符合图样的规定,管道系统应平直、整齐、美观。各连接管路应密封无泄漏。

5.5.3 交换器内填装的阳离子交换树脂应符合 GB/T 13659 的要求。

6 检验及试验方法

6.1 材料质量

交换器采用的材料应附有材料生产厂家的质量证明文件,交换器订货合同有约定时交换器制造厂应按相应标准复验检测。

6.2 交换罐检验

6.2.1 利用相应的仪器、量具等对交换罐的几何尺寸按设计图纸和技术文件的要求进行检测。

6.2.2 金属罐体的内外表面质量以及防腐涂层或衬里质量根据JB/T 2932的有关规定进行检验;非金属交换罐的外部质量应符合5.4.4的规定,玻璃钢罐体的巴氏硬度按GB/T 3854进行试验。

6.3 控制器检验与试验

6.3.1 无故障动作试验

将控制器按使用状态安装在专用试验台上,采用人工或自动控制。在0.6 MPa的进水压力下,模拟实际工作条件,每隔2 min~5 min切换一次,切换次数应不少于10 000次。以阀体密封无渗漏、各个工况工作正常、无窜流为合格。

6.3.2 控制器的绝缘介电强度和绝缘电阻试验

6.4 耐压试验

6.4.1 交换罐和控制器应按表6的要求分别进行耐压试验。

表6 耐压试验要求

部 件	流体静压试验	循环压力试验 (仅对非金属部件)	爆破压力试验 (仅对非金属部件)
交换罐	1.5倍最大工作压力下测试30 min	0~1.25倍最大工作压力循环100 000次	4倍最大工作压力
控制器	2.4倍最大工作压力下测试30 min	0~1.25倍最大工作压力循环100 000次	4倍最大工作压力

6.4.2 耐压试验的水温应能保证试验装置表面不会出现冷凝状态。

6.4.3 各项压力试验应分别在专用的试验设备上独立进行。试验时将测试部件(包括进口和出口接头等)按使用状态安装在试压设备上,并采取冲刷的方式向试验装置注水,以排尽装置内的空气。注满水后,封堵各出水口,按以下方法分别进行各项压力试验:

a) 流体静压试验:从进水口以不大于0.2 MPa/s的速度恒速增加流体静压,在5 min内达到表6规定的试验压力。保压30 min。在整个试验期间定时检查装置,应无漏水情况。

b) 循环压力试验:将计数器清零或记录初始读数,然后按表6的要求进行0倍~1.25倍最大工作压力的循环试验。增压至最大试验压力后立即泄压(即保压时间不大于1 s),并在下一个循环开始前恢复到小于0.014 MPa。每次从升压至泄压的循环持续时间,对于测试部件直径大于33 cm的不应超过7.5 s;直径小于或等于33 cm的不应超过5 s。整个试验期间应定时检查系统各部位,应无泄漏。

c) 爆破压力试验:通过水泵连接供水系统,以不大于0.2 MPa/s的速度恒速增加流体静压,在70 s内达到表6规定的爆破试验压力,保持片刻(约3 s~5 s)后泄压,测试部件不应破裂和渗漏。

注:爆破试验装置应根据测试的最高压力配备螺纹接口,并应有安全防护措施,防止受压部件受到破坏时造成人员伤害或财产损失。

6.5 交换器性能试验

组装完毕的交换器应按5.2使用条件的规定,接通进水后进行性能试验。

6.5.1 水压试验

交换器经1.5倍设计压力的水压试验不得渗漏。试验条件应符合JB/T 2932的规定。

6.5.2 空气止回性能

在交换器进盐液状态下,吸完盐水时,检查空气止回阀及盐液连接管路,不应有空气进入。

6.5.3 盐水液位控制性能

交换器在重注水状态时,在0.2 MPa~0.6 MPa工作压力范围内,盐罐注水的液位应控制在设定的高度。对设有液位控制器的交换器,液位控制器不得泄漏或提前关闭。

6.5.4 交换器各工位流速

测量并记录交换器在各个工位时单位时间内流出的水量,计算交换器在运行、反洗、再生、置换及正洗时的流速应符合表4的规定及设计要求。在整个测试过程中应注意检查各状态下的出水,不得有离子交换树脂漏出。

6.5.5 交换器出水水质

6.5.5.1 将交换器运行流速调整至额定出力,按GB/T 6909规定的方法测定出水硬度,应能符合设计要求。用于工业锅炉补给水处理的交换器,应符合GB/T 1576对于各类锅炉给水硬度的要求。

6.5.5.2 再生过程结束转入运行时,按GB/T 15453规定的方法测定出水氯离子含量,应不大于进水氯离子含量1.1倍。

6.5.6 再生液浓度测试

将交换器按照使用状态安装在专用的试验设备上,将控制器调节至吸盐状态,调整进水压力,分别在0.2 MPa、0.4 MPa、0.6 MPa压力下,测定单位时间内盐液罐内饱和盐液减少体积V_0和交换器排水口排出液体积V_1,按公式(1)计算盐液(再生液)浓度。该数值应符合表4的规定。

$$C=\frac{V_0}{V_1}\times C_0 \qquad \cdots\cdots(1)$$

式中:

C ——经射流器稀释后的盐液浓度,单位为质量百分浓度(%);

C_0——盐液罐内盐液的浓度,单位为质量百分浓度(%);

V_0——单位时间内盐液罐内盐液减少体积,单位为升(L);

V_1——单位时间内排水口排出液的体积,单位为升(L)。

6.5.7 盐耗和再生自耗水率测定

按GB/T 13922.2的要求测定交换器的盐耗和再生自耗水率,应符合表4的规定。

7 检验规则

7.1 检验分类与检验项目

7.1.1 交换器主要部件和整机的检验分为型式试验和出厂检验。检验项目和要求应符合表7的规定。

7.1.2 出厂检验应逐台进行。有下列情况之一时应从出厂检验合格品中任意抽取一台进行型式检验:

a) 老产品转厂生产或新产品的试制定型鉴定;

b) 结构、材料、工艺有重大改变,可能影响产品性能时;
c) 停产一年以上,恢复生产时;
d) 正常生产时间达 24 个月时;
e) 国家质量监督机构提出要求时。

表 7 检验项目和要求

项目		要求	检验类别		试验方法
			出厂检验	型式试验	
各部件	材质	5.3		√	6.1
交换罐	几何尺寸及内外部表观	5.4.1	√	√	6.2.1
	防腐涂层及衬里	5.4.2 5.4.4	√	√	6.2.2
	流体静压试验	表 6		√	6.4.3
	爆破压力试验	表 6		√	6.4.3
	循环压力试验	表 6		√	6.4.3
控制器性能	无故障动作试验	6.3.1		√	6.3.1
	绝缘介电强度和绝缘电阻	5.1.3.2	√	√	6.3.2
	流体静压试验	表 6		√	6.4.3
	爆破压力试验	表 6		√	6.4.3
	循环压力试验	表 6		√	6.4.3
整机性能	水压试验	6.5.1	√	√	JB/T 2932
	空气止回性能	6.5.2	√[a]	√	6.5.2
	盐水液位控制性能	6.5.3	√[a]	√	6.5.3
	各工位流速	表 4		√	6.5.4
	出水水质(硬度和氯离子)	6.5.5	√	√	GB/T 6909 GB/T 15453
	再生液浓度	表 4		√	6.5.6
	再生剂耗量及自耗水率	表 4		√	GB/T 13922

[a] 专用于民用软水处理的交换器空气止回性能和盐水液位控制性能的出厂检验按每批次 1% 抽样(且不少于一台)检测。

7.2 检验要求

7.2.1 交换器的交换罐和控制器应由制造单位的检验部门检验合格,并出具合格证书后方能出厂。检验人员应对检验报告的正确性和完整性负责。

7.2.2 交换器组装单位或供应商应对交换器整机性能及质量负责。整机性能的出厂检验也可在使用现场进行,但应在检验和调试合格,并出具检验合格证书和调试报告后才能交付使用。

7.3 检验判定规则

7.3.1 每台交换器按 7.1 规定的出厂检验项目和要求进行检验,如有任何一项不符合要求时,判定该台交换器为出厂检验不合格。

7.3.2 型式检验符合7.1规定时，判定为合格，若有任何一项不符合要求时，则判定型式检验不合格。

8 标志、包装、运输和贮存

8.1 标志

8.1.1 产品铭牌应固定在交换器的明显部位，铭牌应包括下列内容：

a) 制造厂名称、地址；

b) 制造厂注册登记编号；

c) 产品名称及型号；

d) 主要技术参数，如额定出水量、工作压力、工作温度等；

e) 产品出厂编号和制造日期；

8.2 包装

8.2.1 包装前应清除筒体内积水，所有接管口应进行封堵。

8.2.2 包装应符合GB/T 13384的规定。

8.2.3 包装箱外壁应注明以下内容：

a) 收货单位、详细地址；

b) 制造厂名称、地址、电话；

c) 产品名称、型号；

d) 外形尺寸；

e) 重量；

f) 防潮、小心轻放、不得倒置、防压等图示标志。

8.2.4 随机技术文件应装入防水袋内，与产品一起装入包装箱内。技术文件应包括下列资料：

a) 产品设计图样(总图、管道系统图)；

b) 工艺设计计算书；

c) 产品质量证明书(其中包括：型式试验报告和出厂检验报告)；

d) 安装使用说明书；

e) 装箱清单。

8.3 运输和贮存

8.3.1 吊装运输过程中应轻装轻卸，防止振动、碰撞及机械损伤。

8.3.2 衬胶产品在低于5 ℃温度下运输时，要采取必要的保温措施，防止胶板产生裂纹。

8.3.3 吊装有防腐衬里的产品时，不得使壳体发生局部变形，以免损坏衬里层。

8.4.4 产品应存放在清洁、干燥、通风的室内。

ICS 91.140
P 41

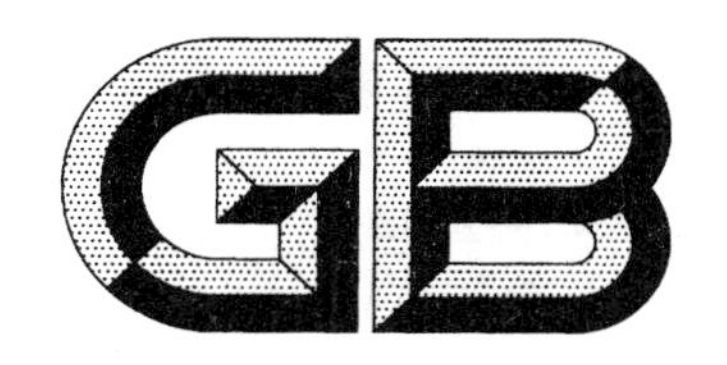

中华人民共和国国家标准

GB/T 19249—2003

反渗透水处理设备

Reverse osmosis water treatment equipment

2003-07-14 发布　　　　2003-12-01 实施

中华人民共和国
国家质量监督检验检疫总局　发布

前　言

本标准参考了美国国家标准 ANSI/NSF58:1997《反渗透饮水处理设备》。

本标准自实施之日起，建设部行业标准 CJ/T 119—2000《反渗透水处理设备》废止。

本标准由中华人民共和国建设部提出。

本标准由建设部给水排水产品标准化技术委员会归口。

本标准由蓝星水处理技术有限公司负责起草，国家海洋局杭州水处理中心、山东招远膜天集团有限公司、上海恒通水处理工程有限公司、北京天元恒业水处理工程公司、北京多元水环保技术产业(中国)有限公司参加起草。

本标准主要起草人：张桂英、沈炎章、王立国、陈伟、李明、李素芹。

反渗透水处理设备

1 范围

本标准规定了反渗透水处理设备(以下简称设备)的分类与型号、要求、试验方法、检验规则、标志、包装、运输及贮存。

本标准适用于以含盐量低于10 000 mg/L的水为原水,采用反渗透技术生产渗透水的水处理设备。

2 规范性引用文件

下列文件中的条款通过本标准的引用而成为本标准的条款。凡是注日期的引用文件,其随后所有的修改单(不包括勘误的内容)或修订版均不适用于本标准,然而,鼓励根据本标准达成协议的各方研究是否可使用这些文件的最新版本。凡是不注日期的引用文件,其最新版本适用于本标准。

GB 150 钢制压力容器

GB/T 191 包装储运图示标志

GB 5750 生活饮用水标准检验方法

GB 9969.1 工业产品使用说明书总则

GB 50235 工业金属管道工程施工及验收规范

HG 20520 玻璃钢/聚氯乙烯(FRP/PVC)复合管道设计规定

JB/T 5995 工业产品使用说明书 机电产品使用说明书编写规定

3 术语和定义

下列术语和定义适用于本标准。

3.1

反渗透膜 reverse osmosis membrane

用特定的高分子材料制成的,具有选择性半透性能的薄膜。它能够在外加压力作用下,使水溶液中的水和某些组分选择性透过,从而达到纯化或浓缩、分离的目的。

3.2

反渗透膜元件 reverse osmosis membrane element

用符合标准要求的反渗透膜构成的基本使用单元。

3.3

反渗透膜组件 reverse osmosis membrane module

按一定技术要求将反渗透膜元件与外壳等其他部件组装在一起的组合构件。

3.4

反渗透 reverse osmosis

在膜的原水一侧施加比溶液渗透压高的外界压力,只允许溶液中水和某些组分选择性透过,其他物质不能透过而被截留在膜表面的过程。

3.5

脱盐率 salt rejection

表明设备除盐效率的数值。

3.6

原水回收率　recovery

设备对原水利用效率的数值。

3.7

渗透水　permeat

经设备处理后所得的含盐量较低的水。

3.8

浓缩水　concentrate

经设备处理后的含盐量被浓缩的水。

3.9

保安过滤器　cartridge filter

由过滤精度小于或等于 5 μm 的微滤滤芯构成的过滤器，装在反渗透膜前，以确保进入反渗透膜的进水水质满足规定的要求。

4　产品分类与型号

4.1　产品分类

设备按日产水量 m^3/d（以 24 h，25℃水温计，以下同）分三类：

a）　小型设备　日产水量≤100 m^3/d；

b）　中型设备　日产水量 100～1 000 m^3/d；

c）　大型设备　日产水量≥1 000 m^3/d。

4.2　产品型号

4.2.1　产品型号以反渗透的英文字头 RO 和膜的型式代号、设备的规格代号、反渗透的级数组合而成：

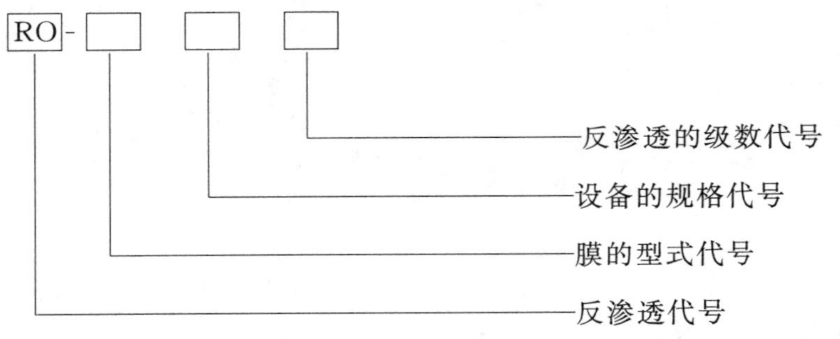

4.2.2　反渗透膜的型式代号（用汉语拼音字头表示）：

J——卷式膜；B——板式膜；Z——中空膜；G——管式膜。

4.2.3　设备的规格代号（以设备的类别代号的英文字头表示）：

S——小型设备；M——中型设备；L——大型设备。

4.2.4　反渗透的级数代号（以阿拉伯数字表示）：

1——一级反渗透；2——二级反渗透；3——三级反渗透。

4.2.5　型号示例：

RO-JS1 表示：用卷式反渗透膜构成的一级小型反渗透水处理设备。

5　要求

5.1　反渗透水处理设备性能指标

a）　脱盐率：设备的脱盐率≥95%（用户有特殊要求的除外）。

b）　原水回收率：

——小型设备原水回收率≥30%；

——中型设备原水回收率≥50%;

——大型设备原水回收率≥70%。

5.2 原材料要求

5.2.1 反渗透膜组件、泵、各种管道、仪表等设备构件,均应符合相应的标准和规范要求。

5.2.2 凡与水接触的部件的材质不能与水产生任何有害物理化学反应,必要时采取适当的防腐及有效保护措施,不得污染水质,应符合有关安全卫生标准的要求。

5.3 外观

5.3.1 设备应设计合理,外观结构紧凑、美观,占地面积及占用空间小。

5.3.2 设备主机架安装牢固,焊缝平整,水平及垂直方向公差应符合国家标准的要求,涂层均匀、美观、牢固、无擦伤、无划痕,符合国家有关规定。

5.4 组装技术要求

5.4.1 设备各部件连接处均应结构光滑平整、严密、不渗漏。

5.4.2 管道安装平直,走向合理,符合工艺要求,接缝紧密不渗漏,塑料管道、阀门的连接应符合HG 20520规定,金属管道安装与焊接应符合 GB 50235 的要求。

5.5 仪器仪表、自动控制、电气安全

5.5.1 设备配备的仪器、仪表的量程和精度应满足设备性能的需要,符合有关规定,接口不得有任何泄漏。

5.5.2 自动化控制灵敏,遇故障应立即止动,具有自动安全保护功能。

5.5.3 电气控制柜应符合国家及相关行业规定,安装应便于操作,符合设计要求。

5.5.4 各类电器接插件的安装应接触良好,操作盘、柜、机、泵及相关设备均应有安全保护措施,保证电气安全。

5.6 泵的安装

泵安装平稳。高压泵进、出口分别设有低压保护和高压保护。

5.7 反渗透膜的保护系统

反渗透膜的保护系统安全可靠,必要时应有防止水锤冲击的保护措施;膜元件渗透水侧压力不得高于浓缩水侧压力 0.03 MPa;设备关机时,应将膜内的浓缩水冲洗干净;停机时间超过一个月以上时,应注入保护液进行保护。

5.8 设备的使用条件

5.8.1 为保护设备正常运行,设备的进水应满足如下要求:

a) 淤塞指数 SDI 15<5;

b) 游离余氯:聚酰胺复合膜<0.1 mg/L;乙酸纤维素膜 0.2 mg/L~1.0 mg/L;

c) 浊度<1.0 NTU;

d) 根据原水水质,正确设计预处理工艺,选用符合国家及行业标准的预处理设备、管路和阀门,原水水质指标的测定按照相应的国家标准和行业标准进行;

e) 根据反渗透膜元件要求合理控制进水的 pH 值、铁离子、微生物、难溶盐等参数;

5.8.2 操作温度、操作压力:

a) 操作温度:温度为影响产水量的主要指标,通常复合膜适用 4℃~45℃;乙酸纤维素膜适用 4℃~35℃。

b) 操作压力:根据工艺要求,操作压力一般不大于 3.5 MPa。

5.9 设备安装要求

设备安装时,在装卸膜元件的一侧,应留有不小于膜元件长度 1.2 倍距离的空间,以满足换膜、检修的要求。设备不能安置在多尘、高温、振动的地方,一般应安装于室内,避免阳光直射,环境温度低于 4℃时,必须采取防冻措施。

5.10 设备清洗

设备应设有化学清洗系统或接口，以便定期进行清洗。

6 试验方法

6.1 目测检验

6.1.1 目测外观结构是否合理，各构件联接应符合设计图纸的要求。

6.1.2 目测涂层是否均匀，无皱纹、粘附颗粒杂质和明显刷痕等缺陷。

6.1.3 用水平仪测量主机框架，容器、泵及相应管线，其水平方向和垂直方向均应符合设计图样和相关标准要求。

6.2 设备性能测试

6.2.1 脱盐率的测定

根据需要，设备脱盐率，可采用下列两种方法之一种进行测定。

a) 重量法(仲裁法)：

按 GB 5750 规定的溶解性总固体检测方法测量原水和渗透水含盐量，然后采用式(1) 计算，保留三位有效数字：

$$R = \frac{C_f - C_p}{C_f} \qquad \cdots\cdots(1)$$

式中：

R——脱盐率%；

C_f——原水含盐量，mg/L；

C_p——渗透水含盐量，mg/L。

b) 电导率测定法：

电导率测定法是用电导率仪分别测定原水电导率和渗透水电导率，然后采用式(2)计算，保留三位有效数字：

$$R = \frac{C_1 - C_2}{C_1} \qquad \cdots\cdots(2)$$

式中：

R——脱盐率，%；

C_1——原水电导率，μs/cm；

C_2——渗透水电导率，μs/cm。

6.2.2 原水回收率的测定

原水回收率可用渗透水流量、原水流量、浓缩水流量按式(3)或式(4)进行计算，保留三位有效数字：

$$Y = \frac{Q_p}{Q_f} \qquad \cdots\cdots(3)$$

或

$$Y = \frac{Q_p}{Q_p + Q_r} \qquad \cdots\cdots(4)$$

式中：

Y——原水回收率，%；

Q_p——渗透水流量，m^3/h；

Q_f——原水流量，m^3/h；

Q_r——浓缩水流量，m^3/h。

6.3 液压试验

在未加膜元件情况下开启加压泵，调节管路阀门，按 GB 150 的规定使系统试验压力为设计压力的

1.25 倍，保压 30 min，检验系统焊缝及各连接处有无渗漏和异常变形。

6.4 自动保护功能检测

调节供水泵控制阀、浓水阀，当高压泵调到最低进水压力、出水压力、最高设计压力时，检查自动保护止动的效果。必要时检查防止水锤冲击的保护措施是否有效。

6.5 运行试验

6.5.1 试运行

本运行试验适用于卷式膜。

按照设备安装图、工艺图、电器原理图、接线图，对设备系统进行全面检查，确认其安装正确无误，在微滤滤芯未放入保安滤器内，反渗透膜未放入膜壳内的情况下，打开电源开关，启动供水泵，对反渗透系统进行循环冲洗，检查系统渗漏情况，压力表及其他仪表工作情况和电气安全及接地保护是否有效，冲洗直至清洁为止。将微滤滤芯放入保安过滤器的外壳内冲洗干净，然后将反渗透膜元件装入膜壳内。

6.5.2 运行试验

设备经试运行之后，开启总电源开关，将运行开关旋钮置于开启位置。反渗透装置开始运行，根据运行情况，供水泵开始运转，高压泵按控制时间启动，系统开始升压产水，调整系统调节阀，达到设计参数，设备运行试验一般不少于 8 h，运行期间检查供水泵、高压泵运转是否平稳，产水与排浓缩水情况是否正常，自动控制是否灵敏，电气是否安全，自动保护是否可靠。按 6.2 的规定检查渗透水的电导率，确定设备脱盐率、原水回收率是否达到要求。

6.6 为保证液压试验、运行试验的准确性，允许此两项试验在施工现场进行。

7 检验规则

7.1 设备应逐台检验。

7.2 检验分类：设备分为出厂检验和型式检验。

7.3 出厂检验

7.3.1 每台出厂的设备均应按表 1 的规定进行目测检验和运行试验。

表 1 出厂检验

序号	检验项目	对应的要求条款号	试验方法的条款号	检验方式
1	目测检验	5.3;5.4	6.1	逐台检验
2	运行试验	5.1;5.4～5.7	6.2;6.5	

7.3.2 判定规则：试验结果符合本标准的规定判为合格。

7.4 型式检验

7.4.1 设备在下列情况下，进行型式检验：

a) 设备的生产工艺改变；

b) 设备的主要零部件改变；

c) 产品定型鉴定；

d) 停产半年以上；

e) 质量监督部门要求时。

7.4.2 型式检验抽样与判定规则：

a) 可用在企业中经出厂检验合格的设备 1～2 台做为样品进行型式检验，也可用经竣工验收合格的设备 1～2 台做为样品。

b) 按本标准 6.1;6.3;6.4 规定的试验方法进行，设备的目测检验、液压试验和自动保护功能检验合格后，再进行设备的运行试验。检验的各项结果全部符合本标准对设备的要求时，判为合格。

8 标志、包装、运输、贮存

8.1 标志

设备上面必须有标志牌，其内容包括：

a) 设备名称及型号；

b) 产水量；

c) 操作压力；

d) 产品编号；

e) 生产日期；

f) 生产厂名称：

g) 设备总质量(单位：t)；

h) 外形尺寸(长×宽×高　单位：m)；

i) 设备功率；

j) 设备电源电压。

8.2 包装

8.2.1 设备出厂包装时，必须擦干水分，所有接头、管口、法兰面全部封住。

8.2.2 装箱前，所有仪器、仪表应加以保护。

8.2.3 设备应采用适当材料包装，适合长途转运，包装的结构和性能应符合有关规定。

8.2.4 设备包装箱内应有随机文件，包括：

a) 设备主要零部件清单；

b) 设备使用说明书，使用说明书按 GB 9969.1、JB/T 5995 规定编写；

c) 设备检验合格证。

8.2.5 包装箱外应标明：品名、生产厂名称、通讯地址、电话，按 GB/T 191 规定标明“易碎物品”、“向上”、“怕晒”、“怕雨”、“禁止翻滚”、“重心”等图示标志。

8.3 贮存

8.3.1 设备中已装入湿态膜的，应注满保护液贮存于干燥防冻的仓库内，并定期更换保护液，避免日晒和雨淋。

8.3.2 反渗透膜、泵等主要零部件应贮存在清洁干燥的仓库内，防止受潮变质，环境温度低于 4℃时，必须采取防冻措施。

8.4 运输

设备的运输应轻装轻卸，途中不得拖拉、摔碰。

ICS 91.140.70
P 40

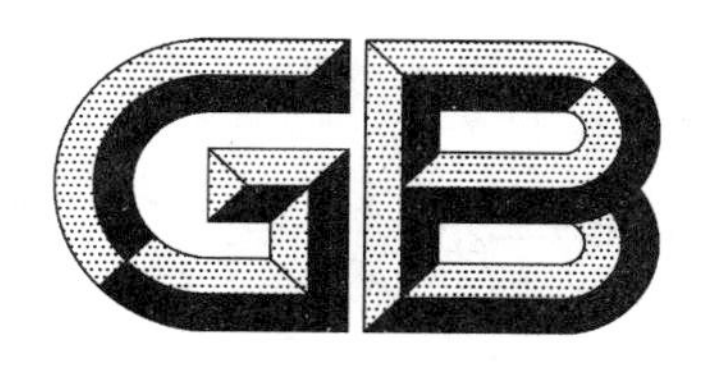

中华人民共和国国家标准

GB/T 19837—2005

城市给排水紫外线消毒设备

Ultraviolet(UV)disinfection equipment for municipal water and wastewater treatment

2005-07-15 发布　　2006-01-01 实施

中华人民共和国国家质量监督检验检疫总局
中国国家标准化管理委员会　发布

前　言

本标准参考国内外相关技术标准和技术规程制定。

本标准中附录A、附录B、附录C和附录D为规范性附录,附录E为资料性附录。

本标准由中华人民共和国建设部提出。

本标准由建设部给水排水产品标准技术委员会归口。

本标准起草单位:深圳市海川实业股份有限公司、深圳海川环境科技有限公司。

本标准主要起草人:何唯平、汤惠工、黄永衡、肖卫星、徐立。

本标准为首次制定。

城市给排水紫外线消毒设备

1 范围

本标准规定了城市给排水紫外线消毒设备的分类、技术要求、检验规则、标志、包装、运输和贮存。

本标准适用于生活饮用水、饮用净水、城镇污水处理厂出水、城市污水再生利用水、工业废水处理站出水的紫外线消毒设备。

2 规范性引用文件

下列文件中的条款通过本标准的引用而成为本标准的条款。凡是注日期的引用文件，其随后所有的修改单(不包括勘误的内容)或修订版均不适用于本标准，但鼓励根据本标准达成协议的各方研究是否可使用这些文件的最新版本。凡是不注日期的引用文件，其最新版本适用于本标准。

GB 191 包装储运图示标志

GB 4208 外壳防护等级(IP代码)(GB 4208—1993,eqv IEC 529:1989)

GB 5749 生活饮用水卫生标准

GB 9969.1 工业产品使用说明书 总则

GB 13384 机电产品包装通用技术条件

GB/T 15464 仪器仪表包装通用技术条件

GB 18918 城镇污水处理厂污染物排放标准

GB/T 18920 城市污水再生利用城市杂用水水质

GB/T 50335 污水再生利用工程设计规范

QB/T 3742 灯具木箱包装技术条件

3 术语和定义

下列术语和定义适用于本标准。

3.1

紫外线 ultraviolet 简称为 UV

波长在 100 nm～380 nm 的电磁波，其中具有消毒能力的紫外线波段为 200 nm～280 nm。

3.2

紫外线消毒 ultraviolet disinfection

病原微生物吸收波长在 200 nm～280 nm 间的紫外线能量后，其遗传物质(核酸)发生突变导致细胞不再分裂繁殖，达到消毒杀菌的目的，即为紫外线消毒。

3.3

紫外线强度 UV intensity

单位时间与紫外线传播方向垂直的单位面积上接受到的紫外线能。在本标准中紫外线强度被用来描述紫外线消毒设备的紫外线能。单位常用 mW/cm^2。

3.4

紫外线穿透率 UV transmittance，简称为 *UVT*

波长为 253.7 nm 的紫外线在通过 1 cm 比色皿水样后，未被吸收的紫外线与输出总紫外线之比。

3.5

紫外线剂量　UV dose

单位面积上的接收到的紫外线能量，常用单位为毫焦每平方厘米（mJ/cm^2）或焦每平方米（J/m^2）。

3.6

设备紫外线平均剂量　reactor average dose，简称为 AD

将紫外灯简化为点光源，然后用点光源累加法计算消毒器内的平均紫外光强，再乘以平均曝光时间得到的剂量。平均剂量为紫外线消毒设备的理论剂量，由于这一剂量常用 UVDis 计算软件计算得到，因此有时也称 UVDis 剂量。

3.7

设备紫外线有效剂量　reactor effective dose，简称为 ED

紫外线消毒设备所能实现的微生物灭活紫外线剂量，或称之为紫外线消毒设备的生物验定剂量，统称为设备紫外线有效剂量。

3.8

紫外线剂量-响应曲线　UV Dose-Response Curve

反映了某种微生物的灭活程度或消毒程度与其接受到的紫外线剂量之间的关系。灭活程度在图中通常以 $\log_{10}(N)$ 或 $\log_{10}(N/N_0)$ 表示，N_0 为紫外线照射前微生物的含量，N 为紫外线照射后微生物的含量。

3.9

低压灯　low pressure lamp

水银蒸气灯在 0.13 Pa 到 1.33 Pa 的内压下工作，输入电功率约为每厘米弧长 0.5 W，杀菌紫外能输出功率约为每厘米弧长 0.2 W，杀菌紫外能在 253.7 nm 波长单频谱输出。

3.10

低压高强灯　low pressure high output lamp

水银蒸气灯在 0.13 Pa 到 1.33 Pa 的内压下工作，输入电功率约为每厘米弧长 1.5 W，杀菌紫外能输出功率约为每厘米弧长 0.6 W，杀菌紫外能在 253.7 nm 波长单频谱输出。

3.11

中压灯　medium pressure lamp

水银蒸汽灯在 0.013 MPa 到 1.330 MPa 的内压下工作，输入电功率约为每厘米弧长 50 W 到 150 W，杀菌紫外能输出功率约为每厘米弧长 7.5 W 到 23W，杀菌紫外能在 200 nm～280 nm 杀菌波段多频谱输出。

3.12

新紫外灯　new ultraviolet lamp

初始运行 100 h 经过稳定磨合后的紫外灯。

3.13

紫外灯老化系数 C_{LH}　lamp aging factor

紫外灯运行寿命终点时的紫外线输出功率与新紫外灯的紫外线输出功率之比。

3.14

紫外灯套管结垢系数 C_{JG}　lamp fouling factor

使用中的紫外灯套管的紫外线穿透率与洁净紫外灯套管的紫外线穿透率之比。

3.15

紫外灯运行寿命　operation life of UV lamp

紫外灯有效输出的连续或累计运行时间。

3.16

紫外线消毒器　UV disinfector

可以进行紫外线照射的腔体和容器。紫外线消毒器由紫外灯、石英套管、镇流器、紫外线强度传感器、清洗系统等密闭在容器中的部件组成。

3.17

紫外灯模块组　UV modules

以明渠作为紫外线照射的腔体。紫外灯模块组由紫外灯、石英套管、镇流器、紫外线强度传感器、清洗系统等组成。

3.18

紫外线消毒设备验证　UV disinfection equipment validation

紫外线消毒设备的实际消毒性能，应由紫外线有效剂量、紫外灯老化系数、紫外灯套管结垢系数的有关实验来验证。

4　设备分类

紫外线消毒设备根据紫外灯类型分为如下几类。

4.1　低压灯系统

单根紫外灯的紫外能输出为30 W～40 W，紫外灯运行温度在40℃左右。低压灯系统适用于小型水处理厂或低流量水处理系统的应用。

4.2　低压高强灯系统

单根紫外灯的紫外能输出为100 W左右，紫外灯运行温度在100℃左右。低压高强灯系统的紫外能输出可根据水流和水质的变化进行调节，从而优化电耗和延长紫外灯寿命，低压高强灯系统适用于中型污水处理厂的应用。

4.3　中压灯系统

单根紫外灯的紫外能输出在420 W以上，紫外灯运行温度在700℃左右。中压灯系统的紫外能输出是所有紫外灯中最强的，对水体的穿透力强，消毒能力高。中压灯系统适用于大型污水处理厂和高悬浮物，紫外线穿透率（*UVT*）低的水处理系统。

5　技术要求

5.1　紫外线消毒设备组成

5.1.1　明渠式紫外线消毒设备应包括：紫外灯模块组、模块支架、配电中心、系统控制中心、水位探测及控制装置等。

5.1.2　压力式管道紫外线消毒设备应包括紫外线消毒器、配电中心、系统控制中心及紫外线剂量在线监测系统等。

5.1.3　紫外线消毒设备通常还包括控制紫外线剂量的硬件和软件、控制器和监控操作界面等。紫外线消毒设备应能完成所有正常消毒及监控功能，并完整配套。

5.1.4　所有连接紫外灯和整流器的电缆应在紫外模块的框架里，暴露在污水或紫外灯下的电缆应涂上特氟纶。

5.1.5　紫外线消毒设备安全措施建立在紫外线消毒器、紫外灯模块组和控制设备上，根据实际需要，应设置温度过高保护、低水位保护、清洗故障报警、灯管故障报警等。

5.1.6　紫外线消毒设备表面涂层应均匀、无皱纹、无明显划痕等缺陷。

5.1.7　紫外线消毒设备的设计应包括对一些意外情况的考虑，需要调压水泵、备用能源、冗余量，以及对大量潜在问题的报警系统。

5.2 紫外灯寿命、老化系数

5.2.1 紫外线消毒设备中的低压灯和低压高强灯连续运行或累计运行寿命不应低于 12 000 h;中压灯连续运行或累计运行寿命不应低于 3 000 h。

5.2.2 紫外灯老化系数通过有资质的第三方验证后,可使用验证通过的老化系数计算设备紫外线有效剂量。若紫外灯老化系数没有通过有资质的第三方验证,应使用 0.5 的默认值作为紫外灯老化系数,来计算设备紫外线有效剂量。

5.3 紫外灯清洗

5.3.1 清洗方式有人工清洗、在线机械清洗、在线机械加化学清洗等。在污水处理应用中,宜采用在线机械加化学清洗。

5.3.2 清洗频率在 1 次/500 h 到 1 次/h 之间。

5.3.3 清洗头刮擦片寿命应保证使用 3 年以上。

5.4 紫外灯石英套管的紫外线穿透率(*UVT*)和结垢系数

5.4.1 紫外灯装在石英套管内并与水体隔开,洁净石英套管在波长为 253.7 nm 的 UVT 不应小于 90%。

5.4.2 使用过程中紫外灯石英套管与水体接触,接触面会结垢。设备紫外线有效剂量计算中须考虑紫外灯套管结垢系数。紫外灯套管结垢系数通过有资质的第三方验证后,可使用验证通过的结垢系数计算设备紫外线有效剂量。若紫外灯套管结垢系数没有通过有资质的第三方验证,应使用 0.8 的默认值作为紫外灯套管结垢系数,来计算设备紫外线有效剂量。

5.5 紫外线消毒设备的防护等级

5.5.1 设备的水上部件防护等级应符合 GB 4208 规定,不应低于 IP65 或当量等级。

5.5.2 设备的水下部件防护等级应符合 GB 4208 规定,不应低于 IP68 或当量等级。

5.6 设备紫外线有效剂量指标

5.6.1 污水消毒

为保证达到 GB 18918 中所要求的卫生学指标的二级标准和一级标准的 B 标准,SS(水中悬浮物)应不超过 20 mg/L,紫外线消毒设备在峰值流量和紫外灯运行寿命终点时,考虑紫外灯套管结垢影响后所能达到的紫外线有效剂量不应低于 15 mJ/cm^2。

为保证达到 GB 18918 中所要求的卫生学指标的一级标准的 A 标准,当 SS 不超过 10 mg/L 时,紫外线消毒设备在峰值流量和紫外灯运行寿命终点时,考虑紫外灯套管结垢影响后所能达到的紫外线有效剂量不应低于 20 mJ/cm^2。

紫外线消毒设备在工程设计和应用之前,应提供有资质的第三方用同类设备在类似水质中所做的检验报告。

5.6.2 生活饮用水或饮用净水消毒

紫外线消毒作为生活饮用水主要消毒手段时,紫外线消毒设备在峰值流量和紫外灯运行寿命终点时,考虑紫外灯套管结垢影响后所能达到的紫外线有效剂量不应低于 40 mJ/cm^2。紫外线消毒设备应提供有资质的第三方用同类设备在类似水质中所做紫外线有效剂量的检验报告。

5.6.3 城市污水再生利用消毒

紫外线消毒作为城市杂用水主要消毒手段时,紫外线消毒设备在峰值流量和紫外灯运行寿命终点时,考虑紫外灯结垢影响后所能达到的紫外线有效剂量不应低于 80 mJ/cm^2。紫外线消毒设备应提供有资质的第三方用同类设备在类似水质中所做紫外线有效剂量的检验报告。

5.7 消毒指标

5.7.1 紫外线消毒设备应用于生活饮用水、城镇污水、城市杂用水、景观环境用水时,应分别达到 GB 5749、GB 18918、GB/T 18920、GB/T 50335 中的卫生学指标要求。

5.7.2 紫外线消毒设备应用于饮用净水时,饮用净水应达到相关标准中的卫生学指标要求。

6 测试与检测

6.1 紫外灯寿命、老化系数

检测应符合本标准附录A。

6.2 紫外灯套管清洗频率

可在现场手动进行调节，或通过系统控制中心远程自动进行调节。

6.3 水体紫外线穿透率(*UVT*)的测试

水体中253.7 nm波长的紫外线穿透率可用分光光度计测量计算获得，分光光度计每天应通过标准重铬酸钾溶液进行吸光率测试校准，并且用去离子水做空白对比，见图1。

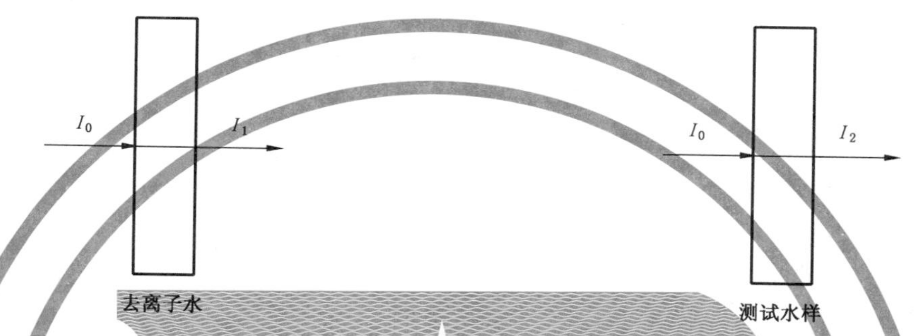

图1 水体紫外线穿透率测量示意图

紫外线穿透率通常是指通过1 cm比色皿水样下测定的值，使用不同测量长度时必须进行详细说明，I_0为初始输入紫外线强度(mW/cm^2)，*UVT*通常用百分比表示，见式1。

$$UVT = \frac{I_2}{I_1} \times 100 \quad \cdots\cdots(1)$$

式中：

UVT——紫外线穿透率，%；

I_1——穿过去离子水后的紫外线强度，mW/cm^2；

I_2——穿过测试水样后的紫外线强度，mW/cm^2。

每次测试时，用于水质检测的进水口水样和出水口水样应各取两份样品，并装在消过毒的50 mL的样品管中。每次测试时，应将4个样品的平均紫外线穿透率作为系统的紫外线穿透率。

6.4 紫外灯套管结垢系数

检测应符合本标准附录B。

6.5 紫外线消毒设备的防护等级

紫外线消毒设备的水上部件、水下部件的防护等级应按GB 4208规定的方法检测。

6.6 紫外线有效剂量

检测应符合本标准附录C。

7 检验规则

7.1 检验分类

检验分出厂检验和型式检验。

7.2 出厂检验

每套设备出厂均应进行检验，检验项目为本标准的5.1.1至5.1.7。

7.3 型式检验

7.3.1 紫外线消毒设备的生产有下列情况下之一时，应进行型式检验：

a) 紫外线消毒设备的生产工艺改变时；

b） 紫外线消毒设备的主要零部件改变时；

c） 紫外线消毒设备产品定型鉴定时；

d） 紫外线消毒设备停产半年以上恢复生产时；

e） 紫外线消毒设备正常生产满一年继续生产时；

f） 质量监督部门要求时。

7.3.2 型式检验抽样与检验项目为：

a） 在出厂检验合格的产品中，随机抽取1～2台模块作为样品进行型式检验；

b） 型式检验的项目为：外观检验，防护等级检验，紫外线平剂均量检验；设备安装后再进行运行试验。

7.4 判定规则

出厂检验和型式检验的各项结果全部符合要求时，判为合格。

8 标志、包装、运输、贮存

8.1 标志

紫外线消毒设备上应有标志牌，其内容包括：

a） 设备名称；

b） 设备分类；

c） 产品编号；

d） 生产日期；

e） 厂家名称；

f） 设备总重量(kg)。

8.2 包装

8.2.1 设备包装应符合GB 13384规定的要求。

8.2.2 电气配件包装应符合GB/T 15464规定的要求。

8.2.3 紫外灯包装应符合QB/T 3742规定的要求。

8.2.4 紫外线消毒设备包装箱内应包括下列文件：

a） 设备检验合格证；

b） 设备使用说明书，使用说明书应符合GB 9969.1规定的要求；

c） 设备主要配件清单。

8.2.5 标志应符合GB 191规定的要求，并标明“易碎物品”、“向上”、“怕晒”、“怕雨”、“禁止翻滚”、“重心”等图示标志。

8.3 运输

8.3.1 紫外线消毒设备的运输应轻装轻卸，途中不得拖拉、摔碰。

8.3.2 紫外灯在运输过程中应避免雨雪淋袭和强烈的机械振动。

8.4 贮存

8.4.1 紫外灯应贮存在相对湿度不大于85%的通风的室内，空气中不应有腐蚀性气体。

8.4.2 紫外线消毒设备主要零配部件应贮存在清洁干燥的仓库内，防止受潮变质。

附 录 A
（规范性附录）
紫外灯寿命、老化系数检测方法

A.1 紫外灯老化定义

紫外灯的紫外输出功率随着紫外灯的使用而衰减。紫外灯的老化系数是以紫外灯在某一时间的紫外输出功率和紫外灯初始运行 100 h 后的紫外输出功率之比来表示的。紫外灯老化系数是表示在设备制造商保证的紫外灯运行寿命终点时的这一比值。

为保障紫外线消毒设备中的所有紫外灯均处于有效工作状态，紫外线有效剂量的计算应考虑紫外灯的老化系数。老化系数的验证应由有资质的第三方进行所有取样、实验及验证，并记录所有第一手资料。若没有通过有资质的第三方验证，紫外线有效剂量的计算应采用 0.5 的默认值作为老化系数。

A.2 紫外灯老化系数检测

紫外灯老化系数的检测，应在紫外线消毒设备正常运行的条件下进行。由于紫外灯在空气中的老化特性不能准确反映紫外线消毒设备在水中运行条件下的老化特性，因此检测应在水中进行。同时由于温度条件、紫外灯运行功率水平和镇流器的构造也会影响紫外灯老化特性及老化系数，因此检测应在紫外线消毒设备运行的相同温度条件、紫外灯相同运行功率和相同的镇流器控制下进行。如果调整了紫外灯的运行功率，老化系数检测应在实际应用中的功率水平范围内模拟。由于紫外灯的开关频率也会影响紫外灯的老化和老化系数，紫外灯在老化系数检测期间应反复的开关，开关的频率应为系统所推荐的最大开关频率。

A.3 紫外灯输出功率、紫外灯老化系数、紫外灯运行寿命的检测

紫外灯输出功率、老化系数和运行寿命可以通过同一个实验进行检测。紫外灯在空气中的运行特性，不能准确反映紫外灯在水中的运行特性。对紫外灯进行检测的实验应模拟紫外线消毒设备的实际运行状况。

紫外灯输出功率比值的测量是一相对数值，即紫外灯的输出功率与其初始 100 h 的输出功率的比值。为了便于测量淹没在水中的石英套管中运行的低压灯、低压高强灯和中压灯的紫外输出功率，通常采用紫外线传感器进行测量。紫外灯输出功率的测量点应在紫外灯周围不超过 5 cm 的位置进行测量。

由于淹没在水中的紫外线传感器的读数是有误差的，所有对紫外灯老化输出功率进行测量的数值应该与稳定的参考紫外灯测量数值相比较并进行校正。为降低测量的误差，应进行 8 组平行测量。在进行紫外灯运行寿命检测时，测量时间间隔不能超过紫外灯预期寿命的 20%（例如，紫外灯预期寿命是 10 000 h，那么每次测量的时间间隔不能超过 2 000 h），并且应确保每次测量时间间隔相同。

必须明确，制造商保证的紫外灯运行寿命数值，都对应了该制造商的紫外灯相应的老化系数。在进行紫外线消毒设备设计应用时，必须同时考虑到紫外灯的老化系数和运行寿命，才能保证设备输出的紫外线有效剂量和实际的消毒效果。

附　录　B
（规范性附录）
紫外灯套管结垢系数检测方法

B.1　套管结垢定义

紫外灯套管结垢是由于水中的各类杂质沉积在紫外灯套管表面上而形成。紫外灯套管结垢系数是系统运行一段时间后的紫外灯穿透率与使用前的紫外灯穿透率之比。结垢速率随处理工艺以及水质不同而变化。

B.2　结垢系数检测

B.2.1　用4个紫外灯套管进行结垢系数检测，若用其他方法，每种方法都需要用4个紫外灯套管。由于污垢的复杂性及水质季节性的变化，应使用同一时期同样的水质来进行测试。

B.2.2　为了保证检测效果，所有的紫外灯套管都应该标上标签，紫外灯套管放入水体前，要测试紫外灯套管的初始紫外线穿透率，所有测试的紫外灯套管在消毒器内的位置应该始终保持不变。

B.2.3　套管清洗器的安装和清洗液的添加应作为研究的对象。测试时应根据套管结垢系数来决定清洗系统的启动和频率的设置。

B.2.4　两个月一次从水体中移出紫外灯套管，测量其紫外线穿透率。整个检测时间至少持续6个月，检测结束后应将紫外灯套管放回水体原位。

B.2.5　灯管内部结垢会导致紫外线穿透率减小。如果紫外线穿透率测量结果偏低，则灯管内部可能结垢，应该彻底清洗石英套管并重新进行测量。清洗干净的套管和最后的测量值用来计算清洗的效果，清洗干净套管的紫外线穿透率和初始紫外线穿透率的测量值的差别就代表内部结垢的程度。

B.2.6　结垢系数验证的文件须包括在验证期间的清洗频率和结垢特性方面的信息（在没有清洗时的结垢速度）。

B.2.7　清洗机构验证的目的是为了确定一个结垢系数。在缺乏实验数据的情况下，结垢系数应使用0.8的默认值，以保证紫外线消毒设备的消毒性能。

B.3　仪器使用

B.3.1　测量紫外灯套管的紫外线穿透率是用一个可见分光光度计将双层的穿透率变为单层，因为紫外灯表面的曲率不同。

B.3.2　使用分光光度计时应使套管水平固定，光通过套管中心和监测器，以便能得到正确的数据。

B.3.3　套管表面上的任何痕迹将导致光的散射，都会使测量值变小。

B.4　检测方法

B.4.1　开启分光光度计，按使用说明书要求，保持规定的预热时间。

B.4.2　调整支撑架平行放置并正好符合紫外灯尺寸。

B.4.3　调整分光光度计使其能测量波长为253.7 nm的紫外线。

B.4.4　分光光度计归零（在光和探测器之间无任何物体）。

B.4.5　做一个空白读数测量（保证UVT在100%±0.3%）。

B.4.6　在光和探测器之间放一零紫外线穿透率的物体（保证UVT在0%±0.3%）。

B.4.7　将参考紫外灯套管放在分光光度计上测量3次，并记录测量结果数据。

B.4.8　比较这些数据，如测量数据与原来数据一致，可确认分光光度计处于正常工作状态。

B.4.9 比较这些数据,如测量数据与原来数据不一致。说明这个参考紫外灯套管可能不清洁;或者没有正确排列;或者分光光度计没有起作用。应重复操作,直到读数一致。

B.4.10 把参考紫外灯套管移开进行测量,读数显示应为100%(误差±0.3%),若不是,将分光光度计归零,做空白读数测量,直到分光光度计连续读数显示为100%(误差±0.3%)。

B.4.11 空白读数测量应在测量每个紫外灯套管之前和之后进行。

B.4.12 在参考紫外灯套管上随意读取10个~25个数。

B.4.13 在每个需要测量的紫外灯套管上随意读取10个~25个数。

B.4.14 测量时要避开与紫外灯套管结垢无关的明显污点(像手印等)。

B.4.15 如果紫外灯套管给出的读数很低,需要分析污垢产生的原因。

B.4.16 每根紫外灯套管的所有数据测量完毕后,分光光度计应重新归零和做空白读数测量,确保分光光度仪正常的校正。

B.4.17 把双层紫外线穿透率开平方根使其变为单层紫外线穿透率。

B.4.18 计算单层紫外线穿透率的平均值。

B.4.19 所有新紫外灯套管测量应得到相同的紫外线穿透率。

B.5 注意事项

B.5.1 新的或干净的紫外灯套管用这种方法测量时会有所不同,应对每个紫外灯套管进行初始穿透率测量。

B.5.2 任何时候都不准用手触摸紫外灯套管,以免得到错误的读数,因为手痕会污垢套管的表面而使读数变小。

B.5.3 操作者需经过适当的培训,并严格遵守操作方法,以避免不同操作者间的差异。

附　录　C
（规范性附录）
紫外线有效剂量检测方法

C.1　检测原理

生物验定是确定紫外线消毒设备所能实现的紫外线有效剂量的实验验证。

生物验定是确定紫外线照射后微生物的灭活程度，并将检测结果与已知的该微生物的标准紫外线剂量—响应曲线进行比较，从而确定消毒设备所能实现的剂量，即为设备紫外线有效剂量。

生物验定已成为评价和比较不同紫外线消毒设备（采用不同紫外灯、镇流器、反应器设计等）在各种不同运行条件及水质条件下实现紫外线有效剂量的检测方法。

C.2　检测准备

C.2.1　由有资质的实验人员总体协调

生物验定检测须由一个有资质及经验的实验人员总体协调，由他向实验小组就水体目标流量、紫外灯功率、紫外线穿透率、注射率等参数进行沟通。第三方验证人员见证或参与全过程，从取样开始到所有实验操作结束，并记录所有第一手资料。

C.2.2　受测微生物准备

污水系统的验证受测微生物，使用粪或总大肠菌做受测微生物；饮用水系统的验证受测微生物应使用 MS2 噬菌体；对于再生水系统的验证受测微生物，应同时使用 MS2 和大肠菌群作为受测微生物。

C.2.3　水体紫外线穿透率调节剂准备

准备浓度为 40％或 50％（容积比）的咖啡溶液。在检测时，将咖啡溶液装入到 10 L 的大口瓶中，采用适合的速率将混合溶液注入管道里。当其中液体减少时要将大口瓶不断加满，这样可使每批的浓度上的差别变得均匀。

C.3　检测步骤

C.3.1　通过调节水体的入口阀门及出口阀门，以得到水体目标流量。

C.3.2　在控制柜上调节得到检测所需要的紫外灯功率。

C.3.3　按计算好的注射速度注入紫外线穿透率调节剂（根据化学品浓度、目标紫外线穿透率、水体自身紫外线穿透率、水流等因素决定）。由专门人员记录注入开始的时间。

C.3.4　当在上游取样端口采集用于穿透率测量的样品时，应等待 3 倍的管道停留时间再取样。对紫外线穿透率样品测量和记录时也应记录取样的时间。

C.3.5　水体样品自身紫外线穿透率测量结果与目标紫外线穿透率偏差大于±1％，则需调整注射速度并重复 C.3.3、C.3.4 步骤。

C.3.6　在测试灵敏度的范围内，在期望的微生物减少值下，根据水体的流量，计算受测微生物的注射速度，以保持每次测试时进水口微生物浓度大致相同。同时记录受测微生物的注射开始时间及速度。

C.3.7　在进水口和出水口取样点分别取样。取样包括 2 个 50 mL 的水质样品和 5 份 15 mL 的微生物样品，如需做平行光束实验，则还需在进水口取一个 1 L 的水样，记录取样开始时间和结束时间。从 5 份样品中抽取 3 份进行测试，若 3 份样品的测试结果偏差较大，所有 5 份样品都需要重新进行测试。

C.3.8　取样时，第三方验证人员应记录并检验以下数据：样品编号、流量、紫外灯功率设定、紫外灯电流、传感器位置及输出量和取样时间。

C.3.9　抽取的水样由第三方验证人员送到现场实验室，进行紫外线穿透率、浊度、光谱扫描和平行光束等测量。微生物样品将由第三方验证人员冷藏后，在当天实验结束前送到微生物实验室。

C.3.10 数据管理及剂量预测

在每天的测试结束时，第三方验证人员应复印所有当天的表格纪录，并且记录下当天每个测试的数据并与当时记录核对。

第三方验证人员对制造商所报紫外线消毒设备的紫外线有效剂量实验曲线如图C.1所示。

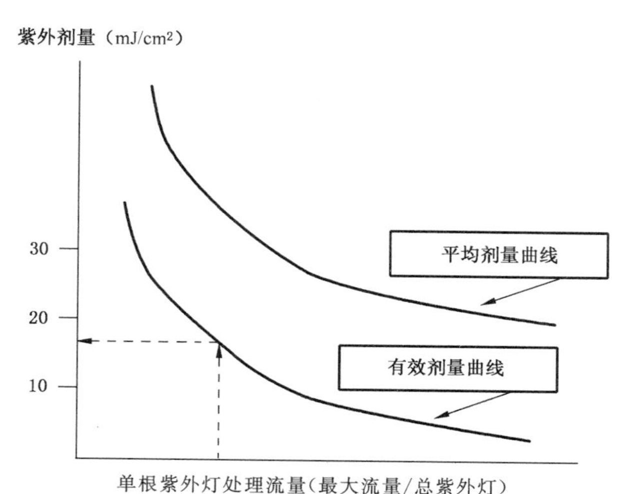

图C.1 紫外线有效剂量曲线图

横坐标为单根紫外灯处理流量（总峰值流量/总紫外灯数），纵坐标为紫外剂量。一般单根紫外灯处理流量单位为每根紫外灯每分钟多少升，即L/(min lamp)。用户、设计单位可根据污水厂设计峰值流量及制造商所提供的紫外灯数推算出单根紫外灯处理流量，然后根据第三方报告中所测平均剂量曲线计算出该紫外设备能达到的紫外线有效剂量，即可验证该制造商所报设备消毒性能是否达到要求，计算中应考虑紫外灯的老化系数和套管的结垢系数。（图C.1中的有效剂量曲线由生物验定实验测得，平均剂量曲线由平行光束实验测得）。

C.3.11 设备紫外线有效剂量的计算

设备紫外线有效剂量应按式C.1计算：

$$ED = ND \times C_{LH} \times C_{JG} \qquad \cdots\cdots (C.1)$$

式中：

ED——设备紫外线有效剂量，mJ/cm²；

ND——新紫外灯管状态下设备紫外线平均剂量，mJ/cm²；

C_{LH}——紫外灯老化系数；

C_{JG}——紫外灯套管结垢系数。

新紫外灯管状态下设备紫外线平均剂量，应由有资质的第三方，用制造商的同类设备在类似水质中实验检测得到的生物验定剂量曲线和每根灯管的水力负荷得出，紫外线平均剂量的检测应符合本标准附录D。

C.3.12 设备紫外线有效剂量的生物验定

紫外灯的紫外输出功率是一个光电参数，它只衡量紫外灯输出能量的强弱。在紫外线消毒设备的消毒性能不只是依赖紫外灯的输出能量，还应考虑紫外灯间距、紫外灯老化系数、紫外灯套管结垢系数、套管的尺寸，消毒器的设计和处理水体的水质等等。所以，紫外线消毒设备的消毒性能应由生物验定方法来确定。

紫外灯寿命、紫外灯老化系数、紫外灯套管结垢系数通过生物验定的方法确定，能为紫外线消毒设备提供可靠、定量的测量和计算。

附　录　D
（规范性附录）
紫外线平均剂量检测方法

D.1　适用范围

本方法适用于测定某一微生物的紫外线剂量-响应特性曲线。

D.2　平行光束测试仪

平行光束测试仪由紫外灯、试样、磁力搅拌器组成。紫外灯装在箱内，以防操作时紫外线辐射伤人。紫外灯连同箱体的位置上下可以调整，用来改变试样表面的紫外线强度。试样和紫外灯之间装有快门，用来控制曝光时间。磁力搅拌器在试样中不停的搅动，模拟微生物在水中的运动。平行光束测试示意见图 D.1。

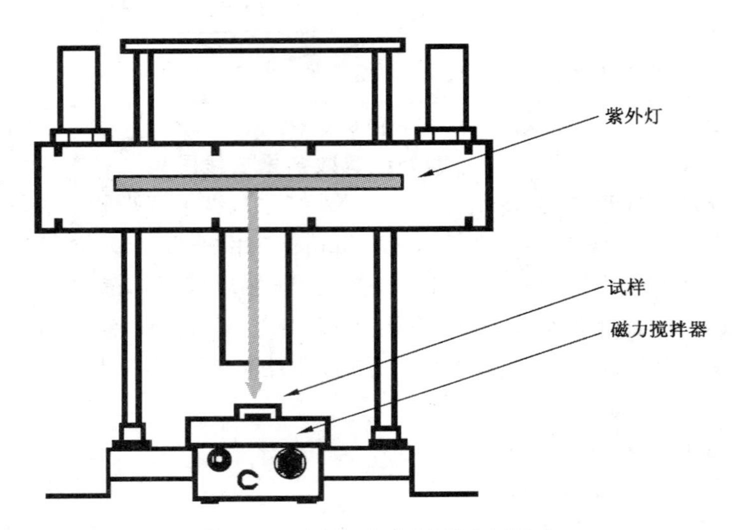

图 D.1　平行光束测试示意图

D.3　检测采样

D.3.1　用洁净塑料瓶采集样品，采样位置设置在消毒前的水体中。

D.3.2　采集的样品需要冷藏处理，并在采样 24 h 内送到实验室进行平行光束测试。

D.4　检测步骤

D.4.1　采集到样品后，应对样品进行编号，并记录采样日期、采样时间、样品来源、污水类型、样品运输方法、水处理厂名称和水处理厂工艺。

D.4.2　确定对照样品的稀释程度和用于过滤的样品容量，以便使每个滤膜上有 30 个～50 个菌群。

D.4.3　将紫外灯打开预热 20 min～30 min 以确保稳定的光强，用消毒剂清洁工作区域(平行光和滤膜分析工作台周围 1.5 m～2 m 范围内)。搭置好过滤设备，在培养皿上贴上标签，标签上注明样品编号、稀释量、样品量及曝光时间。为防止紫外线照射导致培养基变黑，测试前培养皿上需加盖防光罩。

D.4.4　调整平行光束测试仪的高度以得到 215 mW/cm^2～220 mW/cm^2 的紫外线强度。紫外线强度在平行管底中心点测量，传感器中的紫外感应器件必须与磁力搅拌器中的样品表面保持水平，平均强度要通过测试皿中样品深度及 253.7 nm 处的吸光率来计算，同时检查并记录紫外线强度值。

D.4.5 检查搅拌器速度以保证样品充分混合且无飞溅，检查搅拌器及样品是否在紫外灯下方中心位置(注意：紫外强度在光束周边区域变化较大)。摇晃样品 20 次后，将 50 mL 倒入有磁力搅拌器的器皿中。

D.4.6 曝光前应检查光强。一般来说紫外灯的输出是稳定的，但对于长时间的曝光，应在曝光前后记录强度，然后用平均值计算剂量。实验应从最长的曝光时间到最短的曝光时间做起，先过滤细菌最少的样品，再用 30 mL 的无菌缓冲器清洗滤膜 3 遍。为防止照射后样品的污染，应在对照组样品过滤后更换漏斗。

D.4.7 关闭平行光束测试仪的快门，把样品放在照射台上，然后开启平行光束测试仪的快门进行曝光，并同时开始记时。

D.4.8 曝光结束，应立即关闭平行光束测试仪的快门。经照射后的样品需立即盖上防光罩，放在另一个搅拌器台上进行培养(防止颗粒沉淀或粘在盘子底部)。

D.4.9 为了保证测试的有效性，所有不同曝光时间段的样品，都应重复做 2 次测试。

D.4.10 经紫外照射后的样品应立即进行样品培养。在合适的温度下将培养皿倒置培养。记录培养皿的温度、培养开始时间及计数菌群的日期和时间。

D.5 安全操作要求

在测试过程中，操作人员应采取有效措施，防止紫外线辐射，使眼睛和人体裸露部分受到灼伤。

D.6 测试结果表述

绘制紫外线剂量—响应曲线。X 轴为紫外线剂量(mJ/cm²)，Y 轴为菌群数(cfu/L)。

紫外线平均剂量的计算见式 D.1。

$$ND = I \times t \qquad \text{(D.1)}$$

式中：

ND——紫外线平均剂量，mJ/cm²；

I——紫外线强度，mW/cm²；

t——曝光时间，s。

附　录　E
（资料性附录）
紫外线消毒设备的设计要求

E.1　设计基础数据

针对本标准范围内的给排水紫外线消毒设备进行工程设计时，应提供以下参数：

a）　进入紫外线消毒设备的最大流量；（说明：须以该流量作为水力负荷计算紫外线消毒设备所能达到的有效紫外剂量）；

b）　进入紫外线消毒设备的平均流量；

c）　进入紫外线消毒设备的最小流量；

d）　紫外线消毒设备的预计远期扩容流量；

e）　悬浮物含量（说明：适用于污水处理出水、再生水的消毒设计，对自来水处理，改用浊度作为设计依据）；

f）　水体温度；

g）　水体最小紫外线穿透率；

h）　悬浮物颗粒尺寸；

i）　需要达到的消毒指标。

E.2　紫外线剂量的计算

微生物接收到的紫外剂量定义见式 E.1。

$$Dose = \int_0^T I \cdot dt \quad \cdots\cdots\cdots\cdots (E.1)$$

式中：

Dose——剂量，mJ/cm^2；

I——微生物在其运动轨迹上某一点接收到的紫外线强度，mW/cm^2；

T——微生物在紫外消毒器内的曝光时间或滞留时间，s。

E.3　紫外线消毒设备的选择

紫外线消毒设备的选择包括消毒器的型式、紫外灯的类型、紫外灯的寿命、紫外灯的排布、模块数量、清洗方式等。

紫外灯的类型较多，可按表 E.1 的条件参考选用。

表 E.1　污水处理出水消毒紫外灯适用表

项　目	低压灯	低压高强灯	中压灯	备　注
处理流量范围（万 m^3/d）	<5	3～40	>20	
水质条件	*SS*≤20 mg/L *UVT*≥50%	*SS*≤20 mg/L *UVT*≥50%	*SS*>20 mg/L *UVT*<50%	
清洗方式	人工清洗/机械清洗	人工清洗/机械加化学清洗	机械加化学清洗	

表 E.1(续)

项　目	低压灯	低压高强灯	中压灯	备　注
电功率	较低	较低	较高	中压灯光电转换效率低,但单根紫外灯输出功率高,所需紫外灯数少
灯管更换费用比较	较高	较高	较低	
水力负荷 (m^3/d/根紫外灯)	100～200	250～500	1 000～2 000	

E.4 紫外线消毒设备尺寸的设计

紫外线消毒设备尺寸的确定取决于模块组数、紫外灯数量、灯架数量、灯架尺寸、紫外灯间距等,计算内容包括紫外灯数量、有效水深、渠道宽度、渠道长度、过流面积和系统水头损失计算。

E.5 紫外线消毒设备明渠的设计

在紫外线消毒设备尺寸设计的基础上,再进行紫外线消毒设备安装明渠的设计。

ICS 23.100.60
J 77

中华人民共和国国家标准

GB/T 20502—2006

膜组件及装置型号命名

Type denomination for membrane modules and devices

2006-09-04 发布　　　　2006-12-01 实施

中华人民共和国国家质量监督检验检疫总局
中国国家标准化管理委员会　发布

前　　言

本标准的附录A和附录B都是资料性附录。

本标准由中国膜工业协会提出。

本标准由中国标准化协会归口。

本标准起草单位：天津工业大学膜天膜工程技术有限公司、上海一鸣过滤技术有限公司、天邦膜技术国家工程研究中心有限责任公司、中国人民解放军军事医学科学院卫生装备研究所、天津清华德人环境工程有限公司、多元水环保技术产业（中国）有限公司、上海华强环保设备工程有限公司、浙江东大水业有限公司、天津兴源环境技术工程有限公司。

本标准主要起草人：刘建立、龚鑫萍、俞锋、刘红斌、杨造燕、芦钢、丁少华、吴益尔、李力、环国兰、魏健敏。

膜组件及装置型号命名

1 范围

本标准规定了膜组件及装置型号的命名规则。

本标准适用于反渗透、纳滤、超滤、微滤和气体分离膜组件的命名。

本标准适用于反渗透、纳滤、超滤、微滤、气体分离膜、电渗析和电去离子装置的命名。

2 组件型号命名规则

2.1 组件的型号构成

组件的型号由类别代号、型式代号、性能指标、有效膜面积、膜材质代号五个部分构成。各部分之间以连字符“-”连接。

五个部分的表述格式为：

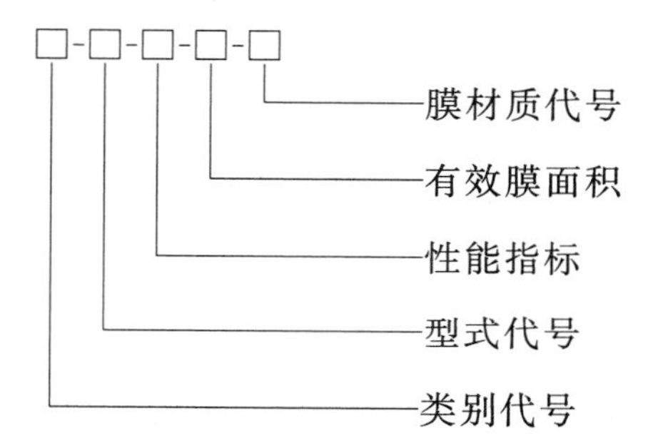

2.2 类别代号

2.2.1 组件的类别按膜的类别划分，类别名称为：反渗透组件、纳滤组件、超滤组件、微滤组件和气体分离膜组件。

2.2.2 组件的类别代号由该组件膜类别英文名称大写的缩写字母表示。其类别代号的具体表示见表 1。

表 1 组件类别代号

类别名称	类别代号
反渗透组件	RO
纳滤组件	NF
超滤组件	UF
微滤组件	MF
气体分离膜组件	GS

2.3 型式代号

2.3.1 组件的型式名称按其结构形式划分为：板框式、卷式、折叠式、中空纤维式和管式。

2.3.2 组件的型式代号由该组件类别英文名称大写的缩写字母表示。其型式代号的具体表示见表 2。

表 2　组件型式代号

型式名称	型式代号
板框式	P&F
卷式	S
折叠式	F
中空纤维式	HF
管式	T

注：本条款用于“反渗透水处理设备”时，参见 GB/T 19249—2003。

2.4　性能指标

组件的性能指标用其主要特征指标以阿拉伯数字的形式表示。具体的性能指标见表 3。

表 3　组件性能指标

类别名称	性能指标	单　　位
反渗透组件	脱盐率	%
纳滤组件	脱盐率	%
超滤组件	截留相对分子质量	1
微滤组件	膜孔径	μm
气体分离膜组件	产气量	m^3/h

2.5　有效膜面积

组件的有效膜面积以阿拉伯数字表示，单位为 m^2。

2.6　膜材质代号

组件的膜材质代号由膜材质英文名称大写的缩写字母表示。常用膜材质代号的具体表示见表 4。

表 4　组件常用膜材质代号

膜材质	膜材质代号
聚乙烯	PE
聚丙烯	PP
聚砜	PS
聚醚砜	PES
聚偏氟乙烯	PVDF
聚丙烯腈	PAN
醋酸纤维素	CA
聚四氟乙烯	PTFE
聚酯	PET
不锈钢	SS
陶瓷	CM

2.7　组件型号命名示例

组件型号命名示例参见附录 A。

3 装置型号命名规则

3.1 装置的型号构成

装置的型号由类别代号、组件型式代号、外形尺寸、产水(气)量四个部分构成。各部分之间以连字符“-”连接。

四个部分的表述格式为：

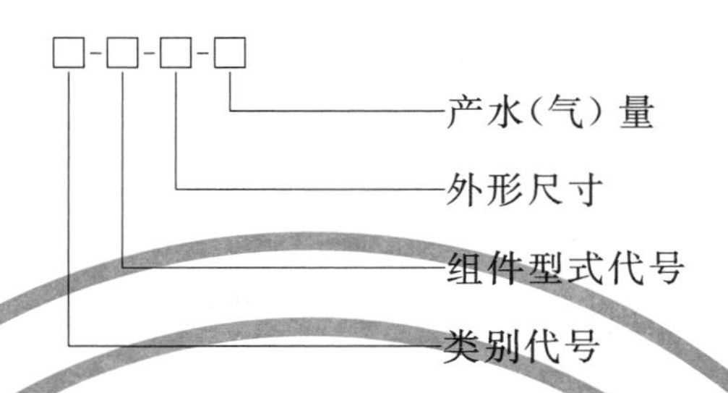

3.2 类别代号

3.2.1 装置的类别分为：反渗透装置、纳滤装置、超滤装置、微滤装置、电渗析装置、电去离子装置和气体分离膜装置。

3.2.2 装置的类别代号由该装置膜类别英文名称大写的缩写字母表示；电渗析和电去离子装置的类别代号由该装置英文名称大写的缩写字母表示。其类别代号的具体表示见表 5。

表 5 装置类别代号

类别名称	类别代号
反渗透装置	RO
纳滤装置	NF
超滤装置	UF
微滤装置	MF
电渗析装置	ED
电去离子装置	EDI
气体分离膜装置	GS

3.3 组件型式代号

3.3.1 组件型式名称按 2.3.1。

3.3.2 组件的型式代号按 2.3.2。

3.3.3 电渗析和电去离子装置的组件型式分为板框式和卷式，分别以 P&F 及 S 表示。

3.4 外形尺寸

装置的外形尺寸以“长度(mm)×宽度(mm)×高度(mm)”表示。

3.5 产水(气)量

装置的产水(气)量以阿拉伯数字表示，单位为 m^3/h。

3.6 装置型号命名示例

装置型号命名示例参见附录 B。

附　录　A
（资料性附录）
膜组件型号命名示例

中空纤维式超滤组件型号命名示例如下：

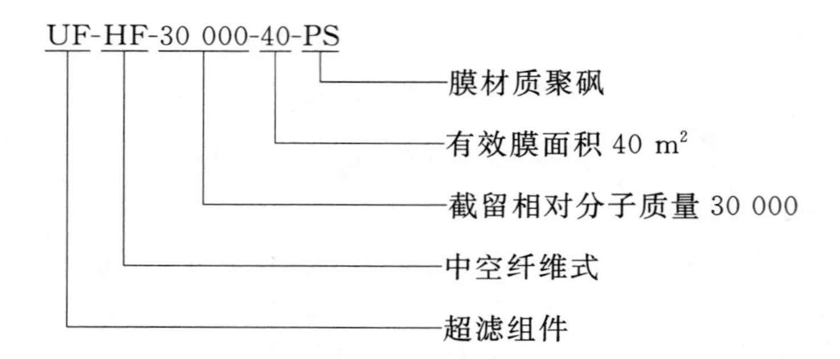

附　录　B
（资料性附录）
膜装置型号命名示例

B.1　反渗透、纳滤、超滤、微滤和气体分离膜装置型号命名示例

中空纤维式微滤装置型号命名示例如下：

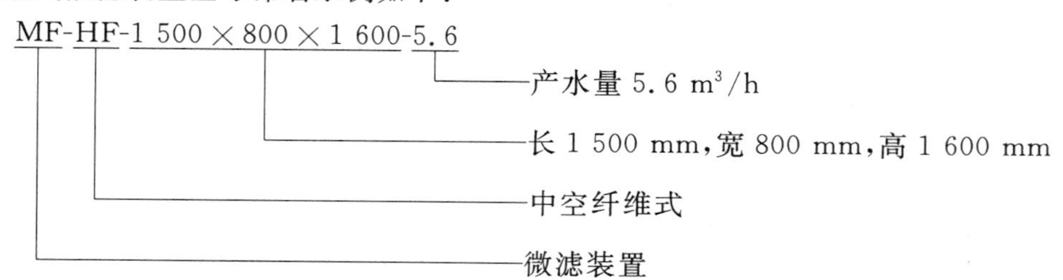

B.2　电渗析和电去离子装置型号命名示例

电渗析装置型号命名示例如下：

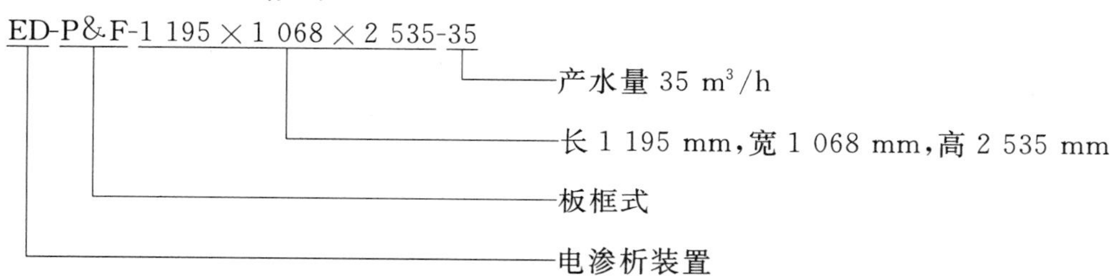

参 考 文 献

[1] GB/T 19249—2003 反渗透水处理设备.

ICS 65.060.35
B 91

中华人民共和国国家标准

GB/T 24674—2009

污水污物潜水电泵

Waste submersible motor-pumps

2009-11-30 发布　　　　2010-04-01 实施

中华人民共和国国家质量监督检验检疫总局
中国国家标准化管理委员会　发布

前　言

本标准的附录 A 为规范性附录。

本标准由中国机械工业联合会提出。

本标准由全国农业机械标准化技术委员会(SAC/TC 201)归口。

本标准主要起草单位:江苏大学流体机械工程技术研究中心、中国农业机械化科学研究院、泰州泰丰泵业有限公司、浙江新界泵业有限公司、浙江利欧股份有限公司、上海凯泉泵业(集团)有限公司、杭州斯莱特泵业有限公司、浙江大元泵业有限公司、山东名流实业集团有限公司、江苏亚太泵阀有限公司、浙江奇峰泵业有限公司、浙江丰球泵业股份有限公司。

本标准主要起草人:王洋、张咸胜、毛骥、许敏田、王相荣、王东进、鲁求荣、王国良、周建全、蒋文军、江荣华、楼其锋、郎涛。

污水污物潜水电泵

1 范围

本标准规定了污水污物潜水电泵的型式、型号、基本参数、技术要求、试验方法、检验规则和标志、包装、贮存和运输。

本标准适用于输送各类污水或含有泥沙、纤维物、粪便、河泥肥等不溶固相物的混合液体的单相或三相污水污物潜水电泵(以下简称"电泵")。

2 规范性引用文件

下列文件中的条款通过本标准的引用而成为本标准的条款。凡是注日期的引用文件,其随后所有的修改单(不包括勘误的内容)或修订版均不适用于本标准,然而,鼓励根据本标准达成协议的各方研究是否可使用这些文件的最新版本。凡是不注日期的引用文件,其最新版本适用于本标准。

GB/T 191 包装储运图示标志(GB/T 191—2008,ISO 780:1997,MOD)

GB 755 旋转电机 定额与性能(GB 755—2008,IEC 60034-1:2004,IDT)

GB/T 1176 铸造铜合金技术条件(GB/T 1176—1987,neq ISO 1338:1977)

GB/T 1220 不锈钢棒

GB/T 1348 球墨铸铁件(GB/T 1348—2009,ISO 1083:2004,MOD)

GB 1971 旋转电机 线端标志与旋转方向(GB/T 1971—2006,IEC 60034-8:2002,IDT)

GB/T 2828.1—2003 计数抽样检验程序 第1部分:按接收质量限(AQL)检索的逐批检验抽样计划(ISO 2859-1:1999,IDT)

GB/T 4942.1—2006 旋转电机整体结构的防护等级(IP代码) 分级(IEC 60034-5:2000,IDT)

GB/T 5013.4 额定电压450/750 V及以下橡皮绝缘电缆 第4部分:软线和软电缆(GB/T 5013.4—2008,IEC 60245-4:2004,IDT)

GB/T 9239.1 机械振动 恒态(刚性)转子平衡品质要求 第1部分:规范与平衡允差的检验(GB/T 9239.1—2006,ISO 1940-1:2003,IDT)

GB/T 9439 灰铸铁件

GB 10395.8 农林拖拉机和机械 安全技术要求 第8部分:排灌泵和泵机组

GB 10396 农林拖拉机和机械、草坪和园艺动力机械 安全标志和危险图形 总则(GB 10396—2006,ISO 11684:1995,MOD)

GB/T 12785—2002 潜水电泵 试验方法

GB/T 13306 标牌

GB/T 17241.6 整体铸铁法兰

JB/T 5673 农林拖拉机及机具涂漆 通用技术条件

JB/T 6880.1~6880.3 泵用铸件

JB/T 7593 Y系列高压三相异步电机计数条件

JB/T 8735.2 额定电压450/750 V及以下橡皮绝缘软线和电缆 第2部分:通用橡套软电缆

JB/T 8735.3 额定电压450/750 V及以下橡皮绝缘软线和电缆 第3部分:橡皮绝缘编织软电线

JB/T 50080 潜水电泵 可靠性考核评定方法

JB/Z 293 交流高压电机定子绕组子绕组匝间绝缘试验规范

3 型式、型号和基本参数

3.1 型式

3.1.1 电泵为单级或多级立式,泵与电机同轴。

3.1.2 电泵按叶轮的结构分为:

a) 旋流式叶轮;

b) 半开式叶片式叶轮;

c) 闭式叶片式叶轮;

d) 单或双流道式叶轮;

e) 螺旋离心式叶轮;

f) 混流式叶轮;

g) 轴流式叶轮。

3.1.3 电泵型式特征用大写汉语拼音字母表示:

X——旋流式;

H——混流式;

Z——轴流式;

叶轮结构为流道式、螺旋离心式、闭式和半开式不标注。

3.1.4 电泵电机特征用大写汉语拼音字母表示:

S——充水式;

Y——充油式;

D——单相;

G——高压(660 V 及以下三相干式电机不标注)。

3.1.5 电泵的外壳防护等级为 GB/T 4942.1—2006 中规定的 IPX8。特殊要求的防护等级,由供需双方按 GB/T 4942.1 的规定协商确定。

3.1.6 电泵的定额是以连续工作制(S1)为基准的连续定额。

3.2 型号

3.2.1 型号表示方法

电泵的型号由汉语拼音大写字母和阿拉伯数字等组成,表示方法如下:

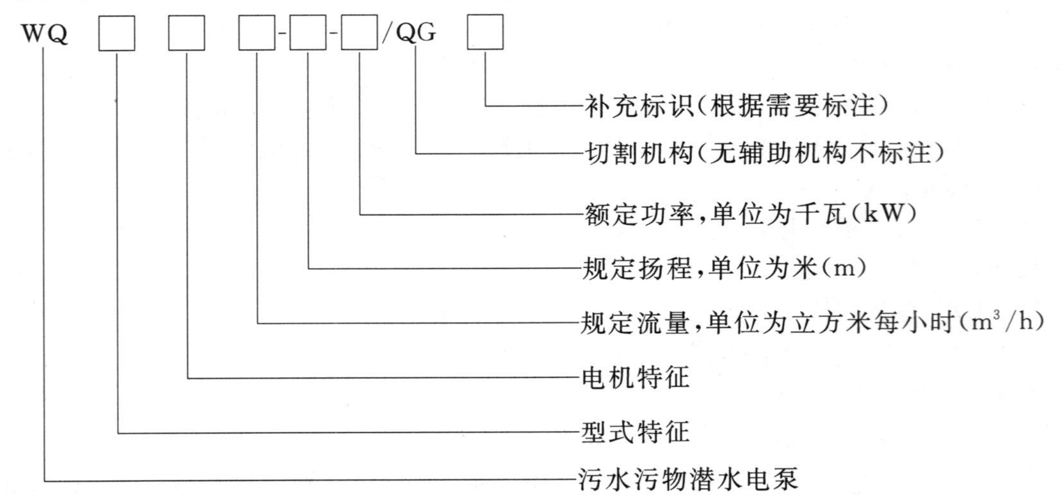

3.2.2 标记示例

规定流量为 4 860 m^3/h,规定扬程为 5.4 m,额定功率为 160 kW,配套三相电机,电压为 380 V,混流式污水污物潜水电泵,其标记:WQH4860-5.4-160。

规定流量为 29 000 m³/h,规定扬程为 2.8 m,额定功率为 450 kW,配套三相电机,电压为 6 000 V,轴流式污水污物潜水电泵,其标记为:WQZG29000-2.8-450。

规定流量为 5 m³/h,规定扬程为 7 m, 额定功率为 0.37 kW,配套单相电机,电压为 220 V,闭式污水污物潜水电泵,其标记为:WQD5-7-0.37。

规定流量为 50 m³/h,规定扬程为 15 m,额定功率为 5.5 kW,配套三相电机,电压为 380 V,闭式带切割机构的污水污物潜水电泵,其标记为:WQ50-15-5.5/QG。

规定流量为 50 m³/h,规定扬程为 15 m,额定功率为 5.5 kW,配套三相电机,电压为 380 V,闭式不锈钢污水污物潜水电泵,其标记为:WQ50-15-5.5G

3.2.3 补充标识是指企业根据合同或规定对产品所做的必要性的说明或标识,根据需要标注或不标注。

3.3 基本参数

3.3.1 在电源频率为 50 Hz,电压为单相(220 V)或三相(380 V、660 V、3 kV、6 kV、10 kV)时和规定的使用条件下,电泵的基本参数应符合表 1 和表 2 的规定。

表 1

序号	排出口径 mm	流量 m³/h	扬程 m	功率 kW	同步转速 r/min	电泵效率 %		电泵泵效率 %		通过颗粒最大直径 mm
						旋流式	其他式	旋流式	其他式	
1	25	3	7	0.25	3 000	14.1	16.5	29.5	34.0	5
2	25	5	7	0.37		17.6	20.2	33.0	37.5	5
3	50	7	7	0.55		18.9/20.3	23.0/24.6	33.5	40.2	15
4	25	4	10			17.7/19.0	20.5/21.9	31.5	36.0	5
5	50	10	7			23.2/24.3	26.4/27.4	38.0	43.0	20
6	50	7	10	0.75		21.6/22.6	24.6/25.8	35.5	40.2	15
7	32	5	15			19.9/20.9	22.9/24.0	33.0	37.5	5
8	50	15	7	1.1		27.6	30.9	41.0	45.7	20
9	50	10	10			25.5	29.0	38.0	43.0	20
10	50	7	15			23.7	27.0	35.5	40.2	15
11	50	25	7	1.5		31.4	35.1	44.5	49.4	25
12	50	15	10			28.8	32.3	41.0	45.7	20
13	50	10	15			26.6	30.3	38.0	43.0	20
14	50	6	22			23.7	27.4	34.0	39.0	15
15	65	35	7	2.2		34.0	37.8	46.7	51.7	25
16	50	25	10			32.3	36.0	44.5	49.4	25
17	50	15	15			29.7	33.2	41.0	45.7	20
18	50	9	22			26.9	30.4	37.4	42.0	20
19	80	50	7	3		37.4	41.3	49.5	54.5	30
20	65	35	10		3 000 1 500	34.7	38.6	46.7	51.7	25
21	65	25	15			33.0	36.8	44.5	49.4	25
22	50	15	22			30.3	33.9	41.0	45.7	20

表 1（续）

序号	排出口径 mm	流量 m³/h	扬程 m	功率 kW	同步转速 r/min	电泵效率 %		电泵泵效率 %		通过颗粒最大直径 mm
						旋流式	其他式	旋流式	其他式	
23	100	75	7	4	3 000 1 500	38.8	43.8	52.0	57.0	35
24	80	50	10			37.4	41.3	49.5	54.5	30
25	65	40	15			35.9	39.8	47.7	52.6	25
26	50	25	22			33.4	37.3	44.5	49.4	25
27	50	15	32			30.7	34.4	41.0	45.7	20
28	100	100	7	5.5		42.4	46.3	54.0	58.8	35
29	80	70	10			40.3	44.4	51.5	56.5	30
30	80	50	15			38.7	42.8	49.5	54.5	30
31	65	30	22			35.7	39.8	45.8	50.8	25
32	50	18	32			32.7	36.8	42.1	47.1	20
33	150	140	7	7.5		44.1	48.3	55.5	60.5	45
34	100	100	10			42.9	46.9	54.0	58.8	35
35	100	70	15			40.9	45.0	51.5	56.5	30
36	80	45	22			38.4	43.3	48.5	54.5	30
37	80	30	32			36.2	40.3	45.8	50.8	25
38	50	20	40			33.9	38.0	43.0	48.0	20
39	200	210	7	11	1 500	45.9	50.1	57.5	62.5	50
40	150	140	10			44.3	48.4	55.5	60.5	45
41	100	100	15			43.0	47.0	54.0	58.8	35
42	100	70	20			41.0	45.1	51.5	56.5	30
43	80	45	32			38.5	43.5	48.5	54.5	30
44	80	30	40			36.3	40.4	45.8	50.8	25
45	200	300	7	15		47.8	51.9	59.0	64.0	55
46	150	200	10			46.4	50.6	57.4	62.4	45
47	100	100	19			43.6	47.6	54.0	58.8	35
48	100	60	30			40.7	44.8	50.5	55.5	30
49	80	45	40			39.0	44.0	48.5	54.5	30
50	200	300	8	18.5		48.4	52.6	59.0	64.0	55
51	200	200	12			47.0	51.2	57.4	62.4	50
52	150	140	15			45.4	49.6	55.5	61.5	45
53	100	100	22			44.1	48.2	54.0	58.8	35
54	200	400	7	22		49.6	54.1	59.8	65.0	55
55	150	300	10			48.9	53.2	59.0	64.0	50

表 1（续）

序号	排出口径 mm	流量 m³/h	扬程 m	功率 kW	同步转速 r/min	电泵效率 %		电泵泵效率 %		通过颗粒最大直径 mm
						旋流式	其他式	旋流式	其他式	
56	150	200	15	22	1 500	47.6	51.8	57.4	61.4	45
57	150	150	20			46.4	50.7	56.0	61.0	40
58	100	100	30			44.7	48.8	54.0	58.8	35
59	80	70	35			42.5	46.8	51.5	56.8	30
60	300	600	7	30	1 500 1 000	50.8	55.3	61.0	66.2	75
61	200	400	10			49.8	54.2	59.8	65.0	50
62	150	200	20			47.7	52.0	57.4	62.4	40
63	100	150	25			46.5	51.0	56.0	61.0	35
64	100	100	38			44.8	48.9	54.0	58.5	30
65	300	700	7	37	1 000	52.6	57.0	61.5	66.5	80
66	250	500	10			51.7	56.1	60.5	65.5	55
67	200	300	15			50.4	54.8	59.0	64.0	50
68	150	200	25			49.0	53.4	57.4	62.4	40
69	150	150	32			47.8	52.2	56.0	61.0	35
70	300	800	8	45		53.3	57.8	61.9	67.0	70
71	250	600	11			52.5	57.1	61.0	66.2	55
72	200	400	16			51.4	56.0	59.8	65.0	50
73	200	300	20			50.7	55.1	59.1	64.0	50
74	200	200	30			49.3	53.7	57.4	62.4	45
75	150	150	40			48.1	52.5	56.0	61.0	40
76	100	100	50			46.3	50.5	54.0	58.8	35
77	350	1 100	7	55		54.1	58.6	62.5	67.5	75
78	250	800	10			53.6	58.1	61.9	67.0	60
79	250	500	15			52.3	56.8	60.5	65.5	50
80	200	400	20			51.7	56.3	59.8	65.0	45
81	200	300	25			51.0	55.5	59.0	64.5	40
82	150	200	37			49.6	54.0	57.4	62.4	35
83	150	150	45			48.3	50.8	56.0	58.8	35
84	350	1 500	7	75		55.1	59.6	63.0	68.0	80
85	250	1 100	10			54.6	59.1	62.5	67.5	60
86	300	900	12			54.2	58.7	62.0	67.0	55
87	250	700	15			53.7	58.2	61.5	66.5	50
88	200	500	20			52.8	57.3	60.5	65.5	50

表 1（续）

序号	排出口径 mm	流量 m³/h	扬程 m	功率 kW	同步转速 r/min	电泵效率 %		电泵泵效率 %		通过颗粒最大直径 mm
						旋流式	其他式	旋流式	其他式	
89	200	300	35	75	1 000	51.5	56.1	59.0	64.0	50
90	550	2 500	5	90		55.9	60.4	63.8	68.8	115
91	400	2 000	6			55.6	61.1	63.4	68.4	100
92	300	1 250	10			54.7	59.3	62.5	67.6	60
93	250	850	15			54.4	58.9	62.1	67.1	55
94	250	600	20			53.4	58.1	61.0	66.2	50
95	500	3 000	6	110		—	60.9	—	69.0	105
96	400	2 500	7			—	60.8	—	68.8	95
97	350	1 500	11			—	60.0	—	68.0	80
98	250	1 000	17			—	59.5	—	67.4	60
99	250	700	24			—	58.7	—	66.5	50
100	200	500	33			—	57.8	—	65.5	45
101	550	3 500	6	132	750	—	61.3	—	69.2	115
102	400	2 000	10			—	60.6	—	68.4	120
103	300	1 300	16			—	60.1	—	67.8	100
104	350	1 000	20			—	59.7	—	67.4	110
105	350	900	23			—	59.3	—	67.0	105
106	350	600	34			—	58.6	—	66.2	105
107	600	4 000	6	160		—	61.6	—	69.3	150
108	550	3 100	8			—	61.3	—	69.0	145
109	450	2 500	10			—	61.1	—	68.8	130
110	350	1 500	17			—	60.4	—	68.0	110
111	300	1 000	25			—	59.8	—	67.4	100
112	250	600	40			—	58.7	—	66.2	95
113	600	8 000	6	185		—	61.9	—	69.5	150
114	500	3 500	8			—	61.6	—	69.2	140
115	400	2 500	12			—	61.2	—	68.8	120
116	350	1 500	19			—	60.5	—	68.0	110
117	300	900	32			—	59.6	—	67.0	100
118	500	3 000	10	200		—	61.5	—	69.3	140
119	400	2 000	16			—	60.9	—	68.4	120
120	300	1 100	28			—	60.1	—	67.5	100
121	700	6 000	6	220		—	62.4	—	69.9	155

表 1（续）

序号	排出口径 mm	流量 m³/h	扬程 m	功率 kW	同步转速 r/min	电泵效率 %		电泵泵效率 %		通过颗粒最大直径 mm
						旋流式	其他式	旋流式	其他式	
122	600	4 200	8	220	750	—	61.9	—	69.4	150
123	400	2 200	16			—	61.2	—	68.6	120
124	350	1 000	32			—	60.1	—	67.4	110
125	600	5 000	8	250		—	62.4	—	69.5	150
126	500	3 200	12			—	62.0	—	69.0	140
127	400	2 500	16			—	61.8	—	68.8	120
128	350	1 800	22			—	61.2	—	68.2	110
129	500	4 200	10	280		—	62.5	—	69.4	140
130	450	3 000	15			—	62.1	—	69.0	135
131	400	2 000	22			—	61.6	—	68.4	120
132	350	1 500	29			—	61.2	—	68.0	110
133	800	1 100	44			—	60.7	—	67.5	100
134	700	7 000	6	315		—	63.6	—	70.5	160
135	600	4 500	11			—	62.6	—	69.4	150
136	500	3 200	16			—	62.3	—	69.0	140
137	400	2 500	22			—	62.1	—	68.8	120
138	350	1 800	34			—	61.5	—	68.2	110

注 1：23.2/24.3 分子表示单相电泵效率，分母表示三相电泵效率；

注 2：电泵效率为清洁冷水条件下的指标；

注 3：转速均不折算；

注 4：电泵泵效率仅限于确定电泵效率用；

注 5：3 000/1 500 或 1 500/1 000 表示该功率等级的电泵有两种转速。

表 2

序号	排出口径 mm	流量 m³/h	扬程 m	功率 kW	同步转速 r/min	电泵效率 %	电泵泵效率 %	通过颗粒最大直径 mm
						轴流式或混流式	轴流式或混流式	
1	300	600	2.8	11	1 500	52.4	65.4	50
2	250	300	5.5			52.9	66.0	40
3	200	220	7.4			50.5	63.0	35
4	350	800	2.8	15		53.6	66.0	50
5	300	600	3.8			53.6	66.0	50
6	500	2 020	1.4	18.5	750	52.8	65.0	80
7	350	800	3.4		1 500	53.0	64.5	55

表 2（续）

序号	排出口径 mm	流量 m^3/h	扬程 m	功率 kW	同步转速 r/min	电泵效率 % 轴流式或混流式	电泵泵效率 % 轴流式或混流式	通过颗粒最大直径 mm
8	500	1 600	2.0	22	750	52.2	63.5	80
9	250	500	6.5	22	1 500	53.2	64.0	45
10	600	2 880	1.6	30	1 000	53.3	64.5	90
11	500	2 160	2.0	30	1 000	52.4	63.0	80
12	400	1 600	3.6	30	1 000	53.2	64.0	70
13	350	1 250	3.4	30	1 000	51.5	62.0	65
14	350	960	4.5	30	1 500	52.2	62.5	60
15	300	800	6.0	30	1 500	56.5	67.5	55
16	500	2 880	2.0	37	1 000	57.0	66.5	95
17	350	1 170	4.6	37	1 000	54.4	63.5	60
18	350	700	8.0	37	1 000	57.5	67.0	90
19	600	4 160	1.7	45	750	57.5	67.0	90
20	500	2 160	3.0	45	1 000	55.6	64.5	95
21	350	1 250	5.5	45	1 500	57.4	66.0	60
22	500	2 880	2.8	55	1 000	55.5	64.0	95
23	500	2 160	3.8	55	1 000	55.0	63.5	95
24	700	5 200	2.2	75	600	58.1	67.0	105
25	700	3 850	2.8	75	600	54.0	62.4	100
26	500	1 980	5.6	75	1 000	56.0	64.0	90
27	350	1 250	9	75	1 500	56.4	64.5	60
28	700	3 750	3.8	90	600	59.8	68.5	95
29	500	2 160	6.5	90	1 000	55.6	63.5	95
30	900	10 000	1.7	110	500	57.7	66.5	125
31	700	6 090	2.8	110	600	57.4	65.5	105
32	700	5 500	3.0	110	750	58.1	66.0	105
33	700	4 500	3.8	110	750	59.0	67.0	100
34	700	6 660	3.0	132	750	58.0	65.5	110
35	700	5 440	3.8	132	600	58.9	67.0	105
36	700	4 100	4.8	132	750	56.6	64.0	100
37	700	3 240	6.6	132	750	61.1	69.0	100
38	600	2 450	8.6	132	750	60.2	68.0	85
39	400	1 650	12.5	132	750	59.8	67.5	75

表 2（续）

序号	排出口径 mm	流量 m^3/h	扬程 m	功率 kW	同步转速 r/min	电泵效率 % 轴流式或混流式	电泵泵效率 % 轴流式或混流式	通过颗粒最大直径 mm
40	1 000	10 500	2.2	160	500	55.8	64.0	140
41	900	7 200	3.5			58.9	67.5	120
42	700	5 400	4.8		750	61.3	69.0	110
43	700	4 860	5.4			61.3	69.0	105
44	500	3 300	8			62.7	70.5	95
45	1 300	18 100	1.6	185	375	61.8	71.0	180
46	1 000	9 650	3.0		500	61.1	70.0	120
47	900	7 200	4.2			61.6	70.5	120
48	700	6 000	5.1			62.0	71.0	115
49	1 000	12 850	2.6	200	600	64.9	73.0	145
50	900	10 080	3.2		500	63.6	72.0	125
51	700	4 600	7		750	62.4	70.0	100
52	500	3 000	11			62.9	70.5	95
53	400	2 000	16			63.3	71.0	75
54	1 200	16 200	2.4	220	500	67.0	75.5	175
55	1 000	9 150	4.0		750	65.2	73.5	150
56	700	5 000	7			61.6	69.0	100
57	1 600	29 600	1.5	250	250	67.0	76.0	200
58	1 200	16 200	2.6		500	66.8	74.5	175
59	1 400	13 770	3.1		300	64.9	73.0	190
60	900	10 080	4.3		500	67.3	75.0	125
61	1 000	8 170	5.1			64.5	72.0	105
62	700	6 490	6.5		600	64.6	72.0	105
63	500	3 000	13		750	61.1	68.0	95
64	1 200	16 160	3.0	280	500	67.3	75.0	175
65	1 000	12 640	3.6		600	64.7	72.0	150
66	900	10 990	4.6			69.3	77.0	125
67	900	8 850	5.5		500	66.9	74.5	120
68	900	4 200	11		750	63.5	70.5	110
69	1 400	23 900	2.3	315	375	67.3	75.0	195
70	1 200	14 580	3.8		500	68.4	76.0	170
71	1 000	11 380	4.5		600	62.9	70.0	145
72	1 000	7 960	6.8		500	66.1	73.5	140

表 2（续）

序号	排出口径 mm	流量 m^3/h	扬程 m	功率 kW	同步转速 r/min	电泵效率 % 轴流式或混流式	电泵泵效率 % 轴流式或混流式	通过颗粒 最大直径 mm
73	1 600	29 760	2.0	355	250	65.5	73.5	200
74	1 200	14 350	4.3		500	66.6	74.0	190
75	1 000	11 380	5.3		600	65.8	73.0	145
76	1 600	27 100	2.6	400	375	67.6	75.0	195
77	1 400	23 180	2.9			64.8	72.0	190
78	1 300	20 340	3.4			67.6	75.0	185
79	1 000	11 000	6.0		500	65.5	72.5	145
80	1 600	29 000	2.8	450	300	68.1	76.0	200
81	1 400	20 880	3.8		375	67.6	75.0	190
82	1 200	13 880	5.6		500	66.9	74.0	180
83	1 200	11 650	6.4			63.2	70.0	195
84	1 000	9 080	8.6			66.9	74.0	140
85	1 600	35 280	2.4	500	300	66.4	74.0	210
86	1 000	10 080	3.4		600	68.0	75.0	140
87	1 400	20 200	4.6	560	375	65.6	72.0	190
88	1 400	18 050	5.1			64.1	71.0	185
89	1 200	19 200	5.0		375	66.2	73.0	180
90	1 200	11 300	8.4		500	67.2	74.0	175
91	1 600	31 550	3.4	630	300	66.6	74.0	205
92	1 400	12 450	10.0		375	67.9	75.0	175
93	1 600	31 680	3.9	710	300	67.5	75.0	190
94	1 200	12 450	10.0		375	67.9	75.0	175
95	1 600	30 500	4.5	800	300	65.8	73.0	200
96	1 600	27 280	5.0			65.3	72.5	195
97	1 600	22 650	6.0			65.2	72.5	190
98	1 400	17 280	8.1			67.0	74.5	185
99	1 600	31 100	5.4	1 000		65.3	72.0	190
100	2 000	43 350	4.4	1 120	250	66.3	73.0	215
101	1 600	27 450	6.8		300	66.8	72.5	185
102	1 600	26 550	8.0	1 250		66.0	72.5	185
103	1 400	21 350	10.0			66.9	73.5	180
104	1 600	24 200	9.6	1 400		66.0	72.0	180

注 1：电泵效率为清洁冷水条件下的指标；

注 2：转速均不折算；

注 3：电泵泵效率仅限于确定电泵效率用。

3.3.2 表1所列参数为单级电泵规定点参数，对多级电泵规定点参数应符合表1单级电泵流量和型式下的电泵效率，其扬程应符合设计规定，且通过颗粒最大直径对2级应不小于单级电泵的0.75倍、对3级及以上应不小于单级电泵的0.5倍。

3.3.3 当电泵的流量参数不符合表1的规定时，电泵的效率按附录A的规定确定，其实际值不得低于确定值。

3.3.4 电泵带有切割机构时，电泵效率为[(表1规定值或按附录A的确定值)－4%]。

3.3.5 对充油式电泵，电泵效率为[(表1、表2规定值或按附录A的确定值)－5%]；对充水式电泵，电泵效率为[(表1、表2规定值或按附录A的确定值)－3%]。

3.3.6 表2规定为叶片安放角为0°的轴流式或混流式电泵的基本参数；其他角度为变型产品，其基本参数应符合供需双方确定的要求或合同规定，但电泵效率不应小于[(表2规定值或按附录A的确定值)－5%]。

3.3.7 表1和表2所列的电泵排出口径为推荐值，其排出口径也可根据需要或按合同规定确定。

3.3.8 当电泵的同步转速与表1和表2不符时，可根据需要或按合同提高或降低，但电泵效率不得低于本标准规定。

4 技术要求

4.1 电泵应符合本标准的要求，并按经规定程序批准的图样及技术文件制造。

4.2 电泵在下列使用条件下应能连续正常运行：

a) 以叶轮中心为基准，潜入水下深度不超过5 m；
b) 输送介质温度应不超过40 ℃；
c) 输送介质pH值为4～10；
d) 输送介质的固相物的容积比在2%以下；
e) 输送介质的运动黏度为7×10^{-7} m^2/s～23×10^{-6} m^2/s；
f) 输送介质中固相物最大颗粒符合表1和表2的规定；
g) 输送介质的密度为1.2×10^3 kg/m^3。

4.3 电泵在运行期间，电源电压和频率的变化及其对电机性能和温升限制的影响应符合GB 755的规定。

4.4 电泵性能及其偏差

4.4.1 电泵性能均以实际转速为基准，不折算(即实测值)。

4.4.2 电泵配套电机的额定功率应符合按式(1)和式(2)计算的值：

$$P_N=(\rho gQH/3\,600)/\eta_{SP} \qquad (1)$$

$$P_E\geqslant K\cdot P_N \qquad (2)$$

式中：

ρ——输送介质的密度，单位为千克每立方米(kg/m^3)；
g——重力加速度，$g=9.81$ m/s^2；
Q——流量，单位为立方米每小时(m^3/h)；
H——扬程，单位为米(m)；
η_{SP}——为电泵泵效率，%；
P_E——电泵配套电机的额定功率，单位为千瓦(kW)；
K——电泵功率配套系数，当$\rho\leqslant1.05\times10^3$ kg/m^3时，$K=1.2$；当$\rho>1.05\times10^3$ kg/m^3时，$K=1.3$；
P_N——电泵规定点轴功率，单位为千瓦(kW)。

4.4.3 电泵流量在0.7倍～1.3倍的规定流量范围内，轴功率应不超过电泵的额定功率。

4.4.4 电泵在规定流量下的扬程应不低于94%的规定扬程；对轴流式应不低于90%的规定扬程。

4.4.5　在0.7倍～1.3倍规定流量范围内，泵轴功率不超过电泵功率且电泵效率高于本标准规定值时，允许降低电泵电机的配套功率档次。

4.4.6　电泵效率的下偏差为－0.045倍的规定电泵效率。

4.5　电泵电机的电气性能应符合下列要求：

4.5.1　在功率、电压及频率为额定值时，效率和功率因数的保证值应符合表3的规定。

表3

功率 kW	同步转速/(r/min)																	
	3 000	1 500	1 000	750	600	500	375	300	250	3 000	1 500	1 000	750	600	500	375	300	250
	效率 η_D/%									功率因数 $\cos\varphi$								
0.25	53.0	—	—	—	—	—	—	—	—	0.74	—	—	—	—	—	—	—	—
0.37	58.0	—	—	—	—	—	—	—	—	0.77	—	—	—	—	—	—	—	—
0.55	61.0/65.0	65.5	—	—	—	—	—	—	—	0.79/0.82	0.76	—	—	—	—	—	—	—
0.75	65.0/68.0	66.4	—	—	—	—	—	—	—	0.82/0.84	0.76	—	—	—	—	—	—	—
1.1	69.0/71.0	70.0	—	—	—	—	—	—	—	0.83/0.86	0.78	—	—	—	—	—	—	—
1.5	72.0/74.0	73.9	—	—	—	—	—	—	—	0.83/0.85	0.79	—	—	—	—	—	—	—
1.8	72.5/75.0	74.5								0.84/0.85	0.79							
2.2	73.0/76.0	75.0	—	—	—	—	—	—	—	0.84/0.86	0.80	—	—	—	—	—	—	—
3	78.5	76.5	—	—	—	—	—	—	—	0.87	0.81	—	—	—	—	—	—	—
3.7	79.0	77.0	—	—	—	—	—	—	—	0.87	0.82	—	—	—	—	—	—	—
4	79.5	77.5	—	—	—	—	—	—	—	0.87	0.82	—	—	—	—	—	—	—
5.5	81.5	81.0	—	—	—	—	—	—	—	0.88	0.84	—	—	—	—	—	—	—
7.5	82.5	82.0	81.0	—	—	—	—	—	—	0.88	0.85	0.78	—	—	—	—	—	—
9.2	82.8	82.3	81.5	—	—	—	—	—	—	0.88	0.85	0.78	—	—	—	—	—	—
11	83.0	82.5	82.0	81.5	—	—	—	—	—	0.88	0.85	0.78	0.77	—	—	—	—	—
15	84.0	83.5	83.0	82.5	—	—	—	—	—	0.88	0.86	0.81	0.76	—	—	—	—	—
18.5	85.0	84.5	84.0	83.5	—	—	—	—	—	0.89	0.86	0.83	0.76	—	—	—	—	—
22	86.0	85.5	85.0	84.5	—	—	—	—	—	0.89	0.87	0.83	0.78	—	—	—	—	—
30	87.0	86.0	85.0	85.0	—	—	—	—	—	0.89	0.87	0.85	0.80	—	—	—	—	—
37	87.5	88.8	88.0	88.0	—	—	—	—	—	0.89	0.87	0.86	0.79	—	—	—	—	—
45	88.5	89.3	88.5	88.0	—	—	—	—	—	0.89	0.88	0.87	0.80	—	—	—	—	—
55	88.5	89.6	89.0	89.0	—	—	—	—	—	0.89	0.88	0.87	0.82	—	—	—	—	—
75	—	89.7	89.8	89.5	89.0	—	—	—	—	—	0.87	0.82	0.82	0.77	—	—	—	—
90	—	90.6	90.0	90.0	89.5	—	—	—	—	—	0.87	0.82	0.82	0.77	—	—	—	—
110	—	90.5	90.5	90.3	90.0	89.0	—	—	—	—	0.87	0.82	0.81	0.77	0.73	—	—	—
132	—	91.0	91.0	90.8	90.2	89.2	—	—	—	—	0.87	0.81	0.81	0.77	0.73	—	—	—
160	—	91.0	91.1	91.0	90.5	89.5	—	—	—	—	0.86	0.81	0.80	0.77	0.73	—	—	—
185	—	91.0	91.2	91.2	90.8	89.5	89.2	—	—	—	0.86	0.81	0.79	0.77	0.73	0.61	—	—
200	—	91.0	91.3	91.3	91.0	90.4	90.2	—	—	—	0.86	0.81	0.77	0.77	0.73	0.61	—	—

表 3（续）

功率 kW	同步转速/(r/min)																	
	3 000	1 500	1 000	750	600	500	375	300	250	3 000	1 500	1 000	750	600	500	375	300	250
	效率 η_D/%									功率因数 $\cos\varphi$								
220	—	—	91.5	91.4	91.1	90.7	90.7	—	—	—	—	0.81	0.78	0.77	0.73	0.61		
250	—	—	92.3	92.0	91.8	91.7	91.5	91.0	90.2	—	—	0.81	0.79	0.78	0.73	0.62	0.56	0.56
280	—	—	92.5	92.2	91.9	91.8	91.7	91.1	90.5	—	—	0.81	0.80	0.78	0.73	0.62	0.56	0.56
315	—	—	92.7	92.4	92.0	92.0	91.8	91.2	91.0	—	—	0.82	0.80	0.79	0.74	0.63	0.56	0.56
355	—	—	92.8	92.5	92.2	92.1	92.0	91.3	91.1	—		0.82	0.80	0.79	0.75	0.64	0.57	0.56
400	—	—	92.9	92.7	92.4	92.3	92.1	91.4	91.2	—	—	0.82	0.81	0.80	0.75	0.64	0.57	0.57
455	—	—	—	92.8	92.6	92.4	92.2	91.6	91.4	—	—	—	0.81	0.80	0.75	0.65	0.58	0.58
500	—	—	—	93.3	92.7	92.7	92.3	91.8	91.6	—	—	—	0.82	0.80	0.75	0.65	0.58	0.58
560	—	—	—	93.4	92.8	92.8	92.4	91.9	91.8	—	—	—	0.82	0.80	0.78	0.66	0.58	0.58
630	—	—	—	93.5	93.0	92.9	92.5	92.0	91.9	—	—	—	0.82	0.80	0.78	0.67	0.58	0.58
710	—	—	—	93.6	93.1	93.0	92.6	92.1	92.0	—	—	—	0.83	0.82	0.78	0.67	0.59	0.59
800	—	—	—	93.7	93.2	93.2	92.7	92.2	92.0	—	—	—	0.83	0.82	0.78	0.67	0.59	0.59
900	—	—	—	93.8	93.3	93.3	92.7	—	—	—	—	—	0.83	0.82	0.78	0.67	—	—
1 000	—	—	—	93.9	93.4	93.4	92.8	—	—	—	—	—	0.83	0.82	0.78	0.68	—	—
1 120	—	—	—	94.0	93.6	93.5	92.9	—	—	—	—	—	0.83	0.82	0.78	0.68	—	—
1 250	—	—	—	94.1	93.8	93.6	93.1	—	—	—	—	—	0.83	0.82	0.79	0.68	—	—
1 400	—	—	—	94.2	93.9	93.7	—	—	—	—	—	—	0.83	0.82	0.79	—	—	—
1 600	—	—	—	94.3	—	—	—	—	—	—	—	—	0.83	—	—	—	—	—

注 1：61.0/65.0 分子表示单相电机效率，分母表示三相电机效率。

注 2：用额定电压负载法间接计算效率时，电机的损耗包括密封装置的机械损耗和 5 m 电缆的铜耗。

注 3：单相电容运转电动机的效率为表中相应数值加上 5%，功率因数值为 0.93。

注 4：充油式电机效率为表中相应值减去 5%，功率因数为表中相应值减去 0.03；充水式电机效率为表中相应值减去 3.5%，功率因数为表中相应值减去 0.02。

4.5.2 电泵电机运行期间电源电压和频率与额定值的偏差应按 GB 755 的规定。

4.5.3 当电泵功率、电压及频率为额定时，电机采用滑动轴承时，其效率允许比表 3 的规定最大下降值为 0.04。

4.5.4 在额定电压下，电泵电机堵转转矩的保证值：对单相电机应不小于 0.5 倍规定转矩；对三相 660 V 及以下电机应不低于 1.2 倍额定转矩；对 660 V 以上电机应符合 JB/T 7593 的规定。

4.5.5 在额定电压下，电泵电机最大转矩的保证值：对单相及 660 V 以上电机应不小于 1.8 倍额定转矩；对三相 660 V 及以下电机应不低于 2 倍额定转矩。

4.5.6 在额定电压下，电泵电机最小转矩的保证值：对单相及 660 V 以上电机应不低于 0.3 倍额定转矩；其他电机应不低于 0.8 倍额定转矩。

4.5.7 在额定电压下，电泵电机堵转电流的保证值：对单相电机应不超过 10 倍额定电流；对三相 660 V 及以下电机应不超过 7 倍额定电流；对 660 V 以上电机应不超过 6.5 倍额定电流（同步转速为 750 r/min 及以下电机应不超过 6.0 倍额定电流）。

注：额定电流用额定功率、额定电压、效率和功率因数的保证值（不计容差）求得。

4.5.8 电泵电机电气性能保证值和容差应符合表4的规定。

表 4

序 号	名 称	容 差
1	效率 η_D/%	55 kW 及以下：$-0.15(1-\eta_D)$；55 kW 以上：$-0.10(1-\eta_D)$
2	功率因数 $\cos\varphi$	$-1/6(1-\cos\varphi)$最小-0.02，最大-0.07
3	堵转转矩	保证值的－15%，＋25%（经协议可超过＋25%）
4	最大转矩	保证值的－10%
5	最小转矩	保证值的－15%
6	堵转电流	保证值的＋20%

4.6 电泵完全潜入介质中应能在规定扬程范围内继续运行，在额定功率时，电机定子绕组的温升限值（电阻法）应为：

a) 对热分级为E级：温升限值为75 K；
b) 对热分级为B级：温升限值为80 K；
c) 对热分级为F级：温升限值为105 K；
d) 对热分级为H级：温升限值为125 K；
e) 对绝缘材料为聚氯乙烯的温升限值为20 K、聚乙烯的温升限值为25 K、交联聚氯乙烯的温升限值为40 K，其他应符合企业标准的规定。

4.7 电泵电机的定子绕组对机壳的绝缘电阻冷态时，对电压660 V及以下者应不低于50 MΩ；对电压为660 V以上者应不低于100 MΩ。

4.8 电泵电机定子绕组的绝缘电阻在热状态时，对电压为660 V及以下者应不低于1 MΩ；对电压为660 V以上者应不低于按式(3)求得的值：

$$R=\left(\frac{U}{1\,000+P/100}\right) \qquad \cdots\cdots(3)$$

式中：

R——绕组绝缘电阻，单位为兆欧（MΩ）；

U——绕组额定电压，单位为伏特（V）；

P——额定功率，单位为千瓦（kW）。

4.9 电泵电机的定子绕组应能承受历时1 min的耐电压试验而不发生击穿，试验电压的频率为50 Hz，并尽可能为正弦波形，试验电压的有效值为两倍额定电压加1 000 V。大批连续生产的电泵进行检查试验时，允许用120%的试验电压历时1 s的试验代替，试验电压用试棒施加。冲水式电泵应在常温清水中浸12 h后进行。

同一台电机不应重复进行本项试验。如用户提出要求，允许在安装之后开始运行之前在工地上再进行一次额定试验，其试验电压不应超过上述规定的80%。如有需要，在试验前应将电机烘干。

4.10 电泵电机的定子绕组应承受匝间冲击耐电压试验而不击穿。进行匝间冲击耐电压试验时，对电压为660 V及以下电机，其试验冲击电压峰值单相为2 000 V、三相功率为3 kW及以下者为2 300 V、功率为3 kW及以上者为2 600 V；对电压为660 V以上，其线圈试验冲击电压峰值应符合JB/Z 293的规定。

4.11 当三相电源平衡时，电泵电机的三相空载电流中任何一相与三相平均值的偏差应不大于平均值的10%。

4.12 对电压为660 V及以下，且额定功率为11 kW及以下的电泵可采用直接起动，额定功率为11 kW以上的电泵应采用间接起动；对电压为660 V以上的电泵起动时，电源电压不低于0.95倍的电泵额定电压。

4.13 安全要求

4.13.1 电泵应有安全可靠的过热或过电流等保护装置，并符合下列要求：

a) 内装保护装置随产品提供，并在产品使用说明书中明确说明保护装置；

b) 外配保护装置应在产品使用说明书中给出具体要求和配置的方法；

c) 用户有要求时可外配带漏电保护装置；

d) 对电泵功率大于15 kW以上的电泵应有密封泄漏监控装置。

4.13.2 电泵引出电缆对660 V以上的应采用耐高压电缆；对电压为660 V及以下的应采用性能不低于GB/T 5013.4或JB/T 8735.2、JB/T 8735.3中规定的电缆，其长度应不小于5 m。

4.13.3 电泵中应有明显的红色旋转方向标志。

4.13.4 电泵应有可靠的接地装置或接地线，引出电缆的接地线上应有明显的接地标志；电泵电机线端标志与旋转方向应符合GB 1971的规定，线端(引出电缆)标志具体为：

定子绕组名称	出线端标志
第一组	U
第二组	V
第三组	W

各标志应保证在电泵使用期间不易磨灭。

4.13.5 电泵的安全要求应符合GB 10395.8的规定。

4.13.6 电泵的安全标志应符合GB 10396的规定。

4.14 电泵中承受工作压力的零部件均应进行水(气)压力试验而无泄漏，试验压力为1.5倍的工作压力，但最小不得低于0.2 MPa，历时3 min。

4.15 电泵组装后，电机内腔应能承受压力为0.2 MPa历时3 min的气压试验而无泄漏现象，密封装置应能承受压力0.2 MPa历时3 min的气压试验而无泄漏现象。对充水式压力为0.05 MPa。

4.16 电泵应有可靠的防腐措施，电泵表面应无污损、碰伤、裂痕等缺陷。

4.17 电泵涂漆应符合JB/T 5673的规定。

4.18 电泵应转动平稳、自如、无卡阻停滞等现象。

4.19 电泵电机在热状态下应能承受150%额定电流而不损失或变形，过电流时间对660 V及以下电泵应不少于30 s；对660 V以上电泵应不少于15 s。也可由用户与制造厂协商确定，但最大过电流时间对660 V及以下电泵应不大于60 s和对660 V以上电泵应不大于30 s。

4.20 在规定的使用条件下，电泵首次故障前平均工作时间应不少于2 000 h。

4.21 对电泵的排出铸铁管有法兰连接的应符合GB/T 17241.6的规定，如果有特殊需要可按合同提供。

4.22 电泵电机在空载时测得的A计权声功率级的噪声值应不超过表5的规定。

表5

额定功率 kW	0.25～ 0.75	1.1～3	4～11	15～30	45～90	110～220	250～560	630～ 1 100	≥1 120
噪声允许值 dB(A)	75	84	88	93	97	102	107	109	110

4.23 电泵电机在空载时测得的振动速度有效值：对额定功率为7.5 kW及以下者应不超过1.8 mm/s；对额定功率在7.5 kW以上者应不超过2.8 mm/s。

4.24 叶轮应做平衡试验。

a) 静平衡允许的不平衡力矩按式(4)计算：

$$M \leqslant e \times G \qquad (4)$$

式中：

e——允许偏心矩，单位为米(m)；

同步转速为 3 000 r/min 时，$e=2\times10^{-5}$ m；

同步转速为 1 500 r/min 时，$e=4\times10^{-5}$ m；

同步转速为 1 000 r/min 时，$e=5.7\times10^{-5}$ m；

同步转速为 750 r/min 时，$e=9\times10^{-5}$ m；

同步转速为 600 r/min 时，$e=9.5\times10^{-5}$ m；

同步转速为 500 r/min 时，$e=10.4\times10^{-5}$ m；

同步转速为 375 r/min 时，$e=11.3\times10^{-5}$ m；

同步转速为 250 r/min 时，$e=12.5\times10^{-5}$ m。

G——单个叶轮的重量，单位为牛顿(N)；

M——允许的不平衡力矩，单位为牛顿米(N·m)。

当计算的叶轮允许不平衡力矩小于 0.03R N·m 时，则按 0.03R N·m 计算，R 为叶轮直径，单位为米(m)。

b) 对单流道、单叶片、流量大于 200 m^3/h、叶轮直径大于 200 mm 的叶轮应做动平衡试验，在叶轮两端，每端的动平衡允许不平衡力矩按式(5)计算：

$$M\leqslant\frac{1}{2}e\times G \qquad (5)$$

当计算的动平衡力矩小于 0.015R N·m 时，则按 0.015R N·m 计算，R 为叶轮直径，单位为米(m)。

4.25 电泵主要部件材料要求

4.25.1 外露紧固件采用材料的性能应不低于 2Cr13 不锈钢，有特殊要求或合同规定的可按其执行。

4.25.2 电泵的铸铁件应符合 GB/T 9439 和 GB/T 1348 及 JB/T 6880.1～6880.3 的有关规定，电泵的不锈钢件应符合 GB/T 1220 的有关规定，电泵的青铜件应符合 GB/T 1176 的有关规定。

4.26 电泵的安装型式分移动安装、自耦安装、井筒安装、基础安装四种，由供需双方按合同要求确定。

5 试验方法

5.1 电泵效率应采用实测法测得，其值按式(6)确定：

$$\eta_{DB}=\frac{P_r}{P_1}\times100 \qquad (6)$$

式中：

η_{DB}——电泵效率，%；

P_r——水功率，单位为千瓦(kW)；

P_1——输入电功率，单位为千瓦(kW)。

5.2 电泵的性能试验按 GB/T 12785—2002 中 2 级的规定进行。

5.3 对电压为 660 V 以上电机定子绕组匝间绝缘试验按 JB/Z 293 的规定进行。

5.4 电泵的保护试验按保护型式采用万用表或监控装置进行。

5.5 电泵中承受水压的零部件静水压试验应在水压试验装置上进行，其要求应符合 4.16 和 4.17 的规定(不解体进行，可用同规格零部件代替)。

5.6 电泵的线端标志和转向试验按 GB 1971 的规定进行。

5.7 电泵叶轮的静(动)平衡试验按 GB/T 9239.1 的规定进行(不解体进行，可用同规格零部件代替)。

5.8 电泵电机的噪声和振动按有关标准的规定进行。

5.9 涂漆按 JB/T 5673 的规定进行。

5.10 安全性与安全标志检查按 GB 10395.8 和 GB 10396 的规定进行。

5.11 可靠性试验按 JB/T 50080 的规定进行。

6 检验规则

6.1 出厂检验

6.1.1 每台电泵均应经检查试验合格后,并附有产品合格证和使用说明书方可出厂。

6.1.2 出厂检验项目应包括:

a) 外观检查;

b) 电泵电机的定子绕组对机壳的绝缘电阻的测定(仅测量冷态绝缘电阻);

c) 耐电压试验;

d) 转向试验;

e) 运行状态检查;

f) 规定流量下扬程的测量;

g) 规定流量下电泵效率的测定;

h) 保护装置检查;

i) 密封监控装置试验(仅适用于 15 kW 以上);

j) 接地标志的检查;

k) 安全标志检查。

a)、b)、c)、d)、h)、i)、j)、k)全数检查,e)、f)、g)抽检。

6.1.3 抽样和判断处置规则应符合 GB/T 2828.1—2003 的规定。可采用正常检验一次抽样方案,检查批为产品月(或日)产量或一次订货批量(台),检验水平为一般检验水平Ⅱ,接收质量限(AQL)为4.0;也可由供需双方协商确定。

6.2 型式检验

6.2.1 凡遇下列情况之一者,应进行型式检验:

a) 新产品或老产品转厂生产的试制定型鉴定;

b) 正式生产后,如结构、材料、工艺有较大改变,可能影响产品性能时;

c) 产品长期停产后,恢复生产时;

d) 批量生产的产品,周期性的检验时(每年至少进行一次);

e) 出厂检查结果与上次型式检验有较大差异时;

f) 国家质量监督机构提出进行型式检验的要求时。

6.2.2 型式检验项目包括:

a) 出厂检验的全部项目;

b) 温升试验;

c) 电泵水力特性曲线的测定;

d) 电泵流量特性曲线的测定(包括:扬程-流量曲线;输入功率-流量曲线;电泵效率-流量曲线);

e) 电动机负载特性曲线的测定(包括:功率因数-输入功率曲线;定子电流-输入功率曲线);

f) 对叶轮静平衡与动平衡试验、电泵水或气压试验、电动机空载特性试验、电动机堵转特性试验,可用零件或部件的过程检验代替,不解体进行(当有特殊要求或规定必须进行解体试验时,应对解体可能影响性能的因素加以明确);

g) 最大颗粒通过能力的测定;

h) 电机最大转矩的试验;

i) 电机最小转矩的试验;

j) 电机噪声测定;

k) 电机振动测定;

l) 可靠性试验。

6.2.3 型式检验的抽样和判断处置规则应符合 GB/T 2828.1—2003 的规定。推荐采用正常检验一次抽样方案，检查批量应满足样本大小至少为 2 台，检验水平为特殊检验水平 S-1，接收质量限(AQL)为 6.5。

7 标志、包装、贮存和运输

7.1 标志

7.1.1 产品标志

7.1.1.1 标牌应符合 GB/T 13306 的规定，并固定在明显部位。标牌的材料及标牌上的数据的刻印方法应能保证其字迹在整个使用周期内不易磨灭。

7.1.1.2 标牌至少应标明的内容如下：

a) 制造厂名称；
b) 电泵型号及名称；
c) 规定流量，单位为立方米每小时(m^3/h)；
d) 规定扬程，单位为米(m)；
e) 额定功率，单位为千瓦(kW)；
f) 额定电压，单位为伏特(V)；
g) 额定频率，单位为赫兹(Hz)；
h) 额定电流，单位为安培(A)；
i) 同步转速，单位为转每分钟(r/min)；
j) 叶片安放角(除可调式叶片外均无此项)；
k) 相数；
l) 热分级或温升限值；
m) 排出口径，单位为毫米(mm)；
n) 出厂编号和日期；
o) 质量(净重)，单位为千克(kg)；
p) 执行标准编号。

7.1.1.3 电泵应有明显的转向标志。

7.1.2 包装标志

包装箱外壁的文字和标志应清晰、整齐，主要内容如下：

a) 制造厂名称；
b) 产品型号、名称及数量；
c) 质量(净重及连同包装的毛重)，单位为千克(kg)；
d) 包装箱外形尺寸：长(mm)×宽(mm)×高(mm)；
e) 包装箱的适当部位应有必要的符合 GB/T 191 规定的标志。

7.2 包装

7.2.1 电泵的包装应能保证在正常的运输条件下产品不致因包装不善而损坏。

7.2.2 每台电泵应附有下列随机文件：

a) 装箱单；
b) 产品合格证；
c) 使用说明书；
d) 其他必要的随机文件。

7.3 贮存

7.3.1 电泵存放应通风、防雨、防晒，露天存放时，应有防雨、防晒等措施。

7.3.2 电泵存放 6 个月应进行必要的检查；存放 12 个月及以上可能影响性能时，应进行通电检查和必要的运行检查。

7.4 运输

7.4.1 电泵的运输方式及要求由供需双方协商确定。

7.4.2 应采取必要的措施以防止运输过程中因振动和碰撞损坏电泵。

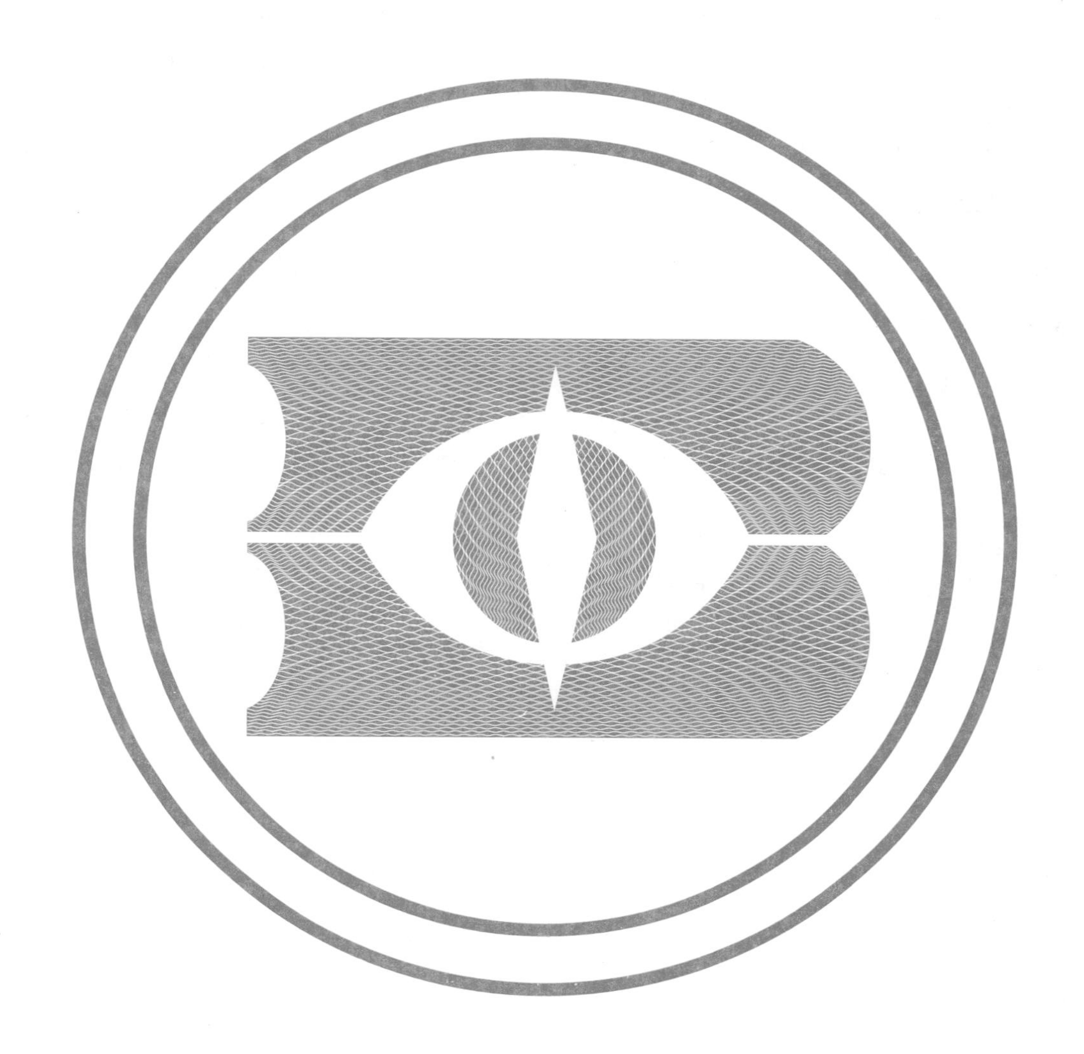

附　录　A
（规范性附录）
电泵效率的确定

A.1　电泵泵规定点参数

A.1.1　在清洁冷水条件下，泵的规定点参数应符合表 1、表 2 和图 A.1 的规定。

A.1.2　当泵的参数与表 1 和表 2 不符时，在规定的流量下其效率应符合图 A.1 中相应流量下的电泵泵效率。对旋流式泵效率应符合图 A.1 中相应流量下的 *B* 曲线上的值；对其他型式泵效率应符合图 A.1 中相应流量下的 *A* 曲线上的值。

A.2　电泵电机规定点性能

在额定电压、额定效率和额定功率下，电泵电机的规定性能参数的保证值应符合表 3 的规定。

A.3　电泵效率

电泵效率按式(A.1)确定：

$$\eta_{DB} = \eta_{D}\eta_{SP} - 1.5\% \qquad \cdots\cdots (A.1)$$

式中：

η_{DB}——电泵效率，%；

η_{D}——电泵电机效率，%；

η_{SP}——电泵规定流量及型式下的泵效率，%。

注：对单相电容运转电动机的效率在表 3 规定的相应数值上加 5%后，再按式(A.1)计算。

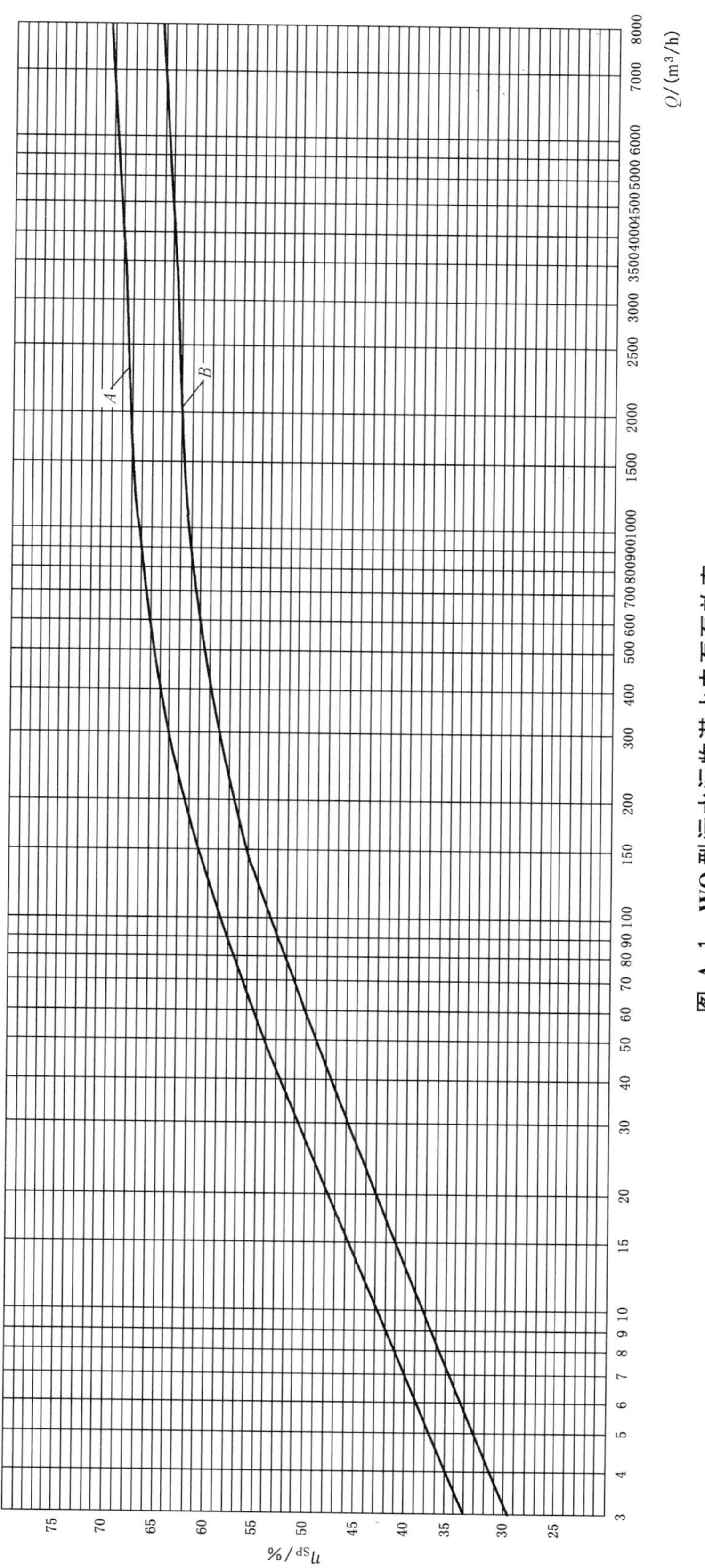

图 A.1 WQ型污水污物潜水电泵效率

ICS 07.100.20
J 77

中华人民共和国国家标准

GB/T 25279—2010

中空纤维帘式膜组件

Hollow fiber flat-plat membrane module

2010-09-26 发布　　　　2011-08-01 实施

中华人民共和国国家质量监督检验检疫总局
中国国家标准化管理委员会　发布

前　言

本标准由全国分离膜标准化技术委员会提出并归口。

本标准起草单位：天津膜天膜科技有限公司、山东招金膜天有限责任公司、天津膜天膜工程技术有限公司。

本标准主要起草人：刘建立、王爱民、环国兰、乔宝文、唐小珊、王薇。

中空纤维帘式膜组件

1 范围

本标准规定了中空纤维帘式膜组件的分类与型号、要求、检测方法、检验规则及标志、包装、运输和贮存。

本标准适用于中空纤维帘式膜组件的生产、科研、使用和管理。

2 规范性引用文件

下列文件中的条款通过本标准的引用而成为本标准的条款。凡是注日期的引用文件，其随后所有的修改单(不包括勘误的内容)或修订版均不适用于本标准，然而，鼓励根据本标准达成协议的各方研究是否可使用这些文件的最新版本。凡是不注日期的引用文件，其最新版本适用于本标准。

GB/T 191 包装储运图示标志(GB/T 191—2008,ISO 780:1997,MOD)

GB/T 2828.1 计数抽样检验程序 第1部分：按接收质量限(AQL)检索的逐批检验抽样计划(GB/T 2828.1—2003,ISO 2859-1:1999,IDT)

GB/T 4456 包装用聚乙烯吹塑薄膜

GB 5749 生活饮用水卫生标准

GB/T 6543 运输包装用单瓦楞纸箱和双瓦楞纸箱

GB/T 9174 一般货物运输包装通用技术条件

GB/T 9969 工业产品使用说明书 总则

GB/T 14436 工业产品保证文件 总则

GB/T 20103 膜分离技术 术语

GB/T 20502 膜组件及装置型号命名

3 术语和定义

GB/T 20103 界定的以及下列术语和定义适用于本标准。

3.1

中空纤维帘式膜组件 hollow fiber flat-plat membrane module

由中空纤维膜、集水管、浇铸槽及封端用树脂浇铸而组成的器件。

3.2

产水量 productivity

在规定的运行条件下，膜元件、组件或装置单位时间内所生产的产品水的量。

4 分类与型号

4.1 分类

中空纤维帘式膜组件分为中空纤维帘式微孔滤膜组件和中空纤维帘式超滤膜组件两类。

4.2 型号

4.2.1 型号构成

中空纤维帘式膜组件的型号按 GB/T 20502 的规定编写，由大写英文字母和阿拉伯数字组成，包括中空纤维帘式膜组件代号、公称有效膜面积、膜孔径、中空纤维膜外径、膜材质代号五部分，各部分之间以连字符“-”连接。五部分表述格式如下：

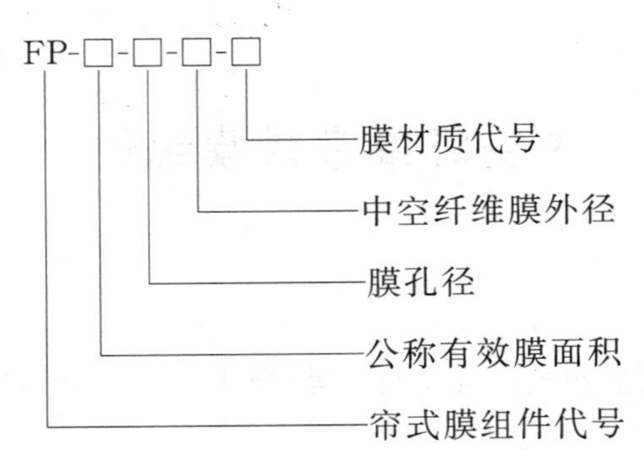

中空纤维帘式膜常用膜材质代号见表1。

表1 中空纤维帘式膜常用膜材质代号

膜材质	膜材质代号
聚偏氟乙烯	PVDF
聚丙烯	PP
聚砜	PSF
聚乙烯	PE
聚醚砜	PES
聚氯乙烯	PVC

4.2.2 型号标记示例

示例1：

FP-20-0.20-1.2-PVDF

表示：有效膜面积为20 m^2，膜孔径为0.20 μm，中空纤维膜外径为1.2 mm，膜材质为聚偏氟乙烯的中空纤维帘式微孔滤膜组件。

示例2：

FP-10-6000-1.0-PSF

表示：有效膜面积为10 m^2，切割分子量为6 000，中空纤维膜外径为1.0 mm，膜材质为聚砜的中空纤维帘式超滤膜组件。

4.3 组件结构示意图

中空纤维帘式膜组件结构示意如图1所示。

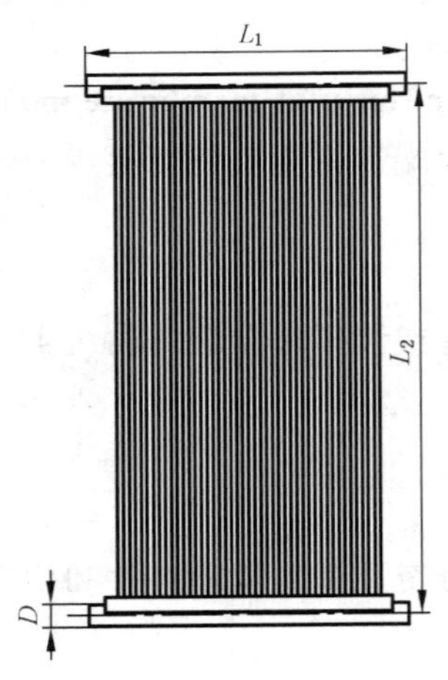

D——集水管外径，单位为毫米(mm)；

L_1——集水管长度，单位为毫米(mm)；

L_2——两端集水管中心距，单位为毫米(mm)。

图1 中空纤维帘式膜组件结构示意图

5 要求

5.1 外观

中空纤维帘式膜组件外观应清洁;中空纤维膜应无折断;集水管应无裂痕、划伤、变形;浇铸面与浇铸槽口平面应保持平齐。

5.2 外形尺寸

应以集水管外径(D)、集水管长度(L_1)和两端集水管中心距(L_2)的相乘式 $D\times L_1\times L_2$ 表示,常用规格见表 2。

表 2 常用中空纤维帘式膜组件规格

单位为毫米

规格	允许偏差		
$D\times L_1\times L_2$	D	L_1	L_2
40×534×1 010	±0.2	±1.0	+5.0
40×534×1 510	±0.2	±1.0	+5.0
40×500×1 200	±0.2	±1.0	+5.0
40×500×1 800	±0.2	±1.0	+5.0
25×300×450	±0.2	±1.0	+2.0

5.3 无渗漏性

在 0.05 MPa 气体压力下,中空纤维帘式膜组件应整体试压无渗漏。

5.4 产水量

当出口压力保持在 −0.02 MPa、测试水温为 25 ℃±0.5 ℃时,在稳定运行的状态下,中空纤维帘式膜组件的产水量应不小于 0.04 $m^3/(m^2\cdot h)$。

6 检测方法

6.1 外观

外观应采用目视的检查方法。

6.2 外形尺寸

6.2.1 长度测量器具

钢卷尺:分度值 1 mm;游标卡尺:分度值 0.02 mm。

6.2.2 方法

膜组件外型尺寸的测量方法如下:

a) D 的测量

将集水管放在平台上,把集水管一端的外周长平分为六等分;用游标卡尺测量六等分点形成的三条外径的长度,取其平均值作为该端集水管的外径(D)值,单位为毫米(mm)。按同样操作方法测量另一端集水管的外径值。

b) L_1 的测量

将集水管放在平台上,用钢卷尺测量集水管从左端口至右端口的距离;不同位置测量三次,取平均值作为该支集水管的长度(L_1)值,单位为毫米(mm)。按同样方法测量另一支集水管的长度值。

c) L_2 的测量

将中空纤维帘式膜组件吊挂在固定的支架上,使其保持自然下垂状态。用钢卷尺测量一侧上端集水管下边与下端集水管下边的距离;测量三次,取平均值作为该侧集水管的两端中心距(L_2),单位为毫米(mm)。按同样方法测量另一侧的中心距。

6.3 无渗漏性

6.3.1 检测装置

检测前应确保检验所需的压力表、安全装置、阀门等附件配置齐全，且检验合格。压力表的准确度等级不小于 1.5 级，且在检定周期内。

6.3.2 检测方法

a) 集水管与浇铸槽粘接无渗漏性检测

将中空纤维帘式膜组件的一端吊挂在检验架上。吊挂高度应使集水管待检端浸入水中，且没过集水管与浇铸槽粘接处。封住集水管的三个端口，并将未封住的待检端与气源(所用气体为压缩空气或氮气)连接。将待验端的集水管浸入水中，水应没过集水管与浇铸槽粘接处。接通气体，使充气压力增至 0.05 MPa。保持 1 min，观察集水管与浇铸槽粘接处有无气泡。若无气泡，则集水管与浇铸槽粘接无渗漏。按同样操作方法，对另一端集水管进行检验。

b) 中空纤维膜无渗漏性检测

将中空纤维帘式膜组件平放在检验台上，将集水管的三个端口封闭；从未封闭的端口进行充气(所用气体为压缩空气或氮气)，使压力表的示值为 0.05 MPa；关闭气源，保持 1 min；观察压力表示值；如压力表示值保持在 0.04 MPa～0.05 MPa 之间，即判定中空纤维膜无渗漏。

6.4 产水量

6.4.1 检测装置

检测前应确保检测装置所需的压力表、安全装置、阀门等附件配置齐全，且检验合格。压力表的准确度等级不小于 1.5 级，流量计的准确度等级不小于 2.5 级，且均应在检定周期内。产水量检测装置示意如图 2 所示。

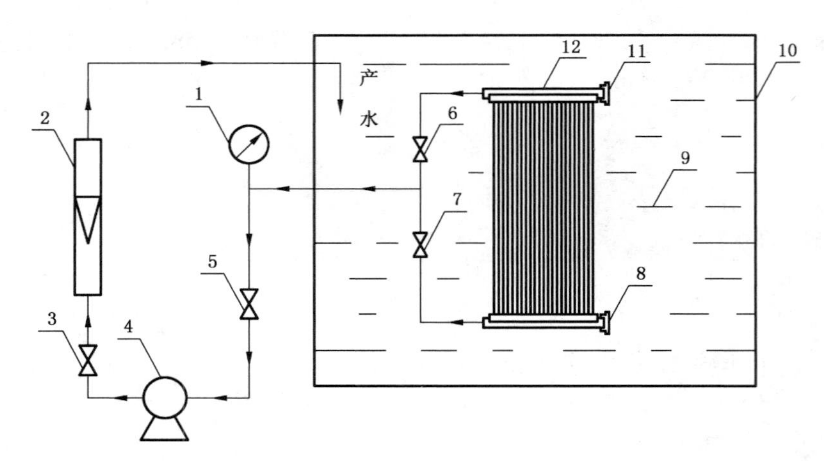

1——压力表；

2——流量计；

3、5、6、7——阀门；

4——真空泵；

8、11——堵头；

9——自来水；

10——箱体；

12——中空纤维帘式膜组件。

图 2 产水量检测装置示意图

6.4.2 检测方法

产水量检测方法如下：

a) 按图 2 所示，将中空纤维帘式膜组件与设备连接。连接完毕后，注入符合 GB 5749 要求的自来水，并在其浸泡 2 h。自来水温度应控制在 25 ℃±0.5 ℃；

b） 缓慢调节阀门 3、阀门 5，使中空纤维帘式膜组件的出口压力表 1 的数值保持在－0.02 MPa；

c） 检测系统稳定运行 20 min 后，读取设备流量计读数 V_i。

6.4.3 结果计算

单位膜面积初始产水量按下式计算：

$$V_p = \frac{V_i}{S} \qquad \cdots\cdots(1)$$

式中：

V_p——单位膜面积产水量，$m^3/(m^2 \cdot h)$；

V_i——由设备产水流量计读出的流量数值，m^3/h；

S——中空纤维帘式膜组件的公称有效膜面积，m^2。

7 检验规则

7.1 出厂检验

7.1.1 检验项目

每批中空纤维帘式膜组件的外观、外形尺寸和无渗漏性均应按照表 3 的规定进行逐个检查。对中空纤维帘式膜组件的产水量进行抽样检查。

表 3 检验项目

检验项目	要求	检测方法	出厂检验	型式检验
外观	5.1	6.1	全检	全检
外形尺寸	5.2	6.2	全检	全检
无渗漏性	5.3	6.3	全检	全检
产水量	5.4	6.4	抽检	全检

7.1.2 组批原则

每日生产的同一型号中空纤维帘式膜组件为一批。

7.2 型式检验

7.2.1 在下列情况之一时，应进行型式检验：

a） 新产品定型鉴定或老产品转产鉴定时；

b） 结构、材料或工艺有较大改变时；

c） 停产一年以上，恢复生产时；

d） 出厂检验与上次型式检验有较大差异时；

e） 正常生产时每隔一年进行一次；

f） 国家质量技术监督机构提出进行型式检验的要求时。

7.2.2 检验项目

型式检验项目应按表 4 的规定。

7.2.3 抽样方法

按 GB/T 2828.1 规定的计数抽样检验程序进行抽样检验。

7.3 判定规则

出厂检验和型式检验项目均符合表 3 的要求时，判定该产品合格。若有任一项检验项目不合格时，则判定该产品不合格。

8 标志、包装、运输和贮存

8.1 标志

产品出厂时应有标志，标志的字迹应清晰，且牢固不易擦掉。标志内容应包括下列内容：

——商标；
——产品名称；
——型号；
——生产日期；
——产品编号；
——生产企业的名称和地址；
——产品执行标准号。

8.2 包装

8.2.1 内包装

每个中空纤维帘式膜组件用符合 GB/T 4456 规定的高密度聚乙烯吹塑薄膜包装，并固定在箱内。

8.2.2 外包装

中空纤维帘式膜组件的外包装应符合 GB/T 9174 的规定；包装箱用符合 GB/T 6543 的规定的单瓦楞纸箱；外包装上的储运标志应符合 GB/T 191 的规定。

8.2.3 包装箱

包装箱内应附有装箱单、产品合格证、使用说明书等文件。合格证应按照 GB/T 14436 的规定。产品使用说明书应按照 GB/T 9969 编写。

8.3 运输

运输、装卸过程中不应受到剧烈的撞击、颠簸、抛掷及重压。

8.4 贮存

8.4.1 应放置于室内，室内温度不低于 4 ℃，并要求室内通风干燥，清洁，无腐蚀，无污染，远离冷、热源。

8.4.2 产品使用前禁止打开内包装。

ICS 83.120
Q 23

中华人民共和国国家标准

GB/T 26747—2011

水处理装置用复合材料罐

Fiber reinforced plastics tanks for water treatment units

2011-07-20 发布　　　　2012-03-01 实施

中华人民共和国国家质量监督检验检疫总局
中国国家标准化管理委员会　发布

前　言

本标准按照GB/T 1.1—2009给出的规则起草。

本标准由中国建筑材料联合会提出。

本标准由全国纤维增强塑料标准化技术委员会(SAC/TC 39)归口。

本标准起草单位:北京滨特尔环保设备有限公司、北京玻璃钢研究设计院。

本标准主要起草人:史有好、汪曜。

水处理装置用复合材料罐

1 范围

本标准规定了水处理装置用复合材料罐(以下简称复合材料罐)的规格、分类和标记、结构和原材料、要求、试验方法、检验规则、标志、包装、运输、贮存。

本标准适用于工作压力不大于1.05 MPa、使用温度(1～49)℃、水处理设备配套使用的玻璃纤维缠绕成型复合材料罐。

2 规范性引用文件

下列文件对于本文件的应用是必不可少的。凡是注日期的引用文件,仅注日期的版本适用于本文件。凡是不注日期的引用文件,其最新版本(包括所有的修改单)适用于本文件。

GB/T 191 包装储运图示标志

GB/T 1303.4 电气用热固性树脂工业硬质层压板 第4部分:环氧树脂硬质层压板

GB/T 2576 纤维增强塑料树脂不可溶分含量试验方法

GB/T 2577 玻璃纤维增强塑料树脂含量试验方法

GB/T 3854 增强塑料巴柯尔硬度试验方法

GB/T 8237 纤维增强塑料用液体不饱和聚酯树脂

GB/T 11115 聚乙烯(PE)树脂

GB/T 12670 聚丙烯(PP)树脂

GB/T 12672 丙烯腈-丁二烯-苯乙烯(ABS)树脂

GB/T 13657 双酚-A型环氧树脂

GB/T 17219 生活饮用水输配水设备及防护材料的安全性评价标准

GB/T 17470 玻璃纤维短切原丝毡和连续原丝毡

GB/T 18369 玻璃纤维无捻粗纱

GB/T 18370 玻璃纤维无捻粗纱布

3 规格、分类和标记

3.1 规格

复合材料罐的规格按罐体的外径、高度和罐口内径确定。典型罐体的外径、高度和罐口内径分别见表1、表2和表3。

表1 典型的罐体外径

罐体外径序列号	07	08	09	10	12	13	14	16	18
外径/mm	181	206	232	257	308	334	360	410	465
罐体外径序列号	20	21	24	30	36	40	48	60	72
外径/mm	510	545	612	765	918	1 020	1 224	1 530	1 836
注:其他罐体外径由供需双方协定。									

表 2 典型的罐体高度

罐体高度序列号	13	17	22	30	35	42	44
高度/mm	335	430	560	765	905	1 085	1 130
罐体高度序列号	48	52	54	65	72	87	94
高度/mm	1 233	1 342	1 390	1 670	1 850	2 200	2 400
注 1：罐体高度为复合材料罐的总高度。 注 2：其他罐体高度由供需双方协定。							

表 3 典型的罐口内径

罐口内径序列号	2.5	4	6
罐口内径/mm	68.8	98.2	148.7
注：其他罐口内径由供需双方协定。			

3.2 分类

复合材料罐体按照内衬材质分为以下三类：玻璃纤维增强塑料(FRP)内衬、ABS塑料内衬、聚乙烯(PE)内衬。

3.3 标记

复合材料罐的标记方法如下：

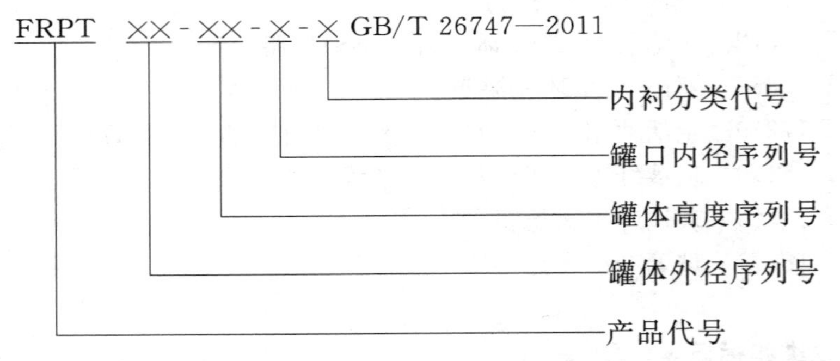

示例：表示外径为 257 mm，罐体高度为 905 mm，罐口内径为 68.8 mm，内衬材质为聚乙烯，按本标准生产的复合材料罐标记为：

FRPT10-35-2.5-PE GB/T 26747—2011

4 结构和原材料

4.1 结构

4.1.1 复合材料罐由罐体、底座及罐口构成，底座为圆筒形或圆锥形三脚结构。罐体结构及底座厚度和高度见图 A.1、图 A.2、图 A.3 及表 A.1、表 A.2、表 A.3。罐口螺纹要求见图 B.1。

4.1.2 罐体由内衬和玻璃钢强度层组成。

4.1.3 玻璃钢强度层以内压设计为基准，其厚度由直径、压力和安全系数等计算确定。

4.2 原材料

4.2.1 内衬可由玻璃钢、ABS及聚乙烯制造。所使用的不饱和聚酯树脂应符合GB/T 8237的规定。短切原丝毡应符合GB/T 17470的规定。无碱玻璃纤维布应符合GB/T 18370的规定。聚乙烯应符合GB/T 11115的规定。ABS应符合GB/T 12672的规定。用于饮用水的内衬的涉水性能应符合GB/T 17219的规定。

4.2.2 强度层用纤维缠绕成型。所使用的不饱和聚酯树脂应符合GB/T 8237的规定。环氧树脂应符合GB/T 13657的规定。无碱玻璃纤维纱应符合GB/T 18369的规定。

4.2.3 底座可由聚丙烯及玻璃钢制造。所使用的聚丙烯应符合GB/T 12670的规定。不饱和聚酯树脂应符合GB/T 8237的规定。短切原丝毡应符合GB/T 17470的规定。无碱玻璃纤维布应符合GB/T 18370的规定。

4.2.4 罐口采用环氧玻璃钢层压板或内衬本体材料制造,环氧玻璃钢层压板性能应符合GB/T 1303.4的规定。

5 要求

5.1 外观

罐体外表面应平整光滑,不应含有对使用性能有影响的龟裂、分层、针孔、杂质、贫胶区及气泡;罐口平面应无毛刺及其他明显缺陷。对罐口平面有特殊要求时由供需双方商定。

5.2 尺寸

5.2.1 罐体外径和罐体高度的偏差不应超过规定值的±1%。

5.2.2 罐体内衬和强度层最小厚度应符合附录A的规定。

5.2.3 罐口平面与罐体轴线的垂直度不应大于1.5 mm。

5.2.4 罐口螺纹规格应符合附录B的规定。

5.3 树脂含量

罐体强度层树脂含量为22%~30%。

5.4 树脂不可溶分含量

罐体强度层树脂不可溶分含量不应小于90%。

5.5 巴柯尔硬度

不饱和聚酯树脂缠绕罐体外表面巴柯尔硬度不小于40;环氧树脂缠绕罐体外表面巴柯尔硬度不小于50。

5.6 水压渗漏

对罐体内施加1.58 MPa的静水压,保持10 min,罐体应无渗漏。

5.7 循环水压疲劳

经(0~1.05)MPa、100 000次循环水压疲劳,罐体应无渗漏。

5.8 水压失效压力

罐体的水压失效压力不应低于4.20 MPa。

5.9 负压

罐体承受−0.016 7 MPa的负压，保持60 min，罐体应无损坏、压力示值应无变化。

5.10 卫生性能

用于饮用水的罐体卫生性能应符合GB/T 17219的要求。

6 试验方法

6.1 外观

目测检验。

6.2 尺寸

6.2.1 外径

用精度为1 mm的圈尺绕罐体一周测得周长，计算罐体外径，取小数点后一位；沿罐体直线段间隔均匀测量5点，取5次测量的算术平均值。

6.2.2 罐体高度

用精度为1 mm的圈尺沿罐体轴向均匀测量5个点，取5次测量的算术平均值。

6.2.3 罐口平面与罐体轴线的垂直度

用精度为1 mm的圈尺、钢板尺和直角尺检验。

6.2.4 内衬和强度层最小厚度

6.2.4.1 总壁厚

在罐体中部切取直径50 mm的圆形试样，用精度为0.02 mm的游标卡尺对切取的试样进行测量，测量5个点，测点均布，取最小值。

6.2.4.2 内衬厚度

去除试样的缠绕层，然后对内衬进行测量，测量5个点，测点均布，取最小值。

6.2.4.3 强度层厚度

强度层的厚度用测得的总壁厚减去内衬壁厚得出。

6.2.5 罐口螺纹

罐口螺纹用标准螺纹规检验。

6.3 树脂含量

从罐体中部开口处切取试样，树脂含量按GB/T 2577测定。

6.4 树脂不可溶分含量

从罐体中部开口处切取试样，树脂不可溶分含量按 GB/T 2576 测定。

6.5 巴柯尔硬度

在罐体中部测量按 GB/T 3854 规定。

6.6 水压渗漏

将复合材料罐充满水后排尽空气，与试验系统连接，用带有精度为 0.01 MPa 压力表的加压泵，加压至 1.58 MPa，保压 10 min，观察有无渗漏。

6.7 水压疲劳

将复合材料罐充满水后排尽空气，与试验系统连接。压力由零升至 1.05 MPa，再降到零为一次循环。罐外径 325 mm(含 325 mm)以下的，循环速率不大于 12 次/min；罐外径 325 mm 以上的，循环速率不大于 8 次/min。反复进行 100 000 次，记录疲劳循环次数、观察有无渗漏。

6.8 水压失效

将复合材料罐充满水后排尽空气，与试验系统连接。以不大于 1.5 MPa/s 的速率加压至罐体失效，记录失效压力和失效部位。

6.9 负压

将复合材料罐与试验系统连接，抽真空至－0.016 7 MPa，保持 60 min，观察罐体有无损坏，负压表示值有无变化。

6.10 卫生性能

卫生性能测试按 GB/T 17219 要求进行。

7 检验规则

7.1 出厂检验

7.1.1 每个产品应进行外观、罐体外径及高度、罐口螺纹、罐口平面与罐体轴线的垂直度、巴柯尔硬度、水压渗漏检验。

7.1.2 所检项目全部合格则判该产品合格。外径、罐体高度、罐口平面与罐体轴线的垂直度、罐口螺纹或水压渗漏不合格，则判该产品不合格；外观不合格允许修补，修补后合格，则判该产品合格，否则判定该产品不合格。

7.2 型式检验

7.2.1 检验条件

有下列情况之一时，应对第 5 章规定的全部项目进行检验：

a) 正式投产后，如结构、材料、工艺有较大改变时；

b) 正常生产 12 个月后；

c) 产品停产 6 个月后，恢复生产时；

d) 出厂检验结果与上次型式检验有较大差异时。

7.2.2 抽样方案

同一规格、同一类型的每 2 000 个产品为一批，抽样 2 个，对其中一个进行检测，另一个作为备样。如果同批产品不足 2 000 个，也可定为一批。

7.2.3 判定规则

所检项目全部合格，判该批产品检验合格。如有不合格项，可对备样进行复检，复检仍不合格，判该批产品不合格。

8 标志、包装、运输、贮存

8.1 标志

8.1.1 在靠近罐体封头部位的圆柱段设置牢固的标志。

8.1.2 标志内容包括：标记、生产厂名、使用条件和制造日期等。

8.2 包装

8.2.1 包装应符合 GB/T 191 的规定，包装前应清除罐内积水，封堵进出水口，在易碰撞处包扎软质垫。

8.2.2 每个罐体应有产品合格证，使用说明。

8.3 运输

8.3.1 在装卸、运输过程中要防止碰撞、跌落和压伤。与装卸、运输工具易产生摩擦处应放置软质垫。

8.3.2 搬运过程应轻装轻卸，防止碰撞及机械损伤。

8.3.3 运输时要防火，最低运输温度不低于零下 27 ℃。

8.4 贮存

8.4.1 产品应立放，存放在清洁、干燥、通风的仓库内。

8.4.2 贮存时要防火，最低贮存温度不低于零下 27 ℃。

附 录 A
（规范性附录）
复合材料罐的结构和尺寸

A.1 外径序列号为07～20的复合材料罐结构如图A.1所示，其外径、罐体高度、罐体内衬和结构层最小厚度见表A.1。

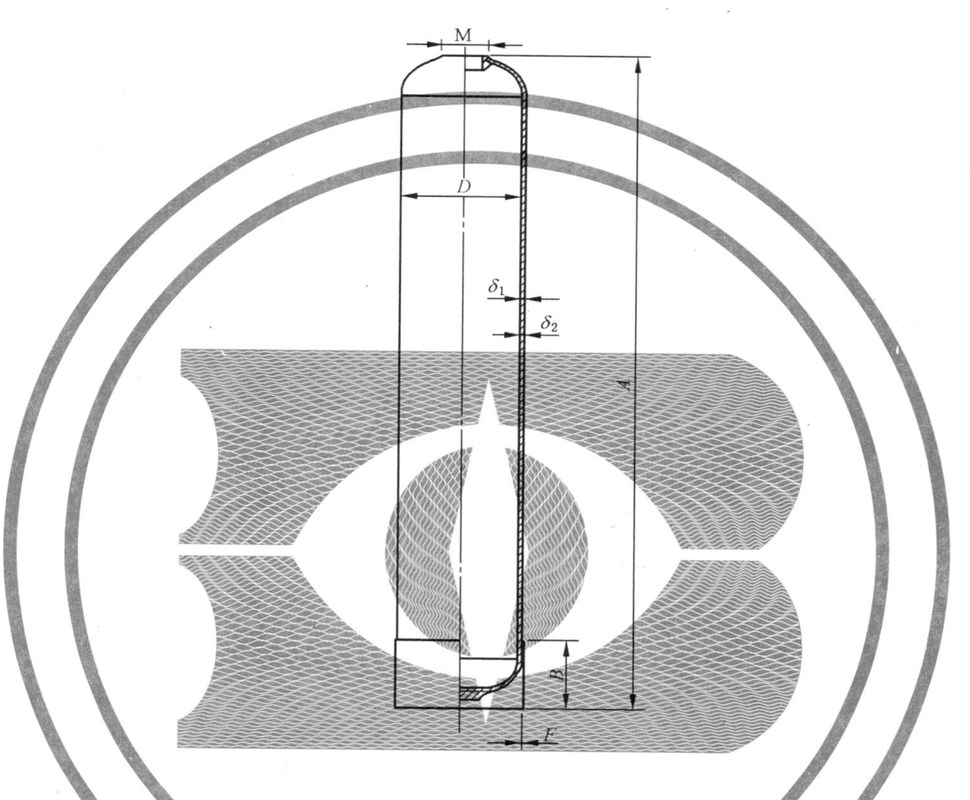

图 A.1 外径序列号07～20复合材料罐体结构示意图

表 A.1 外径序列号07～20复合材料罐体规格表

单位为毫米

外径序列号	外径 D	高度 A	底座 B	内衬最小厚度 δ_1	结构层最小厚度 δ_2	螺纹规格 M	底座厚度 F
07	181	—	110	2.0	1.8	2.5”-8NPSM	3
08	206	—	120	2.0	1.8	2.5”-8NPSM	3
09	232	—	138	2.0	1.8	2.5”-8NPSM	3
10	257	—	145	2.0	1.8	2.5”-8NPSM	3
12	308	—	190	3.0	1.8	2.5”-8NPSM	3
13	334	1 390	195	3.0	2.0	2.5”-8NPSM	3
14	360	1 670	200	3.0	2.2	2.5”-8NPSM	3
16	410	1 670	215	3.0	2.5	2.5”-8NSPM	3
18	465	1 670	120	4.0	3.7	4”-8UN	4
20	510	1 750	130	4.0	4.5	4”-8UN	5

A.2 外径序列号为 21～30 的复合材料罐结构如图 A.2 所示，其外径、罐体高度、罐体内衬和结构层最小厚度见表 A.2。

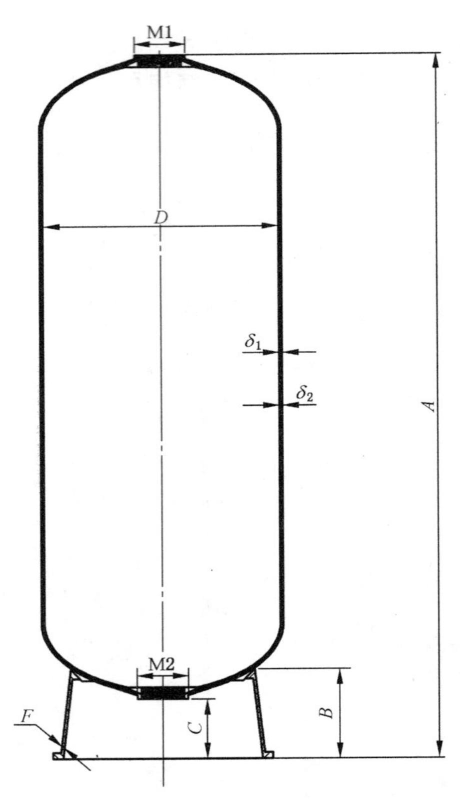

图 A.2 外径序列号 21～30 复合材料罐体结构示意图

表 A.2 外径序列号 21～30 复合材料罐体规格表

单位为毫米

外径序列号	外径 D	高度 A	底座 B	下口距地面高度 C	底座厚度 F	内衬最小厚度 δ_1	结构层最小厚度 δ_2	上口螺纹 M1	下口螺纹 M2
21	545	1 750	245	180	5	4.0	5.0	4"-8UN	4"-8UN
24	612	2 200	234	180	6	5.0	6.0	4"-8UN	6"-8UN
30	765	2 200	292	180	7	5.0	7.0	4"-8UN	6"-8UN

A.3 外径序列号为 36～72 的复合材料罐结构如图 A.3 所示，其外径、罐体高度、罐体内衬和结构层最小厚度见表 A.3。

单位为毫米

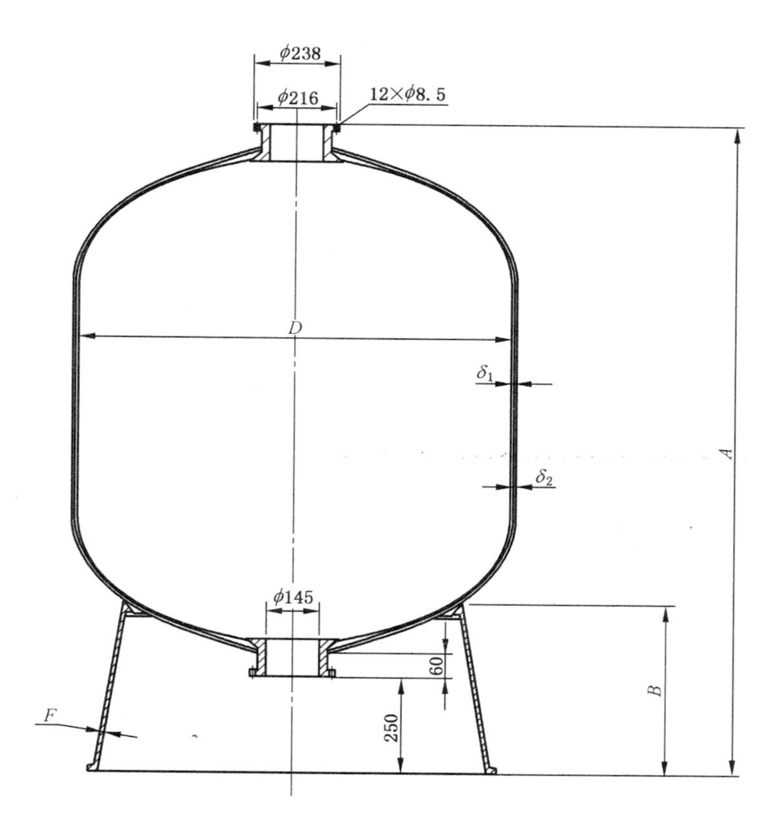

图 A.3　外径序列号 36～72 复合材料罐体结构示意图

表 A.3　外径序列号 36～72 复合材料罐体规格表

单位为毫米

外径序列号	外径 D	高度 A	底座 B	底座厚度 F	内衬最小厚度 δ_1	结构层最小厚度 δ_2
36	918	2 400	422	8	6.0	8.6
40	1 020	2 400	410	8	6.0	9.3
48	1 224	2 400	473	10	7.0	10.1
60	1 530	2 400	532	12	10.0	12.2
72	1 836	2 400	590	15	12.0	13.7

附 录 B
（规范性附录）
接口螺纹规格

B.1 复合材料罐体接口螺纹规格示意图如图 B.1 所示。

单位为毫米

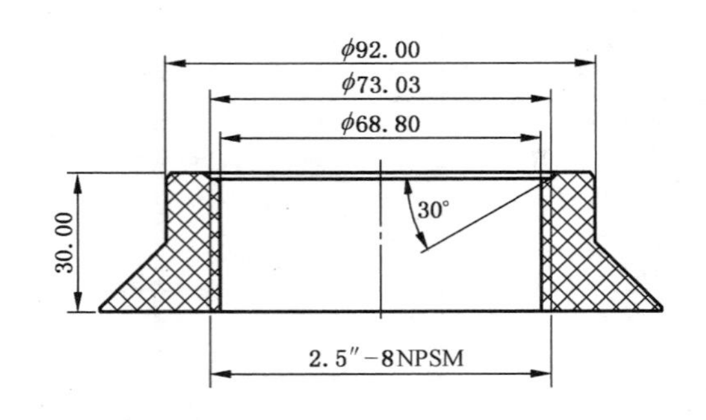

a)

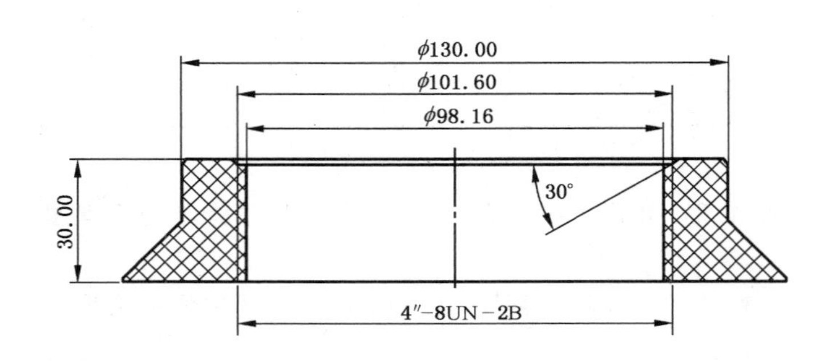

b)

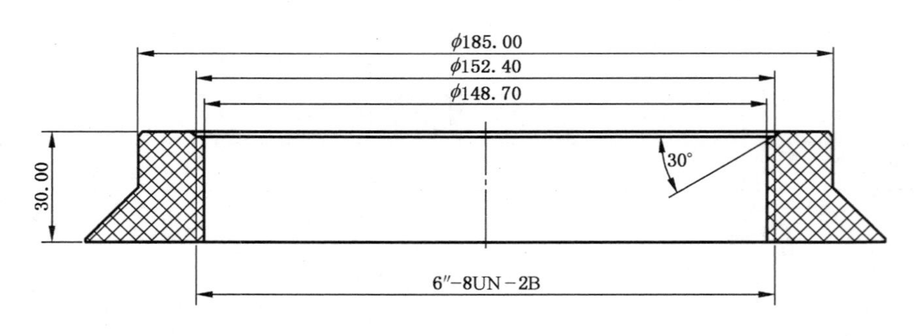

c)

图 B.1 罐体接口螺纹规格示意图

ICS 71.120.99;75.180.20
G 93

中华人民共和国国家标准

GB/T 26962—2011

高频电磁场综合水处理器技术条件

Specifications for high-frequency electromagnetic field comprehensive water treatment device

2011-09-29 发布

2012-01-01 实施

中华人民共和国国家质量监督检验检疫总局
中国国家标准化管理委员会
发布

前　言

本标准的附录 A、附录 B、附录 C、附录 D 均为规范性附录。

本标准由中国石油和化学工业联合会提出。

本标准由全国化工机械与设备标准化技术委员会归口。

本标准负责起草单位:北京禹辉水处理技术有限公司、北京工业大学。

本标准参加起草单位:华东理工大学、南京大学、清华大学、中国科学院生态所、多元水环保技术产业(中国)有限公司。

本标准主要起草人:宛金辉、张相臣、武晓燕。

本标准参加起草人:陆柱、田立卿、王继明、曲久辉、乔荣琳、金连实。

高频电磁场综合水处理器技术条件

1 范围

本标准规定了高频电磁场综合水处理器(以下简称处理器)的术语和定义、分类和型号、结构型式、要求及检验、标志、包装和贮运等。

本标准适用于水温不大于95 ℃,工作压力不大于1.6 MPa的循环水系统中的高频电磁场综合水处理器。

本标准不适用于蒸汽锅炉的用水系统。

2 规范性引用文件

下列文件中的条款通过本标准的引用而成为本标准的条款。凡是注日期的引用文件,其随后所有的修改单(不包括勘误的内容)或修订版均不适用于本标准,然而,鼓励根据本标准达成协议的各方研究是否可使用这些文件的最新版本。凡是不注日期的引用文件,其最新版本适用于本标准。

GB/T 191　包装储运图示标志(GB/T 191—2008,ISO 780:1997,MOD)

GB/T 700—2006　碳素结构钢(ISO 630:1995,NEQ)

GB/T 1184—1996　形状和位置公差　未注公差值(eqv ISO 2768-2:1989)

GB/T 1804—2000　一般公差　未注公差的线性和角度尺寸的公差(eqv ISO 2768-1:1989)

GB 3836.2—2000　爆炸性气体环境用电气设备　第2部分:隔爆型“d”(eqv IEC 60079-1:1990)

GB 4793.1—2007　测量、控制和实验室用电气设备的安全要求　第1部分:通用要求(IEC 61010-1:2001,IDT)

GB/T 5330　工业用金属丝编织方孔筛网

GB/T 6388　运输包装收发货标志

GB 8702　电磁辐射防护规定

GB 9175　环境电磁波卫生标准

GB/T 12221　金属阀门　结构长度(GB/T 12221—2005,ISO 5752:1982,MOD)

GB/T 12238　法兰和对夹连接弹性密封蝶阀

GB/T 13384　机电产品包装通用技术条件

GB/T 13927—2008　工业阀门　压力试验

GB 50050—2007　工业循环冷却水处理设计规范

HG/T 2160—2008　冷却水动态模拟试验方法

HG/T 3133—2006　电子式水处理器技术条件

HG/T 3729—2004　射频式物理场水处理设备技术条件

JB/T 2932—1999　水处理设备　技术条件

3 术语和定义

下列术语和定义适用于本标准。

3.1

电控器　power supply controller

指高频发生器。

3.2

换能器　transducer

指电磁场转换器。

3.3

复合过滤器　composite filter

指由过滤筛网、滤筒、换能器叠加而成的过滤装置。

3.4

高频电磁场综合水处理器　high-frequency electromagnetic field comprehensive water treatment device

指应用高频电磁场原理制成的装置与复合过滤器组合而成的多功能综合水处理器，用于对水系统起到缓蚀、阻垢、杀菌灭藻、过滤作用（由电控箱、电控器、换能器、复合过滤器、筒体及电极构成）。

3.5

高频电磁场　high-frequency electromagnetic field

指大于 3 MHz 的电磁场。

3.6

电极　electrode

指高频信号发射体。

3.7

隔爆型处理器　explosion-proof treatment device

指在具有可燃性气体混合物（爆炸性气体混合物）环境中使用的处理器。

3.8

缓蚀过滤型　neutralization and filtration type

指高频电磁场综合水处理器同时具有缓蚀、过滤二重功效。

3.9

阻垢过滤型　scale prevention and filtration type

指高频电磁场综合水处理器同时具有阻垢、过滤二重功效。

3.10

杀菌灭藻过滤型　sterilization，algae-proof and filtration type

指高频电磁场综合水处理器同时具有杀菌、灭藻、过滤三重功效。

3.11

缓蚀阻垢过滤型　neutralization，scale prevention and filtration type

指高频电磁场综合水处理器同时具有缓蚀、阻垢、过滤三重功效。

3.12

杀菌灭藻阻垢过滤型　sterilization，algae-proof，scale prevention and filtration type

指高频电磁场综合水处理器同时具有杀菌、灭藻、阻垢、过滤四重功效。

3.13

缓蚀阻垢杀菌灭藻过滤型　neutralization，scale prevention，sterilization，algae-proof and filtration type

指高频电磁场综合水处理器同时具有缓蚀、阻垢、杀菌、灭藻、过滤五重功效。

4　分类和型号

4.1　分类

4.1.1　按应用环境分

按应用环境分为：普通型（CO）、隔爆型（EXPR）。

4.1.2 按控制方式分

按控制方式分为：全自动多路阀型(ACD)、全自动电动蝶阀型(ACS)、智能型(ZC)、半自动型(HC)、手动型(MC)。

4.1.3 按功能分

按功能分为：缓蚀过滤型(A)、阻垢过滤型(B)、杀菌灭藻过滤型(C)、缓蚀阻垢过滤型(D)、杀菌灭藻阻垢过滤型(E)、缓蚀阻垢杀菌灭藻过滤型(F)。

4.2 型号

4.2.1 型号表示方法

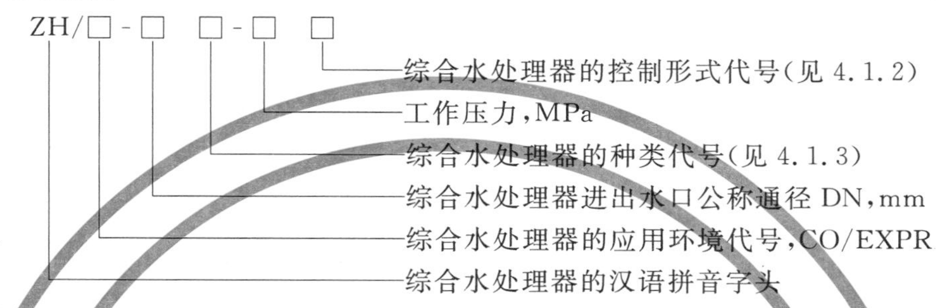

4.2.2 示例

进、出水口公称直径DN为100 mm，工作压力为1.6 MPa全自动多路阀控制的缓蚀过滤型高频电磁场综合水处理器，用于普通环境中，其型号为：ZH/CO-100 A-1.6ACD。

5 结构型式

处理器结构示意图见图1。

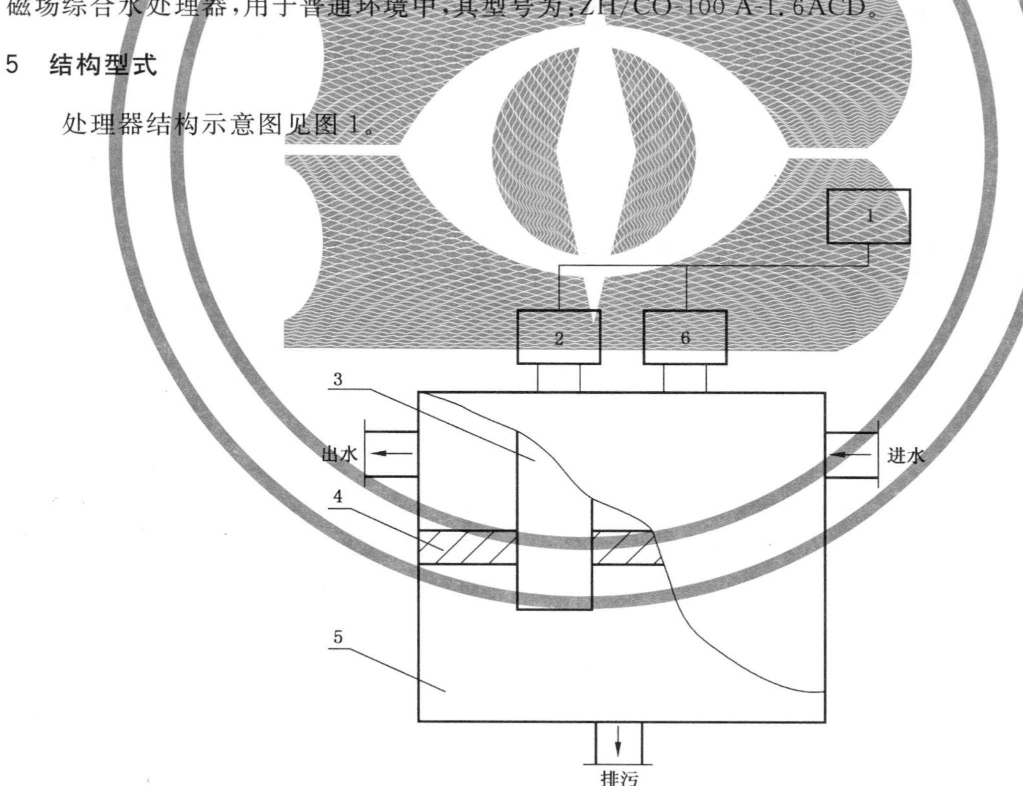

1——电控箱；

2——电控器；

3——换能器；

4——复合过滤器；

5——筒体；

6——电极。

图1 处理器结构示意图

6 要求

6.1 材料及辅件要求

6.1.1 处理器所用的各种材料均应符合相应材料的国家或行业标准的规定。

6.1.2 处理器筒体所用钢材机械性能应不低于 GB/T 700—2006 中 Q235-A 的规定。

6.1.3 处理器电极导电体材料应符合 HG/T 3133—2006 中的 5.2.4.3 的规定。

6.1.4 处理器的过滤筛网、滤筒采用不锈钢材料，筛网应符合 GB/T 5330 的规定。

6.1.5 处理器多路阀阀体采用碳钢材料；蝶板、阀轴采用不锈钢材料，多路阀应符合 GB/T 12221 的规定。

6.1.6 处理器电动蝶阀蝶板、阀轴采用不锈钢材料，电动蝶阀应符合 GB/T 12238 的规定。

6.2 制造要求

6.2.1 外观

6.2.1.1 所有焊接接头表面不得有裂纹、砂眼、弧坑缺陷。

6.2.1.2 处理器外表面的防锈和涂漆应符合图样规定，且漆膜色泽均匀、平整光滑和牢固，不应有明显的斑痕、划痕，表面无脱裂、皱纹及粘附颗粒杂质缺陷。

6.2.1.3 表面漆层气泡不多于 4 个/100 mm^2，每个气泡的面积应不大于 1 mm^2。

6.2.1.4 多路阀应符合设计图样的规定，多路阀、蝶阀阀体表面应光洁，阀体密封无渗漏。

6.2.1.5 所有零部件应光洁无毛刺。

6.2.1.6 配件组装应符合图样规定，管道系统应平直、整齐。

6.2.1.7 处理器的铭牌不得变形、脱落，字迹应清楚。

6.2.2 焊接及加工

6.2.2.1 处理器筒体的制造应符合 JB/T 2932—1999 的规定。

6.2.2.2 机加工零部件未注尺寸公差按 GB/T 1804—2000 中的 m 级执行；形位公差的未注公差按 GB/T 1184—1996 中的 k 级执行；非机加工零部件未注尺寸公差按 GB/T 1804—2000 中的 c 级执行。

6.3 设计要求

6.3.1 电控器输出电气参数

处理器电控器输出电气参数应符合 HG/T 3133—2006 中 5.3.1.1 的规定。

6.3.2 处理器的介电强度

处理器的介电强度应符合 HG/T 3133—2006 中 5.3.2.1 的规定。

6.3.3 处理器的绝缘电阻

处理器电控器的电源线对其外壳的绝缘电阻及电极对其筒体(或外壳)的绝缘电阻均应不小于 10 MΩ。

6.3.4 电控器输出参数的稳定性

电控器在规定的使用条件下，输出电气参数应稳定，并能经受住极端温度性能试验和连续运行试验。

6.3.5 电磁辐射强度

处理器在运行状态下的电磁辐射强度应符合 GB 8702 与 GB 9175 的规定。

6.3.6 多路阀工作压力

多路阀水压的工作压力在 0 MPa～1.6 MPa 范围内正常工作，且不发生泄漏。

6.3.7 电动蝶阀工作压力

电动蝶阀工作压力在 0 MPa～1.6 MPa 范围内正常工作，且不发生泄漏。

6.3.8 筒体

筒体强度应符合 JB/T 2932—1999 的规定，筒体应进行水压试验，在试验压力下所有焊接接头和连接部位不得有渗漏，筒体无可见变形。

6.3.9 **处理器性能参数**

6.3.9.1 阻垢率应不小于85%。

6.3.9.2 杀菌率应不小于95%。

6.3.9.3 灭藻率应不小于95%。

6.3.9.4 过滤效率应不小于70%。

6.3.9.5 碳钢管壁的腐蚀速率应小于0.075 mm/a。

6.3.10 **隔爆型处理器性能**

隔爆型处理器的设计应符合GB 3836.2—2000的规定。

6.4 **使用条件**

6.4.1 **水温、水质**

6.4.1.1 用于热水系统时，水温应不大于95 ℃。

6.4.1.2 用于敞开式循环冷却水系统时，进水水质应符合GB 50050—2007中3.1.8的规定，设备运行后系统持续保持稳定水质不恶化。

6.4.1.3 用于密闭式循环水(冷冻、采暖)时，进水水质应符合HG/T 3729—2004中5.2.1.3的规定，设备运行后系统持续保持稳定水质不恶化。

6.4.2 **额定供电电源**

应有稳定的交流220 V±22 V/50 Hz±1 Hz，或交流380 V±38 V/50 Hz±1 Hz的电源。

6.4.3 **电控器使用条件**

6.4.3.1 电控器的工作环境温度不得高于60 ℃，不得低于－20 ℃。

6.4.3.2 电控器的工作环境温度大于40 ℃时，环境空气的相对湿度不得高于80%；环境温度低于20 ℃时，空气相对湿度可不超过90%。

6.4.3.3 在具有可燃性、爆炸性气体的环境中使用时，应选用隔爆型处理器。

6.4.3.4 电控器允许振动条件：振荡频率10 Hz～150 Hz时，最大振动加速度应不超过5 m/s^2。

6.4.4 **处理器辅以化学药剂处理的复合方案**

当原水、补充水水质较差且对阻垢、缓蚀、杀菌灭藻、过滤效果有更高要求，而无法满足处理器使用要求时，应辅以适量化学药剂复合使用。

7 检验方法

7.1 电控器输出参数检验

高频发生器输出频率和输出幅度检验，使用示波器，校准后接好线路，调节调压器为交流220 V±22 V，测出输出频率应大于3 MHz，输出辐度应符合10 V～800 V(峰-峰值)值。

7.2 介电强度检验

介电强度检验使用相应的耐压测试仪，测试方法应符合GB 4793.1—2007中的有关规定，其结果应符合本标准6.3.2、6.3.10的规定。

7.3 绝缘电阻检验

处理器绝缘电阻检验使用500 V兆欧表，校准后进行测试，其检验结果应符合6.3.3或6.3.10的规定。

7.4 电控器环境温度性能检验

7.4.1 将电控器置于温度(40±2)℃，空气相对湿度不高于80%的工作环境中，保持4 h后将电控器加上额定电压，使电控器处于工作状态，30 min后测试电控器输出电气参数，其结果应符合6.3.1的规定。

7.4.2 将电控器置于温度(－5±1)℃，空气相对湿度不高于90%条件下，保持1 h后将电控器加上额定电压，使电控器处于工作状态，30 min 后测试电控器输出电气参数，其结果应符合 6.3.1 的规定。

7.5 电控器连续运行检验

将电控器加额定负载或与处理器相联，在常温条件下连续运行 48 h 后，测试电控器输出电气参数，其结果应符合 6.3.1 的规定。

7.6 电磁辐射防护检验

使用场强仪对完好运行状态下的处理器进行电磁辐射强度测试，其结果应符合 6.3.5 的规定。

7.7 多路阀水压检验

多路阀加工完毕后，采用常温清水进行试压，试验压力为多路阀设计压力的 1.25 倍，采用试压泵缓慢加压，达到规定试验压力后，保压时间应不少于 30 min，其结果应符合 6.3.6 的规定。水压试验发现缺陷，允许泄压后返修，但返修后应重新进行水压试验。

7.8 电动蝶阀水压检验

电动蝶阀采用 GB/T 13927—2008 检验方法，其结果应符合 6.3.7 的规定。

7.9 水压检验

7.9.1 筒体加工完毕后，采用常温清水，试验压力按筒体设计压力的 1.25 倍进行水压试验。进行试验时，采用试压泵对其加压。压力应缓慢上升，达到规定试验压力后，保压时间应不少于 30 min，其结果应符合 6.3.8 的规定。水压试验时发现的缺陷，允许泄压后返修，但返修后应重新进行水压试验。

7.9.2 隔爆型处理器的电控器隔爆壳体应能承受历时 1 min，压力为 1 MPa 的水压试验，其结果应符合 6.3.10 的规定。

7.10 阻垢、抑菌、抑藻、过滤、缓蚀效果检验

7.10.1 阻垢率检验

年污垢热阻的测试按 HG/T 2160—2008 中进行。

阻垢率检验按附录 A 进行，并按式(1)计算：

$$阻垢率=\frac{未经处理时垢的质量-经处理后垢的质量}{未经处理时垢的质量}\times 100\% \qquad (1)$$

式中，垢的质量均按 HG/T 2160—2008 中的污垢沉积率取值，其结果应符合本标准 6.3.9.1 的规定。

7.10.2 杀菌效果检验

抑菌效果检验按附录 B 进行，其结果应符合 6.3.9.2 的规定。

7.10.3 灭藻效果检验

灭藻效果按附录 C 进行，其结果应符合 6.3.9.3 的规定。

7.10.4 过滤效率检验

过滤效率检验按附录 D 进行，其结果应符合 6.3.9.4 的规定。

7.10.5 缓蚀性能检验

缓蚀性能检验按附录 A 进行，年腐蚀率的计算按 HG/T 2160—2008 中进行，其结果应符合本标准 6.3.9.5 的规定。

8 检验规则

8.1 产品检验

处理器应由制造厂检验部门检验合格后出具合格证。

8.2 检验分类及检验项目

8.2.1 处理器的检验分出厂检验和型式检验，检验项目和要求分别按表 1 中相应的规定。

表 1　检验项目和要求

序号	检验项目	要求	试验(检验)方法	出厂检验	型式检验
1	外观	6.2.1	目视	√	√
2	输出电气参数	6.3.1	7.1	√	√
3	介电强度	6.3.2 6.3.10	7.2	√	√
4	绝缘电阻	6.3.3 6.3.10	7.3	√	√
5	电控器环境温度性能试验	6.3.1	7.4		√
6	连续运行试验	6.3.1	7.5	√	√
7	电磁辐射防护试验	6.3.5	7.6		√
8	多路阀水压试验	6.3.6	7.7	√	√
9	电动蝶阀水压试验	6.3.7	7.8	√	√
10	水压试验	6.3.8 6.3.10	7.9	√	√
11	阻垢率	6.3.9.1	7.10.1		√
12	杀菌率	6.3.9.2	7.10.2		√
13	灭藻率	6.3.9.3	7.10.3		√
14	过滤效率	6.3.9.4	7.10.4		√
15	缓蚀性能	6.3.9.5	7.10.5		√

8.2.2　出厂检验应逐台进行。

8.2.3　型式检验应从出厂检验合格品中任意抽取一台进行，有下列情况之一时应再次进行型式检验：

——新产品定型鉴定时；

——结构、材料、工艺有重大改变，可能影响产品性能时；

——停产一年以上，恢复生产时；

——正常生产时间达 24 个月时；

——国家质量监督机构提出要求时。

8.3　检验判定规则

8.3.1　每台处理器按 8.2 规定的出厂检验项目和要求进行检验，如有任何一项不符合要求时，则判定该台处理器为出厂检验不合格。

8.3.2　型式检验符合 8.2 规定时，则判定型式检验为合格，若有任何一项不符合要求时，则判定型式检验不合格。

9　标志、包装、贮运

9.1　标志

9.1.1　产品铭牌应固定在综合水处理器的明显部位，铭牌应包括下列内容：

——制造厂名称及商标；

——产品名称及型号；

——主要技术参数，如额定出水量、工作压力、工作温度等；

——产品编号和制造日期。

9.1.2　产品出厂文件应包括下列资料：

——产品使用说明书；

——产品质量证明书；

——出厂合格证；

——装箱单；

——产品保修卡。

9.2 **包装**

9.2.1 包装前应清除筒内积水。

9.2.2 包装采用塑料薄膜和木箱，包装应符合 GB/T 13384 的规定。

9.2.3 随机技术文件应装入防水袋内，与产品一起装入包装箱内。

9.2.4 包装箱外壁的防雨、防震等包装储运标志、收发货标志应符合 GB/T 191、GB/T 6388 的规定。

9.3 **贮运**

9.3.1 包装后的处理器应存放在清洁、干燥、通风良好的仓库内，不得与易燃、易爆、有腐蚀性的物品存放在一起，空气中不得含有腐蚀性气体，贮存环境温度范围为 -5 ℃～35 ℃，贮存环境相对湿度应小于 80%。

9.3.2 运输过程中，应有防止振动或碰撞造成产品或包装箱损坏的措施，不得与易腐蚀物品同时装运。

附 录 A
（规范性附录）
缓蚀和阻垢率检验方法

缓蚀和阻垢性能检验采用 HG/T 2160—2008 冷却水动态模拟试验方法，根据高频电磁场综合水处理器的特点对阻垢、缓蚀试验的具体要求作如下变动：

A.1 在 HG/T 2160—2008 的图 1 试验装置中，安装高频电磁场综合水处理器及旁路管。循环冷却水动态模拟试验装置流程图见图 A.1。

A.2 将 HG/T 2160—2008 的第 3 章 方法提要的条文改为："评定高频电磁场综合水处理器阻垢、杀菌、灭藻、过滤、缓蚀性能。"

A.3 将 HG/T 2160—2008 的 4.2.1.1 中集水池容积"1/3～1/5"改为"1～2 倍"。试验时应按实际的停留时间来设定容积值。

A.4 当需进行热水系统模拟时，试验装置中所采用的塑料（水箱板材、管道、管件阀门等）应按耐温不小于 95 ℃选用。

A.5 HG/T 2160—2008 中 4.2.4 水泵选用耐腐蚀的热水泵（以满足热水系统的模拟）。

A.6 取消 HG/T 2160—2008 中 6.4 说明。

A.7 将 HG/T 2160—2008 的 7.7 试验周期改为 7 d～15 d。

A.8 将 HG/T 2160—2008 的 10.2 的"水处理剂含量控制范围"改为"高频电磁场综合水处理器的电气参数（如频率、电压等）"。

A.9 在集水池的出水管（去水泵）的管口部位应加装滤网，防止污物（如藻类）堵塞流量计等缝隙。

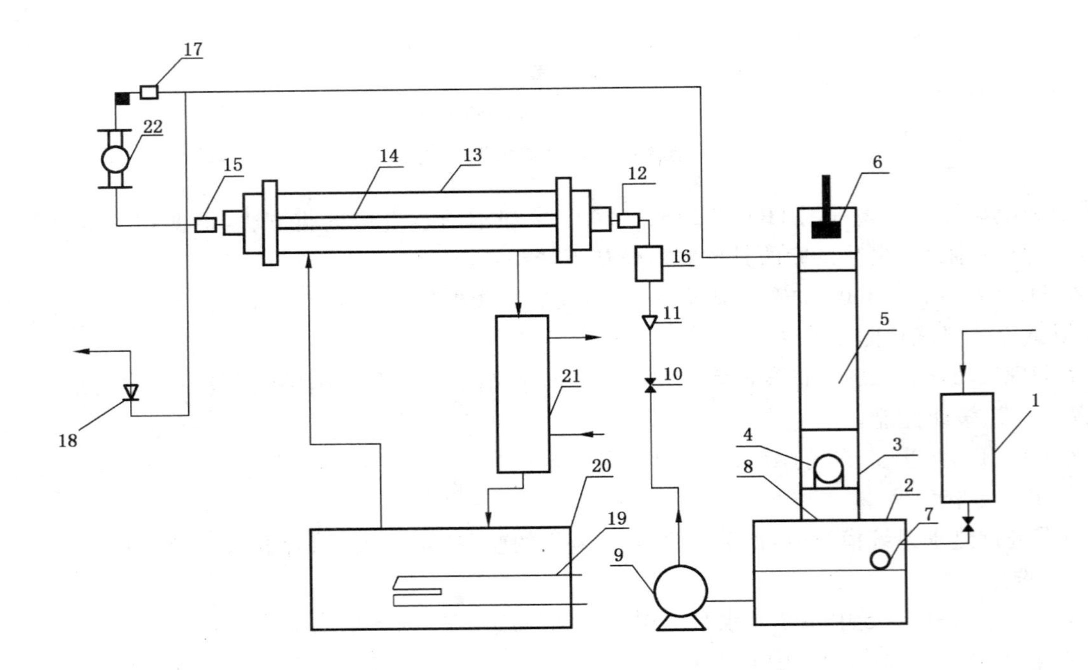

1——补水槽；
2——集水池；
3——冷却塔；
4——电动风门；
5——填料；
6——轴流风机；
7——浮球阀；
8——塔底测温元件；
9——水泵；
10——电动调节阀和流量传感器；
11——转子流量计；
12——入口测温元件；
13——模拟换热器；
14——试验管；
15——出口测温元件；
16——挂片筒；
17——挂片筒；
18——排污阀和流量计；
19——电加热器；
20——电热蒸汽炉；
21——冷凝器；
22——高频电磁场综合水处理器。

图 A.1 循环冷却水动态模拟试验装置流程图

附 录 B
(规范性附录)
杀菌效果检验方法

B.1 方法

动态流动试验法。

B.2 装置

见附录A。

B.3 试验用水

取实际用户水样或按实际水样中的优势菌种配制。

B.4 配水方法

B.4.1 活化:将冰箱保存的肉膏斜面上的细菌转接到新鲜肉膏斜面上,37 ℃培育24 h。

B.4.2 菌悬液:收集活化菌种。将其配制在pH=7.0磷酸盐缓冲溶液中使菌数恒定,取0.5 m^3 的自来水,用活性炭过滤,以去除余氯,将配制的菌种投入其中搅拌均匀,使菌悬液含细菌总数大于 5×10^5 个/mL。

B.5 试验

在试验装置中进行循环处理,根据循环水流量(1 000 L/h)和系统容积来计算循环次数。

B.6 测定

用无菌瓶从水箱中取水样,以琼脂平板方法计细菌总数。

B.7 计算

按式(B.1)计算:

$$X_1=\frac{a_1-a_2}{a_1}\times100\% \quad \cdots\cdots(\text{B.1})$$

式中:

X_1——杀菌率,%;

a_1——未处理的水经循环20次后测定的细菌总数,单位为个每毫升(个/mL);

a_2——处理的水经循环20次后测定的细菌总数,单位为个每毫升(个/mL)。

附　录　C
（规范性附录）
灭藻效果检验方法

C.1　方法

动态流动试验法。

C.2　试验装置

见附录A。

C.3　试验用水

取实际用户水样或按实际水样中的优势藻种配制。

C.4　试验方法

C.4.1　藻种富集培养：将试验用培养液进行培养后转接于水中，使每毫升水样中含细胞数为1×10^3个左右为止。

C.4.2　取样前必须对各种器皿进行消毒杀菌清洗处理。

C.4.3　调节阀门保持通过水处理器的水流量为1 000 L/h左右。

C.4.4　试验时间为15 d。

C.4.5　控制光照在6 000 lx左右（光照地点设在水箱水面上）。光照与黑暗的间歇为16∶8。

C.4.6　每天观察藻液的颜色，在生物显微镜下用细胞计数器测定细胞存活数。

C.5　计算

按式(C.1)计算：

$$X_2=\frac{a_3-a_4}{a_3}\times100\% \qquad\cdots\cdots(C.1)$$

式中：

X_2——灭藻率，%；

a_3——未处理的水经15 d循环运行后水中细胞存活数，单位为个每毫升(个/mL)；

a_4——处理的水经15 d循环运行后水中细胞存活数，单位为个每毫升(个/mL)。

附　录　D
（规范性附录）
过滤效率检验方法

D.1　方法

动态流动试验法。

D.2　试验装置

见附录A。

D.3　试验用水

根据水质类型，配制悬浮物含量50 mg/L、100 mg/L，电导率2 000 μS/cm～3 000 μS/cm两种水质。

D.4　试验方法

取两种不同水质，分别加入集水池，系统水循环运行15次，分别取水样500 mL，进行连续运行试验。

D.5　计算

按式(D.1)计算：

$$X_3 = \frac{a_5 - a_6}{a_5} \times 100\% \quad \cdots\cdots\cdots\cdots(\text{D.1})$$

式中：

X_3——过滤效率，%；

a_5——未经处理的水样中杂质烘干后的质量，单位为毫克(mg)；

a_6——经循环运行处理后取水样中杂质烘干后的质量，单位为毫克(mg)。

ICS 13.030.40
J 88

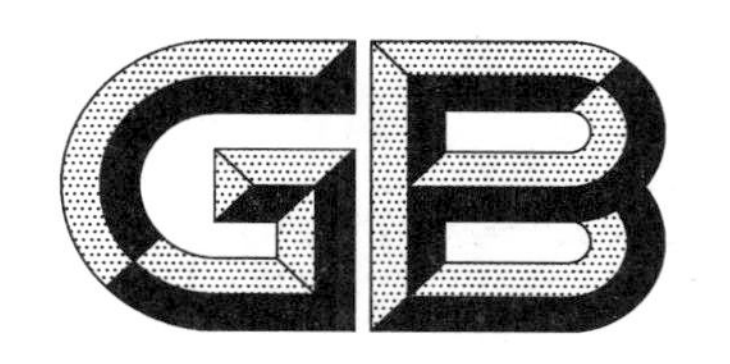

中华人民共和国国家标准

GB/T 27872—2011

潜水曝气机

Submersible aerator

2011-12-30 发布　　　　2012-09-01 实施

中华人民共和国国家质量监督检验检疫总局
中国国家标准化管理委员会　发布

前　言

本标准按照GB/T 1.1—2009给出的规则起草。

本标准由国家发展和改革委员会提出。

本标准由全国环保产品标准化技术委员会(SAC/TC 275)归口。

本标准负责起草单位:南京贝特环保通用设备制造有限公司。

本标准参加起草单位:深圳市爱立诚环保设备有限公司、上海川源机械工程有限公司、珠海市江河海水处理设备工程有限公司、国家环保产品质量监督检验中心。

本标准主要起草人:曾德全、汪文生、郝玉萍、王立坚、谢宏炅、毕耜贵、万向阳、杨爱国、陈庆和、郭庆、张斌、乔炜。

潜 水 曝 气 机

1 范围

本标准规定了潜水曝气机的术语和定义、分类和型号、技术要求、试验方法、检验规则、标志、包装、运输和贮存。

本标准适用于潜水曝气机。

2 规范性引用标准

下列文件对于本文件的应用是必不可少的。凡是注日期的引用文件，仅注日期的版本适用于本文件。凡是不注日期的引用文件，其最新版本(包括所有的修改单)适用于本文件。

GB/T 191 包装储运图示标志(ISO 780)

GB 755 旋转电机 定额和性能(IEC 60034-1)

GB/T 1031 产品几何技术规范(GPS) 表面结构 轮廓法 表面粗糙度参数及其数值

GB/T 1220 不锈钢棒

GB/T 1720 漆膜附着力测定法

GB/T 2828(所有部分) 计数抽样检验程序[ISO 2859(所有部分)]

GB/T 3452.1 液压气动用O形橡胶密封圈 第1部分：尺寸系列及公差(ISO 3601-1)

GB/T 3797 电气控制设备

GB 4208—2008 外壳防护等级(IP代码)(IEC 60529:2001)

GB/T 4942.1—2006 旋转电机整体结构的防护等级(IP代码) 分级(IEC 60034-5:2000)

GB/T 5013.4 额定电压450/750 V及以下橡皮绝缘电缆 第4部分：软线和软电缆(IEC 60245-4)

GB 5749 生活饮用水卫生标准

GB/T 6556 机械密封的型式、主要尺寸、材料和识别标识

GB/T 9239.1—2006 机械振动 恒态(刚性)转子平衡品质要求 第1部分：规范与平衡允差的检验(ISO 1940-1:2003)

GB/T 9969 工业产品使用说明书 总则

GB/T 10894 分离机械 噪声测试方法(ISO 3744)

GB/T 12785—2002 潜水电泵 试验方法

GB/T 13306 标牌

GB/T 13384 机电产品包装通用技术条件

CJ/T 3015.2 曝气器清水充氧性能测定

JB/T 2932 水处理设备 技术条件

JB/T 5118 污水污物潜水电泵

JB/T 6447 YCJ系列齿轮减速三相异步电动机 技术条件(机座号71～280)

JB/T 6880.1 泵用灰铸铁件

JB/T 6880.2 泵用铸钢件

JB/T 6881—2006 泵可靠性测定试验

3 术语和定义

下列术语和定义适用于本文件。

3.1

潜水曝气机 submersible aerator

水体需氧时，能通过自吸或外供空气的方式，向水体充入空气，并使空气中的氧溶解于水的潜水机械装置。

3.2

进气量 air input

在标准试验条件下，潜水曝气机单位时间内由进气管进入水体的空气体积，单位：m^3/h。

3.3

充氧量 oxygen input

在标准试验条件下，潜水曝气机单位时间内向水中补充氧气的质量，单位：kg/h。

3.4

动力效率 efficiency of power

在标准试验条件下，充氧量与潜水曝气机系统消耗的总输入功率之比，单位：kg/(kW·h)。

3.5

气泡作用直径 diameter of bubble effect

以潜水曝气机叶轮的旋转中心为圆心，水面气泡形成的外圆直径，单位：m。

3.6

潜水深度 diving depth

当潜水曝气机水平放置时，潜水曝气机混合液出口中心线距水平面的垂直距离，单位：m。

4 分类和型号

4.1 分类

按工作原理可分为：

a) 潜水自吸式曝气机，适用于潜水深度范围为 1 m～5 m；

b) 潜水供气式曝气机，适用于潜水深度范围为 5 m～20 m。

4.2 型号

潜水曝气机的型号表示如下：

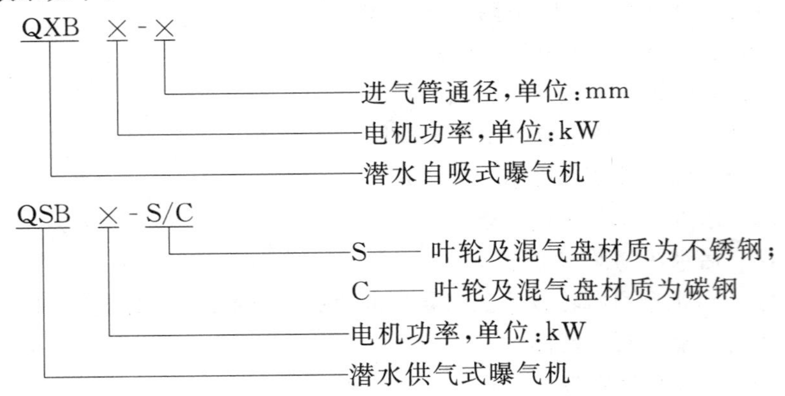

示例：QXB3-50 表示电机功率为 3 kW，进气管通径为 ϕ50 mm 的潜水自吸式曝气机。

QSB22-S 表示电机功率为 22 kW，叶轮及混气盘材质为不锈钢的潜水供气式曝气机。

4.3 结构组成

4.3.1 潜水自吸式曝气机主要由叶轮、密封件、潜水电机、混气盘、进气室、供气管、消音器等部分组成，如图 1。

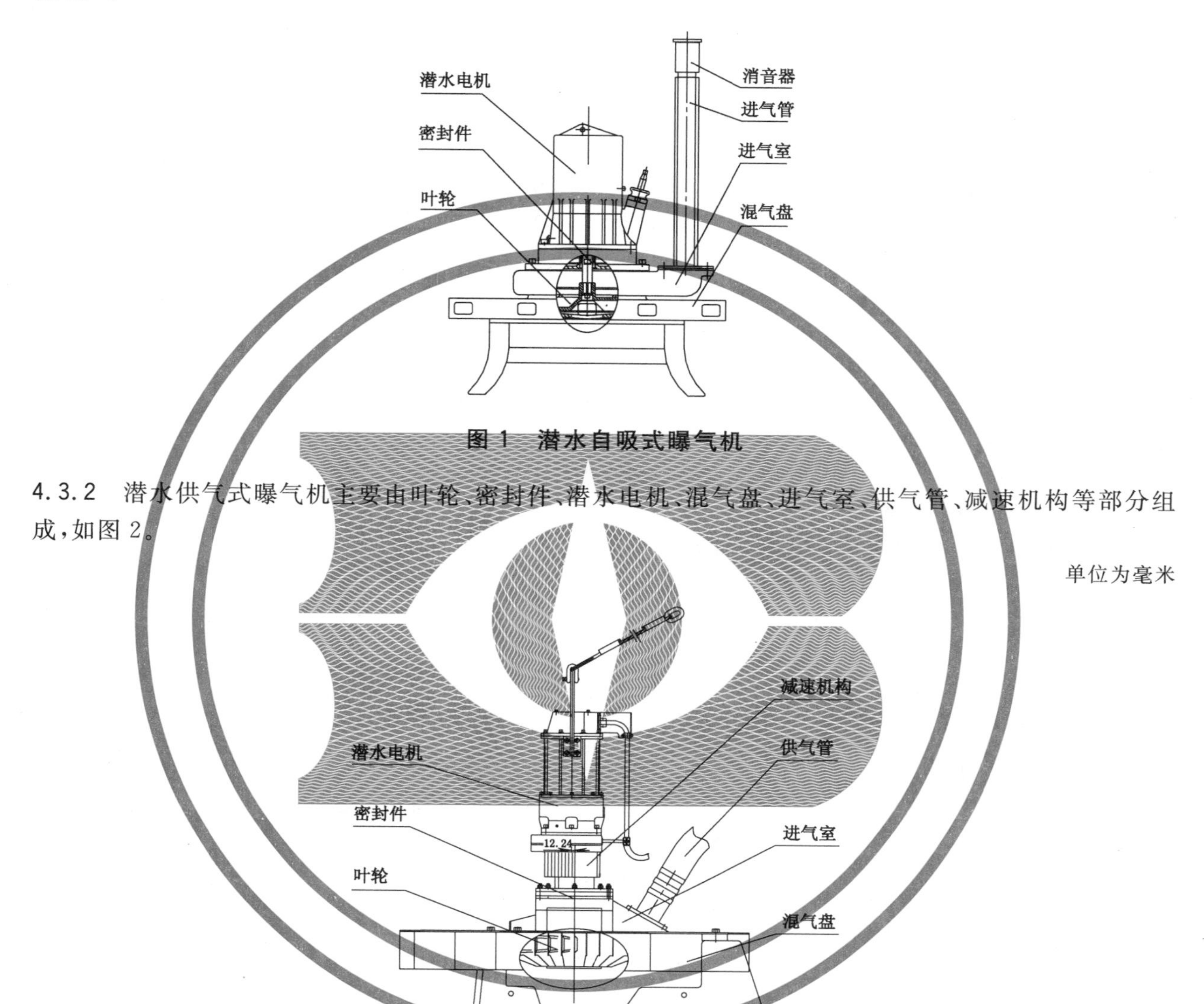

图 1 潜水自吸式曝气机

4.3.2 潜水供气式曝气机主要由叶轮、密封件、潜水电机、混气盘、进气室、供气管、减速机构等部分组成，如图 2。

单位为毫米

图 2 潜水供气式曝气机

5 技术要求

5.1 基本要求

5.1.1 工作环境：

a) 正常运行最高介质温度不超过 45 ℃；

b) 介质的 pH 值为 5～9；

c) 介质密度不超过 1 150 kg/m^3。

5.1.2 工作条件：

a) 工作电源：交流 380 V±20 V，50 Hz；

b) 工作水深：最小水深应能完全淹没潜水曝气机主机，最大水深应不超过 20 m。

5.1.3 潜水曝气机应按规定的图样和技术文件制造。

5.1.4 外观

5.1.4.1 机身外表面应平整光滑、色泽一致。如采用涂覆时，应采用重防腐涂料，涂层总厚度应不小于 150 μm，且附着牢固。

5.1.4.2 潜水曝气机上应固定明显的红色转向标志，标识叶轮的旋转方向。

5.1.5 材质

5.1.5.1 机座、端盖、混气盘等材质的机械性能和耐腐蚀性能应不低于 HT200 牌号铸铁，应符合 JB/T 6880.1 的规定，配套金属管件应符合相关国家标准和行业标准的规定。

5.1.5.2 轴及外露紧固件材质的机械性能和耐腐蚀性能应不低于 2Cr13 牌号不锈钢，应符合 GB/T 1220 的规定。

5.1.5.3 叶轮应采用高强度、耐腐蚀的材质。如采用不锈钢材质，其机械性能和耐腐蚀性能不低于 1Cr18Ni9，应符合 JB/T 6880.2 的规定。

5.1.6 叶轮

5.1.6.1 叶轮制造应型线正确、摩擦阻力小、表面粗糙度 $Ra \leqslant 6.3$ μm，叶轮的断面形状误差与尺寸偏差不得大于公称尺寸的 1‰。

5.1.6.2 叶轮转动应灵活、平稳、无卡滞。

5.1.6.3 叶轮的平衡精度等级应符合 GB/T 9239.1—2006 中 G6.3 级的规定。

5.1.7 密封件

5.1.7.1 潜水曝气机的轴封应密封可靠，当采用机械密封时，应符合 GB/T 6556 的规定。

5.1.7.2 潜水曝气机的密封圈应符合 GB/T 3452.1 的规定。

5.1.7.3 潜水曝气机的密封性能应可靠，内腔应能承受 0.25 MPa 气压、历时 3 min 且无渗漏。

5.1.8 潜水电机

5.1.8.1 潜水电机运行期间，电源电压和频率与额定值的偏差应符合 GB 755 的规定。

5.1.8.2 当功率、电压及频率为额定值时，效率和功率因数的保证值应符合 JB/T 5118 的规定。

5.1.8.3 潜水电机的定子绕组对机壳的绝缘电阻，冷态时应不小于 50 MΩ。

5.1.8.4 当频率为 50 Hz、额定供电电压为 380 V 时，潜水电机的定子绕组应能承受试验电压有效值为 1 760 V、历时 1 min 的耐电压试验而不被击穿。

5.1.8.5 潜水电机的防护等级应符合 GB/T 4942.1—2006 中 IP68 的规定，绝缘等级应符合 GB/T 12785—2002 中 F 级的规定。

5.1.8.6 潜水电机的电缆应符合 GB/T 5013.4 的规定，电缆长度应不小于 10 m。

5.1.9 减速机构

减速机构使用系数应不低于 1.5，应符合 JB/T 6447 的规定。

5.2 装配要求

5.2.1 输出轴的径向跳动允差≤0.05 mm，轴向位移允差≤0.15 mm。

5.2.2 潜水自吸式曝气机叶轮端面跳动允差≤0.2 mm，径向跳动允差≤0.10 mm。

5.2.3 潜水供气式曝气机叶轮端面跳动允差≤1.5 mm，径向跳动允差≤2 mm。

5.3 性能要求

5.3.1 每种规格的潜水自吸式曝气机都应进行充氧性能测定，并依据测定结果绘制出该规格潜水曝气机的充氧性能曲线图。潜水自吸式曝气机性能要求应符合表 1 的规定。

表1 潜水自吸式曝气机性能要求

型号	工作条件		性能参数			
	电机功率/kW	潜水深度[a]/m	进气量/(m^3/h) ≥	充氧量/[kg(O_2)/h] ≥	气泡作用直径/m ≥	动力效率/[kg/(kW·h)] ≥
QXB0.75-32	0.75	1.8	9.5	0.47	2.8	0.64
QXB1.5-32	1.5	2.7	18	0.96	3.5	0.64
QXB2.2-50	2.2	3.2	28.5	1.5	4.8	0.68
QXB3-50	3		39	2.06	5.5	0.68
QXB4-50	4	3.6	53	2.8	6.5	0.7
QXB5.5-65	5.5		72	3.85	8	0.7
QXB7.5-65	7.5	4	102	5.7	10	0.76
QXB11-100	11	4.2	178	9	11	0.82
QXB15-100	15	4.5	248	12.4	12	0.83
QXB18.5-100	18.5	4.5	350	15.7	12.5	0.85
QXB22-100	22	4.5	430	18.7	13.5	0.85
QXB30-150	30	4.5	510	24.6	14.5	0.82
QXB37-150	37	4.5	570	26.6	15	0.72
QXB45-150	45	4.5	630	31	15.5	0.69
QXB55-150	55	4.5	820	38	16	0.69

[a] 表中潜水深度为推荐最合适的试验深度。

5.3.2 每种规格的潜水供气式曝气机都应进行充氧性能测定，并依据测定结果绘制出该规格潜水曝气机的充氧性能曲线图。潜水供气式曝气机性能要求应符合表2的规定。

表2 潜水供气式曝气机性能要求

型号	工作条件		性能参数		
	电机功率/kW	潜水深度/m	进气量/(m^3/h)	充氧量/(kg/h) ≥	动力效率/[kg/(kW·h)] ≥
QSB5.5	5.5	5～20	480	35	1.52
QSB7.5	7.5	5～20	900	58	1.52
QSB11	11	5～20	1 080	74	1.52
QSB15	15	5～20	1 500	90	1.52
QSB22	22	5～20	1 800	115	1.52
QSB30	30	5～20	2 400	156	1.52
QSB37	37	5～20	3 000	198	1.52

注1：潜水深度为8 m时，其余数据为标准试验条件下的指标。
注2：动力效率为含鼓风机功率计算值。

5.3.3 搅拌性能

潜水曝气机应具有适当的搅拌能力，出口流速应不小于 3 m/s。

5.3.4 平均无故障工作时间(MTBF)

在 5.1.1 的工作环境下，潜水曝气机的平均无故障工作时间(MTBF)应不小于 5 000 h，故障类型应符合 JB/T 6881—2006 中Ⅰ类故障和Ⅱ类故障的规定。

5.3.5 设计寿命

潜水曝气机的壳体设计寿命应不小于 15 年，减速机传动装置的设计寿命应不小于 75 000 h，轴承设计寿命应不小于 50 000 h。

5.3.6 保护装置

潜水曝气机电机应设有过热保护装置，密封腔应设泄漏保护装置。

5.3.7 噪声

潜水自吸式曝气机在正常工作时，产生的噪声声功率级应不大于 70 dB。

5.3.8 电控设备

潜水曝气机的电控设备应符合 GB/T 3797 的规定，采用户外箱式防护等级应不低于 GB 4208—2008 中 IP55 的规定。

6 试验方法

6.1 外观及部件检验

6.1.1 标准试验条件

水温 20 ℃、气压 101.325 kPa，在清水中规定的潜水深度的范围内，潜水曝气机在额定电压、频率下运行，清水应符合 GB 5749 的规定。

6.1.2 外观检测

6.1.2.1 涂层厚度使用漆膜厚度仪测定，附着力测定应符合 GB/T 1720 的规定。

6.1.2.2 潜水曝气机的外观质量、转向标志的检测应符合 JB/T 2932 的规定。

6.1.3 材质检验

主要零部件材料和配套设备的检验由供方提供合格证明，必要时应按产品标准进行检验。

6.1.4 叶轮检测

6.1.4.1 叶轮的加工精度、断面形状误差与尺寸偏差用符合规定的测量工具测量，其表面粗糙度评定应符合 GB/T 1031 的规定。

6.1.4.2 叶轮转动灵活性用手感法结合目测法检测。

6.1.4.3 直径小于等于 500 mm 的叶轮应做动平衡试验；直径大于 500 mm 的叶轮，其厚度与外径的比 $B/\phi D \leqslant 0.2$ 时应做静平衡试验，平衡试验应按 GB/T 9239.1—2006 的规定。

6.1.5 密封性检测

向潜水电机或减速机的内腔注入压力 0.25 MPa 的压缩空气，历时 3 min 无泄漏。

6.1.6 潜水电机检测

6.1.6.1 潜水电机的电气性能试验应符合 GB/T 12785—2002 的规定。

6.1.6.2 绝缘电阻应使用500 V兆欧表测量。

6.1.6.3 电机的定子绕组用耐压仪进行1 760 V电压下历时1 min的耐压检测。

6.1.6.4 潜水电机的检测应符合GB/T 5013.4的规定，电缆长度应不小于10 m，或符合用户要求的长度。

6.1.7 减速机构检测

减速机构安全使用系数应不低于1.5，检测方法应符合JB/T 6447的规定。

6.2 装配检测

6.2.1 潜水电机装配后，用百分表对输出轴端进行径向跳动和轴向位移检测。

6.2.2 整机装配后，用百分表分别对叶轮的端面跳动和径向跳动检测。

6.3 性能检测

6.3.1 在规定的水深范围内，用精度不低于2.5级的转子流量计或涡街流量计测量进气量，同时用卷尺测量气泡作用直径。潜水曝气机充氧性能的试验方法应符合CJ/T 3015.2的规定。

6.3.2 搅拌性能检测

在潜水曝气机水气混合液水平出口100 mm处，用精度不低于0.02 m/s的流速仪进行检测。

6.3.3 平均无故障工作时间

潜水曝气机平均无故障工作时间的试验方法应符合JB/T 6881—2006的规定。

6.3.4 设计寿命

潜水曝气机、减速机传动装置和轴承的设计寿命应由生产厂家提供证明。

6.3.5 保护装置检测

电机漏水保护传感器，当电机油室中介质电阻小于200 Ω时，输出动作信号；电机过热保护传感器，电机绕组中应装有不少于一组热敏开关，在绕组达到135 ℃时应动作。

6.3.6 噪声检测

应符合GB/T 10894的规定。

6.3.7 电控设备检测

由厂家提供合格证明，需要时应按相关标准检测。

7 检验规则

7.1 检验分类

潜水曝气机检验分出厂检验、型式检验。

7.2 出厂检验

每台潜水曝气机应进行出厂检验，检验项目及试验方法按表3的规定执行。

7.3 型式试验

7.3.1 有下列情况之一者，应进行型式检验：

a) 新产品定型鉴定或批量投产时；

b) 正常生产满 36 个月继续生产时或者停止生产 6 个月以上恢复生产时；

c) 出厂检验结果与上次型式检验有较大差异时；

d) 正式生产后，如结构、材质、工艺有较大改变时；

e) 上级质量监督机构提出型式检验要求时。

7.3.2 抽样检查和判断处置规则应符合 GB/T 2828(所有部分)的规定，抽样可采用正常检查一次抽样方案，检查水平为特殊检查水平 S-1，检查批应满足样本至少为 2 台的要求，合格质量水平(AQL)为 6.5。

7.3.3 检验项目及试验方法按表 3 的规定执行。

表 3 检验项目及试验方法

序号	检验项目		检验类型		要求	试验方法
			型式	出厂		
1	整机外观质量(涂层及转向标识等)		√	√	5.1.4	6.1.2
2	材质		√	—	5.1.5	6.1.3
3	叶轮	精度(型线、形状及尺寸偏差)	√	√	5.1.6.1	6.1.4.1
4		运转灵活性	√	√	5.1.6.2	6.1.4.2
5		平衡试验	√	√	5.1.6.3	6.1.4.3
6	密封性能		√	√	5.1.7	6.1.5
7	电机性能		√	√	5.1.8	6.1.6
8	减速机构		√	—	5.1.9	6.1.7
9	装配性能	潜水电机轴径向跳动和轴向位移	√	√	5.2.1	6.2.1
10		潜水自吸式叶轮跳动	√	√	5.2.2	6.2.2
11		潜水供气式叶轮跳动	√	√	5.2.3	6.2.2
12	基本性能	进气量及气泡作用范围	√	√	5.3.1	6.3.1
13		充氧性能	√	—	5.3.2	6.3.1
14	搅拌性能		√	√	5.3.3	6.3.2
15	安全可靠性	耐电压试验	√	√	5.1.8.4	6.1.6.3
16		无故障工作时间	√	—	5.3.4	6.3.3
17		设计寿命	√	—	5.3.5	6.3.4
		漏水传感器、过热传感器	√	√	5.3.6	6.3.5
18		噪声要求	√	√	5.3.7	6.3.6
		电控设备	√	√	5.3.8	6.3.7

7.4 判定规则

7.4.1 出厂检验及型式检验结果应符合第 5 章相关内容的规定。

7.4.2 出厂检验及型式检验中的任一检验项目结果不合格，即判定为不合格。

8 标志、包装、运输和贮存

8.1 标志

潜水曝气机铭牌应固定在机体上明显部位，铭牌的尺寸及技术要求应符合 GB/T 13306 的规定。铭牌应包括以下内容：

a) 产品名称；

b) 产品型号及规格；

c) 充氧量(O_2)，单位：kg/h；

d) 进气量，单位：m^3/h；

e) 潜水深度，单位：m；

f) 电机功率，单位：kW；

g) 叶轮转速，单位：r/min；

h) 额定电压，单位：V；

i) 额定频率，单位：Hz；

j) 额定电流，单位：A；

k) 接线方式；

l) 绝缘等级；

m) 质量，单位：kg；

n) 生产厂家名称；

o) 产品出厂编号和制造日期。

8.2 包装

8.2.1 包装应符合 GB/T 13384 的规定，包装箱外表面应用不褪色的颜料清晰地标明下列标志：

a) 产品型号及名称；

b) 到站、发站名；

c) 收货单位及发货单位；

d) 发货日期；

e) 产品的净重、毛重、包装箱外形尺寸；

f) 产品出厂编号。

8.2.2 潜水曝气机包装应使用木箱包装或其他可靠的包装方式，内部需加以固定，箱外标识“小心轻放”、“向上”、“重心位置”等图示标志应符合 GB/T 191 的规定，特殊情况由供需双方议定。

8.2.3 包装箱内应附有下列文件：

a) 产品使用说明书；

b) 产品合格证；

c) 装箱单；

d) 其他文件。

8.2.4 随机文件应用塑封等可靠方式封口，放入包装箱内。

8.2.5 产品使用说明书的编写应符合 GB/T 9969 的规定。

8.3 运输

运输和装卸过程应防止曝晒、剧烈撞击和重压。

8.4 贮存

潜水曝气机应贮存在阴凉、干燥、通风环境中。电气部分应防止高温受潮，不应长期露天存放。

ICS 13.030.40
J 88

中华人民共和国国家标准

GB/T 28741—2012

移动式格栅除污机

Mobile ranking machine

2012-11-05 发布　　2013-06-01 实施

中华人民共和国国家质量监督检验检疫总局
中国国家标准化管理委员会　发布

前　言

本标准按照GB/T 1.1—2009给出的规则起草。

本标准由中华人民共和国国家发展和改革委员会提出。

本标准由全国环保产品标准化技术委员会环境保护机械分技术委员会(SAC/TC 275/SC 1)归口。

本标准起草单位:机械科学研究总院、宜兴市汇通环保设备有限公司、环保机械行业协会。

本标准主要起草人:吴国君、盛海法、郭宝林、王春兰、王长会、赵秉善、周昌朝、罗宪祥、周文卫、吴荻、胡隽。

移动式格栅除污机

1 范围

本标准规定了移动式格栅除污机的型号编制办法、型式和规格参数、技术要求、试验方法、检验规则、标志、包装、运输、贮存和质量保证。

本标准适用于给水、排水、取水构筑物及防洪河道工程用于拦截和清除水中悬浮和飘浮固形物的移动式格栅除污机的设计、制造、试验、检验和维护。

2 规范性引用文件

下列文件对于本文件的应用是必不可少的。凡是注日期的引用文件,仅注日期的版本适用于本文件。凡是不注日期的引用文件,其最新版本(包括所有的修改单)适用于本文件。

GB/T 191 包装储运图示标志

GB/T 700 碳素结构钢

GB/T 1220 不锈钢棒

GB 2893 安全色

GB 2894 安全标志及其使用导则

GB/T 3280 不锈钢冷轧钢板和钢带

GB/T 3766 液压系统通用技术条件

GB/T 3797 电气控制设备

GB/T 4237 不锈钢热轧钢板和钢带

GB 5083—1999 生产设备安全卫生设计总则

GB 5226.1 机械电气安全 机械电气设备 第1部分:通用技术条件

GB/T 6388 运输包装收发货标志

GB/T 8923 涂装前钢材表面锈蚀等级和除锈等级

GB/T 9089.2 户外严酷条件下的电气设施 第2部分:一般防护要求

GB/T 13306 标牌

GB/T 13384 机电产品包装通用技术条件

GB 15052 起重机安全标志和危险图形符号 总则

GB/T 19867.1 电弧焊焊接工艺规程

GB/T 25295 电气设备安全设计导则

CJ/T 3035 城镇建设和建筑工业产品型号编制规则

JB/T 5994—1992 装配 通用技术要求

JB/T 8828—2001 切削加工件 通用技术条件

JC/T 532 建材机械钢焊接件通用技术条件

ISO 4400:1994 流体传动系统和元件 带接地点的三脚电插头 特性和要求(Fluid power systems and components—Three-pin electrical plug connectors with earth contact—Characteristics and requirements)

ISO 6952:1994 流体传动系统和元件 带接地点的两脚电插头 特性和要求(Fluid power

systems and components—Two-pin electrical plug connectors with earth contact—Characteristics and requirements)

3 术语和定义

下列术语和定义适用于本文件。

3.1

移动式格栅除污机　mobile ranking machine

由数组平面格栅或超宽度平面格栅组成的拦污栅面，均布置在同一直线上或移动的工作轨迹上，采用一台除污机，以一机替代多机，按一定操作程序，依次有序地、逐一除污的清污设备。

3.2

平面格栅除污机　plane ranking machine

利用平面格栅和(耙斗)齿耙清除流体中污渣的设备。

3.3

钢丝绳式平面格栅除污机　steel wire type plane ranking machine

齿耙运行由钢丝绳传动系统来实现的平面格栅除污机。

3.4

移动式平面格栅除污机　plane grille mobile decontamination machine

齿耙设有横向水平行走装置的平面格栅除污机。

3.5

耙斗额定载荷　trailing tooth harrow rated load

移动式格栅除污机的耙斗(抓斗)装置在每次上行除污时，所能承载的污渣最大总质量。

3.6

齿耙额定载荷　rated load tooth harrow

移动式格栅除污机的耙斗(抓斗)装置上的齿耙，在每次上行除污时所能承载的污渣最大质量。

3.7

可靠性　reliability

移动式格栅除污机在规定的条件下和时间内，完成规定功能的能力。

移动式格栅除污机及其零部件，应符合 GB 5083—1999 第 4 章的规定。

3.8

平均无故障工作时间　average working hours without fault

移动式格栅除污机在可靠性试验期间，累计工作时间与运行故障次数之比。

平均无故障工作时间按式(1)计算：

$$\mathrm{MTBF} = T_0 / N \qquad \cdots\cdots(1)$$

式中：

MTBF ——平均无故障工作时间，单位为小时(h)；

T_0 ——累计工作时间，单位为小时(h)；

N ——在可靠性试验总工作时间内出现的运行故障次数。当 $N<1$ 时，按 $N=1$ 计算。

3.9

可靠度　degree of reliability

在可靠性试验期间，移动式格栅除污机累计工作时间与累计工作时间和故障停机修理时间二者之和的比值。

可靠度按式(2)计算：

$$K = T_0/(T_0 + T_1) \times 100\% \quad \cdots\cdots(2)$$

式中：

K ——可靠度；

T_0——累计工作时间，单位为小时(h)；

T_1——故障停机修理时间，单位为小时(h)。

3.10

安装角度　angles for mounting

移动式格栅除污机安装使用时，格栅栅面与水平面的夹角。

3.11

栅条净距　grid distance

移动式格栅除污机栅面上相邻两静止栅条内侧的距离。

3.12

错落度　degree scatteved

用于限制平面的形状误差。其公差带是距离为公差值的两行四点平行面之间区域的平整度。以1∶1 000表示在1 000 mm正方形内最高点与最低点的差值不大于1 mm。

3.13

托渣板　hods the drgs board

为防止耙斗在耙除被截留栅渣的过程中，栅渣回落入格栅渠道内，安装在位于栅条上端、用于承托栅渣的钢板。

托渣板应根据污水过栅流速测定的污水过栅流量决定其高度。托渣板下沿的安装高度，在格栅渠道内的污水最高水位之上。

托渣板的设置应根据齿耙耙除被截留栅渣的结构形式确定。

4　型号编制办法、型式和规格参数

4.1　型号编制办法

4.1.1　型号

4.1.1.1　移动式格栅除污机有钢丝绳牵引、液压传动(耙斗)齿耙机构的型式。

根据具体的使用特性和运行方式，可分为T台车移动式和S上悬移动式。

4.1.1.2　T台车移动式采用地面路轨安装、进行横向水平行走的形式。

T台车移动式钢丝绳牵引格栅除污机可分为：

a)　移动式钢丝绳牵引伸缩臂格栅除污机；

b)　移动式钢丝绳牵引耙斗格栅除污机；

c)　移动式钢丝绳牵引抓斗格栅除污机；

d)　移动式钢丝绳牵引铲抓式格栅除污机。

4.1.1.3　S上悬移动式采用架空轨道安装、进行横向水平行走的形式。

上悬移动式自动格栅除污机可分为：

a)　上悬移动耙斗式自动格栅除污机；

b)　上悬移动伸缩臂式自动格栅除污机；

c)　上悬移动铲抓式自动格栅除污机。

4.1.2　编制办法

4.1.2.1　移动式格栅除污机命名及型号编制应按照CJ/T 3035的规定执行。

用汉语拼音字母和阿拉伯数字表示，格式如下：

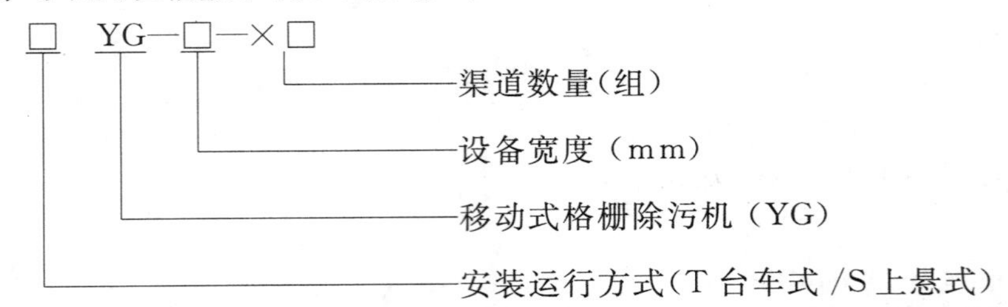

4.1.2.2　示例：TYG—标为：台车移动式格栅除污机；SYG—标为：上悬移动式格栅除污机。

4.1.2.3　设备宽度为移动式格栅除污机拦污栅片两侧板外侧的宽度。

4.2　型式

按照产品型式的分类，各型结构的移动式格栅除污机主要由下列机构组成：

a)　耙斗移动式格栅除污机：主要由机架、格栅部分、卷扬提升机构、液压除污耙斗及张合装置、移动台车和地面固定轨道组成的行走机构、电气控制系统等部分组成。

b)　伸缩臂移动式格栅除污机：主要由机架、格栅部分、卷扬提升机构、液压除污臂角调整机构、移动台车和地面固定轨道组成的行走机构、电气控制系统等部分组成。

c)　铲抓移动式格栅除污机：主要由机架、格栅部分、卷扬提升机构、液压除污铲抓部件、移动台车和地面固定轨道组成的行走机构、电气控制系统等部分组成。

d)　上悬移动式格栅除污机：主要由悬挂载重小车、上悬式行走轨道、液压除污齿耙、格栅部分、电气控制系统等部分组成。

4.3　规格参数

4.3.1　基本参数

移动式格栅除污机的规格参数为：齿耙宽度、栅条净距和安装倾角。

其中齿耙宽度为设备主参数。应符合表1的规定。

表1　规格型号系列的基本参数

名　称	系　列
齿耙宽度/mm	1 200,1 400,1 600,1 800,2 000,2 200,2 400,2 600,2 800,3 000,3 200,3 400,3 600,3 800,4 000,4 200,4 400,4 600,4 800,5 000
栅条净距/mm	20,25,30,35,40,45,50,55,60,70,80,90,100,120,150,180,200,250,300
安装倾角/(°) (过栅流量为 0.6 m/s～1.0 m/s 时)	60,65,70,75,80,85,90
齿耙提升速度/(m/min)	3～15

4.3.2　齿耙宽度

一般选择齿耙的宽度：以格栅设备的宽度减去 100 mm 的尺寸作为齿耙的宽度。

齿耙的宽度根据移动式格栅除污机拦污栅片的宽度决定，为该机的机型规格。

4.3.3 栅条净距

栅条净距简称“栅隙”,为拦污栅片相邻两静止栅条内侧的距离。

移动式格栅除污机栅条的间隙宽度,应按表1的要求选择栅条净距。

4.3.4 安装倾角

当污水的过栅流速为0.6 m/s~1.0 m/s时,格栅与水平面的夹角可采选60°~90°的安装倾角。

5 技术要求

5.1 基本要求

5.1.1 移动式格栅除污机除应符合本标准的规定外,还应按照规定程序批准的图样及文件制作。

5.1.2 移动式格栅除污机选用的材料、零部件、外购件等应有供应商的合格证明,如无合格证明,制造厂应经检验合格后方可使用。

移动式格栅除污机选用的材质应符合GB/T 3280、GB/T 4237、GB/T 1220及GB/T 700的规定。

与腐蚀性介质接触的零部件应采用耐腐蚀材料制造,或采用有效的涂装防腐蚀措施。当采用涂装防腐蚀措施时,钢材涂装前应处理达到GB/T 8923规定的Sa2½级。

漆膜总厚度:水上部分150 μm~200 μm,水下部分200 μm~250 μm。

水下紧固件宜使用不锈钢材料。

5.1.3 移动式格栅除污机机械加工件的质量应符合JB/T 8828—2001的规定。

经加工的零部件应符合产品图样、工艺规程和标准的规定,并经严格检验,达到合格要求。

5.1.4 移动式格栅除污机焊接件的质量应符合GB/T 19867.1的规定。

5.1.5 铸件不得有影响使用性能的裂纹、冷隔、缩孔等缺陷存在。

铸件非加工表面粗糙度不应大于100 μm。

5.2 整机

5.2.1 性能要求

移动式格栅除污机在运行中的齿耙、传动机构等运动部件,应运转灵活、平稳、无卡滞、无碰撞、无梗阻、无异声等现象,整机运行可靠。

5.2.2 使用寿命

在正常工况条件下,移动式格栅除污机无故障运行时间应不少于2 000 h,正常工作寿命应不少于15年。

5.2.3 齿耙额定载荷

移动式格栅除污机在安装倾角90°状态下,耙斗的齿耙额定载荷应符合表2的规定。

表2 齿耙额定载荷

齿耙宽度/mm	≤1 200	1 200~2 000	2 000~2 500	2 500~3 000	3 000~4 000
齿耙额定载荷/kg	≥250	250~1 000	1 000~1 250	1 250~1 800	1 800~2 400

5.2.4 齿耙与栅条间隙

移动式格栅除污机耙斗的齿耙与其两条侧栅条的间隙之和应符合表 3 的规定。

表 3 齿耙与栅条间隙

单位为毫米

齿耙宽度	≤1 200		1 200～2 000		2 000～3 000		3 000～4 000	
栅条净距	≤50	≥50	≤50	≥50	≤50	≥50	≤50	≥50
耙齿与栅条间隙	≤4	≤5	≤5	≤6	≤6	≤7	≤7	≤8

5.2.5 耙齿顶面与托渣板间距

移动式格栅除污机耙斗的齿耙在上行除污时，耙齿顶面与托渣板间距应符合表 4 的规定。

表 4 耙齿顶面与托渣板间距

单位为毫米

齿耙宽度	≤1 200	1 200～2 000	2 000～3 000	3 000～4 000
耙齿顶面与托渣板间距	≤4	≤5	≤7	≤8

5.2.6 噪声

齿耙在额定载荷时，移动式格栅除污机的工作噪声应符合表 5 的规定。

表 5 工作噪声的限制值

齿耙宽度/mm	1 200～2 000	2 000～3 000	3 000～4 000
噪声值(声压级)/dB(A)	≤76	≤78	≤80

5.2.7 可靠性

移动式格栅除污机可靠性要求如下：

a) 在安装倾角位置和齿耙在额定载荷工况下，应进行时间为 300 h 的可靠性试验。

b) 进行可靠性试验时的平均无故障工作时间和可靠度，应符合表 6 的规定。

表 6 可靠性试验要求

平均无故障工作时间/h	可靠度/%
≥260	≤85

5.2.8 齿耙栅渣的清除

移动式格栅除污机应设置清除齿耙上栅渣的机构，栅渣应排卸到贮存槽或存放栅渣的收集容器之中。

5.2.9 过载保护

移动式格栅除污机应设置可靠的机械和电气过载保护装置，并应设置报警系统。

5.2.10 控制运行方式

移动式格栅除污机的运行应同时具有手动控制运行和自动控制运行两种形式，其中自动方式分定时、液位差两种方式。启动运行时前后液位差不得超过 200 mm。

5.2.11 环境温度

移动式格栅除污机在－5 ℃～＋40 ℃的环境温度下，仍应能正常工作。

5.2.12 总装与检修

移动式格栅除污机零部件之间的联接结构和型式应便于分体检修和安装，应符合 JB/T 5994—1992 的规定。

5.3 零部件

5.3.1 齿耙

对齿耙的要求如下：

a) 齿耙应运行平稳，耙齿在耙斗沿口布置均匀，便于更换，能准确进入栅条间隙中上行除污，不得与栅条碰擦；
b) 齿耙强度和刚度应满足额定载荷要求；
c) 钢丝绳式除污机耙斗的齿耙应符合表 2 的规定，启闭应灵活可靠，应有闭耙功能，保证上行除污时，耙齿始终插入栅条间隙中。

5.3.2 格栅

对格栅的要求如下：

a) 栅条应安装牢固，布置均匀，互相平行，在 1 000 mm 长度范围内，栅条的平行度允差应不大于 2 mm；
b) 栅条组成的格栅平面应平整，当格栅宽度不大于 2 000 mm 时，纵向 1 000 mm 长度范围内的格栅平面的错落度不应大于 3 mm；当格栅宽度大于 2 000 mm 时，纵向 1 000 mm 长度范围内的格栅平面的错落度应不大于 4 mm。

5.3.3 机架

对机架的要求如下：

a) 机架设计应具有足够的强度和刚度，使之能够承受工作状态下的不利载荷；允许挠度不得大于 1/1 000；
b) 机架上的齿耙耙斗运行的导轨应平直，在 1 000 mm 长度范围内，两侧导轨的平行度应不大于 1 mm。

5.3.4 污渣清除机构

污渣清除机构应摆动灵活，位置可调，缓冲后能自动复位，刮渣干净。

5.3.5 行走装置

对行走装置的要求如下：

a) 行走装置应运行灵活、平稳、制动可靠；

b) 行走装置两侧导轨用槽钢制造，对局部不直度和全长不直度提出严格要求，两根导轨在安装时应调整到互相平行为止，并保证准确的距离以使滑块在导轨内顺利运行，应注意调整两根导轨的平行度及导轨与除污耙二端滑块的间隙，使上下行动作顺利；
c) 行走装置移动换位应准确，定位精度不大于±3 mm；
d) 行走装置应设置防止除污时倾翻的机构。

5.3.6 罩壳

对罩壳的要求如下：
a) 罩壳不得有明显皱折和直径超过 8 mm 的锤痕；
b) 罩壳应安装牢固、可靠，防护有效。

5.4 传动系统

5.4.1 传动系统应运行灵活、平稳、可靠、无异常噪声。
5.4.2 传动系统应设置机械过载保护装置。
5.4.3 传动系统应能使耙斗的齿耙连续准确地进入栅条间隙中，使齿耙上行闭耙下行开耙，在额定载荷工况下仍能正常运行。
5.4.4 链传动系统应设置张紧调节装置。钢丝绳传动系统应设置松绳保护装置，不得发生因缠绕乱绳和受力不均而使齿耙拉偏歪斜现象。
5.4.5 减速器应密封可靠，不得漏油。
5.4.6 与腐蚀性介质接触部分的零部件，宜使用耐腐材料或不锈钢。

5.5 液压系统

5.5.1 液压系统应符合 GB/T 3766 的规定。
5.5.2 液压泵和马达应安装在对可预见的损害有防护的地方，适当地安装防护装置。应对所有驱动轴和联轴器采取适当的保护。
5.5.3 液压缸应避免活塞杆在任一位置产生弯曲，行程长度、载荷和液压缸的安装应符合图样和文件的规定。
5.5.4 带有充气式蓄能器的液压系统在关机时，应自动卸掉蓄能器的油液压力或可靠地隔离蓄能器。
5.5.5 液压阀的选型应正确、合理。
5.5.6 电控阀与电源的电气连接应符合 GB 5226.1。对于危险的工作条件，应采用适当的电保护等级(例如：防爆、防水)。与阀的电气连接宜采用符合 ISO 4400:1994 或 ISO 6952:1994 规定的可拆的、不漏油的插入式接头。
5.5.7 用于液压系统的液压油液应按其类型和特性来规定，存在起火危险之处，应使用难燃液压液。
5.5.8 油箱应能充分散发正常工况下液压油液的热量；在正常工作或维修条件下，油箱宜容纳所有来自于系统的油液；油箱应保持液位在安全的工作高度，并且在所有工作循环和工况期间有足够的油液通向供油管路，以及留有足够的空间用于热膨胀和空气分离。
5.5.9 液位指示器应对系统允许的“最高”和“最低”液位做出永久性的标记；液位指示器应配备在每个注油点，以便注油时可以清楚地看见液位。
5.5.10 在管路系统中，可分离的管接头数量应保持最少(例如：利用弯管代替弯头)。
5.5.11 控制系统的设计应能防止执行器无指令的动作和不正确的顺序。
5.5.12 保持元件具有可调整的控制机构和稳定性，元件在工作压力、工作温度和负载变化情况下应不会引起失灵或危险；应具有发生意外情况时能紧急停机或自动关机的功能；不应使操作者暴露于机器运动引起的危险之中。

5.6 润滑系统

5.6.1 润滑部位应润滑良好、密封可靠、不得漏油。

5.6.2 润滑部位应设置明显标志,可方便地加注润滑油或润滑脂。

5.7 电气控制系统

5.7.1 电气控制设备应符合 GB/T 3797 的规定。

5.7.2 电气控制系统的防护措施应符合 GB/T 9089.2 的规定。

5.7.3 电气控制系统应设置过载保护装置,和实现移动式格栅除污机手动和自动控制运行所必需的开关、按钮、报警和工作指示灯等。

5.7.4 电气控制应能根据需要提供智能型控制系统,能够实现对相关设备的联动、同步实施控制和监测的一体化集中控制系统。

5.7.5 电控箱应具有防水、防震、防尘、防腐蚀性气体等措施,箱内元器件应排列整齐,走线分明、安装牢固。

5.8 安全防护要求

5.8.1 安全性

设计设备的安全防护措施,应符合 GB 5083—1999、GB/T 25295 的规定。

5.8.2 防护罩

移动式格栅除污机在操作人员易靠近的传动部位,应设置防护罩。

5.8.3 围护拦

移动式格栅除污机在操作人员活动部位的四周,应设置围护拦,以防止台车移动时人员堕落事故的发生。

5.8.4 安全标记

移动式格栅除污机工作时,不适宜操作人员接近的危险部位应设有明显标记。

5.8.5 绝缘电阻

移动式格栅除污机的机体与带电部件之间的绝缘电阻不得小于 1 MΩ。

5.8.6 接地

移动式格栅除污机电气部分不带电的导电体与接地装置间的连接:机体应接地,接地电阻不得大于 4 Ω。

5.8.7 外购件

移动式格栅除污机的外购件应具有产品合格证。

6 试验方法

6.1 齿耙额定载荷的检测

6.1.1 检测条件

移动式格栅除污机放置在地面或地坑中,固定牢固,处于规定的安装倾角状态,不与流体接触。

6.1.2 检测仪器及工具

检测仪器及工具如下：

a) 2瓦法功率测量成套仪表；

b) 自动功率记录仪；

c) 配重块；

d) 台秤，量程500 kg。

6.1.3 检测方法

按照表2的规定，将规定质量的配重块均匀固定在齿耙上，使齿耙从格栅底部运行到接近顶部卸料位置处，测量齿耙驱动时电机的输入功率。

检测结果记入表A.2。

6.2 耙齿与栅条间隙的检测

6.2.1 检测条件

移动式格栅除污机放置在地面或地坑中，固定牢固，处于规定的安装倾角状态，不与流体接触。

6.2.2 检测工具

游标卡尺、卷尺。

6.2.3 检测方法

移动式格栅除污机空载运行一个工作循环后停机，分别测量齿耙的3个～5个耙齿：

a) 齿耙宽度小于或等于2 000 mm时，将齿耙宽度按四等分，选3个耙齿；

b) 齿耙宽度大于2 000 mm时，将齿耙宽度按六等分，选5个耙齿。

对其中的宽度值进行测量(对于梯形耙齿，以齿高二分之一处的宽度值为准)。

同时测量这些耙齿分别通过的，位于格栅底、中、上三个横截面处的栅条净距，计算上述各处栅条净距与相应的耙齿宽度差值。

检测结果记入表A.3。

6.3 耙齿顶面与托渣板间距的检测

6.3.1 检测条件

移动式格栅除污机放置在地面或地坑中，固定牢固，处于规定的安装倾角状态，不与流体接触。

6.3.2 检测工具

塞尺、卷尺。

6.3.3 检测方法

使移动式格栅除污机空载运行，在(耙斗)齿耙到达托渣板上方任意两处停机：

将：齿耙宽四等分的3个耙齿(齿耙宽度小于或等于2 000 mm时)；

或将：齿耙宽六等分的5个耙齿(齿耙宽度大于2 000 mm时)；

分别测量齿耙的顶面与托渣板之间的间距。

检测结果记入中表A.3。

6.4 噪声的检测

6.4.1 检测条件

6.4.1.1 移动式格栅除污机放置在地面或地坑中,固定牢固,处于规定的安装倾角状态,不与流体接触。

6.4.1.2 天气无雨,风力小于3级。

6.4.1.3 试验场地应空旷,以测量点为中心,5 m半径范围内,不应有大的声波反射物,环境现场噪声应比所测样机工作噪声至少小10 dB(A)。

6.4.1.4 声级计附近除测量者以外,不应有其他人员。

6.4.2 检测仪器及工具

检测仪器及工具如下:

a) 普通声级计;

b) 配重块,卷尺;

c) 台秤,量程500 kg。

6.4.3 检测方法

在按照6.1.3的规定进行负载运行检测时,用声级计分别测量距移动式格栅除污机两侧齿耙导轨与地面交汇处水平距离1 m,离地面高1.5 m两处的最大工作噪声。

检测结果记入表A.1。

6.5 齿耙行走装置定位精度的测量

6.5.1 检测条件

移动式格栅除污机放置在地面或地坑中,固定牢固,处于规定的安装倾角状态,不与流体接触。

6.5.2 检测工具

划线笔、游标卡尺、卷尺。

6.5.3 检测方法

在齿耙进入格栅中和齿耙行走装置定位牢固的情况下,在位于齿耙宽度二分之一处的纵向截面上的行走装置的机架上固定一个位置指针,并在位于同一纵截面上的行走装置导轨上划线标记位置。然后使行走装置在运行距离不少于3 m的情况下制动定位,重复进行3次,取平均值。分别用游标卡尺检查机架横梁上的位置指针与导轨上的定位标记线的偏差。

检测结果记入表A.1。

6.6 其他项目的检测

6.6.1 检测条件

移动式格栅除污机放置在地面或地坑中,固定牢固,处于规定的安装倾角状态,不与流体接触。

6.6.2 检测方法

6.6.2.1 在移动式格栅除污机空载运行(出厂检验时)和按照齿耙额定载荷的检测的规定:将质量与齿

耙额定载荷相同的配重块均匀固定在齿耙上,使移动式格栅除污机满载连续运行(型式检验时)15 min过程中和停机后,采取目测、手感和通用及专用检测工具与仪器测量的方法,对移动式格栅除污机主要技术性能参数检测记录表的相应技术要求项目进行检测。

6.6.2.2 检测项目、方法及判定依据见表7。

6.6.2.3 检测结果记入表A.1。

表7 检测项目、方法及判定依据表

序号	检测项目	工作状态	检测工具及方法	判定依据
1	耙斗齿耙宽度	静止	用卷尺检测	表1
2	栅条净距		用游标卡尺任意检测5处	表1
3	安装倾角		用计算方法检测弦长	表1
4	齿耙污渣清除机构	空载运行	目测	5.3.4
5	电气控制系统	静止、空载、满载	GB/T 3797和目测、手动检查	5.7
6	装配牢固性	静止、空载、满载	JB/T 5994—1992手动和目测检查	5.2.12
7	齿耙	空载、满载	目测	5.3.1
8	格栅	静止	目测仪器工具检测;任意检测一段五根栅条,在1 m长度范围内的平行度;任意检测一段格栅平面,在1 m长度范围内的平行错落度	5.3.2
9	机架	静止、空载、满载	目测	5.3.3
10	齿耙行走装置	运行移位/制动定位	目测	5.3.5
11	传动系统	静止、空载、满载		5.4
12	罩壳	静止	目测	5.3.6
13	焊接件		GB/T 19867.1,JC/T 532	5.1.4
14	铸件		裂纹、冷隔、缩孔等缺陷,粗糙度	5.1.5
15	安全性		用500 V兆欧表检查机体与带电部件间的绝缘电阻,用接地电阻测试仪检查机体接地电阻,其他项目目测检查	5.8 安全防护要求全部
16	液压系统	静止、空载、满载	GB/T 3766和目测	5.5
17	噪声	满载	普通声级计、配重块、卷尺、台秤(量程500 kg)	5.2.6

7 检验规则

7.1 检验分类

根据产品检验目的和要求不同,产品检验分出厂检验和型式检验。

7.2 出厂检验

7.2.1 出厂检验条件

移动式格栅除污机各总成、部件、附件及随机出厂技术文件应按规定配备齐全。

7.2.2 出厂检验型式

移动式格栅除污机出厂检验应在制造厂内进行,亦可在使用现场进行。

7.2.3 出厂检验项目

移动式格栅除污机应按规定的项目进行出厂检验,见表8。并将检验结果记录填入表A.1。

表8 移动式格栅除污机出厂检验分类项目表

样机型号:________________　　制 造 厂:________________

出厂编号:________________　　检测地点:________________

出厂检验分类	出厂检验项目
静止状态下,用通用和专用工具与仪器检验及目测、手感检测	表1、表2、表3、表4、表5、5.3.2、5.3.3 b)、5.3.6、5.4.5、5.4.6、5.5.3、5.5.9、5.6、5.7.3、5.1.3、5.1.4、5.1.5、
空载运行状态下的检验	5.2.7及表6、5.2.8、5.2.12、5.3.1c)、5.3.3 b)、5.4.1、5.4.4、5.5
注1:以上表内出厂检验项目检测内容用表为表A.1。 注2:表中的检验项目中未包括安装倾角。	

7.3 型式检验

7.3.1 型式检验条件

凡属于下列之一的移动式格栅除污机,应进行型式检验:

a) 新产品鉴定;

b) 产品转厂生产;

c) 产品停产两年以上,恢复生产;

d) 产品正常生产后,由于产出品设计、结构、材料、工艺等因素的改变影响产品性能(仅对受影响项目进行检验);

e) 国家质量监督机构提出进行型式检验。

7.3.2 型式检验项目

移动式格栅除污机应按照表1、第5章和第6章的规定项目进行型式检验。

检测项目、方法及判定依据见表7。

7.4 抽样检验方案

7.4.1 出厂检验

每台产品均应按照检验规程的规定进行出厂检验。

7.4.2 型式检验

7.4.2.1 抽样检验采取突击抽取方式，检查批应是近半年内生产的产品。

7.4.2.2 样本从提交的检查批中随机抽取。在产品制造厂抽样时，检查批不应少于3台，在用户处抽样时，检查批数量不限。

7.4.2.3 样本一经抽取封存，到确认检验结果无误前，除按规定进行保养外，未经允许，不得进行维修和更换零部件。

7.4.2.4 样本大小为1台。

7.4.2.5 当判定产品不合格时，允许在抽样的同一检查批中加倍抽查检验。

7.5 判定规则

7.5.1 出厂检验

产品出厂检验项目均应符合相应规定。

7.5.2 型式检验

7.5.2.1 产品应达到4.3、5.2.7、5.2.9、5.2.10、5.3.5、5.4和表1～表6的规定。

7.5.2.2 产品型式检验的其他项目，允许有其中2项达不到规定。

7.5.2.3 被确定加倍抽查的产品检验项目，检验后各项指标均应达到相应规定，否则按照复查中最差的一台产品评定。

7.5.3 产品出厂

应经质量品控部组织检验，确认合格并填写产品合格证和检验人员编号后，方能出厂。

8 标志、包装、运输及贮存

8.1 标志

8.1.1 移动式格栅除污机应在明显的部位设置产品标牌、商标以及生产许可证等标志。

8.1.2 产品标牌的型式、尺寸及技术要求应符合GB/T 13306的规定，并标明下列基本内容：

a) 产品名称、型号、规格；
b) 格栅宽度；
c) 栅条净距；
d) 安装倾角；
e) 电机总功率；
f) 整机质量；
g) 外形尺寸；
h) 出厂编号；
i) 制造日期；
j) 制造厂名称。

8.2 包装

8.2.1 产品包装按GB/T 13384规定进行。

8.2.2 移动式格栅除污机应分部件或整机采用箱装或敞装的方法进行包装，包装应符合GB/T 191的规定。适应长途运输、气候变化等因素,有良好的防震、防锈和防野蛮装卸措施。

8.2.3 移动式格栅除污机易发生危险的部位应安装有安全标志,安全标志的图形、符号、文字、颜色等均应符合 GB 2893、GB 2894、GB 15052 的规定。

8.2.4 移动式格栅除污机包装前应清除机体上的油污,外露加工表面应涂防锈油防护。

8.2.5 移动式格栅除污机的包装应适合陆路、水路装卸和运输的要求。

8.2.6 包装储运图示标志应符合 GB/T 191 的规定。要求标识清晰,具有有效的保存期。

8.2.7 运输包装收发货标志应符合 GB/T 6388 的规定。

8.2.8 移动式格栅除污机的配件、备件及随机出厂的技术文件,应放置在包装箱内,技术文件应用塑料袋封装。

8.2.9 包装箱外应标明下列内容:

a) 收/发货单位名称及地址;
b) 产品名称、型号;
c) 产品数量;
d) 包装箱件数、质量、外形尺寸;
e) 产品制造厂名称及地址;
f) 包装储运图示标志。

8.2.10 移动式格栅除污机随机出厂的技术文件应包括:

a) 产品合格证;
b) 产品使用说明书;
c) 发货清单;
d) 总装配图和基础图;
e) 易损件清单;
f) 用户意见反馈单。

8.3 运输

8.3.1 移动式格栅除污机在包装后方可运输。

8.3.2 移动式格栅除污机在装运过程中应按标志摆放,避免重物叠加。

8.3.3 移动式格栅除污机在装运过程中不得翻滚和倒置。

8.3.4 移动式格栅除污机在运输及装卸过程中严禁碰撞和冲击。

8.4 贮存

移动式格栅除污机应贮存在干燥通风,防日晒雨淋和无腐蚀性介质的有遮蔽场所中。

附 录 A
（规范性附录）
检测记录表

A.1 移动式格栅除污机主要技术性能参数见表 A.1。

表 A.1 移动式格栅除污机主要技术性能参数检测记录表

样机型号：____________ 制 造 厂：____________

出厂日期：____________ 出厂编号：____________

项目		技术规格	单位	允差	测定数值	评定结果
齿耙宽度			mm			
格栅宽度			mm			
格栅渠深			mm			
栅条净距			mm			
安装倾角			(°)			
齿耙额定载荷			kg			
齿耙运行速度			m/min			
齿耙行走速度			m/min			
格栅前后液位差			mm			
配套电机功率	齿耙运行电机		kW			
	齿耙启闭电机		kW			
	行走电机		kW			
整机质量			kg			
外形尺寸(长×宽×高)			mm			

A.2 移动式格栅除污机技术性能检测记录表见表 A.2。

表 A.2 移动式格栅除污机技术性能检测记录表

样机型号：____________ 制 造 厂：____________

出厂编号：____________ 检测地点：____________

检测项目		检测结果	检测日期	检测人员	备注
齿耙宽度					
栅条净距/mm	位置 1				
	位置 2				
	位置 3				
	位置 4				
	位置 5				

表 A.2（续）

检测项目			检测结果	检测日期	检测人员	备注
安装倾角 (°)						
齿耙 额定载荷	电压/V					
	电流/A					
	齿耙电机功率/kW					
	运行情况					
	配重块质量/kg					
齿耙顶面 与托渣板 间距/mm	截面Ⅰ	位置 1				
		位置 2				
		位置 3				
		位置 4				
		位置 5				
	截面Ⅱ	位置 1				
		位置 2				
		位置 3				
		位置 4				
		位置 5				
噪声/dB(A)	位置 1					天气、风速、现场噪声情况
	位置 2					
齿耙污渣清除机构						
电气控制系统	空载					
	满载					
装配 牢固性	空载					
	满载					
齿耙	空载					
	满载					
格栅	栅条 平行度 /mm	栅条 1				
		栅条 2				
		栅条 3				
		栅条 4				
		栅条 5				
	格栅平面错落度/mm					
机架	齿耙运行导 轨平行度/mm	位置 1				
		位置 2				

表 A.2（续）

检 测 项 目			检测结果	检测日期	检测人员	备 注
齿耙行走装置	其他项目					
	定位精度/mm	1				
		2				
		3				
		平均值				
	其他项目					
传动系统	空载					
	满载					
润滑系统						
罩壳						
表面处理						
机械加工件						
焊接件						
铸件						
安全性	绝缘电阻/MΩ					
	接地电阻/Ω					
	其他项目					

A.3 移动式格栅除污机耙齿与栅条间隙检测记录表见表 A.3。

表 A.3 移动式格栅除污机耙齿与栅条间隙检测记录表

样机型号：________________　　制 造 厂：________________

出厂编号：________________　　检测地点：________________

检 测 位 置		1	2	3	4	5
齿 耙 宽 度/mm						
栅条净距/ mm	上截面					
	中截面					
	下截面					
耙齿与栅条间隙/ mm	上截面					
	中截面					
	下截面					
耙齿与托渣板间距/ mm	上截面					
	中截面					
	下截面					

ICS 13.030.40
J 88

中华人民共和国国家标准

GB/T 28742—2012

污水处理设备安全技术规范

Sewage treatment equipment for prevention and treatment of water pollution

2012-11-05 发布　　　　2013-06-01 实施

中华人民共和国国家质量监督检验检疫总局
中国国家标准化管理委员会　发布

前　言

本标准按照 GB/T 1.1—2009 给出的规则起草。

本标准由中华人民共和国国家发展和改革委员会提出。

本标准由全国环保产品标准化技术委员会环境保护机械分技术委员会(SAC/TC 275/SC 1)归口。

本标准起草单位:浙江启明星环保工程有限公司、安徽国祯环保节能科技股份有限公司、唐山清源环保机械股份有限公司。

本标准起草人:龚德明、丁琴红、严彩虹、何正。

污水处理设备安全技术规范

1 范围

本标准规定了污水处理设备(以下简称设备)设计、制造、使用过程中的安全技术要求。

本标准适用于各种污水处理设备。

2 规范性引用文件

下列文件对于本文件的应用是必不可少的。凡是注日期的引用文件,仅注日期的版本适用于本文件。凡是不注日期的引用文件,其最新版本(包括所有的修改单)适用于本文件。

GB 2894 安全标志及其使用导则

GB 4053.1 固定式钢梯及平台安全要求 第1部分:钢直梯

GB 4053.2 固定式钢梯及平台安全要求 第2部分:钢斜梯

GB 4053.3 固定式钢梯及平台安全要求 第3部分:工业防护栏杆及钢平台

GB 5226.1 机械电气安全 机械电气设备 第1部分:通用技术条件

GB/T 15706.1 机械安全 基本概念与设计通则 第1部分:基本术语和方法

GB/T 15706.2 机械安全 基本概念与设计通则 第2部分:技术原则

GB 50169 电气装置安装工程接地装置施工及验收规范

GBJ 87 工业企业噪声控制设计规范

GBZ 2.1—2007 工作场所有害因素职业接触限值 第1部分:化学有害因素

GBZ 2.2—2007 工作场所有害因素职业接触限值 第2部分:物理因素

3 危险分类

危险的类别分类见表1。

表1 危险的类别

序号	危险类别	本标准中对应的有关条款
1	挤压危险	4.3、4.5、4.7、4.11
2	剪切危险	4.3、4.5、4.7、4.11
3	切割或切断危险	4.3、4.5、4.7、4.11
4	缠绕危险	4.5、4.7
5	引入或卷入危险	4.5、4.7
6	冲击危险	4.3
7	刺伤或扎伤危险	4.7
8	摩擦或磨损危险	4.7
9	高压流体喷射系统危险	4.4

表 1（续）

序号	危险类别	本标准中对应的有关条款
10	与机械有关的滑倒、倾倒、跌倒危险	4.6
11	电接触(直接或间接)	4.15、4.16、4.22
12	静电现象	4.19
13	热辐射或其他现象，如熔化粒子的喷射、短路化学效应、过载等	4.18、4.3
14	电气设备外部影响	4.3
15	由噪声产生的危险	4.14
16	由辐射产生的危险(如离子辐射源)	4.18
17	火或爆炸危险	4.20、4.21
18	生物和微生物(病菌或细菌)危险	4.24
19	在设计时由于忽略人体工效学产生的危险(机械与人的特征和能否匹配)	4.8
20	危险组合	4.12、4.13
21	由于能源失败、机械零件损坏或其他功能故障产生的危险	4.3
22	机器翻倒，意外失去稳定性	4.6
23	由于安全措施错误的或不正确的定位产生的危险	4.5、4.9、4.10、4.17
24	启动和停机设备	4.17
25	各类信息或报警设备危险	4.2、4.12、4.13
26	急停设备	4.17

4 安全要求和措施

4.1 所有污水处理设备安全要求和措施均应符合 GB/T 15706.1、GB/T 15706.2 规定的要求。

4.2 设备危险部分应设有明显警示标志。

4.3 设备中应设有由于误操作或过载及正常操作时突然失效(失控)、停电、失压时可能发生危险的防护设备。

4.4 设备中承受介质压力的部件应设有同该设备使用等级相符的安全阀或安全设备。

4.5 设备中皮带、齿轮、联轴器等传动部分应设有防护罩。

4.6 设备底脚应有可固定的孔或可焊接的底板。

4.7 设备中人易接触的部位不应有锐边、尖角、粗糙的表面、凸出部分和开口。

4.8 设备上操作部位的设置应便于正常操作，必要时应设置相应的固定钢梯、操作平台、防护栏杆，且应符合 GB 4053.1～GB 4053.3 的规定。

4.9 不能直接吊装和人工搬动的设备应设有吊装环(钩)。

4.10 设备及设备包装物应标明吊装位置及重心位置。

4.11 设备为往复运动时，应设有超程限制设备。

4.12 设备中设有自动控制装置时，还应配有一套手动装置、安全报警设施及互锁功能设施。

4.13 设备中附有自动监测控制系统时，当出口水质超过设定值时，应有自动返回功能和事故报警功能。

4.14　设备使用时噪声值超过 GBJ 87 规定时，设备本身应附带降噪设备。

4.15　设备中应有可靠的接地桩头。接地电阻应符合 GB 50169 的要求。

4.16　设备中附带的电气设备应符合 GB 5226.1 规定的要求。

4.17　设备中电气装置应设有紧急停机按钮。

4.18　设备中有电磁或放射及辐射源时，应设有防止放(辐)射的装置。

4.19　设备在使用过程中能产生静电时，设备应设有消除静电装置。

4.20　设备使用时可能产生爆炸性气体时，其排气孔(管)末(外)端应设有金属防火网和防火装置。

4.21　设备在有爆炸性气体环境中应用时，主机及附件均应使用防爆型设备。

4.22　电解设备中电解槽、沉淀槽及连接管道，应设置防止人体触摸的装置。

4.23　机电一体化设备中溢流口不应直接对着电气设备。

4.24　设备排出口中微生物，不能符合受纳水体要求时，应采取杀菌措施。

4.25　设备在可行性研究阶段应有劳动安全和工业卫生的论证内容，在初步设计阶段应提出深度符合要求的劳动安全和工业卫生专篇，并符合 GBZ 2.1—2007 和 GBZ 2.2—2007 的要求。

4.26　设备运行时产生的噪声应不大于 85 dB(A)。

4.27　为了保护工人的职业健康安全，当进入设施内部检修时，应提供一次性衣服，防护罩、防护手套等防护用品，在加药药设施旁边还应设置洗眼液等防护设施。

4.28　设备应配有处理后不能达标时能返回到调节池的管道，多台串联处理设施应设有超过管。

5　使用信息

5.1　污水处理设备上使用的安全标志应符合 GB 2894 的规定。

5.2　设备的明显处应标明下列内容：

a)　制造者的名称和地址；

b)　强制性标志(本产品的电压、频率、功率等以及预期在具有潜在爆炸气体环境中使用机械的有关数据)；

c)　系列或型号标志；

d)　制造年份或终止使用日期。

5.3　根据各产品的特点，在设备的明显处可选择性的标明下列内容：

a)　额定数据；

b)　使用条件(例如预期使用在具有爆炸性气体环境中)；

c)　鉴定标志或合格标志；

d)　参照的相关标准；

e)　参照的安装、使用和维修说明。

ICS 13.030.40
J 88

中华人民共和国国家标准

GB/T 28743—2012

污水处理容器设备　通用技术条件

Sewage treatment vessel equipment—General technical requirements

2012-11-05 发布　　2013-06-01 实施

中华人民共和国国家质量监督检验检疫总局
中国国家标准化管理委员会　发布

前　言

本标准按照GB/T 1.1—2009给出的规则起草。

本标准由中华人民共和国国家发展和改革委员会提出。

本标准由全国环保产品标准化技术委员会环境保护机械分技术委员会(SAC/TC 275/SC 1)归口。

本标准起草单位:浙江启明星环保工程有限公司、安徽国祯环保节能科技股份有限公司、唐山清源环保机械股份有限公司。

本标准起草人:龚德明、丁琴红、严彩虹、何正。

污水处理容器设备 通用技术条件

1 范围

本标准规定了污水处理容器设备(以下简称设备)术语和定义、分类、要求、试验、运行与维护、检验规则、标志、包装、运输、贮存等的通用技术条件。

本标准适用于设计压力不大于0.1 MPa的污水处理设备。本标准不适用于污水处理成套工程范围内的管路系统和采用砖砌或混凝土浇注而成的污水处理设备以及污水处理监控设备和污水处理通用设备(如格栅、泵、风机、滤料、填料、曝气器、搅拌机、压滤机、刮/吸泥机等)。

2 规范性引用文件

下列文件对于本文件的应用是必不可少的。凡是注日期的引用文件,仅注日期的版本适用于本文件。凡是不注日期的引用文件,其最新版本(包括所有的修改单)适用于本文件。

GB/T 191 包装储运图示标志
GB/T 6388 运输包装收发货标志
GB/T 8923 涂装前钢材表面锈蚀等级和除锈等级
GB/T 13306 标牌
GB/T 13384 机电产品包装通用技术条件
GB/T 13922.1 水处理设备性能试验 总则
GB 14048.1 低压开关设备和控制设备 第1部分:总则
GB 50235 工业金属管道工程施工及验收规范
JB/T 81 凸面板式平焊钢制管法兰
JB/T 2932 水处理设备 技术条件
JB/T 5995 机电产品使用说明书编写规定
JB/T 8939 水污染防治设备 安全技术规范
JB/T 9568 电力系统继电器、保护及自动装置 通用技术条件
JB/T 9667 水处理设备 型号编制方法

3 设备分类

设备的分类和型号编制应符合JB/T 9667的要求。

4 要求

4.1 基本要求

4.1.1 设备的设计文件至少应包括设计计算书、设计图样和安装使用说明书,并符合相应的产品标准并按经规定程序批准的图样及设计文件制造。

4.1.2 设备的安全要求应符合JB/T 8939、GB 14048.1、JB/T 9568的规定。

4.1.3 设备的性能要求应符合GB/T 13922.1和4.2的规定。

4.1.4 设备的凸面板式平焊钢制管法兰应符合JB/T 81的规定。

4.1.5 设备运行时产生的噪声声压级应不大于 85 dB(A)。

4.2 设计要求

4.2.1 容器类设备的设计处理量考虑10%的余量或设置调节装置。
4.2.2 设备上的配套件应符合本身的设计要求和技术规范、并附有制造厂的合格证,经入厂检验合格后方可使用。
4.2.3 设备上应设置用作排空、清洗和维修的孔与管道。
4.2.4 封闭容器类设备应根据工艺介质特性和操作特性设置排气管(孔)或安全阀。
4.2.5 如设备所蓄(存)污水或污泥超过标准排放,应对该污水或污泥采取措施进行处理,确保达标排放。
4.2.6 设备污水进、出口应在适当位置设置有代表性的取样口。
4.2.7 设备应设置应急溢流口和事故旁通口,未经处理或处理不合格的污水不应就地排放污染水源,应排入应急事故池。
4.2.8 水下紧固件、结构件应宜采用具有一定强度的316或316L不锈钢等防腐材料;设备各部件在进行防腐涂装前,表面处理要求应符合GB/T 8923的规定,防腐层要求应符合JB/T 2932的规定。
4.2.9 管道与设备应作为一个系统进行试验,并应符合GB 50235的规定。
4.2.10 设备的进、出水管布置应能确保不产生虹吸现象。
4.2.11 设备的结构应具有足够的刚度和强度。
4.2.12 设备应设有手动或自动两种操作方式及故障报警和紧急停车设施。

4.3 环境要求

4.3.1 设备应能在环境温度(−15～45)℃,相对湿度小于95%,海拔高度1 000 m以下的环境中正常工作。
4.3.2 设备在特定的环境下,应具有耐冲击能力并能承受一定的机械和外部振动的性能。船舶及钻井平台上的设备还应具有承受倾斜和摇摆的能力。

4.4 制造要求

设备的制造要求按JB/T 2932的规定。

4.5 可靠性要求

设备在正常的维护保养和规定的使用条件下,应能安全、可靠、达到设计要求。

4.6 互换性要求

设备上的零部件、紧固件以及结构件应采用标准件,并符合相应的标准。

4.7 设备电气及安全要求

设备电气及安全要求按GB 14048.1的规定。

5 试验

5.1 盛水试验

盛水试验时应采用洁净水试验,并先将设备焊接接头外表清除干净,使之干燥,盛水试验持续时间不少于1 h,试验中焊接接头应无渗漏,否则补焊后重新试验,直至合格。试验完毕立即将水排净使之干燥。

5.2 动作试验

按照设备的相关标准和技术要求进行性能检验，以满足设计和产品标准的要求。

5.3 主要尺寸检查

检查设备的主要尺寸应符合设计图样和工艺文件要求。

5.4 外观质量检查

装配完毕后的设备，外表面的漆膜应光洁、平整、均匀，不应有气泡和剥落等缺陷。

5.5 其他试验

其他主要性能试验可在设备的调试验收时进行或按其他有关规定执行。

6 运行与维护

6.1 运行管理

6.1.1 设备应实行科学管理、规范作业、保证安全运行，提高生产效率，降低运行成本。

6.1.2 设备各系统的运行、维护和安全管理，还应执行国家现行有关强制性标准的规定。

6.2 运行条件

设备运行应具备下列条件：

a) 设备的建设和验收应符合本要求。

b) 具有经过培训的技术人员、检修人员和运行操作人员。

c) 具有品质合格、数量足够的药剂。

d) 设备操作规程和应急预案已编制完成。

e) 设备各系统单机和联动测试已合格。

6.3 维护保养

运行方应根据设备技术负责方提供的系统、设备详细的维护保养规定进行定期检查、更换或维修必要的部件，并做好维护保养记录。

7 检验规则

7.1 检验条件

除另有规定外，设备应在自然大气试验条件下进行第5章试验。

7.2 出厂检验

每台产品出厂前均应进行出厂检验，并由工厂检验部门出具产品合格证，检验的基本项目和要求应符合第6章的规定。

7.3 型式检验

7.3.1 凡属下列情况之一的，应做型式检验：

a) 试制的新产品或老产品改产、转厂生产的试制定型鉴定；
b) 因产品结构、工艺或主要原材料更改影响产品性能时；
c) 长期停产后恢复生产；
d) 正常批量生产的产品每四年应进行一次；
e) 本次出厂检验结果与上次型式检验结果有较大差异时；
f) 国家产品质量监督部门提出进行型式检验要求时；
g) 国家环保产品认定。

其中，因a)、f)、g)三种情况而做型式检验时，应在国家质量技术监督检查部门代表在场的情况下进行。

7.3.2 型式检验的基本项目及要求应符合表1的规定。

表1 型式检验的基本项目及要求

序号	检验项目	要 求
1	处理能力	符合相应的产品标准
2	运转状态	符合5.2要求
3	性能指标	符合第4章要求

7.3.3 型式检验可在生产厂进行，也可在使用现场进行。

7.3.4 判定规则：

——出厂检验项目全部合格的产品为合格品。

——对初次检验不合格产品允许作必要的改进，若仍不合格则判为不合格品。

8 标志、包装、运输和贮存

8.1 标志

8.1.1 产品标志

产品上应有固定标牌，标牌应符合GB/T 13306的规定，标志应符合GB/T 191、GB/T 6388的规定。标牌上应至少标出以下内容：

a) 制造厂全称；
b) 产品名称、型号、规格；
c) 产品标准号；
d) 主要参数：处理量(t/h)，装机总功率(kW)，外形尺寸(m)，质量(t)；
e) 制造日期；
f) 产品出厂编号。

将上述a)～f)内容按照GB/T 13306的规定，制作于金属或涤纶标牌上，并固定在设备的合适位置。

8.1.2 包装标志

a) 包装图示标志按GB/T 191的规定执行，保证在正常运输条件下不致因包装不善而损坏。
b) 产品发货时应附带产品合格证、使用说明书、装箱单及随机附件。

8.2 包装

按照 GB/T 13384 的规定。

8.3 运输

应按 GB/T 6388 的规定，产品经包装后，可以由汽车、火车、轮船、飞机运输；运输条件应满足防潮、防爆晒；在运输中并应避免剧烈振动和碰撞，防止受潮或淋湿。

8.4 贮藏

应贮藏在干燥通风库房内。贮存超过 1 年，应重新作防锈处理。

9 其他

9.1 产品销售时应具有如下文件：

a) 产品合格证；

b) 使用说明书；

c) 附件的合格证、说明书；

d) 附件品名、规格、数量；

e) 装箱单(如有)。

9.2 设备的使用说明书应符合 JB/T 5995 的规定。

9.3 工作环境：应符合设施的要求。

ICS 47.020.01
U 09

中华人民共和国国家标准

GB/T 28794—2012

渔业船舶
油污水分离系统技术要求

Technical requirements of
oily-water separation system fishing vessel

2012-11-05 发布　　2013-04-01 实施

中华人民共和国国家质量监督检验检疫总局
中国国家标准化管理委员会　发布

前　言

本标准按照 GB/T 1.1—2009 给出的规则起草。

本标准由中华人民共和国农业部提出。

本标准由全国渔船标准化技术委员会(SAC/TC 157)归口。

本标准起草单位:农业部渔业船舶检验局、大连市金州环保设备厂。

本标准主要起草人:孟晓阳、刘立新、石敬岭、汪涛、董克豪、温立岩、张连庆。

渔业船舶
油污水分离系统技术要求

1 范围

本标准规定了渔业船舶含油污水的排放要求，收集装置和分离设备的配备、安装、使用、维修和试验要求。

本标准适用于渔业船舶(小于10 000总吨)含油污水的排放要求。

2 规范性引用文件

下列文件对于本文件的应用是必不可少的。凡是注日期的引用文件，仅注日期的版本适用于本文件。凡是不注日期的引用文件，其最新版本(包括所有的修改单)适用于本文件。

GB/T 4795 15 ppm 舱底水分离器

CB＊ 3250 船用辅机电气控制设备通用技术条件

中华人民共和国渔业船舶检验局《钢质海洋渔船建造规范》(1998)

中华人民共和国渔业船舶检验局《渔业船舶法定检验规则》(2000)

中华人民共和国渔业船舶检验局《渔业船舶法定检验规则》(2003)

3 术语和定义

含油污水 oily bilge water

指动力机舱、舵机舱和轴隧等处所的含有油污染的舱底水。

4 含油污水排放要求

4.1 渔业船舶在许可区域排放的含油污水，其含油量应不超过15 ppm。

4.2 渔业船舶在特殊保护区内排放含油污水，应遵守特殊保护区的有关规定。

5 设备配备要求

5.1 机动渔业船舶应按照《钢质海洋渔船建造规范》、《渔业船舶法定检验规则》设置油污水舱(柜)设施及分离设备。

5.2 渔业船舶应根据要求配备一个能够储存本航次经油污水分离器分离出来的残油的残油柜(桶)。

5.3 渔业船舶应设置和港口油污水收集接口配套的机械排放、手工排放一致的设施，将全部含油污水排放到港口指定的接收设施。

6 油污水分离设备的基本要求

6.1 油污水分离设备的种类

油污水分离设备按分离方式可分为重力式、聚结式和其他方式，但分离排出的污水要符合不大于15 ppm的标准要求。设备额定处理量见表1。

表1 油污水分离设备额定处理量

序号	1	2	3	4	5	6	7	8	9	10	11
处理量/(m^3/h)	0.10	0.25	0.50	1.00	2.00	3.00	4.00	5.00	10.00	25.00	50.00

6.2 油污水分离设备的技术条件

应满足GB/T 4795的有关要求

6.3 油污水分离设备的安装

油污水分离设备的安装，需符合设备的工作要求，设备的操作位置需留出足够的操作空间，在设备顶部按说明书要求留出净高度，以便维修滤芯使用。油污水分离器安装基础应牢固，以防止工作时引起振动，损坏设备。油污水管路应单独设置，吸水管应尽量短，弯头少，以减少管路阻力损失。油污水吸入口处应安装止回阀及滤网，吸口下沿应距舱底板20 mm～40 mm，并应固定。

6.4 油污水分离设备的效用试验

6.4.1 油污水分离器的出厂试验按照GB/T 4795要求进行。

6.4.2 油污水分离器装船后应按照《渔业船舶法定检验规则》做如下试验：

a) 外观质量检查　用目测法检查分离器表面涂层及管路情况。

b) 启动前准备　接通电源，关闭装置下部放污旋塞，启动水泵注水。同时打开各腔顶部的验油放气旋塞，使分离器各腔内空气排出，直至各旋塞出水后，逐腔关闭，当水注满时，停泵关闭管路上的清水(海水)截止阀。

c) 启动试验　启动水泵，即可向分离装置内注入油污水，开始正常工作。油污水分离器运行中，应检查压力表工作是否正常，观察排水口和排残油口液体排出情况。

d) 安全阀动作试验　启动泵，将出口截止阀调至压力表指示为预定动作值，检查安全阀起跳情况。

e) 强度试验和密性试验　将1.5倍和1.25倍设计压力的水分别泵入受压容器和分离器内，保压5 min查看是否有溢漏情况。

f) 电控箱试验　电控箱应按CB* 3250要求进行试验。

g) 取水样　船舶每年应在主管部门的现场监督下，在分离器运行30 min后取水样一次送到国家环保部门认可的水质检测部门进行检测，并出具检测报告，排出水含油量不得超过15 ppm。

h) 监测报警试验　对于安装监测报警装置的渔业船舶，应做相应的试验。

6.5 油污水分离设备的维修与保养

按照设备的使用说明书要求定时维护保养滤油设备，按时更换滤芯。

ICS 13.030.40
J 88

中华人民共和国国家标准

GB/T 29153—2012

中水再生利用装置

Water reclamation and reuse facility

2012-12-31 发布　　2013-10-01 实施

中华人民共和国国家质量监督检验检疫总局
中国国家标准化管理委员会　发布

前　言

本标准按照 GB/T 1.1—2009 给出的规则起草。

本标准由中华人民共和国国家发展和改革委员会提出。

本标准由全国环保产品标准化技术委员会环境保护机械分技术委员会(SAC/TC 275/SC 1)归口。

本标准起草单位:安徽国祯环保节能科技股份有限公司、机械科学研究总院、北京工业大学、中国环保机械行业协会、安徽省机械情报所。

本标准主要起草人:王淦、席莹本、王金武、彭永臻、王春兰、谢荣焕、侯红勋、朱甲华、王颖哲、胡天媛、曹平安、戴贤良、张羽、张洪、沈桂珍、张静。

中水再生利用装置

1 范围

本标准规定了中水再生利用装置(以下简称“中水装置”)的分类、工艺组合、通用要求、选型、检验及验收要求等。

本标准适用于以农业用水、工业用水、城镇杂用水、景观环境用水等为再生利用目标的中水再生利用装置。

本标准不适用于城镇污水处理厂及集中式工业园区污水处理厂的再生水回用。

2 规范性引用文件

下列文件对于本文件的应用是必不可少的。凡是注日期的引用文件,仅注日期的版本适用于本文件。凡不注日期的文件,其最新版本(包括所有的修改单)适用于本文件。

GB 5084 农田灌溉水质标准

GB 18918 城镇污水处理厂污染物排放标准

GB/T 18919 城市污水再生利用 分类

GB/T 18920 城市污水再生利用 城市杂用水水质

GB/T 18921 城市污水再生利用 景观环境用水水质

GB/T 19837 城市给排水紫外线消毒设备

GB/T 19923 城市污水再生利用 工业用水水质

GB 50013 室外给水设计规范

GB 50014 室外排水设计规范

GB 50069 给水排水工程构筑物结构设计规范

GB 50141 给水排水构筑物工程施工及验收规范

GB 50236 现场设备、工业管道焊接工程施工及验收规范

GB 50252 工业安装工程施工质量验收统一标准

GB 50268 给水排水管道工程施工及验收规范

GB 50334 城市污水处理厂工程质量验收规范

GB 50335—2002 污水再生利用工程设计规范

GB 50336 建筑中水设计规范

CECS 128 生物接触氧化法设计规程

CECS 152 一体式膜生物反应器污水处理应用技术规程

CECS 265 曝气生物滤池工程技术规程

HJ/T 243 环境保护产品技术要求 油水分离装置

HJ/T 244 环境保护产品技术要求 斜管(板)隔油装置

HJ/T 248 环境保护产品技术要求 多层滤料过滤器

HJ/T 253 环境保护产品技术要求 微孔过滤装置

HJ/T 257 环境保护产品技术要求 电解法二氧化氯协同消毒剂发生器

HJ/T 258 环境保护产品技术要求 电解法次氯酸钠发生器

HJ/T 261　环境保护产品技术要求　压力溶气气浮装置
HJ/T 264　环境保护产品技术要求　臭氧发生器
HJ/T 270　环境保护产品技术要求　反渗透水处理装置
HJ/T 271　环境保护产品技术要求　超滤装置
HJ/T 282　环境保护产品技术要求　浅池气浮装置
HJ/T 337　环境保护产品技术要求　生物接触氧化成套装置
JB/T 10193　活性炭吸附罐　技术条件
《城市污水再生利用技术政策》(建设部、科技部建科[2006]100 号)

3　术语和定义

下列术语和定义适用于本文件。

3.1

中水　**reclaimed water;recycled water**

各种排水经适当处理后,达到规定的水质标准,满足某种使用要求,可以进行循环使用的水。

3.2

污水　**wastewater**

在生产与生活活动中排放的水的总称。

3.3

中水原水　**row water of the reclaimed water**

可用于再生利用的生产废水、生活污水或者雨水,或指流入中水再生利用装置的第一个处理单元的水。

3.4

污水再生利用　**wastewater reclamation and reuse;water recycling**

污水再生利用为污水回收、再生和利用的统称,包括污水净化再用、实现水循环的全过程。

[GB 50335—2002,定义 2.0.1]

3.5

二级强化处理　**upgraded secondary treatment**

既能去除污水中含碳有机物,也能脱氮除磷的二级处理工艺。

[GB 50335—2002,定义 2.0.2]

3.6

深度处理　**advanced treatment**

在二级处理或二级强化处理基础上,采用化学混凝、沉淀、过滤等物理化学处理方法进一步强化悬浮固体、胶体、病原体和某些无机物去除的净化处理过程。包括但不限于混凝、沉淀、过滤工艺构成的传统三级处理流程、采用膜技术(微滤、反渗透)的改进流程、以及其他高效分离处理流程。

[《城市污水再生利用技术政策》,附录:术语解释]

3.7

中水再生利用装置　**water reclamation and reuse facility**

用于对中水水源进行充分可靠的净化处理,并使之达到中水水质指标要求的设备和器材的统称。

4　中水装置的分类及工艺组合

4.1　装置的分类

根据需去除的目标物质不同,可对中水装置按工艺方法进行分类,例如:

a) 去除有机物和营养物质的生物处理法装置(活性污泥法、生物接触氧化、曝气生物过滤、膜生物反应器等);
b) 去除悬浮性物质的物理化学处理法装置(快滤、混凝沉淀、混凝过滤、气浮、微滤、超滤等);
c) 去除溶解性物质的物理化学处理法装置(活性炭吸附、臭氧氧化、纳滤、反渗透等);
d) 去除细菌性物质的消毒装置(氯消毒、臭氧消毒、紫外线消毒等)。

4.2 装置的基本工艺

中水再生处理系统应按 GB 50335—2002 中 6.1.1 的规定确定基本工艺(参见附录 A),并选择合适的装置:

a) 二级处理——消毒;
b) 二级处理——过滤—消毒;
c) 二级处理——混凝—沉淀(澄清、气浮)—过滤—消毒;
d) 二级处理——膜处理—消毒。

4.3 工艺组合

当用户对中水水质有更高要求时,可增加其他深度处理单元技术中的一种或几种,构成组合工艺装置;其他中水处理技术,如果能稳定达到用户对水质的要求,也是可以接受的。

5 通用要求

5.1 中水装置的设计选型

中水装置的设计选型应符合 GB 5084、GB/T 18919、GB/T 18920、GB/T 18921、GB/T 19923、GB 50013、GB 50014、GB 50069、GB 50335—2002、GB 50336 的要求。

5.2 中水水源、出水水质及其安全要求

5.2.1 重金属以及其他有毒有害物质浓度超过 GB 18918 规定的污水不允许作为中水原水。
5.2.2 中水用作建筑杂用水和城镇杂用水(如冲厕、道路清洗、消防、城市绿化、洗车、建筑施工等)时,其水质应符合 GB/T 18920 的规定。
5.2.3 中水用于景观环境用水时,其水质应符合 GB/T 18921 的规定。
5.2.4 中水用于食用作物、蔬菜浇灌用水时,其水质应符合 GB 5084 的要求。
5.2.5 当中水同时用于多种用途时,其水质应按最高水质指标综合确定。中水水质应符合国家和地方水质标准,并满足中水用户提出的技术可行、经济合理的特定水质要求。
5.2.6 中水输配到用户的管道不得与其他管网相连接,且输送过程中不得降低或影响其他用水的水质。
5.2.7 中水管道、水箱等设备外部应涂天酞蓝色(PB09),并于显著位置标注“中水”字样,以免误饮、误用。

6 物化处理装置的选型及要求

6.1 型式推荐

6.1.1 气浮工艺推荐选用的装置有:浅池气浮装置和压力溶气气浮装置等。
6.1.2 沉淀工艺推荐选用的装置有:竖流沉淀池、平流沉淀池、斜管/斜板沉淀池及辐流沉淀池等。

6.1.3 过滤工艺推荐选用的装置有：单层滤料、双层滤料、均质滤料过滤器等。

6.1.4 经混凝—沉淀—过滤—消毒后，仍不能达到中水水质要求时，可按照4.3的原则进行处理。

6.2 一般要求

6.2.1 气浮装置性能要求应符合HJ/T 261和HJ/T 282的规定。

6.2.2 过滤装置性能要求应符合HJ/T 248的规定。

6.2.3 沉淀装置的设计和施工应符合GB 50336的规定。

6.2.4 除油装置性能要求应符合HJ/T 243和HJ/T 244的规定。

6.2.5 深度处理采用混合—絮凝—沉淀工艺和絮凝—沉淀—澄清—气浮工艺的设计时，设计参数应符合GB 50014的规定。

6.2.6 对滤池的构造、滤料组成等宜执行GB 50013的规定。

6.2.7 活性炭吸附装置性能要求宜执行GB 50013的规定。

6.3 其他专项要求

6.3.1 混凝、沉淀、澄清、气浮装置宜符合下列要求：

a) 絮凝时间宜为10 min～15 min。

b) 平流沉淀池沉淀时间宜为2.0 h～4.0 h，水平流速可采用4.0 mm/s～10.0 mm/s。

c) 澄清池上升流速宜为0.2 mm/s～0.6 mm/s。

d) 当采用气浮池时，其设计参数可通过试验确定。

6.3.2 过滤装置宜符合下列要求：

a) 滤池的进水浊度宜小于10 NTU。

b) 滤池可采用双层滤料、单层滤料滤池、均质滤料滤池。

c) 双层滤池滤料可采用无烟煤和石英砂。滤料厚度：无烟煤宜为300 mm～400 mm，石英砂宜为400 mm～500 mm。滤速宜为5 m/h～10 m/h。

d) 单层石英砂滤料滤池，滤料厚度可采用700 mm～1 000 mm，滤速宜为4 m/h～6 m/h。

e) 均质滤料滤池，滤料厚度可采用1.0 m～1.2 m，粒径0.9 mm～1.2 mm，滤速宜为4 m/h～7 m/h。

f) 滤池宜设气水冲洗或表面冲洗辅助系统。

g) 滤池的工作周期宜采用12 h～24 h。

h) 滤池的结构形式，可根据具体条件，通过技术经济比较确定。

i) 滤池宜备有冲洗滤池表面污垢和泡沫的冲洗水管。

6.3.3 活性炭吸附（或臭氧—活性炭）装置宜符合下列要求：

a) 当选用粒状活性炭吸附处理工艺时，宜进行静态选炭及炭柱动态试验，根据被处理水水质和中水水质要求，确定用炭量、接触时间、水力负荷与再生周期等。

b) 用于污水再生处理的活性炭，应具有吸附性能好、中孔发达、机械强度高、化学性能稳定、再生后性能恢复好等特点。

c) 活性炭使用周期，以目标去除物接近超标时为再生的控制条件，并应定期取炭样检测。

d) 活性炭再生宜采用直接电加热再生法或高温加热再生法。

e) 活性炭吸附装置可采用吸附池，也可采用吸附罐。其选择应根据活性炭吸附池规模、投资、现场条件等因素确定。

f) 在无试验资料时，当活性炭采用粒状炭（直径1.5 mm）情况下，宜采用下列设计参数：

接触时间：大于或等于10 min；

炭层厚度：1.0 m～2.5 m；

滤速:7 m/h～10 m/h;

水头损失:0.4 m～1.0 m。

活性炭吸附池冲洗:经常性冲洗强度为 15 L/(m^2 · s)～20 L/(m^2 · s),冲洗历时 10 min～15 min,冲洗周期 3 d～5 d,冲洗膨胀率为 30%～40%;除经常性冲洗外,还应定期采用大流量冲洗;冲洗水可用砂滤水或炭滤水,冲洗水浊度小于 5 NTU。

g) 当无试验资料时,活性炭吸附罐宜采用下列设计参数:

接触时间:20 min～35 min;

炭层厚度:4.5 m～6 m;

水力负荷:2.5 L/(m^2 · s)～6.8 L/(m^2 · s)(升流式),2.0 L/(m^2 · s)～3.3 L/(m^2 · s)(降流式);

操作压力:每 0.3 m 炭层 7 kPa。

h) 活性炭吸附罐应符合 JB/T 10193 的要求。

7 生化处理装置的选型及要求

7.1 型式推荐

7.1.1 曝气生物滤池工艺(biological aerated filter, BAF)推荐选用的装置有:曝气生物滤池成套装置。

7.1.2 生物接触氧化工艺推荐选用的装置有:生物接触氧化成套装置。

7.1.3 膜生物反应器(membrane biological reactor, MBR)工艺推荐选用的装置有:膜生物反应器成套装置。

7.1.4 其他生化处理工艺,如序批式反应器(sequencing batch reactor,SBR)等。

7.2 一般要求

7.2.1 曝气生物滤池性能要求应符合 GB 50014 及 CECS 265 的规定。

7.2.2 生物接触氧化装置性能要求应符合 GB 50336、CECS 128 和 HJ/T 337 的规定。

7.2.3 当中水厂占地较为紧张或对现有污水处理厂进行升级改造时,可选用膜生物反应器。膜生物反应器的设计和施工应符合 CECS 152 的要求。

7.2.4 对滤池的构造、滤料组成等宜执行 GB 50013 的规定。

7.2.5 SBR 等活性污泥法的设计和施工应符合 GB 50014 的规定。

7.3 其他专项要求

7.3.1 曝气生物滤池装置宜符合下列要求:

a) 为保证滤池的正常运行,曝气生物滤池前应设沉砂池、初次沉淀池等预处理设施,进水悬浮固体浓度不宜大于 60 mg/L。

b) 曝气生物滤池应设置反冲洗供气和曝气充氧系统。

c) 曝气生物滤池的承托层所采用的材质应具有良好的机械强度和化学稳定性,一般采用天然鹅卵石,并可以考虑按一定级配分层铺设,近滤料层的承托层粒径与滤料粒径接近。

d) 曝气生物滤池的反冲洗宜通过滤板和固定其上的长柄滤头来实现,由单独气冲洗、气水联合反冲洗、单独水洗三个过程组成。

e) 曝气生物滤池的滤料应具有强度大、不易磨损、孔隙率高、比表面积大、化学物理稳定性好、易挂膜、生物附着性强、比重小、耐冲洗和不易堵塞的性质,宜选用球形轻质多孔陶粒或塑料球形颗粒。

7.3.2 生物接触氧化装置宜符合下列要求:

a) 生物接触氧化装置的供氧方式宜采用低噪声的鼓风机加布气装置、潜水曝气机或其他曝气设备。

b) 生物接触氧化装置宜采用易挂膜、耐用、比表面积较大、维护方便的固定填料或悬浮填料。当采用固定填料时,安装高度不小于2 m;当采用悬浮填料时,装填体积不应小于池容积的25%。

8 膜处理装置的选型及要求

8.1 型式推荐

8.1.1 微滤可以取代深床过滤降低水的浊度,去除剩余的悬浮固体和细菌,强化水的消毒,并作为反渗透的预处理。

8.1.2 超滤用于许多与微滤相同的应用实例中,膜孔孔径很小的超滤膜也可用于去除高相对分子质量的溶解化合物和胶体物,如蛋白质和碳水化合物。

8.1.3 当需要去除有机物、硬度和部分去除溶解性盐或色度时,可选用纳滤装置。

8.1.4 当需要淡化海水及苦咸水,制备锅炉给水、工业纯水及电子级超纯水,或需要去除通过深床过滤、微滤或超滤等处理后废水中残留的溶解组分时,可选用反渗透装置。

8.2 一般要求

8.2.1 微滤装置应符合HJ/T 253的要求。

8.2.2 超滤装置应符合HJ/T 271的要求。

8.2.3 反渗透装置应符合HJ/T 270的要求。

9 消毒装置的选型及要求

9.1 型式推荐

中水装置应设置消毒设施,消毒设施宜采用紫外线或臭氧消毒,也可采用二氧化氯、液氯或次氯酸钠消毒等成套装置。

9.2 一般要求

9.2.1 中水再生消毒设施应根据中水回用要求确定。

9.2.2 消毒设施及有关建、构筑物的设计应执行GB 50013的规定。

9.3 其他专项要求

9.3.1 设计要求:

a) 采用紫外线消毒时,紫外线剂量宜根据试验资料或类似运行经验确定。

b) 采用臭氧消毒时,其投加量应由试验确定,且接触反应池的水深宜为4.0 m~6.0 m。

c) 二氧化氯或氯消毒时,应进行混合和接触,接触时间不应小于30 min。加氯量按卫生学指标和余氯量确定。

9.3.2 设备要求:

a) 紫外线消毒装置的组成及技术要求应符合GB/T 19837规定。

b) 臭氧消毒设备应符合HJ/T 264技术要求。

c) 二氧化氯消毒设备应符合HJ/T 257技术要求。

d) 次氯酸钠消毒设备应符合 HJ/T 258 技术要求。

10 装置的检验与验收

10.1 装置检验

中水装置的检验应按照前述各工艺及设备选型要求参照的标准进行检验。

10.2 装置验收

10.2.1 中水装置按标准检验后，应在竣工阶段进行验收，验收除了应满足前述选型、检验执行标准外，还应按照 GB 50141、GB 50236、GB 50252、GB 50268 和 GB 50334 进行。

10.2.2 中水装置经运行调试后，出水水质应符合 5.2 的规定。

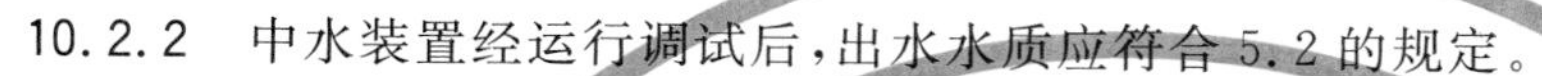

附 录 A
（资料性附录）
常见污水再生利用工艺

污水再生利用的基本处理工艺可采用传统的污水处理方法，污水的再生处理需要多种处理技术的合理组合，这不仅与污水的水质特征、处理后水的用途有关，还与各处理工艺的互容性及经济上的可行性有关。

以下列举常见几种污水再生处理工艺流程。

示例 1：

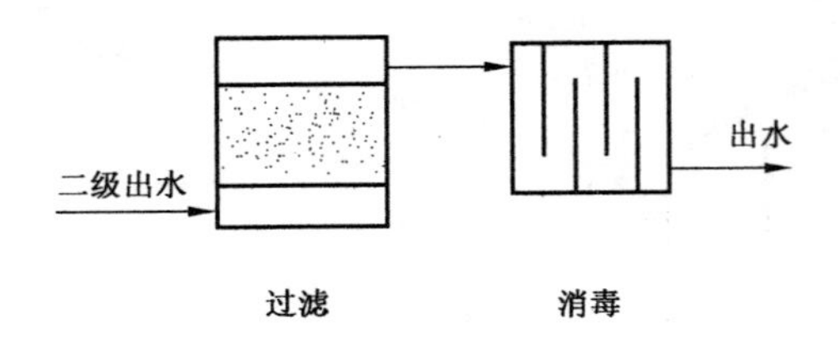

示例 2：

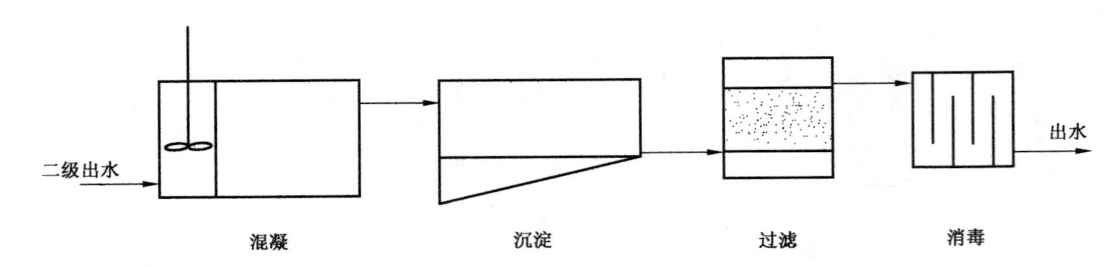

示例 3：

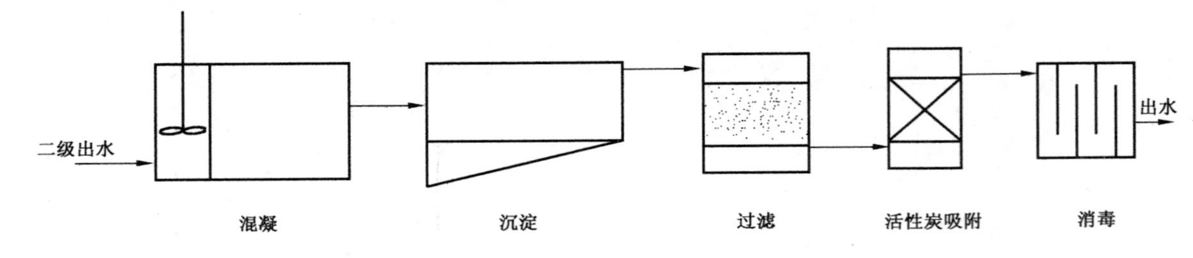

示例 4：

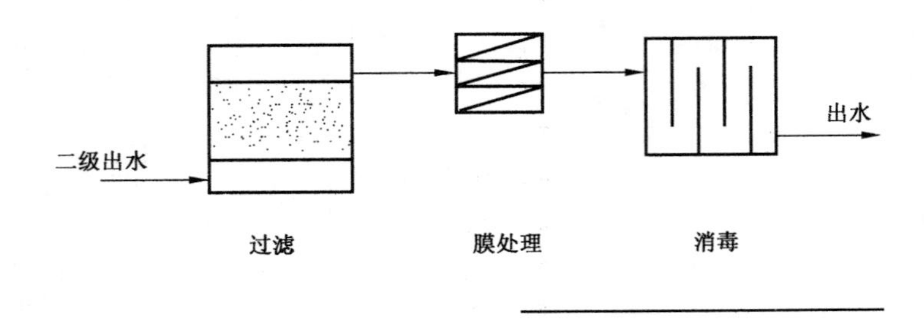

ICS 23.020.30
Q 23

中华人民共和国国家标准

GB/T 30300—2013

分离膜外壳

Membrane housing

2013-12-31 发布　　　　2014-08-01 实施

中华人民共和国国家质量监督检验检疫总局
中国国家标准化管理委员会　发布

前　　言

本标准按照GB/T 1.1—2009给出的规则起草。

本标准由全国分离膜标准化技术委员会(SAC/TC 382)提出并归口。

本标准起草单位:哈尔滨乐普实业发展中心、哈尔滨玻璃钢研究院、杭州水处理技术研究开发中心有限公司、天津工业大学。

本标准主要起草人:李友清、王其远、安静波、李玉成、徐结、王薇。

分离膜外壳

1 范围

本标准规定了分离膜外壳的分类和型号、技术要求、试验方法、检验规则、标志、包装、运输及贮存。

本标准适用于以玻璃纤维及其制品为增强材料，以环氧树脂为基体，采用缠绕工艺制成的分离膜外壳。

2 规范性引用文件

下列文件对于本文件的应用是必不可少的。凡是注日期的引用文件，仅注日期的版本适用于本文件。凡是不注日期的引用文件，其最新版本(包括所有的修改单)适用于本文件。

GB/T 2576 纤维增强塑料树脂不可溶分含量试验方法

GB/T 2577 玻璃纤维增强塑料树脂含量试验方法

GB/T 3854 增强塑料巴柯尔硬度试验方法

GB/T 13657—2011 双酚A型环氧树脂

GB/T 17219 生活饮用水输配水设备及防护材料的安全性评价标准

GB/T 18369—2008 玻璃纤维无捻粗纱

3 术语和定义

GB/T 20103—2006 界定的以及下列术语和定义适用于本文件。

3.1

分离膜外壳 membrane housing

用于盛装膜元件，可承载一定压力的圆筒状壳体。

3.2

膜元件 membrane element

由膜、膜支撑体、流道间个体、带孔的中心管等构成的膜分离单元。

GB/T 20103—2006，定义 2.2.1。

3.3

端板 end plate

用于封闭分离膜外壳两端的部件或部件组合。

3.4

原/浓水口 feed/concentration port

分离膜外壳上为给水进入或浓缩水排出设置的接口。

3.5

透过水口 permeate port

端板上为透过水排出设置的接口。

3.6

适配器 adapter

透过水口与膜元件间的连接件，其一端与透过水口相连，另一端与膜元件相连。

3.7

止推环　thrust collar

被安装在分离膜外壳浓缩水出口端,作为分离膜外壳与膜元件间的缓冲部件。

3.8

模型容器　model vessel

用于验证设计和工艺正确性的分离膜外壳模型。

注:其模型用于确定容器壁厚、质量、体积膨胀量与纤维含量等设计值。

3.9

体积膨胀量　volumetric expansion volume

分离膜外壳在设计压力下体积与其常压下体积相比较的变化量。

3.10

静水压渗漏性　hydrostatic leakage

分离膜外壳在1.1倍设计压力下保压,观测到的其密封与渗漏状况。

3.11

循环水压渗漏性　cyclic pressure leakage

在对分离膜外壳施加最小压力至设计压力再至最小压力往返循环过程中,观测到的其密封与渗漏状况。

3.12

爆破压力　Burst pressure

对分离膜外壳施加内压,直至其结构性破坏的极限压力。

4　分类和型号

4.1　分类

4.1.1　按内径分类

分离膜外壳按内径的不同分为4类,见表1。

表1　分离膜外壳的分类(按公称内径)

内径类型	公称内径 mm(* in)
025	62(2.5)
040	102(4)
080	202(8)
160	406(16)

4.1.2　按设计压力分类

分离膜外壳按设计压力的大小分为7类,见表2。

表 2 分离膜外壳的分类(按设计压力)

压力类型	设计压力 MPa(* psi)
0150	1.0(150)
0300	2.1(300)
0450	3.1(450)
0600	4.1(600)
1000	6.9(1 000)
1200	8.3(1 200)
1500	10.3(1 500)

4.1.3 按原/浓水口型式分类

分离膜外壳按原/浓水口位置分为两类:端联式和侧联式。端联式,即原/浓水口在分离膜外壳端板处,标记为“E”;侧联式,即原/浓水口在分离膜外壳侧面端部处,标记为“S”。

4.1.4 按膜元件数量分类

分离膜外壳按可装入膜元件数量分为 1 节、2 节、3 节、4 节、5 节、6 节、7 节和 8 节装膜壳。

注:以 40 in 长标准膜元件为 1 节。

4.2 分离膜外壳型号

分离膜外壳型号由名称代号、公称内径类型、设计压力类型、膜元件数量和原/浓水口型式 5 部分组成。名称代号用分离膜外壳英文名称的大写首字母表示,即 MH。

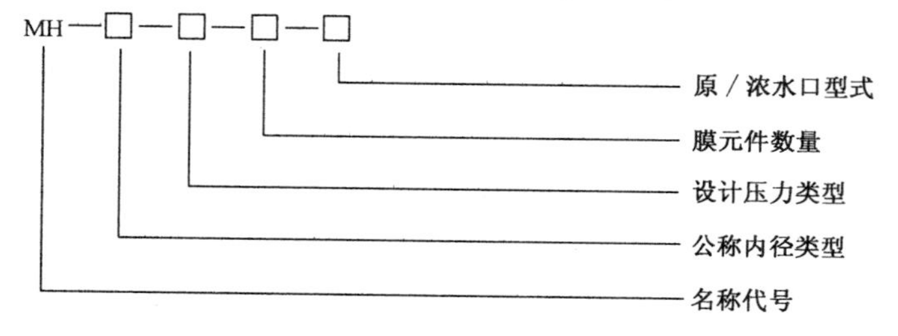

示例:

MH-080-300-6-S

表示公称内径为 202 mm(8 in)、设计压力为 2.1 MPa(300 psi)、可装入膜元件数量为 6、原/浓水口类型为侧联式的分离膜外壳。

5 技术要求

5.1 外观

外表面应平整,无裂纹;内表面应平整光滑、无划痕、无龟裂分层、贫胶和气泡。

5.2 材料

5.2.1 环氧树脂

环氧树脂的质量应符合 GB/T 13657—2011 第 4 章的规定。

5.2.2 增强材料

采用玻璃纤维无捻粗纱作为增强材料，其表面使用适用于环氧树脂的塑料型浸润剂处理，质量应符合 GB/T 18369—2008 第5章的规定。

5.2.3 玻璃纤维增强塑料

玻璃纤维含量的测试值与设计值的差值应在0～10%范围内；树脂不可溶分含量应不小于97%。

5.3 物理性能指标

5.3.1 尺寸

分离膜外壳有两种结构型式(见附录A)，其尺寸及公差见表3。

表3 分离膜外壳的尺寸及公差

单位为毫米

类型	公称内径	指标	d_1	l_0	l_1	h_0	h_1	l_2	l_3
025	62	标准值	62.20	设计值	—	—	设计值	1 016×n	956+1 016×(n−1)
		公差	±0.15	$l_0{}^{+4}_{0}$	—	≥23	±1.0	$l_2{}^{+12}_{0}$	$l_3{}^{+12}_{0}$
040	102	标准值	101.70	设计值	设计值	—	设计值	1 016×n	963+1 016×(n−1)
		公差	±0.15	$l_0{}^{+6}_{0}$	±2.0	≥23	±1.0	$l_2{}^{+12}_{0}$	$l_3{}^{+12}_{0}$
080	202	标准值	202.10	设计值	设计值	—	设计值	1 016×n	—
		公差	±0.20	$l_0{}^{+6}_{0}$	±2.0	≥23	±1.0	$l_2{}^{+12}_{0}$	—
160	406	标准值	404.00	设计值	设计值	—	设计值	1 016×n	—
		公差	±0.30	$l_0{}^{+10}_{0}$	±2.0	≥23	±1.0	$l_2{}^{+12}_{0}$	—
其他部件应符合设计规定。 注：n 表示膜元件节数。									

5.3.2 厚度

分离膜外壳的厚度应不小于厚度设计值的90%。

5.3.3 重量

分离膜外壳的重量应不低于重量设计值的95%。

5.3.4 巴氏硬度

未涂装分离膜外壳的外表面巴氏硬度应不小于60。

5.4 应用性能指标

5.4.1 体积膨胀量

分离膜外壳的体积膨胀量应不大于体积膨胀量设计值的105%。

5.4.2 静水压渗漏性

对分离膜外壳施加设计压力1.1倍的水压，至少保压1 min，壳体表面和两端密封处均不应有渗漏。

5.4.3 循环水压渗漏性

对分离膜外壳施加从最小压力至设计压力再至最小压力的循环水压共10万次，壳体表面和两端密封处均不应有渗漏。

5.4.4 爆破压力

分离膜外壳的极限爆破压力应不低于设计压力的6倍。

模型容器爆破压力应不小于6倍设计压力的90%；若爆破压力在6倍设计压力的90%到6倍设计压力之间，则需对至少两件已经完成5.4.3要求的模型容器进行5.4.4补充试验，这些补充试验的爆破压力值与前1件模型容器爆破压力值的算术平均值应不小于6倍设计压力。

5.5 卫生安全性能

分离膜外壳的卫生安全性能应符合GB/T 17219的规定。

6 试验方法

6.1 外观

在膜壳内部放置可移动光源，随着光源移动，用肉眼观察分离膜外壳内、外表面。

6.2 材料

6.2.1 环氧树脂

环氧树脂质量按GB/T 13657—2011第5章的试验方法进行测试。

6.2.2 增强材料

增强材料质量按GB/T 18369—2008第6章的试验方法进行测试。

6.2.3 玻璃纤维增强材料

玻璃纤维的含量按GB/T 2577的试验方法进行测试；树脂不可溶分含量按GB/T 2576的试验方法进行测试。

6.3 物理性能测试

6.3.1 尺寸

分离膜外壳内径用百分表进行测量；其他尺寸用钢卷尺和卡尺等测量，这些量具的精度应满足设计及偏差要求。

6.3.2 厚度

使用超声波测厚仪进行测量，其精度的相对误差不大于测量值的2%。以分离膜外壳长度中心为基准截面，沿中心向两端延伸，每增加 1.5 m 测量一个截面，不到 1.5 m 的按 1.5 m 计。各截面分成四个象限，每象限测试一点。

6.3.3 重量

使用电子秤进行称量，其相对误差不大于分离膜外壳重量 1%。

6.3.4 巴氏硬度

巴氏硬度按 GB/T 3854 的试验方法进行测试。

6.4 应用性能测试

6.4.1 体积膨胀量

试验介质应为自来水，若有特殊要求，对加压用的液体介质可另作规定。

可选取下列方法之一测试体积膨胀量：

a) 溢出法

在常温下，将分离膜外壳充满自来水，放入计量槽中，向计量槽中注满自来水；将分离膜外壳内的压力缓慢升高至设计压力，计量槽内液体的溢出量即为被测量分离膜外壳的体积膨胀量。

b) 长度法

在常温下，将充满自来水分离膜外壳缓慢升高至设计压力；将分离膜外壳内的压力缓慢升高至设计压力，分别测量加压前后的长度及直径。长度按实际测量值记录，直径以分离膜外壳长度中心为基准截面，每 1.5 m 测量一次，不到 1.5 m 的按 1.5 m 计。分离膜外壳的体积膨胀量按式(1)计算。所用计量工具的精度不超过测量尺寸 0.05%。

$$\Delta V = \pi \sum (D^2 L - D_0{}^2 L_0)/4 \qquad \cdots\cdots (1)$$

式中：

ΔV ——分离膜外壳体积膨胀量，单位为毫升(mL)；

D ——设计压力下分离膜外壳壳体直径，单位为毫米(mm)；

L ——设计压力下分离膜外壳壳体有效长度，单位为毫米(mm)；

D_0 ——加压前分离膜外壳壳体直径，单位为毫米(mm)；

L_0 ——加压前分离膜外壳壳体长度，单位为毫米(mm)。

6.4.2 静水压渗漏性

试验介质应为自来水，若有特殊要求，对加压用的液体介质可另作规定。

分离膜外壳静水压渗漏试验原理如图 1 所示。应设置最高位排气点，以排出给分离膜外壳装自来水时存在的空气。首先，将分离膜外壳注满自来水，然后以均匀的速率缓慢加压至不超过试验压力的一半，试验压力为设计压力的 1.1 倍；然后分次匀速加压，总的升压时间应不小于 1 min。直至达到试验压力，压力值偏差应不超过试验压力的 10%，至少保压 1 min，检查有无渗漏。

若两端密封处出现渗漏，重新安装后再次试验；若分离膜外壳出现渗漏，需进行修复，修复后以设计压力的 1.1 倍水压进行试验，至少保压 30 min，检查有无渗漏。

6.4.3 循环水压渗漏性

循环水压渗漏试验原理如图 2 所示。将分离膜外壳浸没在恒温水槽中，将分离膜外壳装满自来水，通过高位排气点排出存留的空气；以均匀的速率对分离膜外壳做从最小压力升至设计压力再降至最小压力的循环水压试验 10 万次。试验过程中，检查分离膜外壳有无渗漏或破坏。自来水的温度应为 65 ℃或设计温度，两者之间取高值。最小压力应为设计压力的 20%和 0.27 MPa 中的较低值。

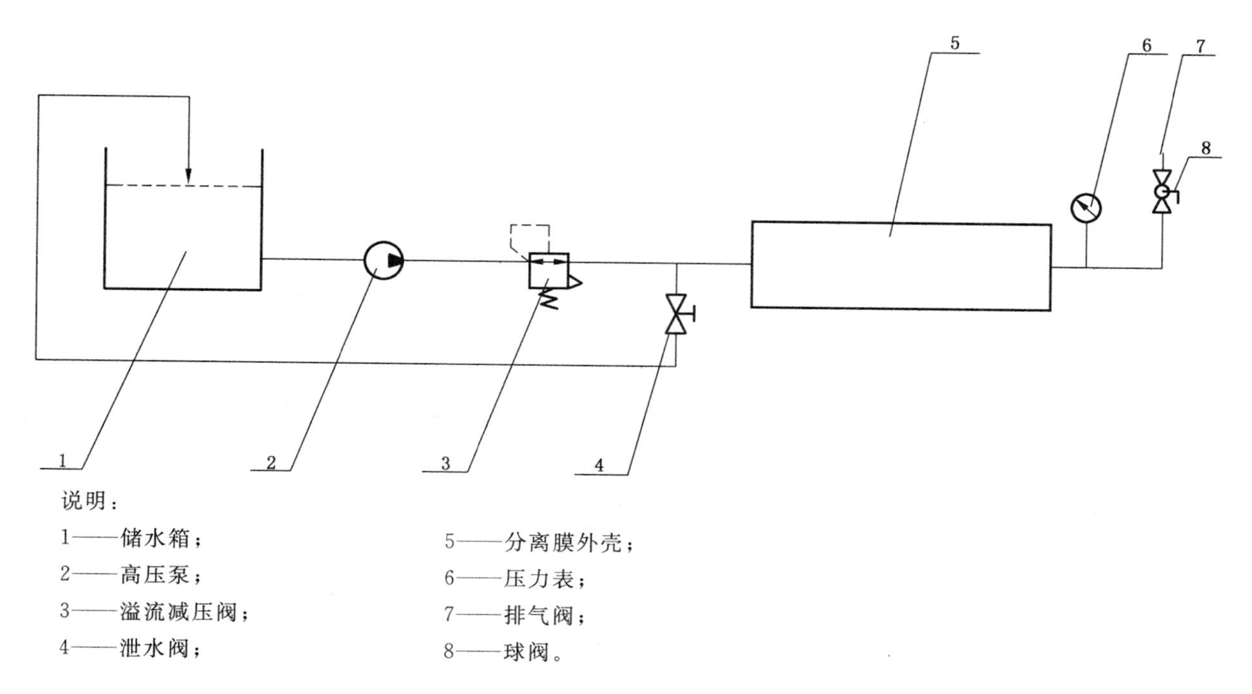

说明：

1——储水箱；
2——高压泵；
3——溢流减压阀；
4——泄水阀；
5——分离膜外壳；
6——压力表；
7——排气阀；
8——球阀。

图 1　分离膜外壳静水压渗漏试验原理图

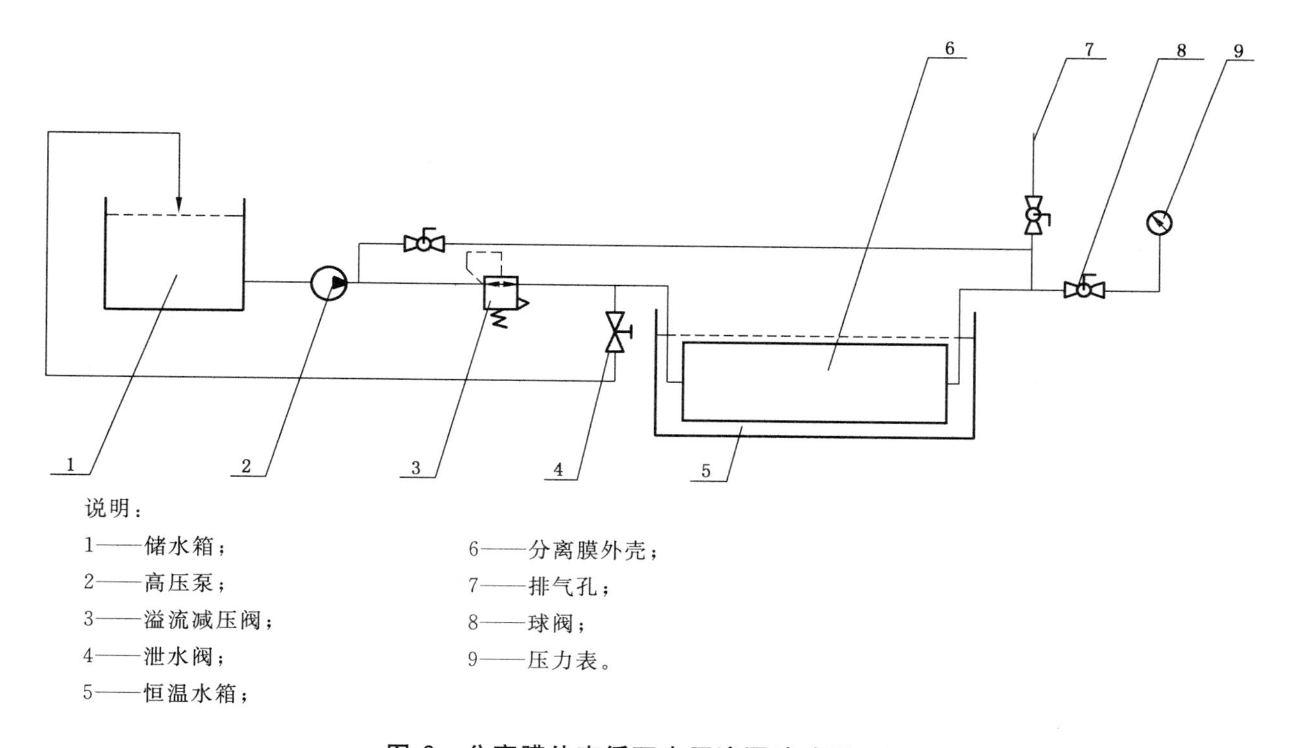

说明：

1——储水箱；
2——高压泵；
3——溢流减压阀；
4——泄水阀；
5——恒温水箱；
6——分离膜外壳；
7——排气孔；
8——球阀；
9——压力表。

图 2　分离膜外壳循环水压渗漏试验原理图

6.4.4　爆破压力

试验介质应为自来水，若有特殊要求，对加压用的液体介质可另作规定。

爆破压力试验原理如图 1 所示；此项检验应在有安全防护措施的爆破室内进行。将满足 5.4.3 要求的分离膜外壳注满自来水，以均匀的速率加压至不超过试验压力的一半，试验压力为设计压力的6倍，然后分次匀速加压，直至达到试验压力。总的升压时间应不小于1 min。自来水的温度应为65 ℃或设计温度，两者之间取高值。

6.5 分离膜外壳的卫生安全性能

分离膜外壳卫生安全性能应按GB/T 17219的规定进行试验。

7 检验规则

7.1 检验分类

分离膜外壳的检验分为出厂检验、型式检验。

7.2 出厂检验

7.2.1 检验项目

分离膜外壳的出厂检验项目包括：外观、尺寸、厚度、重量、巴氏硬度、静水压渗漏和检验体积膨胀量。其中外观、尺寸、厚度、重量、巴氏硬度和静水压渗漏按表4逐一检验。体积膨胀量采用抽样检验的方式按6.4.1检验；每10支作为一批，抽取其中1支进行检验。

表4 产品出厂检验项目

检验项目	检验要求	试验方法
外观	5.1	6.1
尺寸	5.3.1	6.3.1
厚度	5.3.2	6.3.2
重量	5.3.3	6.3.3
巴氏硬度	5.3.4	6.3.4
静水压渗漏性	5.4.2	6.4.2

7.2.2 判定规则

当分离膜外壳的外观、尺寸、厚度、重量和巴氏硬度符合表4时，则将该分离膜外壳进行体积膨胀量测试，当任何一项不符合表4时，判定该分离膜外壳不合格；体积膨胀量测试时，当抽样分离膜外壳的体积膨胀量符合5.4.1的要求时，将该批分离膜外壳进行静水压渗漏性检验，当抽样分离膜外壳的体积膨胀量不符合5.4.1的要求时，需要将该批分离膜外壳逐一检验，不符合5.4.1的要求的分离膜外壳判定为不合格，符合的进行静水压渗漏性试验；静水压渗漏性合格则判定该分离膜外壳合格，否则为不合格。

7.3 型式检验

7.3.1 检验条件

有下列情况之一时，应进行型式检验：

a) 产品研发或材料、结构、工艺改变时；

b) 产品正常连续生产，每年1次；

c) 停产6个月后恢复生产时；

d) 国家质量监督机构提出型式检验要求时。

7.3.2 判定规则

型式检验项目为5.1、5.2.3、5.3、5.4和5.5,全部检验项目均符合要求时,判定型式检验合格;否则为不合格。

8 标志、包装、运输及贮存

8.1 标志

每一产品外表面上应有标志。标志应包括下列内容:

a) 设计压力、适用温度范围和pH值范围;

b) 生产厂家、出厂编号、制造年份和执行标准号。

8.2 包装

采用软质包装材料(如塑料薄膜、气泡膜或塑料泡沫等)将单支分离膜外壳包裹,并采用木箱、托盘等硬质包装材料进行防护。

8.3 运输

分离膜外壳在运输及装卸过程中,不应受到剧烈撞击、抛掷及重压。

8.4 贮存

堆放地应清洁、平整,远离火源及热源。分离膜外壳应包装贮存,码放层数以不损伤产品为准,不宜长期露天存放。

附　录　A
（规范性附录）
分离膜外壳结构型式

A.1　分离膜外壳结构型式分类

分离膜外壳结构型式分为内插型分离膜外壳（见图 A.1）和外接型分离膜外壳（见图 A.2）两种型式。

A.2　内插型分离膜外壳结构型式

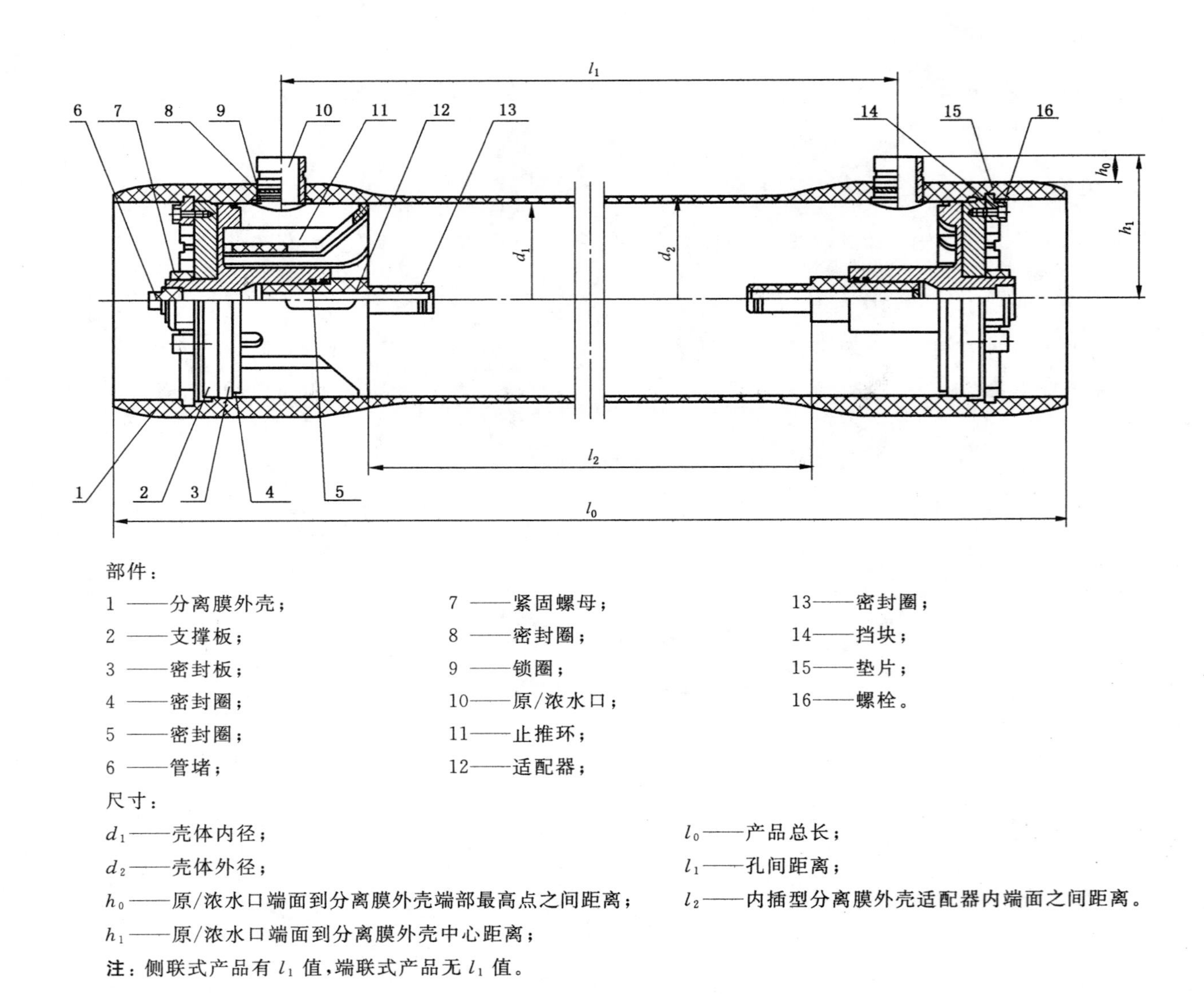

部件：

1 ——分离膜外壳；
2 ——支撑板；
3 ——密封板；
4 ——密封圈；
5 ——密封圈；
6 ——管堵；
7 ——紧固螺母；
8 ——密封圈；
9 ——锁圈；
10——原/浓水口；
11——止推环；
12——适配器；
13——密封圈；
14——挡块；
15——垫片；
16——螺栓。

尺寸：

d_1——壳体内径；
d_2——壳体外径；
h_0——原/浓水口端面到分离膜外壳端部最高点之间距离；
h_1——原/浓水口端面到分离膜外壳中心距离；
l_0——产品总长；
l_1——孔间距离；
l_2——内插型分离膜外壳适配器内端面之间距离。

注：侧联式产品有 l_1 值，端联式产品无 l_1 值。

图 A.1　内插型分离膜外壳结构型式示意图

A.3 外接型分离膜外壳结构型式

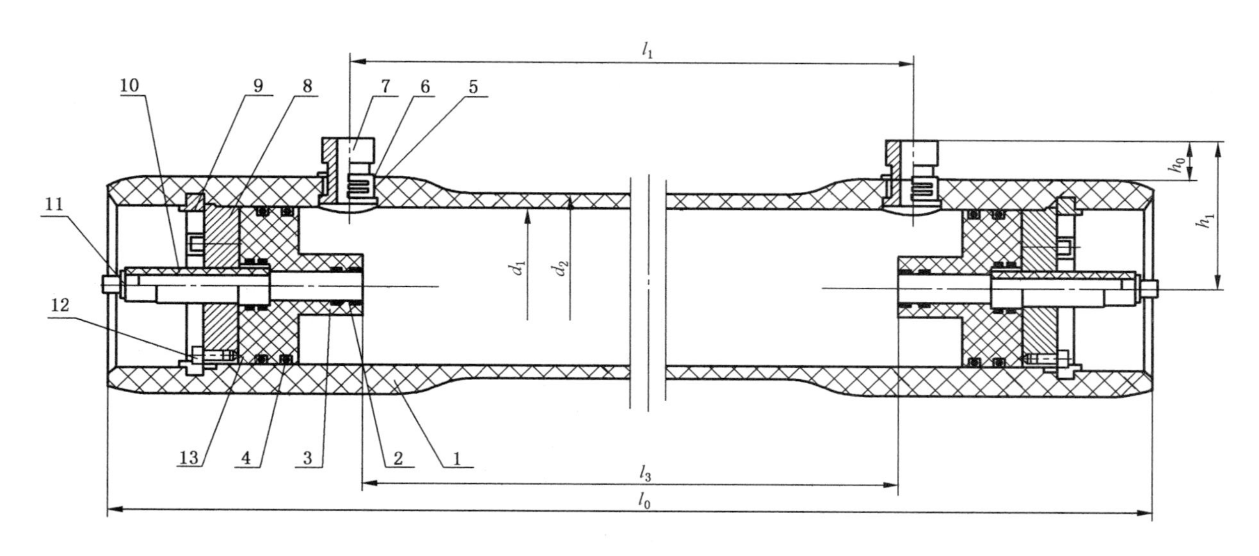

部件：

1——分离膜外壳；
2——密封圈；
3——密封板；
4——密封圈；
5——密封圈；
6——轴用挡圈；
7——原/浓水口；
8 ——支撑板；
9 ——挡块；
10——净水出口；
11——管堵；
12——保安螺栓；
13——密封圈。

尺寸：

d_1——壳体内径；
d_2——壳体外径；
h_0——原/浓水口端面到分离膜外壳端部最高点之间距离；
h_1——原/浓水口端面到分离膜外壳中心距离；
l_0——产品总长；
l_1——孔间距离；
l_3——外接型分离膜外壳适配器或端板内端面之间距离。

注：侧联式产品有 l_1 值，端联式产品无 l_1 值。

图 A.2 外接型分离膜外壳结构型式示意图

参 考 文 献

［1］ GB/T 5750 生活饮用水标准检验方法

［2］ GB/T 20103—2006 膜分离技术 术语

［3］ ASME Boiler & Pressure Vessel Code X FIBER- REINFORCED PLASTIC PRESSURE VESSELS 2011a Addenda

ICS 07.100.20
J 77

中华人民共和国国家标准

GB/T 32360—2015

超滤膜测试方法

Test methods for ultrafiltration membranes

2015-12-31 发布　　2016-05-01 实施

中华人民共和国国家质量监督检验检疫总局
中国国家标准化管理委员会　发布

前　言

本标准按照GB/T 1.1—2009给出的规则起草。

本标准由全国分离膜标准化技术委员会(SAC/TC 382)提出并归口。

本标准起草单位:天津膜天膜科技股份有限公司、中国科学院大连化学物理研究所、北京碧水源科技股份有限公司、山东招金膜天有限责任公司、苏州立升净水科技有限公司、浙江大学膜水处理技术工程研究中心、东大水业集团有限公司、天津市兴源环境技术工程有限公司、天津工业大学、国家海洋局天津海水淡化与综合利用研究所、天津市长芦盐业总公司化工新材料工程技术中心。

本标准主要起草人:刘建立、王薇、戴海平、唐小珊、曹义鸣、吴强、王乐译、陈清、陈欢林、吴益尔、朱高雄、于海军、李天玉、赵岳轩、徐娅、张林、程岩、关晶、安全福、潘献辉、汤峤永、张艳萍、白智勇。

超滤膜测试方法

1 范围

本标准规定了超滤膜纯水透过率和切割分子量(又称截留分子量)的测试方法。

本标准适用于中空纤维、平板、管式超滤膜纯水透过率和切割分子量的测试。

2 规范性引用文件

下列文件对于本文件的应用是必不可少的。凡是注日期的引用文件,仅注日期的版本适用于本文件。凡是不注日期的引用文件,其最新版本(包括所有的修改单)适用于本文件。

GB/T 223.59—2008 钢铁及合金 磷含量的测定 铋磷钼蓝分光光度法和锑磷钼蓝分光光度法

GB/T 6682 分析实验室用水规格和试验方法

GB/T 11914—1989 水质 化学需氧量的测定 重铬酸盐法

GB/T 20103—2006 膜分离技术 术语

HY/T 050—1999 中空纤维超滤膜测试方法

JJG 178 紫外、可见、近红外分光光度计检定规程

3 术语和定义

GB/T 20103—2006 界定的以及下列术语和定义适用于本文件。为了便于使用,以下重复列出了 GB/T 20103—2006 中的一些术语和定义。

3.1

超滤膜 ultrafiltration membrane

由起分离作用的一层极薄表皮层和较厚的起支撑作用的海绵状或指状多孔层组成,切割分子量在几百至几百万的膜。

[GB/T 20103—2006,定义 5.1.1]

3.2

纯水透过率 pure water permeability

按规定的流速、温度、压力,在单位时间内通过单位膜面积的纯水透过量。

[GB/T 20103—2006,定义 5.1.3]

3.3

死端过滤 dead-end filtration

压力推动下,给料溶剂和小于膜孔径的溶质渗透过膜,而给料大于膜孔径的溶质被截留在膜表面,并随过滤时间积累的一种运行方式。

3.4

错流过滤 crossflow filtration

压力推动下,给料平行于膜表面流动(切向流),给料溶剂及小于膜孔径的溶质垂直渗透通过膜(垂直流),而给料大于膜孔径的溶质被截留并随剩余液流走的一种运行方式。

3.5

切割分子量　molecular weight cut off;MWCO

超滤膜在规定条件下对某一已知分子量物质的截留率达到90%时,该物质分子量为该膜的切割分子量。

[GB/T 20103—2006,定义5.1.4]

3.6

跨膜压差　transmembrane pressure

原水进、出口压力平均值和产水侧压力值的差。

3.7

截留率　retention

表示脱除特定组分的能力。

注:改写GB/T 20103—2006,定义2.1.35。

4　试剂与仪器

4.1　试剂与标准物质

除非另有说明,测试中仅使用分析纯的试剂,测试用水应使用GB/T 6682中三级或三级以上纯度的水。用于切割分子量测试的标准物质分子量分布系数(又称多分散性系数)应小于1.8。测试所用试剂和标准物质如下:

a)　无水乙酸;
b)　无水乙醇;
c)　硫酸,密度为1.84 g/mL;
d)　次硝酸铋;
e)　碘化钾;
f)　乙酸钠;
g)　氢氧化钠;
h)　七水合硫酸亚铁;
i)　1,10-菲绕啉;
j)　硝酸银;
k)　硫酸亚铁铵;
l)　邻苯二甲酸氢钾:基准试剂;
m)　重铬酸钾:基准试剂;
n)　聚乙二醇:重均分子量0.6×10^4、1.0×10^4、1.2×10^4、2.0×10^4;
o)　卵清白蛋白:标准级(冻干粉),重均分子量4.4×10^4;
p)　牛血清白蛋白:标准级(冻干粉),重均分子量6.7×10^4;
q)　葡聚糖:重均分子量10.0×10^4、20.0×10^4、50.0×10^4、100.0×10^4、200.0×10^4。

4.2　仪器及仪表

测试所需主要仪器如下:

a)　紫外可见分光光度计:应符合JJG 178的规定;
b)　分析天平:感量0.000 1 g;
c)　真空干燥箱:真空度0.10 MPa;控温精度±1 ℃;
d)　干燥箱:控温精度±1 ℃;

e) 浊度仪:分辨率 0.01 NTU;
f) 压力表:精度 0.4 级;
g) 流量计:精度 2.5 级;
h) 温度计:0 ℃~50 ℃,最小分度值 0.1 ℃。

5 测试方法

5.1 纯水透过率

5.1.1 测试步骤

纯水透过率的测试步骤如下:

a) 将待测膜制备成相同规格的 3 个膜样品,用蒸馏水洗净,待用;
b) 将 a)中一个膜样品置于样品池中待测;
c) 按附录 A 的图 A.1 所示连接膜测试装置;
d) 采用死端过滤的方式运行膜测试装置,调节测试水温度稳定在 25.0 ℃±0.5 ℃,缓慢调节进口压力为 0.150 MPa±0.005 MPa,预压 30 min;
e) 将测试压力缓慢降至 0.100 MPa±0.005 MPa,稳定 10 min 后,用量筒收集一定体积的产水,同时用秒表记录所用时间;
f) 取 a)中其余两个膜样品按步骤 b)~e)进行平行实验。

5.1.2 纯水透过率计算

纯水透过率按式(1)计算,结果取三次平行实验的平均值:

$$P = \frac{V}{St} \qquad \cdots\cdots(1)$$

式中:

P ——纯水透过率,单位为升每平方米小时[L/(m²·h)];
V ——纯水透过量,单位为升(L);
S ——膜有效过滤面积,单位为平方米(m²);
t ——透过体积为 V 的纯水所用时间,单位为小时(h)。

5.2 切割分子量

5.2.1 聚乙二醇法

5.2.1.1 测试溶液的配制

5.2.1.1.1 乙酸-乙酸钠缓冲溶液的配制

按 HY/T 050—1999 中 7.2.1.2 的规定配制 pH4.8 的乙酸-乙酸钠缓冲溶液。

5.2.1.1.2 碘化铋钾溶液的配制

碘化铋钾溶液应现用现配,配制步骤如下:

a) 准确称取 0.800 g 次硝酸铋置于 50 mL 烧杯中,加入 10.0 mL 无水乙酸和适量水,使其溶解。将溶液转移至 50 mL 容量瓶中,再加水至刻度线,摇匀;
b) 准确称取 20.000 g 碘化钾置于 50 mL 烧杯中,加入适量水,使其溶解,将溶液转移至 50 mL 棕色容量瓶中,再加水至刻度线,摇匀;

c） 分别移取 a)中配制的溶液 5.0 mL 和 b)中配制的溶液 10.0 mL 于 100 mL 棕色容量瓶中，加 20.0 mL 无水乙酸，再加水至刻度线，摇匀，配制成碘化铋钾溶液。

5.2.1.1.3 聚乙二醇溶液的配制

选择重均分子量适宜的聚乙二醇放入真空干燥箱内，温度设定为 40 ℃±1 ℃，真空干燥至恒重。准确称取干燥后的聚乙二醇 1.000 g 置于 50 mL 烧杯中，加水使其溶解，将溶液转移至 1 000 mL 容量瓶中，再加水至刻度线，摇匀，配制成质量浓度为 1 000 mg/L 的聚乙二醇溶液。

5.2.1.2 聚乙二醇标准曲线的绘制

聚乙二醇标准曲线的绘制步骤如下：

a） 移取 5.2.1.1.3 中配制的聚乙二醇溶液 0.5 mL、1.0 mL、1.5 mL、2.0 mL、2.5 mL、3.0 mL 分别于 100 mL 容量瓶中，加水至刻度线，摇匀，配制成质量浓度为 5 mg/L、10 mg/L、15 mg/L、20 mg/L、25 mg/L、30 mg/L 的聚乙二醇标准溶液；

b） 移取不同浓度的上述标准溶液各 5.0 mL 分别于 10 mL 容量瓶中，先加入 5.2.1.1.1 中配制的乙酸-乙酸钠缓冲液 1.00 mL，摇匀，再加入 5.2.1.1.2 中配制的碘化铋钾溶液 1.00 mL，摇匀，再加水至刻度线，置于暗处静置 15 min，待用；

c） 以蒸馏水作参比，用 1 cm 比色皿在紫外可见分光光度计上，于 510 nm 波长下，分别测定 b)中配制溶液的吸光度值；

d） 以聚乙二醇浓度为横坐标，吸光度值为纵坐标，绘制聚乙二醇的浓度-吸光度标准曲线，并得出线性回归方程。

5.2.1.3 截留率的测试

截留率的测试步骤如下：

a） 将待测膜制备成相同规格的 3 个膜样品，用蒸馏水洗净待用；

b） 将 a)中 1 个膜样品置于样品池中待测；

c） 准确称取 1.000 g 选定重均分子量的聚乙二醇，加水使其溶解，移入 1 000 mL 容量瓶中，加水至刻度线，摇匀，配制成质量浓度为 1 000 mg/L 的聚乙二醇溶液，作为测试溶液；

d） 按图 A.1 所示连接膜测试装置，将测试溶液加入恒温储液槽中；

e） 为减少膜面浓差极化影响，采用错流过滤的方式运行膜测试装置，调节测试水温为 25 ℃±0.5 ℃，缓慢调节跨膜压差为 0.10 MPa，调节测试系统内膜面流速不低于 0.25 m/s，待系统稳定运行 10 min 后收集滤过液和进料液；

f） 将滤过液和进料液稀释至适当倍数，按照 5.2.1.2b)、5.2.1.2c)的步骤进行操作，将测试得出的吸光度值分别代入 5.2.1.2d)的线性回归方程，计算出聚乙二醇水溶液的浓度；

g） 取 a)中其余两个膜样品按步骤 b)～f)进行平行实验；

h） 按 5.2.1.4 计算结果。

5.2.1.4 切割分子量计算

切割分子量用截留率表征，截留率按式(2)计算，结果取三次平行实验的平均值：

$$R=\left(1-\frac{C_p}{C_f}\right)\times 100 \qquad \cdots\cdots(2)$$

式中：

R ——截留率，%；

C_p——滤过液中标准物质浓度，单位为毫克每升(mg/L)；

C_f——进料液中标准物质浓度,单位为毫克每升(mg/L)。

5.2.2 卵清白蛋白法

5.2.2.1 卵清白蛋白溶液的配制

准确称取卵清白蛋白1.000 g置于50 mL烧杯中,加质量分数为0.03%的氢氧化钠溶液使其溶解,将溶液转移至1 000 mL容量瓶中,再加入质量分数为0.03%的氢氧化钠溶液至刻度线,摇匀,配制成pH10~11的质量浓度为1 000 mg/L的卵清白蛋白溶液。

5.2.2.2 卵清白蛋白标准曲线的绘制

卵清白蛋白标准曲线的绘制步骤如下:

a) 移取5.2.2.1中配制的卵清白蛋白溶液0.5 mL、1.0 mL、2.5 mL、5.0 mL、10.0 mL、20.0 mL、30.0 mL分别于100 mL容量瓶中,加质量分数为0.03%的氢氧化钠溶液至刻度线,摇匀,配制成质量浓度分别为5 mg/L、10 mg/L、25 mg/L、50 mg/L、100 mg/L、200 mg/L、300 mg/L的卵清白蛋白标准溶液;
b) 以质量分数为0.03%的氢氧化钠溶液作参比,用1 cm比色皿在紫外可见分光光度计上,于280 nm波长下,分别测定a)中配制溶液的吸光度值;
c) 以卵清白蛋白浓度为横坐标,吸光度值为纵坐标,绘制卵清白蛋白的浓度-吸光度标准曲线,并得出线性回归方程。

5.2.2.3 截留率的测试

截留率的测试方法如下:

a) 将待测膜制备成相同规格的3个膜样品,用蒸馏水洗净,待用;
b) 将a)中1个膜样品置于样品池中待测;
c) 准确称取1.000 g卵清白蛋白,加质量分数为0.03%的氢氧化钠溶液使其溶解,移入1 000 mL容量瓶中,加质量分数为0.03%的氢氧化钠溶液至刻度线,摇匀,配制成pH10~11的质量浓度为1 000 mg/L的卵清白蛋白溶液,作为测试溶液;
d) 按图A.1所示连接膜测试装置,将测试溶液加入恒温储液槽中;
e) 为减少膜面浓差极化影响,采用错流过滤的方式运行膜测试装置,调节测试水温为25 ℃±0.5 ℃,缓慢调节跨膜压差为0.10 MPa,调节测试系统内膜面流速不低于0.25 m/s,待系统稳定运行10 min后收集滤过液和进料液;
f) 将滤过液和进料液用0.03%的氢氧化钠溶液稀释至适当倍数,以质量分数为0.03%的氢氧化钠溶液作参比,用1 cm比色皿在紫外可见分光光度计上,于280 nm波长下,分别测定其吸光度值,将测试得出的吸光度值分别带入5.2.2.2c)的线性回归方程,计算出卵清白蛋白浓度;
g) 取a)中其余两个膜样品按步骤b)~f)进行平行实验;
h) 按5.2.1.4计算结果。

5.2.3 牛血清白蛋白法

5.2.3.1 牛血清白蛋白溶液的配制

准确称取牛血清白蛋白1.000 g置于50 mL烧杯中,加水使其溶解,将溶液转移至1 000 mL容量瓶中,再加水至刻度线,摇匀,配制成质量浓度为1 000 mg/L的牛血清白蛋白溶液。

5.2.3.2 牛血清白蛋白标准曲线的绘制

牛血清白蛋白标准曲线的绘制步骤如下:

a) 移取5.2.3.1中配制的牛血清白蛋白溶液2.0 mL、4.0 mL、6.0 mL、8.0 mL、10.0 mL分别于100 mL容量瓶中,加水至刻度线,摇匀,配制成质量浓度分别为20 mg/L、40 mg/L、60 mg/L、80 mg/L、100 mg/L的牛血清白蛋白标准溶液;
b) 以蒸馏水作参比,用1 cm比色皿在紫外可见分光光度计上,于280 nm波长下,分别测定a)中配制溶液的吸光度值;
c) 以牛血清白蛋白浓度为横坐标,吸光度值为纵坐标,绘制牛血清白蛋白的浓度-吸光度标准曲线,并得出线性回归方程。

5.2.3.3 截留率的测试

截留率的测试方法如下:

a) 将待测膜制备成相同规格的3个膜样品,用蒸馏水洗净,待用;
b) 将a)中1个膜样品置于样品池中待测;
c) 准确称取1.000 g牛血清白蛋白,加水使其溶解,移入1 000 mL容量瓶中,加水至刻度线,摇匀,配制成质量浓度为1 000 mg/L的牛血清白蛋白溶液,作为测试溶液;
d) 按图A.1所示连接膜测试装置,将测试溶液加入恒温储液槽中;
e) 采用错流过滤的方式运行膜测试装置,调节测试水温为25 ℃±0.5 ℃,缓慢调节跨膜压差为0.10 MPa,调节测试系统内膜面流速不低于0.25 m/s,待系统稳定运行10 min后收集滤过液和进料液;
f) 将滤过液和进料液用蒸馏水稀释至适当倍数,以蒸馏水作参比,用1 cm比色皿在紫外可见分光光度计上,于280 nm波长下,分别测定其吸光度值,将测试得出的吸光度值分别带入5.2.3.2c)的线性回归方程,计算出牛血清白蛋白浓度;
g) 取a)中其余两个膜样品按步骤b)～f)进行平行实验;
h) 按5.2.1.4计算结果。

5.2.4 葡聚糖法——浊度法

本方法适用于重均分子量为50.0×10^4以下(不含50.0×10^4)的葡聚糖。

5.2.4.1 葡聚糖溶液的配制

将选定重均分子量的葡聚糖放入干燥箱内,温度设定为105 ℃,干燥至恒重。准确称取干燥后的葡聚糖1.000 g置于50 mL烧杯中,加水使其溶解,将溶液转移至1 000 mL容量瓶中,再加水至刻度线,摇匀,配制成质量浓度为1 000 mg/L的葡聚糖溶液。

5.2.4.2 葡聚糖标准曲线的绘制

葡聚糖标准曲线的绘制步骤如下:

a) 移取5.2.4.1中配制的葡聚糖溶液2.5 mL、5.0 mL、10.0 mL、20.0 mL、40.0 mL、60.0 mL、80.0 mL、100.0 mL分别于100 mL容量瓶中,加水至刻度线,摇匀,配制成质量浓度分别为25 mg/L、50 mg/L、100 mg/L、200 mg/L、400 mg/L、600 mg/L、800 mg/L、1 000 mg/L的葡聚糖标准溶液;
b) 移取不同浓度的上述标准溶液各20.0 mL分别于50 mL具塞比色管中,分别加入20.0 mL无水乙醇,摇匀,在室温下静置30 min,待用;
c) 用浊度仪分别测定b)中配制溶液的浊度值;
d) 以葡聚糖浓度为横坐标,浊度值为纵坐标,绘制葡聚糖的浓度-浊度标准曲线,并得出线性回归方程。

5.2.4.3 截留率的测试

截留率的测试方法如下：

a） 将待测膜制备成相同规格的3个膜样品，用蒸馏水洗净，待用；

b） 将a）中1个膜样品置于样品池中待测；

c） 准确称取1.000 g选定重均分子量的葡聚糖，加水使其溶解，移入1 000 mL容量瓶中，加水至刻度线，摇匀，配制成质量浓度为1 000 mg/L的葡聚糖溶液，作为测试溶液；

d） 按图A.1所示连接膜测试装置，将测试溶液加入恒温储液槽中；

e） 为减少膜面浓差极化影响，采用错流过滤的方式运行膜测试装置，调节测试水温为25 ℃±0.5 ℃，缓慢调节跨膜压差为0.10 MPa，调节测试系统内膜面流速不低于0.25 m/s，待系统稳定运行10 min后收集滤过液和进料液；

f） 将滤过液和进料液按照5.2.4.2b）、5.2.4.2c）的步骤进行操作，将测试得出的浊度值分别代入5.2.4.2d）的线性回归方程，计算出相应的葡聚糖浓度；

g） 取a）中其余两个膜样品按步骤b）～f）进行平行实验；

h） 按5.2.1.4计算结果。

5.2.5 葡聚糖法——化学需氧量（COD_{Cr}）法

本方法适用于重均分子量为50.0×10^4以上（含50.0×10^4）的葡聚糖。

5.2.5.1 测试溶液的配制

5.2.5.1.1 重铬酸钾标准溶液的配制

按GB/T 11914—1989中4.5.2的方法配制浓度为$c_{(1/6K_2Cr_2O_7)}=0.025\ 0$ mol/L的重铬酸钾标准溶液，此溶液可稀释为$c_{(1/6K_2Cr_2O_7)}=0.010$ mol/L的重铬酸钾氧化液使用。

5.2.5.1.2 1,10-菲绕啉指示剂溶液的配制

按GB/T 11914—1989中4.8的方法配制1,10-菲绕啉指示剂。

5.2.5.1.3 混合氧化液的配制

将重铬酸钾放入105 ℃±1 ℃干燥箱内，干燥至恒重。准确称取干燥后的重铬酸钾4.900 g置于200 mL烧杯中，加166 mL水使其溶解，再加入20.000 g硫酸银，缓慢加入硫酸使硫酸银完全溶解，待冷却后将溶液转移至1 000 mL容量瓶中，用硫酸稀释至刻度线下1 cm处，置于25 ℃±0.1 ℃的恒温水浴中，保温至少1 h，再用水稀释至刻度线，摇匀。

5.2.5.1.4 硫酸亚铁铵标准滴定溶液的配制及标定

硫酸亚铁铵标准滴定溶液临用前，应使用5.2.5.1.1中配制的0.025 0 mol/L重铬酸钾标准溶液标定其浓度，其配制及标定方法如下：

a） 准确称取20.000 g硫酸亚铁铵置于50 mL烧杯中，加水使其溶解，缓慢加入20.0 mL浓硫酸，待冷却后将溶液转移至1 000 mL容量瓶中，加水稀释至刻度线，摇匀；

b） 移取5.2.5.1.1中配制的重铬酸钾标准溶液20.0 mL于锥形瓶中，加入20.0 mL的稀硫酸（按GB/T 223.59—2008中3.2.7的规定配制成硫酸与水的体积比为1∶1的稀硫酸），混匀，冷却后滴加3滴5.2.5.1.2中配制的1,10-菲绕啉指示剂，用硫酸亚铁铵溶液滴定至亮绿转为红褐色，即为终点，再按式（3）计算硫酸亚铁铵溶液标准滴定液的浓度，此溶液可稀释为

$c_{[(NH_4)_2Fe(SO_4)_2 \cdot 6H_2O]}=0.005$ mol/L 的硫酸亚铁铵标准滴定溶液使用；

$$c_{[(NH_4)_2Fe(SO_4)_2 \cdot 6H_2O]}=\frac{0.5}{V} \quad \cdots\cdots(3)$$

式中：

$c_{[(NH_4)_2Fe(SO_4)_2 \cdot 6H_2O]}$——硫酸亚铁铵溶液标准滴定液的浓度，单位为摩尔每升(mol/L)；

V ——滴定时消耗硫酸亚铁铵溶液的体积，单位为毫升(mL)；

0.5 ——还原 0.025 0 mol/L 重铬酸钾标准溶液 20.0 mL 所需的硫酸亚铁铵的物质的量，单位为毫摩尔(mmol)。

5.2.5.1.5 邻苯二甲酸氢钾标准溶液的配制

将邻苯二甲酸氢钾放入 105 ℃±1 ℃的干燥箱内，干燥至恒重。准确称取干燥后的邻苯二甲酸氢钾 0.425 1 g 置于 50 mL 烧杯中，加水使其溶解，将溶液转移至 1 000 mL 容量瓶中，再加水稀释至刻度线，摇匀，配制成理论 COD 值为 500 mg/L 的邻苯二甲酸氢钾标准溶液。

5.2.5.1.6 葡聚糖溶液的配制

按 5.2.4.1 的步骤配制葡聚糖溶液。

5.2.5.2 葡聚糖标准曲线的绘制

葡聚糖标准曲线的绘制步骤如下：

a) 移取 5.2.5.1.6 中配制的葡聚糖溶液 10.0 mL、20.0 mL、40.0 mL、60.0 mL、80.0 mL、100.0 mL 分别于 100 mL 容量瓶中，加水至刻度线，摇匀，配制成质量浓度分别为 100 mg/L、200 mg/L、400 mg/L、600 mg/L、800 mg/L、1 000 mg/L 的葡聚糖标准溶液；
b) 用移液管分别移取 5.2.5.1.3 中配制的混合氧化液 10.0 mL 于不同三角瓶中，再移取不同浓度的上述标准溶液各 5.0 mL 分别于三角瓶中，瓶口盖上小烧杯，放入 160 ℃的干燥箱内，等到温度再次上升至 160 ℃开始计时，保温 30 min 取出，待冷却后向瓶内加入 30.0 mL 蒸馏水，待冷却后滴加 3 滴 5.2.5.1.2 中配制的 1,10-菲绕啉指示剂溶液，用 5.2.5.1.4 中配制的硫酸亚铁铵标准滴定溶液滴定，溶液的颜色由黄色经黄绿色变为红褐色为终点，记下硫酸亚铁铵标准滴定溶液的消耗体积 V_1；
c) 以 5.0 mL 蒸馏水作空白实验，记录空白滴定时消耗硫酸亚铁铵标准滴定溶液的体积 V_0；
d) 校核试验：按测定水样相同步骤测定 5.00 mL 5.2.5.1.5 中邻苯二甲酸氢钾标准溶液的 COD 值，用以检验操作技术及试剂纯度，按 GB/T 11914—1989 中 7.6 给定的方法进行判定；
e) 按式(4)计算上述不同浓度标准溶液的 COD 值，以葡聚糖浓度为横坐标，以测得的 COD 值为纵坐标，绘制葡聚糖浓度与 COD 值标准曲线，并得出线性回归方程。

$$COD=\frac{c(V_0-V_1)\times 8\,000}{V_{样品}} \quad \cdots\cdots(4)$$

式中：

c ——硫酸亚铁铵标准滴定溶液的浓度，单位为摩尔每升(mol/L)；

V_0 ——空白试验所消耗硫酸亚铁铵标准滴定溶液的体积，单位为毫升(mL)；

V_1 ——样品测定所消耗硫酸亚铁铵标准滴定溶液的体积，单位为毫升(mL)；

$V_{样品}$ ——样品体积，单位为毫升(mL)；

8 000 ——(1/4)O_2 的摩尔质量以毫克每升(mg/L)为单位的换算值。

5.2.5.3 截留率的测试

截留率的测试方法如下：

a) 将待测膜制备成相同规格的3个膜样品，用蒸馏水洗净待用；
b) 将a)中1个膜样品置于样品池中待测；
c) 按图A.1所示连接膜测试装置，在测试压力0.10 MPa条件下用蒸馏水清洗，收取滤过液并检测COD，直至检测数值稳定，收集此时的滤过液；
d) 准确称取1.000 g选定重均分子量的葡聚糖，加水使其溶解，移入1 000 mL容量瓶中，加水至刻度线，摇匀，配制成质量浓度为1 000 mg/L的葡聚糖溶液，作为测试溶液；
e) 将测试溶液加入恒温储液槽中，为减少膜面浓差极化影响，采用错流过滤的方式运行膜测试装置，调节测试水温为25 ℃±0.5 ℃，缓慢调节跨膜压差为0.10 MPa，调节测试系统内膜面流速不低于0.25 m/s，待系统稳定运行10 min后收集滤过液和进料液；
f) 用移液管分别移取5.2.5.1.3中配制的混合氧化液10.0 mL于几个三角瓶中，再移取e)中滤过液和进料液各5.0 mL分别置于以上三角瓶中，瓶口盖上小烧杯，放入160 ℃的干燥箱内，等到温度再次上升至160 ℃开始计时，保温30 min取出，待后冷却后向瓶内加入30.0 mL蒸馏水，冷却后滴加3滴5.2.5.1.2中配制的1,10-菲绕啉指示剂溶液，用5.2.5.1.4中配制的硫酸亚铁铵标准滴定溶液滴定，溶液的颜色终点应按照5.2.5.2b)的方法进行判定，记下硫酸亚铁铵标准滴定溶液的消耗体积V_1；
g) 以5.0 mL c)中所得滤过液作参比，进行空白实验，记录空白滴定时消耗硫酸亚铁铵标准滴定溶液的体积V_0，按式(4)计算e)中滤过液和进料液的COD值，将测试得出的COD值分别代入5.2.5.2中e)的线性回归方程，计算出相应的葡聚糖浓度；
h) 测试样品化学需氧量低于100 mg/L时，应使用0.010 mol/L的重铬酸钾氧化液，硫酸亚铁铵标准滴定溶液浓度宜选用0.005 mol/L；
i) 取a)中其余两个膜样品按步骤b)～h)进行平行实验；
j) 按5.2.1.4计算结果。

6 检测报告

检测报告应包括以下内容：
a) 测试样品的材质、类型及生产厂家；
b) 试剂规格；
c) 测试时的室温、相对湿度；
d) 测试项目及所涉及的测试条件、测试结果；
e) 送样日期、测试日期、测试者。

附　录　A
（规范性附录）
超滤膜测试装置示意图

超滤膜测试装置如图 A.1 所示：

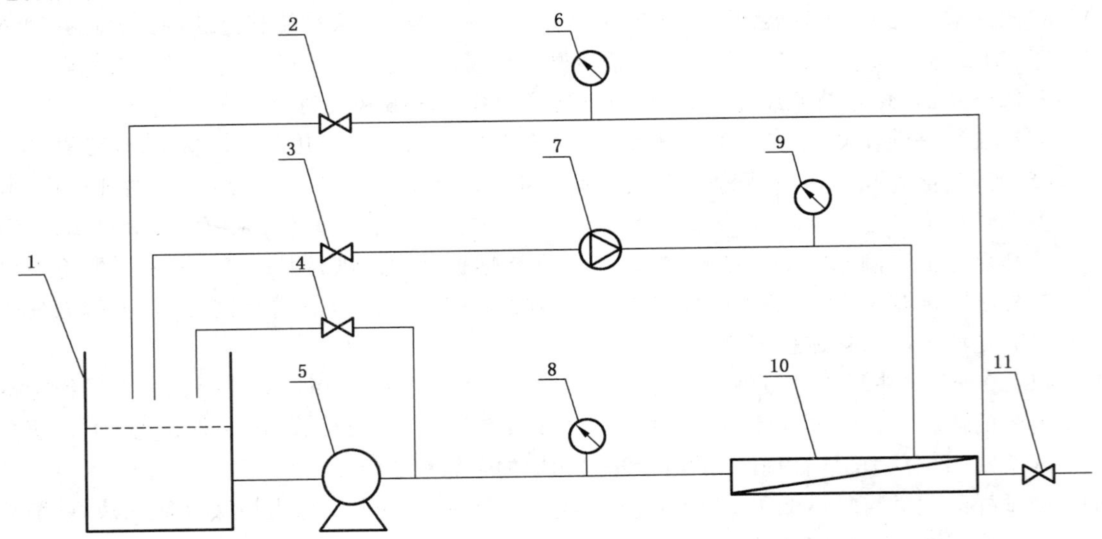

说明：

1　　——恒温储液槽；
2,3,4——调节阀；
5　　——泵；
6　　——压力表；
7　　——流量计；
8,9　——压力表；
10　 ——样品池；
11　 ——调节阀。

图 A.1　超滤膜测试装置示意图

前　　言

为加强城市污水处理厂运行管理，统一管道和设备涂色标准，编制此标准。污水处理厂的管道、设备的设计和日常维护可按本标准规定要求涂色。

本标准在国内首次制定。

本标准由建设部标准定额研究所提出。

本标准由建设部给水排水产品标准化技术委员会归口。

本标准起草单位：建设部城市建设研究院。

本标准主要起草人：吕士健。

中华人民共和国城镇建设行业标准

城市污水处理厂管道和设备色标

CJ/T 158—2002

Colour standard for pipelines and equipments of municipal wastewater treatment plants

1 范围

本标准规定了城市污水处理厂工艺管道和设备的涂色及安全色的要求。

本标准适用于城市污水处理厂和城市污水泵站，其他各类污水处理厂(站)可参照执行。

2 引用标准

下列标准所包含的条文，通过在本标准中引用而构成为本标准的条文。本标准出版时，所示版本均为有效。所有标准都会被修订，使用本标准的各方应探讨使用下列标准最新版本的可能性。

GB 2893—2001 安全色

GB/T 3181—1995 漆膜颜色标准

3 术语

3.1 识别色

用于区分管道中介质的颜色标识。

3.2 保护色

管道识别色采用色环方式时，管道其他部分需防腐，涂料的颜色称保护色。

3.3 管本色

管道识别色采用色环方式时，其他不需要防腐的外露部分称管本色。

4 管道涂色规定

4.1 识别色

4.1.1 城市污水处理厂管道识别色应符合表1的规定。

表1 城市污水处理厂管道识别色

管道名称	颜色	备注
污水管道	宝绿色(BG03)	
污泥管道	棕黄色(YR06)	易采用识别符号
自来水管道	淡绿色(G02)	
回用水管道	天酞蓝色(PB09)	易采用识别符号
热水(蒸汽)管道	海灰色(B05)	易采用识别符号
沼气(燃气)管道	淡黄色(Y06)	易采用识别符号
空气管道	淡酞蓝色(PB06)	
氯气管道	淡棕色(YR01)	易采用识别符号

中华人民共和国建设部2002-06-04批准　　2002-10-01实施

4.1.2 识别色的使用方法，应从以下三种方法中选择一种。

a）涂刷在管道的全长上；

b）在管道上涂刷宽150 mm 的色环；

c）在管道上用识别色胶带缠绕150 mm 色环。

4.1.3 当采用b)和c)方法时，如果管道识别色与保护色或管本色相近不易识别时，应在识别色与保护色或管本色之间用对比明显的白色或黑色涂刷宽50 mm 的色环。

4.1.4 识别色色环应涂刷在所有管路交叉点、阀门和穿孔两侧的管道上以及其他需要识别的部位。

4.1.5 色环的间隔可根据管径的大小分别为50 m、100 m、200 m。

4.2 保护色

4.2.1 保护色应同识别色有明显区别。

4.2.2 城市污水处理厂管道保护色宜符合表2的规定。

表2 城市污水处理厂管道保护色

管道名称	颜　　色	备　　注
污水管道	黑色	
污泥管道	黑色	
自来水管道	海灰色(B05)	
回用水管道	黑色	
热水(蒸汽)管道	海灰色(B05)	
沼气(燃气)管道	铁红色(R01)	
空气管道	白色	
氯气管道	草绿色(GY04)	

4.2.3 下列情况可不考虑保护色的颜色

a）某地区受环境条件影响，必须选用某种只有一种颜色的涂料才能耐用时，可涂该种单色涂料；

b）涂沥青防腐；

c）室外地沟内管道防腐。

4.3 管本色

下列管道为管本色，可不涂保护色。

a）不锈钢管、铝管、塑料管。

b）保温管外包铝板、镀锌板。

c）采用铝筒保温的管道。

5 设备涂色规定

城市污水处理厂设备涂色应符合表3的规定。

表3 城市污水处理厂设备涂色

设备名称	颜　　色
机械隔栅	宝绿色(BG03)
刮泥机	棕黄色(YR06)
除砂机	棕黄色(YR06)
曝气机	淡酞蓝色(PB06)
吊车	中黄色(Y07)

表 3（完）

设备名称	颜　色
鼓风机	淡酞蓝色(PB06)
污泥脱水机	蓝灰色(PB08)
污水泵	宝绿色(BG03)
污泥泵	棕黄色(YR06)
沼气压缩机	淡黄色(Y06)
沼气发电机	淡黄色(Y06)
沼气储罐	银灰色(B04)
阀(闸)门	黑色
手柄(轮)	大红色(R03)
锅炉	银灰色(B04)

6　安全色规定

城市污水处理厂安全色应符合表 4 的规定。

表 4　城市污水处理厂安全色

设施名称	颜　色
污水处理构筑物护栏	黄黑色间隔条纹
污泥处理构筑物护栏	红白色间隔条纹
构筑物扶梯	黄黑色间隔条纹
构筑物走道板	黄黑色间隔条纹
消防水管道及消火栓	红色

7　识别符号

7.1　当数种管道同时出现在一起，有误用可能或易发生安全事故时，管道上应标注介质名称及介质流向。

7.2　介质名称可采用以下方法识别。

a）中文全称；

b）化学符号式或英文全称。

7.3　介质流向应采用对比明显的黑色或白色在管道上涂刷指向箭头。

8　其他

8.1　城市污水处理厂各种管道和设备应每两年涂色一次。

8.2　安全色每年应至少检查一次，当发现颜色有污染或有变化褪色不符合本标准的规定时，应及时涂色。

8.3　本标准未涉及到的管道和设备，可根据本标准的原则规定识别色、保护色和安全色。

8.4　本标准的识别色颜色标准应符合 GB/T 3181 的规定。

8.5　本标准的安全色颜色标准应符合 GB 2893 的规定。

前　　言

本标准由建设部给水排水标准定额研究所提出。

本标准由建设部给水排水产品标准化技术委员会归口。

本标准起草单位:本标准由蓝星水处理技术有限公司、上海一鸣过滤技术有限公司负责起草;杭州水处理技术中心、无锡市超滤设备厂、多元水环保技术产业(中国)有限公司参加起草。

本标准主要起草人:马炳荣、张桂英、黄金钟、黄夫照、李素琴。

中华人民共和国城镇建设行业标准

微 滤 水 处 理 设 备 CJ/T 169—2002

Microfiltration water treatment equipment

1 范围

本标准规定了微滤水处理设备的有关定义、规格与型号、要求、试验方法、检验规则、标志、包装、运输与储存。

本标准适用于水处理中使用的微孔滤膜过滤水处理设备(以下简称设备)。

2 引用标准

下列标准所包含的条文,通过在本标准中引用而构成为本标准的条文。本标准出版时,所示版本均为有效。所有标准都会被修订,使用本标准的各方应探讨使用下列标准最新版本的可能性。

GB 191—2000 包装储运图示标志

GB 4706.1—1998 家用和类似用途电器的安全 第一部分:通用要求

GB 9969.1—1998 工业产品使用说明书 总则

GB/T 13384—1992 机电产品包装通用技术条件

GB/T 17219—1998 生活饮用水输配水设备及防护材料的安全性评价标准

GB 50235—1997 工业金属管道工程施工及验收规范

CJ/T 119—2000 反渗透水处理设备

HG 20520—1992 玻璃钢/聚氯乙烯(FRP/PVC)复合管道设计规定

3 定义

本标准采用下列定义。

3.1 微滤 microfiltration

利用孔径为0.05～10 μm的微孔滤膜为过滤介质,以压力差为驱动力,达到浓缩和分离目的的一种过滤技术。

3.2 微滤水处理设备 microfiltration water treatment equipment

利用微滤技术形成的水处理设备。

3.3 产水量 water flux

在一定的温度和压力下,单位时间内通过设备的渗透水(渗透水定义见CJ/T 119)体积总量,单位m^3/h。

3.4 过滤精度 filtration precision

设备所能截留的达到额定过滤效率的最小颗粒粒径,单位μm。

3.5 过滤效率 filtration efficiency

设备对额定过滤精度颗粒的截留数量与过滤前同种颗粒总数量之比,以百分比表示。

中华人民共和国建设部2002-11-09批准 2003-01-01实施

4 规格与型号

4.1 规格

设备规格以规定的操作条件下初始产水量来分类(m^3/h)。

4.2 型号

4.2.1 设备型号由设备代号、滤膜种类代号、产水量、过滤精度与效率代号、膜元件构型代号组成。

4.2.2 设备型号

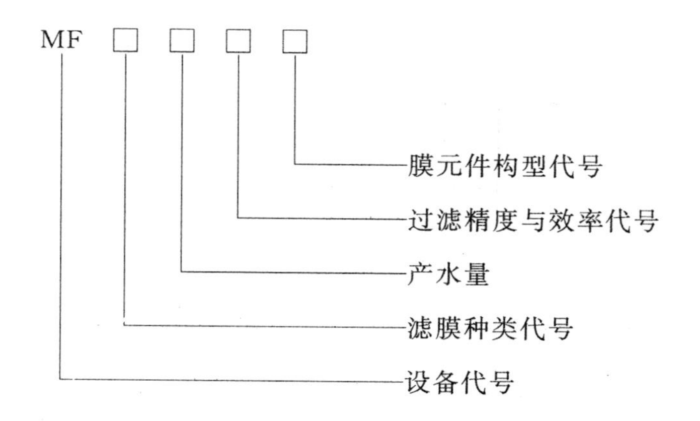

4.2.3 设备代号

设备代号以微滤英文缩写字母表示,即MF。

4.2.4 滤膜种类代号

滤膜种类代号以膜材质的英文缩写(高分子及高分子合金)、牌号(金属合金)、元素符号或化学式(金属单质、陶瓷)表示,见表1。

表1 常见滤膜种类代号

名　称	代　号
尼龙6微孔滤膜	N_6
聚醚砜微孔滤膜	PES
聚偏氟乙烯微孔滤膜	PVDF
聚四氟乙烯微孔滤膜	PTFE
二醋酸纤维素微孔滤膜	CA
三醋酸纤维素微孔滤膜	CTA
混合纤维素微孔滤膜	CA-CN
316L不锈钢微孔滤膜	SS316L
钛金属微孔滤膜	Ti
氧化铝陶瓷微孔滤膜	Al_2O_3
氧化锆陶瓷微孔滤膜	ZrO_2
注:未列出的滤膜种类代号依此类推	

4.2.5 产水量

设备的产水量以阿拉伯数字表示,单位为m^3/h。

4.2.6 过滤精度与效率代号

过滤精度与效率代号以过滤精度代号×过滤效率代号表示。

4.2.6.1 过滤精度代号

过滤精度代号以阿拉伯数字表示，见表 2。

表 2 常见过滤精度代号

过滤精度/μm	代　　号
0.2	02
0.5	05
0.8	08
0.22	022
0.45	045
0.65	065
1.0	10
3.0	30
10	100
注：未列出的过滤精度代号依此类推	

4.2.6.2 过滤效率代号

过滤效率代号以阿拉伯数字表示，见表 3。

表 3 常见过滤效率代号

过滤效率/%	代　　号
99	99
99.9	999
99.99	9999
注：未列出的过滤精度代号依此类推	

4.2.7 膜元件构型代号

膜元件构型代号以汉语拼音字母表示，见表 4。

表 4 常见膜元件构型代号

构　　型	代　　号
管式	G
折叠式	Zd
中空纤维式(毛细管式)	Zk
板框式	B
卷式	J

4.2.8 设备型号示例

MF N_6-5-022×999-Zd

指微孔滤膜材质为尼龙 6，产水量为 5 m^3/h，过滤精度为 0.22 μm，过滤效率为 99.9%的折叠式膜元件微滤水处理设备。

5 要求

5.1 设备的主要性能产水量、过滤精度、过滤效率应达到设计的额定值。

5.2 设备的结构应合理、紧凑。

5.3 设备所采用的元器件如膜元件、泵、管阀件、仪器仪表等均应符合有关的标准或规范。

5.4　用于生活饮用水处理的设备，其与水接触的材料应符合 GB/T 17219 的规定。

5.5　设备的机架应安装牢固、焊缝平整，如用油漆，涂层应均匀。

5.6　设备的管道应安装平直、布局合理、无渗漏。金属管道安装与焊接应符合 GB 50235 的规定，塑料管道安装及连接应符合 HG 20520 的规定。

5.7　设备的电控部分应动作可靠。

5.8　设备的泵的安装应平稳、牢固，运行时不得有异常振动。

5.9　设备的电气安全应符合 GB 4706.1 的规定。

6　试验方法

6.1　外观检测

外观检验应符合 5.2、5.5、5.6、5.8 的有关要求。

6.2　渗漏试验

6.2.1　试验前设备上的压力表、安全装置、阀门等附件应配置齐全，且检验合格。压力表的精度为 0.4 级。

6.2.2　试验所用的液体应是渗透水。

6.2.3　试验时，缓慢升压至工作压力的 1.25 倍，并保持 10 min，试验结果应符合 5.6 的规定。

6.3　产水量的测定

6.3.1　测试前，设备上的流量计、压力表、阀门等附件应配置齐全，且检验合格。流量计的精度为 2.5 级。

6.3.2　试验所用的液体为渗透水，温度为 25℃。

6.3.3　测定时，缓慢升压，将膜元件上、下游压力差调至 0.02 MPa，观察流量计中的液体，待液体中无气泡后，在流量计上读出对应的渗透水体积量，其结果应符合 5.1 的规定。

6.4　过滤精度与过滤效率的测定

6.4.1　用与额定过滤精度同粒径的标准粒子配制测试液。设备的过滤精度与过滤效率是由膜元件的过滤精度与过滤效率决定的，由膜元件生产企业提供，如有争议，用下列方法仲裁。

6.4.2　用经国家有关部门认可的过滤效率测试仪进行过滤效率的测试。

6.4.3　测试时，在设备进出口处采取同体积样品，且用效率测试仪检测单位体积中标准粒子的数量。

6.4.4　测试过程应符合所用过滤效率测试仪技术条件的规定。

6.4.5　过滤效率按式(1)计算：

$$\eta = \frac{n_1 - n_2}{n_1} \times 100\% \qquad \cdots\cdots(1)$$

式中：η——过滤效率；

n_1——设备进口单位体积中的标准粒子数；

n_2——设备出口单位体积中的粒子数。

6.4.6　配制测试液的标准粒子粒径，即为设备的过滤精度。

6.5　电控检验

电控检验按设计规定的项目和要求逐项检验，其结果应符合 5.7 规定。

6.6　电气安全的测定

电气安全按 GB 4706.1 的相关规定进行测定，其结果应符合 5.9 的规定。

7　检验规则

7.1　设备检验分为出厂检验和型式检验。

7.2　出厂检验

7.2.1 每台设备经制造厂质量检验部门检验合格,并附有产品合格证方能出厂。

7.2.2 出厂检验项目和检验方式按表5的规定进行。

表5 出厂检验

序号	检验项目	要求的条款号	试验方法的条款号	检验方式
1	外观	5.2、5.5、5.6、5.8	6.1	逐台检验
2	渗透	5.6	6.2	
3	产水量	5.1	6.3	
4	过滤精度及过滤效率	5.1	6.4	
5	电控	5.7	6.5	
6	电气安全	5.9	6.6	

7.3 型式检验

7.3.1 在下列情况之一时,应进行型式检验:

(1) 正式生产后,如结构、材料、工艺有重大改变,可能影响产品性能时;

(2) 正式生产时,每年至少进行一次;

(3) 转厂或停产半年后复产时;

(4) 合同规定时;

(5) 国家质量监督检验部门提出要求时。

7.3.2 型式检验应从出厂检验合格的产品中随机抽取两台设备,型式检验的项目按第5章的规定进行。型式检验的方法按第6章的规定进行。

7.4 判定规则

7.4.1 出厂检验和型式检验符合本标准的全部规定,判为合格。

7.4.2 任何检验项目不符合规定,判为不合格。型式检验不合格时,制造厂应找出产生不合格的原因,并加以改进,改进后应再次进行型式检验。型式检验合格后方能生产。

8 标志、包装、运输与储存

8.1 标志

8.1.1 每台设备的明显位置应有产品标志牌。

8.1.2 标志牌应有下列内容:

——设备名称、型号;

——商标;

——生产日期和批号;

——生产企业名称、地址。

8.1.3 设备包装容器或外表上的包装储运图示标志及其他标志应符合GB 191的规定。

8.1.4 使用说明书:设备使用说明书的编写应符合GB 9969.1的规定。

8.2 包装

8.2.1 设备的包装应符合GB/T 13384的规定。

8.2.2 设备随机文件:

——产品合格证;

——使用说明书;

——技术文件。

8.3 运输

8.3.1 设备运输方式应符合合同规定。

8.3.2 设备不得与有毒、腐蚀性、易挥发或有异味的物品混装运输。

8.3.3 搬运时应轻装轻卸，严禁抛扔、撞击。

8.3.4 运输过程中不得雨淋、受潮、曝晒。

8.4 储存

8.4.1 设备应储存在阴凉、干燥、通风的库房内，严禁露天堆放、日晒、雨淋或靠近热源，注意防火。

8.4.2 设备不得与有毒、腐蚀性、易挥发或有异味的物品同库储存。

8.4.3 设备应放在木质垫板上，离地面、墙面的距离不应小于10 cm。

8.4.4 膜元件储存温度为5℃～40℃。

前　言

本标准参考了美国 ASTM E1343—1990《截留分子量评价超滤膜》、ASTM D5090—1990《超滤渗透流速》标准化标准试验资料，日本标准化协会 JIS K3821—1990《超滤组件纯水透过滤》的试验方法。

本标准由建设部标准定额研究所提出。

本标准由建设部给水排水产品标准化委员会归口。

本标准由蓝星水处理技术有限公司、天津工业大学膜天膜工程技术有限公司负责起草；山东招远膜天集团有限公司、上海恒通水处理工程有限公司、北京天元恒业水处理有限公司、无锡超滤设备厂、多元水环保技术产业(中国)有限公司参加起草。

本标准起草人：魏建敏、温建波、王立国、陈伟、李明、黄夫照、李素琴。

中华人民共和国城镇建设行业标准

超滤水处理设备

CJ/T 170—2002

Ultrafiltration water treatment equipment

1 范围

本标准规定了超滤水处理设备的产品规格与型号、技术要求、试验方法、检验规则、标志、包装、运输与储存。

本标准适用于水处理的超滤设备。

2 引用标准

下列标准所包含的条文，通过在本标准中的引用而构成为本标准的条文。本标准出版时，所示版本均为有效。所有标准都会被修订，使用本标准的各方应探讨使用下列标准最新版本的可能性。

GB 191—2000 包装储运图示标志

GB 9969.1—1998 工业产品使用说明书 总则

GB/T 13384—1992 机电产品包装通用技术条件

GB/T 17219—1998 生活饮用水输配水设备及防护材料的安全性评价标准

JB 2932—1986 水处理设备制造技术条件

3 定义

本标准采用下列定义。

3.1 超滤 ultrafiltration

超滤是浓缩和分离大分子或胶体物质的技术。以压力为驱动力，水或水溶液流经超滤膜时，固体可溶性大分子或胶体物质被截留，水或溶液透过膜的过程。

3.2 产水量 water flux

在规定的运行压力下，单位时间内透过超滤设备的产品水的体积。

3.3 切割分子量 cut-off molecule weight

在常温和规定压力差下，超滤膜对某一已知分子量物质的截留率达到设计要求时，则该物质的分子量作为该膜的截留分子量。用以表征膜的分离能力。

3.4 截留率 rejection

膜截留率溶质占溶液中该溶质的比率。

4 产品规格与型号

4.1 产品规格

超滤水处理设备规格由设备的初始产水量(m^3/h)来表示。

4.2 型号

超滤水处理设备的型号由代号和阿拉伯数字按下列规则排列组成。

中华人民共和国建设部 2002-11-09 批准　　2003-01-01 实施

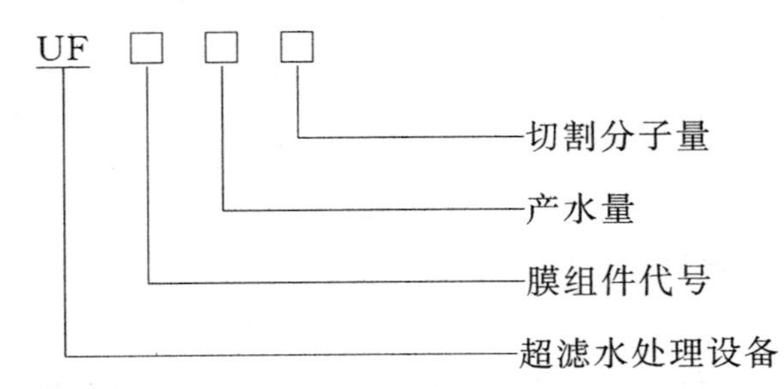

4.2.1 膜组件代号：膜组件代号见表1。

表1 膜组件代号

名 称	代 号
中空纤维膜组件	H
卷式膜组件	S
管式膜组件	T
板式膜组件	F

4.2.2 超滤水处理设备的产水量表示为在规定条件下新设备的产水量，以阿拉伯数字表示，其单位为m^3/h。

4.2.3 超滤水处理设备的切割分子量是指整体设备在规定条件下对某一已知分子量物质的截留率达到设计要求，则该物质的分子量值作为该超滤水处理设备的切割分子量值，以阿拉伯数字表示，单位为万道尔顿。

5 要求

5.1 基本要求

5.1.1 超滤水处理设备的制造应符合 JB 2923 的规定，应结构合理、焊缝平整；泵、管道、框架等元器件安装应符合 JB 2923 规定的要求。

5.1.2 超滤水处理设备所选用的材料和外构件应符合 GB/T 17219 的规定。

5.2 技术指标

5.2.1 超滤水处理设备的耐压性能、防腐性能、防渗漏性能应符合设计的规定。

5.2.2 超滤水处理设备的产水量在膜元件额定压力(25℃)下应大于或不小于设计的额定值。

5.2.3 设备中膜对规定切割分子量物质的截留率应达到设计的额定值 85%以上。

5.2.4 超滤水处理设备的电动(气动)系统应转动灵活、平稳、无卡阻。

5.2.5 超滤水处理设备的电控设备应控制灵敏，具有自动保护功能。

5.2.6 设备运转噪声不大于 80 dB。

6 试验方法

6.1 外观检测 用目测方法检测设备的外观：

6.1.1 结构是否合理，各构件连接是否符合设计图纸的要求。

6.1.2 焊缝是否平整，有无夹渣，防腐涂层是否均匀，有无皱纹、粘附颗粒杂质和明显刷痕等缺陷。

6.1.3 用水平仪测量设备框架及相关管线，其水平方向和垂直方向均应符合要求。

6.1.4 用水平仪测量泵的安装，不得有偏斜。

6.1.5 超滤膜组件的检测应符合 5.1.3 要求。

6.2 产水量的测定

在 25℃温度下，将生活饮用水注入原料罐中，以装置的泵为动力源启动装置，使生活饮用水通过膜组件，调节膜压差（浓缩液与透过液出口间压力差）为 0.1 MPa 时，透过液流量计显示的数值即为该装置的产水量。

6.3 截留率的测定

取所选用的膜组件的最低截留率为该装置的截留率。

6.4 耐压试验

6.4.1 耐压试验前，设备上的流量计、压力表、安全装置、阀门等附件应配备齐全，且检查合格。

6.4.2 所用液体应是设备实际使用温度下的生活饮用水。

6.4.3 试压时，缓慢升压到工作压力的 50%，进行渗漏检查；然后升压到规定工作压力的 1.25 倍，保持 30 min，压降不得超过 5%。

6.5 密封试验

超滤水处理设备密封性试验应采用精度为 0.4 级的压力表，按 6.4.3 的规定缓慢升压至工作压力的 1.25 倍，保持 30 min，检查各接头是否有渗漏。

6.6 超滤水处理设备的电动（气动）和电控设备通电（通气）前应先手动检验，设备应转动灵活、平稳、无卡阻，通电后检验电控系统控制是否灵敏，止、动是否可靠。

6.7 超滤水处理设备的噪声检测按有关规定进行。

7 检验规则

超滤水处理设备应逐台检验，检验分出厂检验和型式检验。

7.1 出厂检验

7.1.1 每台设备均应经厂质量检验部门检验合格并签发合格证后方可出厂。

7.1.2 出厂检验项目包括外观、电动（电气）设备、电控设备性能、耐压性能、密封性能、产水量。

7.1.3 出厂检验按第 6 章规定的方法进行。

7.2 型式检验

7.2.1 当有下列情况之一时进行型式检验。

a）新产品鉴定时。

b）设备工艺、材料有较大变化，并有可能影响产品性能时。

c）设备正常生产时，每隔五年进行一次。

d）停产一年以上恢复生产时。

7.2.2 检验项目应符合 5.1 和 5.2 的要求。

7.2.3 型式检验按第 6 章规定的试验方法进行。

7.2.4 型式检验由检验部门负责，设计部门参加。

7.3 判定规则

7.3.1 出厂检验和型式检验结果应符合技术要求 5.1、5.2 的规定。

7.3.2 任何检验项目不符合规定，则判定为不合格。

8 标志、包装、运输与储存

8.1 标志

8.1.1 在超滤水处理设备的明显位置应有产品标志牌。

8.1.2 标志牌应有下列内容：

a）产品名称和型号；

b）生产厂名及厂址；

c）设备的主要技术参数：额定产水量、切割分子量、操作压力、装机功率；

d）出厂日期和编号。

8.1.3 设备包装储运图示标志应符合 GB 191 规定。

8.2 包装

8.2.1 超滤水处理设备的包装应符合 GB/T 13384 的规定。注意设备接头、管口部位及仪器仪表的保护。

8.2.2 超滤水处理设备随机文件：

a）装箱单；

b）设备检验合格证；

c）使用说明书，使用说明书的编写应符合 GB 9969.1 的规定。

8.3 运输

超滤水处理设备运输方式符合合同规定，注意轻装、轻卸，防止碰撞和剧烈颠簸。

8.4 储存

超滤水处理设备在储存时注入保护液，保存在 5℃～45℃的通风干燥、无腐蚀、无污染的场所，不得曝晒、雨淋。

ICS 91.140
P 41

中华人民共和国城镇建设行业标准

CJ/T 279—2008

生活垃圾渗滤液碟管式反渗透处理设备

Disk-Tube reverse osmosis equipment for domestic waste leachate treatment

2008-06-03 发布 2008-10-01 实施

中华人民共和国住房和城乡建设部 发布

前　言

本标准的附录 A 为资料性附录。

本标准是根据碟管式反渗透渗滤液处理设备的设计和调试需要，参考 GB/T 19249—2003《反渗透水处理设备》，根据碟管式反渗透渗滤液处理设备的特点而编写。

本标准由住房和城乡建设部标准定额研究所提出。

本标准由住房和城乡建设部城镇环境卫生标准技术归口单位上海市市容环境卫生管理局归口。

本标准负责起草单位：沈阳市环境卫生工程设计研究院。

本标准参加起草单位：北京天地人环保科技有限公司、瓦房店垃圾处理厂、沈阳市大辛生活垃圾处理场。

本标准主要起草人：吉崇喆、王如顺、郑晓宁、齐小力 、金志英、隋儒楠、贾晓辉、李悦。

本标准为首次发布。

生活垃圾渗滤液碟管式反渗透处理设备

1 范围

本标准规定了生活垃圾渗滤液碟管式反渗透处理设备(以下简称设备)的产品分类与型号、要求、试验方法、检验规则、标志、包装、运输及贮存。

本标准适用于采用碟管式反渗透技术处理生活垃圾渗滤液的水处理设备。

2 规范性引用文件

下列文件中的条款通过本标准的引用而成为本标准的条款。凡是注日期的引用文件,其随后所用的修改单(不包括勘误的内容)或修订版均不适用于本标准,然而,鼓励根据本标准达成协议的各方研究是否可使用这些文件的最新版本。凡是不注日期的引用文件,其最新版本适用于本标准。

GB 150　钢制压力容器

GB/T 191　包装储运图示标志

GB 7251　低压成套开关设备和控制设备

GB 9969.1　工业产品使用说明书　总则

GB/T 19249　反渗透水处理设备

GB 50205　钢结构工程施工质量验收规范

GB 50235　工业金属管道工程施工及验收规范

HJ/T 91　地表水和污水监测技术规范

HG 20520　玻璃钢/聚氯乙烯(FRP/PVC)复合管道设计规定

3 术语和定义

GB/T 19249 确立的以及下列术语和定义适用于本标准。

3.1

碟管式反渗透膜组件　disk tube reverse osmosis membrane module

由碟管式膜片、水力导流盘、O 型橡胶圈、唇形密封圈、中心拉杆和耐压套筒所组成,是专门用来处理高浓度污水的膜组件。

3.2

去除率　cleaning efficiency

表明设备对废水某一项指标的去除效率。

3.3

石英砂式过滤器　silica sand filter

滤料为石英砂,用来除去原水中悬浮物、胶体、泥砂、铁锈等的石英砂式过滤器。

3.4

芯式过滤器　cartridge filter

由过滤精度小于或等于 10 μm 的微滤滤芯构成的过滤器,装在膜柱前,对膜起保护作用。

3.5

淤塞指数(SDI_{15})　blockage index

淤塞指数是表示反渗透进水中悬浮物、胶体物质的浓度和过滤特性,是反渗透进水检测指标之一。

4 产品分类与型号

4.1 产品分类

产品分两类：

a) 常压反渗透渗滤液处理设备；

b) 高压反渗透渗滤液处理设备。

4.2 产品型号

4.2.1 产品型号以碟管式反渗透的英文字头 DTRO 和设备的类别代号、规格代号、控制方式代号和反渗透的级数代号组合而成：

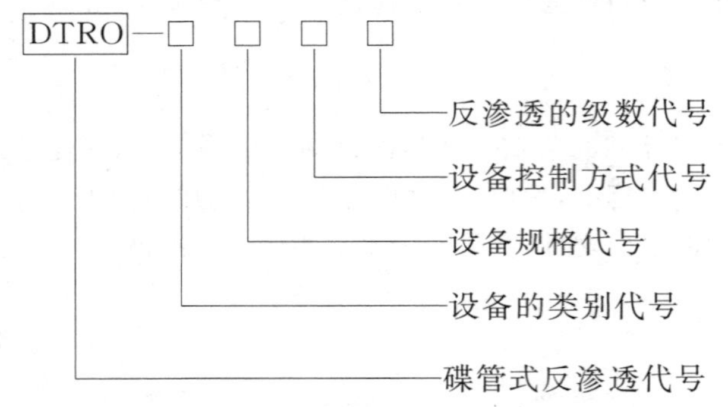

4.2.2 设备类别代号(用汉语拼音字头表示)：

C——常压反渗透渗滤液处理设备；G——高压反渗透渗滤液处理设备。

4.2.3 设备的规格代号按设备的日额定处理量[m^3/d(24 h、25℃水温计，以下同)]的不同分为以下八类(以阿拉伯数字表示)：

1——≤1.0 m^3/h (24 m^3/d)；

2——≤2.0 m^3/h(48 m^3/d)；

3——≤4.0 m^3/h(96 m^3/d)；

4——≤6.0 m^3/h(144 m^3/d)；

5——≤13.0 m^3/h(312 m^3/d)；

6——≤30.0 m^3/h(720 m^3/d)；

7——≤40.0 m^3/h(960 m^3/d)；

8——≤83.0 m^3/h(2 000 m^3/d)。

4.2.4 设备控制方式代号(以阿拉伯数字表示)：

1——连续半自动系统；2——批次全自动系统；3——批次半自动系统；4——连续全自动系统。

4.2.5 反渗透的级数代号(以阿拉伯数字表示)：

1——一级反渗透；2——二级反渗透；3——三级反渗透。

4.2.6 型号示例：

DTRO-C111 表示：用碟管式反渗透膜构成的常压一级连续半自动反渗透渗滤液处理设备，额定处理量为 24 m^3/d。

5 要求

5.1 设备的使用条件

5.1.1 为确保设备正常运行，设备的进水应满足如下要求：

a) 淤塞指数 SDI_{15}<20；

b) 游离余氯：<0.1 mg/L；

c) 悬浮物 SS<1 500 mg/L；

d) 化学需氧量 CODcr<35 000 mg/L;

e) 氨氮 NH_3-N<2 500 mg/L;

f) 总溶解性固体 TDS<40 000 mg/L。

5.1.2 操作温度、操作压力:

a) 操作温度:运行温度范围 5℃～45℃;当超过 45℃时应增加冷却装置,低于 5℃时应要预热装置。

b) 操作压力:根据工艺要求,常压级反渗透操作压力不应大于 7.5 MPa;高压反渗透操作压力不应大于 12.0 MPa 或 20.0 MPa。

5.1.3 为保护设备正常运行,设备要求供电方式应为三相五线制,接地电阻应小于 4 Ω。

5.2 生活垃圾渗滤液蝶管式反渗透处理设备性能指标

a) 脱盐率大于等于 97%。

b) CODcr 的去除率大于等于 96%。

c) NH_3-N 的去除率大于等于 90%。

d) 原水回收率:

——原水电导率小于等于 1 000 μS/cm,原水回收率大于等于 90%;

——原水电导率小于等于 5 000 μS/cm,原水回收率大于等于 85%;

——原水电导率小于等于 15 000 μS/cm,原水回收率大于等于 80%;

——原水电导率小于等于 20 000 μS/cm,原水回收率大于等于 75%。

原水含盐量更高时,原水回收率按具体设计。

e) 根据工艺进出水质具体要求,可采取一级碟管式反渗透设备、二级碟管式反渗透设备或三级碟管式反渗透设备。为提高原水回收率可增加高压级碟管式反渗透设备。

5.3 原材料要求

5.3.1 反渗透膜组件、泵、各种管道、仪表等设备构件,均应符合相应的标准和规范要求;

5.3.2 凡与渗滤液接触的部件的材质不应与渗滤液产生任何有害物理化学反应,必要时采取适当的防腐及有效保护措施,不应污染水质,应符合有关安全标准的要求。

高压部分采用 316 L 材质公称压力 PN 100 的不锈钢管件和阀门;低压部分采用 PN 10 的 UPVC 管件和阀门。

低压管路设计压力:PN 10;

高压管路设计压力:常压反渗透为 PN 100;高压反渗透为 PN 160 或 PN 200。

5.4 外观

5.4.1 设备应设计合理,外观结构紧凑、美观,占地面积及占用空间小。

5.4.2 设备主机架安装牢固,焊缝平整,水平及垂直方向公差应符合国家标准的要求,涂层均匀、美观、牢固、无擦伤、无划痕,符合 GB 50205 标准。

5.5 组装技术要求

5.5.1 设备组装按系统组装工艺规定进行;各部件连接处均应结构光滑平整、严密、不渗漏。

5.5.2 管道安装平直,走向合理,符合工艺要求,接缝紧密不渗漏,塑料管道、阀门的连接应符合 HG 20520规定,金属管道安装与焊接应符合 GB 50235 的要求。设备与外界接口尽量集中布置,并标明接口流向,名称和管径。

5.6 仪器仪表、自动控制、电气安全

5.6.1 设备配备的仪器、仪表的量程和精度应满足设备性能的需要,符合有关规定,接口不应有任何泄漏,显示部分集中布置。

5.6.2 自动化控制灵敏,遇故障应立即止动,具有自动安全保护功能。

5.6.3 电气控制柜应符合国家现行标准的规定,安装应便于操作,符合 GB 7251 要求。

5.6.4 各类电器接插件的安装应接触良好，操作盘、柜、机、泵及相关设备均应有安全保护措施，保证电气安全。

5.7 **设备安装**

设备安装见附录A。

5.8 **设备清洗**

设备应设有化学清洗系统或接口，采用碱性清洗剂、酸性清洗剂定期进行清洗。

6 试验方法

6.1 目测检验

6.1.1 目测外观结构是否合理，各构件联接应符合设计图纸的要求。

6.1.2 目测涂层是否均匀，是否存在皱纹、是否粘附颗粒杂质和明显刷痕等缺陷。

6.1.3 用水平仪测量主机框架，容器、泵及相应管线，其水平方向和垂直方向均应符合设计图样和相关标准要求。

6.2 设备性能测试

6.2.1 脱盐率的测定

根据需要，设备脱盐率，可采用下列两种方法之一种进行测定。

a) 重量法(仲裁法)

按HJ/T 91规定的溶解性总固体检测方法测量原水和渗透水含盐量，然后采用式(1)计算，保留三位有效数字：

$$R=\frac{C_f-C_p}{C_f}\times 100\% \qquad (1)$$

式中：

R——脱盐率，%；

C_f——原水含盐量，mg/L；

C_p——渗透水含盐量，mg/L。

b) 电导率测定法

电导率测定是用电导率仪测定原水电导和渗透水电导率，然后采用式(2)计算，保留三位有效数字：

$$R=\frac{C_1-C_2}{C_1}\times 100\% \qquad (2)$$

式中：

R——脱盐率，%；

C_1——原水电导率，μS/cm；

C_2——渗透水电导率，μS/cm。

6.2.2 原水回收率的测定

原水回收率可用渗透水流量、原水流量、浓缩水流量按式(3)或式(4)进行计算，保留三位有效数字：

$$Y=\frac{Q_p}{Q_f}\times 100\% \qquad (3)$$

或

$$Y=\frac{Q_p}{Q_p+Q_r}\times 100\% \qquad (4)$$

式中：

Y——原水回收率，%；

Q_p——渗透水流量，m^3/h；

Q_f——原水流量，m^3/h ；

Q_r——浓缩水流量，m^3/h 。

6.2.3　化学需氧量CODcr去除率的测定

$$E=\frac{E_f-E_p}{E_f}\times 100\% \qquad \cdots\cdots(5)$$

式中：

E——去除率，%；

E_f——原水化学需氧量，mg/L；

E_p——渗透水化学需氧量，mg/L。

6.2.4　氨氮NH_3-N的去除率

氨氮NH_3-N的去除率计算方法与6.2.3相同。

6.3　液压试验

按GB 150的规定使系统试验压力为设计压力的2.5倍，但不应小于0.6 MPa；保压30 min；检验系统焊缝及各连接处有无渗漏和异常变形。试验用压力表的精度为1.5级。

6.4　自动保护功能检测

调节供水泵控制阀、浓水阀，当高压泵调到最低进水压力、出水压力、最高设计压力时，检查自动保护止动的效果。必要时检查防止水锤冲击的保护措施是否有效。

6.5　运行试验

6.5.1　试运行

本运行试验适用于碟管式膜。

按照设备安装图、工艺图、电器原理图、接线图，对设备系统进行全面检查，确认其安装正确无误，在微滤滤芯未放入保安滤器内，打开电源开关，启动供水泵，对反渗透系统进行循环冲洗，检查系统渗漏情况，压力表及其他仪表工作情况和电气安全及接地保护是否有效，冲洗直至清洁为止。将石英砂按设计高度装入砂滤器，手动启动供水泵将石英砂冲洗干净；将微滤滤芯放入保安过滤器的外壳内冲洗干净。

6.5.2　运行试验

设备经试运行之后，开启总电源开关，将运行开关旋钮置于开启位置。反渗透装置开始运行，根据运行情况，供水泵开始运转，高压泵按控制时间启动，系统开始升压产水，调整系统调节阀，达到设计参数，设备运行试验不宜少于72 h，运行期间检查供水泵、高压泵运转是否平稳，产水与排浓缩水情况是否正常，自动控制是否灵敏，电气是否安全，自动保护是否可靠。按6.2的规定检查渗透水的电导率，确定设备脱盐率、原水回收率、CODcr去除率、NH_3-N去除率是否达到要求。

6.6　液压试验和设备脱盐率测定

液压试验和设备脱盐率测定可在厂内进行；为保证运行试验的准确性，原水回收率、CODcr去除率、NH_3-N、SS去除率试验应在安装现场进行。

7　检验规则

7.1　设备应逐台检验。

7.2　检验分类：出厂检验。

7.3　出厂检验

7.3.1　每台出厂的设备均应按表1的规定进行目测检验、液压试验和运行试验。

表 1　出厂检验

序　号	检　验　项　目	对应的要求条款号	试验方法条款号	检　验　方　式
1	目测检验	5.3;5.4	6.1	逐台检验
2	液压试验	5.2;5.4	6.3	逐台检验
3	运行试验	5.1;5.4～5.7	6.2;6.5	逐台检验

7.3.2　判定规则：试验结果符合本标准的规定判为合格。

8　标志、包装、运输、贮存

8.1　标志

设备上面必须有标志牌，其内容包括：

a)　设备名称及型号；

b)　处理规模；

c)　最大操作压力，单位：MPa；

d)　设备编号；

e)　出厂日期；

f)　生产厂名称；

g)　设备总质量，单位：kg；

h)　设备尺寸(长×宽×高)；单位：mm；

i)　设备功率，单位：kW；

j)　电源电压。

8.2　包装

8.2.1　设备出厂包装时，应擦干水分，所有接头、管口、法兰面全部封住。

8.2.2　装箱前，所有仪器、仪表应加以保护。

8.2.3　设备应采用适当材料包装，适合长途转运，包装的结构和性能应符合有关规定。

8.2.4　设备包装箱内应有随机文件，包括：

a)　设备主要零部件清单；

b)　设备使用说明书，使用说明书按 GB 9969.1 规定编写；

c)　设备检验合格证。

8.2.5　包装箱外应标明：品名、生产厂名称、通讯地址、电话，按 GB/T 191 规定标明“易碎物品”、“向上”、“怕晒”、“怕雨”、“禁止翻滚”、“重心”等图示标志。

8.3　贮存

8.3.1　设备中已装入湿态膜的，应注满保护液贮存于干燥防冻的仓库内，并定期更换保护液，避免日晒和雨淋。

8.3.2　反渗透膜、泵等主要零部件应贮存在清洁干燥的仓库内，防止受潮变质，环境温度低于 4℃时应采取防冻措施。

8.4　运输

设备的运输应轻装轻卸，途中不应拖拉、摔碰。

附 录 A
（资料性附录）
设 备 安 装

A.1 泵的安装

泵安装平稳。高压泵进、出口分别设有低压保护和高压保护。检查进出口的流向与实际是否一致。对于大功率泵，注意做好减震措施。

A.2 UPVC管路的安装

UPVC管路宜采用承差粘接形式连接。对于粘接部分用PVC清洗剂擦拭后涂胶，待部分溶剂挥发而胶着性增强后，插入保持；要求胶水充满承差间隙，无针孔等缺陷。

A.3 不锈钢管路的安装

A.3.1 不锈钢管路的工程施工及验收规范符合GB 50235。

A.3.2 焊接方式按设计要求的焊接工艺卡，焊缝表面不得出现咬边、裂纹、气孔等缺陷。

A.3.3 管路需试压，试验压力按设计要求；焊后酸洗钝化。

A.4 反渗透膜的保护系统

反渗透膜的保护系统安全可靠，必要时应有防止水锤冲击的保护措施；膜元件渗透水侧压力不得高于0.3 MPa；设备关机时，应将膜内的浓缩水冲洗干净；停机时间超过一个月时，应注入保护液进行保护。

A.5 设备安装要求

设备应安装于室内或集装箱内。设备安装于室内时，设备四周应留有不小于膜元件长度1.2倍距离的空间，以满足检修的要求。设备不能安置在多尘、高温、振动的地方，避免阳光直射，环境温度低于4℃时，应采取防冻措施。

中华人民共和国城镇建设行业标准

CJ/T 322—2010
代替 CJ/T 3028.1～3028.2—1994

水处理用臭氧发生器

Ozone generator for water and waste water treatment

2010-01-14 发布　　2010-06-01 实施

中华人民共和国住房和城乡建设部　发布

前　言

本标准是对CJ/T 3028.1—1994《臭氧发生器》和CJ/T 3028.2—1994《臭氧发生器臭氧浓度、产量、电耗的测量》的修订，与CJ/T 3028.1—1994和CJ/T 3028.2—1994相比主要变化如下：

——将CJ/T 3028.1—1994和CJ/T 3028.2—1994两部分内容合并；

——更改并增加了术语和定义部分内容，更改了气体标准状态的条件；

——补充了产品分类和规格；

——将原“技术要求和试验方法”分列为要求、试验方法、检验规则；

——删除了原生产环节零部件加工要求，细化了产品整体要求；

——删除了产品等级划分内容；

——增加了安全类要求条款；

——更改了臭氧浓度、产量、电耗的测量和计算方法的内容；臭氧浓度测定增加了紫外吸收法；

——更改了附录A、B，增加了附录C。

本标准的附录A为规范性附录，附录B、附录C为资料性附录。

本标准由住房和城乡建设部标准定额研究所提出。

本标准由住房和城乡建设部给水排水产品标准化技术委员会归口。

本标准负责起草单位：青岛国林实业有限责任公司。

本标准参加起草单位：清华大学环境科学与工程系、中国工业经济联合会臭氧专业委员会、青岛市臭氧应用工程技术研究中心、同方股份有限公司水务工程公司、江苏康尔臭氧有限公司、福建新大陆环保科技有限公司、济南三康环保科技有限公司。

本标准主要起草人：丁香鹏、李汉忠、王承宝、刘力群、张磊、黄元生、杜志鹏、薛飞、韩闽毅、王东升、刘志光、杨绍艳。

本标准所代替标准的历次版本发布情况为：

——CJ/T 3028.1—1994；

——CJ/T 3028.2—1994。

水处理用臭氧发生器

1 范围

本标准规定了水处理用臭氧发生器的分类和规格、结构和材料、要求、试验方法、检验规则、标志、包装、运输和贮存。

本标准适用于生活饮用水、再生水、污水处理用的臭氧发生器。化工氧化、造纸漂白及食品工业消毒杀菌等应用的臭氧发生器可参照执行。

2 规范性引用文件

下列文件中的条款通过本标准的引用而成为本标准的条款。凡是注日期的引用文件，其随后所有的修改单(不包括勘误的内容)或修订版均不适用于本标准，然而，鼓励根据本标准达成协议的各方研究是否可使用这些文件的最新版本。凡是不注日期的引用文件，其最新版本适用于本标准。

GB 150 钢制压力容器

GB/T 191 包装储运图示标志

GB 3095—1996 环境空气质量标准

GB 4208 外壳防护等级(IP 代码)

GB/T 6682—2008 分析实验室用水规格和试验方法

GB 7521.1—2005 低压成套开关设备和控制设备 第1部分:型式试验和部分型式试验成套设备

GB/T 13306 标牌

GB 13384 机电产品包装通用技术条件

GB 14050 系统接地的型式及安全技术要求

GB/T 15438 环境空气 臭氧的测定 紫外光度法

GB 19517 国家电气设备安全技术规范

3 术语和定义、符号、缩略语

下列术语和定义、符号、缩略语适用于本标准。

3.1 术语和定义

3.1.1

介质阻挡放电 dielectric barrier discharge

在被介电体阻隔的电极和放电空间，施加并升高交流电压产生的气体放电现象。

3.1.2

臭氧发生单元 ozone generation unit

产生臭氧的基本部件，由介电体与被其分隔的电极和放电空间组成。

3.1.3

臭氧发生室 ozone generation chamber

由单组或多组臭氧发生单元组成的装置。

3.1.4

臭氧发生器 ozone generator

氧气或空气通过介质阻挡放电方式产生臭氧所必需的装置。

3.1.5

臭氧系统 ozone system

臭氧发生器、气源装置、接触反应装置、尾气处理装置、监测控制仪表等设备组合的部分或全部。

3.1.6

标准状态 normal temperature and pressure

在温度 T=273.15 K(0 ℃),压力 P=101.325 kPa(标准大气压)时的气体状态。

注:除非特别指明,本标准中提到的气体体积、气体流量以及臭氧浓度均为标准状态下的值。

3.1.7

臭氧浓度 ozone concentration

臭氧发生器出气中的臭氧含量。

3.1.8

臭氧化气 ozone-containing gas

臭氧发生器产生的含臭氧的气体。

3.1.9

臭氧产量 ozone production rate

臭氧发生器每小时产生的臭氧量。

3.1.10

臭氧电耗 specific power consumption of ozone

产生 1 kg 臭氧消耗的电能。

3.2 符号

C——臭氧浓度。

D——臭氧产量。

P——臭氧电耗。

3.3 缩略语

DBD——dielectric barrier discharge。

NTP——normal temperature and pressure。

4 分类和规格

4.1 分类

4.1.1 按臭氧发生单元的结构形式,分为管式和板式。

4.1.2 按介质阻挡放电的频率,分为工频(50 Hz,60 Hz)、中频(100 Hz~1 000 Hz)和高频(>1 000 Hz)。

4.1.3 按供气气源,分为空气型和氧气型。

4.1.4 按冷却方式,分为水冷却和空气冷却。

4.1.5 按臭氧产量,分为小型(5 g/h~100 g/h)、中型(>100 g/h~1 000 g/h)和大型(>1 kg/h)。

4.2 规格

4.2.1 臭氧发生器额定臭氧产量应符合表 1 的规定。

表 1 臭氧发生器额定臭氧产量规格

臭氧发生器类型	单位	规格										
小型	g/h	5	10	15	20	25	30	40	50	70	85	100
中型	g/h	200	300	400	500	700	800	1 000				
大型	kg/h	1.5	2.0	2.5	3.0	4.0	5.0	6.0	7.0	8.0	10	12
		15	20	25	30	40	50	60	70	80	100	

4.2.2 生产、订购应优先选用规格系列产品，特殊情况宜按相邻规格中间值选定。

5 结构和材料

5.1 结构

5.1.1 臭氧发生器由臭氧发生室、臭氧电源、冷却装置、控制装置与仪表等组成。

5.1.2 臭氧发生器结构应满足不同应用条件的外接臭氧系统设备连接要求。

5.1.3 属于压力容器的臭氧发生室应按压力容器要求进行设计、加工、检验，并提供压力容器检测认证的原始文件。

5.1.4 臭氧发生室的外观不应有机械损伤，对于尖锐伤痕及表面腐蚀等缺陷均应修复，修复深度不应大于板厚的5%，修复斜度不小于1/3，否则应补焊，焊缝应光滑平整。

5.1.5 臭氧发生器应在合理位置设置流量、压力、温度等检测仪表，检测臭氧化气流量。应根据仪表系数与被测气体密度的关系，确定流量仪表的设置位置(在臭氧发生室进气端或出气端)。

5.1.6 臭氧发生器应在合理位置设置有关的阀门、仪表等，实现臭氧化气流量的调节。

5.1.7 臭氧发生器所用电气设备的设计应符合GB 19517的规定。

5.1.8 大、中型臭氧发生器电源柜防护等级应符合GB 4208的规定，不应低于IP44。

5.1.9 大、中型臭氧发生器电气设备的功率应能根据需要进行调节。

5.2 材料

5.2.1 臭氧发生单元介电体应采用绝缘强度高、耐臭氧氧化的玻璃、搪瓷、陶瓷等材料，或其他已经证明同样适用的材料。

5.2.2 裸露于放电环境中的臭氧发生单元金属电极应采用022Cr17Ni12Mo2(S31603)等耐晶间腐蚀的奥氏体不锈钢、钛等耐臭氧氧化材料，或其他已经证明同样适用的材料。

5.2.3 臭氧发生室、管道、控制阀门、测量仪表等接触臭氧的零部件应采用耐臭氧氧化的材料。

5.2.4 臭氧发生器连接用的密封圈、垫片等接触臭氧部件应使用聚四氟乙烯(PTFE)、聚偏二氟乙烯(PVDF)、全氟橡胶等耐臭氧氧化材料，或者其他已经证明同样适用的材料。

6 要求

6.1 环境条件

6.1.1 臭氧发生器额定技术指标检测的环境条件要求：

a) 环境温度20 ℃±2 ℃，相对湿度不高于60%；

b) 冷却水进水温度22 ℃±2 ℃。

6.1.2 臭氧发生器正常工作条件要求：

a) 环境温度不高于45 ℃，相对湿度不高于85%；

b) 冷却水进水温度不大于35 ℃。

6.2 供气气源

6.2.1 臭氧发生器对各类气源要求参见表2。

表2 供气气源指标

气源种类		供气压力/MPa	常压露点/℃	氧气体积分数/%
空气		≥0.2	≤−55	21
空气PSA/VPSA制氧	<1 m^3/h	≥0.1	≤−50	≥90
	≥1 m^3/h	≥0.2	≤−60	≥90
液氧		≥0.25	≤−70	≥99.6

6.2.2 应在臭氧发生器进气端配置精度不低于0.1 μm的过滤装置。

6.3 冷却水

6.3.1 直接冷却臭氧发生器的冷却水应满足以下条件：pH值不小于6.5且不大于8.5，氯化物含量不高于250 mg/L，总硬度（以$CaCO_3$计）不高于450 mg/L，浑浊度（散射浑浊度单位）不高于1 NTU。

6.3.2 大型臭氧发生器宜采用闭式循环冷却系统。

6.4 额定技术指标

臭氧发生器的额定技术指标按标准状态（NTP）计算，应符合表3的规定。

表3 额定技术指标

	臭氧产量	臭氧浓度/(g/m^3)	臭氧电耗/(kW·h/kg)
空气源	（按4.2选定）	25	≤18
氧气源	（按4.2选定）	100	≤9
	（按4.2选定）	150	≤11
注1：大型臭氧发生器的额定功率因数（$\cos\phi$）不应小于0.92。 注2：小型臭氧发生器产品额定技术指标可适当降低。			

6.5 压力部件

臭氧发生室的安全阀、控制器件在臭氧发生器工作压力超过最高允许工作压力时，应及时可靠动作，保证安全，与压力有关的仪器、部件应提供合格证书。

6.6 气密性

臭氧发生室应满足强度、刚度要求并保证气密性要求，应符合GB 150的规定。

6.7 稳定性

臭氧发生器运行4 h后，在设计的额定功率及进气流量的工况下，2 h内臭氧浓度与臭氧电耗的变动值不应超过5%。

6.8 臭氧泄漏

臭氧发生器在最高允许工作压力与额定功率时的臭氧泄漏量应符合GB 3095—1996的规定，1 h平均臭氧浓度值不超过0.20 mg/m^3。

6.9 调节性能

对于大、中型臭氧发生器，臭氧产量的调节和控制范围应为10%～100%。

6.10 电气

臭氧发生器应采用适当的绝缘保护和直接、间接接触保护措施防止电击危险，应注重防止高压电击危险。

6.10.1 臭氧发生器壳体、电源柜、防护网均应可靠接地，接地应符合GB 14050的规定。

6.10.2 电路应通过介电强度试验和绝缘电阻验证确认其绝缘保护可靠有效。

6.10.3 电源柜内任何带电部件只有在下列情况下才能被触及：

——借助于钥匙或工具；

——通过联锁开关断开电源后。该开关在打开保护罩后即起作用。

6.10.4 大、中型臭氧发生器的电源柜应设置紧急断电开关。

6.10.5 电源柜至臭氧发生室的高压电缆应具备相应等级的绝缘，并宜采用可靠的屏蔽措施；高压接头应设置可靠的防护罩。

7 试验方法

7.1 臭氧浓度测定

应采用碘量法（化学法）或紫外吸收法（仪器法）测定臭氧浓度，碘量法（化学法）作为仲裁方法。臭氧浓度测定方法应按附录A的规定进行。

7.2 臭氧产量测定

7.2.1 方法

同时测定臭氧发生器的臭氧浓度及臭氧化气流量，计算臭氧浓度数值与臭氧化气流量(标准状态)数值的乘积，即为臭氧产量数值。

7.2.2 计算式

臭氧产量按式(1)计算。

$$D = C \cdot Q \quad \cdots\cdots (1)$$

式中：

D——臭氧产量，g/h，大型臭氧发生器的臭氧产量通常换算成 kg/h 表示；

C——臭氧浓度，g/m^3 或 mg/L，本标准采用标准状态下的质量浓度；

Q——臭氧化气流量，m^3/h。

7.2.3 臭氧化气流量测定

大、中型臭氧发生器使用的气体流量计、压力表的准确度不应劣于 1.5 级，温度计的准确度应在±0.2 ℃以内。测得的气体流量值应按流量计的种类进行温度压力修正计算，得到标准状态的流量值。

流量计安装在臭氧发生室进气端的，应将气体流量值换算为出气端臭氧化气流量。具体修正公式及参数参见附录 B。

7.3 臭氧电耗测定

通常臭氧电耗仅涉及臭氧发生器自身从供电电网获取的电能，不包括气源制备和其他间接用电量。

7.3.1 方法

同时测定臭氧发生器的臭氧产量及其取自供电电网的有功功率，计算此电功率与臭氧产量的比值即为臭氧电耗。

7.3.2 计算式

臭氧电耗按式(2)计算。

$$P = \frac{W}{D} \quad \cdots\cdots (2)$$

式中：

P——臭氧电耗，kW·h/kg；

W——有功功率，kW；

D——臭氧产量，kg/h。

7.3.3 测定要求

7.3.3.1 臭氧产量按 7.2 的规定测定。

7.3.3.2 有功功率可用模拟式(指针)功率表或数字式功率表，也可采用多功能电量表的有功功率档测得，其准确度不应劣于 0.5 级。

7.3.3.3 当臭氧发生器的臭氧产量稳定时，可用电能表(电度表)测臭氧发生器在一段时间内消耗的有功电能量，此电能量与所用时间的比值为有功功率值。

7.3.3.4 大、中型臭氧发生器应同时测量功率因数。

7.4 额定技术指标和性能参数

臭氧发生器的额定技术指标检测应符合 6.1.1 要求。臭氧发生器应在设计的额定功率及进气流量的工况下运行。

臭氧浓度按 7.1 检测，臭氧产量按 7.2 检测，臭氧电耗按 7.3 检测。

检测报告格式参见附录 C。

7.5 压力检测

臭氧发生室压力检测应符合 GB 150 的规定。

7.6 气密性

臭氧发生室气密性应符合 GB 150 的规定。

7.7 稳定性

臭氧发生器运行 4 h 后，在设计的额定功率及进气流量的工况下，2 h 内至少测定 5 次(时间平均分布)臭氧浓度和电耗，测定值中最大值与最小值的差除以平均值，所得结果即为变动值。

7.8 臭氧泄漏

按 GB/T 15438 测定。在放电室出口端 1.0 m 范围、1.0 m 高度检测臭氧泄漏量。

7.9 调节性能

改变臭氧发生器进气流量和功率，按照 7.2 的方法测定臭氧产量，测试臭氧产量的调节范围。

7.10 电气

按 GB 7521.1—2005 中 8.2.2 进行低压电路的介电强度试验，并按 8.3.4 进行绝缘电阻验证。

8 检验规则

臭氧发生器的检验分为出厂检验和型式试验两类。

8.1 出厂检验

8.1.1 臭氧发生器出厂前应逐台进行检验，检验合格并签发产品合格证后方可出厂。

8.1.2 检验项目

a) 外观；
b) 管道、仪表与控制器件装配质量；
c) 属于压力容器的部件应提供质量证明文件；
d) 气体管路安装的仪表，调节、控制器件应附带资质合格证书；
e) 密封性能；
f) 电气安全性能；
g) 技术性能(包括臭氧浓度、产量、电耗等)。

8.2 型式试验

8.2.1 当有下列情况之一时进行型式试验：

a) 新产品及新规格产品定型或老产品转厂生产；
b) 产品的结构、工艺及主要材料有较大改变，可能影响产品性能；
c) 连续停产一年以上恢复生产；
d) 产品正常生产，每三年进行一次型式试验；
e) 国家质量监督机构提出型式试验要求。

8.2.2 检验项目：本标准第 6 章规定的项目。

8.2.3 抽样方法：小型臭氧发生器随机抽检 2 台～3 台，大、中型臭氧发生器随机抽检 1 台。

8.2.4 判定规则

8.2.4.1 对检验项目全部合格的，判定为合格产品。

8.2.4.2 对检验项目中任一项经检验不合格，则需加倍抽检，仍有不合格者判定为不合格产品。

9 标志、包装、运输和贮存

9.1 标志

9.1.1 臭氧发生器应在醒目位置安装标牌，标牌应符合 GB/T 13306 的规定。

9.1.2 标牌内容应包括：

a) 生产企业；
b) 产品名称、型号、编号；

c) 生产日期;

d) 气源种类与露点温度要求;

e) 允许最高工作压力和最低工作压力(表压):MPa;

f) 额定指标:臭氧产量:g/h(kg/h),臭氧浓度:g/m^3 或 mg/L,臭氧电耗:kW·h/kg;

g) 供电要求:相数,频率:Hz,电压:V,电流:A;

h) 工作质量:kg。

9.2 包装

9.2.1 包装的技术要求应符合 GB/T 13384 的规定。

9.2.2 包装箱外的标志应符合 GB/T 191 的规定。

9.2.3 大型臭氧发生器的附件、备件宜另行包装。

9.2.4 随机文件应包括:

a) 装箱单;

b) 使用说明书;

c) 特殊要求(如压力)检测文件;

d) 出厂检测报告书;

e) 备件、附件清单。

9.3 运输

臭氧发生器在装运过程中不应翻滚、碰撞。

9.4 贮存

臭氧发生器应贮存在清洁干燥的仓库内。

附　录　A
（规范性附录）
臭氧浓度测定

A.1　导言

本附录规定了臭氧发生器产生的臭氧化气的臭氧浓度检测的两种方法：碘量法（化学法）和紫外吸收法（仪器法），规定了碘量法校准紫外吸收式臭氧检测仪，并提供了臭氧浓度单位换算的方法。

A.2　碘量法

A.2.1　原理

臭氧（O_3）是一种强氧化剂，与碘化钾（KI）水溶液反应产生游离碘（I_2）。在取样结束并对溶液酸化后，用已知浓度的硫代硫酸钠（$Na_2S_2O_3$）滴定液对游离碘进行滴定（以淀粉溶液为指示剂）。根据硫代硫酸钠滴定液浓度和消耗量计算出臭氧量。其反应式见式（A.1）和式（A.2）：

$$O_3 + 2KI + H_2O \longrightarrow O_2 + I_2 + 2KOH \qquad \cdots\cdots\cdots\cdots(A.1)$$

$$I_2 + 2Na_2S_2O_3 \longrightarrow 2NaI + Na_2S_4O_6 \qquad \cdots\cdots\cdots\cdots(A.2)$$

A.2.2　试剂

除非另有规定，仅使用分析纯试剂。

A.2.2.1　碘化钾（KI）溶液

碘化钾储存试剂（20%）：称取 200 g KI，溶于新煮沸放冷的纯水中，并稀释至 1 L。保存在棕色瓶中，冷藏。

A.2.2.2　硫酸（H_2SO_4）溶液（1+5）

量取 1 体积的浓硫酸溶于 5 倍体积的纯水中。

A.2.2.3　硫代硫酸钠（$Na_2S_2O_3 \cdot 5H_2O$）存储溶液（约 1 mol/L）

称取 250 g 硫代硫酸钠颗粒（$Na_2S_2O_3 \cdot 5H_2O$），溶于新煮沸冷却的纯水中，并稀释至 1 L。存储于棕色瓶，冷藏。

A.2.2.4　按照以下两种方法之一制备淀粉指示剂

a）　氯化锌淀粉指示剂

向 4 g 可溶淀粉中加入少许纯水，并搅拌至糊状。将该糊状物添加到含 20 g 氯化锌（$ZnCl_2$）的 100 mL 纯水中。将所得溶液煮沸，直至体积减少至 100 mL。最后，将溶液稀释至 1 L，并加入 2 g 氯化锌（$ZnCl_2$）。本指示剂在避光处室温可稳定保存一个月。

b）　淀粉指示剂

向 5 g 可溶淀粉中加入少许纯水，并搅拌至糊状。将糊状物倒入 1 L 煮沸纯水中，搅拌，并隔夜沉淀。取用上清液，冷藏。

A.2.2.5　硫代硫酸钠（$Na_2S_2O_3 \cdot 5H_2O$）滴定液

测定空气源臭氧浓度时，推荐硫代硫酸钠（$Na_2S_2O_3$）滴定液浓度为 0.1 mol/L；测定氧气源臭氧浓度时，推荐硫代硫酸钠（$Na_2S_2O_3$）滴定液浓度为 0.3 mol/L。

a）　配制 0.1 mol/L 硫代硫酸钠（$Na_2S_2O_3$）滴定液：量取 100 mL 浓度为 1 mol/L 的 $Na_2S_2O_3$ 存储液于 900 mL 新煮沸冷却的纯水中；

b）　配制 0.3 mol/L 硫代硫酸钠（$Na_2S_2O_3$）滴定液：量取 300 mL 浓度为 1 mol/L 的 $Na_2S_2O_3$ 存储液于 700 mL 新煮沸冷却的纯水中。

A.2.2.6 重铬酸钾($K_2Cr_2O_7$)溶液(0.016 67 mol/L)

使用分析天平准确称取经 105 ℃~110 ℃烘干 2 h,并在硅胶干燥器中冷却 30 min 以上的重铬酸钾(优级纯)4.904 g,定溶于 1 000 mL 容量瓶中摇匀。用试剂瓶保存。

A.2.2.7 碘酸钾(KIO_3)固体

A.2.2.8 乙酸(CH_3COOH)

A.2.2.9 纯水

纯水应符合 GB/T 6682—2008 三级水的规定,电导率不高于 0.50 mS/m。

A.2.3 试验仪器、设备及要求

A.2.3.1 分析天平,精度为 0.1 mg。

A.2.3.2 四个标准洗气瓶,容积 500 mL,不应采用烧结的布气器。

A.2.3.3 滴定管 50 mL,宜用精密滴定管。

A.2.3.4 防腐蚀型湿式气体流量计,容量 5 L,体积精度应该在±1%以内,并配备压力表和测量水温误差在±0.2 ℃内的温度计。

A.2.3.5 量筒 20 mL、500 mL 各一只。

A.2.3.6 刻度吸管(吸量管)10 mL。

A.2.3.7 容量瓶 1 000 mL。

A.2.3.8 锥形瓶 250 mL、2 L 各一只。

A.2.3.9 硅橡胶或聚氯乙烯软管,用于输送含臭氧的气体。

A.2.4 硫代硫酸钠滴定液标定

使用以下两种方法之一标定 A.2.2.5 中的硫代硫酸钠滴定液。标定可以在臭氧浓度测试前完成,且测试期间每天都必须标定。两组平行样品的标定结果相差不得超过 2%,取平均值。

a) 在 250 mL 的锥形瓶中加入 150 mL 纯水,5 mL 硫酸溶液(1+5),20.00 mL 浓度为 0.016 67 mol/L 的重铬酸钾溶液和 2.0 g KI。密封,并使混合物在黑暗中稳定 6 min。添加 1.0 mL 淀粉指示剂溶液,然后开始小心滴定,直至蓝色刚好消失,并持续 30 s 不变回蓝色。

硫代硫酸钠滴定液的浓度按式(A.3)计算。

$$B=\frac{6NV_2}{V_1} \qquad \text{(A.3)}$$

式中:

B——硫代硫酸钠滴定液浓度,mol/L;

N——重铬酸钾标准溶液浓度,0.016 67 mol/L;

V_1——硫代硫酸钠滴定液消耗量,mL;

V_2——取用重铬酸钾标准溶液的体积,mL。

b) 在 250 mL 锥形瓶中加入 50 mL 纯水,持续搅拌,加入 0.071 g 碘酸钾(KIO_3)和 1.5 g 碘化钾(KI),然后补充 50 mL 纯水。混合后,加入 10 mL 乙酸。对于生成的碘,使用配制浓度的硫代硫酸钠滴定液滴定至黄色几乎消失。加入 1.0 mL 淀粉指示剂,继续小心滴定至蓝色刚好消失,并持续 30 s 不变回蓝色。

硫代硫酸钠滴定液的浓度按式(A.4)计算。

$$B=\frac{W}{V\times 214.00/6\,000}=\frac{W}{V\times 0.035\,67} \qquad \text{(A.4)}$$

式中:

B——硫代硫酸钠滴定液浓度,mol/L;

W——碘酸钾的重量,g;

V——硫代硫酸钠滴定液的消耗量,mL。

注：以上标定过程中的试剂用量(包括重铬酸钾溶液、碘酸钾固体和碘化钾固体)是基于硫代硫酸钠滴定液浓度约为 0.1 mol/L 时推荐的用量,实际的试剂用量可根据配制的硫代硫酸钠滴定液的浓度进行调整(如硫代硫酸钠浓度约为 0.3 mol/L 时,试剂用量可增加至 3 倍左右)。

A.2.5　试验程序及方法

A.2.5.1　准备

a)　调整湿式流量计水平。

b)　参见图 A.1 连接臭氧气体测试试验设备。

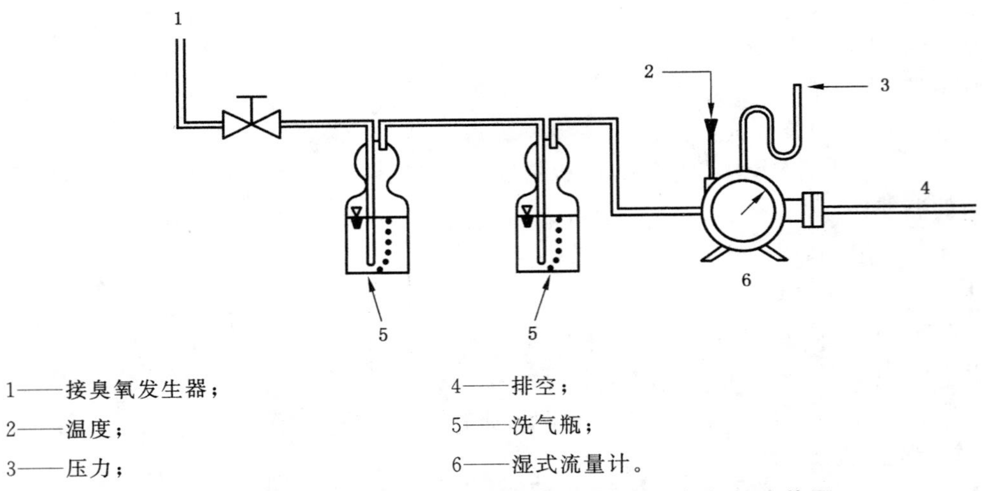

1——接臭氧发生器；
2——温度；
3——压力；
4——排空；
5——洗气瓶；
6——湿式流量计。

图 A.1　臭氧发生器出气臭氧浓度测试装置

c)　使用两个洗气瓶,在每个洗气瓶中加入 40 mL 20%的 KI 溶液和 360 mL 纯水。

d)　在 50 mL 玻璃滴定管中注入经标定的硫代硫酸钠滴定液。此步骤应在臭氧通入洗气瓶前进行,滴定管内剩余的滴定液不应隔天使用。

A.2.5.2　采样

A.2.5.2.1　将臭氧化气的管道插入到空白洗气瓶中,使用新鲜的臭氧冲洗管道。然后,将臭氧清洗后的管道与测定洗气瓶连接,并立即使用湿式流量计开始记录体积。

A.2.5.2.2　以 1 L/min 的速度向洗气瓶中鼓入 1 L～3 L 臭氧气体,并在数据表上记录湿式流量计的读数差值作为未校正的气体体积。推荐的气体体积取决于臭氧浓度、滴定液体积和硫代硫酸钠浓度。当进气流量较大及滴定液体积较多时,测试的精度较高。

A.2.5.2.3　鼓气结束后,快速向每个洗气瓶中添加约 5 mL 硫酸溶液(1+5),以使溶液的 pH 值降低至 2 以下,摇匀,静置 5 min。

A.2.5.3　滴定

A.2.5.3.1　将每个洗气瓶中的溶液转移至一个 2 L 的锥形瓶。用纯水充分冲洗洗气瓶 3 次,将冲洗后的纯水回收至锥形瓶中。在转移溶液的过程中,应尽可能减少液体溅出及掺入气体。

A.2.5.3.2　记录滴定管内硫代硫酸钠滴定液的初始体积,使用硫代硫酸钠滴定至溶液变为浅黄色。向锥形瓶中加入约 5 mL 淀粉试剂,溶液将会出现浅蓝色。小心滴定,一滴一滴地进行,直至蓝色刚刚消失,且溶液清澈,并持续 30 s 不变回蓝色。

A.2.5.3.3　记录滴定管的最终读数,并计算得到使用的滴定液体积。记录使用的滴定液体积和滴定液的实际浓度。

A.2.6　臭氧浓度计算

A.2.6.1　温度压力修正后的气体体积按式(A.5)计算。

$$V_{NTP} = V_a \times \frac{(P_a - P_v + P_m)}{P_{NTP}} \times \frac{T_{NTP}}{T_a} \quad \cdots\cdots(A.5)$$

式中：

V_{NTP}——标准温度压力条件下的气体体积，L；

V_a——未校正的气体体积，由湿式流量计测得，L；

P_{NTP}——标准气压（101.325 kPa）；

T_{NTP}——标准温度（273.15 K=0 ℃）；

P_a——大气压力，kPa；

P_v——饱和水蒸汽压，kPa，跟湿式流量计的温度有关，参见表 A.1；

P_m——湿式流量计压力表读数，kPa；

T_a——湿式流量计的温度，K，等于 273.15 K 加上湿式流量计的温度计以℃为单位的温度值。

A.2.6.2 被 KI 吸收的臭氧质量按式（A.6）计算。

$$M = 24 \times V_t \times B \quad \cdots\cdots(A.6)$$

式中：

M——被 KI 吸收的臭氧质量，mg；

V_t——消耗的硫代硫酸钠体积，mL；

B——硫代硫酸钠滴定液的浓度，mol/L。

A.2.6.3 臭氧浓度按式（A.7）计算。

$$C = \frac{M}{V_{NTP}} \quad \cdots\cdots(A.7)$$

式中：

C——臭氧的质量浓度，g/m³（mg/L）；

M——被 KI 吸收的臭氧质量，mg，由式（A.6）计算得到；

V_{NTP}——标准状态时的气体体积，L，由式（A.5）计算得到。

A.2.6.4 碘量法测定程序结束。此测试结果的精度在±2%以内。

表 A.1 不同温度下水的饱和蒸汽压

温度/℃	蒸汽压/kPa	温度/℃	蒸汽压/kPa	温度/℃	蒸汽压/kPa	温度/℃	蒸汽压/kPa	温度/℃	蒸汽压/kPa
10.0	1.23	12.6	1.46	15.2	1.73	17.8	2.04	20.4	2.40
10.2	1.24	12.8	1.48	15.4	1.75	18.0	2.06	20.6	2.43
10.4	1.26	13.0	1.50	15.6	1.77	18.2	2.09	20.8	2.46
10.6	1.28	13.2	1.52	15.8	1.79	18.4	2.12	21.0	2.49
10.8	1.30	13.4	1.54	16.0	1.82	18.6	2.14	21.2	2.52
11.0	1.31	13.6	1.56	16.2	1.84	18.8	2.17	21.4	2.55
11.2	1.33	13.8	1.58	16.4	1.86	19.0	2.20	21.6	2.58
11.4	1.35	14.0	1.60	16.6	1.89	19.2	2.22	21.8	2.61
11.6	1.36	14.2	1.62	16.8	1.91	19.4	2.25	22.0	2.64
11.8	1.38	14.4	1.64	17.0	1.94	19.6	2.28	22.2	2.67
12.0	1.40	14.6	1.66	17.2	1.96	19.8	2.31	22.4	2.71
12.2	1.42	14.8	1.68	17.4	1.99	20.0	2.34	22.6	2.74
12.4	1.44	15.0	1.70	17.6	2.01	20.2	2.37	22.8	2.77

表 A.1(续)

温度/℃	蒸汽压/kPa	温度/℃	蒸汽压/kPa	温度/℃	蒸汽压/kPa	温度/℃	蒸汽压/kPa	温度/℃	蒸汽压/kPa
23.0	2.81	25.4	3.24	27.8	3.73	30.2	4.29	32.6	4.92
23.2	2.84	25.6	3.28	28.0	3.78	30.4	4.34	32.8	4.97
23.4	2.88	25.8	3.32	28.2	3.82	30.6	4.39	33.0	5.03
23.6	2.91	26.0	3.36	28.4	3.87	30.8	4.44	33.2	5.08
23.8	2.95	26.2	3.40	28.6	3.91	31.0	4.49	33.4	5.14
24.0	2.98	26.4	3.44	28.8	3.96	31.2	4.54	33.6	5.20
24.2	3.02	26.6	3.48	29.0	4.00	31.4	4.59	33.8	5.26
24.4	3.05	26.8	3.52	29.2	4.05	31.6	4.65	34.0	5.32
24.6	3.09	27.0	3.56	29.4	4.10	31.8	4.70	34.2	5.38
24.8	3.13	27.2	3.61	29.6	4.15	32.0	4.75	34.4	5.44
25.0	3.17	27.4	3.65	29.8	4.19	32.2	4.81	34.6	5.50
25.2	3.20	27.6	3.69	30.0	4.24	32.4	4.86	34.8	5.56

A.3 紫外吸收法

A.3.1 原理

臭氧对254 nm波长的紫外光有特征吸收。臭氧化气样品和参比气体(不含臭氧的空气或氧气)分别以恒定的流速进入仪器的吸收池,参比气通过吸收池时,被光检测器检测的光强为I_0,样品气通过吸收池时被检测器检测的光强为I,I/I_0为透光率。仪器的微处理系统根据朗伯-比尔定律计算出臭氧浓度,这些量之间的关系由式(A.8)或式(A.9)表示:

$$\frac{I}{I_0}=e^{-\alpha CL} \qquad \text{(A.8)}$$

$$C=\frac{-1}{\alpha}\cdot\frac{1}{L}\cdot\ln\left(\frac{I}{I_0}\right) \qquad \text{(A.9)}$$

式中:

C——臭氧的体积分数;

α——臭氧在标准状态下对254 nm波长紫外光的吸收系数,$\alpha=308$;

L——吸收池光路长度,cm;

e——自然对数的底,取e=2.718。

所测得的以体积分数表示的臭氧浓度值应能自动换算为质量浓度值g/m^3(mg/L)显示。

A.3.2 检测设备

A.3.2.1 紫外吸收臭氧检测仪应具有合适的量程,并有温度和压力校正功能。应定期(最长一年)使用以下两种方法之一校准。

a) 用准确度高于被校准仪器的紫外吸收臭氧检测仪校准;

b) 按A.4的规定用碘量法校准,校准结果偏差应在±2%以内。

A.3.2.2 所有采样管线应采用聚四氟乙烯(PTFE)或聚偏二氟乙烯(PVDF)等对臭氧呈惰性材料,为连接方便,允许采用较短的聚氯乙烯软管和不锈钢接头。

A.3.2.3 带调节阀的流量计,流量范围:0.2 L/min~2 L/min,调节阀和流量计都应耐臭氧腐蚀。

A.3.2.4 检测仪排气口宜安装臭氧分解器。

A.3.3 臭氧浓度检测

A.3.3.1 气路连接

气路连接参见图 A.2。

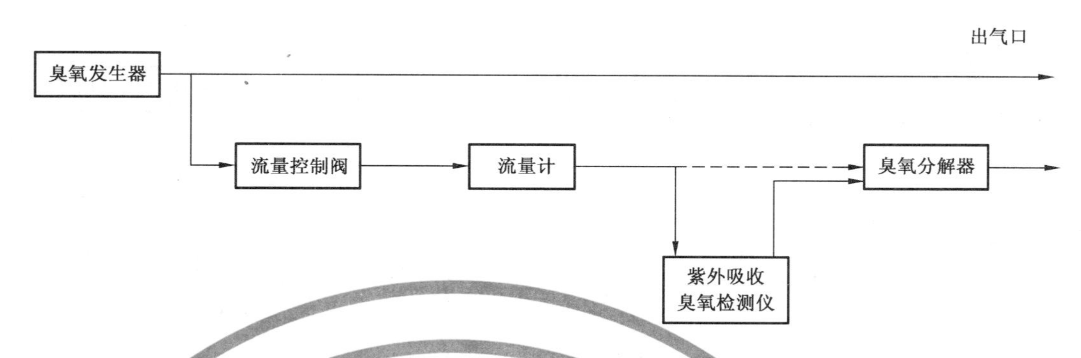

图 A.2 臭氧浓度检测系统示意图

A.3.3.2 检测操作

检测应在臭氧发生器和臭氧检测仪工作稳定后开始。

a) 调节流量控制阀，使流量计指示大于臭氧检测仪所需流量，防止环境空气倒流；

b) 当臭氧检测仪读数稳定后，记录下臭氧检测仪示值 $C(g/m^3)$。

A.4 碘量法校准紫外吸收式臭氧检测仪

A.4.1 方法

用紫外吸收式臭氧检测仪(以下简称臭氧检测仪)和碘量法同时测定臭氧发生器输出臭氧化气的臭氧浓度，比较测定结果以校准臭氧检测仪。改变臭氧发生器的臭氧浓度进行比对测量，以覆盖臭氧检测仪的全量程。

校准试验应由专业人员进行。

A.4.2 器材

A.4.2.1 可调节臭氧浓度的臭氧发生器及气源，其最高臭氧浓度和气体流量应能满足被校准仪器的要求。

A.4.2.2 碘量法所需的试剂及仪器、设备参照本附录 A.2.2 和 A.2.3；硫代硫酸钠滴定液应事先按本附录 A.2.4 标定。

A.4.2.3 其他器材见本附录 A.3.2。臭氧检测仪样品气入口前宜设置缓冲瓶。

A.4.3 校准系统

校准系统连接见图 A.3。

A.4.4 校准程序

在臭氧检测仪全量程内预先选取 9 个基本均匀分布的浓度值进行校准试验。

A.4.4.1 臭氧发生器工作前，将洗气瓶内置纯水，将臭氧发生器气源打开鼓气，调节图 A.3 中下方调节阀，使湿式流量计在 1 min～2 min 内记录气体的体积在 1 L～3 L，并使通过上方调节阀的气体流量不小于臭氧检测仪要求的流量。

A.4.4.2 启动臭氧发生器，调节其输出臭氧浓度在某一预选的浓度值附近，按本附录 A.2.5.2、A.2.5.3 进行采样和滴定，在采样的同时记录下臭氧检测仪示值的平均值 $C_i(g/m^3)$。

A.4.4.3 按 A.2.6 进行臭氧浓度计算，得到碘量法测定的臭氧浓度值 $C(g/m^3)$。

A.4.4.4 紫外吸收法与碘量法的百分偏差按式(A.10)计算。

$$\text{百分偏差} = \left(\frac{C_i}{C} - 1\right) \times 100\% \quad \cdots\cdots\cdots\cdots(\text{A.10})$$

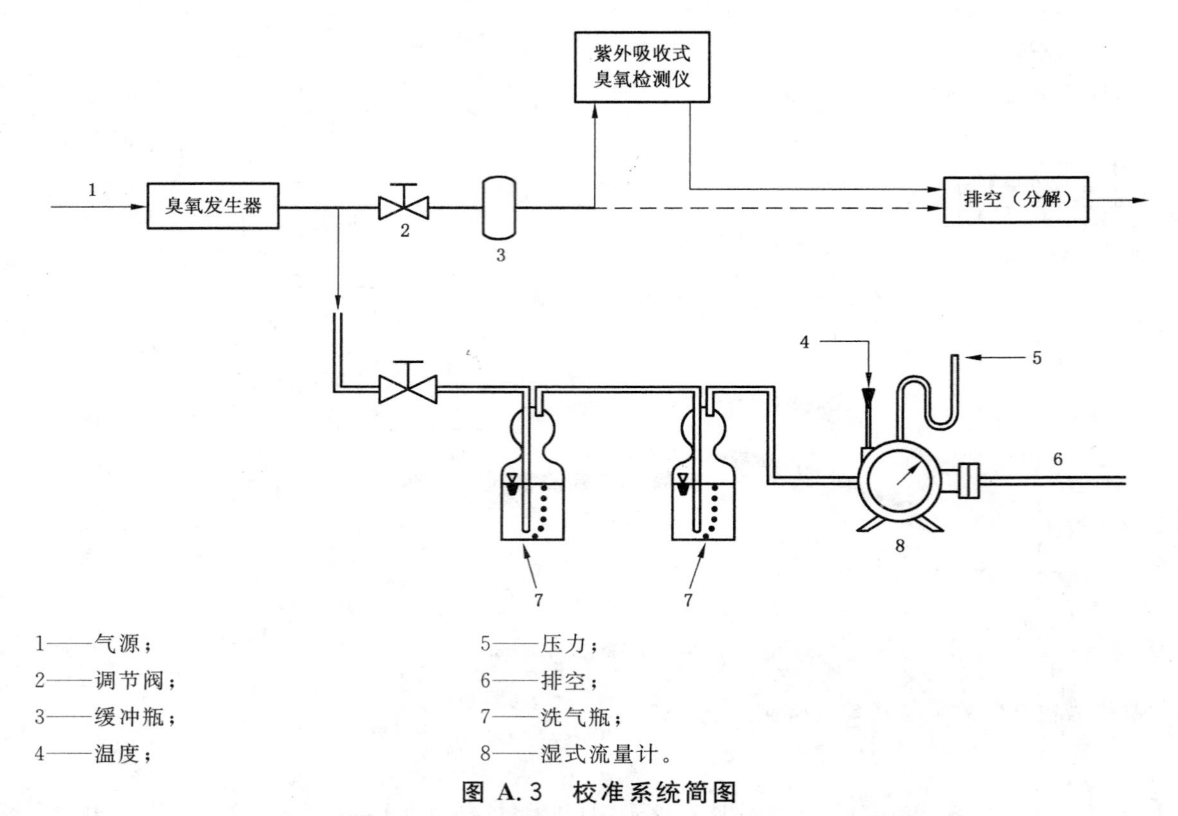

1——气源；
2——调节阀；
3——缓冲瓶；
4——温度；
5——压力；
6——排空；
7——洗气瓶；
8——湿式流量计。

图 A.3　校准系统简图

A.4.4.5　改变臭氧发生器工作状态调节其输出臭氧浓度于另一浓度值附近，重复 A.4.4.1～A.4.4.4 条 8 次。

A.4.4.6　计算出的 9 次偏差算术平均值应在±2%以内，单个数值最大偏差不得超过检测仪的准确度。

A.5　臭氧浓度单位换算

A.5.1　概述

臭氧浓度除本标准规定的质量浓度（g/m^3，mg/L）外，国外常用的质量分数（%），体积分数（%），质量百万分比浓度（ppm），体积百万分比浓度（ppm）等，以下给出单位换算公式和表格。换算公式和表格数据是在标准状态（$T=273.15$ K，$P=101.325$ kPa，NTP）下建立的。

A.5.2　臭氧浓度换算公式

质量浓度换算成质量分数按式（A.11）计算。

$$C' = \frac{C}{\rho_{fg}(1\,000 + 0.5CV_m/48)} \qquad \cdots\cdots (A.11)$$

质量分数换算成质量浓度按式（A.12）计算。

$$C = \frac{1\,000\rho_{fg}C'}{1 - 0.5\rho_{fg}C'V_m/48} \qquad \cdots\cdots (A.12)$$

式中：

C'——臭氧质量分数，%；

C——臭氧质量浓度，mg/L；

V_m——摩尔体积（22.4 L/mol）；

ρ_{fg}——气源密度，g/L。

注：纯氧气源 $\rho_{fg}=1.429$ g/L，空气源 $\rho_{fg}=1.293$ g/L。

A.5.3　干燥空气源臭氧浓度换算

干燥空气源臭氧浓度换算参见表 A.2。

表 A.2　干燥空气源臭氧浓度换算

质量浓度/(g/m³)	质量分数/%	体积分数/%	质量百万分比/ppm	体积百万分比/ppm
1.000	0.077 34	0.046 67	772.4	466.7
12.93	1.000	0.603 4	10 000	6 034
21.43	1.657	1.000	16 573	10 000
0.001 293	0.000 100 0	0.000 060 34	1.000	0.603 4
0.002 143	0.000 165 7	0.000 100 0	1.657 3	1.000

A.5.4　纯氧气源臭氧浓度换算

A.5.4.1　纯氧气源臭氧浓度换算参见表 A.3。

表 A.2 换算在低浓度时适用，如质量分数超过 5%，造成质量浓度的误差在 2%以上，高浓度时应依据计算公式进行换算。

表 A.3　纯氧气源臭氧浓度换算

质量浓度/(g/m³)	质量分数/%	体积分数/%	质量百万分比/ppm	体积百万分比/ppm
1.000	0.070 00	0.046 67	700.0	466.7
14.29	1.000	0.666 7	10 000	6 667
21.43	1.500	1.000	15 000	10 000
0.001 429	0.000 100 0	0.000 066 67	1.000	0.666 7
0.002 143	0.000 150 0	0.000 100 0	1.500	1.000

A.5.4.2　纯氧气源质量分数与质量浓度换算参见表 A.4。

表 A.4　纯氧气源质量分数与质量浓度换算简表

质量分数/%	1	2	3	4	5	6	7	8	9	10
质量浓度/(g/m³)	14.3	28.8	43.3	57.9	72.7	87.5	102.4	117.5	130.6	147.8
质量分数/%	11	12	13	14	15	16	17	18	19	20
质量浓度/(g/m³)	163.2	178.6	194.2	209.9	225.6	241.5	257.5	273.6	289.9	306.2

附 录 B
（资料性附录）
气体体积流量值修正计算

B.1 温度压力修正计算

B.1.1 必要性

气体标准状态为温度 $T=273.15$ K(0 ℃)、压力 $P=101.325$ kPa，实际温度、压力与标准状态不同时，气体的体积流量值随之变化。

B.1.1.1 温度影响

设定气体压力为标准气压不变，温度升高将使一定质量的气体体积比标准状态大，其变化量如表 B.1 所示。

表 B.1 气体体积与温度的关系

温度/℃	0	10	20	30	40
体积变化/%	0	+3.66	+7.32	+10.98	+14.64

B.1.1.2 压力影响

测量气体压力通常以“表压”表示，其绝对静压为当地大气压与表压之和。设定温度为 0 ℃不变，当地大气压为标准气压，一定质量的气体体积随表压增大而减小，其变化量如表 B.2 所示。

表 B.2 气体体积与表压的关系

表压/kPa	0	20	40	60	80	100
体积变化/%	0	−16.48	−28.30	−37.19	−44.12	−49.67

B.1.1.3 大气压影响

设定温度为 0 ℃，且忽略纬度的影响，一定质量的气体体积随海拔高程、当地大气压的变化量如表 B.3 所示。

表 B.3 气体体积与海拔的关系

海拔高程/m	−150	0	200	500	1 000	2 000	3 000
当地大气压/kPa	103.143	101.325	98.901	95.265	89.205	77.085	64.964
体积变化/%	−1.76	0	+2.455	+6.36	+13.59	+31.45	+55.97

实际测量气体体积流量时，将同时受到温度、表压和当地大气压的影响，为便于比较必须进行修正计算。

B.1.2 常用流量计的温度压力修正计算

应按照本标准规定的标准状态进行温度压力修正。

臭氧发生器实际工作的温度、压力变化范围相对较小，气源氧气或空气的分子量不大，进行温度压力修正计算时可忽略气体粘度系数、压缩系数、仪表膨胀系数等变化的影响。

B.1.2.1 玻璃转子流量计与金属浮子流量计

B.1.2.1.1 计算式

玻璃转子流量计与金属浮子流量计气体体积流量修正见式(B.1)。

$$Q_1 = Q_0\sqrt{\frac{\rho_0}{\rho_1}}\sqrt{\frac{P_1}{P_0}}\sqrt{\frac{T_0}{T_1}} = K_\rho K_P K_T Q_0 \quad \cdots\cdots(B.1)$$

式中：

$K_\rho=\sqrt{\frac{\rho_0}{\rho_1}}$；$K_P=\sqrt{\frac{P_1}{P_0}}$；$K_T=\sqrt{\frac{T_0}{T_1}}$；

Q_1——工作状态下的气体流量换算到标准状态下的流量；

Q_0——流量计的示值读数；

ρ_1——标准状态下被测气体的密度，kg/m^3；

ρ_0——标准状态下空气的密度，ρ_0＝1.205 kg/m^3；

P_1——工作状态下被测气体的压力(表压与大气压之和)，kPa；

P_0——标准状态时的压力，P_0＝101.325 kPa；

T_1——工作状态下被测气体的温度，K；

T_0——标准状态温度，T_0＝293.15 K(20 ℃)；

K_ρ——气体密度换算系数；

K_P——气体压力换算系数；

K_T——气体温度换算系数。

B.1.2.1.2 气体密度换算系数(表 B.4)

表 B.4 气体密度换算系数

气体	密度/(kg/m^3)(20 ℃，101.325 kPa)	K_ρ
空气	1.205	1.000
氧气	1.331	0.951

B.1.2.1.3 常用气体压力换算系数(表 B.5)

表 B.5 常用气体压力换算

表压/MPa	0.02	0.04	0.06	0.08	0.10	0.15
K_P	1.094	1.181	1.262	1.338	1.410	1.575
注：大气压为标准气压。						

B.1.2.1.4 常用气体温度换算系数(表 B.6)

表 B.6 常用气体温度换算

工作温度/℃	0	10	20	30	40
K_T	1.036 0	1.017 5	1.000 0	0.983 4	0.967 5

B.1.2.2 涡街流量计

涡街流量计的体积流量修正计算见式(B.2)。

$$Q_N=f\times\frac{3\,600}{K}\times\frac{P}{P_N}\times\frac{T_N}{T}\qquad\text{(B.2)}$$

式中：

Q_N——气体标准状态体积流量，m^3/h；

P——气体工作状态压力(绝压)，MPa；

P_N——标准状态压力，MPa；

T——气体工作状态温度，K；

T_N——标准状态温度，K；

f——旋涡分离的频率，l/s；

K——仪表的流量系数，l/m^3。

B.2 臭氧发生室进气-出气流量值换算

B.2.1 适合装置在臭氧发生室出气端的气体流量计

一些种类的气体流量计其仪表系数与被测气体的密度无关，以一种气体标定后可测量不同密度气体的体积流量。有此特性的气体流量计适合装置在臭氧发生室的出气端，直接测量出不同臭氧浓度时臭氧化气的体积流量，经温度压力修正为标准状态的流量值，用以计算臭氧产量。容积式流量计、涡街流量计、超声流量计等有此特性。

B.2.2 适合装置在臭氧发生室进气端的气体流量计

另一些常用流量计如玻璃转子流量计、金属浮子流量计、孔板流量计、质量流量计等，其体积流量的仪表系数与气体密度直接相关，以一种气体标定的这类流量计难于准确测量不同密度或密度变化的气体体积流量。但这类流量计可装置于臭氧发生室的进气端，以原料气（空气或氧气）标定，可准确测量进入臭氧发生室的原料气的体积流量，经温度压力修正后的流量值可按测得的出气端臭氧浓度换算为臭氧化气的体积流量，用于臭氧产量计算。

B.2.3 进气-出气体积流量值换算

B.2.3.1 原理

臭氧生成反应简式为 $3O_2 \rightarrow 2O_3$，表明生成 1 mol 臭氧须消耗 3/2 mol 氧气。由臭氧分子量为 48 及理想气体体积为 22.4×10^{-3} m^3/mol，若已知臭氧浓度 c_{O_3} 单位是 g/m^3，其摩尔浓度为（c_{O_3}/48）mol/m^3，则每生成 1 m^3 臭氧化气相应的输入气量为 $1+1/2\times c_{O_3}/48\times22.4\times10^{-3}$ m^3，据此可将在臭氧发生室进气端测得的原料气体积流量换算为出气端臭氧化气的体积流量。

B.2.3.2 计算式

臭氧发生器进气-出气体积流量换算见式（B.3）。

$$Q_{out} = Q_{in} \times \left(\frac{48\times2}{48\times2 + c_{O_3}\times0.022\ 4}\right) \quad\text{(B.3)}$$

式中：

Q_{out}——臭氧化气体积流量，m^3/h；

Q_{in}——原料气体积流量，m^3/h；

c_{O_3}——臭氧浓度，g/m^3。

B.2.3.3 不同臭氧浓度时出气/进气体积流量比值（表 B.7）

表 B.7 不同臭氧浓度时出气/进气体积流量比值

臭氧浓度/(g/m^3)	10	20	50	80	100	120	150	200
出气/进气流量比值	0.998	0.995	0.989	0.982	0.977	0.973	0.966	0.955

附　录　C
（资料性附录）
臭氧发生器性能参数检测报告表

臭氧发生器性能参数检测报告表参见表C.1。

表C.1　臭氧发生器性能参数检测报告

日期：　　　　环境温度：　　　℃　　　臭氧浓度测定方法：　　　仪器：

地点：　　　　相对湿度：　　　%　　　电量测定仪器：

臭氧发生器编号：　　　大气压力：　　　kPa　　　气源：　　　氧含量：　　　%　　　常压露点：　　　℃

时间	气体温度		冷却水流量/(m^3/h)	冷却水温度		发生室气压/MPa	气体流量计读数/(m^3/h)	臭氧浓度/(g/m^3)	输入平均电压/V	输入平均电流/A	功率因数cosϕ	输入功率/kW	标准气量/(m^3/h)	臭氧产量/(kg/h),(g/h)	臭氧电耗/(kW·h/kg)
	进气/℃	出气/℃		进水/℃	出水/℃										
结论															
检测人员：															

参 考 文 献

[1] DIN 19627—1993 Ozonerzeugungsanlagen zur Wasseraufbereitung.

[2] NSF/ANSI 222—2006e Ozone generator.

[3] オゾンハンドブック。日本オゾン协会,2004。

[4] International Ozone Association. Guideline for Measurement of Ozone Concentration in the Process Gas From an Ozone Generator. Ozone Science&Engineering. 1996,18:209-229.

[5] International Ozone Association. Lexicon of Terms.

[6] GB/T 20001.4—2001 标准编写规则 第4部分:化学分析方法

[7] JB/T 6427—2001 变压吸附制氧、制氮设备

[8] JB/T 6844—93 金属浮子流量计

[9] JB/T 9255—1999 玻璃转子流量计

[10] JB/T 10564—2006 流量测量仪表基本参数

[11] 杨有涛,等.主编.气体流量计.北京:中国计量出版社,2007.8.

ICS 27.100
F 24
备案号：26379—2009

中华人民共和国电力行业标准

DL/T 1138—2009

火力发电厂水处理用粉末离子交换树脂

Powdered ion-exchange resins used in water treatment of thermal power plants

2009-07-22 发布　　2009-12-01 实施

中华人民共和国国家能源局　发布

前　言

本标准是根据《国家发展改革委办公厅关于印发2007年行业标准项目计划的通知》(发改办工业[2007]1415号)的要求制定的。

本标准首次对粉末离子交换树脂理化性能的测定项目、测试方法和质量指标作出了规定。

本标准的附录A、附录B、附录C、附录D、附录E、附录F和附录G均为规范性附录。

本标准由中国电力企业联合会提出。

本标准由电力行业电厂化学标准化技术委员会归口并解释。

本标准起草单位:西安热工研究院有限公司、北京中电加美环境工程技术有限责任公司、河北省电力研究院。

本标准主要起草人:王广珠、汪德良、樊少斌、孙心利、崔焕芳、彭章华、田利、徐光平、王平。

本标准在执行过程中的意见或建议反馈至中国电力企业联合会标准化中心(北京市白广路二条一号,100761)。

火力发电厂
水处理用粉末离子交换树脂

1 范围

本标准规定了火力发电厂水处理用粉末离子交换树脂的验收技术要求及测试方法。

本标准适用于火力发电厂水处理用粉末强酸性阳离子交换树脂和粉末强碱性阴离子交换树脂的验收,也适用于由其组成的不同比例混合粉末离子交换树脂的验收。

2 规范性引用文件

下列文件中的条款通过本标准的引用而成为本标准的条款。凡是注日期的引用文件,其随后所有的修改单(不包括勘误的内容)或修订版均不适用于本标准,然而,鼓励根据本标准达成协议的各方研究是否可使用这些文件的最新版本。凡是不注日期的引用文件,其最新版本适用于本标准。

GB/T 601 化学试剂 滴定分析(容量分析)用标准溶液制备

GB/T 603 化学试剂 试验方法中所用制剂及制品的制备

GB/T 5475 离子交换树脂取样方法

GB/T 5760 氢氧型阴离子交换树脂交换容量测定方法

GB/T 6903 锅炉用水和冷却水分析方法 通则

GB/T 8144 阳离子交换树脂交换容量测定方法

ASTM D4456 方法 A 粒度分布测定方法

ASTM D4456 方法 B 固体含量测定方法

3 出厂型态

3.1 粉末强酸性阳离子交换树脂出厂型态为氢型或铵型。

3.2 粉末强碱性阴离子交换树脂出厂型态为氢氧型。

4 技术要求

4.1 水处理用各种粉末离子交换树脂应能均匀分布于水中。

4.2 水处理用各种粉末离子交换树脂理化性能应符合表 1~表 4 中规定的各项技术要求。

表 1 粉末阳离子交换树脂技术要求

项 目	氢型粉末阳离子交换树脂	铵型粉末阳离子交换树脂
交换容量 mmol/g(干)	≥4.9	≥4.4
含水率 %	≤50	≤45
范围粒度(30 μm~150 μm) %	≥90	≥90
上限粒度(>150 μm) %	≤3	≤3
下限粒度(<5 μm) %	≤1	≤1

表 2　粉末阴离子交换树脂技术要求

项　　目	氢氧型粉末阴离子交换树脂
交换容量 mmol/g(干)	≥4.0
含水率 %	≤65
范围粒度(30 μm～150 μm) %	≥90
上限粒度(>150 μm) %	≤3
下限粒度(<5 μm) %	≤1

表 3　氢型/氢氧型混合粉末离子交换树脂技术要求

项　　目	H/OH= 1∶1	H/OH= 2∶1	H/OH= 3∶2	H/OH= 3∶1	H/OH= 2∶3	H/OH= 1∶2	H/OH= 1∶3
交换容量[a] mmol/g(干)	≥2.45 (阳离子)	≥3.2 (阳离子)	≥2.9 (阳离子)	≥3.6 (阳离子)	≥1.9 (阳离子)	≥1.6 (阳离子)	≥1.2 (阳离子)
	≥2.0 (阴离子)	≥1.3 (阴离子)	≥1.6 (阴离子)	≥1.0 (阴离子)	≥2.4 (阴离子)	≥2.6 (阴离子)	≥3.0 (阴离子)
含水率 %	≤59	≤57	≤61	≤55	≤59	≤61	≤63
范围粒度 (30 μm～150 μm) %	≥90	≥90	≥90	≥90	≥90	≥90	≥90
上限粒度 (>150 μm) %	≤3	≤3	≤3	≤3	≤3	≤3	≤3
下限粒度 (<5 μm) %	≤1	≤1	≤1	≤1	≤1	≤1	≤1
[a] 以混合树脂质量计							

表 4　铵型/氢氧型混合粉末离子交换树脂技术要求

项　　目	NH_4/OH= 1∶1	NH_4/OH= 1∶2	NH_4/OH= 1∶3	NH_4/OH= 2∶1	NH_4/OH= 2∶3	NH_4/OH= 3∶1	H/OH= 3∶2
交换容量[a] mmol/g(干)	≥2.2 (阳离子)	≥1.4 (阳离子)	≥1.1 (阳离子)	≥2.9 (阳离子)	≥1.7 (阳离子)	≥3.3 (阳离子)	≥2.6 (阳离子)
	≥2.0 (阴离子)	≥2.2 (阴离子)	≥3.0 (阴离子)	≥1.3 (阴离子)	≥2.4 (阴离子)	≥1.0 (阴离子)	≥1.6 (阴离子)

表 4（续）

项　目	NH_4/OH=1∶1	NH_4/OH=1∶2	NH_4/OH=1∶3	NH_4/OH=2∶1	NH_4/OH=2∶3	NH_4/OH=3∶1	H/OH=3∶2
含水率 %	≤58	≤61	≤62	≤54	≤59	≤52	≤56
范围粒度 (30 μm～150 μm) %	≥90	≥90	≥90	≥90	≥90	≥90	≥90
上限粒度 (>150 μm) %	≤3	≤3	≤3	≤3	≤3	≤3	≤3
下限粒度 (<5 μm) %	≤1	≤1	≤1	≤1	≤1	≤1	≤1

[a] 以混合树脂质量计

5 试验方法

5.1 粉末离子交换树脂含水率的测定

粉末离子交换树脂含水率的测定方法参考采用 ASTM D4456 方法 B 固体含量测定方法，测定方法见附录 A。

5.2 粉末离子交换树脂范围粒度、上限粒度及下限粒度的测定

粉末离子交换树脂范围粒度、上限粒度及下限粒度的测定方法参考采用 ASTM D4456 方法 A 粒度分布测定方法，测定方法见附录 B。

5.3 氢型粉末阳离子交换树脂交换容量

氢型粉末阳离子交换树脂交换容量测定参考采用 GB/T 8144《阳离子交换树脂交换容量测定方法》，测定方法见附录 C。

5.4 铵型粉末阳离子交换树脂交换容量

铵型粉末阳离子交换树脂交换容量的测定方法见附录 D。

5.5 氢氧型粉末强碱性阴离子交换树脂交换容量的测定

氢氧型粉末强碱性阴离子交换树脂交换容量的测定方法参考采用 GB/T 5760《氢氧型阴离子交换树脂交换容量测定方法》，测定方法见附录 E。

5.6 氢型/氢氧型混合粉末离子交换树脂交换容量的测定

氢型/氢氧型混合粉末离子交换树脂交换容量的测定方法见附录 F。

5.7 铵型/氢氧型混合粉末离子交换树脂交换容量的测定

铵型/氢氧型混合粉末离子交换树脂交换容量的测定方法见附录 G。

6 验收规则

6.1 每 5 包(件)为 1 个取样单元，不足 5 包按 1 个取样单元计。

6.2 按 GB/T 5475 规定的方法进行取样。

6.3 每包(件)应有生产厂的合格证。

6.4 第 4 章中规定的所有项目都为验收必检项目。

6.5 使用单位应按本标准规定对产品进行检验，并留样备查。

6.6 检验结果有不符合项时，应双倍取样复验，并以复验结果为准。

7 标志、包装、运输、储存

7.1 标志

每一包装件上应有清晰、牢固的标志，包括产品名称、牌号、批号、生产日期和生产厂名。

7.2 包装

产品应包装在内衬塑料袋的容器或编织袋中。

7.3 运输

本产品在运输过程中，宜保持在 0 ℃～40 ℃环境中，避免过冷或过热，并注意不使粉末离子交换树脂失去内部水分。

7.4 储存

本产品在 5 ℃～40 ℃环境中储存期为 2 年。超过储存期应按本标准规定进行复验，若复验结果符合本标准要求，仍可使用。

8 安全性

粉末离子交换树脂为非危险化学品。

附 录 A
（规范性附录）
粉末离子交换树脂含水率测定方法

A.1 适用范围

本方法适用于粉末离子交换树脂含水率的测定。

A.2 测定原理

树脂样品在 105 ℃±2 ℃下烘 2 h 后测定质量减少量。

A.3 仪器及设备

A.3.1 烘箱

最高温度 200 ℃，控温精度±2 ℃。

A.3.2 分析天平

感量 0.1 mg，最大称量 200 g。

A.3.3 称量瓶

ϕ40 mm×20 mm。

A.4 操作步骤

A.4.1 选用 2 个干净的称量瓶，去皮质量，在分析天平上分别向其中称取 2 份约 1 g（准确至 0.1 mg）的样品，记录为 A。

A.4.2 将样品置于烘箱中，在 105 ℃±2 ℃下烘 2 h。

A.4.3 从烘箱中取出样品，在干燥器中放置最少 30 min 至完全冷却至室温，称量记录为 B。

A.4.4 粉末离子交换树脂样品含固率的计算式为

$$W=\frac{B}{A}\times 100 \qquad \text{(A.1)}$$

式中：

W——含固率，%；

A——湿样质量，单位为克（g）；

B——干样质量，单位为克（g）。

A.5 计算

粉末离子交换树脂样品含水率的计算式为

$$X=100-W \qquad \text{(A.2)}$$

式中：

X——含水率，%。

计算结果均保留小数点后二位，取二次测定的平均值。

A.6 精度

$$r_A=1.43\%$$

$$r_B = 0.391\%$$

式中：

r_A——氢氧型阴离子粉末离子交换树脂的允许差；

r_B——氢型阳离子粉末离子交换树脂的允许差。

附 录 B
（规范性附录）
粉末离子交换树脂范围粒度、上限粒度及下限粒度测定方法

B.1 适用范围

本方法适用于粉末离子交换树脂的粒度测试。

B.2 测定原理

采用激光计数器原理。

B.3 仪器及设备

激光粒度测试仪，测试范围为0.2 μm～200 μm。

B.4 操作步骤

B.4.1 在洁净的样品容器中加入GB/T 6903规定的三级试剂水和粉末离子交换树脂样品。样品容器的容积和所有添加剂的纯度按测试仪器的操作说明及测试量程确定。

B.4.2 搅拌溶液避免混合液形成团簇，使颗粒均匀分散以达到所用仪器的要求。

B.4.3 若悬浮液颗粒的浓度超出了仪器的最大量程，可以进行适当的稀释。

B.4.4 稀释后的溶液必须进行搅拌，使树脂颗粒在溶液中均匀分布。

B.4.5 将混合好的溶液加入测试仪中进行测量。

B.4.6 记录分析数据。

B.4.7 重复进行B.4.2～B.4.6步骤5次。

B.5 计算

根据仪器分析数据，计算出粉末离子交换树脂范围粒度、上限粒度及下限粒度。取5次测定结果的平均值。

B.6 精度

对于同一等分样品，粉末离子交换树脂粒度平均的测试允许差不能超过1%。

附　录　C
（规范性附录）
氢型粉末阳离子交换树脂交换容量测定方法

C.1　适用范围

本方法适用于氢型粉末阳离子交换树脂交换容量的测定。

C.2　测定原理

在碱性条件下，氢型的离子交换基团与过量的标准碱溶液反应，反应结束后测定剩余标准碱溶液浓度，求出氢型基团交换容量。其反应式为

$$RH + NaOH \longrightarrow RNa + H_2O \qquad \text{(C.1)}$$

C.3　试剂和溶液

C.3.1　纯水

GB/T 6903 规定的三级试剂水。

C.3.2　0.1 mol/L NaOH 标准溶液

按 GB/T 601 配制和标定。

C.3.3　0.1 mol/L HCl 标准滴定溶液

按 GB/T 601 配制和标定。

C.3.4　甲基红—次甲基兰混合指示剂

按 GB/T 603 配制。

C.4　仪器与设备

C.4.1　具塞三角瓶：250 mL。
C.4.2　酸式滴定管：25 mL。
C.4.3　碱式滴定管：25 mL。
C.4.4　移液管：25 mL，100 mL。
C.4.5　三角瓶：250 mL。
C.4.6　分析天平：感量 0.1 mg，最大称量 200 g。
C.4.7　漏斗。
C.4.8　定性滤纸。

C.5　操作步骤

C.5.1　称取 1.0 g（准确至 0.1 mg）样品（m）两份于两个不同的 250 mL 具塞三角瓶中，分别向其中加入 0.1 mmol/L NaOH 标准溶液 100.00 mL，在室温下浸泡 2 h。
C.5.2　用定性滤纸分别过滤浸泡液于另外两只烘干的三角瓶中。
C.5.3　分别移取 25.00 mL 过滤浸泡液两份于三角瓶中，用 0.1 mmol/L HCl 标准滴定溶液滴定至混合指示剂变红为终点，记录消耗 HCl 标准溶液体积为 V。

C.6　结果计算

氢型粉末阳离子交换树脂交换容量 Q_H 按式（C.2）计算，即

$$Q_H = \frac{100.00c_{NaOH} - 4c_{HCl}V}{m(1-X)} \quad \cdots\cdots (C.2)$$

式中：

Q_H——氢型粉末阳离子交换树脂交换容量，单位为毫摩尔每克(mmol/g)(干)；

c_{NaOH}——NaOH 标准滴定溶液，单位为摩尔每升(mol/L)；

c_{HCl}——HCl 标准溶液浓度，单位为摩尔每升(mol/L)；

V——滴定浸泡液消耗 HCl 标准滴定溶液，单位为毫升(mL)；

X——含水率；

m——样品称量，单位为克(g)。

计算结果均保留小数点后两位，取二次测定的平均值。

C.7 精度

室内允许差 r=0.082，mmol/g(干)。

室间允许差 R=0.162，mmol/g(干)。

附　录　D
（规范性附录）
铵型粉末阳离子交换树脂交换容量测定方法

D.1　适用范围

本方法适用于铵型粉末阳离子交换树脂交换容量的测定。

D.2　测定原理

铵盐能与甲醛作用生成等物质量的酸（质子化的六次甲四胺和 H^+），测定滤过浸泡溶液中 NH_4^+ 浓度，求出铵型基团量。其反应式为

$$RNH_4 + NaNO_3 \longrightarrow RNa + NH_4^+ + NO_3^- \quad \cdots\cdots (D.1)$$

$$4NH_4^+ + 6HCHO = (CH_2)_6N_4H^+ + 3H^+ + 6H_2O \quad \cdots\cdots (D.2)$$

$$(CH_2)_6N_4H^+ + 3H^+ + 4OH^- = (CH_2)_6N_4 + 4H_2O \quad \cdots\cdots (D.3)$$

D.3　试剂和溶液

D.3.1　纯水

GB/T 6903 规定的三级试剂水。

D.3.2　0.05 mol/L 氢氧化钠标准滴定溶液

配制及标定方法见 GB/T 601。

D.3.3　甲醛溶液

取 200 mL 甲醛（30%）溶液，加入 4 滴酚酞指示剂，用氢氧化钠标准滴定溶液滴定至呈现稳定的微红色为止。

D.3.4　酚酞指示剂

10 g/L 乙醇溶液。

D.3.5　试剂纯度

应符合 GB/T 6903 的要求。

D.4　仪器与设备

D.4.1　具塞三角瓶：250 mL。
D.4.2　酸式滴定管：25 mL。
D.4.3　碱式滴定管：25 mL。
D.4.4　移液管：25 mL，100 mL。
D.4.5　三角瓶：250 mL。
D.4.6　分析天平：感量 0.1 mg，最大称量 200 g。
D.4.7　漏斗。
D.4.8　定性滤纸。

D.5　操作步骤

D.5.1　称取 1.0 g（准确至 0.1 mg）样品（m）两份于两个不同的 250 mL 具塞三角瓶中，分别向其中加入 100.00 mL 1 mol/L $NaNO_3$ 溶液，在 40 ℃下浸泡 2 h。

D.5.2　用定性滤纸分别过滤浸泡液于另外两只烘干的三角瓶中。

D.5.3 用移液管移取 25 mL 过滤浸泡液两份于三角瓶中，加 3 滴酚酞指示剂。

D.5.4 分别加入 5 mL 甲醛溶液，用氢氧化钠标准滴定溶液滴定至微红色，记录加入甲醛溶液后所消耗的氢氧化钠标准滴定溶液的体积 a，同时作空白，记录加入甲醛溶液后空白所消耗的氢氧化钠标准滴定溶液的体积数 a_0。

D.6 结果计算

铵型粉末阳离子交换树脂交换容量 Q_{NH_4} 按式(D.4)计算，即

$$Q_{NH_4} = \frac{4c(a - a_0)}{m(1 - X)} \quad \cdots\cdots\cdots\cdots (D.4)$$

式中：

Q_{NH_4}——铵型粉末阳离子交换树脂交换容量，单位为毫摩尔每克(mmol/g)(干)；

c——氢氧化钠标准滴定溶液的浓度，单位为摩尔每升(mol/L)；

a——加入甲醛后，消耗氢氧化钠标准滴定溶液的体积，单位为毫升(mL)；

a_0——加入甲醛后，空白消耗氢氧化钠标准滴定溶液的体积，单位为毫升(mL)；

m——称取树脂样品量，单位为克(g)；

X——含水率。

计算结果均保留小数点后两位，取二次测定结果的平均值。

附　录　E
（规范性附录）
氢氧型粉末阴离子树脂交换容量测定方法

E.1　适用范围

本方法适用于氢氧型粉末阴离子树脂交换容量的测定。

E.2　测定原理

在酸性条件下，氢氧型的离子交换基团与过量的标准酸溶液反应，反应结束后测定剩余标准酸溶液浓度，求出氢氧型交换容量。其反应式为

$$ROH + HCl \longrightarrow RCl + H_2O \quad \cdots\cdots\cdots\cdots\cdots\cdots\cdots\cdots\cdots (E.1)$$

E.3　试剂和溶液

E.3.1　纯水

GB/T 6903 规定的三级试剂水。

E.3.2　0.1 mol/L NaOH 标准滴定溶液

按 GB/T 601 配制和标定。

E.3.3　0.1 mol/L HCl 标准溶液

按 GB/T 601 配制和标定。

E.3.4　甲基红一次甲基兰混合指示剂

按 GB/T 603 配制。

E.4　仪器与设备

E.4.1　具塞三角瓶：250 mL。

E.4.2　酸式滴定管：25 mL。

E.4.3　碱式滴定管：25 mL。

E.4.4　移液管：25 mL，100 mL。

E.4.5　三角瓶：250 mL。

E.4.6　分析天平：感量 0.1 mg，最大称量 200 g。

E.4.7　漏斗。

E.4.8　定性滤纸。

E.5　操作步骤

E.5.1　称取 1.0 g（准确至 0.1 mg）样品（m）两份于两个不同的 250 mL 具塞三角瓶中，分别向其中加入 100.00 mL 0.1 mmol/L HCl 标准溶液，在 40 ℃下浸泡 2 h。

E.5.2　用定性滤纸分别过滤浸泡液于另外两只烘干的三角瓶中。

E.5.3　用移液管分别移取 25 mL 滤过浸泡液两份于三角瓶中，用 0.1 mmol/L NaOH 标准滴定溶液滴定至甲基红一次甲基兰混合指示剂变红为终点，记录消耗 NaOH 标准溶液体积（V）。

E.6　结果计算

氢氧型粉末阴离子树脂交换容量 Q_{OH} 按式（E.2）计算，即

$$Q_{OH}=\frac{100.00c_{HCl}-4c_{NaOH}V}{m(1-X)} \quad \cdots\cdots(E.2)$$

式中：

Q_{OH}——氢氧型粉末阴离子树脂交换容量，单位为毫摩尔每克(mmol/g)(干)；

c_{HCl}——HCl标准溶液浓度，单位为摩尔每升(mol/L)；

c_{NaOH}——NaOH标准滴定溶液浓度，单位为摩尔每升(mol/L)；

V——滴定浸泡液消耗NaOH标准滴定溶液体积，单位为毫升(mL)；

m——称取树脂样品量，单位为克(g)；

X——含水率。

计算结果均保留小数点后两位，取两次测定结果的平均值。

E.7 精度

室内允许差 r=0.11，mmol/g(干)。

室间允许差 R=0.23，mmol/g(干)。

附 录 F
（规范性附录）
氢型/氢氧型混合粉末离子交换树脂交换容量测定方法

F.1 适用范围

本方法适用于包装件氢型/氢氧型混合粉末离子交换树脂交换容量测定。

F.2 测定原理

在碱性条件下，氢型的离子交换基团与过量的标准碱溶液反应，反应结束后测定剩余标准碱溶液浓度，求出氢型交换容量。其反应式为

$$RH + NaOH \longrightarrow RNa + H_2O \qquad \text{(F.1)}$$

在酸性条件下，氢氧型的离子交换基团与过量的标准酸溶液反应，反应结束后测定剩余标准酸溶液浓度，求出氢氧型交换容量。其反应式为

$$ROH + HCl \longrightarrow RCl + H_2O \qquad \text{(F.2)}$$

F.3 试剂和溶液

F.3.1 纯水

GB/T 6903 规定的三级试剂水。

F.3.2 0.1 mol/L NaOH 标准滴定溶液

按 GB/T 601 配制和标定。

F.3.3 0.1 mol/L HCl 标准滴定溶液

按 GB/T 601 配制和标定。

F.3.4 甲基红一次甲基兰混合指示剂

按 GB/T 603 配制。

F.3.5 酚酞指示剂

10 g/L 乙醇溶液。

F.3.6 试剂纯度

应符合 GB/T 6903 要求。

F.4 仪器和设备

F.4.1 具塞三角瓶：250 mL。

F.4.2 酸式滴定管：25 mL。

F.4.3 碱式滴定管：25 mL。

F.4.4 移液管：25 mL，100 mL。

F.4.5 三角瓶：250 mL。

F.4.6 分析天平：感量 0.1 mg，最大称量 200 g。

F.4.7 漏斗。

F.4.8 定性滤纸。

F.5 操作步骤

F.5.1 分别称取 4 份 1.0 g（准确至 0.1 mg）样品于 4 个不同的 250 mL 具塞三角瓶中，记为 m_i（i=1～

4)，向其中 m_1、m_2 两个三角瓶中分别加入 0.1 mol/L HCl 标准溶液 100.00 mL，在 40 ℃下浸泡 2 h。向 m_3、m_4 两个三角瓶中分别加入 0.1 mol/L NaOH 标准溶液 100.00 mL，在 40 ℃下浸泡 2 h。

F.5.2 用定性滤纸分别过滤 4 个不同的 250 mL 具塞三角瓶中浸泡液于另外 4 个烘干的三角瓶中。

F.5.3 用移液管分别移取 25 mL HCl 过滤浸泡液两份于两个三角瓶中，用 0.1 mol/L NaOH 标准溶液分别滴定至酚酞指示剂变红为终点，记录消耗 NaOH 标准溶液体积为 V。

F.5.4 用移液管分别移取 25 mL NaOH 过滤浸泡液两份于两个三角瓶中，用 0.1 mol/L HCl 标准溶液分别滴定至甲基红一次甲基兰混合指示剂变红为终点，记录消耗 NaOH 标准溶液体积为 V_1。

F.6 结果计算

氢型交换容量 Q_H、氢氧型交换容量 Q_{OH} 按式(F.3)和式(F.4)计算，即

$$Q_H = \frac{100.00c_{NaOH} - 4c_{HCl}V}{m_A(1-X)} \quad \text{(F.3)}$$

$$Q_{OH} = \frac{100.00c_{HCl} - 4c_{NaOH}V_1}{m_B(1-X)} \quad \text{(F.4)}$$

式中：

Q_H——氢型粉末阳离子树脂和氢氧型粉末阴离子混床树脂中氢型交换容量，单位为毫摩尔每克(mmol/g)(干)；

Q_{OH}——氢型粉末阳离子树脂和氢氧型粉末阴离子混床树脂中氢氧型交换容量，单位为毫摩尔每克(mmol/g)(干)；

c_{HCl}——HCl 标准滴定溶液浓度，单位为摩尔每升(mol/L)；

c_{NaOH}——NaOH 标准滴定溶液浓度，单位为摩尔每升(mol/L)；

V——滴定 HCl 过滤浸泡液耗 NaOH 标准滴定溶液体积，单位为毫升(mL)；

V_1——滴定 NaOH 浸泡液消耗 HCl 标准滴定溶液体积，单位为毫升(mL)；

m_A——称取树脂样品量(m_1、m_2)，单位为克(g)；

m_B——称取树脂样品量(m_3、m_4)，单位为克(g)；

X——含水率。

计算结果保留小数点后两位，分别取 Q_H、Q_{OH} 两次测定结果的平均值。

F.7 精度

F.7.1 氢型粉末阳离子树脂交换容量允许差

室内允许差 r=0.082，mmol/g(干)。

室间允许差 R=0.162，mmol/g(干)。

F.7.2 氢氧型粉末阴离子交换容量允许差

室内允许差 r=0.11，mmol/g(干)。

室间允许差 R=0.23，mmol/g(干)。

附　录　G
（规范性附录）
铵型/氢氧型混合粉末离子树脂交换容量测定方法

G.1　适用范围

本方法适用于铵型/氢氧型混合粉末离子树脂交换容量测定。

G.2　测定原理

G.2.1　在弱酸性条件下，铵型粉末阳离子树脂交换基团与过量的 $NaNO_3$ 溶液反应，其中钠离子与铵型粉末阳离子树脂中的铵离子交换进入溶液，反应结束后，按附录 D 规定的方法求出铵型基团交换量。

G.2.2　在酸性条件下，氢氧型的离子交换基团与定量过量的标准盐酸溶液反应，反应结束后测定剩余标准盐酸溶液中氯离子浓度，求出氢氧型基团交换量。其反应式为

$$ROH + HCl \longrightarrow RCl + H_2O \qquad \text{(G.1)}$$

G.3　试剂和溶液

G.3.1　纯水

GB/T 6903 规定的三级试剂水。

G.3.2　0.1 mol/L NaOH 标准滴定溶液

按 GB/T 601 配制和标定。

G.3.3　0.1 mol/L HCl 标准滴定溶液

按 GB/T 601 配制和标定。

G.3.4　0.1 mol/L $AgNO_3$ 标准溶液

按 GB/T 601 配制。

G.3.5　铬酸钾指示剂

将 10.0 g 铬酸钾（K_2CrO_4）溶于 50 mL 纯水中，稀释到 100 mL。

G.3.6　酚酞指示剂

10 g/L 乙醇溶液。

G.3.7　试剂纯度

应符合 GB/T 6903 要求。

G.3.8　试剂 A 溶液

移取 500 mL 1 mol/L $NaNO_3$ 溶液于 1 000 mL 容量瓶中，加入 50 mL 1 mol/L HCl，用 1 mol/L $NaNO_3$ 溶液稀至刻度，摇匀。

G.4　仪器和设备

G.4.1　具塞三角瓶：250 mL。

G.4.2　酸式滴定管：25 mL。

G.4.3　碱式滴定管：25 mL。

G.4.4　移液管：25 mL，100 mL。

G.4.5　三角瓶：250 mL。

G.4.6　分析天平：感量 0.1 mg，最大称量 200 g。

G.4.7　漏斗。

G.4.8 定性滤纸。

G.5 操作步骤

G.5.1 分别称取4份1.0 g(准确至0.1 mg)样品(记为m_i,$i=1\sim4$)于4个不同的250 mL具塞三角瓶中,向其中m_1、m_2两个三角瓶中分别加入试剂A溶液100.00 mL,在40 ℃下浸泡2 h。向其余m_3、m_4两个三角瓶中分别加入0.1 mmol/L HCl标准溶液100.00 mL,在40 ℃下浸泡2 h。

G.5.2 用定性滤纸分别过滤4个不同的250 mL具塞三角瓶中浸泡液于另外4个烘干的三角瓶中。

G.5.3 用移液管分别移取m_1、m_2两个三角瓶过滤浸泡液25 mL两份于三角瓶中,按附录D铵型粉末阳离子交换容量测定方法测定铵/氢氧型混床中铵型交换容量。

G.5.4 用移液管分别移取m_3、m_4两个三角瓶过滤浸泡液两份于三角瓶中,用0.1 mmol/L $AgNO_3$标准溶液滴定至铬酸钾指示剂变砖红为终点,记录消耗$AgNO_3$标准溶液体积为V_1(mL)。同时作空白试验,记录空白试验消耗$AgNO_3$标准溶液体积为V_0。

G.6 结果计算

铵型交换容量Q_{NH_4}、氢氧型交换容量Q_{OH}按式(G.2)和式(G.3)计算,即

$$Q_{NH_4}=\frac{4c_{NaOH}(a-a_0)}{m_A(1-X)} \quad\cdots\cdots(G.2)$$

$$Q_{OH}=\frac{4c_{AgNO_3}(V_0-V_1)}{m_B(1-X)} \quad\cdots\cdots(G.3)$$

式中:

Q_{NH_4}——铵型/氢氧型混合粉末树脂中铵型交换容量,单位为毫摩尔每克(mmol/g)(干);

Q_{OH}——铵型/氢氧型混合粉末离子交换树脂中氢氧型交换容量,单位为毫摩尔每克(mmol/g)(干);

c_{AgNO_3}——$AgNO_3$标准滴定溶液浓度,单位为摩尔每升(mol/L);

c_{NaOH}——NaOH标准滴定溶液浓度,单位为摩尔每升(mol/L);

a——加入甲醛后消耗氢氧化钠标准滴定溶液的体积,单位为毫升(mL);

a_0——加入甲醛后空白消耗氢氧化钠标准滴定溶液的体积,单位为毫升(mL);

V_0——滴定HCl标准溶液消耗$AgNO_3$标准滴定溶液体积,单位为毫升(mL);

V_1——滴定HCl过滤浸泡液消耗$AgNO_3$标准滴定溶液体积,单位为毫升(mL);

X——含水率;

m_A——称取树脂样品量(m_1、m_2),单位为克(g);

m_B——称取树脂样品量(m_3、m_4),单位为克(g)。

计算结果均保留小数点后两位,分别取Q_{NH_4}、Q_{OH}两次测定结果的平均值。

ICS 59.120.99
W 93

中华人民共和国纺织行业标准

FZ/T 93081—2012

水刺机用循环水处理设备

Recycle water treatment equipment for spun-laced machine

2012-05-24 发布

2012-11-01 实施

中华人民共和国工业和信息化部　发布

前　言

本标准按照 GB/T 1.1—2009 给出的规则起草。

本标准由中国纺织工业联合会提出。

本标准由全国纺织机械与附件标准化技术委员会(SAC/TC 215)归口。

本标准起草单位:恒天重工股份有限公司、宜兴市鸿锦水处理设备有限公司、江苏光阳动力环保设备有限公司、常熟市飞龙无纺机械有限公司。

本标准主要起草人:顾洪华、余山洪、亓国红、崔卫华、陆建国。

水刺机用循环水处理设备

1 范围

本标准规定了水刺机用循环水处理设备的型式与基本参数、要求、试验方法、检验规则、标志、包装、运输和贮存。

本标准适用于水刺法非织造布生产中为水刺机提供用水的循环水处理设备。

2 规范性引用文件

下列文件对于本文件的应用是必不可少的。凡是注日期的引用文件，仅注日期的版本适用于本文件。凡是不注日期的引用文件，其最新版本(包括所有的修改单)适用于本文件。

GB/T 191 包装储运图示标志

GB 5226.1—2008 机械电气安全 机械电气设备 第1部分：通用技术条件

GB/T 5657 离心泵技术条件(Ⅲ类)

GB/T 7782 计量泵

GB/T 11901 水质 悬浮物的测定 重量法

GB/T 13306 标牌

DL/T 809—2002 水质 浊度的测定

FZ/T 90001 纺织机械产品包装

JB/T 2932 水处理设备技术条件

JB/T 4711 压力容器涂敷与运输包装

3 型式与基本参数

3.1 工艺流程

水刺法非织造布生产用的循环水处理基本工艺流程见图1。

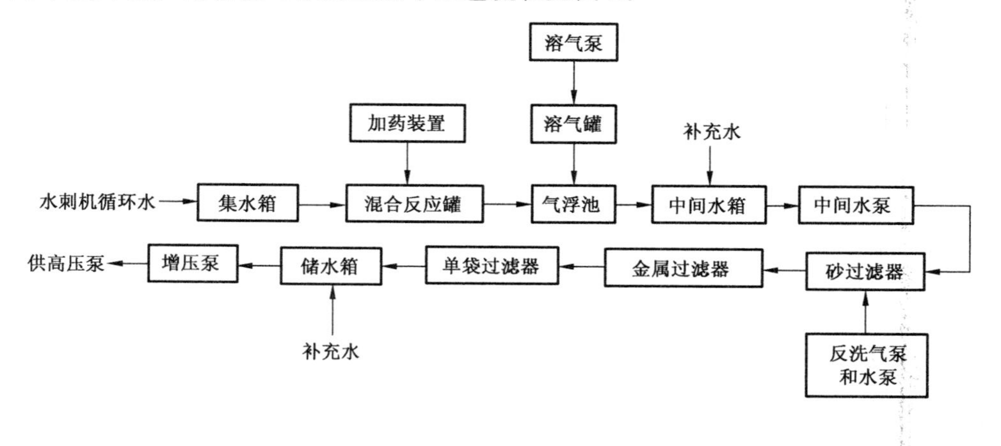

图 1

注：根据非织造布品种的不同，循环水处理工艺流程中的设备会有部分增减或改变。

3.2 型式与基本参数

3.2.1 水处理能力:80 t/h～350 t/h。
3.2.2 气浮池表面负荷能力:3 $m^3/(m^2 \cdot h)$～10 $m^3/(m^2 \cdot h)$。
3.2.3 气浮池溶气方式:压气式、吸气式。
3.2.4 砂过滤器滤水速度:8 m/h～10 m/h。
3.2.5 砂过滤器最大工作压力:0.4 MPa。
3.2.6 砂过滤器过滤介质:石英砂。
3.2.7 单袋过滤器最大过滤能力:25 m^3/h。
3.2.8 过滤袋材质:PP(丙纶)、PET(涤纶)。

4 要求

4.1 单元机

4.1.1 加药装置

4.1.1.1 应能实现连续自动加药。
4.1.1.2 溶药箱容积应能满足连续工作不低于 8 h 的用药量。

4.1.2 混合反应罐

水在混合反应罐停留时间不小于 2 min。

4.1.3 气浮池

4.1.3.1 气浮池水停留时间不大于 5 min。
4.1.3.2 气泡消失过程不小于 4 min。
4.1.3.3 水位及刮渣深度应可以调节。

4.1.4 泵

4.1.4.1 水泵和溶气泵应符合 GB/T 5657 的规定。
4.1.4.2 计量泵应符合 GB/T 7782 的规定。

4.1.5 砂过滤器

4.1.5.1 应符合 JB/T 2932 的规定。
4.1.5.2 制作完毕后应根据其技术要求进行压力试验,无渗漏及明显的可见变形。
4.1.5.3 压力试验合格后应进行清理,内外壁须干净、光滑,不得藏污,不得勾挂纤维。

4.1.6 金属过滤器

过滤精度不大于 25 μm。

4.1.7 单袋过滤器

过滤精度不大于 5 μm。

4.1.8 水箱

4.1.8.1 制作完毕后应根据其技术要求进行盛水试验,无渗漏及明显的可见变形。

4.1.8.2 盛水试验合格后应进行清理,内外壁须干净、光滑,不得藏污,不得勾挂纤维。

4.2 整机

4.2.1 表面处理

4.2.1.1 各单元机与循环水接触的表面,其材质应经过防腐和防锈处理。

4.2.1.2 生产卫生材料时,各单元机与水接触的表面,其材质应符合生产卫生材料对设备的相关要求。

4.2.2 传动系统

4.2.2.1 全机各传动结构运转平稳,无异常振动和冲击声响。

4.2.2.2 各减速机、轴承处润滑情况良好,温升不大于 20 ℃。

4.2.3 控制系统

4.2.3.1 控制系统应保证各单元设备能实现同步运行,生产程序动作正确、协调一致。

4.2.3.2 控制系统对各单元设备应能单独控制调试。

4.2.3.3 电气控制装置应有可靠的接地装置,并有明显标志。

4.2.3.4 电气设备的绝缘性能,应符合 GB 5226.1—2008 中 18.3 的规定,绝缘电阻不小于 1 MΩ。

4.2.3.5 电气设备的耐压性能,应符合 GB 5226.1—2008 中 18.4 的规定。

4.2.3.6 电气控制系统应设置紧急停止和报警装置。

4.2.3.7 各类电线、管路的外露部分应排列整齐,安装牢固。

4.2.4 管路系统

4.2.4.1 通水管道和法兰连接处无泄漏。

4.2.4.2 管道焊接部位内壁应清理干净,光滑、无毛刺。

4.2.5 处理后的循环水质量

4.2.5.1 循环水应清澈、透明、无异味。

4.2.5.2 循环水中悬浮物含量应不大于 3 mg/L。

4.2.5.3 循环水浊度不大于 5 FNU。

5 试验方法

5.1 4.1.2 和 4.1.3.1 用秒表检测。

5.2 4.1.3.2 水泡消失时间的检测:用 1 000 mL 的标准量筒,洗净,打开溶气罐溶气水取样阀门,取溶气水注入量筒至 1 000 mL 刻度,同时用秒表测定量筒中溶气水气泡消失过程的时间,直至目测量筒中气泡全部消失,记下消失过程的时间。取三次重复测量结果的算术平均值作为检测结果。

5.3 4.1.4.1 按 GB/T 5657 的规定检测。

5.4 4.1.4.2 按 GB/T 7782 的规定检测。

5.5 4.1.5.1 按 JB/T 2932 的规定检测。

5.6 4.1.6 和 4.1.7 根据过滤网的型号或目数,比照对应的过滤精度进行检测。

5.7 4.2.2.2 用精度不大于 0.5 ℃的温度计在减速机壳体处或轴承座处检测。

5.8 4.2.3.4 用 500 V 兆欧表检测。

5.9 4.2.3.5 用耐压试验仪检测。

5.10 4.2.5.2 按 GB/T 11901 的规定检测。

5.11 4.2.5.3 按 DL/T 809—2002 规定的散射光测量法检测。

5.12 其他项目用通用量具及手感、目测等方法检测。

6 检验规则

6.1 出厂检验

6.1.1 制造厂应对每台产品进行全装,并对由电机驱动的单元机进行空车运转试验。

6.1.2 检验项目:4.1.1、4.1.3.3、4.1.4～4.1.8、4.2.1～4.2.4。

6.1.3 产品应按本标准的规定,由制造厂质量检验部门检验合格,并填写产品合格证后方能出厂。

6.2 型式试验

6.2.1 产品在下列情况之一时,进行型式检验:

a) 新产品鉴定时;

b) 产品正式投产后,如结构、材料、工艺有较大改变,可能影响产品性能时;

c) 产品转厂生产或停产两年以上再恢复生产时;

d) 国家质量监督机构提出型式检验要求时。

6.2.2 检验项目:第 4 章的全部内容。

6.3 判定规则

检验时检验项目应全部合格,否则判为不合格产品。

6.4 其他

使用厂在进行安装、调试、试验及使用一年内,发现产品不符合本标准时,由制造厂负责会同使用厂进行处理。

7 标志、包装、运输和贮存

7.1 标志

7.1.1 产品铭牌按 GB/T 13306 的规定,并标明下列内容:

a) 产品名称、型号;

b) 主要技术特性:处理水量、整机功率等;

c) 出厂编号;

d) 出厂日期;

e) 制造厂名称。

7.1.2 产品包装储运的图示标志按 GB/T 191 的规定。

7.2 包装和运输

7.2.1 属压力容器的产品按 JB/T 4711 的规定包装和运输。

7.2.2 其他产品按 FZ/T 90001 的规定包装。

7.3 贮存

产品出厂后，在有良好通风、干燥及无腐蚀性物质的贮存场所存放，零部件的防锈、防潮自出厂之日起有效期为一年。

ICS 71.100.01
G 76
备案号：18170—2006

中华人民共和国化工行业标准

HG/T 2762—2006
代替 HG 2762—1996

水处理剂产品分类和代号命名

Classifying and code nomenclature of water treatment chemicals

2006-07-26 发布　　　　2007-03-01 实施

中华人民共和国国家发展和改革委员会　发布

前　　言

本标准由 HG 2762—1996《水处理剂产品分类和命名》修订而成。

本标准与 HG 2762—1996 差异为：

——根据我国水处理技术的发展水平，增加了新品种的代号。

本标准自实施之日起代替 HG 2762—1996。

本标准由中国石油和化学工业协会提出。

本标准由全国化学标准化技术委员会水处理剂分会归口。

本标准负责起草单位：天津化工研究设计院、中国石油化工集团公司水处理药剂评定中心、深圳中润水工业技术发展有限公司。

本标准主要起草人：朱传俊、金栋、邵宏谦、李润生。

本标准委托全国化学标准化技术委员会水处理剂分会(SAC/TC 63/SC 5)负责解释。

本标准于 1996 年首次发布。

水处理剂产品分类和代号命名

1 范围

本标准规定了水处理剂产品分类和代号命名的原则和方法。

本标准适用于水处理剂产品分类、命名的管理工作,也适用于识别水处理剂产品的基本性能。

2 分类和代号

2.1 水处理剂产品以其在水处理过程中的基本用途为基础,分为八个大类。

类别代号由两个大写的英文字母组成。两个英文字母分别为类别名称的两个主要汉字的声母组成。

产品类别和代号如表1。

表1 产品类别和代号

类别代号	类别名称	类别代号	类别名称
ZF	阻垢分散剂	HN	混凝剂
HS	缓蚀剂	QX	清洗剂
ZH	阻垢缓蚀剂	YM	预膜剂
SS	杀生剂	QT	其他

2.2 在每个类别中,根据产品的化学成分或使用特性,又分为若干系列。系列代号由类别代号和二位阿拉伯数字组成。

2.2.1 阻垢分散剂产品系列和代号如表2。

表2 阻垢分散剂产品系列和代号

类别代号	系列代号	产品化学成分
ZF	ZF 10	天然高分子化合物
	ZF 11	有机膦酸及其盐类
	ZF 12	聚羧酸及其盐类
	ZF 13	膦羧酸类
	ZF 14	羟基膦羧酸类
	ZF 15	多元醇磷酸酯类
	ZF 16	聚环氧琥珀酸类
	ZF 17	聚天冬氨酸类
	ZF 21	丙烯酸-丙烯酸酯类二元共聚物
	ZF 22	丙烯酸-磺酸钠二元共聚物
	ZF 23	丙烯酸-AMPS 二元共聚物
	ZF 24	丙烯酸-丙烯酰胺二元共聚物
	ZF 25	马来酸-丙烯酸类二元共聚物
	ZF 26	马来酸-乙酸乙烯二元共聚物
	ZF 31	丙烯酸-丙烯酸酯类三元共聚物
	ZF 32	丙烯酸-磺酸钠三元共聚物
	ZF 33	丙烯酸-AMPS 三元共聚物
	ZF 34	丙烯酸-丙烯酰胺三元共聚物
	ZF 35	马来酸-丙烯酸类三元共聚物
	ZF 41	丙烯酸类四元共聚物
	ZF 51	丙烯酸类多元共聚物
	ZF 61	其他

2.2.2 缓蚀剂产品系列和代号如表3。

表3 缓蚀剂产品系列和代号

类别代号	系列代号	产品化学成分或使用特性
HS	HS 11	无机化合物类
	HS 12	有机化合物类
	HS 21	无机混合冷却水系统缓蚀剂
	HS 22	有机混合冷却水系统缓蚀剂
	HS 31	无机、有机混合冷却水系统缓蚀剂
	HS 41	无机混合酸洗缓蚀剂
	HS 42	有机混合酸洗缓蚀剂
	HS 43	无机、有机混合酸洗缓蚀剂
	HS 51	其他

2.2.3 阻垢缓蚀剂产品系列和代号如表4。

表4 阻垢缓蚀剂产品系列和代号

类别代号	系列代号	产品化学成分
ZH	ZH 21	聚磷酸盐、聚羧酸(盐)
	ZH 22	聚磷酸盐、共聚物
	ZH 23	有机膦酸、聚羧酸(盐)
	ZH 24	有机膦酸、共聚物
	ZH 25	钨酸盐、聚羧酸
	ZH 31	聚磷酸盐、聚羧酸(盐)、锌盐
	ZH 32	聚磷酸盐、共聚物、锌盐
	ZH 33	有机膦酸、聚羧酸(盐)、锌盐
	ZH 34	有机膦酸、共聚物、锌盐
	ZH 35	有机膦酸、共聚物、聚羧酸盐
	ZH 36	有机膦酸、聚磷酸盐、共聚物
	ZH 37	有机膦酸、共聚物、噻唑类
	ZH 38	多元醇磷酸酯、磺化木质素、锌盐
	ZH 39	膦羧酸、共聚物、有机膦酸
	ZH 41	有机膦酸、聚羧酸、聚磷酸盐、锌盐
	ZH 42	磷酸酯、木质素、共聚物、噻唑类
	ZH 43	钼酸盐、膦羧酸、共聚物、锌盐
	ZH 44	有机膦酸、共聚物、噻唑类、锌盐
	ZH 51	聚羧酸、有机膦酸、聚磷酸盐、锌盐、噻唑类
	ZH 52	钼酸盐、噻唑类、聚磷酸盐、有机膦酸、锌盐

2.2.4 杀生剂产品系列和代号如表5。

表5 杀生剂产品系列和代号

类别代号	系列代号	产品化学成分
SS	SS 11	无机氧化性物质
	SS 12	有机氧化性物质
	SS 21	两性化合物
	SS 31	季铵盐类
	SS 32	聚季铵盐类
	SS 33	双季铵盐
	SS 34	其他铵盐类
	SS 41	非氧化性有机卤化物
	SS 51	阴离子型
	SS 52	醛类
	SS 53	有机硫类
	SS 61	季鏻盐类
	SS 71	其他

2.2.5 混凝剂产品系列和代号如表6。

表6 混凝剂产品系列和代号

类别代号	系列代号	产品化学成分
HN	HN 10	天然高分子化合物
	HN 21	无机铝盐
	HN 22	无机铁盐
	HN 31	无机复合类
	HN 32	有机无机复合类
	HN 41	阳离子型高分子化合物
	HN 42	阴离子型高分子化合物
	HN 43	非离子型高分子化合物
	HN 44	两性高分子化合物
	HN 51	生物絮凝剂
	HN 61	其他

2.2.6 清洗剂产品系列和代号如表7。

表7 清洗剂产品系列和代号

类别代号	系列代号	产品使用特性
QX	QX 11	除油污型
	QX 21	除锈、除垢型
	QX 31	除黏泥型
	QX 41	预膜前清洗
	QX 51	其他

2.2.7 预膜剂产品系列和代号如表8。

表8 预膜剂产品系列和代号

类别代号	系列代号	产品化学成分
YM	YM 11	聚磷酸盐、非离子型表面活性剂
	YM 21	聚磷酸盐、锌盐
	YM 31	螯合剂、锌盐
	YM 41	氧化性无机化合物
	YM 51	有机化合物、锌盐
	YM 61	其他

2.2.8 其他类产品系列和代号如表9

表9 其他类产品系列和代号

类别代号	系列代号	产品使用特性
QT	QT 11	消泡剂
	QT 21	氯增效剂
	QT 31	pH 调节剂
	QT 41	脱氧剂
	QT 51	螯合剂
	QT 61	其他

2.3 凡本规则未归纳的产品系列，其系列代号由化工行业水处理药剂产品标准化技术归口单位(以下简称归口单位)确定。

3 命名和代号

3.1 水处理剂产品一般以代号命名。

3.2　水处理剂产品的代号由类别代号、系列代号、顺序号和企业代号组成。

3.2.1　类别代号为两个大写英文字母，分别是类别名称的两个主要汉字的声母（见表1）。

3.2.2　系列代号由类别代号和两位阿拉伯数字组成（见表2～表9）。

3.2.3　顺序号由一位阿拉伯数字组成，作为个位数排在系列代号的后面。

3.2.4　企业代号由两个汉语拼音声母组成，分别是生产企业的厂名或商标的两个主要汉字的声母。

命名示例：

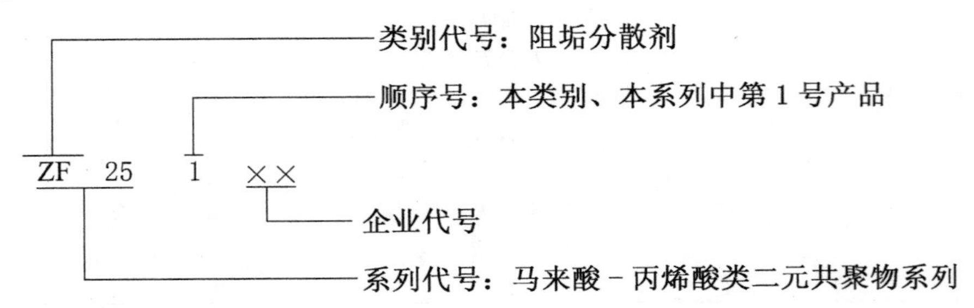

产品原名称：马-丙共聚物

产品现名称：ZF　251　××

3.3　由单剂构成的水处理剂产品可以不使用本标准规定的代号，而使用该产品的化学名称。

4　命名手续

4.1　凡批量生产的水处理剂产品，均应按本规则的规定进行命名。

4.2　由生产单位向归口单位提出产品命名申请，并报送说明产品类别和系列的材料。

4.3　归口单位对所报材料进行审查、确认后，予以正式命名，同时以公文形式通知申请单位并报有关主管部门备案。

4.4　企业代号由企业提出并报归口单位备案。当企业之间的代号发生冲突时，该代号由先备案者使用。

4.5　未经归口单位正式命名的产品，其他任何单位不得按本规则方法自行套用。

中华人民共和国海洋行业标准

水处理用玻璃钢罐

HY/T 067—2002

Fiber reinforced plastic tanks used in water treatment

1 范围

本标准规定了水处理用玻璃钢罐的分类、原材料、技术要求、试验方法和检验规则等。

本标准适用于以玻璃纤维及其制品为增强材料、不饱和聚酯树脂或乙烯基酯树脂为基体的标准底座型及加长底座型的水处理用玻璃钢罐。

2 引用标准

下列标准所包含的条文，通过在本标准中引用而构成为本标准的条文。本标准出版时，所示版本均为有效。所有标准都会被修订，使用本标准的各方应探讨使用下列标准最新版本的可能性。

GB/T 2576—1989 纤维增强塑料树脂不可溶分含量试验方法

GB/T 2828—1987 逐批检查计数抽样程序及抽样表(适用于连续批的检查)

GB/T 3854—1983 纤维增强塑料巴氏(巴柯尔)硬度试验方法

GB/T 5351—1985 纤维增强热固性塑料管短时水压失效压力实验方法

GB/T 8237—1987 玻璃纤维增强塑料(玻璃钢)用液体不饱和聚酯树脂

GB/T 17219—1998 生活饮用水输配水设备及防护材料的安全性评价标准

JC/T 277—1992 无碱无捻玻璃纤维纱

3 定义

本标准采用下列定义。

3.1 整体罐 unitary tank

由增强材料及树脂基体整体成型的罐。

3.2 复合罐 composite tank

由热塑性塑料作内衬、玻璃钢作结构层的罐。

4 分类

4.1 水处理用玻璃钢罐按尺寸系列分类，推荐分类尺寸见附录B(提示的附录)。

4.2 型号 水处理用玻璃钢罐的型号由代号和阿拉伯数字按下列规则组成。

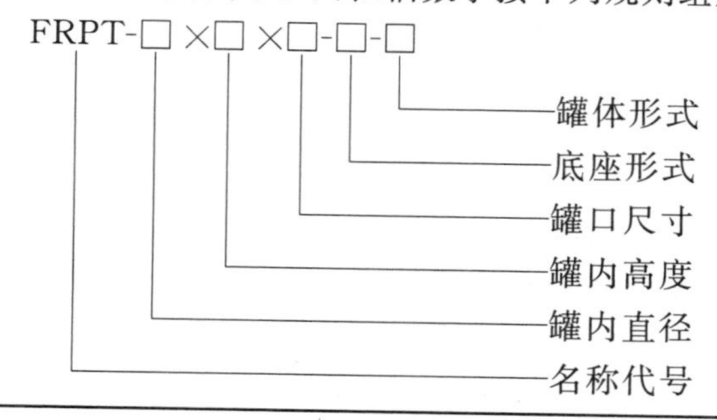

国家海洋局 2002-12-30 批准

2003-02-01 实施

4.2.1 FRPT 是水处理用玻璃钢罐(fiber reinforced plastic tanks used in water treatment)英文缩写的简写形式。

4.2.2 罐内直径是指罐体的筒身内径，其要求见表 1。其他尺寸可由供需双方协商确定。

表 1 常见水处理用玻璃钢罐内径尺寸

规 格	06	07	08	09	10	12	13	14	16	18	20	24	32	36	40
内径尺寸/mm	152	178	203	229	254	305	330	356	406	457	508	610	813	913	1 016

4.2.3 罐内高度是罐体的内高，其要求见表 2。其他尺寸可由供需双方协商确定。

表 2 常见水处理用玻璃钢罐内高尺寸

规 格	13	17	18	19	22	23	24	26	29	30	32	33
内高尺寸/mm	330	432	457	483	559	584	610	672	737	762	813	838
规 格	35	36	38	40	42	44	45	47	48	54	58	65
内高尺寸/mm	889	914	965	1 016	1 064	1 118	1 143	1 194	1 219	1 372	1 473	1 651
规 格	75	85	100	120								
内高尺寸/mm	1 905	2 159	2 540	3 048								

4.2.4 罐口尺寸是指罐口内径，其要求见表 3。其他尺寸可由供需双方协商确定。

表 3 常见水处理用玻璃钢罐口尺寸

规 格	Ⅰ	Ⅱ	Ⅲ
罐口内径/mm	63.5	101.6	114.3

4.2.5 底座形式：

B—标准底座；

J—加长底座。

4.2.6 罐体形式：

F—复合罐；

Z—整体罐。

4.2.7 标记示例：

例如：FRPT-07×35×Ⅰ-J-F 即表示该水处理用玻璃钢罐是筒身内径为 178 mm，内高为 889 mm，罐口内径为 63.5 mm 的加长底座形式的复合罐。

5 原材料

5.1 基体材料

5.1.1 作为基体材料，不饱和聚酯树脂应符合 GB/T 8237 的规定。

5.1.2 作为基体材料，乙烯基酯树脂不低于 GB/T 8237 规定。

5.2 增强材料

5.2.1 无碱无捻玻璃纤维纱应符合 JC/T 277 的规定。

5.2.2 无碱玻璃纤维纱、短切毡、玻璃布应覆有与相应树脂体系匹配的浸润剂。

5.2.3 可采用有机纤维表面毡或其他适用材料。

6 要求

6.1 表面要求

水处理用玻璃钢罐内、外表面应平整、光洁，无龟裂、贫胶和明显气泡等缺陷。复合罐塑料内衬和玻璃钢结构层无剥离。

6.2 尺寸要求

6.2.1 水处理用玻璃罐的结构尺寸标注见图1。

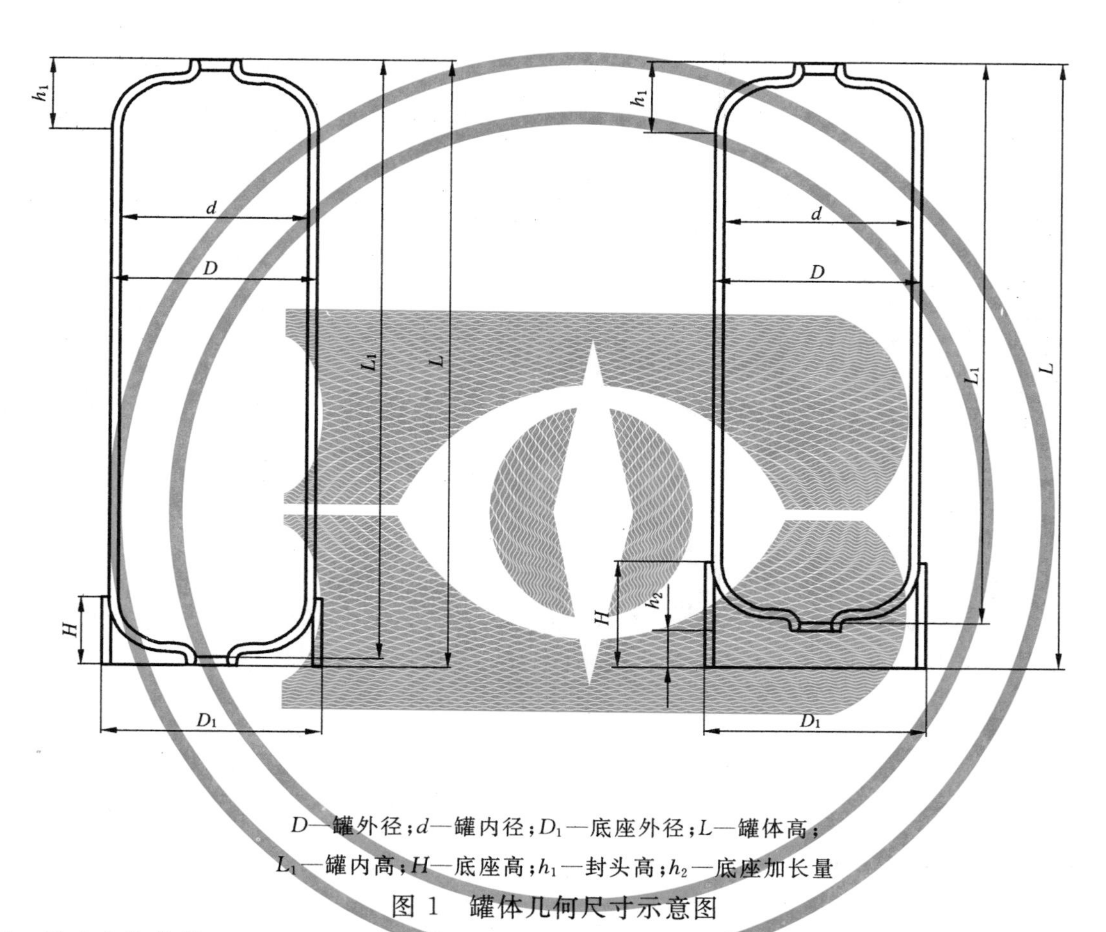

D—罐外径；d—罐内径；D_1—底座外径；L—罐体高；

L_1—罐内高；H—底座高；h_1—封头高；h_2—底座加长量

图1 罐体几何尺寸示意图

6.2.2 尺寸允许公差

6.2.2.1 罐内径允许公差，见表4。

表4 罐内径允许公差

尺寸范围/mm	$d<254$	$254\leqslant d<508$	$d\geqslant 508$
允许公差/mm	±5	±10	±15

6.2.2.2 罐外径允许公差，见表5。罐体(指壁厚)应符合6.7的要求。

表5 罐外径允许公差

尺寸范围/mm	$D<254$	$254\leqslant D<508$	$D\geqslant 508$
允许公差/mm	±5	±10	±15

6.2.2.3 罐内高度允许公差，见表6。

表 6 罐内高度允许公差

尺寸范围/mm	L_1<762	762 ≤L_1<1 524	1 524 ≤L_1<2 286	2 286≤L_1
允许公差/mm	±3	±5	±10	±15

6.2.2.4 罐体高度允许公差，见表 7。罐体(指壁厚)应符合 6.7 的要求。

表 7 罐体高度允许公差

尺寸范围/mm	L<762	762 ≤L<1 524	1 524 ≤L<2 286	2 286≤L
允许公差/mm	±3	±5	±10	±15

6.2.2.5 罐口螺纹允许公差 应通过标准螺纹规的设备检测。

6.2.3 母线直线度允许公差的要求，见表 8。

表 8 母线直线度允许公差

尺寸范围/mm	L_1<762	762 ≤L_1<1 524	1 524≤L_1<2 286	2 286≤L_1
允许公差/mm	±3	±5	±10	±15

6.3 树脂不可溶分含量

根据 GB/T 2576 方法检测，树脂不可溶分含量(质量分数)大于等于 85%。

6.4 巴氏硬度

出厂前罐体表面的巴柯尔硬度大于等于 36。

6.5 工作压力

罐体的最低工作压力应大于等于 0.6 MPa。

6.6 水压渗透性能

常温下以 1.05 MPa 水压进行试验，保压 10 min～30 min，罐体的任何部分不应有渗水。

6.7 水压爆破压力

常温下以 3.6 MPa 水压进行试验后，罐体不应影响使用要求。

6.8 卫生性能

卫生性能应符合 GB/T 17219 的规定。

6.9 构件要求

构件包括底座及复合罐内衬，具体要求见附录 C(提示的附录)。

7 试验方法

7.1 表面检验

目测罐体的内、外表面。

7.2 尺寸测量

罐体的内径、外径、内高、罐体高度和母线直线度的测量方法按附录 A(标准的附录)进行。

7.3 树脂不可溶分含量

罐体树脂不可溶分含量的测试按 GB/T 2576 规定进行。

7.4 巴氏硬度

巴氏硬度的测试按 GB/T 3854 规定进行。

7.5 水压渗透性能

水压渗透性能检验方法按 GB/T 5351 第 2 章规定，常温下以均匀的速率加压至 1.05 MPa，保压 10 min～30 min，检查罐体有无渗漏。试验装置见图 2。

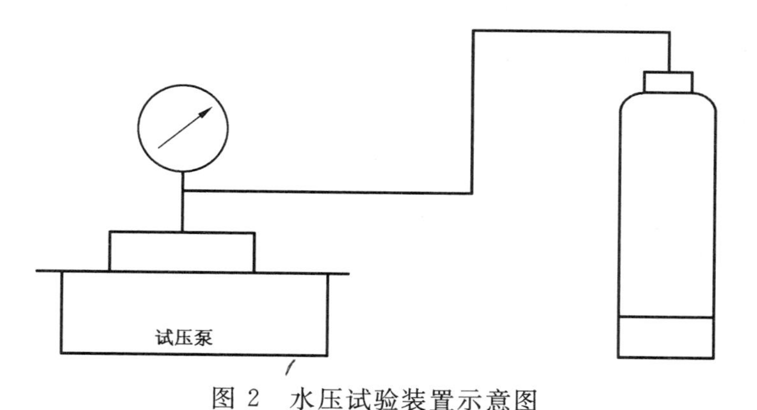

图 2 水压试验装置示意图

7.6 水压爆破压力检验

水压爆破压力检验方法按 GB/T 5351 第 2 章规定，常温下以均匀的速率加压至规定水压失效压力，检查有无破坏。试验装置同图 2，试验应在有防护措施的装置内进行。

8 检验规则

检验分为出厂检验和型式检验。

8.1 出厂检验

8.1.1 检验项目

出厂检验按 6.1、6.2.2.2、6.2.2.4、6.2.3、6.4、6.6 的要求进行。

8.1.2 抽样方法

逐只检查。

8.1.3 判定规则

a) 表面、尺寸、巴氏硬度、水压渗透试验均符合 6.1、6.4、6.6 要求的判为合格，否则判为不合格。

b) 表面不合格时，允许修复，但不能超过两次。

c) 外径尺寸在“内径尺寸加 2 倍侧壁厚 d_1（d_1 为最近一次型式检验值，测量方法见附录 A）加允许公差之和”的范围内，判为合格，否则判为不合格。

d) 罐体高度尺寸在“罐内高尺寸加底壁厚 d_2（d_2 为最近一次型式检验值，测量方法见附录 A）加允许公差之和”的范围内，判为合格，否则判为不合格。

8.2 型式检验

8.2.1 检验条件

有下列情况之一时，应进行型式检验：

a) 试制或正常生产遇到材料、结构、工艺有明显改变，可能影响性能时；

b) 正常批量生产 2 年以后；

c) 停产 6 个月以上恢复生产时；

d) 出厂检验结果与上次型式检验有较大差异时；

e) 国家质量监督机构提出型式检验要求时。

8.2.2 检验项目

按第 6 章规定进行检验。

8.2.3 抽样方法

8.2.3.1 组批：以相同原材料、相同工艺生产的同一类别的为一批。

8.2.3.2 按 GB/T 2828 规定，采取一次抽样法。取一般检验水平Ⅱ，AQL 为 4。

8.2.4 判定规则

a）各项指标均符合第6章要求时，判型式检验合格，否则型式检验不合格。

b）批合格判定按GB/T 2828规定进行。

9 标识、包装、运输及储存

9.1 标识

每一产品外表面上均应做耐久标识，标识应包括下列内容：

a）公称内径、罐内高度；

b）产品标识；

c）生产企业名称、商标、出厂编号及参照标准号。

9.2 包装

产品表面应以软质材料进行包装，以防止划伤。

9.3 运输

产品在运输和装卸过程中，不应重压、剧烈撞击和抛掷。

9.4 储存

产品储存时应立放，储存场地应清洁卫生，离火源及强热源。

附　录　A
（标准的附录）
尺寸测量法

A1　外径（*D*）的测量

A1.1　仪器

游标卡尺：分度值 0.02 mm；10 m 卷尺：分度值 1 mm。

A1.2　方法

A1.2.1　外径（D）小于等于 203 mm 时，在筒身段的上、中、下各选取 1 个横截面，在每个截面上用游标卡尺测量 7 次，测点均布。

A1.2.2　外径（D）大于 203 mm 时，在筒身段的上、中、下各选取 1 个横截面，用钢卷尺沿各截面绕一周。测量出该周长 C。

A1.3　计算

A1.3.1　外径（D）小于等于 203 mm 时，计算出平均值。

A1.3.2　外径（D）大于 203 mm 时，按 $D=L/\pi$ 计算出平均值。

A1.4　给出平均值。

A2　高度（*L*）的测量

A2.1　仪器

10 m 卷尺：分度值 1 mm；宽座角尺。

A2.2　方法

罐立放在平地上，将宽座角尺一边放置在罐口上，另一边紧贴罐壁。用钢卷尺量取从地面到宽座角尺之间的长度，该长度即为罐高，如图 A1 所示。按角度均布测量 7 个点的数值。

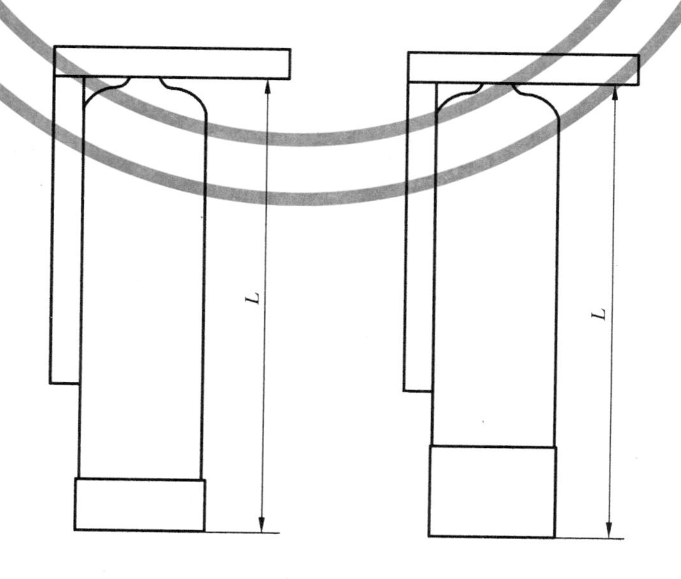

图 A1　高度测量方法示意图

A2.3 计算

计算出平均值。

A3 母线直线度的测量

A3.1 仪器

深度尺：分度值 0.02 mm；机械平尺。

A3.2 方法

选取等分的 7 条母线，将平尺沿母线靠紧筒身段，在缝隙最大处，用深度尺量取缝宽值。依次测量选取的 7 条母线。

A3.3 计算

计算出平均值。

A4 内径（*d*）的测量

A4.1 仪器

游标卡尺：分度值 0.02 mm。

A4.2 方法

在筒身直线段上、中、下个选取 1 个横截面剖开，用游标卡尺在每个截面上测量内径 7 次，测点均布。

A4.3 计算

计算出平均值。

A5 侧壁厚 d_1、底壁厚 d_2 的测量

A5.1 仪器

游标卡尺：分度值 0.02 mm。

A5.2 方法

A5.2.1 测 d_1 的方法

在筒身直线段上、中、下个选取 1 个横截面剖开，用游标卡尺在每个截面上测量壁厚 d_1 共 7 次，测点均布。

A5.2.2 测 d_2 的方法

如图 A2 所示，沿筒身轴线切开罐体为两部分，用游标卡尺测出 d_2 厚度。在两部分内共测量 7 次，测点均布。

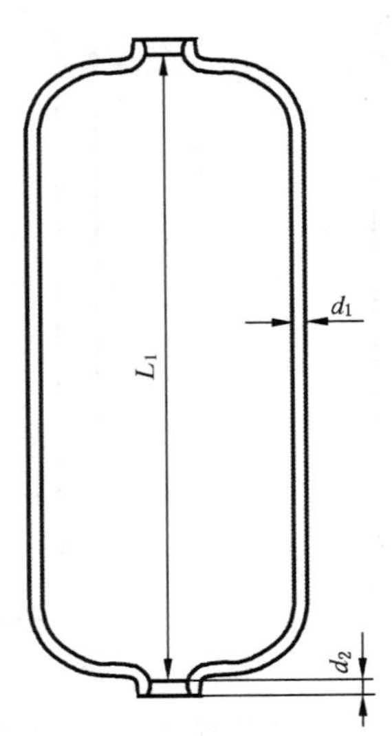

图 A2 壁厚、内高示意图

A5.3 计算

计算出 d_1 和 d_2 的平均值。

A6 罐内高度(L_1)的测量

A6.1 仪器

10 m 卷尺:分度值 1 mm。

A6.2 方法

如图 A2 所示,沿筒身轴线切开罐体为两部分,用卷尺测出罐内高度 L_1。

A6.3 给出罐内高度数值。

附 录 B
（提示的附录）
推荐分类尺寸表

内径×内高/mm	容量/$10^{-3}m^3$	罐口内径/mm	内径×内高/mm	容量/$10^{-3}m^3$	罐口内径/mm
152×330	5.1	63.5	305×737	46.3	63.5、101.6、114.3
152×457	7.4	63.5	305×889	57.5	63.5、101.6、114.3
152×813	13.9	63.5	305×965	63.0	63.5、101.6、114.3
152×889	15.3	63.5	305×1 219	81.5	63.5、101.6、114.3
178×559	12.4	63.5	330×1 372	108.0	63.5、101.6、114.3
178×610	13.7	63.5	356×1 372	124.4	63.5、101.6、114.3
178×672	17.4	63.5	356×1 651	152.2	63.5、101.6、114.3
178×889	20.6	63.5	406×584	58.2	63.5、101.6、114.3
178×1 016	23.8	63.5	406×838	91.2	63.5、101.6、114.3
178×1 118	26.3	63.5	406×1 143	130.7	63.5、101.6、114.3
203×432	11.8	63.5	406×1 372	160.3	63.5、101.6、114.3
203×559	15.9	63.5	406×1 473	173.5	63.5、101.6、114.3
203×610	17.6	63.5	406×1 651	196.6	63.5、101.6、114.3
203×762	22.5	63.5	457×1 651	246.0	63.5、101.6、114.3
203×889	26.6	63.5	457×1 905	287.7	63.5、101.6、114.3
203×914	27.5	63.5	508×1 651	300.3	63.5、101.6、114.3
203×1 016	30.8	63.5	508×1 905	351.8	63.5、101.6、114.3
203×1 118	34.0	63.5	610×1 651	422.6	63.5、101.6、114.3
229×889	33.4	63.5	610×1 905	496.7	63.5、101.6、114.3
229×1 016	38.6	63.5	813×1 905	847.9	101.6、114.3
229×1 219	46.9	63.5	813×2 159	979.7	101.6、114.3
254×483	20.2	63.5	914×1 905	1 050.8	101.6、114.3
254×762	34.3	63.5	914×2 159	1 217.6	101.6、114.3
254×889	40.8	63.5	1 016×1 651	1 064.0	101.6、114.3
254×1 016	47.2	63.5	1 016×1 905	1 269.9	101.6、114.3
254×1 064	49.8	63.5	1 016×2 159	1 475.8	101.6、114.3
254×1 118	52.3	63.5	1 016×2 540	1 784.7	101.6、114.3
254×1 194	56.2	63.5	1 016×3 048	2 196.5	101.6、114.3
254×1 372	65.2	63.5			

附 录 C
（提示的附录）
构件要求

C1 底座

C1.1 底座分类

分为标准底座和加长底座。

C1.2 底座材料

C1.2.1 热塑性塑料底座，适用于152 mm～356 mm的罐体。

C1.2.2 橡胶底座，适用于406 mm～457 mm的罐体。

C1.2.3 玻璃钢底座，适用于508 mm～1 016 mm的罐体。

C1.3 底座尺寸

C1.3.1 标准底座：$H \geqslant h_1$；

C1.3.2 加长底座：$H \geqslant h_1 + 150$。

C1.4 底座型式

底座结构型式如图C1所示。

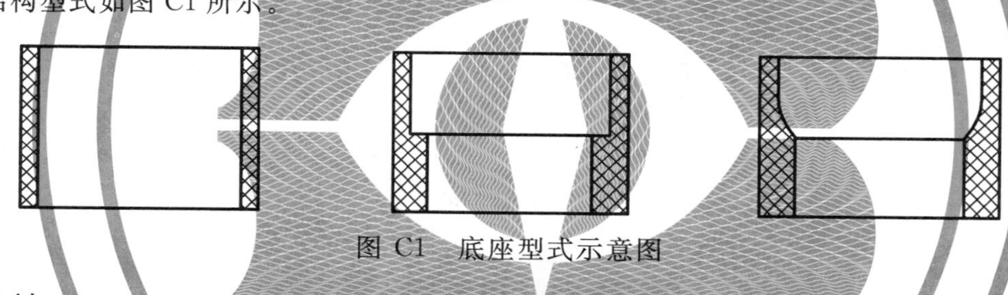

图C1 底座型式示意图

C2 塑料内衬

C2.1 卫生性能

应符合GB/T 17219—1998的规定要求。

C2.2 塑料内衬尺寸

C2.2.1 几何尺寸参见附录B。

C2.2.2 罐口螺纹

C2.2.2.1 内径尺寸参见附录B。

C2.2.2.2 高度尺寸b=25 mm～50 mm，见图C2。

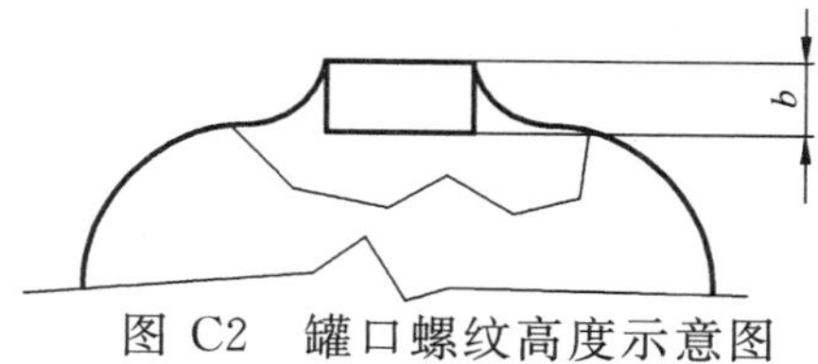

图C2 罐口螺纹高度示意图

C2.2.2.3 规格 63.5 mm罐口螺纹规格为8NPSM螺纹；101.6 mm罐口螺纹规格为8 UN螺纹；114.3 mm罐口螺纹规格为8Buttress螺纹。

C2.2.2.4 强度 罐口螺纹强度应与罐体强度相匹配。

C2.3 渗透性能

装满水后，应无渗透现象。

ICS 07.060;23.100.60
J 77

中华人民共和国海洋行业标准

HY/T 165—2013

连续膜过滤水处理装置

Equipment of continuous membrane filtration for water treatment

2013-11-13 发布　　2014-05-01 实施

国家海洋局　发布

前　言

本标准按照GB/T 1.1—2009给出的规则起草。

本标准由中国膜工业协会标准化委员会提出。

本标准由全国海洋标准化技术委员会(SAC/TC 283)归口。

本标准起草单位:天津膜天膜科技股份有限公司、苏州英特工业水处理工程有限公司、杭州水处理技术研究开发中心、甘肃省膜科学技术研究院、天津膜天膜工程技术有限公司。

本标准主要起草人:马世虎、薛向东、潘巧明、王文正、王薇、沈菊李、刘学文、吕建国、李凤娥、谢鹏伟、许以农、王海涛。

连续膜过滤水处理装置

1 范围

本标准规定了连续膜过滤水处理装置的产品规格与型号、技术要求、试验方法、检验规则及标志、包装、运输与储存等。

本标准适用于水处理中使用的连续膜过滤水处理装置(以下简称装置)。

2 规范性引用文件

下列文件对于本文件的应用是必不可少的。凡是注日期的引用文件,仅注日期的版本适用于本文件。凡是不注日期的引用文件,其最新版本(包括所有的修改单)适用于本文件。

GB/T 9969 工业产品使用说明书 总则

GB/T 17219 生活饮用水输配水设备及防护材料的安全性评价标准

GB/T 25295 电气设备安全设计导则

GB 50184 工业金属管道工程施工质量验收规范

HG 20520 玻璃钢/聚氯乙烯(FRP/PVC)复合管道设计规定

HY/T 061 中空纤维微滤膜组件

HY/T 062 中空纤维超滤膜组件

JB/T 2932 水处理设备 技术条件

3 术语和定义

下列术语和定义适用于本文件。

3.1

连续膜过滤水处理装置 equipment of continuous membrane filtration for water treatment

一种以中空纤维微滤(或超滤)膜组件为核心处理单元,采用死端过滤或错流过滤和间歇自动清洗的膜分离过程,可以通过模块化的结构设计组合成一套全封闭的、连续出水的膜过滤系统。

3.2

产水量 productivity

在规定的运行条件下,膜元件、组件或装置单位时间内所生产的产品水的量。

[GB/T 20103—2006,定义 2.2.10]

4 规格与型号

4.1 规格

装置规格以规定的操作条件下装置的产水量(m^3/d)来表示。

4.2 型号

连续膜过滤水处理装置的型号由装置类别代号、组件型式代号、膜材质代号和装置规格代号四个部分组成。各部分之间以连接符“—”连接。装置的类别代号以连续膜过滤水处理装置的英文缩写字母表示，即CMF。组件型式代号以膜组件类型的英文名称的缩写表示，MF——微滤膜；UF——超滤膜。膜材质代号以膜材质的英文缩写（高分子材料）或化学式（金属、陶瓷）表示，常见膜材质代号见表1。装置规格代号以产水量表示，单位为立方米每天（m^3/d）。四个部分的表述格式为：

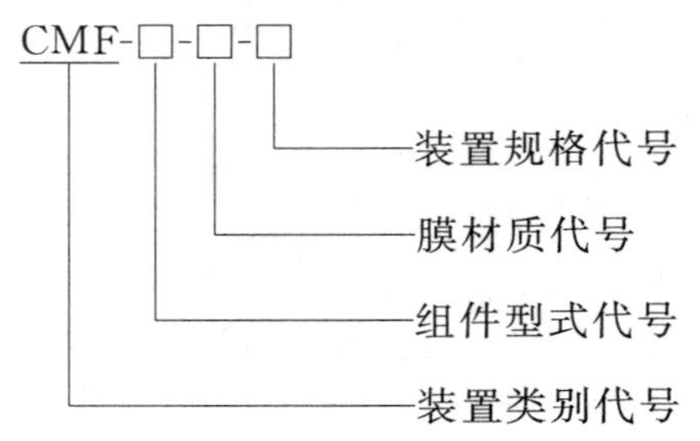

表1 常见膜材质代号

名 称	代 号
聚偏氟乙烯	PVDF
聚氯乙烯	PVC
聚砜	PSF
聚醚砜	PES
醋酸纤维素	CA
聚丙烯腈	PAN
三醋酸纤维素	CTA
聚丙烯	PP
聚乙烯	PE

型号示例：

CMF-MF-PVDF-1 000

其中，CMF表示连续膜过滤；MF表示微滤膜；膜的材质为PVDF；1 000表示连续膜过滤水处理装置的产水量为1 000 m^3/d。

5 要求

5.1 外观

5.1.1 装置应设计合理，外观结构紧凑、美观，占地面积及占用空间小。

5.1.2 装置主机架安装牢固、焊缝平整，涂层均匀、美观、牢固、无划痕。

5.2 设计要求

5.2.1 装置的制造应符合JB/T 2932的规定。

5.2.2 装置所用超滤膜组件的材料和外构件应符合HY/T 062的要求，所用微滤膜组件的材料和外构件应符合HY/T 061的要求。

5.2.3 用于生活饮用水的水处理设备，其与水接触的材料应符合GB/T 17219的规定。

5.3 安装要求

5.3.1 泵、管道、框架等元器件的安装应符合JB/T 2932的要求。其中，塑料管道、阀门的连接应符合

HG 20520 规定，金属管道安装与焊接应符合 GB 50184 的要求。

5.3.2 泵的安装应平稳、牢固，泵的进口应设有液位保护，泵的出口设有超压保护；泵运行时不得有异常振动。

5.4 密封性能

装置的密封性能良好，各部位连接处及管线、阀门不应有任何渗漏。

5.5 电控部分

电控部分自动化控制灵敏，具有自动安全保护功能，遇故障应能立即止动。

5.6 电气安全

电气安全要求应符合 GB/T 25295 的规定。

5.7 产水量

装置的产水量在运行额定压力、额定温度下不小于设计的额定值。

5.8 进水水质

装置进水水质指标的测定应符合相应的国家标准和行业标准，进水水质应满足如下要求：

a） 原水中总含铁量不大于 1 mg/L，含锰量不大于 1 mg/L；

b） 原水中含油量小于 3 mg/L；

c） pH 值应控制在 2～12 之间；

d） 原水中固体颗粒粒径不大于 500 μm，悬浮固体（*TSS*）不大于 100 mg/L。

5.9 产水水质

5.9.1 装置产水的浊度应小于 0.2 NTU；

5.9.2 装置用在反渗透工艺前时，产水的污染指数（*SDI*）应小于 3。

6 试验方法

6.1 外观

用目测的方法检查装置的外观，检查结果应符合 5.1 的要求。

6.2 密封性能

6.2.1 试验前，装置上的压力表、安全装置、阀门等附件应配置齐全，且检验合格。压力表的准确度级为 1.5 级以上，测量范围为 0 MPa～1 MPa。试验所用的液体应是自来水。

6.2.2 在未加膜组件情况下开启加压泵，调节管路阀门，缓慢升压到额定压力的 50%，进行渗漏检查；然后使系统试验压力为设计压力的 1.5 倍，保压 30 min，试验结果应该符合 5.4 的规定。

6.3 电控检验

调节供水泵控制阀、浓水阀，当泵压调到最低进水压力、出水压力、最高设计压力时，检查自动保护止动的效果，其结果应符合 5.5 的要求。

6.4 电气安全

电气安全按 GB/T 25295 的相关规定进行测定，其结果应符合 5.6 的规定。

6.5 产水量

在 25 ℃下，将符合 5.8 的进水注入原水罐中，以装置的泵为动力源启动装置，使原水充满整个系统，调节膜压差至额定压力(0.1 MPa)，稳定 30 min 后，透过液流量计显示的数值即为该装置的产水量。产水量应符合 5.7 的规定。

6.6 产水水质

6.6.1 采用浊度仪测试连续膜过滤水处理装置产水的浊度。浊度仪的最小示值为 0.001 NTU，准确度为 5%F.S.。测试结果应符合 5.9 的规定。

6.6.2 用污染指数测定仪测试连续膜过滤水处理装置产水的污染指数。测试步骤为：将直径为 4.7 cm，孔径为 0.45 μm 测试膜片的正面朝进水放入测试膜盒中；在膜上连续加入压力为 0.21 MPa 的被测定水，记录下滤得 500 mL 水所需的时间 t_i(s)和 15 mim 后再次滤得 500 mL 水所需的时间 t_f(s)，按式(1)求得阻塞系数 PI(%)后，再按式(2)计算得到污染指数(SDI)。每次测试同时取 3 个样品，以测定数据的算术平均值为测试结果。测试结果应符合 5.9 的规定。

$$PI = (1 - t_i/t_f) \times 100\% \quad \cdots\cdots (1)$$

式中：

PI ——阻塞系数，%；

t_i ——过滤 500 mL 水所需要的时间，单位为秒(s)；

t_f ——再次过滤 500 mL 水所需要的时间，单位为秒(s)。

$$SDI = PI/15 \quad \cdots\cdots (2)$$

式中：

SDI ——污染指数，%；

PI ——阻塞系数，%。

7 检验规则

7.1 检验方式

装置检验分为出厂检验和型式检验。

7.2 出厂检验

每套出厂的装置均应按表 2 的规定进行检验。

表 2 出厂检验

序号	检验项目	要求的条款号	试验方法的条款号
1	外观	5.1	6.1
2	密封性	5.4	6.2
3	电控检验	5.5	6.3
4	电气安全	5.6	6.4
5	产水量	5.7	6.5
6	产水水质	5.9	6.6

7.3 型式检验

7.3.1 当有下列情况之一时进行型式检验：

a) 新产品鉴定时；

b) 装置的生产工艺、材料、结构有较大变化，并有可能影响产品性能时；

c) 装置正常生产时，每隔五年进行一次；

d) 停产一年以上恢复生产时；

e) 国家质量技术监督机构提出进行型式检验要求时。

7.3.2 型式检验应从出厂检验合格的产品中随机抽取1～2套装置，或用经竣工验收合格的1～2套装置作为样品。型式检验的项目按第5章的规定进行。型式检验的方法按第6章的规定进行。

7.4 判定原则

7.4.1 出厂检验和型式检验项目全部符合第5章的要求，判为合格。
7.4.2 任何检验项目不符合规定，判为不合格。

8 标志、包装、运输与储存

8.1 标志

8.1.1 每套装置的明显位置应有产品标志牌。
8.1.2 标志牌应有下列内容：

——装置名称和型号；

——生产单位的名称、地址；

——装置的主要技术参数：额定产水量、操作压力、装机功率；

——出厂日期和批号。

8.2 包装

8.2.1 装置的包装应保证在正常运输条件下，不损坏。装置的接头、管口部位及仪器、仪表应采用专用填料保护。
8.2.2 装置包装箱内应有随机文件，包括：

——装箱单；

——装置检验合格证；

——装置使用说明书，使用说明书的编写应符合GB/T 9969的规定；

——技术文件。

8.3 运输

装置的运输方式应符合合同规定，注意轻装轻卸，防止碰撞和剧烈颠簸。

8.4 储存

装置在储存时应注入保护液，保存在5 ℃～45 ℃的通风干燥、无腐蚀、无污染的场所，不应曝晒、雨淋。

前　　言

本标准由环境保护机械标准化技术委员会提出并归口。

本标准起草单位:南京绿洲机器厂,浙江台州市椒江环保设备厂、机械科学研究院环保技术与装备研究所。

本标准主要起草人:朱建华、吕敬、龚德明、严彩虹、向红。

中华人民共和国机械行业标准

污水处理设备　通用技术条件

JB/T 8938—1999

General specification for sewage treatment equipment

1　范围

本标准规定了污水处理设备(以下简称设备)的分类、要求、试验、检验规则、标志、标牌、使用说明书和包装、运输、贮存等。

本标准适用于采用任何方法将污水净化排放的设备。

2　引用标准

下列标准所包含的条文,通过在本标准中引用而构成为本标准的条文。本标准出版时,所示版本均为有效。所有标准都会被修订,使用本标准的各方应探讨使用下列标准最新版本的可能性。

GB 150—1998　钢制压力容器

GB 191—1990　包装储运图示标志

GB/T 4720—1984　电控设备　第一部分:低压电气电控设备

GB/T 6388—1986　运输包装收发货标志

GB/T 8923—1988　涂装前钢材表面锈蚀等级和除锈等级

GB/T 13306—1991　标牌

GB/T 13384—1992　机电产品包装　通用技术条件

GB/T 19001—1994　质量体系　设计、开发、生产、安装和服务的质量保证模式

GB/T 19002—1994　质量体系　生产、安装和服务的质量保证模式

JB/T 2536—1980　压力容器　油漆、包装、运输

JB/T 2932—1999　水处理设备　技术条件

JB/T 5995—1992　机电产品使用说明书编写规定

JB 8939—1999　水污染防治设备　安全规范

3　定义

本标准采用下列定义。

3.1　污水处理设备　sewage treatment equipment

能将污水中所含有的各种形态的污染物分离出来或将其分解、转化为无害和稳定的物质,使污水得到净化的设备。

4　分类

按设备的结构形式分为两类。

4.1　容器类

a) 封闭式;

b) 敞开式。

国家机械工业局 1999-07-12 批准　　2000-01-01 实施

4.2 非容器类。

5 要求

5.1 基本要求

5.1.1 设备应符合相应的产品标准并按经规定程序批准的图样及设计文件制造。

5.1.2 设备的质量控制应按 GB/T 19001 或 GB/T 19002 建立质量保证体系。

5.1.3 设备的安全要求应符合 JB 8939 的规定。

5.2 设计要求

5.2.1 容器类设备的设计处理量应考虑10%的余量或设置调节装置。

5.2.2 设备上的配套附件应符合附件本身的设计要求和技术规范,并附有制造厂的合格证,经入厂检验合格后方可使用;制造设备的材料应按相应的标准进行入厂检验。

5.2.3 设备上应设有相应尺寸的孔、管道,用作排空、清洗和维修。

5.2.4 封闭容器类设备应设置排气管(孔),对于可能产生爆炸性气体的设备,其排气管(孔)末(外)端应设有金属防火网,并应设置相应的超压保护装置。

5.2.5 如设备所蓄(存)污水对周围环境有不良影响,应加盖或采取其他保护措施,并附有排气装置。

5.2.6 设备污水进、出口应设置便利的取样口。

5.2.7 设备应设置应急溢流口和事故旁通口,且不对周围环境产生严重污染。

5.2.8 设备在特殊承压状态下工作,应出具准确的强度计算书,以确保设备所能承受的最大压力。

5.2.9 水下紧固件、结构件应尽可能采用具有一定强度的不锈钢等防腐材料;设备各部件在进行防腐涂装前,表面处理要求应符合 GB/T 8923 的规定,防腐层要求应符合 JB/T 2932 和 JB/T 2536 的规定。

5.2.10 敞开式设备充满水,封闭容器施加 1.25 倍工作压力的水压后不得渗漏,并无可见的异常变形。

5.2.11 设备的进、排出水管布置应能确保不产生不良的虹吸现象。

5.2.12 设备的结构应具有足够的刚度和强度,以承受运行中可能出现的任何载荷的影响。

5.2.13 设备应设有手动或自动两种操作方式及故障报警设施。

5.3 环境条件

5.3.1 设备应能在环境温度 0～45℃,相对湿度小于 95%,海拔高度 1 000 m 以下的环境中正常工作,如超出此范围并影响设备性能时应采取相应的措施。

5.3.2 设备在特定的环境下,应具有耐冲击能力并能承受一定的机械和外部振动的性能。船舶及钻井平台上的设备还应具有承受倾斜和摇摆的能力。

5.3.3 设备运行时产生的噪声声压级应不大于 85 dB(A)。

5.4 设备的制造要求

设备的制造要求按 JB/T 2932 的规定。压力容器设备应符合 GB 150 的要求。

5.5 设备的可靠性要求

设备在正常的维护保养和规定的使用条件下,应能安全可靠地运行。

5.6 设备的互换性要求

设备上的零部件、紧固件以及结构件应尽可能采用标准件,并符合相应的标准。

5.7 设备电气及安全要求

设备电气及安全要求按 GB/T 4720 的规定。

6 试验

设备应进行以下基本试验。

6.1 水压试验

封闭容器类设备在装配完毕后应在 1.25 倍的设计压力下进行水压强度试验,试压 30 min 后,降压到80%试验压力，检查焊缝及结构应无损坏，无可见异常变形和渗漏等现象。

6.2 动作试验

根据设备的设计要求和有关标准规范规定，对设备进行程序动作试验以检查设备运转是否正常。

6.3 主要尺寸检查

检查设备的主要尺寸应符合设计图样和工艺文件要求。

6.4 外观质量检查

装配完毕后的设备，外表面的漆膜应光洁、平整、均匀，不允许有气泡和剥落等缺陷。

7 检验规则

检验分出厂检验和型式检验。

7.1 检验条件

除另有规定外，设备应在自然大气试验条件下进行各项试验。

7.2 出厂检验

每台产品出厂前均应进行出厂检验，并由工厂检验部门出具产品合格证，检验的基本项目和要求应符合6.1,6.2,6.3,6.4的规定。

7.3 型式检验

7.3.1 凡属下列情况之一的，应做型式检验：

a) 申请国家及有关主管部门型式认可证书时；

b) 首制产品，包括转厂生产的首制产品；

c) 因产品的结构、工艺或主要材料的更改影响产品性能时；

d) 每隔四年的批量生产产品；

e) 国家质量技术监督检验部门提出型式检验要求时。

其中，因a)和e)两种情况而做型式检验时，应在国家质量技术监督检验部门代表在场的情况下进行。

7.3.2 型式检验的基本项目及要求应符合表1的规定。

表1

序　　号	检验项目	要　　求
1	处理能力	符合相应的产品标准
2	运转状态	符合6.2要求

7.3.3 型式检验可在生产厂进行，也可在使用现场进行。

7.3.4 判定规则

7.3.4.1 出厂检验项目全部合格的产品为合格品。

7.3.4.2 对初次检验不合格的产品允许作必要的改进，若仍不合格则判为不合格品。

8 标志、标牌、使用说明书

8.1 设备的标志应符合GB 191、GB/T 6388的规定。

8.2 设备应在明显部位设置标牌并应符合GB/T 13306的规定。

8.3 设备的使用说明书应符合JB/T 5992的规定。

9 包装、运输、贮存

设备的包装、运输和贮存应符合GB/T 13384和JB/T 2932的规定。